21世纪大学公共数学系列教材

微积分学习指导

严守权　编著

Math

中国人民大学出版社
·北京·

总序

进入21世纪以来，现代科学技术大潮汹涌澎湃，深刻地影响着人类社会的进步和发展. 新的时代呼唤新的高素质的人才，呼唤教育有更多的创新和更大的发展.

在诸多教育中，数学教育具有特殊地位和作用. 数学作为科学的“皇后”、一个具有丰富内容的知识体系，在其发展过程中，与其他学科交叉渗透，广泛应用，已成为科学发展的强有力的工具和原动力. 数学以其特有的哲学属性，又是人们的思维训练的体操. 正如美国国家研究委员会在一份名为《人人关心数学教育的未来》的专题报告中所指出的，“数学提供了有特色的思考方式，包括建立模型、抽象化、最优化、逻辑分析、从数据进行推断、运用符号等等. 它们是普遍适用并且强有力的思考方式. 运用这些思考方式的经验构成了数学能力——在当今这个技术时代日益重要的一种智力，它使人们能批判地阅读，能识别谬误，能探察偏见，能估计风险，能提出变通办法. 数学能使我们更好地了解我们生活在其中的充满信息的世界.”“数学在决定国家的各级人才的实力方面起着日益重要的作用.”数学作为一种文化、一门艺术，同样可以为人们提供美的熏陶. 多年来，我国高校的数学教育为了适应新形势，已经由以自然学科为主的部分专业扩展到包括人文社科专业在内的所有学科，课程建设和教学改革广泛而深入，硕果累累.

教材建设是教学改革的核心，为了进一步推动我国高等教育数学课程的建设和发展，我们组织国内权威领域学科带头人以及具有发展潜力的中青年骨干编写并推出了“21世纪大学公共数学系列教材”. 系列教材的宗旨是，面向世界，面向未来，面向现代化，总结和巩固我国高等教育长期以来数学课程改革和教材建设的成果，更好地发挥数学教育的工具功能、数学素质教育功能、文化修养功能.

系列教材将涵盖理、工、医、农、经济学、管理科学、人文社科等多个学科，在总体把握数学教育的功能定位的基础上，充分考虑不同学科的特点和需求，区分出不同层次和侧重点，并参照相关专业通行的教学大纲编写. 例如，理、工学科的公共数学课同时是专业基础课，更要注重课程的工具功能，更强调与后续课程的有机衔接，而人文社科则更侧重于发挥其文化素质教育的功能.

系列教材力求将传统和创新相结合．相对而言，公共数学课程所涉及的内容一般属于较为成熟的数学知识体系，具有简洁、严谨和逻辑性强的特点．历史上也不乏具有这种风格特色、广受欢迎的教材．我们在借鉴和坚持传统优秀教材特色的同时，注意加入新的因素，主要目的是：使内容更能适应各个学科发展和创新的需要；使结构更加优化、更便于施教；使形式更为多样化、立体化，使教学手段更为丰富．

我们深知，一部好的数学教材不仅需要对数学学科的深刻理解，而且要基于长期的教学实践的积累和锤炼，尤其是需要作者的专业水准和敬业精神．我们有幸邀请到一批国内权威领域学科带头人以及具有发展潜力的中青年骨干参与编写工作，这是难能可贵的，也是我们能够推出高质量的系列教材的根本保证．

前　言

本书是与21世纪大学公共数学系列教材中的《微积分》(严守权编著) 配套的学习辅导书.

21世纪大学公共数学系列教材中的《微积分》是根据教育部教学指导委员会颁布的经济和管理类微积分教学大纲 (修改稿) 编写的教材. 本书作为该教材的配套辅导书, 紧扣教材编写大纲, 围绕基本概念、基本方法和基本计算, 精心组织典型例题和习题, 力求在帮助读者同步学习或期末复习过程中发挥总结、答疑、解惑、提高的辅助功能.

本书每章由五部分内容组成:

1. 知识结构: 归纳总结本章知识点的联系与逻辑结构. 知识结构图列于每章之首, 便于读者了解全章概貌, 也更宜于在精读全章后再仔细回顾和品味, 这将有助于读者达到我国著名数学家、教育家华罗庚先生倡导的"从厚到薄"的治学境界.

2. 内容提要: 列出本章的基本概念、基本计算方法和公式, 增强读者对这些内容的熟悉、理解和记忆, 避免一些概念性的错误. 学习内容提要后, 读者即可直接阅读本书其他内容.

3. 重点与要求: 说明本章学习中应注意的重点、难点, 明确学习要求.

4. 例题解析: 根据各章的知识点和问题类型, 以"助学"为原则, 以解读教材中基本知识点为基础, 采取从易到难、循序渐进、点面结合、前后联系的方法, 精选典型例题, 并通过各种典型例题的详尽分析, 巩固和加深读者对基本概念的理解, 增强各知识点间的相互联系、扩展和活跃解题思路, 提高读者综合分析问题和应用所学知识解决问题的能力. 作为教材习题类型的补充, 典型例题采用的形式有: (1) 填空题 (以基本计算为主), (2) 选择题 (四选一, 以基本概念为主), (3) 解答题 (以概念性的计算题、综合题为主, 还配备了一定数量的证明题).

5. 综合练习: 为了使读者获得更多的解题能力的训练, 也为了弥补教材中习题数量及广度和深度上的不足, 本书每章都以常见的试题形式, 选编了一定数量的与"例题解析"搭配的题目, 供读者练习.

每章最后提供了综合练习的参考答案，其中大多数习题还提供了提示或解题思路.

此外，在本书的最后，我们将教材中的全部习题以及本书各章的综合练习作了解答，以帮助读者解决在课程学习中遇到的困难.

“解题可以认为是人最富有特征的活动……解题是一种本领，就像游泳、滑雪、弹钢琴一样，你只能靠模仿与实践才能学会……如果你想从解题中得到最大的收获，就应该在新做的题目中找到它的特征，那些特征在求解其他问题时能起到指导作用. 一种解题方法，若是经过你自己努力得到的，或是从别人那里学来的或听来的，只要经过自己的体验，那么对你来讲，它就是一种楷模，碰到类似的问题时，就成为你仿照的模型.”这是著名数学家、教育家乔治·波利亚（George Polya）的一段名言，在这里和本书一起奉献给读者，引领读者到数学的海洋中去模仿，去实践，去体验.

由于编著者水平所限，错误和不妥之处在所难免，欢迎广大读者批评指正.

编著者

2019年3月

目 录

21
世 纪
大学公共数学系列教材

第1章

函 数

一、知识结构

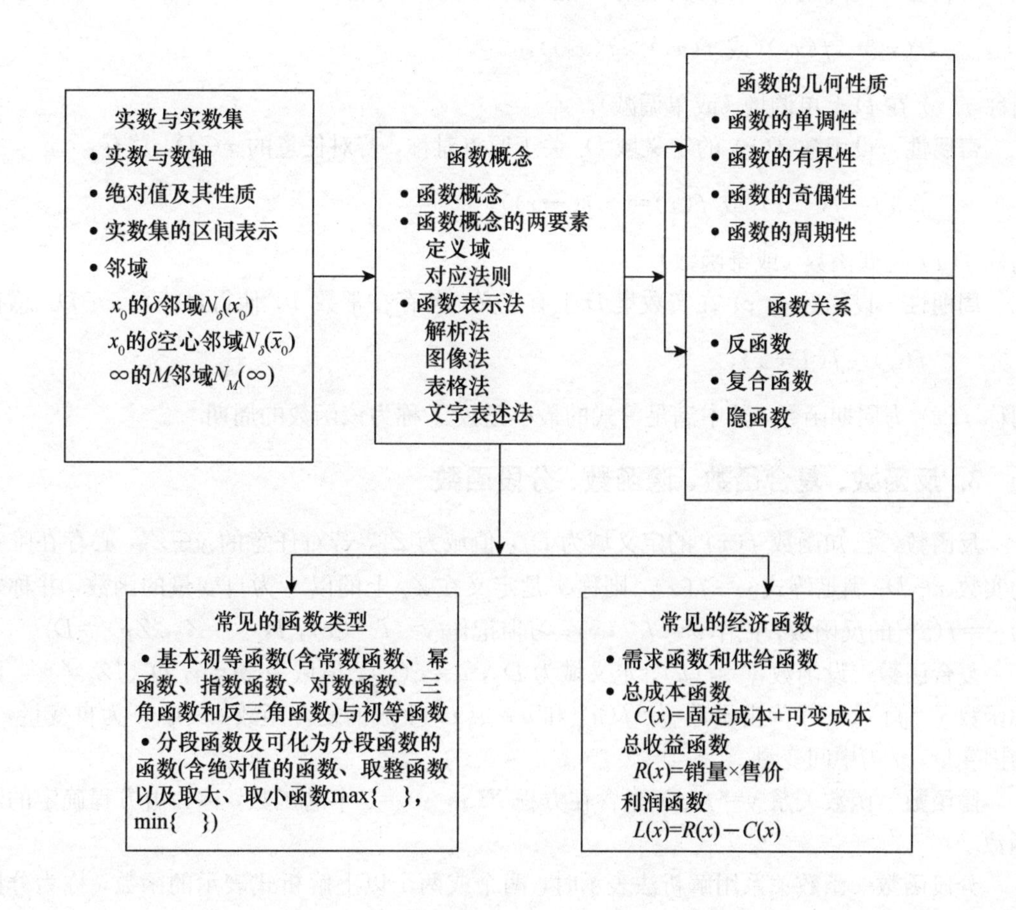
实数与实数集
• 实数与数轴
• 绝对值及其性质
• 实数集的区间表示
• 邻域
x_0的δ邻域$N_\delta(x_0)$
x_0的δ空心邻域$N_\delta(\bar{x}_0)$
∞的M邻域$N_M(\infty)$
函数概念
• 函数概念
• 函数概念的两要素
定义域
对应法则
• 函数表示法
解析法
图像法
表格法
文字表述法
函数的几何性质
• 函数的单调性
• 函数的有界性
• 函数的奇偶性
• 函数的周期性
函数关系
• 反函数
• 复合函数
• 隐函数
常见的函数类型
• 基本初等函数(含常数函数、幂函数、指数函数、对数函数、三角函数和反三角函数)与初等函数
• 分段函数及可化为分段函数的函数(含绝对值的函数、取整函数以及取大、取小函数max{ }，min{ })
常见的经济函数
• 需求函数和供给函数
• 总成本函数
$C(x)$=固定成本+可变成本
总收益函数
$R(x)$=销量×售价
利润函数
$L(x)=R(x)-C(x)$

二、内容提要

1. 函数概念

设有两个变量 x，y 属于一个非空集合 D，如果存在一个对应法则 f，使得对于每个 $x\in D$，依法则必存在唯一的实数 y 与之对应，则称对应法则 $f(x)$ 为定义在实数集 D 上的一个函数，记作 $y=f(x)$，其中 x 称为自变量，y 为因变量，D 为定义域，记作 D_f，函数所有取值的集合称为函数的值域，记作 Z_f.

函数表示法：解析法（即公式法）；列表法；图像法；文字表述法.

2. 函数的几何性质

有界性 设函数 $f(x)$ 在实数集 D 上有定义，若存在正数 M，使得对任意 $x\in D$，总有

$$|f(x)|\leqslant M,$$

则称 $f(x)$ 在 D 上有界.

单调性 设函数 $f(x)$ 在实数集 D 上有定义，若对任意 x_1，$x_2\in D$，当 $x_1<x_2$ 时总有

$$f(x_1)<f(x_2)(\text{或 } f(x_1)>f(x_2)),$$

则称 $f(x)$ 在 D 上单调增（或单调减）.

奇偶性 设函数 $f(x)$ 的定义域 D_f 关于原点对称，若对任意的 $x\in D$，总有

$$f(x)=f(-x)(\text{或 } f(x)=-f(-x)),$$

则称 $f(x)$ 是偶函数（或奇函数）.

周期性 设函数 $f(x)$ 在实数集 D 上有定义，若存在常数 T，使得对任意 $x\in D$，总有

$$f(x)=f(T+x),$$

则称 $f(x)$ 为周期函数，其中满足等式的最小正数 T 称为该函数的周期.

3. 反函数、复合函数、隐函数、分段函数

反函数 已知函数 $f(x)$ 的定义域为 D_f，值域为 Z_f，若对任意的 $y\in Z_f$，必存在唯一的实数 $x\in D_f$ 满足等式 $y=f(x)$，则称 x 是定义在 Z_f 上的以 y 为自变量的函数，并称之为 $y=f(x)$ 的反函数，记作 $x=f^{-1}(y)$，习惯记作 $y=f^{-1}(x)$，$D_{f^{-1}}=Z_f$，$Z_{f^{-1}}=D_f$.

复合函数 设函数 $y=f(u)$，定义域为 D_f，$u=g(x)$，值域为 Z_g，若 $D_f\cup Z_g\neq\varnothing$，则称函数 $y=f[g(x)]$ 为由函数 $y=f(u)$ 和 $u=g(x)$ 生成的复合函数，其中 x 为自变量，y 为因变量，u 为中间变量.

隐函数 函数关系 $y=f(x)$ 隐含在方程 $F(x, y)=0$ 中的函数，称为由方程确定的隐函数.

分段函数 函数关系用解析法表示时，两个或两个以上解析式表示的函数，称为分段

函数. 含绝对值的函数或取整函数[.]或取大、取小函数 max{ }, min{ }均可化为分段函数.

4. 初等函数和经济函数

基本初等函数 即常数函数、幂函数、指数函数、对数函数、三角函数、反三角函数.

初等函数 从基本初等函数出发，经过有限次四则运算或有限次复合并由一个解析式表示的函数.

经济函数 需求函数、供给函数、总成本函数、总收益函数、总利润函数.

三、重点与要求

1. 理解函数的概念，掌握函数的表示法. 了解需求函数、供给函数、总成本函数、总收益函数、总利润函数等经济函数及其结构特点，会建立简单应用问题的函数关系.

2. 了解函数的有界性、单调性、奇偶性和周期性.

3. 理解复合函数及分段函数的概念，了解反函数与隐函数的概念.

4. 掌握基本初等函数的性质及其图形，了解初等函数的概念.

四、例题解析

1. 函数概念

[**例 1**] 单项选择题

(1) 下列函数对中两函数不相等的是(　　).

A. $y=3^{\log_3 x}$与$y=\log_3 3^x$

B. $y=\arcsin x$与$y=\frac{\pi}{2}-\arccos x$

C. $y=1-\sqrt{x}$与$x=1-\sqrt{y}$

D. $y=\sqrt{-x^2-2x+3}$与$y=\sqrt{x+3}\cdot\sqrt{1-x}$

(2) 设函数$f(x)=\frac{x^2+2kx}{kx^2+2kx+3}$的定义域为$(-\infty,+\infty)$，则$k$的值域为(　　).

A. $(0, 3)$　　B. $[0, 3)$

C. $(3, +\infty)$　　D. $(-\infty, 0)\cup(3, +\infty)$

答 (1) A　　(2) B

解析 (1) 判断两个函数是否相等，依据是函数的两个要素即定义域和对应法则是否相同. 选项(A)中两函数的定义域不同，故不相等. 选项(B)中，两函数的定义域均为$[-1, 1]$，且同在值域$\left[-\frac{\pi}{2},\frac{\pi}{2}\right]$内有$\sin(\arcsin x)=\sin\left(\frac{\pi}{2}-\arccos x\right)=\cos(\arccos x)=$

x，从而有$\arcsin x=\frac{\pi}{2}-\arccos x$，故函数相等. 选项(C)中，虽然函数符号不同，但两函数定义域都为$[0, +\infty)$，对定义域内每个取值，均对应有相同的函数值，因此，它们表示同一个函数关系. 选项(D)中，在同一定义域内，相互之间可经恒等运算得到. 综上分析，本题应选(A).

(2) 函数 $f(x)$ 的定义域即为保证函数解析式有意义的自变量 x 的取值范围. 依题设，要求对任意 x 的取值，总有 $kx^2+2kx+3\neq 0$，即方程 $kx^2+2kx+3=0$ 无实根，也即$\Delta=4k^2-4\times 3\times k<0$ 或 $k=0$，解得 $0\leqslant k<3$，故取(B).

[例 2] 设函数 $f(x)$ 的定义域为 $(0, 2]$，求函数 $f(x)f(1-x)+f(x^2)$ 的定义域.

分析 由若干函数的和、差及乘的运算生成的函数的定义域为各自函数定义域的交集，由函数 $f(x)$，$g(x)$ 复合生成的函数 $f[g(x)]$ 的定义域为 $f(x)$ 的定义域和$g(x)$ 的值域的交集.

解 由

$$\begin{cases}0<x\leqslant 2\\0<1-x\leqslant 2,\\0<x^2\leqslant 2\end{cases}\quad 即\begin{cases}0<x\leqslant 2\\-1\leqslant x<1\\0<x\leqslant\sqrt{2}或-\sqrt{2}\leqslant x<0\end{cases},$$

解得定义域为 $(0, 1)$.

[例 3] 求函数 $y=\frac{1}{2}\arccos\frac{2}{x-3}$的定义域和值域.

分析 反三角函数 $\arccos u$ 的定义域为$|u|\leqslant 1$，值域为 $[0, \pi]$，又在反函数存在，即$|u|\leqslant 1$，$\arccos u\in[0, \pi]$的条件下，函数的值域即为其反函数的定义域.

解 由$\left|\frac{2}{x-3}\right|\leqslant 1$且$x-3\neq 0$，即$2\leqslant|x-3|$，解得所求定义域为$(-\infty, 1]\cup[5, +\infty)$.

又由 $y=\frac{1}{2}\arccos\frac{2}{x-3}$反解得其反函数为 $x=3+\frac{2}{\cos 2y}$，其定义域为 $y\neq\frac{1}{2}\left(k\pi+\frac{\pi}{2}\right)$，$k=0, \pm 1, \pm 2, \cdots$，同时有 $0\leqslant y\leqslant\frac{\pi}{2}$，综上讨论，得所求值域为 $\left[0, \frac{\pi}{4}\right)\cup\left(\frac{\pi}{4}, \frac{\pi}{2}\right]$.

小结 函数是通过法则确定的由定义域到值域的一种一一对应关系、因果关系或映射关系. 对应法则是函数关系的具体体现，定义域是函数关系成立的前提，在定义域和对应法则确定的情况下，函数值域随之确定. 因此，定义域和对应法则是函数概念中最重要的两个基本要素. 对应法则是单值对应法则，有多种表达方式，可用不同符号表示，如 $y=x^2$，$s=t^2$，$u=v^2$ 均表示同一个函数关系. 研究函数关系必须在定义域范围内进行. 因此，求函数定义域是一个基本运算. 对于一个简单的函数，确定其定义域的基本原则是：分式分母非零，偶次根式下解析式非负，对数的真数和指数为实数的幂函数的底数恒正，等等. 由若干函数的四则运算生成的函数的定义域为各运算函数定义域的交集(分母非零). 由函数$f(x)$，$g(x)$ 复合生成的函数 $f[g(x)]$ 的定义域则为 $f(x)$ 的定义域和 $g(x)$ 的值域的交集. 分段函数的定义域则为各分段区间的并集. 另外，在存在反函数的情况下，函数的定义域和值域也可由其反函数的值域和定义域表示. 由函数自身的数学含义确定的定义域称为自然定义域，在实际应用问题中还应根据题意确定特定的定义域.

2. 函数的几何特性

[例 1] 填空题

(1) 函数 $y=\operatorname{arccot}(x-1)^2$ 的单调增区间为________.

(2) 设函数 $f(x)$ 为定义在 $(-\infty, +\infty)$ 上的偶函数，且当 $x\geqslant 0$ 时，$f(x)=x^2-3x$，则 $x\leqslant 0$ 时，$f(x)=$________.

(3) 设函数 $f(x)=f(x+2)$，且当 $0<x\leqslant 2$ 时，$f(x)=6x-x^3$，则当 $-2<x\leqslant 0$ 时，$f(x)=$________.

答 (1) $(-\infty, 0)$. (2) $f(x)=x^2+3x$. (3) $f(x)=-x^3-6x^2-6x+4$.

解析 (1) 函数 $y=\operatorname{arccot}(x-1)^2$ 由 $y=\operatorname{arccot}u$ 与 $u=(x-1)^2$ 复合而成，其中函数 $y=\operatorname{arccot}u$ 在 $(-\infty, +\infty)$ 内单调减，$u=(x-1)^2$ 在 $(-\infty, 0)$ 内单调减，两个同在单调减区间内复合的函数单调增，故 $y=\operatorname{arccot}(x-1)^2$ 的单调增区间为 $(-\infty, 0)$.

(2) 当 $x\leqslant 0$ 时，同时有 $-x\geqslant 0$，于是，依题设 $f(x)=f(-x)=(-x)^2-3(-x)=x^2+3x$.

(3) 依题设，$f(x)$ 是周期为 2 的周期函数，当 $-2<x\leqslant 0$ 时，$0<x+2\leqslant 2$，于是 $f(x)=f(x+2)=6(x+2)-(x+2)^3=-x^3-6x^2-6x+4$.

[例 2] 单项选择题

(1) 设函数 $y=\log_a x$ 在区间 $(1, a)$ 内有定义，则(　　).

A. $f[f(x)]<f(x^2)<f^2(x)$　　B. $f[f(x)]<f^2(x)<f(x^2)$

C. $f(x^2)<f^2(x)<f[f(x)]$　　D. $f[f(x)]<f^2(x)<f(x^2)$

(2) 下列函数中为无界函数的是(　　).

A. $y=\arctan e^{x^2}$　　B. $y=\dfrac{4x}{16+x^2}$

C. $y=\lg(\sin x)$　　D. $y=\sqrt{-4x-x^2}$

(3) 设函数 $f(x)$ 为定义在 $(-\infty, +\infty)$ 上的奇函数，且在 $(0, +\infty)$ 内 $f(x)>0$，单调增，又设 $F(x)=3-f^2(x)$，则 $F(x)$ (　　).

A. 为偶函数，在 $(-\infty, 0)$ 内单调增　　B. 为偶函数，在 $(-\infty, 0)$ 内单调减

C. 为偶函数，在 $(-\infty, 0)$ 内非单调　　D. 为奇函数，在 $(-\infty, 0)$ 内单调减

答 (1) B. (2) C. (3) A.

解析 (1) 依题设，$a>1$，$f(x)$ 在 $(1, a)$ 内单调增，于是有

$$0=f(1)<f(x)=\log_a x<f(a)=1<x^2,$$

从而有 $f[f(x)]<f(1)=0<f^2(x)<f(x)<2f(x)=f(x^2)$，

故选择 B.

(2) 选项 A 中函数由有界函数 $y=\arctan u$ 与 $u=e^{x^2}$ 复合生成，必为有界函数. 选项 B 中，由 $(4-|x|)^2=16+x^2-8|x|\geqslant 0$，有 $\left|\dfrac{8x}{16+x^2}\right|\leqslant 1$，知 $y=\dfrac{4x}{16+x^2}$ 为有界函数. 选项 C 中，$y=\lg u$ 为无界函数，且函数 $u=\sin x$ 的取值点 $\sin 0=0$ 为其无界点，故 $y=\lg(\sin x)$ 为无界函数. 选项 D 中，函数曲线夹在直线 $y=0$ 和 $y=4$ 之间，必为有界函数. 综上讨论，本题应选 C.

(3) 容易验证 $F(x)=F(-x)$，$F(x)$ 为偶函数，由奇函数 $f(x)$ 的对称性，在 $(-\infty, 0)$ 内 $f(x)<0$，单调增，从而有 $|f(x)|$ 单调减，即有 $f^2(x)$ 单调减，于是 $F(x)=3-f^2(x)$ 单调增，故选择 A.

[例 3] 判断函数 $f(x)=\sin\sqrt{2}x+\cos\sqrt{3}x$ 是否为周期函数，并证明你的结论.

分析 两个周期函数的和是否仍为周期函数，关键是看两函数的周期是否有公倍数.

解 函数 $f(x)$ 不是周期函数. 若不然，设 $f(x)$ 为周期为 T 的周期函数，则 T 是 $\frac{2\pi}{\sqrt{2}}$ 和 $\frac{2\pi}{\sqrt{3}}$ 的公倍数，即 $T=\frac{2\pi}{\sqrt{2}}m$，$T=\frac{2\pi}{\sqrt{3}}n$ $(m, n=1, 2, \cdots)$，于是有

$$\frac{m}{n}=\left(\frac{\sqrt{2}T}{2\pi}\right)\Big/\left(\frac{\sqrt{3}T}{2\pi}\right)=\frac{\sqrt{2}}{\sqrt{3}},$$

从而有理数变为一个无理数，矛盾. 故 $f(x)$ 不是周期函数.

小结 函数的单调性、有界性、奇偶性和周期性都是函数研究的重要特征之一，具有十分清晰的直观背景. 在讨论相关问题时，首先要掌握其定义式或判别式，同时要了解这些性质在函数的运算或复合过程中发生的变化，并能作简单推断. 如单调增（减）函数的复合或相加仍为单调增（减）函数，两个单调增（减）函数的乘积未必单调；偶函数与偶（奇）函数的复合必为偶函数，奇函数的复合必为奇函数，奇函数与奇函数的乘积为偶函数，奇函数与偶函数的乘积为奇函数；有界函数的和、差、积仍为有界函数，有界函数 $f(x)$ 与其他函数 $\varphi(x)$ 的复合 $f[\varphi(x)]$ 仍为有界函数；其他函数 $f(x)$ 与周期函数 $g(x)$ 的复合 $f[g(x)]$ 仍为周期函数等.

要特别强调的是，利用直观背景讨论函数的性质是一种简单有效的方法和手段，在微积分中有重要应用，如偶函数在 y 轴两侧的单调性相异，奇函数在 y 轴两侧的单调性相同等，应当注意掌握.

掌握一些常见的有界函数，如

$$|\sin x|\leqslant 1;\ |\cos x|\leqslant 1;\ |\arctan x|<\frac{\pi}{2};\ 0\leqslant \operatorname{arccot} x<\pi;$$

$$\left|\frac{x}{1+x^2}\right|\leqslant\frac{1}{2},\ x\in(-\infty, +\infty);\ |\arcsin x|\leqslant\frac{\pi}{2},\ 0\leqslant\arccos x\leqslant\pi,\ x\in[-1, 1].$$

对于周期函数，可以将一个周期内的函数关系和性质平移至其他周期范围内讨论.

3. 反函数、复合函数、分段函数、初等函数

[例 1] 填空题

(1) 已知函数 $y=\frac{2^x-2^{-x}}{2^x+2^{-x}}$ 的图形与函数 $y=g(x)$ 的图形关于直线 $y=x$ 对称，则 $g(x)=$ ________.

(2) 设 $f(x^2-1)=\ln\frac{x^2}{x^2-2}$，$f[\varphi(x)]=\ln x$，则 $\varphi(x)=$ ________.

(3) 已知函数 $f(x)$ 满足等式 $f\left(\frac{x}{x-1}\right)=2f(x)+3x$，则 $f(x)=$ ________.

答　(1)$g(x)=\frac{1}{2}\log_2\frac{1+x}{1-x}$.　(2) $\varphi(x)=\frac{x+1}{x-1}$.　(3) $f(x)=-2x-1-\frac{1}{x-1}$.

解析　(1) 依题设，两函数互为反函数，于是反解 $y=\frac{2^x-2^{-x}}{2^x+2^{-x}}$，得 $x=\frac{1}{2}\log_2\frac{1+y}{1-y}$，从而知 $g(x)=\frac{1}{2}\log_2\frac{1+x}{1-x}$.

(2) 由 $f(x^2-1)=\ln\frac{x^2-1+1}{x^2-1-1}$，知 $f(u)=\ln\frac{u+1}{u-1}$，从而有 $f[\varphi(x)]=\ln\frac{\varphi(x)+1}{\varphi(x)-1}=\ln x$，同时有$\frac{\varphi(x)+1}{\varphi(x)-1}=x$，于是，解得 $\varphi(x)=\frac{x+1}{x-1}$.

(3) 设 $u=\frac{x}{x-1}$，反解得 $x=\frac{u}{u-1}$，代入原式，得

$$f(u)=2f\left(\frac{u}{u-1}\right)+\frac{3u}{u-1},\quad 即\ f(x)=2f\left(\frac{x}{x-1}\right)+\frac{3x}{x-1},$$

与原式联立方程组，解得 $f(x)=-2x-1-\frac{1}{x-1}$.

[例 2] 单项选择题

(1) 设 $f\left(\frac{1-x}{1+x}\right)=x$，则有（　　）.

A. $f(-2-x)=-2-f(x)$　　B. $f(-x)=f\left(\frac{1+x}{1-x}\right)$

C. $f\left(\frac{1}{x}\right)=f(x)$　　D. $f[f(x)]=-x$

(2) 设函数 $f(x)=\begin{cases}x^2, & x\geqslant 0\\ 2x, & x<0\end{cases}$，$g(x)=\begin{cases}x, & x\geqslant 0\\ -2x, & x<0\end{cases}$，则当 $x\leqslant 0$ 时，$f[g(x)]=$（　　）.

A. $2x$　　B. x^2　　C. $4x^2$　　D. $-4x^2$

(3) 已知 $y=f(x)$ 在(a, b)内存在反函数 $x=\varphi(y)$，则有结论（　　）.

A. $y=f(x)$ 在(a, b)内严格单调

B. 曲线 $y=f(x)$ 与 $x=\varphi(y)$关于直线 $y=x$ 对称

C. $y=f(x)$ 与 $y=\varphi(x)$ 有相同的单调性

D. $y=f(x)$ 与 $y=\varphi(x)$ 有相同的有界性

答　(1) A.　(2) C.　(3) C.

解析　(1) 为作出判断，需求出 $f(x)$. 设 $u=\frac{1-x}{1+x}$，得 $x=\frac{1-u}{1+u}$，知 $f(x)=\frac{1-x}{1+x}$，于是有 $f(-2-x)=-\frac{3+x}{1+x}=-2-\frac{1-x}{1+x}=-2-f(x)$，故选择 A.

(2) 当 $x<0$ 时，$g(x)=-2x>0$，于是，$f[g(x)]=(-2x)^2=4x^2$，又 $f[g(0)]=f(0)=0$，从而知当 $x\leqslant 0$ 时，$f[g(x)]=4x^2$，故选择 C.

(3) $y=f(x)$ 在 (a, b) 内严格单调是其存在反函数的充分条件，但非必要条件. 如函数$f(x)=\begin{cases}-1-x, & -1<x<0\\ x, & 0\leqslant x<1\end{cases}$，在 $(-1, 1)$ 内存在反函数，但不单调，结论 A 不正确.

虽然$y=f(x)$与$x=\varphi(y)$是互为反函数，但$x=\varphi(y)$是由方程$y=f(x)$反解得到的，其函数图形是由同一方程确定的同一条曲线，不存在对称性. 习惯上，我们把x看作自变量，把y看作因变量，$y=f(x)$的反函数表示为$y=\varphi(x)$，相当于将x，y坐标作一置换，只有在这种情况下，曲线$y=f(x)$与$y=\varphi(x)$关于直线$y=x$对称. 如图1-1所示，$y=f(x)$与$y=\varphi(x)$有相同的单调性. 另外，$y=f(x)$与其反函数$y=\varphi(x)$的有界性没有必然联系，如有界函数$y=\arctan x$在$\left(-\frac{\pi}{2},\frac{\pi}{2}\right)$上对应反函数$y=\tan x$，为无界函数，但在$\left[-\frac{\pi}{2},\frac{\pi}{2}\right]$上的函数$y=\sin x$与反函数$y=\arcsin x$均为有界函数. 综上讨论知，结论C正确.

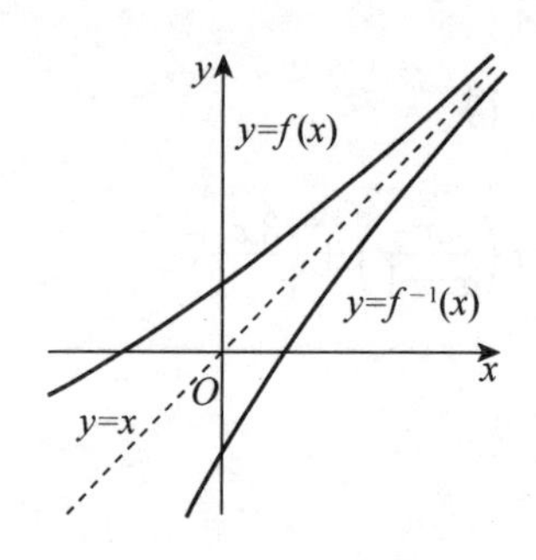

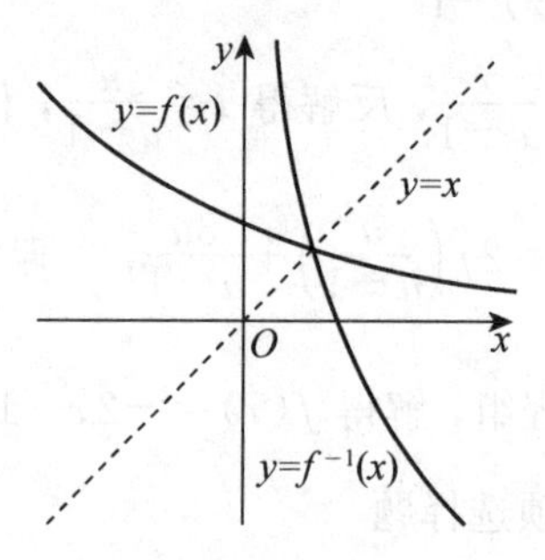

图1-1

[例3] 求函数$y=\frac{1}{2}\left(x+\frac{1}{x}\right)$当$|x|\geqslant 1$时的反函数.

分析 求已知函数$y=f(x)$的反函数，一般步骤是，先反解方程$y=f(x)$，得$x=f^{-1}(y)$，再互换x，y，得$y=f^{-1}(x)$，其中关键是保证单值对应关系.

解 当$|x|\geqslant 1$时，$|y|=\frac{1}{2}\left(|x|+\frac{1}{|x|}\right)\geqslant 1$，求解方程$y=\frac{1}{2}\left(x+\frac{1}{x}\right)$，即$x^2-2xy+1=0$，得$x=y\pm\sqrt{y^2-1}$，于是，当$y\geqslant 1$时$x\geqslant 1$，有$x=y+\sqrt{y^2-1}$，当$y\leqslant -1$时$x\leqslant -1$，有$x=y-\sqrt{y^2-1}$，因此，得$y=\frac{1}{2}\left(x+\frac{1}{x}\right)$当$|x|\geqslant 1$时的反函数为

$$y=f^{-1}(x)=\begin{cases}x+\sqrt{x^2-1}, & x\geqslant 1\\ x-\sqrt{x^2-1}, & x\leqslant -1\end{cases}.$$

[例4] 将函数$f(x)=\min\{2,x,x^2-x\}$，$g(x)=2x-|x^2-x|$化为分段函数形式，说明$f(x)$，$g(x)$是否为初等函数，并计算$f(x)+g(x)$.

分析 对较为简单的函数构成的形如$\max\{\quad\}$，$\min\{\quad\}$的函数，一般可利用图像法化为分段函数，对于含绝对值的函数，一般通过讨论去绝对值号化为分段函数. 分段函数的处理原则是分段处理.

解 如图1-2所示，函数大小的分界点即曲线$y=2$，$y=x$，$y=x^2-x$的交点为$x=0$，$x=2$. 当$x<0$时，曲线$y=x$在三曲线的最下方，故$f(x)=x$；当$0\leqslant x<2$时，曲线$y=x^2-x$在三曲线的最下方，故$f(x)=x^2-x$；当$2\leqslant x$时，曲线$y=2$在三曲线的最下方，故$f(x)=2$，因此，

$$f(x)=\min\{x, x^2-x, 2\}=\begin{cases}x, & 0<x\\ x^2-x, & 0\leqslant x<2\\ 2 & 2\leqslant x\end{cases}.$$

又当 $x<0$ 时，$|x^2-x|=x^2-x$，故 $g(x)=3x-x^2$.

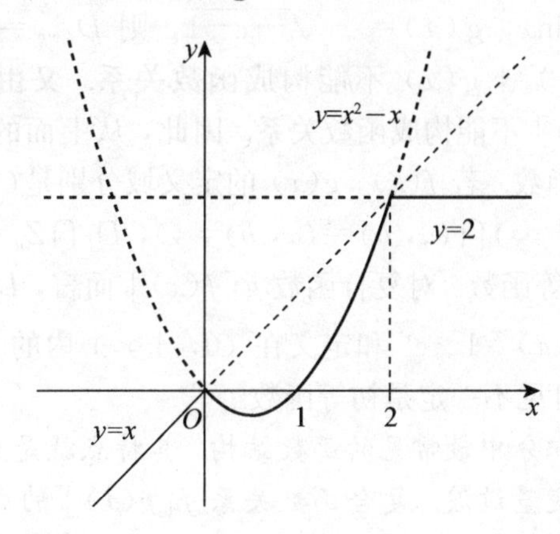

图 1-2

当 $0\leqslant x<1$ 时，$|x^2-x|=x-x^2$，故 $g(x)=x+x^2$. 又当 $1\leqslant x$ 时，$|x^2-x|=x^2-x$，故 $g(x)=3x-x^2$，因此，

$$g(x)=2x-|x^2-x|=\begin{cases}3x-x^2, & 0<x\\ x+x^2, & 0\leqslant x<1.\\ 3x-x^2, & 1\leqslant x\end{cases}$$

由于 $f(x)$ 不能用一个解析式表示，所以，不是初等函数. 而 $g(x)$ 是由基本初等函数 $u=2x$，$v=w^{\frac{1}{2}}$，$w=s^2$，$s=x^2-x$ 经有限次四则运算及复合生成，且用一个解析式表示，所以，$g(x)$ 是初等函数.

$f(x)$，$g(x)$ 共有分段点 $x=0$，$x=1$，$x=2$，于是

当 $x<0$ 时，$f(x)+g(x)=x+3x-x^2=4x-x^2$；

当 $0\leqslant x<1$ 时，$f(x)+g(x)=x^2-x+x+x^2=2x^2$；

当 $1\leqslant x<2$ 时，$f(x)+g(x)=x^2-x+3x-x^2=2x$；

当 $2\leqslant x$ 时，$f(x)+g(x)=2+3x-x^2$.

因此，

$$f(x)+g(x)=\begin{cases}4x-x^2, & 0<x\\ 2x^2, & 0\leqslant x<1\\ 2x, & 1\leqslant x<2\\ 2+3x-x^2, & 2\leqslant x\end{cases}.$$

[例 5] 设 $f(x)$，$g(x)$ 均为初等函数，判断下列结论是否正确，说明理由.

(1) $f(x)+g(x)$ 为初等函数；

(2) $f[g(x)]$ 为初等函数；

(3) 若 $f(x)$，$g(x)$ 的定义域分别是 $(-\infty, +\infty)$，(a, b)，则结论 (1) 和 (2) 正确，

但$g[f(x)]$未必是初等函数.

答 结论 (1) 和 (2) 不正确，结论 (3) 正确.

解析 判断由初等函数经有限次四则运算或复合生成的函数是否为初等函数，除了考察函数能否用一个解析式表示外，还必须观察相关的运算或复合是否有意义，而其定义域是否非空. 若设 $f(x)=\ln x$，$g(x)=-\sqrt{-x-1}$，则 $D_{f+g}=D_f\cap D_g=(0,+\infty)\cap(-\infty,-1]=\varnothing$，知 $f(x)+g(x)$ 不能构成函数关系. 又由 $D_f\cap Z_g=(0,+\infty)\cap(-\infty,0]=\varnothing$，知$f[g(x)]$不能构成函数关系. 因此，从上面的反例说明 $f(x)+g(x)$，$f[g(x)]$均不一定是初等函数. 若 $f(x)$，$g(x)$ 的定义域分别是$(-\infty,+\infty)$，(a,b)，则 $D_{f+g}=D_f\cap D_g=(-\infty,+\infty)\cap(a,b)=(a,b)\neq\varnothing$，$D_f\cap Z_g=Z_g\neq\varnothing$，因此，$f(x)+g(x)$，$f[g(x)]$ 一定是初等函数. 对复合函数 $g[f(x)]$ 而言，$D_g\cap Z_f$ 未必非空，如对定义在 $(-\infty,+\infty)$ 内的$f(x)=1-e^{x^2}$ 和定义在 $(0,+\infty)$ 内的 $g(x)=\ln x$，$g[f(x)]$ 就不能构成复合函数关系，可见不一定是初等函数.

小结 复合函数是微积分中最常见的函数结构，其特点就是自变量到因变量之间的对应关系由一个或多个中间变量过渡. 复合函数关系 $f[g(x)]$ 的成立关键看函数 $y=f(u)$ 的定义域与函数 $u=g(x)$ 的值域的交集是否非空. 复合函数 $\varphi(x)=f[g(x)]$ 常见的运算是：

已知 $f(x)$，$g(x)$，求 $\varphi(x)$ 及其定义域；

已知 $f(x)$，$\varphi(x)$，求 $g(x)$ 及其定义域；

已知 $g(x)$，$\varphi(x)$，求 $f(x)$ 及其定义域.

实际问题中我们通常遇到的函数形式不只是变量之间层层的复合，通常还穿插函数间的四则运算，将一个复杂的函数分解为若干简单函数（一般为基本初等函数）的四则运算和复合往往是求解问题的手段和关键，尤其在后面的微分运算中运用得较为广泛.

反函数在微积分中实际运用得不多，更多的是概念层面. 函数 $y=f(x)$ 存在反函数的关键是根据对应法则 f，定义域与值域内各点之间构成一一对应关系. 求函数 $y=f(x)$ 的反函数通常由反解方程 $y=f(x)$ 得到，注意 $x=f^{-1}(y)$ 与习惯表示法 $y=f^{-1}(x)$ 的区分，尤其是其直观背景的不同，应了解 $y=f(x)$ 与 $y=f^{-1}(x)$ 单调性的相似性及定义域与值域的转换关系.

分段函数是经济问题中常见的一类函数，其特点是从自变量到因变量之间的函数关系，通过两个或两个以上定义分区间上不同的解析式表示，整个函数的定义域即为各定义分区间的并. 建立分段函数及其运算，应在各分段开区间按一般规则一一处理. 而分段点往往是函数的重要分界点，处理各分段点的分析性质时，应该严格按照相关定义单独处理.

初等函数是微积分研究中最基本且最重要的函数类型，在其定义区间内具有很好的分析性质. 关键是对初等函数的认定. 在函数关系有意义的情况下，判断是否为初等函数有三个要点：一是基本初等函数为构成要件；二是经有限次四则运算或复合；三是能用一个解析式表示. 判断时，注意同一函数可能有不同的表达形式，如例 4 中，初等函数 $g(x)=2x-|x^2-x|$ 同样可以表示为分段函数. 又如，当$|x|<1$ 时，无穷递缩等比数列的和 $f(x)=1+x+x^2+\cdots$可等价表示为$\dfrac{1}{1-x}$，即可以为一个初等函数. 因此，不要以某种表象作出错误的判断.

4. 简单函数关系的建立

[例 1] 某商品进价为 a（元/件），根据以往经验，当售价为 b（元/件）时，销售量为 c 件（a，b，c 均为正常数，且 $b\geqslant\frac{4}{3}a$）. 市场调查表明售价每下降 10%，销售量可增加 40%，现决定一次性降价，求利润与商品定价 P 之间的函数关系及其定义域.

分析 构造利润函数的关键是构造需求函数. 函数定义域为满足 $Q(P)\geqslant 0$ 且 $P\geqslant 0$ 的区域，$Q(0)$ 通常称为最大需求量.

解 设一次性降价后商品的定价为 P，降价后，销售量增加 x 件，于是有

$$\frac{x}{b-P}=\frac{0.4c}{0.1b}，得\ x=\frac{4c}{b}(b-P)，$$

从而得商品的需求函数为 $Q(P)=c+x=c+\frac{4c}{b}(b-P)$，因此，利润函数为

$$L(P)=Q(P)P-aQ(P)=(P-a)\left(5c-\frac{1}{b}4cP\right).$$

由 $Q(P)\geqslant 0$，得定义域为 $\left[0,\ \frac{5b}{4}\right]$.

[例 2] 某网络公司开通全天 24 小时上网服务，计费规定为：若每天上网时间不超过 2 小时，每小时收费 2 元；若每天上网时间在 2～4 小时（不含 2 小时），每小时收费 1.5 元；若每天上网时间超过 4 小时，超过部分每小时收费 1 元，每天最高收费 18 元封顶. 试求出上网费用与上网时间的函数关系及其定义域.

分析 由于上网时数在不同时段收费标准不同，应分段计费，结果为分段函数.

解 每天上网时数为 x 小时，于是，当 $0\leqslant x\leqslant 2$ 时，收费为 $y=2x$ 元；当 $2<x\leqslant 4$ 时，收费为 $y=1.5x$ 元；当 $4<x$ 时，考虑到收费封顶，由 $6+(x-4)=18$ 得到 $x=16$，因此，当 $4<x\leqslant 16$ 时，收费为 $y=6+(x-4)=2+x$ 元；当 $16<x\leqslant 24$ 时，收费为 $y=18$ 元. 从而得到

$$y=\begin{cases}2x, & 0\leqslant x\leqslant 2\\ 1.5x, & 2<x\leqslant 4\\ 2+x, & 4<x\leqslant 16\\ 18, & 16<x\leqslant 24\end{cases}\quad（单位：元），$$

定义域为 $[0,\ 24]$.

小结 建立函数关系是应用微积分解决实际问题的前提，十分重要. 这里不仅需要必要的数学知识，还应了解相关问题的实际背景. 就经济问题来说，应重点了解需求函数、供给函数、成本函数、收益函数和利润函数的函数结构和背景. 其中：

需求函数是社会对某种商品的需求量（即销量）Q 与价格 P 之间的函数关系，且 Q 与 P 互为反函数. 需求函数一般为单调减函数，Q，P 非负，$Q(0)$ 通常称为最大需求量. 实际问题中，需求函数还是构建收益函数的必不可少的基本要件.

供给函数是社会对某种商品的供给量与价格 P 之间的函数关系，一般为单调增函数，

供给函数只有在供求平衡的条件下才能构建收益函数，供求平衡条件下的价格称为平衡价格（或均衡价格）.

成本函数 $C(Q)$ 一般指生产经营 Q 单位某种商品所花的费用，通常包括固定成本 $C(0)$ 和可变成本两部分，其中固定成本是生产出产品前所花的费用，可变成本是伴随产出而生成的费用. 在讨论税收或产品推销的广告问题时，所涉及的费用一般不在成本内，计算时应单列.

收益函数 $R(Q)$ 是生产并销售 Q 单位产品所得到的收入. 一般表示为 $R(Q)=Q\cdot P(Q)$（或 $R(P)=Q(P)\cdot P$），由于产品未销售就不会有收入，因此 $R(0)=0$.

利润函数 $L(Q)$ 一般指生产经营 Q 单位某种商品所得到的纯收入，可表示为 $L(Q)=R(Q)-C(Q)$. 使利润函数为零的点 Q_0 称为保本点或盈亏平衡点.

五、综合练习

1. 填空题

(1) 已知 $f(e^x+1)=x^2+1$，则函数 $f(x)$ 的表达式及其定义域为________.

(2) 若函数 $f(x)=\dfrac{x-2}{x^2+ax+3}$ 在 $(-\infty, +\infty)$ 有定义，则 a 的取值范围是________.

(3) 设 $f(x)=\dfrac{ax}{2x+3}$，且 $f[f(x)]=x$，则 $a=$________.

(4) 函数 $f(x)=\dfrac{4x+3}{x-3}$ 的值域为________.

(5) 设 $f(x)=\begin{cases} x, & 0\leqslant x\leqslant 1 \\ 1-x, & 1<x\leqslant 2 \end{cases}$，则 $f^{-1}(x)=$________.

(6) 设 $f(x)=(2|x+1|-|3-x|)x$，则 $f(x)$ 可化为分段函数________.

(7) 函数 $y=\arctan(x^2-2x+3)$ 的单调减区间为________.

2. 单项选择题

(1) 下列函数对中，两函数相等的是（　　）.

A. $y=x$ 与 $y=\tan(\arctan x)$　　B. $y=3^x$ 与 $y=\log_3 x$

C. $y=\ln(x+x^2)$ 与 $y=\ln x+\ln(1+x)$　　D. $y=\dfrac{x+x^2}{x-x^2}$ 与 $y=\dfrac{1+x}{1-x}$

(2) 下列函数中为无界函数的是（　　）.

A. $y=e^{\sin x}$　　B. $y=\dfrac{1}{x^2-2x+2}$

C. $y=\ln(1+\cos x)$　　D. $y=x\arcsin x$

(3) 设 $f(x)=\lg\dfrac{1-x}{1+x}$，$g(x)=x^3$，则下列函数中为偶函数的是（　　）.

A. $f[g(x)]$　　B. $f(x)g(x)$

C. $f(x)+g(x)$　　D. $g[f(-x)]$

(4) 设 $f(x)=x\cdot\tan x\cdot e^{\sin x}$，则 $f(x)$ 是（　　）.

A. 偶函数　　B. 单调函数　　C. 无界函数　　D. 周期函数

(5) 下列函数中，一定不是初等函数的是（　　）.

A. 分段函数　　B. 含有绝对值号的函数

C. 取整函数 [ ]　　D. 幂指函数 $[f(x)]^{g(x)}$

3. 用区间表示下列函数的定义域.

(1) $y=\sqrt{\lg\frac{x-1}{3}}$；　　(2) $y=e^{\sqrt{\cos x}}$；

(3) $y=\arcsin(x^2-2x-1)$；　　(4) $y=x^{x^2-x}$.

4. 设 $f(x)=\sin x$，$f[g(x)]=1-x^2$，求 $g(x)$，并给出 $g(x+1)$，$g\left(x-\frac{1}{2}\right)$ 的定义域.

5. 设 $f(x)$，$\varphi(x)$ 均为单调增函数，且 $f(x)\leqslant\varphi(x)$，证明 $f[f(x)]\leqslant\varphi[\varphi(x)]$.

6. 设 $f(x)=\max\{\sin x, \cos x\}$，(1) 画出函数 $f(x)$ 在 $[0, 2\pi]$ 上的图形；(2) 试判断 $f(x)$ 是否为周期函数，若是周期函数，给出函数的周期；(3) 将 $f(x)$ 表示为分段函数形式.

7. 试证明：若 $f(x)$ 为有界函数，则任意函数 $g(x)$ 与 $f(x)$ 构成的复合函数 $f[g(x)]$ 也必为有界函数.

8. 设一个无盖的圆柱形容器的体积为 V，试将表面积表示为底面半径的函数.

9. 某商家销售某种商品，当一次购买量不超过 5 公斤时按原价每公斤 10 元计价，当一次购买量超过 5 公斤但低于 15 公斤时超出 5 公斤部分按原价的 8 折计价，当一次购买量达到或超过 15 公斤时超出 15 公斤部分按原价的 6 折计价. 试将一次购买该商品所需费用表示为购买量的函数.

10. 设某商品的需求函数为 $5P+2X_d=200$，供给函数为 $P=\frac{4}{5}X_s+10$（价格单位：元；商品单位：万件），求：(1) 该商品的均衡价格和均衡需求量；(2) 若每件征税 6 元，求均衡价格和均衡需求量；(3) 在无税的情况下，需求量增加 2 万件，若要需求平衡，政府对每单位商品应给多少补贴.

参考答案

1. (1) $f(x)=\ln^2(x-1)+1$，$(1, +\infty)$；　(2) $|a|<2\sqrt{3}$；　(3) -3；

(4) $(-\infty, 4)\cup(4, +\infty)$；　(5) $f^{-1}(x)=\begin{cases}1-x, & -1\leqslant x<0\\ x, & 0\leqslant x\leqslant 1\end{cases}$；

(6) $f(x)=\begin{cases}-x^2-5x, & x<-1\\ 3x^2-x, & -1\leqslant x<3\\ x^2+5x, & 3\leqslant x\end{cases}$；　(7) $(-\infty, 1)$.

2. (1) A；　(2) C；　(3) B；　(4) C；　(5) C.

3. (1) $D_f=[4, +\infty)$；　(2) $D_f=\left[2k\pi-\frac{\pi}{2}, 2k\pi+\frac{\pi}{2}\right]$，$k\in Z$；

(3) $D_f=[1-\sqrt{3}, 0]\cup[2, 1+\sqrt{3}]$；　(4) $D_f=(0, +\infty)$.

4. $g(x)=\arcsin(1-x^2)$，由 $|1-x^2|\leqslant 1$，$g(x+1)$，$g\left(x-\frac{1}{2}\right)$ 的定义域分别为 $[-1-\sqrt{2},\sqrt{2}-1]$，$\left[\frac{1}{2}-\sqrt{2},\sqrt{2}+\frac{1}{2}\right]$. 图略.

5. 证略.

6. (1) 图略； (2) $f(x)$ 是周期为 2π 的周期函数；

(3) $f(x)=\begin{cases}\cos x, & 2k\pi\leqslant x<2k\pi+\frac{\pi}{4},\ 2k\pi+\frac{5\pi}{4}\leqslant x<(2k+1)\pi \\ \sin x, & 2k\pi+\frac{\pi}{4}\leqslant x<\frac{5\pi}{4}\end{cases}$，$k\in Z$.

7. 证略.

8. $S(r)=2\pi rh+\pi r^2=\frac{2V}{r}+\pi r^2$.

9. $y=\begin{cases}10x, & 0\leqslant x\leqslant 5 \\ 8x+10, & 5<x<15 \\ 6x+40, & 15\leqslant x\end{cases}$ 单位：元.

10. (1) 均衡价格 $\bar{P}=30$ 元，均衡需求量为 $X_d=X_s=25$ 万件.

(2) 若征税，均衡价格 $\bar{P}=32$ 元，均衡需求量变为 $X_d=X_s=20$ 万件.

(3) 政府对每单位商品应给补贴 2.4 元.

第 2 章

极限与连续

一、知识结构

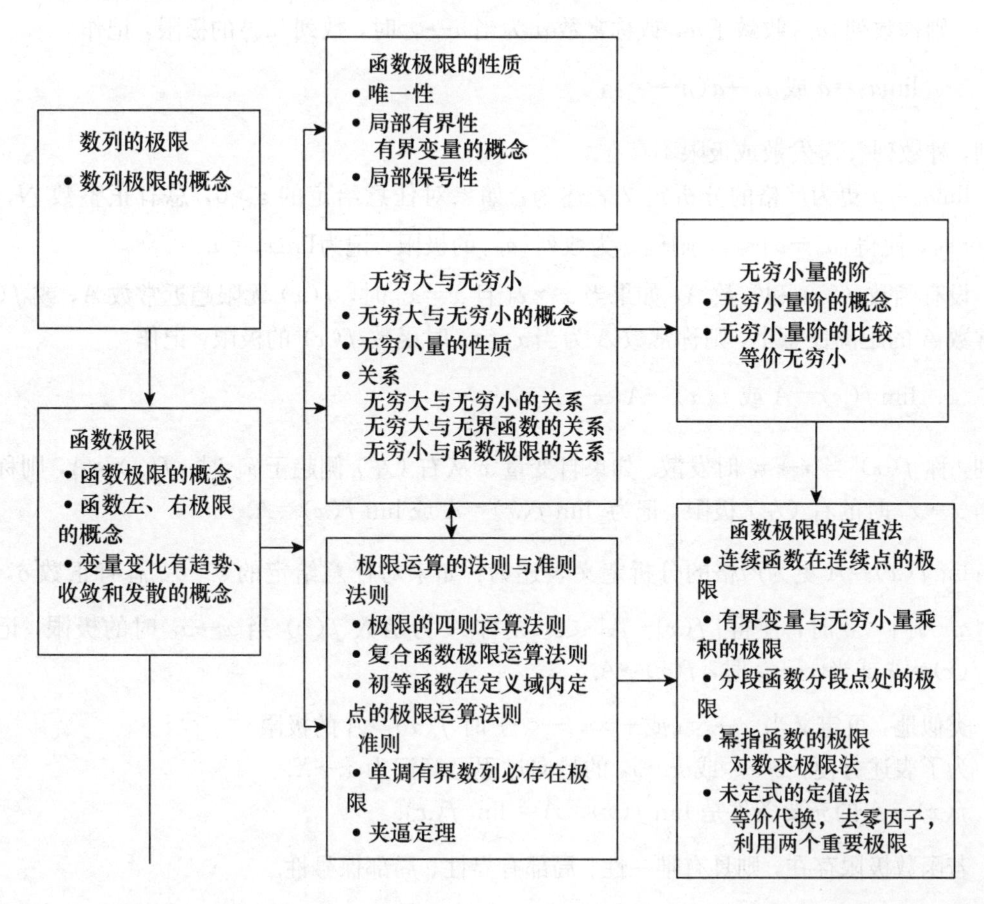

数列的极限
• 数列极限的概念
函数极限
• 函数极限的概念
• 函数左、右极限的概念
• 变量变化有趋势、收敛和发散的概念
函数极限的性质
• 唯一性
• 局部有界性
有界变量的概念
• 局部保号性
无穷大与无穷小
• 无穷大与无穷小的概念
• 无穷小量的性质
• 关系
无穷大与无穷小的关系
无穷大与无界函数的关系
无穷小与函数极限的关系
极限运算的法则与准则
法则
• 极限的四则运算法则
• 复合函数极限运算法则
• 初等函数在定义域内定点的极限运算法则
准则
• 单调有界数列必存在极限
• 夹逼定理
无穷小量的阶
• 无穷小量阶的概念
• 无穷小量阶的比较
等价无穷小
函数极限的定值法
• 连续函数在连续点的极限
• 有界变量与无穷小量乘积的极限
• 分段函数分段点处的极限
• 幂指函数的极限
对数求极限法
• 未定式的定值法
等价代换，去零因子，利用两个重要极限

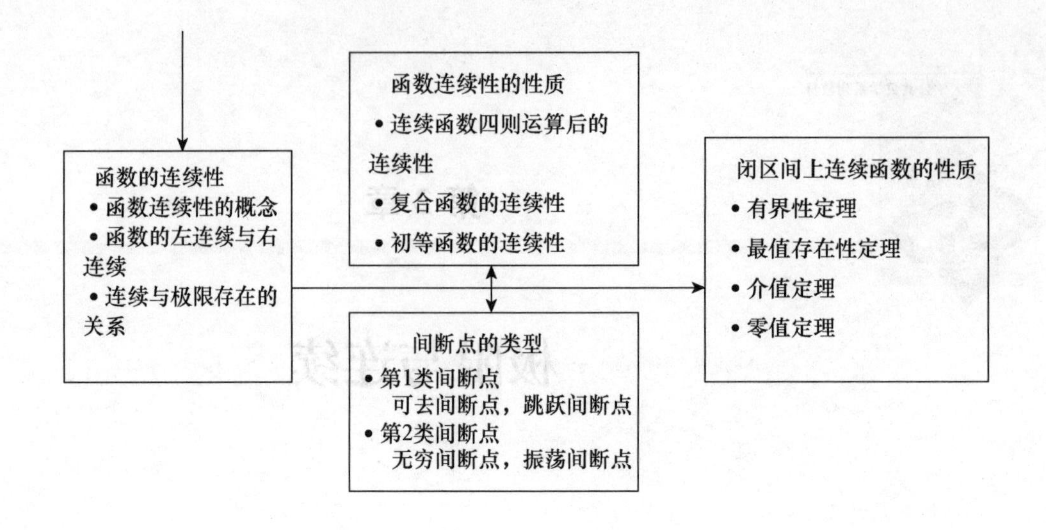

二、内容提要

1. 函数极限的概念

对于数列$\{a_n\}$和常数a，如果当n无限增大时，数列$\{a_n\}$的通项a_n与常数a的距离任意小，则称数列$\{a_n\}$收敛于a，或称常数a为当$n\to\infty$时，数列$\{a_n\}$的极限，记作

$$\lim_{n\to\infty}a_n=a \text{ 或 } a_n\to a(n\to\infty),$$

否则，称数列$\{a_n\}$发散或极限不存在.

$\lim\limits_{n\to\infty}a_n=a$更为严格的分析定义表述为：如果对任意给定的$\varepsilon>0$，总有正整数$N$，当$n>N$时，使得$|a_n-a|<\varepsilon$，则称$a$为数列$\{a_n\}$的极限，记为$\lim\limits_{n\to\infty}x_n=a$.

设有函数$f(x)$和常数A，如果当$x\to x_0$且$x\neq x_0$时，$f(x)$无限趋近常数A，或$f(x)$与常数A的距离任意小，则称常数A为当$x\neq x_0$时函数$f(x)$的极限，记作

$$\lim_{x\to x_0}f(x)=A \text{ 或 } f(x)\to A(x\to x_0),$$

否则，称$f(x)$当$x\to x_0$时发散. 如果自变量x从右（左）侧趋于x_0时，$f(x)\to A$，则称A为当$x\to x_0$时的右（左）极限，记为$\lim\limits_{x\to x_0^+}f(x)=A$或$\lim\limits_{x\to x_0^-}f(x)=A$.

$\lim\limits_{x\to x_0}f(x)=A$更为严格的分析定义表述为：如果对任意给定的$\varepsilon>0$，总有正数$\delta$，当$0<|x-x_0|<\delta$时，使得$|f(x)-A|<\varepsilon$，则称$A$为函数$f(x)$当$x\to x_0$时的极限，记为$\lim\limits_{x\to x_0}f(x)=A$或当$x\to x_0$时，$f(x)\to A$.

类似地，可定义当$x\to\infty$（或$+\infty$，$-\infty$）时$f(x)\to A$的极限.

为了表述方便，$x\to\infty$或$x\to x_0$的趋向过程可简记为$x\to X$.

$f(x)\to A$的充要条件是$\lim\limits_{x\to X^+}f(x)=A=\lim\limits_{x\to X^-}f(x)$.

若函数极限存在，则具有唯一性、局部有界性、局部保号性.

2. 无穷大、无穷小的概念及其性质

若当 $x \to X$ 时，函数 $f(x)$ 取值无限增大，即当 x 变化足够大时，函数 $f(x)$ 的绝对值大于任意给定的大的正数，则称 $f(x)$ 为当 $x \to X$ 时的无穷大量，记作 $\lim\limits_{x \to X} f(x) = \infty$. 此时，$f(x)$ 有变化趋势，但无极限.

若 $\lim\limits_{x \to X} f(x) = 0$，则称 $f(x)$ 为当 $x \to X$ 时的无穷小量. 常数 0 是特殊的无穷小量.

无穷小量的性质：有限个无穷小量的和或乘积仍为无穷小量；无穷小量乘有界变量仍为无穷小量；无穷小量除以极限不为零的变量，仍为无穷小量.

关系：当 $x \to X$ 时，$f(x) \to A$ 的充要条件是 $f(x)$ 可表示为 A 与无穷小量 α 的和；当无穷小量 $\alpha \neq 0$ 时，α 分之一为无穷大量；无穷大量分之一为无穷小量.

3. 无穷小量的阶

α，β 为同一过程中的无穷小量，若 $\frac{\alpha}{\beta} \to 0$，则称 α 是比 β 高阶的无穷小，或称 β 是比 α 低阶的无穷小，记作 $\alpha = o(\beta)$；若 $\frac{\alpha}{\beta} \to c(\neq 0)$，则称 α 与 β 为同阶无穷小；特别地，当 $c=1$ 时，称 α 与 β 为等价无穷小，记作 $\alpha \sim \beta$.

常见的等价无穷小有：$\sin x \sim x$，$\tan x \sim x$，$\arcsin x \sim x$，$\arctan x \sim x$，$1-\cos x \sim \frac{1}{2}x^2$，$e^x - 1 \sim x$，$\ln(1+x) \sim x$，$(1+x)^\alpha - 1 \sim \alpha x$.

4. 极限运算的法则与准则

法则：若当 $x \to X$ 时，$f(x) \to A$，$g(x) \to B$，则 $f(x) \pm g(x) \to A \pm B$，$f(x) \cdot g(x) = A \cdot B$，$\frac{f(x)}{g(x)} \to \frac{A}{B}(B \neq 0)$.

准则：单调有界数列必有极限.

若当 x 足够接近 X 时，不等式 $h(x) \leqslant f(x) \leqslant g(x)$ 成立，且当 $x \to X$ 时，$h(x) \to A$，$g(x) \to A$，则 $f(x)$ 极限存在，且为 A.

两个重要极限：$\lim\limits_{x \to 0} \frac{\sin x}{x} = 1$，$\lim\limits_{x \to \infty}\left(1+\frac{1}{x}\right)^x = \lim\limits_{x \to 0}(1+x)^{\frac{1}{x}} = e$.

5. 函数连续性的概念

若 $\lim\limits_{x \to x_0} f(x) = f(x_0)$，则称 $f(x)$ 在点 x_0 连续. 若 $\lim\limits_{x \to x_0^+} f(x) = f(x_0)$ 或 $\lim\limits_{x \to x_0^-} f(x) = f(x_0)$，则称 $f(x)$ 在点 x_0 右连续或左连续. $f(x)$ 在点 x_0 连续的充要条件是 $\lim\limits_{x \to x_0^+} f(x) = \lim\limits_{x \to x_0^-} f(x) = f(x_0)$.

如果 $f(x)$ 在某区间 (a, b) 内点点连续，则称 $f(x)$ 在该区间内连续，其中若 $f(x)$ 分别在点 a，b 右连续、左连续，则 $f(x)$ 在 $[a, b]$ 上连续.

初等函数在其定义域内连续.

若当 $x \to x_0$ 时，$f(x)$ 的极限存在，但在点 x_0 不连续，则称 x_0 为可去间断点；若 $f(x)$ 在点 x_0 的左、右极限存在，但不相等，则称 x_0 为跳跃间断点. 可去间断与跳跃间断统称为第 1 类间断. 当 $x \to x_0^+$ 或 x_0^- 时，若 $f(x) \to \infty$，则称 x_0 为无穷间断点；若 $f(x)$ 振荡无趋势，则称 x_0 为振荡间断点. 无穷间断与振荡间断统称为第 2 类间断.

6. 闭区间上连续函数的性质

若函数 $f(x)$ 在 $[a, b]$ 上连续，则 $f(x)$ 在 $[a, b]$ 上有界，且取到最大值 M 和最小值 m.

若函数 $f(x)$ 在 $[a, b]$ 上连续，且 $m \leqslant c \leqslant M$，则存在点 $\xi \in [a, b]$，使得 $f(\xi) = c$.

若函数 $f(x)$ 在 $[a, b]$ 上连续，且 $f(a)f(b) \leqslant 0$，则存在点 $\xi \in [a, b]$，使得 $f(\xi) = 0$.

若函数 $f(x)$ 在 $[a, b]$ 上连续，且 $f(a)f(b) < 0$，则存在点 $\xi \in (a, b)$，使得 $f(\xi) = 0$.

三、重点与要求

1. 了解数列极限和函数极限（包括左极限与右极限）的概念.

2. 理解无穷小量的概念和基本性质，掌握无穷小量的比较方法，了解无穷大量的概念及与无穷小量的关系.

3. 了解极限的性质和极限存在的两个准则，掌握极限运算的四则运算法则，掌握利用两个重要极限求极限的方法.

4. 理解函数连续性的概念（含左连续与右连续），会判别函数间断点的类型.

5. 了解连续函数的性质和初等函数的连续性. 理解闭区间上连续函数的性质（有界性、最大值和最小值定理、介值定理），并会运用这些性质.

四、例题解析

1. 极限的概念

[**例 1**] 单项选择题

(1) 下列极限与 $\lim\limits_{n\to\infty} x_n = 0$ 不等价的为(　　).

A. $\lim\limits_{n\to\infty} x_{2n} = 0$　　　　B. $\lim\limits_{n\to\infty} |x_n| = 0$

C. $\lim\limits_{n\to\infty} 2x_n = 0$　　　　D. $\lim\limits_{n\to\infty} (x_n + A) = A$

(2) 设函数 $f(x)$ 在点 $x = a$ 的某空心邻域有定义，如果条件（　　）成立，则极限 $\lim\limits_{x\to a} f(x)$ 存在.

A. $\lim\limits_{x\to a^+} f(x) = \lim\limits_{x\to a^-} f(x) = A$（$A$ 为常数，x 为有理数）

B. $\lim\limits_{x\to a^+} f(x)$，$\lim\limits_{x\to a^-} f(x)$ 均存在，且在点 $x = a$ 处有定义

C. $\lim\limits_{n\to\infty} f\left(a + \dfrac{1}{n}\right)$ 存在

D. $\lim\limits_{x\to 0}f(a+x)$存在

(3) 已知 $\lim\limits_{x\to+\infty}[f(x)-g(x)]=A>0$，则（　　）.

A. $\lim\limits_{x\to+\infty}f(x)>\lim\limits_{x\to+\infty}g(x)$

B. $f(x)>g(x)$

C. 当 x 足够大时，必有 $f(x)>g(x)+\dfrac{A}{2}$

D. 当 x 足够大时，必有 $f(x)>g(x)+A$

答　(1) A.　　(2) D.　　(3) C.

解析　(1) $\lim\limits_{n\to\infty}x_n=0$，即当 n 足够大时，x_n 与 0 的距离 $|x_n-0|=|x_n|$ 任意小，因此，可以等价表示为 $\lim\limits_{n\to\infty}|x_n|=0$. 同样也可看作距离 $|2x_n-0|=|2x_n|$ 任意小，即 $\lim\limits_{n\to\infty}2x_n=0$. 又 $\lim\limits_{n\to\infty}(x_n+A)=A$ 的充分必要条件是：当 n 足够大时，x_n+A 与极限 A 的差 x_n 任意小，即 $\lim\limits_{n\to\infty}x_n=0$. 由排除法知，选项 A 与已知不等价，选之. 事实上，x_{2n} 只是数列 x_n 的一个子列，由 x_{2n} 的极限不能推出极限 $\lim\limits_{n\to\infty}x_n$ 的存在性. $\lim\limits_{n\to\infty}x_{2n}=0$ 是 $\lim\limits_{n\to\infty}x_n=0$ 的必要而非充分条件.

(2) 极限 $\lim\limits_{x\to a}f(x)$ 是自变量 x 以任意方式和路经趋向 a 时函数 $f(x)$ 的变化趋势，选项 A 和选项 C 对 x 的趋向方式都加以限制，因此，不能推出 $\lim\limits_{x\to a}f(x)$ 的任何结论. 又 $\lim\limits_{x\to a}f(x)$ 与 $f(x)$ 在点 $x=a$ 处是否有定义无关，$\lim\limits_{x\to a^+}f(x)$，$\lim\limits_{x\to a^-}f(x)$ 存在，未必相等，故选项 B 不正确. 只有选项 D 中 $x\to 0$ 时 $a+x\to a$ 与 $x\to a$ 的过程一致，选之.

(3) $\lim\limits_{x\to+\infty}[f(x)-g(x)]$ 存在，$\lim\limits_{x\to+\infty}f(x)$，$\lim\limits_{x\to+\infty}g(x)$ 未必存在. $\lim\limits_{x\to+\infty}[f(x)-g(x)]=A>0$ 的几何意义如图 2-1 所示，当 x 变化足够大时，曲线 $y=f(x)-g(x)$ 夹在由直线 $y=\dfrac{3A}{2}$ 和 $y=\dfrac{A}{2}$ 所围的区域内，即有 $f(x)-g(x)>\dfrac{1}{2}A$，从而有 $f(x)>g(x)+\dfrac{A}{2}$.

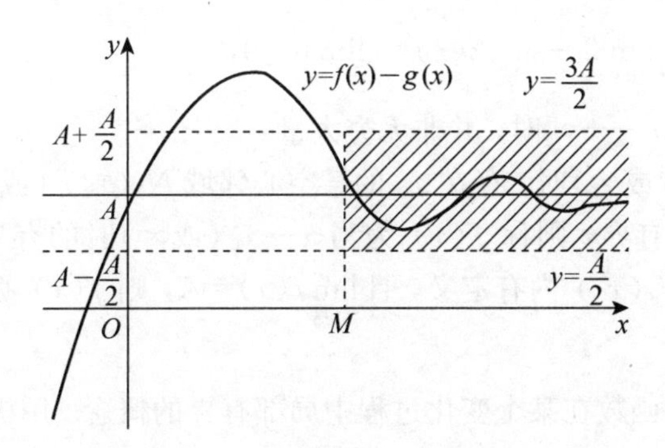

图 2-1

但不保证 $f(x)>g(x)+A$，且在函数的定义域内也不保证 $y=f(x)-g(x)>0$. 综上讨论，本题应选 C. 结论 C 可以利用极限的分析定义给出严格证明：由 $\lim\limits_{x\to+\infty}[f(x)-g(x)]=A>0$，取 $\varepsilon=\dfrac{A}{2}$，则必存在 $M>0$，当 $x>M$ 时，总有

$$|f(x)-g(x)-A|<\frac{A}{2}，即\ f(x)-g(x)>A-\frac{A}{2}=\frac{A}{2}，f(x)>g(x)+\frac{A}{2}.$$

[例 2] 设数列$\{x_n\}$满足关系式$x_{n+1}-2x_n=\dfrac{\sqrt{n}-3n}{n-1}$，且$\lim\limits_{n\to\infty}x_{2n}=3$. 判断当$n\to\infty$时$x_n$是否收敛. 若收敛，试计算$\lim\limits_{n\to\infty}x_n$.

分析 当$n\to\infty$时，x_{2n}，x_{2n+1}的趋向覆盖了x_n的趋向的所有过程. 在x_{2n}收敛且$\lim\limits_{n\to\infty}x_{2n}=3$的条件下，关键看$x_{2n+1}$是否收敛，且是否收敛到极限3.

解 由已知，$x_{2n+1}=2x_{2n}+\dfrac{\sqrt{2n}-6n}{2n-1}$，于是，由$\lim\limits_{n\to\infty}x_{2n}=3$，有

$$\lim_{n\to\infty}x_{2n+1}=2\lim_{n\to\infty}x_{2n}+\lim_{n\to\infty}\frac{\sqrt{2n}-6n}{2n-1}=2\times3-3=3,$$

从而知$\lim\limits_{n\to\infty}x_{2n}=\lim\limits_{n\to\infty}x_{2n+1}=3$，因此当$n\to\infty$时，$x_n$收敛，且$\lim\limits_{n\to\infty}x_n=3$.

[例 3] 证明$f(x)=x\sin x$在$(0, +\infty)$内无界，但当$x\to+\infty$时，并非无穷大量.

分析 只要取$x\to+\infty$的某个子过程，若在该变化过程中，$f(x)\to\infty$，即x足够大时，$f(x)$可以任意大，即证明$f(x)$为无界函数. 同样地，只要取到$x\to+\infty$的另一个子过程，在该变化过程中，$f(x)\to A$（A为定常数），就说明当$x\to+\infty$时，$f(x)$没有确定的变化趋势，即非无穷大量.

解 取$x'_k=2k\pi+\dfrac{\pi}{2}$（$k=1, 2, \cdots$），显然$x'_k\in(0, +\infty)$，当$k\to+\infty$时，$x'_k\to+\infty$，于是有

$$\lim_{k\to+\infty}f(x'_k)=\lim_{k\to+\infty}\left(2k\pi+\frac{\pi}{2}\right)\sin\left(2k\pi+\frac{\pi}{2}\right)=\lim_{k\to+\infty}\left(2k\pi+\frac{\pi}{2}\right)=+\infty,$$

因此，$f(x)=x\sin x$在$(0, +\infty)$内无界.

另取$x''_k=2k\pi(k=1, 2, \cdots)$，显然$x''_k\in(0, +\infty)$，当$k\to+\infty$时，$x''_k\to+\infty$，有

$$\lim_{k\to+\infty}f(x''_k)=\lim_{k\to+\infty}2k\pi\sin(2k\pi)=\lim_{k\to+\infty}0=0,$$

因此，$f(x)=x\sin x$当$x\to+\infty$时，并非无穷大量.

*[例 4] 若当$x\to x_0$（或∞）时，存在x_0的某空心邻域$N_\delta(\bar{x}_0)$（或M邻域$N_M(\infty)$），在该邻域内，函数$f(x)$有界，则称$f(x)$为当$x\to x_0$（或∞）时的有界变量. 证明：若函数$f(x)$在x_0的某邻域$N_\delta(x_0)$内有定义，且$\lim\limits_{x\to x_0}f(x)=A$，则$f(x)$必为当$x\to x_0$时的有界变量.

分析 有界变量是函数在某个变化过程中局部有界的概念. 用极限的分析定义可以更加清晰地给出证明.

证 由$\lim\limits_{x\to x_0}f(x)=A$，对于某个给定的$\varepsilon_0>0$，必存在正数$\delta_0$（$\leqslant\delta$），当$0<|x-x_0|<\delta_0$时，总有

$$|f(x)|-|A|\leqslant|f(x)-A|<\varepsilon_0,\ 即有\ |f(x)|<|A|+\varepsilon_0,$$

因此，$f(x)$在空心邻域$N_{\delta_0}(\bar{x}_0)$内有界，即$f(x)$为当$x\to x_0$时的有界变量.

小结 函数极限理论是微积分的理论基础，因此，极限概念是微积分重要的基本概念之一. 函数极限描绘的是在自变量的某个特定的变化过程中函数的变化趋势问题. 应明确

以下几点：

(1) 如果在自变量 x 的某个特定的变化过程中当变化足够大时，函数 $f(x)$ 与某个定常数 A 无限接近，确切地说，是距离 $|f(x)-A|$ 任意小，则称函数 $f(x)$ 在该变化过程中收敛，即存在极限 A，其中常数 A 与自变量变化的路径和过程无关. 相反地，如果 A 与 x 变化的子过程有关，则函数必定发散. 另外，当 $x\to x_0$ 时，A 与 $f(x)$ 在趋向点 x_0 时是否有定义及 $f(x_0)$ 的大小无关，为此约定当 $x\to x_0$ 时 $x\neq x_0$.

(2) 如果在自变量 x 的某个特定的变化过程中当变化足够大时，函数 $f(x)$ 的绝对值无限增大，则称函数 $f(x)$ 在该变化过程中为无穷大. 当 $f(x)$ 为无穷大时，极限不存在，是发散的，但其绝对值无限增大的趋势是整体性的，与自变量变化的路径和过程无关，所以，仍然称 $f(x)$ 的变化是有趋势的，结果仍用极限符号表示为 $\lim\limits_{x\to X}f(x)=\infty$. 后者也是区分在某个特定的变化过程中函数无界和无穷大的一个重要特征.

(3) 函数 $f(x)$ 的极限反映了函数在趋向点的局部邻域函数时的性质，即局部保号性和局部有界性. 正如等式 $\lim\limits_{n\to\infty}x_n=\lim\limits_{n\to\infty}x_{n+N}$ 所表示的，$\lim\limits_{n\to\infty}x_n$ 与变化从 x_n 的哪一项起步无关，以及在过程中，有限范围内 x_n 的形态无关，体现的是 n 足够大（要多大就多大）时 x_n 的特征.

另外，极限的分析定义是极限概念的更为精确的表述，有关极限的许多重要性质都要依靠该定义的严格的推导和证明. 在了解极限概念一般描述性定义的基础上，如能对其分析定义有所了解是十分有益的.

2. 无穷大与无穷小，阶的比较

[例 1] 填空题

(1) 当 $x\to 0$ 时，$(1+ax^2)^{\frac{1}{3}}-1$ 与 $\cos x-1$ 是等价无穷小，则 $a=$________.

(2) 若 $\ln(1+2x)+xf(x)$ 是比 x^3 高阶的无穷小，则 $\lim\limits_{x\to 0}f(x)=$________.

(3) 设 $f(x)=x+\sqrt{2x+\sqrt{3x}}$，则当 $x\to 0^+$ 时，$f(x)$ 是与________等价的无穷小，当 $x\to+\infty$ 时，$f(x)$ 是与________等价的无穷大.

(4) 设有正整数 k 和常数 c 满足 $\lim\limits_{n\to\infty}\dfrac{\left(n+\dfrac{1}{n}\right)^{100}}{n^k-(n-1)^k}=c\neq 0$，则 $k=$________，$c=$________.

答 (1) $-\dfrac{3}{2}$. (2) -2. (3) $\sqrt[4]{3x}$，x. (4) 101，$\dfrac{1}{101}$.

解析 (1) 当 $x\to 0$ 时，$(1+ax^2)^{\frac{1}{3}}-1\sim\dfrac{1}{3}ax^2$，$\cos x-1\sim-\dfrac{1}{2}x^2$，又 $(1+ax^2)^{\frac{1}{3}}-1$ 与 $\cos x-1$ 是等价无穷小，即有 $\lim\limits_{x\to 0}\dfrac{(1+ax^2)^{\frac{1}{3}}-1}{\cos x-1}=\lim\limits_{x\to 0}\dfrac{\frac{1}{3}ax^2}{-\frac{1}{2}x^2}=-\dfrac{2}{3}a=1$，得 $a=-\dfrac{3}{2}$.

(2) 依题设，$\ln(1+2x)+xf(x)=o(x^3)$，可得 $f(x)=-\dfrac{\ln(1+2x)}{x}+o(x^2)$，因此，

$$\begin{aligned}\lim_{x\to 0}f(x)&=-\lim_{x\to 0}\frac{\ln(1+2x)}{x}+\lim_{x\to 0}o(x^2)\\&=-\lim_{x\to 0}\frac{2x}{x}=-2\quad(\ln(1+2x)\sim 2x).\end{aligned}$$

(3) 当 $x\to0^+$ 时，$f(x)$ 趋于零的速度取决于其中速度最慢（即幂次最低）的项，由

$$\lim_{x\to0^+}\frac{f(x)}{\sqrt[4]{3x}}=\lim_{x\to0^+}\frac{x+\sqrt{2x+\sqrt{3x}}}{\sqrt[4]{3x}}=\frac{1}{\sqrt[4]{3}}\lim_{x\to0^+}\left(x^{\frac{3}{4}}+\sqrt{2x^{\frac{1}{2}}+\sqrt{3}}\right)=1$$

知当 $x\to0^+$ 时，$f(x)\sim\sqrt[4]{3x}$.

当 $x\to+\infty$ 时，$f(x)$ 趋于无穷大的速度取决于其中速度最快（即幂次最高）的项，由

$$\lim_{x\to+\infty}\frac{f(x)}{x}=\lim_{x\to+\infty}\frac{x+\sqrt{2x+\sqrt{3x}}}{x}=1+\lim_{x\to+\infty}\left(\sqrt{2x^{-1}+\sqrt{3}x^{-\frac{3}{2}}}\right)=1$$

知当 $x\to+\infty$ 时，$f(x)\sim x$.

(4) 当 $n\to\infty$ 时，$\left(n+\frac{1}{n}\right)^{100}\sim n^{100}$，$n^k-(n-1)^k=kn^{k-1}-\frac{1}{2}k(k-1)n^{k-2}+\cdots+(-1)^k\sim kn^{k-1}$.

依题设，$\left(n+\frac{1}{n}\right)^{100}$ 与 $n^k-(n-1)^k$ 为同阶无穷大，故 $100=k-1$，$k=101$，从而有

$$\lim_{n\to\infty}\frac{\left(n+\frac{1}{n}\right)^{100}}{n^{101}-(n-1)^{101}}=\lim_{n\to\infty}\frac{n^{100}}{101n^{100}}=\frac{1}{101}=c,\ c=\frac{1}{101}.$$

[例 2] 单项选择题

(1) 下列结论正确的是(　　).

A. 若当 $x\to X$ 时，α 是比 β 高阶的无穷大，则在同一变化过程中，$\frac{1}{\alpha}$ 是比 $\frac{1}{\beta}$ 高阶的无穷小.

B. 若当 $x\to X$ 时，α 是比 β 高阶的无穷小，则在同一变化过程中，$\frac{1}{\alpha}$ 是比 $\frac{1}{\beta}$ 高阶的无穷大.

C. 若当 $x\to\infty$ 时，$\alpha\beta$ 为无穷大，则当 $x\to\infty$ 时，α，β 中至少有一个为无穷大.

D. 同一变化过程中的任何两个无穷大均可比较阶的大小.

(2) 设 $f(x)=2^x+3^x-2$，则当 $x\to\infty$ 时，(　　).

A. $f(x)$ 是 x 的等价无穷小　　B. $f(x)$ 是 x 的同阶但非等价无穷小

C. $f(x)$ 是 x 的高阶无穷小　　D. $f(x)$ 是 x 的低阶无穷小

(3) 当 $x\to0$ 时，$(1-\cos x)\ln(1+x^2)$ 是比 $x\sin x^n$ 高阶的无穷小，且 $x\sin x^n$ 是比 $e^{x^2}-1$ 高阶的无穷小，则正整数 $n=$ (　　).

A. 4　　B. 3　　C. 2　　D. 1

答　(1) A.　(2) B.　(3) C.

解析　(1) 依题设，$\lim\limits_{x\to X}\frac{\alpha}{\beta}=\infty$，且当 $x\to X$ 时，$\frac{1}{\alpha}$，$\frac{1}{\beta}$，$\frac{\beta}{\alpha}$ 均为无穷小. 于是由 $\lim\limits_{x\to X}\frac{1/\alpha}{1/\beta}=\lim\limits_{x\to X}\frac{\beta}{\alpha}=0$ 知，$\frac{1}{\alpha}$ 是比 $\frac{1}{\beta}$ 高阶的无穷小. 若当 $x\to X$ 时，α 是比 β 高阶的无穷小，α 可能为零，$\frac{1}{\alpha}$ 无实际意义，故不能与 $\frac{1}{\beta}$ 比较阶的大小. 见反例：设 $\alpha=\begin{cases}1, & x\text{ 为有理数}\\ x, & x\text{ 为无理数}\end{cases}$，$\beta=$

$\begin{cases} x, & x\text{为有理数} \\ 1, & x\text{为无理数} \end{cases}$，显然，当 $x\to\infty$ 时，α，β 均非无穷大，但有 $\alpha\beta=x\to\infty$，因此结论 C 不成立．见反例：设 $\alpha=x^3\operatorname{arccot}x$，$\beta=x^3$，显然，当 $x\to\infty$ 时，α，β 均为无穷大，但比值 $\dfrac{\alpha}{\beta}=\operatorname{arccot}x$ 无极限，因此，结论 D 不成立．综上讨论，本题应选 A.

（2）$\lim\limits_{x\to0}\dfrac{f(x)}{x}=\lim\limits_{x\to0}\dfrac{2^x+3^x-2}{x}=\lim\limits_{x\to0}\dfrac{e^{x\ln2}-1}{x}+\lim\limits_{x\to0}\dfrac{e^{x\ln3}-1}{x}=\ln6\neq0$，1，其中 $e^{x\ln2}-1\sim x\ln2$，$e^{x\ln3}-1\sim x\ln3$，故 $f(x)$ 是 x 的同阶但非等价无穷小，故选择 B.

（3）当 $x\to0$ 时，$(1-\cos x)\ln(1+x^2)\sim\dfrac{1}{2}x^2\times x^2=\dfrac{1}{2}x^4$，$x\sin x^n\sim x^{n+1}$，$e^{x^2}-1\sim x^2$，

依题设，$\lim\limits_{x\to0}\dfrac{(1-\cos x)\ln(1+x^2)}{x\sin x^n}=\lim\limits_{x\to0}\dfrac{\frac{1}{2}x^4}{x^{n+1}}=\lim\limits_{x\to0}\dfrac{1}{2}x^{3-n}=0$，有 $3>n$，$\lim\limits_{x\to0}\dfrac{x\sin x^n}{e^{x^2}-1}=\lim\limits_{x\to0}\dfrac{x^{n+1}}{x^2}=\lim\limits_{x\to0}x^{n-1}=0$，有 $n>1$，从而知 $n=2$，故选择 C.

［例 3］判断下列运算是否正确，并说明判断理由，若不正确，给出正确的解法.

（1）$\lim\limits_{x\to0}\dfrac{\sin x-x}{x}=\lim\limits_{x\to0}\dfrac{x-x}{x}=0$，其中 $\sin x\sim x$.

（2）
$$\begin{aligned}\lim_{n\to\infty}\left(\frac{1}{n^2+\sqrt{n}}+\frac{2}{n^2+\sqrt{n}}+\cdots+\frac{n}{n^2+\sqrt{n}}\right)&=\lim_{n\to\infty}\frac{1}{n^2+\sqrt{n}}+\lim_{n\to\infty}\frac{2}{n^2+\sqrt{n}}+\cdots+\lim_{n\to\infty}\frac{n}{n^2+\sqrt{n}}\\&=0+0+\cdots+0=0.\end{aligned}$$

（3）$\lim\limits_{x\to+\infty}[e^{2x}\ln(e^x+1)-xe^{2x}]=\lim\limits_{x\to+\infty}e^{2x}\ln(e^x+1)-\lim\limits_{x\to+\infty}xe^{2x}=+\infty-(+\infty)=0$.

（4）$\lim\limits_{x\to0}\dfrac{\sin x+2(1-\cos x)}{\ln(1+x)-4x^3}=\lim\limits_{x\to0}\dfrac{\sin x}{\ln(1+x)}=\lim\limits_{x\to0}\dfrac{x}{x}=1$.

解析　（1）不正确．在和式极限中不能使用等价代换．正确的做法是：

$$\lim_{x\to0}\frac{\sin x-x}{x}=\lim_{x\to0}\frac{\sin x}{x}-\lim_{x\to0}\frac{x}{x}=1-1=0.$$

（2）不正确．无穷个无穷小相加时不适用无穷小的性质和运算法则．正确的做法是：

$$\begin{aligned}\lim_{n\to\infty}\left(\frac{1}{n^2+\sqrt{n}}+\frac{2}{n^2+\sqrt{n}}+\cdots+\frac{n}{n^2+\sqrt{n}}\right)&=\lim_{n\to\infty}\frac{1+2+\cdots+n}{n^2+\sqrt{n}}=\lim_{n\to\infty}\frac{1}{n^2+\sqrt{n}}\frac{n(n+1)}{2}\\&=\frac{1}{2}.\end{aligned}$$

（3）不正确．首先，在极限不存在的情况下，不能用性质写为两个极限的和；其次，两正无穷大之差是未定式，未必为零，推断有误．正确的做法是：

$$\begin{aligned}\lim_{x\to+\infty}[e^{2x}\ln(e^x+1)-xe^{2x}]&=\lim_{x\to+\infty}e^{2x}[\ln(e^x+1)-\ln e^x]\\&=\lim_{x\to+\infty}e^{2x}\ln(1+e^{-x})\\&=\lim_{x\to+\infty}e^x=+\infty,\end{aligned}$$

其中 $\ln(1+e^{-x})\sim e^{-x}$.

（4）正确．当 $x\to0$ 时，分子中 $\sin x$ 与 $1-\cos x$ 是不同阶的无穷小，决定变化速度的

(即主部) 是低阶的无穷小 $\sin x$，故可舍去 $2(1-\cos x)$. 同理，分母主项为 $\ln(1+x)$，$4x^3$ 可以舍去，最终是两个主项的比值的极限，即$\lim\limits_{x\to 0}\frac{\sin x+2(1-\cos x)}{\ln(1+x)-4x^3}=\lim\limits_{x\to 0}\frac{\sin x}{\ln(1+x)}=1$.

小结 无穷小与无穷大是两个重要的极限概念，尤其是无穷小在极限的分析和运算中均起着非常特殊的作用，因此，极限理论通常也称为无穷小分析. 应明确以下几点：

(1) 无穷小是一个在特定变化过程中极限为零的变量，函数在自变量的一个或多个变化过程中可能同时为无穷小，还可能在另外的变化过程中为无穷大. 只有一个例外，就是常数零，它可以在任何一个变化过程中都是无穷小，而且是速度最快（即阶数最高）的无穷小.

(2) 无穷小最重要且最有实用意义的是无穷小阶的概念. 利用无穷小高阶和低阶的概念，可以对同一个代数式中不同项的阶作比较，只保留决定趋向的低阶项，而舍去不能决定趋向的高阶项（如例 1 (4) 、例 3 (4)). 同样地，利用无穷小的等价的概念，可以从复杂结构的无穷小变量中找出最终决定其变化趋势的主部，并用等价的结构最简单的幂函数代换（如例 1 (1) 、例 2 (2) 和 (3) 、例 3 (3) 和 (4)). 这都会大大简化极限的运算，尤其是解决未定式的定值问题.

(3) 利用无穷小与无穷大的关系，可以将无穷小阶的概念推至无穷大阶的概念，但要注意，这种关系转换要排除特殊的无穷小——零. 利用无穷小与函数极限的关系，可以用无穷小构造特定的函数的结论形式，如例 1 (2)，利用条件，将函数表示为 $f(x)=-\frac{\ln(1+2x)}{x}+o(x^2)$ 的形式，就能进一步讨论与函数极限相关的问题.

(4) 虽然无穷小的性质和阶的概念对极限运算十分重要，但要避免犯例 3 所列举的常见的错误. 最后要强调的是，熟记下列当 $x\to 0$ 时等价无穷小的结论是十分有必要的.

$$\sin x\sim x,\ \tan x\sim x,\ 1-\cos x\sim\frac{1}{2}x^2,\ \arcsin x\sim x,\ \arctan x\sim x,$$
$$\ln(1+x)\sim x,\ e^x-1\sim x,\ (1+x)^\alpha-1\sim\alpha x.$$

3. 极限的运算

类型一　极限运算法则

[例 1] 填空题

(1) $\lim\limits_{x\to\infty}\frac{x+\arctan x}{x-\operatorname{arccot} x}=$________.

(2) 设$\lim\limits_{x\to\infty}f(x)$ 存在，且$\lim\limits_{x\to\infty}2xf(x)=\lim\limits_{x\to\infty}[4f(x)+5]$，则$\lim\limits_{x\to\infty}xf(x)=$________.

(3) 设 $\lim\limits_{x\to+\infty}\left(\sqrt{\frac{x^3}{x-1}}-ax+b\right)=0$，则 $a=$________，$b=$________.

答　(1) 1.　　(2) $\frac{5}{2}$.　　(3) 1，-1.

解析　(1) 极限式中含无穷大和发散项时不能直接运用法则计算，需要作必要的整理，即

$$\lim_{x\to\infty}\frac{x+\arctan x}{x-\operatorname{arccot}x}=\lim_{x\to\infty}\frac{1+\frac{1}{x}\arctan x}{1-\frac{1}{x}\operatorname{arccot}x}=\frac{1+\lim\limits_{x\to\infty}\frac{1}{x}\arctan x}{1-\lim\limits_{x\to\infty}\frac{1}{x}\operatorname{arccot}x}=1,$$

其中$\frac{1}{x}\to 0$，$|\arctan x|<\frac{\pi}{2}$，$|\operatorname{arccot}x|<\pi$，由无穷小的性质，有$\frac{1}{x}\arctan x\to 0$，$\frac{1}{x}\operatorname{arccot}x\to 0$.

(2) 由$\lim\limits_{x\to\infty}f(x)$ 存在，知$\lim\limits_{x\to\infty}xf(x)=\lim\limits_{x\to\infty}\frac{1}{2}[4f(x)+5]$ 存在. 又$\lim\limits_{x\to\infty}\frac{1}{x}=0$,故 $\lim\limits_{x\to\infty}f(x)=0$，从而有$\lim\limits_{x\to\infty}x\,f(x)=\lim\limits_{x\to\infty}\frac{1}{2}[4f(x)+5]=\frac{1}{2}[4\lim\limits_{x\to\infty}f(x)+5]=\frac{5}{2}$.

(3) $$\lim_{x\to+\infty}\frac{1}{x}\left(\sqrt{\frac{x^3}{x-1}}-ax+b\right)=\lim_{x\to+\infty}\sqrt{\frac{x}{x-1}}-a+\lim_{x\to+\infty}\frac{b}{x}=1-a$$
$$=\lim_{x\to+\infty}\frac{1}{x}\lim_{x\to+\infty}\left(\sqrt{\frac{x^3}{x-1}}-ax+b\right)=0,$$

得 $a=1$，进而得

$$b=\lim_{x\to+\infty}\left(x-\sqrt{\frac{x^3}{x-1}}\right)=\lim_{x\to+\infty}x\frac{\sqrt{x-1}-\sqrt{x}}{\sqrt{x-1}}=\lim_{x\to+\infty}\frac{-x}{\sqrt{x-1}(\sqrt{x-1}+\sqrt{x})}$$
$$=-\lim_{x\to+\infty}\frac{1}{\sqrt{1-\frac{1}{x}}\left(\sqrt{1-\frac{1}{x}}+1\right)}=-1.$$

[例 2] 单项选择题

(1) 已知当 $x\to x_0$ 时，$f(x)+g(x)$ 发散，于是，当 $x\to x_0$ 时，(　　).

A. 若 $f(x)$ 发散，则 $g(x)$ 必发散　　B. 若 $f(x)$ 收敛，则 $g(x)$ 必发散

C. 若 $f(x)$ 发散，则 $g(x)$ 必收敛　　D. $|f(x)|+|g(x)|$ 必发散

(2) 设$\lim\limits_{x\to\infty}f(x)g(x)=A$，则(　　).

A. $\lim\limits_{x\to\infty}f(x)$，$\lim\limits_{x\to\infty}g(x)$ 均存在

B. $\lim\limits_{x\to\infty}f(x)$，$\lim\limits_{x\to\infty}g(x)$ 中至少有一个存在

C. 若$\lim\limits_{x\to\infty}f(x)$ 存在且非零，则 $\lim\limits_{x\to\infty}g(x)$ 也必存在

D. 若$\lim\limits_{x\to\infty}f(x)$ 不存在，则 $\lim\limits_{x\to\infty}g(x)$ 也必不存在

(3) 下列运算正确的是(　　).

A. $\lim\limits_{x\to1}\frac{x^3-2x-1}{x-1}=\frac{-2}{0}=\infty$

B. $\lim\limits_{x\to\infty}\sin x\cdot\sin\frac{1}{x}=\lim\limits_{x\to\infty}\sin x\lim\limits_{x\to\infty}\sin\frac{1}{x}=0\cdot\lim\limits_{x\to\infty}\sin x=0$

C. $\lim\limits_{x\to0}(x+1)^{\frac{1}{\sin x}}=\lim\limits_{x\to0}(x+1)^{\frac{1}{x}\frac{x}{\sin x}}=\lim\limits_{x\to0}e^{\frac{x}{\sin x}}=e$

D. $\lim\limits_{x\to2}\frac{x^2-4x+4}{x^2-4}=\lim\limits_{x\to2}\frac{(x-2)^2}{(x-2)(x+2)}=\lim\limits_{x\to2}\frac{x-2}{x+2}=0$

答　(1) B.　　(2) C.　　(3) D.

解析　(1) 由极限运算法则，当 $x\to x_0$ 时，$f(x)+g(x)$ 发散，排除 $f(x)$，$g(x)$ 的极

限均存在，其他情况均可能发生，因此，若 $f(x)$ 收敛，则 $g(x)$ 必发散. 又当 $x\to\infty$ 时，$\arctan x+\sin\frac{1}{x}$ 发散，但 $|\arctan x|+\left|\sin\frac{1}{x}\right|$ 收敛，说明结论 D 也不正确，故本题应选择 B.

(2) 设 $f(x)=\begin{cases}1, & x\text{ 为有理数}\\ -1, & x\text{ 为无理数}\end{cases}$，$g(x)=\begin{cases}-1, & x\text{ 为有理数}\\ 1, & x\text{ 为无理数}\end{cases}$，则当 $x\to\infty$ 时，$f(x)g(x)\to-1$.

但 $\lim\limits_{x\to\infty}f(x)$，$\lim\limits_{x\to\infty}g(x)$ 均不存在，说明选项 A 和 B 不正确. 又取 $f(x)=x$，$g(x)=\frac{1}{x}$，当 $x\to\infty$ 时，$f(x)=x\to\infty$，$g(x)=\frac{1}{x}\to 0$，$\lim\limits_{x\to\infty}f(x)$ 不存在，$\lim\limits_{x\to\infty}g(x)$ 存在，但是仍有 $\lim\limits_{x\to\infty}f(x)\,g(x)=1$. 说明 D 也不正确，故选择 C. 事实上，由极限运算法则，若 $\lim\limits_{x\to\infty}f(x)g(x)$，$\lim\limits_{x\to\infty}f(x)$ 存在且 $\lim\limits_{x\to\infty}f(x)$ 非零，则 $\lim\limits_{x\to\infty}g(x)=\lim\limits_{x\to\infty}\frac{f(x)g(x)}{f(x)}$ 存在，且等于 $\frac{\lim\limits_{x\to\infty}f(x)g(x)}{\lim\limits_{x\to\infty}f(x)}$.

(3) 极限运算的除法法则必须在分母极限非零的条件下使用，乘法法则必须在两个极限均存在的情况下使用，故选项 A 和 B 不正确. 正确做法是，由 $\lim\limits_{x\to1}\frac{x-1}{x^3-2x-1}=\frac{\lim\limits_{x\to1}(x-1)}{\lim\limits_{x\to1}(x^3-2x-1)}=0$，从而有 $\lim\limits_{x\to1}\frac{x^3-2x-1}{x-1}=\infty$. 由 $\lim\limits_{x\to\infty}\sin\frac{1}{x}=0$，$|\sin x|\leqslant1$，所以 $\lim\limits_{x\to\infty}\sin x\cdot\sin\frac{1}{x}=0$. 在一个极限号下运算是同步的，不能分先后，故选项 C 也不正确. 一般幂指函数用对数求极限法，即由于 $\lim\limits_{x\to0}\frac{1}{\sin x}\ln(x+1)=\lim\limits_{x\to0}\frac{x}{\sin x}\cdot\lim\limits_{x\to0}\ln(x+1)^{\frac{1}{x}}=1\times1=1$，所以 $\lim\limits_{x\to0}(x+1)^{\frac{1}{\sin x}}=\mathrm{e}$. 当 $x\to2$ 时，$x\neq2$，故有 $\lim\limits_{x\to2}\frac{x^2-4x+4}{x^2-4}=\lim\limits_{x\to2}\frac{(x-2)^2}{(x-2)(x+2)}=\lim\limits_{x\to2}\frac{x-2}{x+2}=0$，综上讨论，本题应选择 D.

类型二　两个准则和两个重要极限

[例 3] 填空题

(1) $\lim\limits_{n\to\infty}\sqrt[n]{1+2^n+3^n}=$________.

(2) $\lim\limits_{n\to\infty}\left(\frac{1}{n+1}+\frac{1}{n+\frac{1}{2}}+\cdots+\frac{1}{n+\frac{1}{n}}\right)=$________.

答　(1) 3.　(2) 1.

解析　(1) 形如 $\lim\limits_{n\to\infty}\sqrt[n]{a^n+b^n+c^n}$（$a$，$b$，$c$ 均为正数）的极限式是用夹逼定理计算的典型例子. 不妨设 $a<b<c$，则由 $c=\sqrt[n]{c^n}\leqslant\sqrt[n]{a^n+b^n+c^n}\leqslant\sqrt[n]{c^n+c^n+c^n}=c\sqrt[n]{3}$，且当 $n\to\infty$ 时，$c\sqrt[n]{3}\to c$，故有

$$\lim_{n\to\infty}\sqrt[n]{a^n+b^n+c^n}=c=\max\{a, b, c\}.$$

因此，$\lim\limits_{n\to\infty}\sqrt[n]{1+2^n+3^n}=\max\{1, 2, 3\}=3$.

(2) 无穷多个无穷小相加不能分项，只能合并，为此需要变形整理，结果只能用夹逼定理计算. 由

$$\frac{n}{n+1}=\frac{1}{n+1}+\frac{1}{n+1}+\cdots+\frac{1}{n+1}<\frac{1}{n+1}+\frac{1}{n+\frac{1}{2}}+\cdots+\frac{1}{n+\frac{1}{n}}<\frac{1}{n}+\frac{1}{n}+\cdots+\frac{1}{n}=1,$$

及当 $n\to\infty$ 时，$\frac{n}{n+1}\to 1$. 因此，$\lim\limits_{n\to\infty}\left(\frac{1}{n+1}+\frac{1}{n+\frac{1}{2}}+\cdots+\frac{1}{n+\frac{1}{n}}\right)=1$.

[例 4] 单项选择题

(1) 设对任意的 x，总有不等式 $\varphi(x)\leqslant f(x)\leqslant g(x)$，且 $\lim\limits_{x\to\infty}\varphi(x)=\lim\limits_{x\to\infty}g(x)$，则 $\lim\limits_{x\to\infty}f(x)$ (　　).

A. 存在且一定等于零　　B. 存在但不一定等于零

C. 不一定存在极限　　D. 一定不存在极限

(2) 下列极限等于无穷大的是(　　).

A. $\lim\limits_{x\to\infty}\left(1+\frac{1}{x}\right)^{x^2}$　　B. $\lim\limits_{x\to\infty}\left(1+\frac{1}{x^2}\right)^{x}$

C. $\lim\limits_{x\to\infty}\left(1+\frac{1}{x^3}\right)^{x}$　　D. $\lim\limits_{x\to\infty}\left(1+\frac{1}{x}\right)^{x^3}$

答　(1) C.　(2) D.

解析　(1) 夹逼定理要求当 $x\to\infty$ 时，$\varphi(x)$，$g(x)$ 的极限存在且相等，而题设并未说明 $\varphi(x)$，$g(x)$ 极限的存在性，故 $\lim\limits_{x\to\infty}f(x)$ 未必存在，也不能说 $\lim\limits_{x\to\infty}f(x)$ 一定不存在，故本题应选择 C.

(2) 对幂指函数的极限用对数求极限法验证.

由 $\lim\limits_{x\to\infty}x^2\ln\left(1+\frac{1}{x}\right)=\lim\limits_{x\to\infty}x\ln\left(1+\frac{1}{x}\right)^x=\infty$ 知，$\lim\limits_{x\to\infty}\left(1+\frac{1}{x}\right)^{x^2}=e^{\infty}$ 不存在.

由 $\lim\limits_{x\to\infty}x\ln\left(1+\frac{1}{x^2}\right)=\lim\limits_{x\to\infty}\frac{1}{x}\ln\left(1+\frac{1}{x^2}\right)^{x^2}=0$ 知，$\lim\limits_{x\to\infty}\left(1+\frac{1}{x^2}\right)^x=e^0=1$.

由 $\lim\limits_{x\to\infty}x\ln\left(1+\frac{1}{x^3}\right)=\lim\limits_{x\to\infty}\frac{1}{x^2}\ln\left(1+\frac{1}{x^3}\right)^{x^3}=0$ 知，$\lim\limits_{x\to\infty}\left(1+\frac{1}{x^3}\right)^x=e^0=1$.

由 $\lim\limits_{x\to\infty}x^3\ln\left(1+\frac{1}{x}\right)=\lim\limits_{x\to\infty}x^2\ln\left(1+\frac{1}{x}\right)^x=+\infty$ 知，$\lim\limits_{x\to\infty}\left(1+\frac{1}{x}\right)^{x^3}=e^{+\infty}=+\infty$.

故本题应选择 D.

[例 5] 设 $0<x_1<3$，$x_{n+1}=\sqrt{x_n(3-x_n)}$，$n=1, 2, \cdots$，证明 $\lim\limits_{n\to\infty}x_n$ 存在，并求该极限.

分析　由于很难给出数列 x_n 的解析式，只能利用准则 1 推断 $\lim\limits_{n\to\infty}x_n$ 的存在性，并在此基础上利用性质求出极限值.

解　由 $0<x_1<3$，有 $0<3-x_1$，从而有不等式

$$0<x_2=\sqrt{x_1(3-x_1)}\leqslant\frac{x_1+(3-x_1)}{2}=\frac{3}{2},\quad 0<x_2<3-x_2.$$

设 $0<x_n\leqslant\frac{3}{2}$，$0<x_n<3-x_n$，同样有

$$0<x_{n+1}=\sqrt{x_n(3-x_n)}\leqslant\frac{x_n+(3-x_n)}{2}=\frac{3}{2},\quad 0<x_{n+1}<3-x_{n+1}.$$

因此，由归纳法证明 x_n 有上界. 也有

$$x_{n+1}-x_n=\sqrt{x_n(3-x_n)}-x_n=\sqrt{x_n}\left(\sqrt{3-x_n}-\sqrt{x_n}\right)>0,$$

即 x_n 单调增.

综上知，x_n 单调增有上界，由准则 1，x_n 必有极限，并记 $\lim\limits_{n\to\infty}x_n=A$，并有 $\lim\limits_{n\to\infty}x_{n+1}=A$，于是对等式 $x_{n+1}=\sqrt{x_n(3-x_n)}$，即 $x_{n+1}^2=x_n(3-x_n)$ 两边求极限，由极限运算性质，得 $A^2=3A-A^2$，求解方程得 $A=\frac{3}{2}$，$A=0$，其中 $A=0$ 不合题意，舍去，故 $\lim\limits_{n\to\infty}x_{n+1}=\frac{3}{2}$.

[**例 6**] 某人有一笔现金 A_0，若分别以连续复利方式和一年定期方式存入银行，10 年后的本金各为多少？若以连续复利方式在银行存款 10 年得本金 A_{10}，那么其贴现值是多少？(年利率为 0.05.)

分析 复利问题简单说是利滚利的问题. 有两种复利方式：一种是定期核算利息并且并入本金重复计利，另一种是利息无间隔地即时并入本金连续生利，称之为连续复利. 一般将 e^{rt} 称为复利因子，其中 r 为银行的年利率. 连续复利是重要极限 $\lim\limits_{x\to0}(1+x)^{\frac{1}{x}}$ 的应用之一. 贴现是在复利的情况下，若干年后得到的本金按现值计算的价值，在连续复利问题中，将 e^{-rt} 称为贴现因子.

解 依题意，按一年定期方式计息，得

$$A_{10}=A_0(1+0.05)^{10}\approx1.63A_0.$$

按连续复利方式计息，得

$$A_{10}=A_0e^{0.05\times10}=A_0e^{0.5}\approx1.65A_0.$$

按连续复利方式，A_{10} 的贴现值是

$$A_0=A_{10}e^{-0.05\times10}=A_{10}e^{-0.5}\approx0.606\,5A_{10}.$$

类型三 常见的极限类型

[**例 7**] 计算下列极限

(1) $\lim\limits_{x\to1}|x|^{\arctan(x^2+1)}$；

(2) $\lim\limits_{x\to0.01}f(x)$，其中 $f(x)=\begin{cases}x^2, & x\leqslant0\\ x\sin\dfrac{1}{x}, & x>0\end{cases}$.

分析 本题所求极限点均是位于初等函数的定义区间的内点，其中 (2) 对应的虽然是分段函数，从整体上看并非初等函数，但点 $x=0.01$ 是在初等函数 $y=x\sin\dfrac{1}{x}$ 对应的定义

子区间内，因此 $\lim\limits_{x\to0.01}f(x)=\lim\limits_{x\to0.01}x\sin\dfrac{1}{x}$. 此类极限的极限值即初等函数在极限点的函数值.

解 (1) $\lim\limits_{x\to1}|x|^{\arctan(x^2+1)}=\lim\limits_{x\to1}e^{\arctan(x^2+1)\ln|x|}=e^{\arctan2\cdot\ln1}=e^0=1$.

(2) $\lim\limits_{x\to0.01}f(x)=\lim\limits_{x\to0.01}x\sin\dfrac{1}{x}=0.01\sin100$.

[**例 8**] 计算下列极限：

(1) $\lim\limits_{x\to\infty}\sin x\cdot\tan\dfrac{x^2+3x}{x^3-1}$； (2) $\lim\limits_{x\to0}\dfrac{x}{1+e^{\frac{1}{x}}}$； (3) $\lim\limits_{x\to+\infty}\dfrac{e^x-\sin x}{e^x+\cos x}$.

分析 本题所求极限均包含极限不存在但有界的子项，此类极限仅用法则、看阶、未定式定值法等求解均无效. 唯一的处理办法是利用有界函数（严格讲是有界变量）与无穷小的乘积仍为无穷小的性质直接定值.

解 (1) 由于当 $x\to\infty$时，$\tan\dfrac{x^2+3x}{x^3-1}=\tan\dfrac{1}{x}\cdot\dfrac{x^2+3x}{x^2-1/x}\to0$，$|\sin x|\leqslant1$，所以

$$\lim_{x\to\infty}\sin x\cdot\tan\frac{x^2+3x}{x^3-1}=0.$$

(2) 由于当 $x\to0$ 时，$x\to0$，$\left|\dfrac{x}{1+e^{\frac{1}{x}}}\right|\leqslant1$，所以$\lim\limits_{x\to0}\dfrac{x}{1+e^{\frac{1}{x}}}=0$.

(3) 由于当 $x\to+\infty$ 时，$e^{-x}\to0$，$|\sin x|\leqslant1$，$|\cos x|\leqslant1$，所以 $e^{-x}\sin x\to0$，$e^{-x}\cos x\to0$，从而有

$$\lim_{x\to+\infty}\frac{e^x-\sin x}{e^x+\cos x}=\lim_{x\to+\infty}\frac{1-e^{-x}\sin x}{1+e^{-x}\cos x}=\frac{1-0}{1+0}=1.$$

[**例 9**] 计算下列极限：

(1) $\lim\limits_{x\to0}\left(\dfrac{-2+3e^{\frac{2}{x}}}{1+e^{\frac{4}{x}}}-\dfrac{\sin x}{|x|}\right)$； (2) $\lim\limits_{x\to\infty}\dfrac{e^x+\arccos x}{e^x+\pi}$.

分析 本题所求极限均不能在一个极限过程中直接定值，而是要分左右两个极限分别定值，再合并确定.

解 (1) 由 $\lim\limits_{x\to0^+}e^{\frac{1}{x}}=+\infty$，$\lim\limits_{x\to0^-}e^{\frac{1}{x}}=0$，于是有

$$\lim_{x\to0^+}\left(\frac{-2+3e^{\frac{2}{x}}}{1+e^{\frac{4}{x}}}-\frac{\sin x}{|x|}\right)=\lim_{x\to0^+}\left(\frac{-2e^{-\frac{4}{x}}+3e^{-\frac{2}{x}}}{e^{-\frac{4}{x}}+1}-\frac{\sin x}{x}\right)=0-1=-1,$$

$$\lim_{x\to0^-}\left(\frac{-2+3e^{\frac{2}{x}}}{1+e^{\frac{4}{x}}}-\frac{\sin x}{|x|}\right)=\lim_{x\to0^-}\left(\frac{-2+3e^{\frac{2}{x}}}{1+e^{\frac{4}{x}}}+\frac{\sin x}{x}\right)=-2+1=-1,$$

所以，原极限$=-1$.

(2) 由 $\lim\limits_{x\to+\infty}e^x=+\infty$，$\lim\limits_{x\to-\infty}e^x=0$，于是有

$$\lim_{x\to+\infty}\frac{e^x+\operatorname{arccot}x}{e^x+\pi}=\lim_{x\to+\infty}\frac{1+e^{-x}\operatorname{arccot}x}{1+e^{-x}\pi}=1,\ \lim_{x\to-\infty}\frac{e^x+\operatorname{arccot}x}{e^x+\pi}=\frac{0+\pi}{0+\pi}=1,$$

所以，原极限$=1$.

[例 10] 计算下列极限：

(1) $\lim\limits_{n\to\infty}n^2(x^{\frac{1}{n}}-x^{\frac{1}{n+1}})(x>0)$；　　(2) $\lim\limits_{x\to0}\dfrac{\ln(1+x+x^2)+\ln(1-x+x^2)}{x\sin x}$；

(3) $\lim\limits_{n\to\infty}\sqrt{n}(n-\sqrt{n^2-\sqrt{n}})$；　　(4) $\lim\limits_{x\to0}\left(\dfrac{1+x^3 3^x}{1+x^2 2^x}\right)^{\frac{1}{x^2}}$.

分析　本题所求极限属于未定式. 通常整理为连乘、连除形式，再利用等价代换、分子分母去零因子及两个重要极限等方法处理.

解　(1) 原极限$=\lim\limits_{n\to\infty}n^2x^{\frac{1}{n+1}}(x^{\frac{1}{n}-\frac{1}{n+1}}-1)=\lim\limits_{n\to\infty}n^2(e^{\frac{1}{n(n+1)}\ln x}-1)$

$$=\lim_{n\to\infty}n^2\cdot\frac{1}{n(n+1)}\ln x=\ln x,$$

其中当 $n\to\infty$ 时，$\dfrac{1}{n(n+1)}\ln x\to0$，$e^{\frac{1}{n(n+1)}\ln x}-1\sim\dfrac{1}{n(n+1)}\ln x$.

(2) 原极限$=\lim\limits_{x\to0}\dfrac{\ln[(1+x^2)^2-x^2]}{x\sin x}=\lim\limits_{x\to0}\dfrac{\ln(1+x^2+x^4)}{x\sin x}=\lim\limits_{x\to0}\dfrac{x^2+x^4}{x^2}=1$,

其中当 $x\to0$ 时，$x^2+x^4\to0$，$\ln(1+x^2+x^4)\sim x^2+x^4$.

(3) 原极限$=\lim\limits_{n\to\infty}\sqrt{n}\dfrac{(n^2-n^2+\sqrt{n})}{n+\sqrt{n^2-\sqrt{n}}}=\lim\limits_{n\to\infty}\dfrac{1}{1+\sqrt{1-\sqrt{n^{-3}}}}=\dfrac{1}{2}$.

(4) 对幂指函数，用对数定值法. 由于

$$\lim_{x\to0}\frac{1}{x^2}\ln(1+x^3 3^x)=\lim_{x\to0}\frac{x^3 3^x}{x^2}\ln(1+x^3 3^x)^{\frac{1}{x^3 3^x}}=0,$$

$$\lim_{x\to0}\frac{1}{x^2}\ln(1+x^2 2^x)=\lim_{x\to0}2^x\ln(1+x^2 2^x)^{\frac{1}{x^2 2^x}}=1,$$

因此，

$$原极限=\frac{\lim\limits_{x\to0}(1+x^3 3^x)^{\frac{1}{x^2}}}{\lim\limits_{x\to0}(1+x^2 2^x)^{\frac{1}{x^2}}}=\frac{0}{1}=0.$$

[例 11] 计算下列极限：

(1) $\lim\limits_{x\to+\infty}\dfrac{e^{ax}+\sin a\pi}{e^{ax-1}+a^2}$；　(2) $\lim\limits_{n\to\infty}\dfrac{x^{2n-1}+\ln|x|}{x^{2n+1}+2}$.

分析　本题所求极限中含参数，参数的取值与极限值相关，因此，应根据参数的不同取值范围分段取极限，结果一般为分段函数形式.

解　(1) 当 $x\to+\infty$ 时，若 $a>0$，则 $e^{ax}\to+\infty$，若 $a=0$，则 $e^{ax}\to1$，若 $a<0$，则 $e^{ax}\to0$，因此，

$$\lim_{x\to+\infty}\frac{e^{ax}+\sin a\pi}{e^{ax-1}+a^2}=\begin{cases}e, & a>0\\ e, & a=0\\ \dfrac{\sin a\pi}{a^2}, & a<0\end{cases}.$$

(2) 当 $n\to\infty$ 时，若 $|x|>1$，则 $x^{2n}\to+\infty$，若 $0<|x|<1$，则 $x^{2n}\to0$，若 $|x|=1$，则 $x^{2n}\to1$，因此，

$$\lim_{n\to\infty}\frac{x^{2n-1}+\ln|x|}{x^{2n+1}+2}=\begin{cases}\dfrac{1}{x^2}, & 1<|x|\\ \dfrac{1}{3}, & x=1\\ -1, & x=-1\\ \dfrac{1}{2}\ln|x|, & 0<|x|<1\end{cases}.$$

小结 极限运算是微积分中三个最基本也是最重要的运算之一，应给以足够的重视. 要想快捷准确地进行极限计算，应做到以下几点：

首先，要掌握有关极限运算的四则运算法则、两个准则和两个重要极限的模式，尤其是利用无穷小的阶对未定式进行取舍化简、等价代换的方法和结论. 要注意任何一个好的方法都有一定的局限性，因此，要了解它们适用的条件和禁忌.

其次，要了解极限运算的基本类型，以及针对不同极限类型应采用的有效计算方法. 其中常见的类型和对应方法是：

(1) 极限点 x_0 为初等函数 $f(x)$ 定义区间的内点，则极限值就是该点的函数值，即 $\lim\limits_{x\to x_0}f(x)=f(x_0)$.

(2) 极限式中含发散但有界的子项，唯一有效的方法是利用无穷小与有界变量的乘积仍为无穷小的性质构造无穷小与之相乘定值，中间不可用极限的乘法法则写出过渡式.

(3) 在分段函数的分段点、绝对值的零点及含 $\lim\limits_{x\to 0}e^{\frac{1}{x}}$，$\lim\limits_{x\to\infty}e^{x}$，$\lim\limits_{x\to\infty}\arctan x$ 等形式的极限，应分左、右极限或正、负无穷大计算，并在此基础上判断极限的存在性和确定极限值.

(4) 对于更大量的未定式的极限，一般需要作必要的整理，对于和式，在分清高低阶的情况下可舍去次要项，只保留决定趋向的主项，如 $\lim\limits_{x\to\infty}\frac{a_0x^n+a_1x^{n-1}+\cdots+a_n}{b_0x^m+b_1x^{m-1}+\cdots+b_m}=\lim\limits_{x\to\infty}\frac{a_0x^n}{b_0x^m}$，$\lim\limits_{x\to 0}\frac{a_0x^n+a_1x^{n-1}+\cdots+a_Nx^{n-N}}{b_0x^m+b_1x^{m-1}+\cdots+b_Mx^{m-M}}=\lim\limits_{x\to 0}\frac{a_Nx^{n-N}}{b_Mx^{m-M}}$ $(n>N,\ m>M)$，以简化运算. 对于连乘、连除的未定式，可用等价无穷小代换，去零因子，再定值. 更为复杂的定值方法将在第 4 章介绍，即用洛必达定值法定值.

(5) 对于幂指函数的极限应采用对数定值法，对含参数的极限，应根据参数的不同取值范围讨论定值.

4. 函数的连续性

类型一 函数的连续性的讨论

[例 1] 填空题

(1) 设函数 $f(x)=\begin{cases}\left(\dfrac{1-2x^2}{1+x^2}\right)^{\csc^2 x}, & 0<|x|<\dfrac{\sqrt{2}}{2}\\ x-a, & \text{其他}\end{cases}$. 若函数 $f(x)$ 在点 $x=0$ 处连续，则 $a=$________.

(2) 设 $f(x)=\begin{cases}2x, & x<0\\ a, & x\geqslant 0\end{cases}$，$g(x)=\begin{cases}b, & x<0\\ x+3, & x\geqslant 0\end{cases}$，且 $f(x)+g(x)$ 在 $(-\infty,+\infty)$ 上连续，则 $a=$________，$b=$________.

答 (1) $a=-e^{-3}$. (2) $a=c$, $b=3+c$ (c 为任意常数).

解析 (1) 由$\lim\limits_{x\to 0}f(x)=f(0)$, 及

$$\lim_{x\to 0}\csc^2 x\ln\left(\frac{1-2x^2}{1+x^2}\right)=\lim_{x\to 0}\ln\frac{(1-2x^2)^{\frac{1}{x^2}}}{(1+x^2)^{\frac{1}{x^2}}}=\lim_{x\to 0}\ln e^{-2-1}=-3\left(\csc^2 x=\frac{1}{\sin^2 x}\sim\frac{1}{x^2}\right),$$

有$\lim\limits_{x\to 0}f(x)=e^{-3}=0-a$, 得 $a=-e^{-3}$.

(2) $f(x)+g(x)=\begin{cases}2x+b, & x<0\\ a+x+3, & x\geqslant 0\end{cases}$. 在各子区间$\left(-\frac{\sqrt{2}}{2}, 0\right)$, $\left(0, \frac{\sqrt{2}}{2}\right)$内对应的函数均为初等函数, 必连续, 只需考虑在分段点 $x=0$ 的连续性. 由

$$\lim_{x\to 0^+}[f(x)+g(x)]=\lim_{x\to 0^+}(a+x+3)=a+3, \lim_{x\to 0^-}[f(x)+g(x)]=\lim_{x\to 0^-}(2x+b)=b$$

知, 只要 $a+3=b=f(0)+g(0)$, 则 $f(x)+g(x)$ 在$(-\infty, +\infty)$上连续, 因此, $a=c$, $b=3+c$ (c 为任意常数).

[例 2] 单项选择题

(1) 下列函数中, 在其定义域内不连续的函数是(　　).

A. $f(x)=\begin{cases}2x-1, & x<0\\ x^2, & x>0\end{cases}$　　B. $f(x)=\begin{cases}2x-1, & x\leqslant 0\\ x^2, & x>0\end{cases}$

C. $f(x)=\dfrac{|x|}{\sin x}$　　D. $f(x)=x+x^2+x^3+\cdots$, $|x|<1$

(2) 下列结论不正确的是(　　).

A. 若$|f(x)|$在 (a, b) 内连续, 则 $f(x)$ 也在 (a, b) 内连续

B. 若 $\ln f(x)$ 在 (a, b) 内连续, 则 $f(x)$ 也在 (a, b) 内连续

C. 若$\sqrt{f(x)}$在 (a, b) 内连续, 则 $f(x)$ 也在 (a, b) 内连续

D. 若$\dfrac{1}{f(x)}$在 (a, b) 内连续, 则 $f(x)$ 也在 (a, b) 内连续

(3) 设函数 $f(x)$ 在点 $x=x_0$ 处连续, $g(x)$ 在点 $x=x_0$ 处不连续, 则(　　).

A. $f(x)g(x)$ 必在该点处连续　　B. $f(x)g(x)$ 必在该点处不连续

C. $f(x)+g(x)$ 必在该点处连续　　D. $f(x)+g(x)$ 必在该点处不连续

答 (1) B. (2) A. (3) D.

解析 (1) 函数 $f(x)=\begin{cases}2x-1, & x<0\\ x^2, & x>0\end{cases}$, 在点 $x=0$ 处无定义, 但 $x=0$ 不在 $f(x)$ 的定义域内, 且在各定义分区间内对应的为初等函数, 故在其定义域内连续. 选项 B 中 $x=0$ 在定义域内, $\lim\limits_{x\to 0}f(x)$ 不存在, 所以, $f(x)$ 在定义域内不连续. $f(x)=\dfrac{|x|}{\sin x}$及 $f(x)=x+x^2+x^3+\cdots=\dfrac{x}{1-x}$ ($|x|<1$) 均为初等函数, 在定义域内连续. 综上讨论, 本题应选 B.

(2) 设 $f(x)=\begin{cases}1, & x\leqslant 0\\ -1, & x>0\end{cases}$, 则$|f(x)|$在$(-\infty, +\infty)$内连续, 但 $f(x)$ 不连续, 故结论 A 不正确. 由于 $y=e^u$ 在 $(-\infty, +\infty)$ 内连续及 $u=\ln f(x)$ 在 (a, b) 内连续, 故 $y=e^{\ln f(x)}=f(x)$ 在 (a, b) 内连续; 由于 $\sqrt{f(x)}$在 (a, b) 内连续, 故 $y=f(x)=\sqrt{f(x)}\cdot$

$\sqrt{f(x)}$在 (a, b) 内连续；由于$\dfrac{1}{f(x)}$在 (a, b) 内连续，故 $y=\dfrac{1}{\dfrac{1}{f(x)}}=f(x)$ 在 (a, b) 内连续. 综上讨论，本题应选 A.

(3) 依题设，$g(x)$ 在点 $x=x_0$ 处不连续，或者因其在该点无定义，因此，$f(x)+g(x)$，$f(x)g(x)$ 同样在点 $x=x_0$ 处也无定义，故在该点必不连续. 结论 A 和 C 不正确. 又设 $f(x)=x^2$，$g(x)=\begin{cases}x, & x\neq 0\\ 1, & x=0\end{cases}$，显然，在点 $x=0$ 处 $f(x)$ 连续，$g(x)$ 不连续，但 $f(x)g(x)$ 连续，故结论 B 也不正确，由排除法，本题应选择 D. 事实上，若 $f(x)+g(x)$ 在点$x=x_0$ 处连续，必有 $g(x)=[f(x)+g(x)]-f(x)$ 在该点处连续，与题设矛盾.

[例 3] 设函数 $f(x)$，$g(x)$ 在$[a, b]$上连续，证明：

(1) $|f(x)|$在$[a, b]$上连续；(2) $\max\{f(x), g(x)\}$在$[a, b]$上连续.

分析 (1) 即证，对$[a, b]$中的任意点 x_0，总有$\lim\limits_{x\to x_0}|f(x)|=|f(x_0)|$；

(2) $\max\{f(x), g(x)\}$可表示为$\dfrac{1}{2}[f(x)+g(x)]+\dfrac{1}{2}|f(x)-g(x)|$，可用连续函数性质证明.

证 (1) 依题设，对$[a, b]$中的任意点 x_0，总有 $\lim\limits_{x\to x_0}f(x)=f(x_0)$，即 $\lim\limits_{x\to x_0}[f(x)-f(x_0)]=0$. 又

$$0\leqslant \big|\,|f(x)|-|f(x_0)|\,\big|\leqslant |f(x)-f(x_0)|,$$

且当 $x\to x_0$ 时，$f(x)-f(x_0)\to 0$，$0\to 0$，因此，由夹逼定理，$|f(x)|-|f(x_0)|\to 0$，即

$$\lim_{x\to x_0}|f(x)|=|f(x_0)|,$$

所以，$|f(x)|$在$[a, b]$上连续.

(2) 由于 $f(x)$，$g(x)$ 在$[a, b]$上连续，因此，$\dfrac{1}{2}[f(x)+g(x)]$，$\dfrac{1}{2}[f(x)-g(x)]$ 在 $[a, b]$ 上连续，由 (1) 也必有$\dfrac{1}{2}|f(x)-g(x)|$ 在 $[a, b]$ 上连续，从而有$\dfrac{1}{2}[f(x)+g(x)]+\dfrac{1}{2}|f(x)-g(x)|$在 $[a, b]$ 上连续，即 $\max\{f(x), g(x)\}$在 $[a, b]$ 上连续.

类型二　函数的间断点类型

[例 4] 单项选择题

(1) 设函数 $f(x)=\begin{cases}\dfrac{1}{1+e^{\frac{1}{x}}}, & x\neq 0\\ 1, & x=0\end{cases}$，则 $x=0$ 是函数 $f(x)$ 的一个（　　）.

A. 跳跃间断点　　B. 可去间断点

C. 第二类间断点　　D. 连续点

(2) 函数 $f(x)=\dfrac{|x|\cos(x-2)}{x(x-1)(x-2)}$在（　　）区间内有界.

A. $(-1, 0)$　　B. $(0, 1)$　　C. $(1, 2)$　　D. $(2, 3)$

答 (1) A.　　(2) A.

解析 (1) 由 $\lim\limits_{x\to0^-}e^{\frac{1}{x}}=0$，$\lim\limits_{x\to0^+}e^{\frac{1}{x}}=+\infty$知，$\lim\limits_{x\to0^-}f(x)=1$，$\lim\limits_{x\to0^+}f(x)=0$，$f(x)$ 在点 $x=0$ 的左、右极限存在，但不相等，所以，$x=0$ 是函数 $f(x)$ 的一个跳跃间断点.

(2) 函数的无界点应是函数的无穷间断点. 由$\lim\limits_{x\to1}f(x)=\lim\limits_{x\to2}f(x)=\infty$知，$x=1$，2 为无穷间断点，以它们为端点的区间必为无界区间，各选项中仅$(-1, 0)$不含 $x=1$，2，故为有界区间，应选择 A.

[例 5] 求函数 $f(x)=(1+x^2)^{\frac{x}{\cot\left(x-\frac{\pi}{4}\right)}}$ 在区间 $(0, 2\pi)$ 内的间断点，并说明间断点类型. 若有可去间断点，补充定义，使函数在该点连续.

分析 将函数 $f(x)$ 写为初等函数形式，在 $(0, 2\pi)$ 范围内找出无定义的点和分母的零点，再一一判断间断点及其类型.

解 $f(x)=e^{\frac{x\ln(1+x^2)}{\cot\left(x-\frac{\pi}{4}\right)}}$，从而知，函数 $f(x)$ 的间断点由 $\cot\left(x-\dfrac{\pi}{4}\right)$ 不存在的点和零点组成，即 $x=\dfrac{\pi}{4}$，$\dfrac{3\pi}{4}$，$\dfrac{5\pi}{4}$，$\dfrac{7\pi}{4}$，其中 $\lim\limits_{x\to\frac{3\pi}{4}^-}f(x)=\lim\limits_{x\to\frac{7\pi}{4}^-}f(x)=+\infty$，且$\lim\limits_{x\to\frac{\pi}{4}}f(x)=\lim\limits_{x\to\frac{5\pi}{4}}f(x)=1$，因此 $x=\dfrac{3\pi}{4}$，$\dfrac{7\pi}{4}$为无穷间断点，$x=\dfrac{\pi}{4}$，$\dfrac{5\pi}{4}$为可去间断点，补充定义 $f\left(\dfrac{\pi}{4}\right)=f\left(\dfrac{5\pi}{4}\right)=1$，可使函数 $f(x)$ 在点 $x=\dfrac{\pi}{4}$，$\dfrac{5\pi}{4}$处连续.

类型三 闭区间上连续函数的性质

[例 6] 单项选择题

(1) 设函数 $f(x)$ 在 $[a, b]$ 上有定义，在 (a, b) 内连续，则（ ）.

A. $f(a)f(b)<0$ 时，存在 $\xi\in(a, b)$，使得 $f(\xi)=0$

B. 对于任意的 $\xi\in(a, b)$，有$\lim\limits_{x\to\xi}[f(x)-f(\xi)]=0$

C. 若 $f(a)=f(b)$，必存在 $\xi\in(a, b)$，使得 $f(x)$ 在 $x=\xi$ 处取得最大值或最小值

D. 对于 $f(a)<c<f(b)$，必存在 $\xi\in(a, b)$，使得 $f(\xi)=c$

(2) 已知方程 $x^3+(2m-3)x+m^2-m=0$ 有三个不等实根，分别位于$(-\infty, 0)$，$(0, 1)$，$(1, +\infty)$内，m 的取值范围应为（ ）.

A. m 为任意实数　　B. $(-\infty, -2)$

C. $(0, +\infty)$　　D. $(-2, 0)$

答 (1) B. (2) D.

解析 (1) 函数 $f(x)$ 在 $[a, b]$ 上连续，是最大最小值定理、介值定理和零值定理存在的充分条件，相对而言，“函数 $f(x)$ 在 $[a, b]$ 上有定义，在 (a, b) 内连续”的条件不充分，相关结论也不能确保成立，故选项 A、C、D 均不正确，如反例：设 $f(x)=\begin{cases}-2, & x=-1\\ 1, & -1<x<1\\ 2, & x=1\end{cases}$，虽然 $f(-1)f(1)<0$，$f(-1)<0<f(1)$，对任意的 $\xi\in(-1, 1)$，$f(x)\neq0$. 又设 $f(x)=\begin{cases}-2, & x=\pm1\\ \tan\dfrac{\pi}{2}x, & -1<x<1\end{cases}$，$f(x)$ 在 $(-1, 1)$ 内不存在最大值、最小值. 又 ξ 为 $f(x)$ 的一个连续点，因此，必有$\lim\limits_{x\to\xi}[f(x)-f(\xi)]=0$，故本题应选择 B.

(2) 由连续函数的介值定理，应有 $f(0)>0$，$f(1)<0$，即

$$\begin{cases}m^2-m>0\\m^2+m-2<0\end{cases}，解得 -2<m<0，$$

故本题应选择 D.

[例 7] 设函数 $f(x)$ 在 (a,b) 内连续，且 $\lim\limits_{x\to a^+}f(x)$，$\lim\limits_{x\to b^-}f(x)$ 存在，证明函数 $f(x)$ 在 (a,b) 内有界.

分析 依题设，区间的两端点为可去间断点，补充定义可使在闭区间连续，利用闭区间上连续函数的性质可证结论.

证 定义 $f(a)=\lim\limits_{x\to a^+}f(x)$，$f(b)=\lim\limits_{x\to b^-}f(x)$，从而使函数 $f(x)$ 在闭区间 $[a,b]$ 上连续，因此，$f(x)$ 在闭区间 $[a,b]$ 上必定取到最大值 M 或最小值 m，即 $m\leqslant f(x)\leqslant M$，显然对 (a,b) 内的任意 x，也有 $m\leqslant f(x)\leqslant M$，从而证明函数 $f(x)$ 在 (a,b) 内有界.

[例 8] 设函数 $f(x)$ 在 (a,b) 内连续，x_1，x_2，…，$x_n\in(a,b)$，a_1，a_2，…，a_n 为任意 n 个正数. 证明，总存在 $\xi\in(a,b)$，使得 $f(\xi)=\dfrac{a_1f(x_1)+a_2f(x_2)+\cdots+a_nf(x_n)}{a_1+a_2+\cdots+a_n}$.

分析 从要证等式的形式看，这是介值定理的应用题. 关键要从 x_1，x_2，…，x_n 中找到 $f(x)$ 取值最大和最小的两点，并构造含在 (a,b) 内的一个闭区间，进而利用闭区间上连续函数的性质证明结论 $\dfrac{a_1f(x_1)+a_2f(x_2)+\cdots+a_nf(x_n)}{a_1+a_2+\cdots+a_n}$.

证 不妨设 x_1，x_n 分别为 $f(x_1)$，$f(x_2)$，…，$f(x_n)$ 中取值最小和最大的两点，且 $x_1<x_n$，从而有 $f(x_1)\leqslant f(x_i)\leqslant f(x_n)$ $(i=2,3,\cdots,n-1)$，进而有

$$f(x_1)\leqslant\frac{a_1f(x_1)+a_2f(x_2)+\cdots+a_nf(x_n)}{a_1+a_2+\cdots+a_n}\leqslant f(x_n).$$

又 $f(x)$ 在 (a,b) 内连续，$[x_1,x_n]\subset(a,b)$，所以，$f(x)$ 在 $[x_1,x_n]$ 上连续，由介值定理，必存在 $\xi\in[x_1,x_n]$，即 $\xi\subset(a,b)$，使得

$$f(\xi)=\frac{a_1f(x_1)+a_2f(x_2)+\cdots+a_nf(x_n)}{a_1+a_2+\cdots+a_n}.$$

[例 9] 证明方程 $e^x+x-2=0$ 有解，且解唯一.

分析 方程 $e^x+x-2=0$ 有解，即曲线 $y=e^x+x-2$ 与 x 轴有唯一交点，而且交点两侧函数异号，其中有交点可借助零值定理，唯一性可借助函数的单调性.

证 记 $f(x)=e^x+x-2$，有 $f(0)=e^0+0-2=-1<0$，$f(2)=e^2+2-2=e^2>0$. 显然，$f(x)$ 在 $[0,2]$ 上连续，且 $f(0)f(2)<0$，因此，必存在 $\xi\in(0,2)$，使得 $f(\xi)=0$，即方程 $e^x+x-2=0$ 有解. 又 $y=e^x$，$y=x-2$ 均单调增，故 $f(x)=e^x+x-2$ 单调增，若方程 $e^x+x-2=0$ 的解不唯一，至少另有一解 η，使得 $f(\eta)=0$，不妨设 $\xi<\eta$. 由于 $f(x)$ 单调增，当 $\xi<\eta$ 时，必有 $0=f(\xi)<f(\eta)$，但 $f(\eta)=0$，矛盾，故方程的解唯一.

小结 函数的连续性是微积分中严格按照极限定义的一个基本概念. 应明确以下几点：

(1) 函数的连续性首先是从点连续定义的，即若 $\lim\limits_{x\to x_0}f(x)=f(x_0)$，则称函数在点 x_0

连续. 此时，当 $x \to x_0$ 时必须取到 x_0，而且极限值必须等于函数值 $f(x_0)$，这是与极限概念的最大区别. 从点连续出发，如果 $f(x)$ 在区间 (a, b) 内点点连续，则函数 $f(x)$ 在 (a, b) 内连续，这时函数曲线是首尾连通的一条曲线，如果 $f(x)$ 的定义域由若干不相连的区间段构成，且在各区间段 $f(x)$ 连续，则称 $f(x)$ 在其定义域连续，但此时的函数曲线未必是首尾连通的一条曲线，读者应与我们日常感知的连续性区分开来.

(2) 讨论和判断函数的连续性是微积分的常见问题之一，其中一个重要的结论是，初等函数在其定义区间内是连续的. 注意，这里的关键词是“定义区间内”，而不是“定义域内”.

(3) 对于多个连续函数运算生成的复合函数的连续性，关键看在组合运算过程中定义区间的变化，分段函数的连续性的重点是对分段点处连续性的讨论，必须在计算左、右极限的基础上综合函数的定义判定.

(4) 函数间断点类型的讨论实际上是对函数在某点不连续的因素的分析，而且与许多题型相关. 极限 $\lim\limits_{x \to x_0} f(x)$ 存在但由于函数定义造成的间断，为可去间断，这类题型主要是计算极限 $\lim\limits_{x \to x_0} f(x)$，重新定义 $f(x_0)$ 的问题；左、右极限存在但不相等造成的间断，为跳跃间断，在后续概率论课程中将会用到；可去间断与跳跃间断统称为第 1 类间断. 如果在某点的单侧极限不存在，则称为第 2 类间断. 若其中有一个单侧极限为无穷大，则称为无穷间断. 若 x_0 为无穷间断点，则 $x=x_0$ 必为曲线 $y=f(x)$ 的一条铅直渐近线.

讨论闭区间上连续函数的性质时，首先注意了解闭区间上的连续性与性质的关联性. 在了解最大最小值定理的基础上掌握判断函数有界性的一种方法. 这部分的重要应用是对方程有解的讨论，即介值定理和零值定理的应用. 应用时注意介值即根值 ξ 的取值范围，即若 $f(a)f(b)<0$，则 $\xi \in (a, b)$，若 $f(a)f(b) \leqslant 0$，则 $\xi \in [a, b]$，两者不可混淆.

五、综合练习

1. 填空题

(1) 设 $x_n=\begin{cases}(-1)^n, & n>100 \\ n, & n \leqslant 100\end{cases}$，$y_n=\begin{cases}(-1)^{n+1}, & n>200 \\ 2^n, & n \leqslant 200\end{cases}$，则 $\lim\limits_{n \to \infty} x_n y_n=$________.

(2) $\lim\limits_{x \to \infty} \dfrac{(x+1)(x^2+1)\cdots(x^n+1)}{[(nx)^n+1]^{\frac{n+1}{2}}}=$________.

(3) $\lim\limits_{x \to 0}\left(\arctan \dfrac{1}{x}+\operatorname{arccot} \dfrac{1}{x}\right)=$________.

(4) $\lim\limits_{x \to \infty} \dfrac{x+100}{x^2-2x} \sin \dfrac{x^3+1}{2x}=$________，$\lim\limits_{x \to \infty} \dfrac{x^2-2x}{2x+3} \sin \dfrac{x+5}{x^2+2x}=$________.

(5) $\mathrm{e}^{\frac{1}{n}}-\mathrm{e}^{\frac{1}{n+1}}$ 与 $\left(\dfrac{1}{n}\right)^m$ 等价，则 $m=$________.

(6) 若 $\lim\limits_{x \to \infty}\left(\dfrac{x^2}{1+x}+ax+b\right)=-1$，则 $a=$________，$b=$________.

(7) 已知函数 $f(x)=\begin{cases}\dfrac{\cos x-\cos 3x}{x^2}, & x\neq 0\\ a, & x=0\end{cases}$ 在 $x=0$ 处连续，则 $a=$________.

2. 单项选择题

(1) 下列极限不存在的是（　　）.

A. $\lim\limits_{x\to 0}x\sin(e^{\frac{1}{x}}+1)$　　B. $\lim\limits_{x\to 0}\dfrac{e^{\frac{1}{x}}+2^x}{e^{\frac{1}{x}}+3^x}$

C. $\lim\limits_{x\to 0}\dfrac{x}{e^{\frac{1}{x}}-1}$　　D. $\lim\limits_{x\to 0}\dfrac{e^{\frac{1}{x}}+1}{e^{\frac{1}{x}}-1}$

(2) 设 $\alpha=\dfrac{x^2}{2}+\dfrac{x^3}{3}$，$\beta=\sqrt{x^6+\sqrt{x^8+\sqrt{x^{11}}}}$，则当 $x\to 0$ 时，（　）.

A. α 与 β 是等价无穷小　　B. α 与 β 是同阶但非等价无穷小

C. α 是比 β 高阶的无穷小　　D. α 是比 β 低阶的无穷小

(3) 设 $\{a_n\}$，$\{b_n\}$，$\{c_n\}$ 均为非负数列，且 $\lim\limits_{n\to\infty}a_n=0$，$\lim\limits_{n\to\infty}b_n=1$，$\lim\limits_{n\to\infty}c_n=\infty$，则必有（　　）.

A. $a_n<b_n$ 对所有 n 成立　　B. $b_n<c_n$ 对所有 n 成立

C. 极限 $\lim\limits_{n\to\infty}a_nc_n$ 不存在　　D. 极限 $\lim\limits_{n\to\infty}b_nc_n$ 不存在

(4) 设极限 $\lim\limits_{x\to x_0}f(x)$ 存在，$\lim\limits_{x\to x_0}g(x)$ 不存在，则（　　）.

A. 极限 $\lim\limits_{x\to x_0}[f(x)+g(x)]$ 必不存在　　B. 极限 $\lim\limits_{x\to x_0}[f(x)+g(x)]$ 未必不存在

C. 极限 $\lim\limits_{x\to x_0}\dfrac{f(x)}{g(x)}$ 必不存在　　D. 极限 $\lim\limits_{x\to x_0}f(x)g(x)$ 必不存在

(5) 若 $\lim\limits_{x\to 2}\dfrac{x^2+ax+b}{x-2}=1$，则（　　）.

A. $a=3$，$b=2$　　B. $a=3$，$b=-2$

C. $a=-3$，$b=2$　　D. $a=-3$，$b=-2$

(6) 设 $f(x)=\begin{cases}e^{-\frac{1}{x-1}}, & x\neq 1\\ 0, & x=1\end{cases}$，在 $x=1$ 处，函数 $f(x)$（　　）.

A. 右连续　　B. 左、右皆不连续

C. 左连续　　D. 连续

(7) 设函数 $f(x)$ 在 $(-\infty,+\infty)$ 有定义，且 $\lim\limits_{x\to\infty}f(x)=a$，$g(x)=\begin{cases}f\left(\dfrac{1}{x}\right), & x\neq 0\\ 0, & x=0\end{cases}$，则（　　）.

A. $x=0$ 是 $g(x)$ 的第1类间断点

B. $x=0$ 是 $g(x)$ 的第2类间断点

C. $x=0$ 是 $g(x)$ 的连续点

D. $x=0$ 是否为 $g(x)$ 的间断点与 a 的取值有关

3. 证明 $\lim\limits_{n\to\infty}a_n=0$ 的充分必要条件是 $\lim\limits_{n\to\infty}|a_n|=0$. 能否以此类推，$\lim\limits_{n\to\infty}a_n=a$ 的充分必要

条件是$\lim\limits_{n\to\infty}|a_n|=|a|$.

4. 自然环境下未受干扰的鱼群的鱼的数量由公式 $p_{n+1}=\dfrac{bp_n}{a+p_n}$ 给出，其中 p_n 为 n 年后鱼的数量，a 和 b 为依赖于种类和外界环境的正常数，假设 0 年的数量为 $p_0>0$.

(1) 证明若 p_n 收敛，则其极限值只能是 0 或 $b-a$；

(2) 证明 $p_{n+1}<\dfrac{b}{a}p_n$；

(3) 利用 (2) 证明，若 $a>b$，则$\lim\limits_{n\to\infty}p_n=0$，也就是说，该鱼群将趋于灭绝.

5. 计算下列极限.

(1) $\lim\limits_{n\to\infty}\dfrac{1+\frac{1}{2}+\frac{1}{4}+\cdots+\frac{1}{2^n}}{1-\frac{1}{3}+\frac{1}{9}+\cdots+\left(-\frac{1}{3}\right)^n}$；

(2) $\lim\limits_{n\to\infty}\ln n\cdot\ln\left(1-\dfrac{1}{\ln 2n}\right)$；

(3) $\lim\limits_{x\to-1}\left(\dfrac{1}{x+1}-\dfrac{3}{x^3+1}\right)$；

(4) $\lim\limits_{x\to1}\dfrac{\sqrt[3]{7x+1}-2}{x^2-1}$；

(5) $\lim\limits_{x\to0}\dfrac{\mathrm{e}-\mathrm{e}^{\cos x}}{x}$；

(6) $\lim\limits_{x\to0}(1-\sin x)^{\cot 2x}$；

(7) $\lim\limits_{x\to0}\dfrac{x^2}{\sin|x+x^2|}$；

(8) $\lim\limits_{x\to0}\left(\dfrac{1+\cos x}{2}\right)^{2^x}$.

6. 设 $f(x)=\dfrac{px^2-2}{x+1}-3qx+5$，若当 $x\to\infty$时，$f(x)$ 为无穷大量，p，q 应各取何值？若当$x\to\infty$时，$f(x)$ 为无穷小量，p，q 又应各取何值？

7. 设 $f(x)=\begin{cases}\mathrm{e}^{\frac{1}{x}}, & x<0\\ 2x-x^2, & 0\leqslant x\leqslant1\\ \dfrac{x+1}{x-1}, & 1<x\end{cases}$，求 $\lim\limits_{x\to-0.01}f(x)$，$\lim\limits_{x\to0^-}f(x)$，$\lim\limits_{x\to0^+}f(x)$，$\lim\limits_{x\to1}f(x)$，$\lim\limits_{x\to\infty}f(x)$，并指出函数 $f(x)$ 的间断点及间断点类型.

8. 设函数 $f(x)=\begin{cases}\sin x, & -\infty<x<0\\ \cos x, & 0\leqslant x<+\infty\end{cases}$，$g(x)=\arcsin x$，分别给出 $f(x)$ 和 $g(x)$ 的连续区间，并讨论函数 $f(x)+g(x)$，$f(x)\cdot g(x)$，$g[f(x)]$ 的连续性.

9. 证明：方程 $x^3-3x=1$ 在 (1, 2) 内至少有一个实根.

10. 设函数 $f(x)$ 在 $[a,b]$ 上连续，且 $a<c<d<b$，证明：对于任意的正常数 m，n，必存在一点 $\xi\in(a,b)$，使得 $mf(c)+nf(d)=(m+n)f(\xi)$.

参考答案

1. (1) -1； (2) $n^{-\frac{n(n+1)}{2}}$； (3) $\dfrac{\pi}{2}$； (4) 0，$\dfrac{1}{2}$； (5) 2； (6) -1，0； (7) 4.

2. (1) D； (2) C； (3) D； (4) A； (5) C； (6) A； (7) D.

3. 证略.

4. 证略.

5. (1) $\frac{8}{3}$; (2) -1; (3) -1; (4) $\frac{7}{24}$; (5) 0; (6) $e^{-\frac{1}{2}}$; (7) 0; (8) 1.

6. **提示：** 通分，比较分子与分母幂次的大小. 若 $f(x)$ 为无穷大量，p，q 是满足条件 $p-3q\neq0$的任意非零常数；若 $f(x)$ 为无穷小量，$p=5$，$q=\frac{5}{3}$.

7. $\lim\limits_{x\to-0.01}f(x)=0.0201$，$\lim\limits_{x\to0^-}f(x)=0$，$\lim\limits_{x\to0^+}f(x)=0$，$\lim\limits_{x\to\infty}f(x)=1$，$\lim\limits_{x\to1}f(x)$ 不存在；$x=1$，为无穷间断点.

8. $x=0$ 为 $f(x)$ 的间断点，连续区间为 $(-\infty, 0)$，$(0, +\infty)$，$g(x)$ 的连续区间为 $[-1, 1]$，$f(x)+g(x)$ 的连续区间为 $[-1, 0)$，$(0, 1]$，$f(x)g(x)$ 的连续区间为 $[-1, 1]$，$g[f(x)]$ 的连续区间为 $(-\infty, 0)$，$(0, +\infty)$.

9. 证略

10. 证略. **提示：** 分别考虑 $f(c)=f(d)$ 与 $f(c)\neq f(d)$ 两种情况，后者用介值定理.

第 3 章

导数与微分

一、知识结构

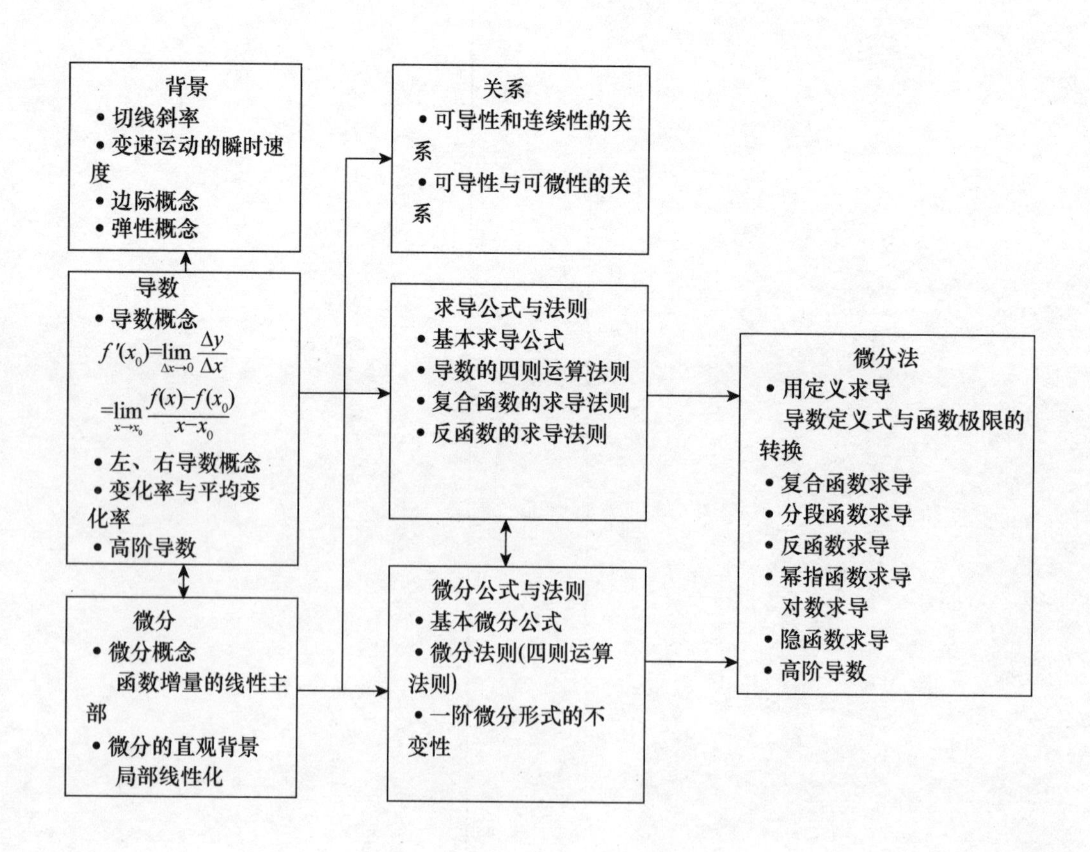

背景
• 切线斜率
• 变速运动的瞬时速度
• 边际概念
• 弹性概念
导数
• 导数概念
$f'(x_0)=\lim_{\Delta x\to 0}\frac{\Delta y}{\Delta x}$
$=\lim_{x\to x_0}\frac{f(x)-f(x_0)}{x-x_0}$
• 左、右导数概念
• 变化率与平均变化率
• 高阶导数
微分
• 微分概念
函数增量的线性主部
• 微分的直观背景
局部线性化
关系
• 可导性和连续性的关系
• 可导性与可微性的关系
求导公式与法则
• 基本求导公式
• 导数的四则运算法则
• 复合函数的求导法则
• 反函数的求导法则
微分公式与法则
• 基本微分公式
• 微分法则(四则运算法则)
• 一阶微分形式的不变性
微分法
• 用定义求导
导数定义式与函数极限的转换
• 复合函数求导
• 分段函数求导
• 反函数求导
• 幂指函数求导
对数求导
• 隐函数求导
• 高阶导数

二、内容提要

1. 导数与微分的概念

设函数 $y=f(x)$ 在点 x_0 的某邻域有定义，如果极限

$$\lim_{\Delta x\to 0}\frac{\Delta y}{\Delta x}=\lim_{\Delta x\to 0}\frac{f(x_0+\Delta x)-f(x_0)}{\Delta x}=\lim_{x\to x_0}\frac{f(x)-f(x_0)}{x-x_0}$$

存在，则称函数 $f(x)$ 在点 x_0 可导，并称该极限值为 $f(x)$ 在 x_0 处的导数，记作 $f'(x_0)$，$y'|_{x=x_0}$，$\frac{\mathrm{d}f}{\mathrm{d}x}|_{x=x_0}$ 或 $\frac{\mathrm{d}y}{\mathrm{d}x}|_{x=x_0}$.

如果左极限 $\lim\limits_{\Delta x\to 0^-}\frac{\Delta y}{\Delta x}$ 和右极限 $\lim\limits_{\Delta x\to 0^+}\frac{\Delta y}{\Delta x}$ 存在，则分别称 $f(x)$ 在点 x_0 左侧和右侧可导，并称极限值分别为 $f(x)$ 的左导数和右导数，分别记作 $f'_-(x_0)$ 和 $f'_+(x_0)$.

函数 $f(x)$ 在 x_0 点可导的充分必要条件是 $f(x)$ 在点 x_0 处的左导数、右导数均存在，且相等，即 $f'_-(x_0)=f'_+(x_0)$.

若函数 $f(x)$ 在 x_0 点可导，则必在该点连续.

若函数 $f(x)$ 在区间 (a, b) 内点点可导，则称函数 $f(x)$ 在 (a, b) 内可导. 且存在导函数 $f'(x)$，$f'(x)$ 也可以记作 y'，$\frac{\mathrm{d}y}{\mathrm{d}x}$ 或 $\frac{\mathrm{d}f}{\mathrm{d}x}$.

设函数 $y=f(x)$ 在 x 的某邻域内有定义. 如果对于自变量在 x 处的改变量 Δx，函数改变量 $\Delta y=f(x_0+\Delta x)-f(x_0)$ 可以表示为 $\Delta y=A\Delta x+o(\Delta x)$，其中 A 与 Δx 无关，则称 $f(x)$ 在点 x 处可微，并称 $A\Delta x$ 为 $f(x)$ 在点 x 处的微分，记作 $\mathrm{d}y=\mathrm{d}f(x)=A(x)\Delta x$. $f(x)$ 在点 x 处的微分也称为函数 $f(x)$ 在点 x 处增量的线性主部.

$f(x)$ 在点 x 处可微的充要条件是 $f(x)$ 在点 x 处可导，且 $f'(x)$ 可看作微分 $\mathrm{d}y$ 与 $\mathrm{d}x$ 的商.

导数和微分的几何意义 导数 $f'(x_0)$ 为曲线 $y=f(x)$ 在点 $(x_0, f(x_0))$ 处切线的斜率，同时 $-\frac{1}{f'(x_0)}$ 为曲线 $y=f(x)$ 在点 $(x_0, f(x_0))$ 处法线的斜率. 微分 $\mathrm{d}y|_{x=x_0}$ 为函数在点 $(x_0, f(x_0))$ 处切线的增量.

导数的经济背景 $f'(x)$ 通常表示经济函数的边际值，例如，边际成本 $C'(x)$ 近似表示，产量为 x 单位时，再生产或经营一个单位产品所需增加的成本.

$\frac{xf'(x)}{f(x)}$ 即因变量的相对改变量 $\frac{\Delta y}{y}$ 与自变量的相对改变量 $\frac{\Delta x}{x}$ 比值的极限，称为函数 $f(x)$ 在点 x 处的弹性，记为 $\frac{\mathrm{E}y}{\mathrm{E}x}$. 在经济学中，$\frac{\mathrm{E}y}{\mathrm{E}x}$ 表示当经济量 x 增加 1%时，相应的经济量 $y=f(x)$ 增加或减少的幅度（即百分数），通常用绝对值度量. 如，商品需求量相对价格的需求弹性表示为 $\frac{\mathrm{E}Q}{\mathrm{E}P}=-\frac{P\mathrm{d}Q}{Q\mathrm{d}P}$，其中需求量 Q 为价格 P 的单调减函数.

2. 微分法

设函数 $f(x)$，$g(x)$ 可导，则有导数运算法则：

$$[f(x)\pm g(x)]'=f'(x)\pm g'(x),$$
$$[f(x)\cdot g(x)]'=f'(x)g(x)+f(x)\cdot g'(x),$$
$$\left[\frac{f(x)}{g(x)}\right]'=\frac{f'(x)g(x)-f(x)g'(x)}{g^2(x)}.$$

相应的有微分运算法则：

$$\mathrm{d}[f(x)\pm g(x)]=\mathrm{d}f(x)\pm \mathrm{d}g(x),$$
$$\mathrm{d}[f(x)\cdot g(x)]=g(x)\cdot \mathrm{d}f(x)+f(x)\cdot \mathrm{d}g(x),$$
$$\mathrm{d}\left[\frac{f(x)}{g(x)}\right]=\frac{g(x)\cdot \mathrm{d}f(x)-f(x)\cdot \mathrm{d}g(x)}{g^2(x)}.$$

设函数 $u=g(x)$ 在点 x_0 处有导数 $\varphi'(x_0)$，且在点 u_0（$=\varphi(x_0)$）处，函数 $y=f(u)$ 有导数 $f'(u_0)$，则复合函数 $f[\varphi(x)]$在点 x_0 处可导，且

$$\frac{\mathrm{d}y}{\mathrm{d}x}\bigg|_{x=x_0}=[f(\varphi(x))]'\big|_{x=x_0}=\frac{\mathrm{d}y}{\mathrm{d}u}\bigg|_{u=u_0}\cdot\frac{\mathrm{d}u}{\mathrm{d}x}\bigg|_{x=x_0}=f'(u_0)g'(x_0).$$

设 $x=\varphi(y)$ 在区间 (a,b) 内单调且可导，则有反函数 $y=f(x)$，且当 $\varphi'(y)\neq 0$ 时，$y=f(x)$ 可导，并有

$$f'(x)=\frac{1}{\varphi'(y)}.$$

基本初等函数的导数公式：

(1) $c'=0$（c 为常数）；

(2) $(x^\alpha)'=\alpha x^{\alpha-1}$（$\alpha$ 为任意实数）；

(3) $(\mathrm{e}^x)'=\mathrm{e}^x$，$(a^x)'=a^x\ln a$（$a>0$ 且 $a\neq 1$）；

(4) $(\log_a|x|)'=\dfrac{1}{x\ln a}$，$(\ln|x|)'=\dfrac{1}{x}$（$a>0$ 且 $a\neq 1$）；

(5) $(\sin x)'=\cos x$；

(6) $(\cos x)'=-\sin x$；

(7) $(\tan x)'=\sec^2 x=\dfrac{1}{\cos^2 x}$；

(8) $(\cot x)'=-\csc^2 x=-\dfrac{1}{\sin^2 x}$；

(9) $(\sec x)'=\sec x\cdot\tan x$；

(10) $(\csc x)'=-\csc x\cdot\cot x$；

(11) $(\arcsin x)'=\dfrac{1}{\sqrt{1-x^2}}$；

(12) $(\arccos x)'=-\dfrac{1}{\sqrt{1-x^2}}$；

(13) $(\arctan x)'=\dfrac{1}{1+x^2}$；

(14) $(\mathrm{arccot}\, x)'=-\dfrac{1}{1+x^2}$.

如果函数 $y=f(x)$ 的导函数 $f'(x)$ 在点 x 处可导，则称 $f'(x)$ 在点 x 的导数为函数 $f(x)$ 的二阶导数，记作

$$f''(x),\ y'',\ \frac{\mathrm{d}^2 f}{\mathrm{d}x^2}\text{或}\frac{\mathrm{d}^2 y}{\mathrm{d}x^2}.$$

一般来说，如果函数 $f(x)$ 的 $n-1$ 阶导数在点 x 处可导，则称其导数为函数 $f(x)$ 的 n

阶导数，记作

$$f^{(n)}(x),\ y^{(n)},\ \frac{\mathrm{d}^n f}{\mathrm{d}x^n}或\frac{\mathrm{d}^n y}{\mathrm{d}x^n},$$

且有

$$\frac{\mathrm{d}}{\mathrm{d}x}\left(\frac{\mathrm{d}^{n-1} y}{\mathrm{d}x^{n-1}}\right)=\frac{\mathrm{d}^n y}{\mathrm{d}x^n}.$$

二阶或二阶以上的导数统称为高阶导数.

三、重点与要求

1. 理解导数的概念，了解可导性与连续性的关系，了解导数的定义式与特定结构的极限的转换关系，即

$$f'(x_0)=\lim_{\alpha\to 0}\frac{f(x_0+\alpha)-f(x_0)}{\alpha},\ f'(0)=\lim_{\alpha\to 0}\frac{f(\alpha)}{\alpha}(当\ f(0)=0\ 时).$$

2. 了解导数的几何意义，会求平面曲线的切线方程和法线方程，了解导数的经济意义、经济学中的边际和弹性的概念及其分析方法.

3. 掌握基本初等函数的求导公式、导数的四则运算法则和复合函数的求导法则，会求分段函数的导数，会求反函数与隐函数的导数.

4. 了解高阶导数的概念，会求二阶导数和简单的高阶导数.

5. 了解微分的概念、导函数与微分之间的关系以及微分形式的不变性，会求函数的微分.

四、例题解析

1. 导数的概念

类型一　可导性讨论

[例 1] 填空题

(1) 设函数 $f(x)=\begin{cases}\sin x+2a\mathrm{e}^x, & x<0\\ 9\arctan x+2b(x-1)^3, & x\geqslant 0\end{cases}$，若 $f(x)$ 在点 $x=0$ 处可导，则 a，b 应满足条件________.

(2) 极限 $\lim\limits_{x\to x_0}\dfrac{|f(x)-f(x_0)|}{x-x_0}$ 存在且为零的充分必要条件是________.

(3) 设函数 $f(x)=f(x+2)$，且当 $0<x\leqslant 2$ 时，$f(x)=6x-x^3$，则当 $-2<x\leqslant 0$ 时，$f(x)=$________.

答　(1) $a=1$，$b=-1$；　(2) $f'(x_0)$ 存在且为零；　(3) $f(x)=-x^3-6x^2-6x+4$.

解析 (1) $f(x)$ 在点 $x=0$ 处可导，首先在该点连续，即 $\lim\limits_{x\to0^+}f(x)=\lim\limits_{x\to0^-}f(x)=f(0)$，得 $a=-b$，又由

$$f'_+(0)=\lim_{x\to0^+}\frac{9\arctan x+2b(x-1)^3-(-2b)}{x}=9+6b,$$

$$f'_-(0)=\lim_{x\to0^+}\frac{\sin x+2a\mathrm{e}^x-2a}{x}=1+2a,$$

得 $1+2a=9+6b$，即 $a-3b=4$，与方程 $a=-b$ 联立，解得 $a=1$，$b=-1$.

(2) 由 $\lim\limits_{x\to x_0}\frac{|f(x)-f(x_0)|}{x-x_0}=\lim\limits_{x\to x_0}\left|\frac{f(x)-f(x_0)}{x-x_0}\right|\cdot\frac{|x-x_0|}{x-x_0}$，可以看到，极限式与导数定义式相关，因为极限 $\lim\limits_{x\to x_0}\frac{|x-x_0|}{x-x_0}$ 不存在，若要整个极限存在，当且仅当 $\lim\limits_{x\to x_0}\left|\frac{f(x)-f(x_0)}{x-x_0}\right|=0$，即 $f'(x_0)=\lim\limits_{x\to x_0}\frac{f(x)-f(x_0)}{x-x_0}=0$，所以，$\lim\limits_{x\to x_0}\frac{|f(x)-f(x_0)|}{x-x_0}$存在且为零的充分必要条件是 $f'(x_0)$存在且为零.

[例 2] 单项选择题

(1) 下列极限存在，$f(x)$ 为连续函数，则其极限式表示 $f'(6)$ 存在且等于 $f'(6)$ 的是(　　).

A. $\lim\limits_{x\to2}\frac{f(x+4)-f(2x+2)}{2-x}$　　B. $\lim\limits_{x\to\infty}x\left[f\left(6+\frac{1}{x}\right)-f(6)\right]$

C. $\lim\limits_{x\to0}\frac{f(x^2+6)-f(6)}{x^2}$　　D. $\lim\limits_{n\to\infty}n\left[f\left(6+\frac{1}{n}\right)-f(6)\right]$

(2) 下列结论正确的是(　　).

A. 初等函数在其定义区间内可导

B. 若 $\lim\limits_{x\to x_0}f'(x)$ 不存在，则函数 $f(x)$ 在 $x=x_0$ 处不可导

C. 若 $\lim\limits_{x\to x_0^-}f'(x)=\lim\limits_{x\to x_0^+}f'(x)$，则函数 $f(x)$ 在 $x=x_0$ 处可导

D. 函数曲线 $y=f(x)$ 在(a, b)内点点有切线，但 $f(x)$ 在(a, b)内未必可导

(3) 设函数 $f(x)$ 在 $x=a$ 处连续，则在该点处 $f(x)$ 可导是$|f(x)|$可导的(　　).

A. 必要但非充分条件　　B. 充分但非必要条件

C. 充分必要条件　　D. 既非充分又非必要条件

答 (1) B.　(2) D.　(3) A.

解析 (1) 本题的关键是确定 $\lim\limits_{\Delta x\to0}\frac{f(6+\Delta x)-f(6)}{\Delta x}$ 的存在性. 选项 B 中，$\Delta x=\frac{1}{x}$，当 $x\to\infty$时，$\frac{1}{x}\to0$，且反映了 $\Delta x\to0$ 的全过程，因此，由$\lim\limits_{x\to\infty}x\left[f\left(6+\frac{1}{x}\right)-f(6)\right]$ 的存在性可推出$f'(6)$存在且等于 $f'(6)$. 选项 C 和 D 中自变量的增量分别为 $\Delta x=x^2$，$\Delta x=\frac{1}{n}$，它们趋于零只是 $\Delta x\to0$ 的子过程，极限 $\lim\limits_{x\to0}\frac{f(x^2+6)-f(6)}{x^2}$ 和 $\lim\limits_{n\to\infty}n\left[f\left(6+\frac{1}{n}\right)-f(6)\right]$ 存在，未必有 $\lim\limits_{\Delta x\to0}\frac{f(6+\Delta x)-f(6)}{\Delta x}$ 存在. 选项 A 中极限可表示为 $\lim\limits_{x\to2}\left[\frac{f(x+4)-f(6)}{2-x}-\frac{f(2x+2)-f(6)}{2-x}\right]$，

两个比值和的极限存在未必说明各自的极限存在，故本题应选择 B.

(2) 初等函数在其定义区间内连续，但未必可导，如 $f(x)=\sqrt[3]{x}$在$(-\infty,+\infty)$内有定义，但在 $x=0$ 处不可导. 若 $\lim\limits_{x\to x_0}f'(x)$ 不存在，则 $f(x)$ 在 $x=x_0$ 处未必不可导. 若 $\lim\limits_{x\to x_0^-}f'(x)=\lim\limits_{x\to x_0^+}f'(x)$，则 $f(x)$ 在 $x=x_0$ 处也未必可导. 判断 $f(x)$ 是否可导，只能以导数的定义确定，例如，设$f(x)=\begin{cases}x^2\sin\dfrac{1}{x}, & x\neq 0\\ 0, & x=0\end{cases}$，$\lim\limits_{x\to 0}f'(x)=\lim\limits_{x\to 0}\left(2x\sin\dfrac{1}{x}-\cos\dfrac{1}{x}\right)$ 不存在，但$f'(0)=\lim\limits_{x\to 0}\dfrac{f(x)}{x}=0$.

又如 $f(x)=\begin{cases}x-1, & x\leqslant 0\\ x+1, & x>0\end{cases}$ 满足 $\lim\limits_{x\to 0^-}f'(x)=\lim\limits_{x\to 0^+}f'(x)=1$，但 $f'(0)$不存在. 若$f(x)$在 (a,b) 内可导，则曲线 $y=f(x)$ 在 (a,b) 内点点有切线，但反之不然，如曲线 $f(x)=\sqrt[3]{x}$在$(-\infty,+\infty)$内点点有切线，包括在点 $x=0$ 处有铅直切线，但在 $x=0$ 处不可导. 综上分析，本题应选择 D.

(3) 若 $f(a)\neq 0$，则在 $x=a$ 的某个邻域内，$|f(x)|=f(x)$ 或 $-f(x)$，$|f(x)|$与 $f(x)$ 有相同的可导性. 关键是在 $f(a)=0$ 的情况下讨论$|f(x)|$与 $f(x)$ 可导性的关系. 从几何直观上看，曲线 $y=|f(x)|$由曲线 $y=f(x)$ 下方部分以 x 轴为对称轴向上翻转得到，当 $f(a)=0$ 时，$x=a$ 为一个折点. 若 $f'(a)\neq 0$，曲线 $y=|f(x)|$在 $x=a$ 两侧的切线形成交角，即为角点，$|f'(a)|$不存在，因此，$f(x)$ 可导不是$|f(x)|$可导的充分条件. 若$|f(x)|$在 $x=a$ 处可导，则 $f(x)$ 必须在该点有水平切线，即 $f'(a)$存在且为零，因此，$f'(a)$存在是$|f(x)|$可导的必要条件. 综上讨论，本题应选择 A.

[例 3] 设函数 $f(x)=(x^2+x-2)|x^2-x|$，试讨论 $f(x)$ 的可导性.

分析 函数 $f(x)=(x^2+x-2)|x^2-x|$中含有绝对值，正如例 2 (3) 所讨论的，关键是判断在绝对值$|x^2-x|$的零点处的可导性.

解 当 $x\neq 0, 1$ 时，$f(x)$ 均为 x 的多项式，可导，只需讨论在点 $x=0, 1$ 处的可导性.

当 $x=0$ 时，考虑极限$\lim\limits_{x\to 0}\dfrac{f(x)-f(0)}{x-0}=\lim\limits_{x\to 0}(x^2+x-2)|x-1|\cdot\dfrac{|x|}{x}$，其中$\lim\limits_{x\to 0}\dfrac{|x|}{x}$不存在，但$\dfrac{|x|}{x}$为有界变量，当且仅当$\lim\limits_{x\to 0}(x^2-x-2)|x-1|=0$ 时，极限存在，于是，由$\lim\limits_{x\to 0}(x^2+x-2)|x-1|=-2\neq 0$ 知，定义式极限不存在，故在点 $x=0$ 处不可导.

当 $x=1$ 时，考虑极限$\lim\limits_{x\to 0}\dfrac{f(x)-f(1)}{x-1}=\lim\limits_{x\to 0}(x^2+x-2)|x|\cdot\dfrac{|x-1|}{x-1}$，其中$\lim\limits_{x\to 0}\dfrac{|x-1|}{x-1}$不存在，但$\dfrac{|x-1|}{x-1}$为有界变量，当且仅当$\lim\limits_{x\to 1}(x^2+x-2)|x|=0$ 时，极限存在，于是，由$\lim\limits_{x\to 1}(x^2+x-2)|x|=0$ 知，定义式极限存在，故 $f(x)$ 在点 $x=1$ 处可导.

综上讨论，函数 $f(x)$ 当 $x\neq 0$ 时可导.

说明 由例 3 可以得到函数可导性的一个一般结论，今后可作定理使用：

设函数 $f(x)=g(x)\varphi(x)$，其中 $\varphi(x)$ 在 $x=a$ 处连续但不可导，又 $g'(a)$存在，则 $g(a)=0$ 是函数 $f(x)$ 在 $x=a$ 处可导的充分必要条件.

类型二　导数定义式与极限计算之间的转换

[**例 1**] 填空题

(1) 已知 $f'(x_0)=5$，则 $\lim\limits_{x\to 0}\dfrac{f(x_0-x)-f(x_0+2x)}{\sin x}=$________.

(2) 设 $f(x)$ 为奇函数，$f'(0)$存在，则 $\lim\limits_{x\to 0}\dfrac{f(tx)-2f(x)}{x}=$________.

(3) 已知 $f'(0)$存在，且 $\lim\limits_{x\to 0}\dfrac{2}{x}\left[f(x)-f\left(\dfrac{x}{3}\right)\right]=a$，则 $f'(0)=$________.

答　(1) -15.　(2) $(t-2)f'(0)$.　(3) $f'(0)=\dfrac{3}{4}a$.

解析　(1) 将原极限凑成导数定义式间的运算，得

$$\text{原极限}=-\left[\lim_{x\to 0}\frac{f(x_0-x)-f(x_0)}{-x}+2\,\frac{f(x_0+2x)-f(x_0)}{2x}\right]$$
$$=-f'(x_0)-2f'(x_0)=-15,$$

其中当 $x\to 0$ 时，$\sin x\sim x$.

本题在 $f'(x_0)$存在的条件下，可直凑 $\Delta x=(x_0-x)-(x_0+2x)=-3x$，得

$$\text{原极限}=-3\lim_{x\to 0}\frac{f(x_0-x)-f(x_0+2x)}{-3x}=-3f'(x_0)=-15.$$

(2) 由 $f(x)$ 为奇函数，得 $f(0)=0$，且有 $f'(0)=\lim\limits_{x\to 0}\dfrac{f(x)}{x}$，于是

$$\lim_{x\to 0}\frac{f(tx)-2f(x)}{x}=t\lim_{x\to 0}\frac{f(tx)}{tx}-2\lim_{x\to 0}\frac{f(x)}{x}=(t-2)f'(0).$$

(3) 已知 $f'(0)=\lim\limits_{x\to 0}\dfrac{f(x)-f(0)}{x}$，于是

$$\lim_{x\to 0}\frac{2}{x}\left[f(x)-f\left(\frac{x}{3}\right)\right]=\lim_{x\to 0}2\left[\frac{f(x)-f(0)}{x}-\frac{1}{3}\,\frac{f\left(\frac{x}{3}\right)-f(0)}{\frac{x}{3}}\right]$$
$$=2f'(0)-\frac{2}{3}f'(0)=\frac{4}{3}f'(0)=a.$$

故 $f'(0)=\dfrac{3}{4}a$.

[**例 2**] 单项选择题

(1) 设函数 $f(x)$ 在 $x=a$ 处可导，则极限为 $f'(a)$ 的是（　　）.

A. $\lim\limits_{h\to 0}\dfrac{f(a+2h)-f(a)}{h}$　　B. $\lim\limits_{h\to 0}\dfrac{f(a-h)-f(a)}{h}$

C. $\lim\limits_{h\to 0}\dfrac{f(a)-f(a+h)}{h}$　　D. $\lim\limits_{m\to\infty}m\left[f\left(a+\dfrac{1}{m}\right)-f(a)\right]$

(2) 极限 $\lim\limits_{x\to 1}\dfrac{\sin(x-3)-\sin(2x-4)}{x^2-1}=$（　　）.

A. $-\dfrac{1}{2}$　　B. $\dfrac{1}{2}$　　C. $-\dfrac{1}{2}\cos 2$　　D. $\dfrac{1}{2}\cos 2$

答　(1) D.　(2) C.

解析　(1) 在可导条件下，两函数差值（为无穷小）与无穷小比值的极限可考虑配置，将极限仿照导数定义式转换为导数运算. 此时由于不涉及极限的存在性，因此转换时不用考虑极限的趋向方式问题. 由

$$\lim_{h\to 0}\frac{f(a+2h)-f(a)}{h}\overset{\Delta x=2h}{=}2\lim_{h\to 0}\frac{f(a+\Delta x)-f(a)}{\Delta x}=2f'(a),$$

$$\lim_{h\to 0}\frac{f(a-h)-f(a)}{h}\overset{\Delta x=-h}{=}-\lim_{h\to 0}\frac{f(a+\Delta x)-f(a)}{\Delta x}=-f'(a),$$

$$\lim_{h\to 0}\frac{f(a)-f(a+h)}{h}\overset{\Delta x=h}{=}-\lim_{h\to 0}\frac{f(a+\Delta x)-f(a)}{\Delta x}=-f'(a),$$

$$\lim_{m\to\infty}m\left[f\left(a+\frac{1}{m}\right)-f(a)\right]\overset{\Delta x=\frac{1}{m}}{=}\lim_{h\to 0}\frac{f(a+\Delta x)-f(a)}{\Delta x}=f'(a),$$

知本题应选 D.

(2) 由于 $\sin x$ 在 $(-\infty,+\infty)$ 上可导，于是类似 (1)，

$$\lim_{x\to 1}\frac{\sin(x-3)-\sin(2x-4)}{x^2-1}$$

$$\xlongequal{\Delta x=(x-3)-(2x-4)}-\lim_{x\to 1}\frac{\sin(-2-\Delta x)-\sin(-2-2\Delta x)}{\Delta x}\lim_{x\to 1}\frac{1}{1+x}$$

$$=-\frac{1}{2}(\sin x)'|_{x=-2}=-\frac{1}{2}\cos(-2)=-\frac{1}{2}\cos 2,$$

知本题应选 C.

小结　函数 $f(x)$ 的导数是从一个点 x_0 处函数的增量 Δy 与自变量的增量 Δx 的比值的极限的角度定义的，其中$\frac{\Delta y}{\Delta x}$称为函数 $f(x)$ 在该点附近邻域的平均变化率，极限$\lim\limits_{\Delta x\to 0}\frac{\Delta y}{\Delta x}$称为变化率.

函数 $f(x)$ 的导数有$\lim\limits_{\Delta x\to 0}\frac{f(x_0+\Delta x)-f(x_0)}{\Delta x}$与$\lim\limits_{x\to x_0}\frac{f(x)-f(x_0)}{x-x_0}$两种等价的定义形式，判别在点 x_0 处可导的充分必要条件最终取决于导数定义式的极限存在.

涉及导数概念的常见问题主要有两个：一是函数在某点处的可导性，实质上是定义式极限的存在性，判断时，$\lim\limits_{\Delta x\to 0}\frac{f(x_0+\Delta x)-f(x_0)}{\Delta x}$可以有多种形式，但式中 $\Delta x\to 0$ 的过程应该是以任意路径和任意方式反映了趋向的全过程；二是利用导数的定义式计算函数极限，即把与定义式结构相似的极限转化为导数计算，在可导条件下，这类题不涉及极限的存在性，而是涉及如何转换配置 Δx 的问题. 以上讨论，作为特例的是关于函数 $f(x)$ 在点 $x=0$ 处的可导性问题，一般情况下，如果出现形如$\lim\limits_{x\to 0}\frac{f(x)}{x}$的极限，不妨观察 $f(0)$是否为零，若$f(0)=0$，就可以与$f'(0)$ 联系起来，往往会得到更为有益的成果.

当讨论函数在某点处的可导性时，要注意 $f'_-(x_0)$与 $\lim\limits_{x\to x_0^-}f'(x)$，以及 $f'(x_0)$与 $[f(x_0)]'$的区别，这是两个不同的概念.

函数可导性的进一步讨论，还可以结合导数的运算性质进行.

2. 导数的运算

类型一 函数的和、差、积与商的导数

[例 1] 填空题

(1) 设函数 $f(x)=\sin x\sin(1-x)\sin(2-x)\cdots\sin(n-x)$，则 $f'(0)=$________.

(2) 设函数 $f(x)=\sqrt[3]{x^2(1-x)^4}$，则 $f'(x)=$________.

答 (1) $\sin1\sin2\cdots\sin n$. (2) $\frac{2}{3}x^{-\frac{1}{3}}(1-x)^{\frac{1}{3}}(1-3x)$.

解析 (1) 本题是多个函数的乘积在定点的极限，但若用导数运算的乘法法则计算，则较为烦琐，改用定义计算就简单得多，即

$$f'(0)=\lim_{x\to0}\frac{f(x)}{x}=\lim_{x\to0}\frac{\sin x}{x}\cdot\sin(1-x)\sin(2-x)\cdots\sin(n-x)$$
$$=\sin1\sin2\cdots\sin n.$$

(2) 本题可看作求由 $y=\sqrt[3]{u}$，$u=x^2(1-x)^4$ 复合而成的函数的导数，也可稍加整理，看作求两函数乘积 $x^{\frac{2}{3}}(1-x)^{\frac{4}{3}}$ 的导数，显然，运用导数运算的乘法法则计算要简单得多，即

$$f'(x)=[x^{\frac{2}{3}}(1-x)^{\frac{4}{3}}]'=\frac{2}{3}x^{-\frac{1}{3}}(1-x)^{\frac{4}{3}}-\frac{4}{3}x^{\frac{2}{3}}(1-x)^{\frac{1}{3}}$$
$$=\frac{2}{3}x^{-\frac{1}{3}}(1-x)^{\frac{1}{3}}(1-3x).$$

[例 2] 选择适当方式计算下列函数的导数：

(1) $y=\left(\sqrt{x}-\frac{1}{\sqrt[3]{x}}\right)(\sqrt[3]{x}+\sqrt{x^3})$； (2) $y=\frac{2^x\sin(x+2)}{e^x\cot x}$；

(3) $y=\frac{x}{\sqrt{x^2+1}+x}$； (4) $y=\frac{(x-1)^3(x+3)}{(x+1)^2}$.

分析 求函数的商或乘积的导数，通常情况下是较为繁杂的，如果能对函数结构作一定的调整或简化，将乘积的导数转化为函数和的导数，或将商的导数转化为乘积的导数，运算过程就会变得简单，具有事半功倍的效果.

解 (1) 由 $y=\left(\sqrt{x}-\frac{1}{\sqrt[3]{x}}\right)(\sqrt[3]{x}+\sqrt{x^3})=x^{\frac{5}{6}}+x^2-x^{\frac{7}{6}}-1$，因此得

$$y'=\frac{5}{6}x^{-\frac{1}{6}}+2x-\frac{7}{6}x^{\frac{1}{6}}.$$

(2) 由 $y=\frac{2^x\sin(x+2)}{e^x\cot x}=(2e^{-1})^x\sin(x+2)\cdot\tan x$，因此得

$$y'=(2e^{-1})^x\ln(2e^{-1})\cdot\sin(x+2)\cdot\tan x+(2e^{-1})^x\cos(x+2)\cdot\tan x$$
$$+(2e^{-1})^x\sin(x+2)\cdot\sec^2x$$
$$=(2e^{-1})^x[\ln(2e^{-1})\cdot\sin(x+2)\cdot\tan x+\cos(x+2)\cdot\tan x$$
$$+\sin(x+2)\cdot\sec^2x].$$

(3) 由 $y=\frac{x}{\sqrt{x^2+1}+x}=x(\sqrt{x^2+1}-x)=\sqrt{x^4+x^2}-x^2$，因此得

$$y'=\frac{4x^3+2x}{2\sqrt{x^4+x^2}}-2x=\frac{2x^2+1}{\sqrt{x^2+1}}-2x.$$

(4) 由 $y=(x-1)^3(x+3)(x+1)^{-2}$，因此得

$$\begin{aligned}y'&=3(x-1)^2(x+3)(x+1)^{-2}+(x-1)^3(x+1)^{-2}-2(x-1)^3(x+3)(x+1)^{-3}\\&=(x-1)^2(x+1)^{-3}[3(x+3)(x+1)+(x-1)(x+1)-2(x-1)(x+3)]\\&=(x-1)^2(x+1)^{-3}(2x^2+8x+14).\end{aligned}$$

类型二　复合函数的导数

[例 3] 填空题

(1) 设函数 $y=f^2\left(\frac{3x-2}{3x+2}\right)$，$f(x)=\arctan x$，则 $\frac{dy}{dx}\big|_{x=0}=$________.

(2) 已知 $\frac{d}{dx}[f(e^x)]=\frac{1}{x}$，则 $f'(x)=$________.

答　(1) $-\frac{3\pi}{4}$.　(2) $\frac{1}{x\ln x}$.

解析　(1) 复合函数求导时，首先确定复合结构，本题求导的函数由 $y=u^2$，$u=\arctan v$，$v=\frac{3x-2}{3x+2}=1-\frac{4}{3x+2}$ 构成，且当 $x=0$ 时，$v=-1$. 于是由复合函数求导法则，有

$$\frac{dy}{dx}=2u\cdot\frac{du}{dv}\cdot\frac{dv}{dx}=2\arctan v\cdot\frac{1}{1+v^2}\cdot\frac{12}{(3x+2)^2},$$

因此，

$$\frac{dy}{dx}\Big|_{x=0}=2\arctan(-1)\times\frac{1}{2}\times\frac{12}{4}=-\frac{3\pi}{4}.$$

(2) 由复合函数求导法则，$\frac{d}{dx}[f(e^x)]=f'(e^x)e^x=\frac{1}{x}$，令 $u=e^x$，$x=\ln u$，得

$$f'(u)u=\frac{1}{\ln u}，即\ f'(x)=\frac{1}{x\ln x}.$$

[例 4] 单项选择题

(1) 如图 3-1 所示，一辆汽车以每小时 60 公里的速度从东向西沿笔直公路匀速驶过，在距公路南 0.5 公里的 A 处有一观察镜跟踪汽车转动，问汽车经过 CD 区间段时，观察镜旋转的角速度(　　).

A. 单调增加　　　B. 单调减少

C. 先增加后减少　　　D. 先减少后增加

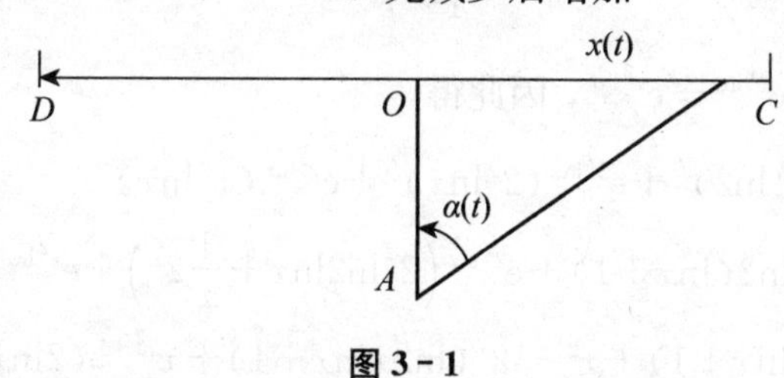

图 3-1

(2) $\left[f(x)+f\left(\frac{1}{x}\right)\right]'\Big|_{x=1}=$ (　　).

A. $2f'(1)$　　　　B. $f'(1)$

C. $f'_x(1)+f'_{\frac{1}{x}}(1)$　　　　D. 0

答　(1) C.　　(2) D.

解析　(1) 本题复合函数求导的应用又叫作相关变化率问题，解题的关键是构造并确定汽车的运动路程与观察镜旋转角之间的函数关系．若设点 O 到时刻 t 汽车位置的距离为 $x(t)$，观察镜对应位置与 OA 夹角为 $\alpha(t)$，于是有 $x(t)=|OA|\tan\alpha(t)=0.5\tan\alpha(t)$，求导得

$$x'(t)=0.5\sec^2\alpha(t)\cdot\alpha'(t)，即\ x'(t)=0.5\sec^2\alpha(t)\cdot\alpha'(t)=60,$$

则 $\alpha'(t)=120\cos^2\alpha(t)$，因此，可以判定，在汽车从 C 点到达 O 点的过程中，$\alpha(t)$ 单调减少，则$\alpha'(t)$ 单调增加，即镜旋转的角速度单调增加，在汽车从 O 点到达 D 点的过程中，$\alpha(t)$ 单调增加，则$\alpha'(t)$ 相应地单调减少，即镜旋转的角速度单调减少，从而知，汽车经过 CD 区间段时，观察镜旋转的角速度先增加后减少，故选择 C.

(2) 由$\left[f(x)+f\left(\frac{1}{x}\right)\right]'=f'(x)+f'\left(\frac{1}{x}\right)\left(\frac{1}{x}\right)'=f'(x)-\frac{1}{x^2}f'\left(\frac{1}{x}\right)$，所以有

$$\left[f(x)+f\left(\frac{1}{x}\right)\right]'\Big|_{x=1}=f'(1)-f'(1)=0,$$

故选择 D，其中$\frac{\mathrm{d}}{\mathrm{d}x}\left[f\left(\frac{1}{x}\right)\right]=\frac{\mathrm{d}}{\mathrm{d}u}[f(u)]\frac{\mathrm{d}}{\mathrm{d}x}\left(\frac{1}{x}\right)=-\frac{1}{x^2}f'(u)$，$f'(u)$不应记作 $f'_{\frac{1}{x}}(u)$.

[例 5] 求下列函数的导数：

(1) $y=\sqrt{x\sqrt{x\sqrt{x+1}}}+\ln\sqrt{\frac{1+x}{1-x}}$；　　(2) $y=2^{x^x}+x^{2^x}+x^{x^2}$；

(3) $y=\ln(\sin x+\sqrt{\sin^2x+1})$；　　(4) $y=\left[f\left(\ln\frac{1}{x}\right)\right]^2$，$f$ 为可导函数.

分析　复合函数求导必须遵循函数自身的复合和运算结构，而非简单地套用连锁法则．同样要注意简化函数结构，从而减少复合层次和运算错误．另外，幂指函数 $f(x)^{g(x)}$ 的求导，即为对复合函数 $\mathrm{e}^{g(x)\ln f(x)}$ 求导.

解　(1) 由 $y=x^{\frac{3}{4}}(x+1)^{\frac{1}{8}}+\frac{1}{2}[\ln(1+x)-\ln(1-x)]$，因此得

$$\begin{aligned}y'&=\frac{3}{4}x^{-\frac{1}{4}}(x+1)^{\frac{1}{8}}+\frac{1}{8}x^{\frac{3}{4}}(x+1)^{-\frac{7}{8}}+\frac{1}{2(1+x)}-\frac{-1}{2(1-x)}\\&=\frac{1}{8}x^{-\frac{1}{4}}(x+1)^{-\frac{7}{8}}(7x+6)+\frac{1}{1-x^2}.\end{aligned}$$

(2) 由 $y=\mathrm{e}^{\mathrm{e}^{x\ln x}\ln 2}+\mathrm{e}^{2^x\ln x}+\mathrm{e}^{x^2\ln x}$，因此得

$$\begin{aligned}y'&=\mathrm{e}^{\mathrm{e}^{x\ln x}\ln 2}(\mathrm{e}^{x\ln x}\ln 2)'+\mathrm{e}^{2^x\ln x}(2^x\ln x)'+\mathrm{e}^{x^2\ln x}(x^2\ln x)'\\&=\mathrm{e}^{\mathrm{e}^{x\ln x}\ln 2}\mathrm{e}^{x\ln x}\ln 2(\ln x+1)+\mathrm{e}^{2^x\ln x}\left(2^x\ln 2\ln x+\frac{1}{x}2^x\right)+\mathrm{e}^{x^2\ln x}(2x\ln x+x)\\&=2^{x^x}x^x\ln 2(\ln x+1)+x^{2^x-1}2^x(\ln 2x\ln x+1)+x^{x^2+1}(2\ln x+1).\end{aligned}$$

(3) 设 $u=\sin x$，则 $y=\ln(u+\sqrt{u^2+1})$，于是

$$y'=\frac{\mathrm{d}y}{\mathrm{d}u}\cdot\frac{\mathrm{d}u}{\mathrm{d}x}=\frac{1}{u+\sqrt{u^2+1}}\left(1+\frac{2u}{2\sqrt{u^2+1}}\right)\cdot\cos x$$

$$=\frac{1}{u+\sqrt{u^2+1}}\left(\frac{u+\sqrt{u^2+1}}{\sqrt{u^2+1}}\right)\cdot\cos x=\frac{\cos x}{\sqrt{\sin^2 x+1}}.$$

(4) 由 $y=\left[f\left(\ln\frac{1}{x}\right)\right]^2=[f(-\ln x)]^2$，因此得

$$y'=2f(-\ln x)f'(-\ln x)(-\ln x)'=-\frac{2}{x}f\left(\ln\frac{1}{x}\right)f'\left(\ln\frac{1}{x}\right).$$

类型三　由方程确定的隐函数的导数

[例 6] 求下列函数的导数：

(1) 设函数 $y=f(x)$ 由方程 $x\sin(xy)-\cos(x-y)=0$ 确定，求 $f'(x)$.

(2) 设函数 $y=xe^{xt}$，t 由方程 $x+y+t=e^x$ 确定，求 $\frac{\mathrm{d}y}{\mathrm{d}x}$，$\frac{\mathrm{d}y}{\mathrm{d}x}\big|_{x=0}$.

分析　隐函数求导时关键是确定自变量、因变量和中间变量，以及它们之间的相互关系. 题中仅 x 为唯一的自变量，其余变量均为 x 的函数，虽然它们不能写出具体的解析式，但在方程两边对 x 求导时，仍当作 x 的函数求导，记作 y'，t'，最终得到以 y'，t' 为未知数的代数方程，并从中解得 y'，t'. 需要强调的是，y'，t' 的表达式中同时含有变量 x，y 或 x，y，t，而 y，t 仍然是因变量，当 x 确定后，它们随之确定.

解　(1) 方程两边对 x 求导，

$$\sin(xy)+x\cos(xy)(y+xy')+\sin(x-y)(1-y')=0,$$

即有　$[x^2\cos(xy)-\sin(x-y)]y'=-\sin(xy)-xy\cos(xy)-\sin(x-y)$，

从而得

$$y'=-\frac{\sin(xy)+xy\cos(xy)+\sin(x-y)}{x^2\cos(xy)-\sin(x-y)}.$$

(2) 有两个方程，含有三个变量，可以确定本题仅有一个自由变量，即自变量 x，而 y，t 均为 x 的一元函数. 于是在方程两边对 x 求导，得

$$y'=e^{xt}+xe^{xt}(t+xt'),\ 1+y'+t'=e^x,$$

即

$$\begin{cases}y'-x^2e^{xt}t'=(1+xt)e^{xt}\\ y'+t'=e^x-1\end{cases},$$

解方程组，得

$$\frac{\mathrm{d}y}{\mathrm{d}x}=\frac{(1+xt)e^{xt}+x^2e^{xt}(e^x-1)}{1+x^2e^{xt}},$$

又当 $x=0$ 时，$y=0$，$t=1$，因此得

$$\frac{\mathrm{d}y}{\mathrm{d}x}\Big|_{x=0}=1.$$

[例 7] 用对数求导法计算下列函数的导数：

(1) $y=\frac{\sqrt[3]{x(x-1)^2}}{(x+1)^3\sqrt{x+3}}e^{\sin^2 x}$；　　(2) $y=(x^3)^{\ln^2 x}+\pi a^2$.

分析　对数求导法是隐函数求导法的推广和应用，主要通过取对数的方法将多个函数的连乘、连除结构转化为和差形式，简化运算，以及将复杂的幂指函数转化为函数的乘积形式，以便用求导法则求导. 取对数时注意正确使用对数计算公式，对于不能直接取对数的，应采用适当的方法过渡.

解　(1) 取对数，得

$$\ln y=\frac{1}{3}\ln x+\frac{2}{3}\ln(x-1)-3\ln(x+1)-\frac{1}{2}\ln(x+3)+\sin^2 x,$$

两边对 x 求导，得

$$\frac{y'}{y}=\frac{1}{3x}+\frac{2}{3(x-1)}-\frac{3}{x+1}-\frac{1}{2(x+3)}+2\sin x\cos x.$$

因此得

$$y'=y\left(\frac{1}{3x}+\frac{2}{3(x-1)}-\frac{3}{x+1}-\frac{1}{2(x+3)}+2\sin x\cos x\right)$$

$$=\frac{\sqrt[3]{x(x-1)^2}}{(x+1)^3\sqrt{x+3}}e^{\sin^2 x}\left(\frac{1}{3x}+\frac{2}{3(x-1)}-\frac{3}{x+1}-\frac{1}{2(x+3)}+\sin 2x\right)$$

(2) 不能直接取对数，可用以下方法处理.

方法 1　设 $u=(x^3)^{\ln^2 x}$，取对数，得 $\ln u=3\ln^3 x$，两边对 x 求导，得

$$u'=u\cdot 9\ln^2 x\cdot\frac{1}{x}=9x^{3\ln^2 x-1}\ln^2 x,$$

即有　　$y'=u'+(\pi a^2)'=9x^{3\ln^2 x-1}\ln^2 x.$

方法 2　由 $(y-\pi a^2)=(x^3)^{\ln^2 x}$，取对数，得 $\ln(y-\pi a^2)=3\ln^3 x$，两边对 x 求导，得

$$y'=(y-\pi a^2)\cdot 9\ln^2 x\cdot\frac{1}{x}=9x^{3\ln^2 x-1}\ln^2 x.$$

类型四　分段函数及可以化为分段函数的导数

[例 8] 求下列函数的导数：

(1) $f(x)=\begin{cases}2x+1, & x<0\\ 2x-1, & 0\leqslant x<1;\\ x^2, & 1\leqslant x\end{cases}$　　(2) $f(x)=\begin{cases}x^{\frac{4}{3}}\sin\frac{1}{x}, & x\neq 0\\ 0, & x=0\end{cases}$.

分析　分段函数求导仍应遵循处理分段函数的原则：分段开区间内按求导公式计算，分段点处利用导数定义讨论处理.

解　(1) 当 $x<0$ 时，$f'(x)=(2x+1)'=2$；当 $0<x<1$ 时，$f'(x)=(2x-1)'=2$；当$1<x$时，$f'(x)=(x^2)'=2x$.

又当 $x=0$ 时，$\lim\limits_{x\to 0^-}f(x)=1\neq f(0)$，知 $x=0$ 为间断点，故 $f'(0)$ 不存在.

当 $x=1$ 时，$\lim\limits_{x\to 1^-}\dfrac{f(x)-f(1)}{x-1}==\lim\limits_{x\to 1^-}\dfrac{2x-1-1}{x-1}=2$，$\lim\limits_{x\to 1^+}\dfrac{f(x)-f(1)}{x-1}==\lim\limits_{x\to 1^+}\dfrac{x^2-1}{x-1}=2$，知 $f'(1)=2$.

因此，$f'(x)=\begin{cases}2, & x<0\\ 2, & 0<x\leqslant 1.\\ 2x, & x>1\end{cases}$

(2) 当 $x\neq 0$ 时，$f'(x)=\dfrac{4}{3}x^{\frac{1}{3}}\sin\dfrac{1}{x}+x^{\frac{4}{3}}\cos\dfrac{1}{x}\cdot\left(-\dfrac{1}{x^2}\right)=\dfrac{4}{3}x^{\frac{1}{3}}\sin\dfrac{1}{x}-x^{-\frac{2}{3}}\cos\dfrac{1}{x}$.

当 $x=0$ 时，$f'(0)=\lim\limits_{x\to 0}\dfrac{f(x)}{x}=\lim\limits_{x\to 0}x^{\frac{1}{3}}\sin\dfrac{1}{x}=0$，其中当 $x\to 0$ 时，$x^{\frac{1}{3}}\to 0$，$\left|\sin\dfrac{1}{x}\right|\leqslant 1$，因此，$f'(x)=\begin{cases}\dfrac{4}{3}x^{\frac{1}{3}}\sin\dfrac{1}{x}-x^{-\frac{2}{3}}\cos\dfrac{1}{x}, & x\neq 0\\ 0, & x=0\end{cases}$.

[例 9] 求下列函数的导数：

(1) $f(x)=(x^2-1)(|x+2|-|x-1|)$；　(2) $f(x)=\max\{x^2, x^3\}$.

分析　对含有绝对值号的函数以及取大或取小函数求导，应先化为分段函数，再求导.

解　(1) 化 $f(x)=(x^2-1)(|x+2|-|x-1|)$ 为分段函数，其中绝对值的零点 $x=-2$，$x=1$ 为分段点，于是

当 $x<-2$ 时，$f(x)=(x^2-1)(-x-2+x-1)=-3(x^2-1)$；

当 $-2\leqslant x<1$ 时，$f(x)=(x^2-1)(x+2+x-1)=2x^3+x^2-2x-1$；

当 $1\leqslant x$ 时，$f(x)=(x^2-1)(x+2-x+1)=3(x^2-1)$.

即有

$$f(x)=\begin{cases}-3(x^2-1), & x<-2\\ 2x^3+x^2-2x-1, & -2\leqslant x<1.\\ 3(x^2-1), & 1\leqslant x\end{cases}$$

在各自的分段开区间内，有

$$f'(x)=\begin{cases}-6x, & x<-2\\ 6x^2+2x-2, & -2<x<1.\\ 6x, & 1<x\end{cases}$$

又当 $x=-2$ 时，由

$$\lim_{x\to -2^-}\frac{f(x)-f(-2)}{x+2}=\lim_{x\to -2^-}\frac{-3x^2+12}{x+2}=12,$$

$$\lim_{x\to -2^+}\frac{f(x)-f(-2)}{x+2}=\lim_{x\to -2^+}\frac{2x^3+x^2-2x+8}{x+2}=18,$$

$f'_-(-2)\neq f'_+(-2)$，知 $f'(-2)$ 不存在.

当 $x=1$ 时，由

$$\lim_{x\to 1^-}\frac{f(x)-f(1)}{x-1}=\lim_{x\to 1^-}\frac{2x^3+x^2-2x-1}{x-1}=6,$$

$$\lim_{x\to1^+}\frac{f(x)-f(1)}{x-1}=\lim_{x\to-2^+}\frac{3x^2-3}{x-1}=6,$$

知 $f'(1)=6$.

因此，$f'(x)=\begin{cases}-6x, & x<-2\\ 6x^2+2x-2, & -2<x<1.\\ 6x, & 1\leqslant x\end{cases}$

(2) 化 $f(x)=\max\{x^2, x^3\}$ 为分段函数，其中 $x^3-x^2=x^2(x-1)=0$ 的零点 $x=0$, $x=1$ 为可能的分段点. 于是，当 $x<0$ 时，$x^2>x^3$，$f(x)=x^2$；当 $0\leqslant x<1$ 时，$x^2\geqslant x^3$，$f(x)=x^2$；当$1\leqslant x$时，$x^2\leqslant x^3$，$f(x)=x^3$，即有

$$f(x)=\begin{cases}x^2, & x<1\\ x^3, & 1\leqslant x\end{cases}.$$

在各自的分段开区间内，有

$$f'(x)=\begin{cases}2x, & x<1\\ 3x^2, & 1<x\end{cases}.$$

又当 $x=1$ 时，由

$$\lim_{x\to1^-}\frac{f(x)-f(1)}{x-1}=\lim_{x\to1^-}\frac{x^2-1}{x-1}=2,\ \lim_{x\to1^+}\frac{f(x)-f(1)}{x-1}=\lim_{x\to1^+}\frac{x^3-1}{x-1}=3,$$

$f'_-(1)\neq f'_+(1)$，知 $f'(1)$ 不存在，因此，

$$f'(x)=\begin{cases}2x, & x<1\\ 3x^2, & 1<x\end{cases}.$$

类型五　高阶导数

[例 10] 单项选择题

(1) 已知函数 $f(x)$ 有二阶导数，则$\frac{\mathrm{d}^2}{\mathrm{d}x^2}[f(\mathrm{e}^x)]=(\quad)$.

A. $f''(\mathrm{e}^x)\mathrm{e}^x$　　　　B. $f''(\mathrm{e}^x)\mathrm{e}^{2x}$

C. $f''(\mathrm{e}^x)\mathrm{e}^{2x}+f'(\mathrm{e}^x)\mathrm{e}^x$　　　　D. $f''(\mathrm{e}^x)\mathrm{e}^x+f'(\mathrm{e}^x)\mathrm{e}^x$

(2) 已知函数 $f(x)$ 有任意阶导数，且 $f'(x)=[f(x)]^2$，则当 n 为大于 1 的正整数时，$f^{(n)}(x)=(\quad)$.

A. $n![f(x)]^{n+1}$　　B. $n[f(x)]^{n+1}$　　C. $[f(x)]^{2n}$　　D. $n![f(x)]^{2n}$

答　(1) C.　　(2) A.

解析　(1) 由 $\frac{\mathrm{d}}{\mathrm{d}x}[f(\mathrm{e}^x)]=f'(\mathrm{e}^x)(\mathrm{e}^x)'=f'(\mathrm{e}^x)\mathrm{e}^x$，所以

$$\begin{aligned}\frac{\mathrm{d}^2}{\mathrm{d}x^2}[f(\mathrm{e}^x)]&=[f'(\mathrm{e}^x)\mathrm{e}^x]'=f''(\mathrm{e}^x)(\mathrm{e}^x)'\mathrm{e}^x+f'(\mathrm{e}^x)(\mathrm{e}^x)'\\&=f''(\mathrm{e}^x)\mathrm{e}^{2x}+f'(\mathrm{e}^x)\mathrm{e}^x.\end{aligned}$$

故本题应选择C. 这里要注意，在对 $f(\mathrm{e}^x)$求 n 次导后，n 阶导函数 $f^{(n)}(\mathrm{e}^x)$仍然与函数

$f(e^x)$ 有相同的复合关系.

(2) 由已知,

$$f''(x)=2f(x)f'(x)=2f(x)[f(x)]^2=2[f(x)]^3,$$
$$f'''(x)=3![f(x)]^2f'(x)=3![f(x)]^2[f(x)]^2=3![f(x)]^4,$$

依此类推, $f^{(n)}(x)=n![f(x)]^{n+1}$. 故本题应选择 A.

[例 11] 对下列函数求导:

(1) $y=\dfrac{1}{\sqrt{1+x^2}(x+\sqrt{1+x^2})}$, 求 y'';

(2) 函数 $y=y(x)$ 由方程 $\ln\sqrt{x^2+y^2}=\arctan\dfrac{y}{x}$ 确定, 且 $y(x)$ 二阶可导. 求 $y''\Big|_{\substack{x=1\\y=0}}$.

分析 高阶导数运算中最常见的是求二阶导数, 对显函数求二阶导数, 关键是对函数及求出的一阶导数作必要的化简整理, 这样才能为快捷正确地计算二阶导数奠定基础. 对于隐函数求二阶导数, 还要注意一阶导数中的 y 仍然是 x 的函数, 千万不要当作常数处理.

解 (1) 由 $y=\dfrac{1}{\sqrt{1+x^2}(x+\sqrt{1+x^2})}=\dfrac{\sqrt{1+x^2}-x}{\sqrt{1+x^2}}=1-\dfrac{x}{\sqrt{1+x^2}}$, 得

$$y'=-\frac{\sqrt{1+x^2}-\dfrac{x^2}{\sqrt{1+x^2}}}{1+x^2}=-\frac{1}{(1+x^2)^{\frac{3}{2}}},$$

从而有

$$y''=\frac{3}{2}(1+x^2)^{-\frac{3}{2}-1}\cdot(2x)=\frac{3x}{(1+x^2)^{\frac{5}{2}}}.$$

(2) 求隐函数在某定点的二阶导数, 可以在原方程两边连续两次求导, 然后逐步代值, 依次计算出在该点的一阶、二阶导数值. 原方程整理为 $\dfrac{1}{2}\ln(x^2+y^2)=\arctan\dfrac{y}{x}$, 两边求导, 得

$$\frac{2x+2yy'}{2(x^2+y^2)}=\frac{1}{1+\left(\dfrac{y}{x}\right)^2}\left(\frac{xy'-y}{x^2}\right),\ \text{即}\ x+yy'=xy'-y, \tag{①}$$

再求导, 得

$$1+yy''+(y')^2=xy''. \tag{②}$$

将 $x=1$, $y=0$ 代入式①, 得 $y'\Big|_{\substack{x=1\\y=0}}=1$.

将 $x=1$, $y=0$, $y'\Big|_{\substack{x=1\\y=0}}=1$ 代入式②, 得 $y''\Big|_{\substack{x=1\\y=0}}=2$.

[例 12] 求下列函数的 n 阶导数:

(1) $y=\ln(2-3x-2x^2)$; (2) $y=\sin^2 x$.

分析 在逐阶求导的过程中找出规律, 同时可利用已有的高阶导数的计算公式, 如

$$\left(\frac{1}{x+a}\right)^{(n)}=(-1)^n\frac{n!}{(x+a)^{n+1}},\ (\sin x)^{(n)}=\sin\left(\frac{n\pi}{2}+x\right),\ (\mathrm{e}^x)^{(n)}=\mathrm{e}^x.$$

解 (1) 由 $y=\ln2\left(\frac{1}{2}-x\right)+\ln(x+2)$，求导得 $y'=\frac{1}{x-\frac{1}{2}}+\frac{1}{x+2}$，再求 $n-1$ 阶导数，有

$$y^{(n)}=(-1)^{n-1}\frac{(n-1)!}{\left(x-\frac{1}{2}\right)^n}+(-1)^{n-1}\frac{(n-1)!}{(x+2)^n}.$$

(2) $y'=2\sin x\cos x=\sin2x$，再求 $n-1$ 阶导数，有

$$y^{(n)}=2^{n-1}\sin\left(\frac{(n-1)\pi}{2}+2x\right)=-2^{n-1}\cos\left(\frac{n\pi}{2}+2x\right).$$

小结 函数 $f(x)$ 的导数广泛应用于微积分学的绝大多数章节，也广泛应用于现实之中，因此，函数的求导运算是微积学中最重要的运算.

为解决求导问题，微积分学的创始人之一莱布尼茨研究了十多年，在用定义给出基本初等函数的求导公式的基础上，根据初等函数的构成特点进一步给出了一系列法则，这就是四则运算法则和复合函数求导法则，从而构成了完整的求导运算系统. 掌握求导运算，首先要掌握基本求导公式和导数运算法则. 正如类型一和类型二所介绍的，要用好法则，先要对函数进行必要的整理化简，然后选用最简便的法则求导. 一般来说，能用和差运算法则的就不用乘积和商运算法则，能用乘积运算法则的就不用商运算法则. 对数求导法就是合理使用法则的有效方法.

掌握好一些常见的特殊函数类型的求导运算是函数求导的又一重点内容. 这就是：由方程确定的隐函数的求导，关键是求导过程中对变量的理解，切忌当作与自变量无关的常数处理. 分段函数及可化为分段函数的函数的求导，要坚持在各分段开区间用求导公式和法则，在分段点用定义处理的原则. 幂指函数 $f(x)^{g(x)}$ 的求导，一定按照复合函数结构形式 $\mathrm{e}^{g(x)\ln f(x)}$ 或对数求导法求导. 高阶导数（重点是二阶导数）的运算应注意运算过程的简化，上一步的计算要为下一步的计算提供基础，同时，注意掌握运算的规律，并利用已有的高阶导数的计算公式. 还要强调的是，对复合结构的抽象函数，无论求多少次导数，复合结构都不变.

3. 微分的概念

[**例 1**] 填空题

(1) 已知 $f(x)$ 在任意点 x 处的增量 $\Delta y=\frac{\Delta x}{4+x^2}+\alpha$，且当 $\Delta x\to0$ 时，α 是 Δx 的高阶无穷小，$f(0)=1$，则 $f(2)=$________.

(2) 已知当 $\Delta x=0.5$ 时，函数 $f(\mathrm{e}^{-2x})$ 在 $x=2$ 处增量的线性主部为 0.1，则 $f'(\mathrm{e}^{-4})=$________.

答 (1) $\frac{\pi}{8}+1$. (2) $-0.1\mathrm{e}^4$.

解析 (1) 由题设，$f(x)$ 可微，且 $y'=\frac{1}{4+x^2}=\left(\frac{1}{2}\arctan\frac{x}{2}+C\right)'$. 因此，

$$y=\frac{1}{2}\arctan\frac{x}{2}+C. \text{ 又 } f(0)=1, \text{ 即 } 1=\frac{1}{2}\arctan\frac{0}{2}+C,$$

得 $C=1$，故 $y=\frac{1}{2}\arctan\frac{x}{2}+1$，$f(2)=\frac{1}{2}\arctan 1+1=\frac{\pi}{8}+1$.

(2) 函数 $f(e^{-2x})$ 在 $x=2$ 处增量的线性主部为 $f(e^{-2x})$ 在 $x=2$ 处的微分，即有

$$d[f(e^{-2x})]|_{x=2}=f'(e^{-2x})(e^{-2x})'|_{x=2}\Delta x=-2f'(e^{-4})e^{-4}\times 0.5=0.1,$$

得 $f'(e^{-4})=-0.1e^4$.

[**例 2**] 单项选择题

设 $\alpha=\frac{\Delta y-dy}{\Delta x}$，则当 $\Delta x\to 0$ 时，α 是（　　）.

A. 无穷大量　　　B. 无穷小量　　　C. 常数　　　D. 极限不存在

答 B.

解析 根据微分的概念，函数增量与微分的差 $\Delta y-dy$ 是比 Δx 高阶的无穷小量，故选择 B.

[**例 3**] 利用一阶微分形式不变性计算下列函数的微分.

(1) $y=\arctan\left(\frac{\sin x+\cos x}{\sin x-\cos x}\right)$；

(2) $y=f(x)$ 为方程 $xy-1=\ln(x+y)$ 的隐函数.

分析 一阶微分形式不变性指在计算微分时，若遇到变量 y，则不必讨论变量是自变量、中间变量还是因变量，直接表示为 dy，处理起来更为简单.

解 (1)
$$dy=\frac{1}{1+\left(\frac{\sin x+\cos x}{\sin x-\cos x}\right)^2}d\left(\frac{\sin x+\cos x}{\sin x-\cos x}\right)$$
$$=\frac{1}{1+\left(\frac{\sin x+\cos x}{\sin x-\cos x}\right)^2}\cdot\frac{(\sin x-\cos x)d(\sin x+\cos x)-(\sin x+\cos x)d(\sin x-\cos x)}{(\sin x-\cos x)^2}$$
$$=\frac{-(\sin x-\cos x)^2-(\sin x+\cos x)^2}{(\sin x-\cos x)^2+(\sin x+\cos x)^2}dx=-dx.$$

(2) 两边微分，$xdy+ydx=\frac{dx+dy}{x+y}$，整理得

$$\frac{x^2+xy-1}{x+y}dy=\frac{1-y^2-xy}{x+y}dx, \text{ 即 } dy=-\frac{y^2+xy-1}{x^2+xy-1}dx.$$

[**例 4**] 利用微分计算 $y=\arcsin x$ 的导数.

分析 由微分概念，函数 $y=f(x)$ 的导数可看作微分 dy 与 dx 的商，因此$\frac{dy}{dx}=\frac{1}{\frac{dx}{dy}}$，即反函数求导法则.

解 当 $y\in\left[-\frac{\pi}{2},\frac{\pi}{2}\right]$ 时，有 $\sin y=x$，两边微分，得 $\cos y\mathrm{d}y=\mathrm{d}x$，即有

$$\frac{\mathrm{d}y}{\mathrm{d}x}=\frac{1}{\cos y}=\frac{1}{\sqrt{1-\sin^2 y}}=\frac{1}{\sqrt{1-x^2}}.$$

[**例 5**] 利用微分近似计算下列各值：

(1) $\tan 42°$； (2) $\sqrt[6]{720}$.

分析 微分的基本思想就是局部线性化，因此利用微分近似计算是常见的基本题型. 基本步骤是：先选定模拟问题的函数，然后给出微分近似公式，最后选定定点（便于计算）及增量（尽可能地小），代入算出近似值. 另外，计算三角函数值时，应注意式中度量单位是弧度.

解 (1) 设 $f(x)=\tan x$，有 $\tan(x_0+\Delta x)\approx\tan x_0+\sec^2 x_0\Delta x$.

取 $x_0=\frac{\pi}{4}$，$\Delta x=(42-45)\times\frac{\pi}{180}=-\frac{\pi}{60}$，代入，得

$$\tan 42°\approx\tan\frac{\pi}{4}+\sec^2\frac{\pi}{4}\times\left(-\frac{\pi}{60}\right)=1-\frac{\pi}{30}\approx 0.895\,3.$$

(2) 设 $f(x)=\sqrt[6]{x}$，有 $\sqrt[6]{x_0+\Delta x}\approx\sqrt[6]{x_0}+\frac{1}{6}x_0^{-\frac{5}{6}}\Delta x$.

取 $x_0=3^6=729$，$\Delta x=720-729=-9$，代入，得

$$\sqrt[6]{720}\approx\sqrt[6]{3^6}+\frac{1}{6\sqrt[6]{3^{6\times5}}}(-9)=3+\frac{1}{6\times243}\times(-9)\approx 2.993\,8.$$

小结 微分是微积分学的一个基本概念，基本思想是局部线性化. 具体是指函数增量的线性主部.

可微与可导是两个等价的概念，导数可看作两个微分的商，因此，微分运算可以由导数运算得到，反之，导数也可由微分运算得到. 不同点在于，导数公式中的变量关系是严格确定的，而所有微分运算公式中变量既可以是自变量，也可以是中间变量，称之为一阶微分形式不变性. 我们将在第 5 章介绍的作为微分的逆运算引入的不定积分也仍然保持着变量的这一特性.

微分的一个重要应用是近似计算，只要选对模拟函数，正确给出微分近似公式，准确确定取值点和自变量的增量，计算难度就不大.

4. 导数的背景及其应用

类型一　经济应用　边际与弹性

[**例 1**] 填空题

(1) 设某商品的需求量 Q 相对价格 P 的函数为 $Q=a-bP$，a，b 为正常数，则当价格在范围________内变化时，减价可以增加收入.

(2) 设某产品的需求函数为 $Q=Q(p)$，其对价格 p 的弹性 $\varepsilon_p=0.2$，则当需求量为 10 000 件时，价格增加 1 元会使收益增加________元.

答 (1) $\frac{a}{2b}<P<\frac{a}{b}$. (2) 8 000.

解析 (1) 当收益相对价格的边际效应为负时，减价可以增加收入. 由题设，该商品相对价格的收益函数为 $R=QP=aP-bP^2$，$0\leqslant P<\frac{a}{b}$. 收益相对价格的边际效应为 $\frac{\mathrm{d}R}{\mathrm{d}P}=a-2bP$. 于是，由 $\frac{\mathrm{d}R}{\mathrm{d}P}=a-2bP<0$，即当 $\frac{a}{b}>P>\frac{a}{2b}$ 时，减价可以增加收入.

(2) 由 $R=Q(p)p$，$\varepsilon_p=-\frac{p\mathrm{d}Q}{Q\mathrm{d}p}$，有 $\Delta R\approx\mathrm{d}R=Q\mathrm{d}p+p\mathrm{d}Q\approx(1-\varepsilon_p)Q\Delta p$，从而有

$$\Delta R\approx(1-0.2)\times10\,000\times1=8\,000\ (\text{元}).$$

[**例 2**] 单项选择题

(1) 设某商品相对价格 P 的需求函数为 $Q=f(P)$，则下列各式中不能用来表示需求对于价格弹性的是(　　).

A. $-\frac{P\mathrm{d}Q}{Q\mathrm{d}P}$　　B. $-\frac{\mathrm{dln}Q}{\mathrm{dln}P}$　　C. $\frac{\mathrm{dln}Q}{\mathrm{d}P}$　　D. $-\frac{\text{边际需求}}{\text{平均需求}}$

(2) 下列函数中对于 x 的弹性与 x 相关的是(　　).

A. $y=c$ (常数)　B. $y=kx$　　C. $y=x^{\alpha}$　　D. $y=a^x$

答 (1) C.　(2) D.

解析 (1) 函数对于自变量的弹性是函数的相对改变量与自变量的相对改变量的比值的极限，即

$$E_P=\lim_{\Delta x\to0}\frac{\Delta Q/Q}{\Delta P/P}=\frac{P}{Q}\lim_{\Delta x\to0}\frac{\Delta Q}{\Delta P}=\frac{P}{Q}\cdot\frac{\mathrm{d}Q}{\mathrm{d}P},\ \frac{Pf'(P)}{Q}\quad\text{或}\ \frac{\mathrm{dln}Q}{\mathrm{dln}P},$$

其中 $f'(P)$ 表示边际需求，$\frac{Q}{P}$ 为平均需求，弹性也可等价表示为 $\frac{\text{边际需求}}{\text{平均需求}}$.

另外，在经济学中只讨论弹性的绝对值，而根据商品的一般特性，需求对价格的函数为单调减函数，故商品对价格的弹性应表示为 $-\frac{P}{Q}\cdot\frac{\mathrm{d}Q}{\mathrm{d}P}$，$-\frac{Pf'(P)}{Q}$，$-\frac{\mathrm{dln}Q}{\mathrm{dln}P}$ 或 $-\frac{\text{边际需求}}{\text{平均需求}}$. 故本题选择 C.

(2) 由 $\frac{\mathrm{dln}c}{\mathrm{dln}x}=0$，$\frac{\mathrm{dln}kx}{\mathrm{dln}x}=1$，$\frac{\mathrm{dln}x^{\alpha}}{\mathrm{dln}x}=\alpha$，$\frac{\mathrm{dln}a^x}{\mathrm{dln}x}=\frac{\ln a\mathrm{d}x}{\frac{1}{x}\mathrm{d}x}=x\ln a$，知常数函数的弹性为 0，线性函数的弹性为 1，幂函数的弹性为指数，均与 x 无关，由排除法，应选择 D.

[**例 3**] 某家用电器的需求函数为 $P(Q)=35-0.05\sqrt{Q}$. 如果需要 160 000 件这种电器，则此时价格上涨会增加收入还是减少收入? 若需要 250 000 件，随着价格的上涨，收益又将如何变化?

分析 本题主要讨论价格变化与收益变化的互动关系，可以从收益相对价格的边际效应和需求对价格的弹性两个角度讨论.

解 方法 1 从收益对价格的边际效应讨论，其收益相对价格的函数为

$$R(P)=PQ=(35-0.05\sqrt{Q})Q.$$

从而有

$$\frac{dR}{dP}=\frac{dR}{dQ}\cdot\frac{1}{\frac{dP}{dQ}}=\frac{\left(35-0.05\times\frac{3}{2}\sqrt{Q}\right)}{-\frac{0.05}{2\sqrt{Q}}}=-1\,400\sqrt{Q}+3Q,$$

$$\left.\frac{dR}{dP}\right|_{Q=160\,000}=-80\,000<0,\ \left.\frac{dR}{dP}\right|_{Q=250\,000}=50\,000>0,$$

知当需求量达 160 000 件时，收益相对价格的边际效应为负，即涨价会导致收益减少，当需求量达 250 000 件时，收益相对价格的边际效应为正，即涨价会导致收益增加.

方法 2　从需求对价格的弹性讨论，该商品需求对价格的弹性为

$$\varepsilon_P=-\frac{PdQ}{QdP}=-\frac{P}{Q}\cdot\frac{1}{\frac{dP}{dQ}}=-\frac{P(Q)}{QP'(Q)},$$

对应的收益的增量为

$$\Delta R\approx dR=QdP+PdQ=\left(1+\frac{PdQ}{QdP}\right)QdP=(1-\varepsilon_P)Q\Delta P.$$

于是，当 $Q_0=160\,000$ 时，$\varepsilon_P=-\dfrac{35-0.05\times400}{-160\,000\times0.05\times\frac{1}{2\times400}}=1.5>1$，因此，若价格上涨，即 $\Delta P>0$，则有 $\Delta R=(1-1.5)Q\Delta P=-0.5Q\Delta P<0$，收益将减少.

当 $Q_0=250\,000$ 时，$\varepsilon_P=-\dfrac{35-0.05\times500}{-250\,000\times0.05\times\frac{1}{2\times500}}=0.8<1$，因此，若价格上涨，即 $\Delta P>0$，则有 $\Delta R=(1-0.8)Q\Delta P=0.2Q\Delta P>0$，收益将增加.

结果表明，当需求量达 160 000 件时，需求对价格的弹性大于 1，为强弹性，即价格波动引起的需求量的波动更激烈，价格上涨带来的收益远不如由此产生的销量大幅减少造成的损失，总体效益为负；当需求量达 250 000 件时，需求对价格的弹性小于 1，为弱弹性，即价格波动引起的需求量的波动较小，价格上涨带来的收益远大于由此产生的销量减少造成的损失，总体效益为正.

类型二　几何应用　切线与法线

[例 1] 填空题

(1) 设曲线 $y=f(x)=x^{2n}$ 在点 $(1,1)$ 处的切线与 x 轴的交点为 $(a_n,0)$，则 $\lim\limits_{n\to\infty}f(a_n)=$________.

(2) 设函数 $y=f(x)$ 由方程 $e^{2x+y}-\cos xy=e-1$ 确定，则曲线 $y=f(x)$ 在点 $(0,1)$ 处的法线方程为________.

答　(1) e^{-1}.　(2) $x-2y+2=0$.

解析　(1) 曲线 $y=f(x)$ 在点 $(1,1)$ 处的切线为 $y=2n(x-1)+1$，从而得 $a_n=\dfrac{2n-1}{2n}$，则

$$\lim_{n\to\infty}f(a_n)=\lim_{n\to\infty}\left(1-\frac{1}{2n}\right)^{2n}=e^{-1}.$$

(2) 将(0, 1)代入方程，有 $e^1-\cos 0=e-1$，即点(0, 1)在该曲线 $y=f(x)$ 上. 两边对 x 求导，有

$$e^{2x+y}(2+y')+\sin xy\cdot(y+xy')=0,$$

将 $x=0$，$y=1$ 代入，得 $y'\Big|_{\substack{x=0\\y=1}}=-2$，因此，过点 (0, 1) 的法线斜率为 $k=-\frac{1}{y'}\Big|_{\substack{x=0\\y=1}}=\frac{1}{2}$，曲线 $y=f(x)$ 在点 (0, 1) 处的法线方程为 $y-1=\frac{1}{2}x$，即 $x-2y+2=0$.

[例 2] 单项选择题

若曲线 $y=ax^2$ 与 $y=\ln x$ 相切，则 $a=$(　　).

A. $\frac{1}{e}$　　B. $\frac{1}{2e}$　　C. 1　　D. $\frac{1}{2}$

答 B.

解析 曲线 $y=ax^2$ 与 $y=\ln x$ 相切，则必相交，且交点处切线斜率相等，即在交点 $x=x_0$ 处有 $ax_0^2=\ln x_0$，$2ax_0=\frac{1}{x_0}$，解得 $x_0=e^{\frac{1}{2}}$，$a=\frac{1}{2e}$，故本题选择 B.

[例 3] 求过点(2, 0)与曲线 $y=2x-x^3$ 相切的切线方程.

分析 求过已知点与已知曲线相切的切线，首先应验证已知点是否在曲线上. 若不在曲线上，则应该另设切点，而且切点未必唯一.

解 经验证，点 (2, 0) 不在曲线 $y=2x-x^3$ 上，另设切点为 (x_0, y_0)，过切点的切线方程为

$$y=(2-3x_0^2)(x-x_0)+(2x_0-x_0^3).$$

因切线过点 (2, 0)，将 $x=2$，$y=0$ 代入，得 $2x_0^3-6x_0^2+4=0$，解得 $x_0=1$ 或 $x_0=1\pm\sqrt{3}$，因此，过点 (2, 0) 与曲线 $y=2x-x^3$ 相切的切线方程有三个：

$$y=-x+2,$$
$$y=-(10+6\sqrt{3})(x-1-\sqrt{3})-8-4\sqrt{3},$$
$$y=(-10+6\sqrt{3})(x-1+\sqrt{3})-8+4\sqrt{3}.$$

小结 导数概念的背景及其应用主要有两个方面，即经济学中的边际与弹性概念以及几何学中曲线在某点处的切线与法线斜率.

经济学中某经济变量的导数就是该经济变量的边际值. 它近似地表示在自变量的某个时点再增加一个单位，经济变量相应地增加或减少的数量. 例如，对应资金投入 x 的收益函数 $R(x)$，$R'(x)$ 表示投入资金为 x 的情况下，若再投入一个单位资金，总收益相应地增加或减少的数量，称为收益对投资资金的边际效应. 在不需要了解前一阶段投资的任何信息的情况下，边际收益说明再投入资金的效益，通常也称为资金的影子价格（即一元资金的实际价值），当 $R'(x)>0$ 时，说明对收益有正效应. 经济学中某经济变量的相对改变量 $\frac{\Delta y}{y}$ 与自变量的相对改变量 $\frac{\Delta x}{x}$ 的比值的极限 $\left(\text{即}\frac{x\mathrm{d}y}{y\mathrm{d}x}\right)$ 称为该经济变量对于自变量的弹性，通常记作 ε_x，η_x，$\frac{Ey}{Ex}$. 实际讨论时，一般约定取其绝对值. 它表示在自变量变化百分之一

时，经济变量相应变化的幅度（百分数）. 如需求函数对于价格的弹性表示价格增加1%时，需求量减少的百分数. 由于收益函数可表示为需求量（即销量）与价格的乘积，当 $\varepsilon_P>1$ 时，需求量相对价格的变动呈现强弹性，这时，降价会引发销量更大幅度的增长，因此，降价可增加收入. 当 $\varepsilon_P<1$ 时，需求量相对价格的变动呈现弱弹性，这时，大幅度涨价不会引发销量过多的变化，因此，涨价可增加收入. 以上说明，边际与弹性概念及其应用是经济研究和决策的重要工具.

几何学中函数 $y=f(x)$ 在某点 x_0 处的导数值 $f'(x_0)$ 表示函数曲线 $y=f(x)$ 上过点 $(x_0, f(x_0))$ 的切线的斜率，$-\dfrac{1}{f'(x_0)}$ 表示函数曲线 $y=f(x)$ 上过点 $(x_0, f(x_0))$ 的法线的斜率. 求出切线与法线的斜率，由点斜式不难给出切线和法线的方程. 注意，计算时，应验证所给点是否在曲线上.

五、综合练习

1. 填空题

(1) 设函数 $f(x)=\sin(x-a)g(x)$ 在 $x=a$ 处可导，则函数 $g(x)$ 应满足条件________.

(2) 设 $f(x)$ 在 $x=x_0$ 处可导，且 $f'(x_0)=4$，则 $\lim\limits_{x\to 0}\dfrac{x}{f(x_0-3x)-f(x_0-x)}=$________.

(3) 设函数 $f(x)=\begin{cases} x^{\alpha}\sin\dfrac{1}{x}, & x>0 \\ 0, & x\leqslant 0 \end{cases}$，若 $f(x)$ 为可导函数，且 $f'(x)$ 在 $x=0$ 处连续，则 α 的取值范围是________.

(4) 设 $y=(u+1)^2$，$u(x)$ 由方程组 $x=\cos t$，$u=\sin t$ 确定，则 $\left.\dfrac{\mathrm{d}y}{\mathrm{d}x}\right|_{x=\frac{1}{2}}=$________.

(5) 设 $y=\dfrac{x^8-2x^7+3}{2-x}$，则 $y^{(n)}=$________$(n>7)$.

(6) 曲线 $\sin(xy)+\ln(y-x)=x$ 在点 $(0, 1)$ 处的切线方程是________.

(7) 设某商品的需求为 $Q=100-5P$，则当销量为________时，边际收益开始为负.

2. 单项选择题

(1) 设 $f(0)=0$，则 $f(x)$ 在 $x=0$ 处可导的充分必要条件是（　）存在.

A. $\lim\limits_{h\to 0}\dfrac{f(h^2)}{h^2}$　　B. $\lim\limits_{h\to 0}\dfrac{f(1-\mathrm{e}^h)}{h}$

C. $\lim\limits_{n\to\infty} nf\left(\dfrac{1}{n}\right)$　　D. $\lim\limits_{h\to 0}\dfrac{1}{h}[f(3h)-f(2h)]$

(2) 设函数 $f(x)$ 可导，$F(x)=f(x)(1-|\sin x|)$，则 $f(0)=0$ 是函数 $F(x)$ 在 $x=0$ 处可导的（　）.

A. 充分必要条件　　B. 必要非充分条件

C. 充分非必要条件　　D. 既非充分又非必要条件

(3) 设函数 $f(x)$ 在 $[a, b]$ 上连续，则曲线 $y=f(x)$ 在点 $x_0\in(a, b)$ 处存在切线，是 $f(x)$ 在该点可导的(　　).

A. 充分必要条件　　　　　　　　B. 必要非充分条件

C. 充分非必要条件　　　　　　　D. 既非充分又非必要条件

(4) 设函数 $f(x)=(e^x-1)(e^{2x}-2)\cdots(e^{nx}-n)$，其中 n 为正整数，则 $f'(0)=$(　　).

A. $(-1)^{n-1}(n-1)!$　　　　　　B. $(-1)^n(n-1)!$

C. $(-1)^{n-1}n!$　　　　　　　　D. $(-1)^n n!$

(5) 设函数 $f(u)$可导，若函数 $y=f(x^2)$在 $x=-1$ 处当自变量 x 有增量 $\Delta x=-0.1$ 时，相应的函数增量 Δy 的线性主部为 0.1，则 $f'(1)=$(　　).

A. -1　　　　B. 0.1　　　　C. 1　　　　D. 0.5

(6) 设 $f(x)$ 为$(-\infty, +\infty)$上的可导函数，下列结论中不正确的是(　　).

A. $f'(\cos x)$是奇函数　　　　　B. $[f(\cos x)]'$是奇函数

C. $f'(\cos x)$是周期函数　　　　D. $[f(\cos x)]'$是周期函数

(7) 下列需求函数中对价格的弹性$\frac{EQ}{EP}$与价格 P 无关的是(　　).

A. $Q=a-bP$　　　　　　　　　B. $Q=a-bP-cP^2$

C. $Q=AP^{\alpha}$　　　　　　　　　D. $Q=\frac{A}{P+a}$

3. 设 $f(x)$ 为可导函数，且 $f(x_0)=0$，证明：函数$|f(x)|$在 x_0 处可导的充分必要条件是 $f'(x_0)=0$.

4. 计算下列函数的导数或微分.

(1) $y=(1+\sqrt[3]{x})^{10}$，求 y'.　　　　(2) $y=\log_{x^2}(2x+3)$，求 y'.

(3) $y=\frac{(x+1)^3}{x\sqrt{x}}+x^{\sin x}+\ln\pi$，求 y'.　　(4) 设 $y=\lim\limits_{t\to 0}x(1+3t)^{\frac{x}{t}}$，求 y'.

(5) 设函数 $f(x)=\begin{cases}\ln x, & x\geqslant 1\\ x-1, & x<1\end{cases}$，$y=f[f(x)]$，求$y'|_{x=1}$.

(6) 设 $y=\frac{2}{\sqrt{a^2-b^2}}\arctan\left(\sqrt{\frac{a-b}{a+b}}\tan\frac{x}{2}\right)$，求$\frac{d^2y}{dx^2}$.

(7) 设函数 $y=f(x)$ 由方程 $y=1-\arctan\frac{x}{y}$确定，求 $dy\Big|_{x=0}$.

(8) 设函数 $y=f(x)$ 由方程 $y^2=\ln xy$ 确定，求 $y''\Big|_{(e,1)}$.

5. 设 $f(x)=x^3$，$g(x)=\arctan x$，计算$\{f^2[g(x)]\}'$，$\{f[g^2(x)]\}'$，$f'[g(x)]$，$\{f[g(x)]\}'$，$g'[f(x)]|_{x=1}$，$g\{[f(1)]'\}$.

6. 有一个截面为等边三角形且长为 20 米的水槽，现以每秒 3 立方米的速度向水槽中注水，求在水高为 4 米时上升的速度.

7. 设 $f(x)=\begin{cases}x-1, & x<0\\ x+1, & x\geqslant 0\end{cases}$，$g(x)=\begin{cases}x^2, & x<1\\ 2x-1, & x\geqslant 1\end{cases}$，求$\frac{d}{dx}[f(x)+g(x)]$.

8. 求曲线 $\tan\left(x+y+\frac{\pi}{4}\right)=e^y$ 在点 (0, 0) 处的切线方程.

9. 已知函数 $f(x)$ 连续，且$\lim\limits_{x\to 0}\dfrac{f(x)}{x}=2$，求曲线 $y=f(x)$ 上对应 $x=0$ 处的切线方程.

10. 设某产品的需求函数为 $Q=Q(p)$，需求对价格 p 的弹性 $\eta_d=-\dfrac{p\mathrm{d}Q}{Q\mathrm{d}p}$，收益函数为 $R=Qp$.

(1) 试证明微分近似公式 $\Delta R\approx \mathrm{d}R=(1-\eta_d)Q\Delta p$；

(2) 利用公式说明，当 η_d 为何值时，可以通过涨价增加收益.

参考答案

1. (1) 在 $x=a$ 处有定义且极限存在；(2) $-\dfrac{1}{8}$；(3) $\alpha>2$；(4) $-1-\dfrac{2\sqrt{3}}{3}$；

(5) $\dfrac{3n!}{(2-x)^{n+1}}$；　(6) $y=x+1$；　(7) 大于 50 单位.

2. (1) B；　(2) A；　(3) B；　(4) A；　(5) D；　(6) A；　(7) C.

3. 证略.

4. (1) $\dfrac{10}{3\sqrt[3]{x^2}}(1+\sqrt[3]{x})^9$.　　(2) $\dfrac{1}{(2x+3)\ln x}-\dfrac{\ln(2x+3)}{2x\ln^2 x}$.

(3) $-\dfrac{3}{2}x^{-\frac{5}{2}}(x+1)^3+3x^{-\frac{3}{2}}(x+1)^2+\mathrm{e}^{\sin x\ln x}\left(\cos x\ln x+\dfrac{\sin x}{x}\right)$.

(4) $(1+3x)\mathrm{e}^{3x}$.　(5) 1.　(6) $\dfrac{b\sin x}{(a+b\cos x)^2}$.　(7) $-\mathrm{d}x$.　(8) $-4\mathrm{e}^{-2}$.

5. $\{f^2[g(x)]\}'=\dfrac{6\arctan^5 x}{1+x^2}$，　$\{f[g^2(x)]\}'=\dfrac{6\arctan^5 x}{1+x^2}$，$f'[g(x)]=3\arctan^2 x$，

$\{f[g(x)]\}'=\dfrac{3\arctan^2 x}{1+x^2}$，　$g'[f(x)]|_{x=1}=\dfrac{1}{2}$，　$g\{[f(1)]'\}=0$.

6. $\dfrac{3\sqrt{3}}{160}$米/秒.　　7. $\begin{cases}2x+1, & x<0\\ 2x+1, & 0<x<1.\\ 3, & 1\leqslant x\end{cases}$

8. $y=-2x$.　　9. $y=2x$.

10. (1) 证略；　(2) 当需求对价格处于弱弹性时，可以通过涨价增加收益.

第4章

中值定理与导数的应用

一、知识结构

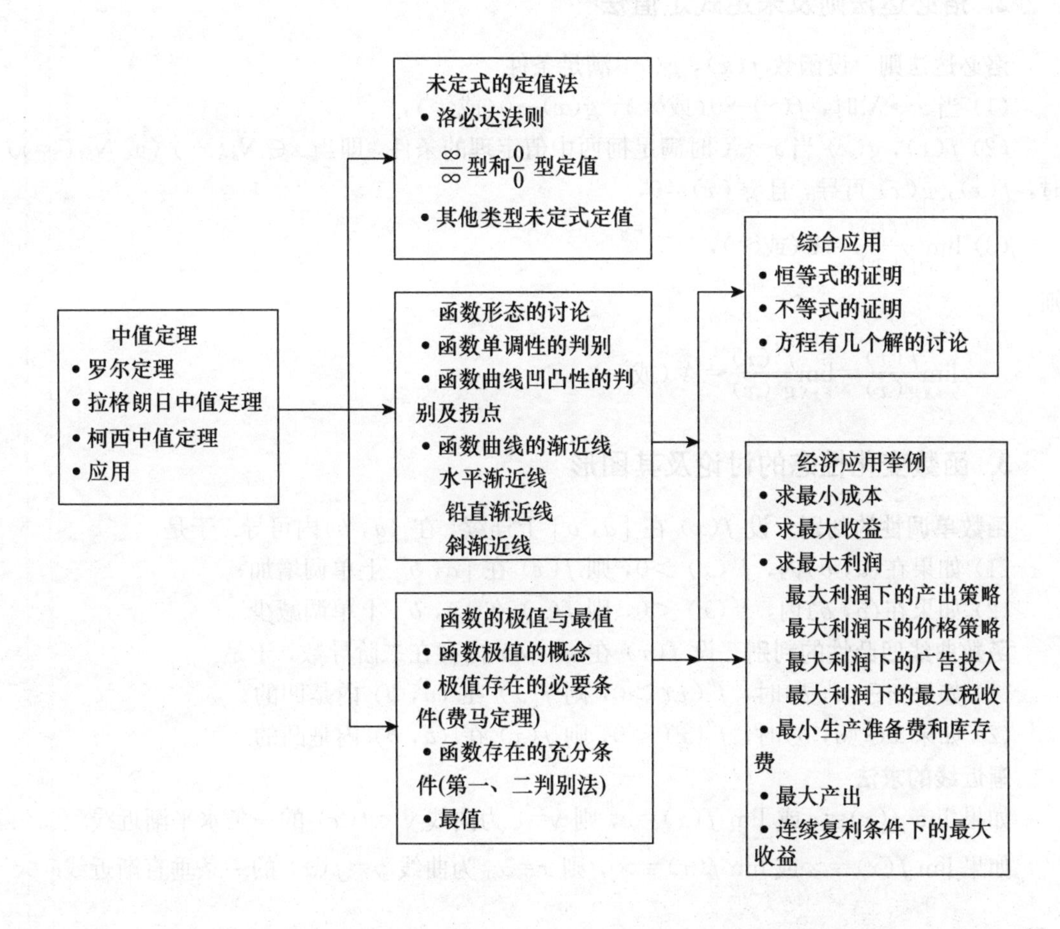

未定式的定值法
• 洛必达法则
$\frac{\infty}{\infty}$型和$\frac{0}{0}$型定值
• 其他类型未定式定值
中值定理
• 罗尔定理
• 拉格朗日中值定理
• 柯西中值定理
• 应用
函数形态的讨论
• 函数单调性的判别
• 函数曲线凹凸性的判别及拐点
• 函数曲线的渐近线
水平渐近线
铅直渐近线
斜渐近线
函数的极值与最值
• 函数极值的概念
• 极值存在的必要条件(费马定理)
• 函数存在的充分条件(第一、二判别法)
• 最值
综合应用
• 恒等式的证明
• 不等式的证明
• 方程有几个解的讨论
经济应用举例
• 求最小成本
• 求最大收益
• 求最大利润
最大利润下的产出策略
最大利润下的价格策略
最大利润下的广告投入
最大利润下的最大税收
• 最小生产准备费和库存费
• 最大产出
• 连续复利条件下的最大收益

二、内容提要

1. 中值定理

罗尔定理 设函数 $f(x)$ 在闭区间 $[a, b]$ 上连续，在开区间 (a, b) 内可导，且 $f(a)=f(b)$，则必存在 $\xi\in(a, b)$，使得 $f'(\xi)=0$.

拉格朗日中值定理 设 $f(x)$ 在 $[a, b]$ 上连续，在 (a, b) 内可导，则必存在 $\xi\in(a, b)$，使得

$$f'(\xi)=\frac{f(b)-f(a)}{b-a}\text{或}f(b)-f(a)=f'(\xi)(b-a).$$

柯西中值定理 设 $f(x)$，$g(x)$ 在 $[a, b]$ 上连续，在 (a, b) 内可导，且 $g'(x)\neq 0$，则必存在 $\xi\in(a, b)$，使得

$$\frac{f(b)-f(a)}{g(b)-g(a)}=\frac{f'(\xi)}{g'(\xi)}.$$

2. 洛必达法则及未定式定值法

洛必达法则 设函数 $f(x)$，$g(x)$ 满足条件

(1) 当 $x\to X$ 时，$f(x)\to 0$(或∞)，$g(x)\to 0$(或∞)，

(2) $f(x)$，$g(x)$ 当 $x\to X$ 时满足柯西中值定理的条件，即当 $x\in N_{\delta}(\bar{x}_0)$ (或 $N_M(\infty)$) 时，$f(x)$，$g(x)$ 可导，且 $g'(x)\neq 0$，

(3) $\lim\limits_{x\to X}\frac{f'(x)}{g'(x)}=A$ (或∞)，

则

$$\lim_{x\to X}\frac{f(x)}{g(x)}=\lim_{x\to X}\frac{f'(x)}{g'(x)}=A\ (\text{或}\infty).$$

3. 函数变化性态的讨论及其图形

函数单调性的判别 设 $f(x)$ 在 $[a, b]$ 上连续，在 (a, b)内可导. 于是

(1) 如果在(a, b)内，$f'(x)>0$，则 $f(x)$ 在 $[a, b]$ 上单调增加；

(2) 如果在(a, b)内，$f'(x)<0$，则 $f(x)$ 在 $[a, b]$ 上单调减少.

函数曲线凹凸性的判别 设 $f(x)$ 在 (a, b) 内存在二阶导数，于是

(1) 如果 $x\in(a, b)$时，$f''(x)>0$，则 $f(x)$ 在 (a, b) 内是凹的；

(2) 如果 $x\in(a, b)$时，$f''(x)<0$，则 $f(x)$ 在 (a, b) 内是凸的.

渐近线的求法

如果 $\lim\limits_{x\to-\infty}f(x)=c$ 或 $\lim\limits_{x\to+\infty}f(x)=c$，则 $y=c$ 为曲线 $y=f(x)$ 的一条水平渐近线.

如果 $\lim\limits_{x\to x_0^+}f(x)=\infty$或 $\lim\limits_{x\to x_0^-}f(x)=\infty$，则 $x=x_0$ 为曲线 $y=f(x)$ 的一条垂直渐近线.

如果 $\lim\limits_{x \to -\infty(+\infty)} \frac{f(x)}{x} = a(\neq 0)$ 且 $\lim\limits_{x \to -\infty(+\infty)} (f(x) - ax) = b$，则称 $y = ax + b$ 为曲线 $y = f(x)$ 的一条斜渐近线.

在讨论函数性状的基础上逐段画出函数的图像.

4. 函数的极值与最值

函数极值与最大最小值的概念及求法 设 $f(x)$ 在点 x_0 的某空心邻域内有定义，如果对该邻域内任意的 x，总有 $f(x) < f(x_0)$（或 $f(x) > f(x_0)$），则称 $f(x_0)$ 为 $f(x)$ 的极大值（或极小值），x_0 为 $f(x)$ 的极大值点（或极小值点）.

极大值和极小值统称为极值，极大值点和极小值点统称为极值点.

点 x_0 为函数 $f(x)$ 的极值点的必要条件是：点 x_0 或者为函数 $f(x)$ 的导数为零的点或者为导数不存在的点. 使 $f'(x_0) = 0$ 的点称为函数 $f(x)$ 的驻点.

设函数 $f(x)$ 在点 x_0 连续，如果在 x_0 的左邻域 $(x_0 - \delta, x_0)$ 内总有 $f'(x) > 0$（或 $f'(x) < 0$），且在 x_0 的右邻域 $(x_0, x_0 + \delta)$ 内总有 $f'(x) < 0$（或 $f'(x) > 0$），则称 $f(x_0)$ 为极大值（或极小值）.

设函数 $f(x)$ 在 $[a, b]$ 上连续，则 $f(x)$ 在其驻点、导数不存在的点或边界点取到最大值和最小值.

设函数 $f(x)$ 在 (a, b) 内可导，且 x_0 为 (a, b) 内唯一驻点，则当 x_0 为极大值点（或极小值点）时，即为 $f(x)$ 在 (a, b) 内的最大值点（或最小值点）.

三、重点与要求

1. 理解罗尔定理、拉格朗日中值定理，了解柯西中值定理. 掌握罗尔定理、拉格朗日中值定理的简单应用，即简单的中值 ξ 的存在性的证明和推断以及不等式和恒等式的证明等.
2. 会用洛必达法则求极限.
3. 掌握函数单调性的判别方法.
4. 了解函数极值的概念，掌握函数极值、最大值和最小值的求法及应用.
5. 会用导数判断函数图形的凹凸性，会求函数图形的拐点和渐近线.
6. 会描绘简单函数的图形.

四、例题解析

1. 中值定理和中值 ξ 的存在性

类型一　微分中值定理

[例 1] 单项选择题

(1) 设函数 $f(x)$ 在区间 (a, b) 内可导，x_1，x_2 是 (a, b) 内任意两点，且 $x_1 < x_2$，则

至少存在一点 ξ，使（　　）成立.

A. $f(b)-f(a)=f'(\xi)(b-a)$，$a<\xi<b$

B. $f(b)-f(x_1)=f'(\xi)(b-x_1)$，$x_1<\xi<b$

C. $f(x_2)-f(x_1)=f'(\xi)(x_2-x_1)$，$x_1<\xi<x_2$

D. $f(x_2)-f(a)=f'(\xi)(x_2-a)$，$a<\xi<x_2$

(2) 设函数 $f(x)$ 在区间 $(0,+\infty)$ 内可导，且 $\lim\limits_{x\to 0^+} f(x)=0$，$f'(x)>0$，则当 $x>0$ 时，（　　）.

A. $f(x)<0$　　B. $f(x)>0$

C. $f(x)<0$ 或 $f(x)>0$　　D. $f(x)=0$

答　(1) C.　(2) B.

解析　(1) 中值定理的结论必须在定理条件都具备的条件下才能确保成立. 所给四个选项是函数 $f(x)$ 分别在区间 $[a,b]$，$[x_1,b]$，$[x_1,x_2]$，$[a,x_2]$ 上运用拉格朗日中值定理所得的结论，其中仅选项 C 满足 $f(x)$ 在 $[x_1,x_2]$ 上连续，在 (x_1,x_2) 内可导的条件，因此，确保结论成立，故选择 C.

(2) 中值定理的意义在于将函数 $f(x)$ 在某个区间的性质和变化转换为导数 $f'(x)$ 在相应区间的性质和变化来讨论. 本题可补充定义 $f(0)=\lim\limits_{x\to 0^+} f(x)=0$，从而使函数 $f(x)$ 在点 0 右连续. 于是，任取 $x\in(0,+\infty)$，则 $f(x)$ 在区间 $[0,x]$ 上连续，在 $(0,x)$ 内可导，于是由拉格朗日中值定理，必存在 $\xi\in(0,x)$，使得 $f(x)=f(0)+f'(\xi)(x-0)=f'(\xi)x>0$，故选择 B.

[例 2] 举例说明 $f(x)$ 在 $[a,b]$ 上连续及在 (a,b) 内可导只是拉格朗日中值定理中 ξ 存在的必要而非充分条件.

解析　见反例，设 $f(x)=\begin{cases}0, & x=0\\ \dfrac{x^2-1}{x-1}, & 0<x<2\\ 2, & x=2\end{cases}$，显然 $f(x)$ 在 $[0,2]$ 上不连续，在 $(0,2)$ 内不可导，但对于 $(0,2)$ 内除 1 外的任意点 ξ，总有 $f'(\xi)=(x+1)'\big|_{x=\xi(\neq 1)}=\dfrac{f(2)-f(0)}{2-0}=1$. 说明 $f(x)$ 在 $[a,b]$ 上连续及在 (a,b) 内可导只是拉格朗日中值定理中 ξ 存在的必要而非充分条件.

[例 3] 设函数 $f(x)$，$g(x)$ 在 $[a,b]$ 上连续，在 (a,b) 内可导，且 $g'(x)\neq 0$，现将对应的柯西中值定理证明如下：由题设，函数 $f(x)$，$g(x)$ 在 $[a,b]$ 上满足拉格朗日中值定理的条件，必存在 $\xi\in(a,b)$，使得 $f(b)-f(a)=f'(\xi)(b-a)$，$g(b)-g(a)=g'(\xi)(b-a)$，两式相比，得

$$\frac{f(b)-f(a)}{g(b)-g(a)}=\frac{f'(\xi)}{g'(\xi)},\quad \xi\in(a,b).$$

判别该证明是否正确，并说明理由.

答　证明不正确.

解析　拉格朗日中值定理是中值 ξ 的存在性定理，在同一区间，不同函数对应的中值 ξ

未必相等，上述证明，对应中值应分别为 ξ_1，ξ_2，结果为 $\dfrac{f(b)-f(a)}{g(b)-g(a)}=\dfrac{f'(\xi_1)}{g'(\xi_2)}$，$\xi_1$，$\xi_2\in(a, b)$，但在柯西中值定理中，分子和分母中是同一个中值 ξ.

类型二　中值 ξ 的存在性

[例 4] 填空题

已知方程 $a_0x^4+a_1x^3+a_2x^2+a_3x+a_4=0$ 有四个不等实根，则方程 $4a_0x^3+3a_1x^2+2a_2x+a_3=0$ 的不等实根的个数为________.

答　三个.

解析　不妨设 $f(x)=a_0x^4+a_1x^3+a_2x^2+a_3x+a_4=0$ 的四个不等实根为 x_1，x_2，x_3，x_4，且 $x_1<x_2<x_3<x_4$，显然，函数 $f(x)$ 分别在 $[x_1, x_2]$，$[x_2, x_3]$，$[x_3, x_4]$ 上满足罗尔定理，即存在 $\xi_1\in(x_1, x_2)$，$\xi_2\in(x_2, x_3)$，$\xi_3\in(x_3, x_4)$，使得 $f'(\xi_1)=f'(\xi_2)=f'(\xi_3)=0$，即三次方程 $f'(x)=4a_0x^3+3a_1x^2+2a_2x+a_3=0$ 存在三个不等实根.

[例 5] 证明：方程 $\sin x+x\cos x=0$ 在 $(0, \pi)$ 内必有实根.

分析　证明方程 $\sin x+x\cos x=0$ 有解有两种方法：一种方法是利用在 $[0, \pi]$ 上连续函数的零值定理，即设 $f(x)=\sin x+x\cos x=0$，并有 $f\left(\dfrac{\pi}{2}\right)f(\pi)=1\times(-\pi)<0$，但由此得到中值取在 $\left(\dfrac{\pi}{2}, \pi\right)$ 上，$\left(\dfrac{\pi}{2}, \pi\right)\subset(0, \pi)$；另一种方法是用罗尔定理，即设 $f'(x)=\sin x+x\cos x=0$，从中找到 $f(x)=x\sin x$，再验证 $f(x)$ 满足罗尔定理的条件，从而证明结论. 注意，由中值定理推得的中值是存在于开区间内的.

证　利用罗尔定理. 设 $f(x)=x\sin x$，显然，$f(x)$ 在 $[0, \pi]$ 上连续，在 $(0, \pi)$ 内可导，满足罗尔定理的条件，因此，存在 $\xi\in(0, \pi)$，使得 $f'(\xi)=\sin\xi+\xi\cos\xi=0$，即方程 $\sin x+x\cos x=0$ 在 $(0, \pi)$ 内必有实根.

[例 6] 设函数 $f(x)$ 在 $[a, b]$ 上连续，在 (a, b) 内可导，且 $f(a)=f(b)=0$，$\lim\limits_{x\to a^+}\dfrac{f(x)-f(a)}{x-a}>0$，证明必存在 $\xi\in(a, b)$，使得 $f'(\xi)<0$.

分析　由 $\lim\limits_{x\to a^+}\dfrac{f(x)-f(a)}{x-a}>0$，可以推得，在 (a, b) 内至少有一点 $c\in(a, b)$，使得 $f(c)>0$，因此，$\dfrac{f(b)-f(c)}{b-c}<0$，于是必存在 $\xi\in(c, b)$，使得 $f'(\xi)=\dfrac{f(b)-f(c)}{b-c}<0$，从而证明结论.

证　由 $\lim\limits_{x\to a^+}\dfrac{f(x)-f(a)}{x-a}>0$ 及极限的保号性，必存在一点 $c\in(a, b)$，使得 $\dfrac{f(c)}{c-a}>0$，即 $f(c)>0$. 依题设，$f(x)$ 在 $[c, b]$ 上连续，在 (c, b) 内可导，因此，由拉格朗日中值定理，必存在 $\xi\in(c, b)\subset(a, b)$，使得 $f'(\xi)=\dfrac{f(b)-f(c)}{b-c}=-\dfrac{f(c)}{b-c}<0$，结论成立.

小结　中值定理是微分学进一步广泛应用的理论基础，其意义在于将函数在某个定义区间上的性质转化为对应区间上导函数性质的讨论和研究.

学习和了解中值定理应把握两个重点. 一个重点是对定理内容的理解. 本书介绍的三个中值定理中最主要的是拉格朗日中值定理，称为微分学基本定理. 罗尔定理是它的一个特例，柯西中值定理只是它的参数形式. 函数 $f(x)$ 在 $[a, x]$(或 $[x, a]$) 上连续，在

(a, x)(或 (x, a))内可导的条件下，拉格朗日中值定理可表示为

$$f(x)=f(a)+f'(\xi)(x-a), \quad \xi\text{介于}a, x\text{之间}.$$

与微分近似公式 $f(x)\approx f(a)+f'(a)(x-a)$ 相似. 两者的不同点在于，前者是恒等式，ξ 存在但未具体给定，主要用于函数的定性研究；后者是近似式，a 存在且具体给定，主要用于函数的近似计算. 还要强调的是，函数在闭区间连续和在开区间可导，是拉格朗日中值定理成立的条件，缺一不可，使用时要一一验证. 但同时这些条件只是结论成立的充分而非必要条件.

另一个重点是，要学会利用定理讨论或证明方程实根的存在性，即中值 ξ 的存在性. 证明一个方程实根的存在性，目前有两种方法. 正如例 5 所分析的，一种是将方程式看作函数 $f(x)=0$，应用闭区间 $[a, b]$ 上连续函数的零值定理，但未必能确保 ξ 是 $[a, b]$ 的内点；另一种是将方程式看作函数的导数 $f'(x)=0$，从中找出 $f(x)$，再应用中值定理，该方法可以确保 ξ 是 $[a, b]$ 的内点，解题时，必须具体了解题目的相关要求.

2. 洛必达法则　未定式定值

[例 1] 计算下列极限：

(1) $\lim\limits_{x\to 0}\dfrac{1-\sqrt{1-x^2}}{e^{x^2}-\cos x}$；　　(2) $\lim\limits_{x\to 0^+}\dfrac{e^{-\frac{1}{x}}}{x^2}$；

(3) $\lim\limits_{x\to 0}\left[\dfrac{1}{\ln(x+\sqrt{x^2+1})}-\dfrac{1}{\ln(1+x)}\right]$；　　(4) $\lim\limits_{x\to+\infty}x^{\frac{3}{2}}(\sqrt{x+2}-2\sqrt{x+1}+\sqrt{x})$；

(5) $\lim\limits_{x\to 1}(2-x)^{\tan\frac{\pi x}{2}}$；　　(6) $\lim\limits_{x\to 0^+}\left[(\cos\sqrt{x})^{\frac{1}{x}}\right]^2$.

分析　以上各题均为未定式，适合用洛必达法则，但若直接运用，过程将会十分烦琐，甚至无效. 一般需要先作必要的整理化简，并在化“$\dfrac{0}{0}$”型或“$\dfrac{\infty}{\infty}$”型时作出正确选择. 在作必要调整后，看似复杂的极限就会变得简单了.

解　(1)“$\dfrac{0}{0}$”型. 由 $\sqrt{1-x^2}-1\sim-\dfrac{1}{2}x^2$，于是

$$\text{原极限}=\lim_{x\to 0}\frac{\frac{1}{2}x^2}{e^{x^2}-\cos x}=\lim_{x\to 0}\frac{x}{2xe^{x^2}+\sin x}=\lim_{x\to 0}\frac{1}{2e^{x^2}+\dfrac{\sin x}{x}}=\frac{1}{3}.$$

(2)“$\dfrac{0}{0}$”型. 直接运用洛必达法则无效，引入变量 $u=\dfrac{1}{x}$，化为“$\dfrac{\infty}{\infty}$”型，于是

$$\text{原极限}=\lim_{u\to+\infty}\frac{u^2}{e^u}=\lim_{u\to+\infty}\frac{2u}{e^u}=\lim_{u\to+\infty}\frac{2}{e^u}=0.$$

(3)“$\infty-\infty$”型. 通分，化为“$\dfrac{0}{0}$”型，再化简，于是，由 $\ln(1+x)\sim x$ 以及 $\lim\limits_{x\to 0}\dfrac{\ln(x+\sqrt{x^2+1})}{x}=\lim\limits_{x\to 0}\dfrac{1}{\sqrt{x^2+1}}=1$，$\ln(x+\sqrt{x^2+1})\sim x$，$\sqrt{1+x^2}-1\sim\dfrac{1}{2}x^2$，有

$$原极限=\lim_{x\to0}\frac{\ln(1+x)-\ln(x+\sqrt{x^2+1})}{\ln(x+\sqrt{x^2+1})\ln(1+x)}=\lim_{x\to0}\frac{\ln(1+x)-\ln(x+\sqrt{x^2+1})}{x^2}$$

$$=\lim_{x\to0}\frac{\frac{1}{1+x}-\frac{1}{\sqrt{x^2+1}}}{2x}=\lim_{x\to0}\frac{\sqrt{x^2+1}-1-x}{2x(1+x)\sqrt{x^2+1}}=\lim_{x\to0}\frac{\sqrt{x^2+1}-1}{2x}-\frac{1}{2}$$

$$=\lim_{x\to0}\frac{\frac{1}{2}x^2}{2x}-\frac{1}{2}=-\frac{1}{2}.$$

(4) “$0\cdot\infty$”型. 引入变量 $u=\frac{1}{x}$，化为“$\frac{0}{0}$”型，于是

$$原极限=\lim_{x\to+\infty}x^2\left(\sqrt{1+\frac{2}{x}}-2\sqrt{1+\frac{1}{x}}+1\right)=\lim_{u\to0^+}\frac{\sqrt{1+2u}-2\sqrt{1+u}+1}{u^2}$$

$$=\lim_{u\to0^+}\frac{\frac{1}{\sqrt{1+2u}}-\frac{1}{\sqrt{1+u}}}{2u}=\lim_{u\to0^+}\frac{\sqrt{1+u}-\sqrt{1+2u}}{2u\sqrt{1+2u}\sqrt{1+u}}$$

$$=\lim_{u\to0^+}\frac{(1+u)-(1+2u)}{2u(\sqrt{1+u}+\sqrt{1+2u})}=-\frac{1}{4}.$$

(5) “1^∞”型. 取对数，化为“$0\cdot\infty$”型，再化为“$\frac{0}{0}$”型. 若化为“$\frac{\infty}{\infty}$”型，本题将无法用法则定值. 于是由

$$\lim_{x\to1}\tan\frac{\pi x}{2}\ln(2-x)=\lim_{x\to1}\frac{\ln(2-x)}{\cos\frac{\pi x}{2}}\cdot\lim_{x\to1}\sin\frac{\pi x}{2}=\lim_{x\to1}\frac{1}{\frac{\pi}{2}(2-x)\sin\frac{\pi x}{2}}=\frac{2}{\pi},$$

所以，原极限$=e^{\frac{2}{\pi}}$.

(6) “1^∞”型. 取对数，化为“$0\cdot\infty$”型，再化为“$\frac{0}{0}$”型. 若化为“$\frac{\infty}{\infty}$”型，本题将无法用法则定值. 于是由

$$\lim_{x\to0^+}\frac{2\ln(\cos\sqrt{x})}{x}=\lim_{x\to0^+}-\frac{2\sin\sqrt{x}}{2\sqrt{x}\cos\sqrt{x}}=-1,$$

所以，原极限$=e^{-1}$.

[**例 2**] 计算下列极限：

(1) $\lim\limits_{x\to0}\frac{x^2\sin\frac{1}{x}}{\tan x}$；　　(2) $\lim\limits_{n\to\infty}\left(n\tan\frac{1}{n}\right)^{n^2}$.

分析　以上各题均为未定式，但式中含有有界变量或极限式中为离散变量，都不可导，都不适合直接用洛必达法则定值. 前者的唯一选择是利用有界变量与无穷小乘积仍为无穷小的性质定值，后者在用法则计算 $\lim\limits_{x\to+\infty}f(x)$ 的基础上定值$\lim\limits_{n\to\infty}f(n)$.

解　(1) 由$\lim\limits_{x\to0}\frac{x^2}{\tan x}=\lim\limits_{x\to0}x=0$ 及 $\left|\sin\frac{1}{x}\right|\leqslant1$ 知，原极限$=0$.

(2) 由 $\lim\limits_{x\to+\infty}x^2\ln x\tan\frac{1}{x}=\lim\limits_{u=\frac{1}{x}\to0^+}\frac{\ln\tan u-\ln u}{u^2}$

$$\overset{\frac{0}{0}}{=}\lim_{u\to0^+}\frac{\frac{1}{\cos^2u\tan u}-\frac{1}{u}}{2u}=\lim_{u\to0^+}\frac{2u-\sin2u}{2u^2\sin2u}(\sin2u\sim2u)$$

$$=\lim_{u\to0^+}\frac{2u-\sin2u}{4u^3}\overset{\frac{0}{0}}{=}\lim_{u\to0^+}\frac{1-\cos2u}{6u^2}$$

$$=\lim_{u\to0^+}\frac{\sin2u}{6u}=\frac{1}{3}$$

知，$\lim\limits_{x\to+\infty}\left(x\tan\frac{1}{x}\right)^{x^2}=e^{\frac{1}{3}}$，从而有$\lim\limits_{n\to\infty}\left(n\tan\frac{1}{n}\right)^{n^2}=e^{\frac{1}{3}}$.

小结 洛必达法则是极限运算的一个非常有效的方法. 应明确以下几点：

首先，洛必达法则只适合未定式类型，即“$\frac{0}{0}$”型、“$\frac{\infty}{\infty}$”型、“$\infty\pm\infty$”型、“$0\cdot\infty$”型、“1^∞”型、“0^0”型、“∞^0”型七种极限的定值问题. 而且最终能使用洛必达法则的只有“$\frac{0}{0}$”型和“$\frac{\infty}{\infty}$”型的极限，其余类型均要化为这两种类型再用法则. 在定值时，可能要多次使用法则，每次使用都要验证是否为“$\frac{0}{0}$”型和“$\frac{\infty}{\infty}$”型极限.

其次，使用法则时，要真正发挥它的效能，必须具体解决好几个关键环节：

①正确选择极限类型. 一般的，“$\frac{0}{0}$”型极限和“$\frac{\infty}{\infty}$”型极限可以相互转换，但其中只有一个能有效运用法则解决定值问题. 如对数与幂函数的乘积构成的“$0\cdot\infty$”型极限$\lim\limits_{x\to0^+}x^\varepsilon\ln x$，化为$\lim\limits_{x\to0^+}\frac{\ln x}{\frac{1}{x^\varepsilon}}$（即“$\frac{\infty}{\infty}$”型）可以有效定值，化为$\lim\limits_{x\to0^+}\frac{x^\varepsilon}{\frac{1}{\ln x}}$（即“$\frac{0}{0}$”型）则得不到任何结果；又如指数函数与幂函数的乘积构成的“$\frac{0}{0}$”型极限$\lim\limits_{x\to0^+}\frac{e^{-\frac{1}{x}}}{x^2}$，化为$\lim\limits_{u=\frac{1}{x}\to+\infty}\frac{u^2}{e^u}$（即“$\frac{\infty}{\infty}$”型）可以有效定值，否则，得不到任何结果；再如“$\frac{\infty}{\infty}$”型极限$\lim\limits_{x\to\frac{\pi}{2}}\frac{\sec x}{\sec3x}$化为$\lim\limits_{x\to\frac{\pi}{2}}\frac{\cos3x}{\cos x}$（即“$\frac{0}{0}$”型）可以有效定值，否则，得不到任何结果. 可见，一个极限选择从“$\frac{0}{0}$”型入手，还是从“$\frac{\infty}{\infty}$”型入手，差之毫厘，谬以千里，应引起足够的重视.

②化简与整理. 例1已经清楚表明，先对极限式化简和整理，再用法则，往往起到了事半功倍的效用. 最常见的整理是在连乘、连除的情况下，用无穷小等价代换，将对数函数、指数函数、三角函数等化为幂函数.

最后，要强调的是并非所有“$\frac{0}{0}$”型和“$\frac{\infty}{\infty}$”型极限都一定能运用法则定值，即在使用法则后会出现极限不存在的情况，这说明法则运用无效，但不能由此判断原极限不存在. 这类问题通常是极限式存在振荡但有界，如极限$\lim\limits_{x\to\infty}\frac{x+\cos x}{x+\sin x}$，只要能构造无穷小，就可利用有界变量与无穷小乘积仍为无穷小的性质直接定值.

3. 函数性状的讨论

类型一　函数单调性的判别

[例 1] 填空题

(1) 函数 $f(x)=|x|(x-1)$ 的单调增区间为________.

(2) 函数 $f(x)$，$g(x)$ 均为可导函数，且 $g(x)\neq 0$，若 $\frac{f(x)}{g(x)}$ 单调增，则 $f'(x)g(x)-f(x)g'(x)$ 的取值必定________.

答　(1) $(-\infty, 0)$，$\left(\frac{1}{2}, +\infty\right)$.　　(2) 大于等于零.

解析　(1) 单调增区间即为 $f'(x)\geqslant 0$ 的区间（导数为零的点仅为离散点）. 由

$$f(x)=\begin{cases} x-x^2, & x\leqslant 0 \\ x^2-x, & x>0 \end{cases}, f'(x)=\begin{cases} 1-2x, & x<0 \\ 2x-1, & x>0 \end{cases},$$

知当 $x<0$ 或 $x>\frac{1}{2}$ 时，$f'(x)>0$，即函数 $f(x)=|x|(x-1)$ 的单调增区间为 $(-\infty, 0)$，$\left(\frac{1}{2}, +\infty\right)$. 注意，单调增区间不可写为 $(-\infty, 0)\cup\left(\frac{1}{2}, +\infty\right)$，用导数讨论单调性只在函数的定义区间进行.

(2) $\frac{f(x)}{g(x)}$ 单调增，即有 $\left[\frac{f(x)}{g(x)}\right]'=\frac{f'(x)g(x)-f(x)g'(x)}{g^2(x)}\geqslant 0$. 又 $g^2(x)>0$. 从而有 $f'(x)g(x)-f(x)g'(x)\geqslant 0$. 注意，不可写为 $f'(x)g(x)-f(x)g'(x)>0$.

[例 2] 单项选择题

(1) 下列结论正确的是(　　).

A. 若在定义域 D 内有 $f'(x)>0$，则 $f(x)$ 在 D 内单调增

B. 若 $f(x)$ 在点 x_0 处可导，且 $f'(x_0)>0$，则必存在 x_0 的某邻域，在该邻域 $f(x)$ 单调增

C. 若 $f(x)$ 在 (a, b) 内可导，且 $f'(x)>0$，则 $f(x)$ 在 $[a, b]$ 上单调增

D. 若 $f(x)$ 在 (a, b) 内可导，且 $f(x)\neq 0$，$f'(x)>0$，则 $\frac{1}{f(x)}$ 在 (a, b) 上单调减

(2) 若 $f(x)$ 在 $(-\infty, +\infty)$ 内可导，且对任意的 x_1，$x_2\in(-\infty, +\infty)$，当 $x_1>x_2$ 时，总有 $f(x_1)<f(x_2)$，则在 $(-\infty, +\infty)$ 内(　　).

A. $f'(x)<0$　　　　B. $f'(-x)\geqslant 0$

C. $f(-x)$ 单调增　　　　D. $f(-x)$ 单调减

答　(1) D.　　(2) C.

解析　(1) 在定义域 D 内有 $f'(x)>0$，但 $f(x)$ 在 D 内未必单调增，如 $f(x)=-\frac{1}{x}$ 在定义域 D 内有 $f'(x)=\frac{1}{x^2}>0$，但 $f(x)$ 非单调. 利用导数判断函数的单调性，运用的是导数在一个区间内的符号，仅凭一个点的导数符号不能说明函数的任何区间内的单调性.

$f(x)$ 在 (a, b) 内有 $f'(x)>0$，并不能说明 $f(x)$ 在 $[a, b]$ 上单调增，如 $f(x)=\begin{cases}x, & |x|<1 \\ 1, & |x|=1\end{cases}$ 在 $(-1, 1)$ 内有 $f'(x)=1>0$，但 $f(x)$ 在 $[-1, 1]$ 上非单调. 由排除法，本题应选择 D. 事实上，在 (a, b) 内 $\left[\dfrac{1}{f(x)}\right]'=-\dfrac{f'(x)}{f(x)^2}<0$，即有结论.

(2) 由题设，$f(x)$ 在 $(-\infty, +\infty)$ 内单调减，对 $(-\infty, +\infty)$ 内任意一点 x，总有 $f'(x)\leqslant 0$，显然也有 $f'(-x)\leqslant 0$. 又由 $[f(-x)]'=-f'(-x)\geqslant 0$，知 $f(-x)$ 单调增，故应选择 C.

[例 3] 讨论下列函数的单调性：

(1) $f(x)=\sqrt{(x-1)^3(x+2)^5}$；　　(2) $f(x)=\arctan\dfrac{(x-2)^2}{(x+1)^3}$.

分析　讨论函数的单调性，首先要在定义区间内；其次要找出函数单调区间可能的分界点，即驻点和间断点，这就要求不仅会求导，而且要使求导结果能表示为因式分解形式，便于求出驻点；最后，在分界点分割的各定义区间内确定导数符号，确定函数在各区间的单调性. 另外，利用复合函数的单调性，可简化讨论过程，如讨论 $\sqrt{u}$，$\arctan u$ 的单调性时只需讨论 u 的单调性，因为 $\sqrt{u}$，$\arctan u$ 与 u 的单调性是相同的.

解　(1) $f(x)=\sqrt{(x-1)^3(x+2)^5}$ 的定义区间为 $(-\infty, -2]$，$[1, +\infty)$，设 $u(x)=(x-1)^3(x+2)^5$，显然，在同一定义区间内，$f(x)$ 与 $u(x)$ 有相同的单调性. 令

$$u'(x)=3(x-1)^2(x+2)^5+5(x-1)^3(x+2)^4=(x-1)^2(x+2)^4(8x+1)=0,$$

得 $x_1=-2$，$x_2=-\dfrac{1}{8}$，$x_3=1$，

因此，当 $x<-2$ 时 $u'(x)<0$，当 $x>1$ 时 $u'(x)>0$，可知 $f(x)$ 的单调减区间为 $(-\infty, -2)$，$f(x)$ 的单调增区间为 $(1, +\infty)$.

(2) $f(x)=\arctan\dfrac{(x-2)^2}{(x+1)^3}$ 的定义区间为 $(-\infty, -1)$，$(-1, +\infty)$，设 $u(x)=\dfrac{(x-2)^2}{(x+1)^3}$，显然，在同一定义区间内，$f(x)$ 与 $u(x)$ 有相同的单调性. 令

$$u'(x)=\frac{2(x-2)(x+1)^3-3(x-2)^2(x+1)^2}{(x+1)^6}=-\frac{(x-2)(x-8)}{(x+1)^4}=0,$$

得 $x_1=-1$（导数不存在的点），$x_2=2$，$x_3=8$.

因此，当 $x<-1$ 时 $u'(x)<0$，当 $-1<x<2$ 时 $u'(x)<0$，当 $2<x<8$ 时 $u'(x)>0$，当 $8<x$ 时 $u'(x)<0$，知 $f(x)$ 的单调减区间为 $(-\infty, -1)$，$(-1, 2)$，$(8, +\infty)$，单调增区间为 $(2, 8)$.

[例 4] 证明：当 $x>0$ 时，函数 $f(x)=\left(1+\dfrac{1}{x}\right)^{x+1}$ 单调减少.

分析　即证当 $x>0$ 时，不等式 $f'(x)<0$ 成立.

证　由 $f'(x)=\left(1+\dfrac{1}{x}\right)^{x+1}\left[(x+1)\ln\dfrac{x+1}{x}\right]'=\left(1+\dfrac{1}{x}\right)^{x+1}\left[\ln(x+1)-\ln x-\dfrac{1}{x}\right]$，

即证 $\ln(x+1)-\ln x-\dfrac{1}{x}<0$，于是取 $g(x)=\ln x$，依题设，$g(x)$ 在 $[x, x+1]$ 上连续，在

$(x, x+1)$ 内可导，由拉格朗日中值定理，必存在一点 $\xi\in(x, x+1)$，即 $\frac{1}{x+1}<\frac{1}{\xi}<\frac{1}{x}$，使得，

$$\ln(x+1)-\ln x=\frac{1}{\xi}<\frac{1}{x}，因此，有 \ln(x+1)-\ln x-\frac{1}{x}<0,$$

从而得 $f'(x)<0$，所以，当 $x>0$ 时，函数 $f(x)=\left(1+\frac{1}{x}\right)^{x+1}$ 单调减少.

类型二　函数的极值与最值

[**例 5**] 填空题

(1) 已知函数 $y=a\sin x+\frac{1}{3}\cos 3x$ 在 $x=\frac{\pi}{3}$ 处有极值，则 $a=$________，且 $f\left(\frac{\pi}{3}\right)$ 为极________值.

(2) 设函数 $f(x)$ 在 (a, b) 内可导，且导函数曲线 $y'=f'(x)$ 如图 4-1 所示，则在 (a, b) 内 $f(x)$ 有________个极值点.

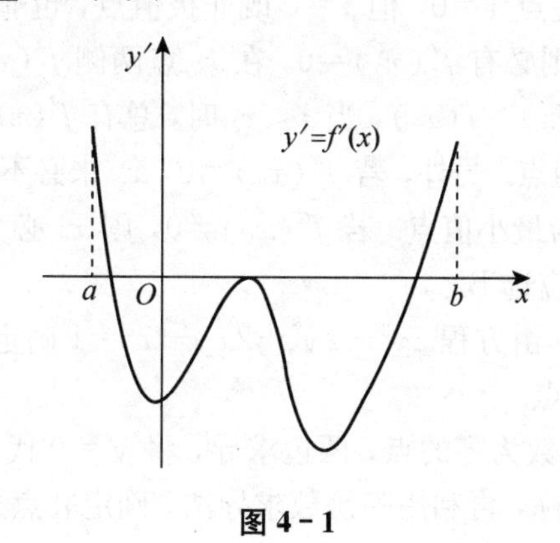

图 4-1

答　(1) 0，极小值.　　(2) 2.

解析　(1) 依题设，$f'\left(\frac{\pi}{3}\right)=(a\cos x-\sin 3x)\Big|_{x=\frac{\pi}{3}}=\frac{a}{2}=0$，得 $a=0$，又 $f''\left(\frac{\pi}{3}\right)=(-3\cos 3x)\Big|_{x=\frac{\pi}{3}}=3>0$，知 $f\left(\frac{\pi}{3}\right)$ 为极小值.

(2) 由图 4-1，曲线 $y'=f'(x)$ 与 x 轴有 3 个交点，即有 3 个驻点，其中有 2 个点为 $f'(x)$ 的变号点，因此，在 (a, b) 内 $f(x)$ 有 2 个极值点.

[**例 6**] 单项选择题

(1) 已知函数 $f(x)$ 在 $x=0$ 的某邻域连续，且 $f(0)=0$，$\lim\limits_{x\to 0}\frac{f(x)}{x^2}=2$，则在 $x=0$ 处，$f(x)$ (　　).

A. 导数存在，且 $f'(0)\neq 0$　　B. 导数不存在

C. 取得极大值　　D. 取得极小值

(2) 设 $f(x)$ 在 (a, b) 内存在二阶导数，x_0 为函数 $f(x)$ 在 (a, b) 内的一个驻点，则 (　　).

A. 若 x_0 为唯一驻点，则必为最值点

B. 若 x_0 为唯一极值点，则必为最值点

C. 若 $f''(x_0)=0$，则 x_0 不是极值点

D. 若 $f''(x_0)\neq 0$，则 x_0 必为最值点

答 (1) D. (2) B.

解析 (1) 由 $\lim\limits_{x\to 0}\dfrac{f(x)}{x^2}=2$，知当 $x\to 0$ 时，$f(x)$ 与 x^2 是同阶无穷小，因此有

$$\lim_{x\to 0}\frac{f(x)}{x}=\lim_{x\to 0}\frac{f(x)-f(0)}{x-0}=0,$$

即在 $x=0$ 处，$f(x)$ 可导，且 $f'(0)=0$. 又由极限的保号性，必存在 $x=0$ 的某空心邻域，使得 $\dfrac{f(x)}{x^2}>0$，即总有 $f(x)>0=f(0)$，因此，在 $x=0$ 处，$f(x)$ 取得极小值，故应选择D.

(2) 本题是关于最值点的判断. 唯一驻点未必是最值点，如函数 $f(x)=x^3$ 在 $(-\infty, +\infty)$ 内存在唯一驻点 $x=0$，但 $x=0$ 既非极值点，也非最值点. 但若 x_0 为唯一极值点，不妨设为极小值点，则必有 $f'(x_0)=0$，在 x_0 点两侧 $f'(x)$ 异号，当 $x>x_0$ 时，总有 $f'(x)>0$，$f(x)$ 单调增，$f(x)>f(x_0)$，当 $x<x_0$ 时，总有 $f'(x)<0$，$f(x)$ 单调减，$f(x)>f(x_0)$，因此，x_0 必为最小值点. 另外，若 $f''(x_0)=0$，x_0 未必不是极值点，如函数 $f(x)=x^4$，有 $f''(0)=0$，且 $x=0$ 为最小值点. 若 $f''(x_0)\neq 0$，则 x_0 必为极值点，但极值点不一定是最值点. 综上讨论，本题应选 B.

[例 7] 设函数 $y=f(x)$ 由方程 $2y^3-2y^2+2xy-x^2=1$ 确定，试求函数 $y=f(x)$ 的驻点，并判断它们是否为极值点.

分析 函数的驻点即导数为零的点，两边求导，将 $y'=0$ 代入，可得驻点满足方程，与原方程联立，可求出驻点坐标，再利用隐函数求导法，确定驻点处二阶导数的符号，判定极限点.

解 在方程两边求导，得

$$6y^2y'-4yy'+2y+2xy'-2x=0, \qquad ①$$

将 $y'=0$ 代入，得 $x=y$，再代入原方程，得 $2x^3-x^2-1=0$，解得驻点 $x=1$，从而得 $y=1$.

在式①两边求导，得

$$12y(y')^2+6y^2y''-4(y')^2-4yy''+2y'+2y'+2xy''-2=0. \qquad ②$$

将 $x=1$，$y=1$，$y'=0$ 代入式②，得 $y''=\dfrac{1}{2}>0$，知驻点 $x=1$ 为 $y=f(x)$ 的极小值点.

[例 8] 在区间 $[0, 1]$ 上关于 x 的函数 $|f(x)|=|x^3-x+1-a|$ 的最大值用 M 表示，M 可以看作关于 a 的函数，求使 $M(a)$ 取最小值的 a 的取值.

分析 求 $[0, 1]$ 上 $|f(x)|$ 的最大值，只需将 $f(x)$ 在 $(0, 1)$ 内的所有可能极值点及边界点 $x=0$，$x=1$ 的函数值比较大小即可确定，由于 M 中含有 a，故可利用图解法，给出 $M(a)$ 的图形，确定 $M(a)$ 的最小值点 a.

解 令 $f'(x)=3x^2-1=0$，解得 $x=\dfrac{1}{\sqrt{3}}$ 或 $x=-\dfrac{1}{\sqrt{3}}\notin(0, 1)$，舍去. 又边界点为 $x=0$，

$x=1$，

故 $$M(a)=\max\left\{\left|f\left(\frac{1}{\sqrt{3}}\right)\right|,\ |f(0)|,\ |f(1)|\right\}$$
$$=\max\left\{|1-a|,\ \left|1-a-\frac{2\sqrt{3}}{9}\right|\right\},$$

其中 $y=|1-a|$，$y=\left|1-a-\dfrac{2\sqrt{3}}{9}\right|$，$y=M(a)$（实线部分）如图 4-2 所示，不难看出，$a=1-\dfrac{\sqrt{3}}{9}$ 使 $M(a)$ 取最小值.

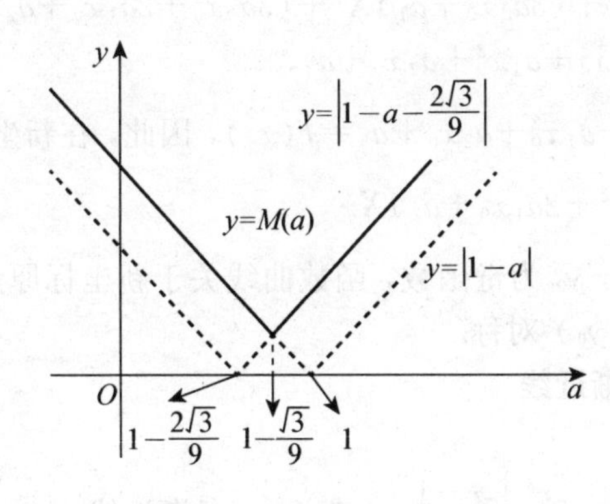

图 4-2

类型三　函数曲线的凹凸性与拐点

[**例 9**] 单项选择题

(1) 曲线 $y=(x+1)^2(x-3)^2$ 有（　）个拐点.

A. 0　　　B. 1　　　C. 2　　　D. 3

(2) 已知函数 $f(x)$ 在区间 $(1-\delta, 1+\delta)$ 内存在二阶导数，且 $f''(x)>0$，$f'(1)=f(1)=1$，则（　）.

A. 在 $(1-\delta, 1)$ 内和 $(1, 1+\delta)$ 内均有 $f(x)<x$

B. 在 $(1-\delta, 1)$ 内和 $(1, 1+\delta)$ 内均有 $f(x)>x$

C. 在 $(1-\delta, 1)$ 内 $f(x)>x$，在 $(1, 1+\delta)$ 内 $f(x)<x$

D. 在 $(1-\delta, 1)$ 内 $f(x)<x$，在 $(1, 1+\delta)$ 内 $f(x)>x$

答　(1) C.　(2) B.

解析　(1) 本题不必求二阶导数的零点，可借助一阶导数作推断，即由

$$y'=2(x+1)(x-3)^2+2(x+1)^2(x-3)=4(x+1)(x-3)(x-1)$$

知 $y'=0$ 有 3 个不等零点，进一步由罗尔定理推断，二次方程 $y''=0$ 有 2 个不等零点，即 y'' 的单调区间的分界点，因此，该曲线有两个拐点. 故选择 C.

(2) 由 $f'(1)=f(1)=1$ 知曲线 $y=f(x)$ 过点 $(1, 1)$ 的切线为 $y=(x-1)+1=x$，选项是切线与函数曲线上下位置的判断，显然与凹凸性相关. 由于在 $(1-\delta, 1+\delta)$ 内 $f''(x)>0$，知曲线 $y=f(x)$ 是凹的，切线应在曲线下方，即有 $f(x)>x$，故选择 B.

[**例 10**] 证明：三次曲线 $y=f(x)$ 只有一个拐点，若记拐点为 $A(x_0, y_0)$，则曲线 $y=$

$f(x)$ 关于 $A(x_0, y_0)$ 点对称.

分析 即证 $f''(x)=0$ 有唯一解，若以 $A(x_0, y_0)$ 为新坐标原点，则在新坐标系下，曲线$Y=f(X+x_0)-y_0$ 为奇函数.

解 三次曲线可表示为 $y=a_0x^3+a_1x^2+a_2x+a_3\ (a_0\neq 0)$，且 $y''=6a_0x+2a_1=0$ 为一次方程，有唯一解 $x_0=-\dfrac{a_1}{3a_0}$，且由 $y'''=6a_0\neq 0$ 知，有唯一拐点 $A(x_0, f(x_0))$.

作坐标变换：$X=x-x_0$，$Y=y-f(x_0)$，代入原曲线方程，有

$$
\begin{aligned}
Y+f(x_0)&=a_0(X+x_0)^3+a_1(X+x_0)^2+a_2(X+x_0)+a_3\\
&=a_0X^3+(3a_0x_0+a_1)X^2+(3a_0x_0^2+2a_1x_0+a_2)X\\
&\quad+a_0x_0^3+a_1x_0^2+a_2x_0+a_3,
\end{aligned}
$$

其中 $3a_0x_0+a_1=0$，$a_0x_0^3+a_1x_0^2+a_2x_0+a_3=f(x_0)$，因此，在新坐标系下，曲线方程为

$$Y=a_0X^3+(3a_0x_0^2+2a_1x_0+a_2)X.$$

显然，$Y=f(X+x_0)-y_0$ 为奇函数，函数曲线关于新坐标原点 $(0, 0)$ 对称，即曲线 $y=f(x)$ 关于拐点 $A(x_0, y_0)$ 对称.

类型四　函数曲线的渐近线

[例 11] 单项选择题

(1) 曲线 $y=\mathrm{e}^{\frac{1}{x}}\arctan\dfrac{x^2+x-1}{(x-1)(x+1)}$ 有（　）条渐近线.

A. 1　　B. 2　　C. 3　　D. 4

(2) 曲线 $y=\dfrac{\sin x}{x}\ln\dfrac{5-x}{3+x}$的渐近线的条数为（　）.

A. 1　　B. 2　　C. 3　　D. 4

答 (1) B.　(2) B.

解析 (1) 函数的定义域为为无穷区域，且有 3 个间断点 $x=0$，$x=\pm 1$，由

$$\lim_{x\to\infty}\mathrm{e}^{\frac{1}{x}}\arctan\frac{x^2+x-1}{(x-1)(x+1)}=\arctan 1=\frac{\pi}{4},$$

知该曲线有一条水平渐近线 $y=\dfrac{\pi}{4}$，无斜渐近线. 又由

$$\lim_{x\to 0^+}\mathrm{e}^{\frac{1}{x}}\arctan\frac{x^2+x-1}{(x-1)(x+1)}=+\infty,\ \lim_{x\to\pm 1}\mathrm{e}^{\frac{1}{x}}\arctan\frac{x^2+x-1}{(x-1)(x+1)}\neq\infty,$$

知该曲线有垂直渐近线 $x=0$. 因此，该曲线共有 2 条渐近线，故选择 B.

(2) 函数的定义域为有限区间 $(-3, 5)$，且有 3 个间断点 $x=-3$，$x=0$，$x=5$，该曲线不存在水平渐近线和斜渐近线，但可能存在 3 条垂直渐近线. 由

$$\lim_{x\to 0}\frac{\sin x}{x}\ln\frac{5-x}{3+x}=\ln\frac{5}{3},\ \lim_{x\to -3^+}\frac{\sin x}{x}\ln\frac{5-x}{3+x}=\infty,\ \lim_{x\to 5^-}\frac{\sin x}{x}\ln\frac{5-x}{3+x}=\infty,$$

知该曲线有 2 条垂直渐近线 $x=-3$，$x=5$，故选择 B.

[例 12] 求曲线 $y=\dfrac{1}{x}+\ln(1+\mathrm{e}^x)$的渐近线.

分析 求曲线的渐近线，首先考察函数的定义域. 若定义域为无穷区域，在趋于无穷的每个单侧，计算 $\lim\limits_{x\to+(-)\infty} f(x)$ 或 $a=\lim\limits_{x\to+(-)\infty}\frac{f(x)}{x}$，只要其中有一个（最多一个）极限存在，则存在一条水平或斜渐近线（斜渐近线还要观察 $\lim\limits_{x\to+(-)\infty}(f(x)-ax)$ 的存在性）；若定义域为有界区域，则不存在水平或斜渐近线. 再进一步考察无穷间断点的个数，有多少个无穷间断点就一定存在多少条垂直渐近线.

解 函数的定义域为无穷区域，且有 1 个间断点 $x=0$. 由

$$\lim_{x\to-\infty}\left[\frac{1}{x}+\ln(1+e^{x})\right]=0,$$

知该曲线有一条水平渐近线 $y=0$. 由

$$\lim_{x\to+\infty}\frac{f(x)}{x}=\lim_{x\to+\infty}\left[\frac{1}{x^{2}}+\frac{1}{x}\ln(1+e^{x})\right]=1,$$

$$\lim_{x\to+\infty}[f(x)-x]=\lim_{x\to+\infty}\left[\frac{1}{x}+\ln(1+e^{x})-\ln e^{x}\right]=0,$$

知该曲线有一条斜渐近线 $y=x$. 由

$$\lim_{x\to0}\left[\frac{1}{x}+\ln(1+e^{x})\right]=\infty,$$

知该曲线有一条垂直渐近线 $x=0$.

类型五 函数图形与导函数图形的转换关系

[例 13] 填空题

已知 $f(x)$ 为可导函数，且其导函数的图形如图 4-3 所示，则函数 $f(x)$ 的单调增区间为________，单调减区间为________，极大值点为________，极小值点为________，曲线的凹区间为________，凸区间为________，拐点为________.

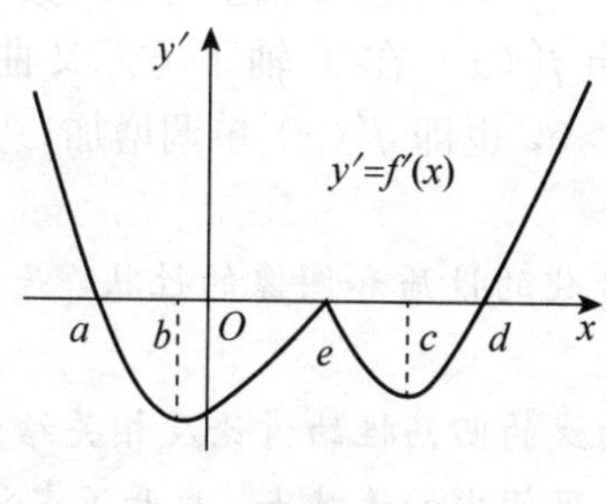

图 4-3

答 $(-\infty, a)$，$(d, +\infty)$；(a, d)；$x=a$；$x=d$；(b, e)，$(c, +\infty)$；$(-\infty, b)$，(e, c)；$(b, f(b))$，$(c, f(c))$，$(e, f(e))$.

解析 本题不是由列表方法而是以图像提供的导数性质来推断函数的性质. 如图 4-3 所示，在区间 $(-\infty, a)$，$(d, +\infty)$ 内，导函数曲线 $y'=f'(x)$ 在 x 轴上方，即 $f'(x)>0$，故 $(-\infty, a)$，$(d, +\infty)$ 为 $f(x)$ 的单调增区间；类似地，在区间 (a, d) 内，导函数曲线 $y'=f'(x)$ 在 x 轴下方，即 $f'(x)\leqslant0$，(a, d) 为 $f(x)$ 的单调减区间；极大值点为 $x=a$；极小值点为 $x=d$；曲线 $y'=f'(x)$ 的单调增区间为 (b, e)，$(c, +\infty)$，即 $f''(x)>0$，因此为

曲线 $y=f(x)$ 的凹区间；曲线 $y'=f'(x)$ 的单调减区间为$(-\infty, b)$，(e, c)，即 $f''(x)<0$，因此为曲线 $y=f(x)$ 的凸区间；拐点为$(b, f(b))$，$(c, f(c))$，$(e, f(e))$.

［例 14］单项选择题

设 $f(x)$ 为可导函数，其图形如图 4－4 所示，则其导函数 $y'=f'(x)$ 的图形为（　）.

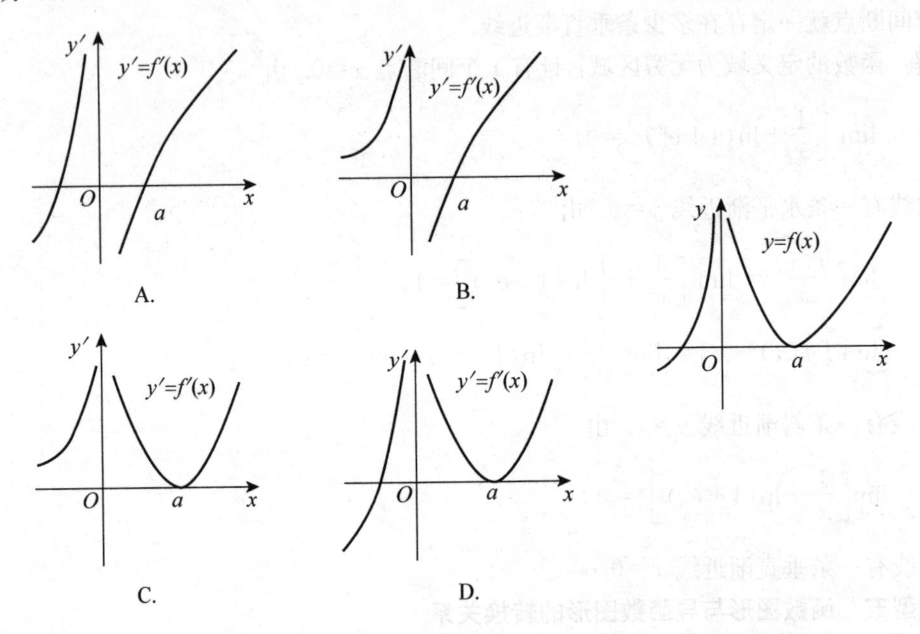

图 4－4

答　B.

解析　由图 4－4，曲线 $y=f(x)$ 表明函数 $f(x)$ 在 $(-\infty, 0)$，$(a, +\infty)$ 内单调增加，即 $f'(x)>0$，因此，曲线 $y'=f'(x)$ 在 x 轴上方；函数 $f(x)$ 在 $(0, a)$ 内单调减少，即$f'(x)<0$，因此，曲线 $y'=f'(x)$ 在 x 轴下方. 又曲线 $y=f(x)$ 在$(-\infty, 0)$，$(0, +\infty)$ 内是凹的，即$f''(x)>0$，也即 $f'(x)$ 单调增加，从而知选项 B 的图形与分析相符，故选择 B.

小结　利用导数分析函数变化的性质和图像的性状，是微分学的一个重要内容. 应明确以下几点：

(1) 函数的单调性和函数曲线的凹凸性的讨论及相关结论都是在函数的定义区间内得到的. 极值点和拐点也都是定义区间内的连续点，离开了定义区间就失去了讨论的前提.

(2) 正确地求出函数的一阶、二阶导数，并同时给出一阶、二阶导数的零点及不存在的点，是分析函数的变化性质的基础.

(3) 函数的单调性与一阶导数的符号相关，找出函数的单调增减区间，关键是找到单调区间的分界点，这些点来自函数的驻点或导数不存在的点，但驻点或导数不存在的点不一定是分界点，因此，一般来说，若 $f(x)$ 在 (a, b) 内单调增，则有 $f'(x)\geqslant 0$. 注意，$f(x)$ 在 (a, c)，$[c, b)$ 内单调增，未必在 $(a, c)\cup[c, b)=(a, b)$ 单调增，除非 $f(x)$ 在点$x=c$ 处连续. 在分析了函数的单调性的基础上不难求出函数的极值，函数的极值是函数的局部性质，同一函数的极大值未必大于极小值. 函数的极值也可利用极限的保号性判断，若 $\lim\limits_{x\to a}\dfrac{f(x)-f(a)}{(x-a)^2}<0(>0)$，则 $f(a)$ 必为极大（小）值. 对于在闭区间连续的函数，只要比较在驻点、导数不存在的点及边界点的函数值，就不难求函数的最值.

(4) 函数曲线的凹凸性与二阶导数的符号相关，找出函数曲线的凹凸区间，关键是找到凹凸区间的分界点，即二阶导数的变号点. 一般来说，若曲线 $y=f(x)$ 在 (a, b) 内是凹的，则有 $f''(x)\geqslant 0$. 注意，曲线 $y=f(x)$ 在 (a, c)，$[c, b)$ 是凹的，未必在 $(a, c)\cup[c, b)=(a, b)$ 是凹的. 函数曲线的凹凸性还可以从曲线与切线的位置关系讨论. 在分析了函数曲线的凹凸性后，不难求出曲线的拐点. 注意，拐点是曲线上的点，应表示为几何点 $(a, f(a))$ 的形式.

(5) 函数曲线与其导函数曲线之间性质的转换，是讨论函数变化性质的更为直观的方法：导函数曲线在 x 轴上方（下方）的对应位置即为函数单调增（单调减）区间；导函数曲线单调增（单调减）的对应位置即为函数曲线的凹区间（凸区间），导函数曲线与 x 轴的交点即为极值点，且由下而上正向穿过 x 轴的为极小值点，由上而下正向穿过 x 轴的为极大值点，导函数曲线的转折点即为函数曲线的拐点.

(6) 函数的渐近线与函数的极限和连续性相关，具体结论可参见例 12 的分析. 在全面讨论了函数的变化性质和渐近线的情况下，不难画出函数的图形.

4. 经济应用

[例 1]（最小成本问题）设有三次总成本函数 $C(x)=ax^3-bx^2+cx$ $(a>0, b>0, c>0)$，求最小平均成本和相应的边际成本，并说明两者关系.

分析 平均成本即 $\dfrac{C(x)}{x}$，边际成本即 $C'(x)$.

解 边际成本为 $C'(x)=3ax^2-2bx+c$.

平均成本为 $\overline{C}(x)=\dfrac{C(x)}{x}=ax^2-bx+c$，由

$$\overline{C}'(x)=2ax-b=0,\ \text{得驻点}\ x=\frac{b}{2a}.$$

又 $\overline{C}''=2a>0$，知 $y=\overline{C}(x)$ 的图形是凹的，故 $x=\dfrac{b}{2a}$ 是 $\overline{C}(x)$ 的最小值点，最小平均成本为 $\overline{C}\left(\dfrac{b}{2a}\right)=\dfrac{4ac-b^2}{4a}$，同时有 $C'\left(\dfrac{b}{2a}\right)=\dfrac{4ac-b^2}{4a}$，可见最小平均成本等于取最小平均成本时的边际成本.

一般来说，若 $\overline{C}(x)$ 可导，则

$$\overline{C}'(x)=\frac{xC'(x)-C(x)}{x^2}=\frac{1}{x}\left[C'(x)-\frac{C(x)}{x}\right],$$

可知，当 $\overline{C}(x)$ 最小，即 $\overline{C}'(x)=0$ 时有 $C'(x)=\overline{C}(x)$，结论具有普遍性.

[例 2]（最大利润问题）某工厂生产一种家用电器，平均收益函数为线性函数，当每周生产 100 台时，每台售价为 2 500 元，该价格水平上需求弹性为 5，后来该厂把每周产量上

升至平均成本为 $1\,800+\dfrac{4\,000}{x}$（元）的水平，求生产该产品利润最大时的产出水平、最大利润及该利润水平下的售价.

分析 利润=收益−成本，平均收益函数即价格函数为 $P=a-bx$，其中 x 为销量即产量，需求弹性为 $-\dfrac{P}{x}\cdot\dfrac{\mathrm{d}x}{\mathrm{d}P}=5$，平均成本为 $\dfrac{C(x)}{x}$.

解 依题意，设 $P=a-bx$，其中 P 为售价，x 为销量即产量，a，b 为待定的正常数，且 $2\,500=a-100b$. 又 $-\dfrac{P}{x}\cdot\dfrac{\mathrm{d}x}{\mathrm{d}P}=-\dfrac{a-bx}{x}\cdot\left(-\dfrac{1}{b}\right)=\dfrac{a-bx}{bx}$，且 $\dfrac{a-100b}{100b}=5$，联立方程

$$\begin{cases}a-100b=2\,500\\ a-600b=0\end{cases}，\quad 解得\begin{cases}a=3\,000\\ b=5\end{cases}，$$

得收益函数为 $R=(3\,000-5x)x$.

又由 $\dfrac{C(x)}{x}=1\,800+\dfrac{4\,000}{x}$，得 $C(x)=1\,800x+4\,000$，从而得利润函数为

$$\pi=R-C=(3\,000-5x)x-1\,800x-4\,000=-5x^2+1\,200x-4\,000，$$

令 $\pi'=-10x+1\,200=0$，解得 $x=120$，由于 $\pi''=-10<0$，知 $x=120$ 为最大值点，即当产量为 120 台时利润最大，最大利润为 $\pi(120)=68\,000$ 元，此时产品每台售价为 $P(120)=3\,000-120\times5=2\,400$ 元.

[例 3]（税收问题）某厂商生产销售的收益函数为 $R(x)=24x-2x^2$，成本函数为 $C(x)=x^2+5$，其中 x 为产品的产量.

(1) 求使该厂商利润最大时的产量、最大利润及此时产品的价格；若政府征税为 30，以上结果会发生什么变化？

(2) 在利润不少于 10 的约束下，求使该厂商收益最大时的产量及相应的利润、产品价格；若政府征税为 30，以上结果会发生什么变化？

分析 税收有多种方式，本题 (1) 为政府一次性征税，税后利润应为 $\pi-30$. (2) 中当税后利润不足 10 时，应从约束方程求最优值.

解 (1) $\pi=R-C=24x-2x^2-x^2-5=-3x^2+24x-5$.
令 $\pi'=-6x+24=0$，解得 $x=4$，由于 $\pi''=-6<0$，知 $x=4$ 为最大值点，即当产量为 4 时利润最大，最大利润为 $\pi(4)=43$，$R(4)=64$，此时产品售价为 $P(4)=\dfrac{R(4)}{4}=16$；若一次性征税，即 $T=30$，$\pi-T=-3x^2+24x-35$，则最大利润为 $\pi(4)=13$，此时 $R(4)=64$，$P(4)=16$，没有变化.

(2) 令 $R'(x)=24-4x=0$，解得 $x=6$，由于 $R''=-4<0$，知 $x=6$ 为最大值点，即当产量为 6 时收益最大，最大收益为 $R(6)=72$，$P(6)=\dfrac{R(6)}{6}=12$，$\pi(6)=31>10$.

若一次性收税，即 $T=30$，则利润为 $\pi=\pi(6)-T=31-30=1<10$，超过了“利润不少于 10”的限定. 要保证利润不少于 10，至少有 $\pi(x^*)=24x^*-3(x^*)^2-35=10$，可得 $x^*=3$ 或 $x^*=5$，比较 $R(3)=54$，$R(5)=70$ 知，在保证利润不少于 10 的前提下，产量为 5 时收益最大，此时，$P(5)=\dfrac{R(5)}{5}=14$.

［例 4］（库存费与生产准备费的问题）某厂生产的商品年销售量为 100 万件，分若干批生产，每批需要生产准备费 1 000 元，且与批量大小无关. 设每件商品年库存费为 0.05 元，如果该产品全年均匀销售，每批产品生产间隔时间相同，成批送货，不许断货. 如何安排生产批次，可使每年的生产准备费与库存费总和最省？

分析 由于全年库存处于变化状态，因此，关键是如何计算库存费的问题. 在全年等时间间隔均匀生产销售的情况下，库存量的变动如图 4－5 所示，在不断货的前提下，每个时间段，库存均从批量数均匀降至零，相当于全年平均库存量为批量的一半.

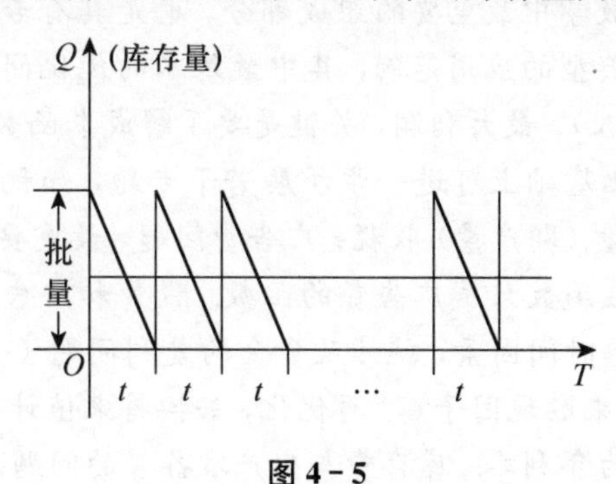

图 4－5

解 设生产批量为 x（万件），批次为$\frac{100}{x}$，则总费用（单位：元）为

$$C(x)=\frac{100}{x}\times 1\,000+\frac{1}{2}x\times 0.05\times 10^4.$$

令 $C'(x)=-\frac{100\,000}{x^2}+250=0$，得 $x=20$，又 $C''(x)=\frac{200\,000}{x^3}>0$，知 $x=20$ 为最小值点，即当分 $5\left(=\frac{100}{20}\right)$ 批生产，每批 20 万件时，全年的生产准备费和库存费总和最省.

［例 5］（最优广告费投入问题）设销售收入是广告费 A 的函数 $R(A)=8A^{\frac{1}{2}}$（单位：万元），又设销售收入与总成本的关系为 $C=50+0.1R(A)$（单位：万元），求使得利润最大的广告费投入，并求平均每销售 1 元的广告成本.

分析 最优广告费投入问题同样是求利润最大的问题，但不同点在于销售收入不是按价格与需求的关系构造的，只表示为广告费的函数. 还要强调的是，构建利润函数时，广告费不属于生产成本函数，要从利润函数中减去.

解 依题意，利润函数为

$$\pi(A)=R(A)-C[R(A)]-A=8A^{\frac{1}{2}}-50-0.1\times 8A^{\frac{1}{2}}-A=7.2A^{\frac{1}{2}}-A-50,$$

令 $\pi'(A)=3.6A^{-\frac{1}{2}}-1=0$，得 $A=3.6^2=12.96$，又 $\pi''(A)=-1.8A^{-\frac{3}{2}}<0$，知 $A=12.96$ 为最大值点，即广告费投入为 12.96 万元时利润最大. 此时平均每销售 1 元的广告成本为 $\frac{A}{R(A)}=\frac{1}{8}A^{\frac{1}{2}}=0.45$ 元.

［例 6］（最优时间选择问题）某酒厂有一批新酿成的酒，如果当即卖出（$t=0$），单位收入为 K 元；如果窖藏 t 年按陈成酒卖出，酒价是窖藏年数 t 的函数 $V=Ke^{\sqrt{t}}$. 如果不考虑窖

藏的储存费，按连续复利计算，窖藏多少年可使利润的贴现值最大？（年利率为 0.1.）

分析 窖藏 t 年利润的贴现值为 $P(t)=V\mathrm{e}^{-rt}=K\mathrm{e}^{\sqrt{t}-rt}$，$\mathrm{e}^{-rt}$ 为贴现因子.

解 窖藏 t 年利润的贴现值为 $P(t)=V\mathrm{e}^{-rt}=K\mathrm{e}^{\sqrt{t}-rt}$，$r=0.1$，令

$$P'(t)=K\mathrm{e}^{\sqrt{t}-rt}(\sqrt{t}-rt)'=K\mathrm{e}^{\sqrt{t}-rt}\left(\frac{1}{2\sqrt{t}}-r\right)=0，得\ t=\left(\frac{1}{2r}\right)^2=25\ (年).$$

依题意，$P(t)$ 存在最大值且驻点唯一，即窖藏 25 年按陈成酒卖出可得最大利润.

小结 最优化是经济数学中最重要的组成部分，也是具有专业特色的内容之一. 这里所列举的是多角度又较为典型的应用范例，其中最基本的优化问题是最小成本（或最小单位成本）、最大收益（或收入）、最大利润，关键是要了解成本函数、收益函数、利润函数的基本结构和经济要素. 在此基础上可进一步扩展若干专题，如税收问题，可细分为一次性收税和按最大利润时的销量（即产量）收税；广告费问题，最重要的手段是通过广告促销而不是用价格调节销量，收益函数只是广告费的函数. 税费和广告费不属于生产成本，应从利润函数中减去. 如果考虑时间因素，就涉及资金的复利问题（一般为连续复利），若按现值计算，利润（或收益）应乘贴现因子 e^{-rt} 再优化，若按将来值计算，利润（或收益）应乘复利因子 e^{rt} 再优化，其中 r 为年利率. 库存费与生产准备费的问题，关键是如何计算库存费，一般假设产品均匀销售，年平均库存取批量的一半.

5. 其他应用问题

类型一 不等式的证明

［**例 1**］当 $x\neq 0$ 时，证明不等式 $\mathrm{e}^x-1>x$.

分析 如果将不等式写为 $\mathrm{e}^x-\mathrm{e}^0>x$，可考虑用拉格朗日中值定理证明，如果将不等式写为 $f(x)=\mathrm{e}^x-1-x>0=f(0)$，可考虑用函数单调性或最值证明.

证 方法 1 用拉格朗日中值定理证明. 设 $f(x)=\mathrm{e}^x$，显然，$f(x)$ 在 $(-\infty, +\infty)$ 内连续且可导，于是任取 $x\in(-\infty, +\infty)$，且 $x\neq 0$. 在 $[x, 0]$ 或 $[0, x]$ 上运用拉格朗日中值定理，有

$$f(x)-f(0)=f'(\xi)(x-0),\quad 即\ \mathrm{e}^x-1=\mathrm{e}^{\xi}x，\xi\ 介于\ x\ 与\ 0\ 之间.$$

若 $x>0$，则 $0<\xi<x$，$\mathrm{e}^{\xi}>1$，从而有 $\mathrm{e}^x-1=\mathrm{e}^{\xi}x>x$；

若 $x<0$，则 $x<\xi<0$，$\mathrm{e}^{\xi}<1$，$x\mathrm{e}^{\xi}>x$，仍然有 $\mathrm{e}^x-1=\mathrm{e}^{\xi}x>x$.

因此，综上讨论，当 $x\neq 0$ 时，总有不等式 $\mathrm{e}^x-1>x$.

方法 2 用函数单调性证明. 设 $f(x)=\mathrm{e}^x-1-x$，显然，$f(x)$ 在 $(-\infty, +\infty)$ 内连续且可导，并且 $f'(x)=\mathrm{e}^x-1$，于是，

当 $x>0$ 时，$f'(x)=\mathrm{e}^x-1>0$，$f(x)$ 单调增，则有 $f(x)=\mathrm{e}^x-1-x>f(0)=0$；

当 $x<0$ 时，$f'(x)=\mathrm{e}^x-1<0$，$f(x)$ 单调减，则有 $f(x)=\mathrm{e}^x-1-x>f(0)=0$.

因此，综上讨论，当 $x\neq 0$ 时，总有不等式 $\mathrm{e}^x-1>x$.

方法 3 用函数最值证明. 设 $f(x)=\mathrm{e}^x-1-x$，令 $f'(x)=\mathrm{e}^x-1=0$，得唯一驻点 $x=0$. 又由 $f''(x)=\mathrm{e}^x>0$，知 $x=0$ 是最小值点，因此，当 $x\neq 0$ 时，总有 $f(x)=\mathrm{e}^x-1-x>0=f(0)$，即 $\mathrm{e}^x-1>x$.

［**例 2**］设函数 $f(x)$ 在 (a, b) 内二阶可导，且 $f''(x)>0$，证明，对任意给定的 x_1，$x_2\in$

(a, b)和$\lambda \in (0, 1)$，总有

$$f[\lambda x_1+(1-\lambda)x_2]\leqslant \lambda f(x_1)+(1-\lambda)f(x_2).$$

分析 依题设，函数图形 $y=f(x)$ 是凹的，如图 4-6 所示，曲线弧 $y=f(x)$ 两端点连线（即弦 AB）在弧线上方，于是，介于 x_1，x_2 之间任意一点 $\lambda x_1+(1-\lambda)x_2$ 的函数值 $f[\lambda x_1+(1-\lambda)x_2]$ 必小于等于弦对应函数值 $\lambda f(x_1)+(1-\lambda)f(x_2)$，这就是要证的不等式的几何直观背景.

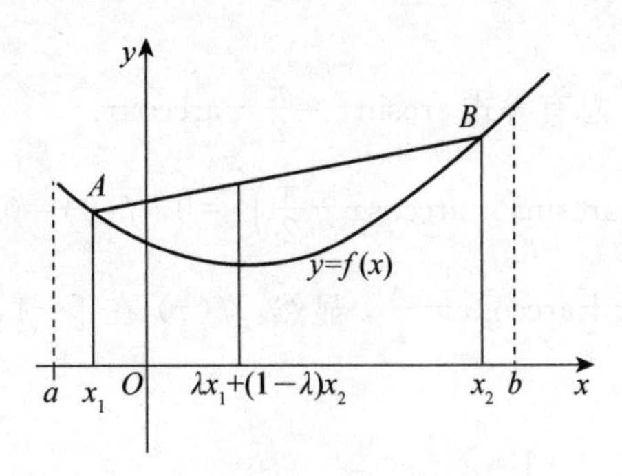

图 4-6

证 任取 x_1，$x_2\in(a, b)$，不妨设 $x_1<x_2$，于是当 $x\in(x_1, x_2)$时，总有$\dfrac{x_2-x}{x_2-x_1}=\lambda\in(0, 1)$，即

$$x=\lambda x_1+(1-\lambda)x_2\in(x_1, x_2),$$

又过点$(x_1, f(x_1))$，$(x_2, f(x_2))$的连线方程为

$$y=\frac{f(x_2)-f(x_1)}{x_2-x_1}(x-x_1)+f(x_1).$$

由题设，$f''(x)>0$，弦 AB 在曲线弧 $y=f(x)$ 上方，即有不等式

$$\begin{aligned}f[\lambda x_1+(1-\lambda)x_2]&\leqslant\frac{f(x_2)-f(x_1)}{x_2-x_1}[\lambda x_1+(1-\lambda)x_2-x_1]+f(x_1)\\&=[f(x_2)-f(x_1)](1-\lambda)+f(x_1)\\&=\lambda f(x_1)+(1-\lambda)f(x_2).\end{aligned}$$

类型二 恒等式的证明

[**例 3**] 单项选择题

设 $f(x)=\arctan\dfrac{1+x}{1-x}+\arctan\dfrac{1}{x}$，则 $f(x)$ 为(　　).

A. 正常数　　B. 负常数　　C. 零　　D. 非常数

答 D.

解析 由

$$f'(x)=\frac{1}{1+\left(\frac{1+x}{1-x}\right)^2}\frac{(1-x)+(1+x)}{(1-x)^2}+\frac{1}{1+\left(\frac{1}{x}\right)^2}\left(-\frac{1}{x^2}\right)$$

$$=\frac{1}{1+x^2}-\frac{1}{1+x^2}=0$$

知，$f(x)$ 在各自定义区间为常数．间断点 $x=0$，$x=1$ 将其定义域分为 3 个定义区间：$(-\infty,0)$，$(0,1)$，$(1,+\infty)$，由 $f(-1)=-\frac{\pi}{4}$，$\lim\limits_{x\to0^+}f(x)=\frac{3\pi}{4}$，$\lim\limits_{x\to+\infty}f(x)=-\frac{\pi}{4}$知，当$x<0$或 $x>1$ 时 $f(x)=-\frac{\pi}{4}$，当 $0<x<1$ 时 $f(x)=\frac{3\pi}{4}$，因此，$f(x)$ 在其定义域内不是常数，故选择 D.

[例 4] 当$|x|\leqslant1$ 时，总有等式 $\arcsin x=\frac{\pi}{2}-\arccos x$.

分析 即证 $f'(x)=\left(\arcsin x+\arccos x-\frac{\pi}{2}\right)'=0$，$f(0)=0$.

证 设 $f(x)=\arcsin x+\arccos x-\frac{\pi}{2}$，显然，$f(x)$ 在 $[-1,1]$ 上连续，在 $(-1,1)$ 内可导，由

$$f'(x)=\frac{1}{\sqrt{1-x^2}}-\frac{1}{\sqrt{1-x^2}}=0,$$

知在 $[-1,1]$ 上，$f(x)$ 恒为常数，即 $f(x)\equiv C$. 又 $f(0)=\arcsin0+\arccos0-\frac{\pi}{2}=0$，得 $C=0$，因此，总有 $f(x)\equiv0$，即 $\arcsin x=\frac{\pi}{2}-\arccos x$.

类型三　方程有几个解的讨论

[例 5] 单项选择题

方程 $x^3-3x+p=0$ 有两个不等实根，则(　　).

A. p 为任意实数　　B. $-2<p<2$

C. $p<-2$ 或 $p>2$　　D. $p=-2$ 或 $p=2$

答　D.

解析　方程有两个不等实根，即曲线 $y=f(x)=x^3-3x+p$ 与 x 轴有两个交点．由 $f'(x)=3x^2-3=0$，得 $x=\pm1$. 又 $f''(x)=6x$，$f''(-1)=-6<0$，$f''(1)=6>0$，又知极大值为 $f(-1)=2+p$，极小值为 $f(1)=-2+p$，如图 4－7 所示，当 $f(-1)=2+p=0$ 或 $f(1)=-2+p=0$ 时，曲线 $y=f(x)$ 与 x 轴有两个交点，即当 $p=-2$ 或 $p=2$ 时，方程有两个不等实根．故选择 D.

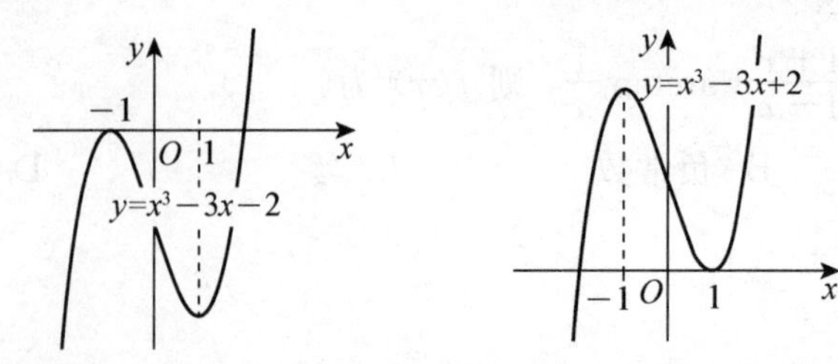

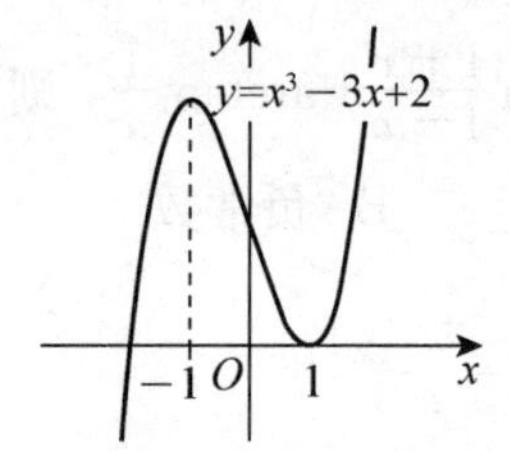

图 4－7

[例 6] 讨论方程 $\ln x-\frac{x}{e}+k=0$ 有几个不等实根.

分析 讨论方程 $f(x)=0$ 有几个不等实根，即讨论曲线 $y=f(x)$ 与 x 轴有几个交点，可以运用导数及曲线 $y=f(x)$ 在其定义区间内的变化特征来解决.

解 设 $f(x)=\ln x-\frac{x}{e}+k$，定义区间为 $(0, +\infty)$，令 $f'(x)=\frac{1}{x}-\frac{1}{e}=0$，得 $x=e$. 当 $0<x<e$ 时，$f'(x)>0$，$f(x)$ 单调增；当 $e<x$ 时，$f'(x)<0$，$f(x)$ 单调减. 故 $f(e)=k$ 为最大值. 又 $\lim\limits_{x\to 0^+}f(x)=\lim\limits_{x\to 0^+}\left(\ln x-\frac{x}{e}+k\right)=-\infty$，$\lim\limits_{x\to+\infty}f(x)=\lim\limits_{x\to+\infty}\left(\ln x-\frac{x}{e}+k\right)=-\infty$，因此，

当 $f(e)=k>0$ 时，方程 $\ln x-\frac{x}{e}+k=0$ 有两个不等实根；

当 $f(e)=k=0$ 时，方程 $\ln x-\frac{x}{e}+k=0$ 有唯一实根；

当 $f(e)=k<0$ 时，方程 $\ln x-\frac{x}{e}+k=0$ 没有实根.

小结 导数的其他应用问题是在利用导数讨论函数变化性状的基础上的延伸，主要是微分学中常见的不等式和等式的证明以及方程具体有几个解的讨论. 其中不等式的证明是微分学中常见的问题，主要有四种方法. 如果证式在区间 $[a, b]$ 上且有 $f(b)-f(a)<(\cdots)$ 的形式，一般可用拉格朗日中值定理证明；如果证式具有 $f[\lambda x_1+(1-\lambda)x_2]\leqslant\lambda f(x_1)+(1-\lambda)f(x_2)$ 的形式，应考察应用函数曲线的凹凸性证明；其他不等式一般整理为 $f(x)\geqslant 0$（或 $f(x)\leqslant 0$）的形式，进一步考察导数 $f'(x)$. 若有驻点 x_0，可验证 $f(x_0)=0$ 为最小值（或最大值），从而证明结论；若无驻点，即 $f'(x)$ 恒正或恒负，则用单调性证明. 等式 $f(x)=0$ 的证明主要有两个步骤：首先验证在给定区间 $[a, b]$ 上 $f'(x)=0$，确定 $f(x)=C$，然后从区间 $[a, b]$ 内取点或由极限 $\lim\limits_{x\to a^+}f(x)$（$\lim\limits_{x\to b^-}f(x)$）确定 $C=0$，从而证明结论. 讨论方程 $f(x)=0$ 有几个不等实根，即讨论曲线 $y=f(x)$ 与 x 轴有几个交点，可以运用导数及曲线 $y=f(x)$ 在其定义区间内的变化特征来解决.

五、综合练习

1. 填空题

(1) 设函数 $f(x)=x^2(x-1)(x-2)$，则 $f'(x)$ 的零点个数为________.

(2) 设连续函数 $f(x)$ 的导函数图形如图 4-8 所示，则函数 $f(x)$ 的单调减区间为________，单调增区间为________，极大值点为________，极小值点为________，凹区间为________，凸区间为________，拐点为________.

(3) 若 $\lim\limits_{x\to 0^+}x^{\alpha}\ln x=0$，则 α 的取值范围是________.

(4) 若曲线 $y=x^3+ax^2+bx+1$ 有拐点 $(-1, 0)$，则 $b=$________.

(5) 函数 $f(x)=xe^x$ 的 n 阶导数 $f^{(n)}(x)$ 在________处取极小值.

(6) $y=f(x)$ 与 $y=g(x)$ 互为反函数，且均存在二阶导数，若 $f'(x)>0$，$f''(x)>0$，

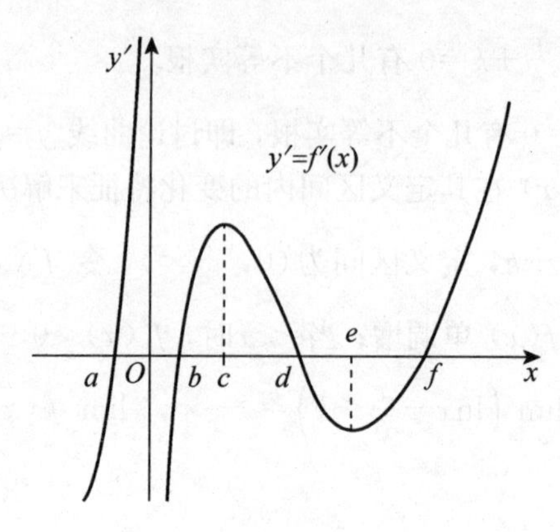

图 4-8

则$g''(x)$ 的符号应取________.

(7) 曲线 $y=\dfrac{(1-e^{-x})\ln x}{x^2+2x}$ 有渐近线________.

2. 单项选择题

(1) 设函数 $f(x)=\arctan x+\arctan\dfrac{1}{x}$，则 $f(x)$ 在其定义域内为(　　).

A. 0　　B. 正常数　　C. 负常数　　D. 非常数

(2) 设 $0<x<y<\dfrac{\pi}{2}$，则有(　　).

A. $\dfrac{\tan y}{\tan x}>\dfrac{y}{x}$　　B. $\dfrac{\tan y}{\tan x}<\dfrac{y}{x}$　　C. $\dfrac{\tan x}{\tan y}>\dfrac{y}{x}$　　D. $\dfrac{\tan x}{\tan y}<\dfrac{y}{x}$

(3) 设函数 $f(x)$ 连续，且 $f'(0)>0$，则存在 $\delta>0$，使得(　　).

A. $f(x)$ 在$(0,\delta)$内单调增加　　B. $f(x)$ 在$(-\delta,0)$内单调减少

C. 对任意的 $x\in(0,\delta)$，有 $f(x)>f(0)$　　D. 对任意的 $x\in(-\delta,0)$，有 $f(x)>f(0)$

(4) 曲线 $y=(x-1)(x-2)^2(x-3)^3(x-4)^4$ 的一个拐点是(　　).

A. (1, 0)　　B. (2, 0)　　C. (3, 0)　　D. (4, 0)

(5) 设函数 $f(x)$ 具有二阶导数，$g(x)=f(0)(1-x)+f(1)x$，则在区间 $[0,1]$ 上(　　).

A. 当 $f'(x)\geqslant 0$ 时，$f(x)\geqslant g(x)$　　B. 当 $f'(x)\geqslant 0$ 时，$f(x)\leqslant g(x)$

C. 当 $f''(x)\geqslant 0$ 时，$f(x)\geqslant g(x)$　　D. 当 $f''(x)\geqslant 0$ 时，$f(x)\leqslant g(x)$

(6) 设 $f(x)$ 的导数在 $x=a$ 处连续，$\lim\limits_{x\to a}\dfrac{f'(x)}{x-a}=-2$，则(　　).

A. $x=a$ 是 $f(x)$ 的极小值点

B. $x=a$ 是 $f(x)$ 的极大值点

C. $(a,f(a))$是曲线 $y=f(x)$ 的拐点，但 $x=a$ 不是 $f(x)$ 的极值点

D. $(a,f(a))$不是曲线 $y=f(x)$ 的拐点，$x=a$ 也不是 $f(x)$ 的极值点

(7) 下列曲线中有渐近线的是(　　).

A. $y=x+\sin x$　　B. $y=x^2+\sin x$

C. $y=x+\sin\dfrac{1}{x}$　　D. $y=x^2+\sin\dfrac{1}{x}$

3. 设 $f(x)=\begin{cases}\dfrac{g(x)-\mathrm{e}^{-x}}{x}, & x\neq 0\\ 0, & x=0\end{cases}$，其中函数 $g(x)$ 有二阶连续导数，且 $g(0)=1$，$g'(0)=-1$，(1) 求 $f'(x)$；(2) 讨论 $f'(x)$ 在 $(-\infty,+\infty)$ 上的连续性.

4. 设函数 $f(x)$ 在 $[0,1]$ 上连续，在 $(0,1)$ 内可导. 证明: 至少存在一点 $\xi\in(0,1)$，使得

$$f(1)=2\xi f(\xi)+\xi^2 f'(\xi).$$

5. 证明恒等式:

$$2\arctan x+\arcsin\frac{2x}{1+x^2}=\pi,\quad x\in[1,+\infty).$$

6. 求下列极限:

(1) $\lim\limits_{x\to-2}\dfrac{x^5-2x^2-4x+32}{3x^3+6x^2}$；　(2) $\lim\limits_{x\to\frac{\pi}{2}}\dfrac{\ln(\sin x)}{(\pi-2x)^2}$；

(3) $\lim\limits_{x\to0}\left(\dfrac{1}{x}-\dfrac{1}{\ln(1+x)}\right)$；　(4) $\lim\limits_{x\to0}x^{10}\mathrm{e}^{\frac{1}{x^2}}$；

(5) $\lim\limits_{x\to+\infty}\dfrac{\ln^5(1+x)}{\sqrt{x}}$；　(6) $\lim\limits_{x\to0^+}(3x)^{\tan x}$；

(7) $\lim\limits_{x\to\frac{\pi}{2}^-}(\tan x)^{\cos x}$；　(8) $\lim\limits_{n\to\infty}\left(\dfrac{\sqrt[n]{3}+\sqrt[n]{4}+\sqrt[n]{7}}{3}\right)^n$.

7. 确定下列函数的单调区间.

(1) $y=\sqrt{5-6x+x^2}$；　(2) $y=\ln|1-x^2|$；

(3) $y=\mathrm{e}^{(x+1)^2(x-2)^3}$；　(4) $y=x-\cos x$.

8. 设函数 $f(x)$，$g(x)$ 为区间 $[a,b]$ 上的两个正值可导函数，且

$$f'(x)g(x)-f(x)g'(x)<0,$$

证明当 $a<x<b$ 时，有不等式 $f(x)g(b)>f(b)g(x)$.

9. 求下列函数的极值:

(1) $y=2x^3-x^4$；　(2) $y=\sqrt[3]{(2x-x^2)^2}$；

(3) $y=2\mathrm{e}^x+\mathrm{e}^{-2x}$；　(4) $y=x^{\frac{1}{x}}$.

10. 求下列函数在给定区间上的最值:

(1) $y=x^2+(2-x)^2$，　$[0,2]$；

(2) $y=\sin^2x+3\cos x-3$，　$[0,4]$；

(3) $y=1-(x-2)^{\frac{2}{3}}$　$[0,3]$.

11. 求下列函数曲线的凹凸区间与拐点:

(1) $y=2x^3+3x^2-12x+14$；　(2) $y=3x^{\frac{1}{3}}-\dfrac{3}{4}x^{\frac{4}{3}}$；

(3) $y=\dfrac{x}{(x+3)^2}$；　(4) $y=\ln\left|\dfrac{1+x}{1-x}\right|$.

12. 证明下列不等式:

(1) 当 $b>a$ 时，$\arctan b-\arctan a\leqslant b-a$；(2) 当 $1<x$ 时，$\ln x\geqslant\frac{x-1}{x+1}$；

(3) 当 $0<x<\frac{\pi}{2}$ 时，$\sin x>\frac{2}{\pi}x$；　　　　(4) 当 $0<\alpha<1$，$x>0$ 时，$x^\alpha\leqslant 1-\alpha+\alpha x$.

13. 在抛物线 $y^2=4x$ 上找一点，使得它与点 (3, 0) 的距离最小.

14. 设某厂家打算生产一批商品投放市场，已知该商品的需求函数为 $P(x)=10e^{-\frac{x}{2}}$，且最大需求量为 6，其中 x 为需求量，P 表示价格. (1) 求生产并销售该商品的收益函数和边际收益函数；(2) 求收益最大时的产量、最大收益和相应的价格；(3) 画出收益函数的图形.

15. 已知某厂生产 x 件产品的成本为 $C(x)=250\,000+200x+\frac{1}{4}x^2$(元)：问 (1) 要使平均成本最小，应生产多少件产品？(2) 若产品以每件 500 元售出，要使利润最大，应生产多少件产品？

参考答案

1. (1) 3； (2) 单调减区间为 $(-\infty, a)$，$(0, b)$，(d, f)，单调增区间为 $(a, 0)$，(b, d)，$(f, +\infty)$，极大值点为 $x=0$，$x=d$，极小值点为 $x=a$，$x=b$，$x=f$，凹区间为 $(-\infty, c)$，$(e, +\infty)$，凸区间为 (c, e)，拐点为 $(c, f(c))$，$(e, f(e))$； (3) $\alpha>0$； (4) 3； (5) $x=-(n+1)$； (6) 负号； (7) $y=0$，$x=0$，$x=-2$.

2. (1) D； (2) A； (3) C； (4) C； (5) D； (6) B； (7) C.

3. (1) $f'(x)=\begin{cases}\dfrac{x(g'(x)+e^{-x})-(g(x)-e^{-x})}{x^2}, & x\neq 0\\ \dfrac{g''(0)-1}{2}, & x=0\end{cases}$.

(2) 在 $(-\infty, +\infty)$ 上连续.

4. 证略. 提示：对函数 $F(x)=x^2f(x)$ 在 $[0, 1]$ 上应用拉格朗日中值定理.

5. 证略.

6. (1) 7； (2) $-\frac{1}{8}$； (3) $-\frac{1}{2}$； (4) $+\infty$； (5) 0； (6) 1； (7) 1； (8) $\sqrt[3]{84}$.

7. (1) 单调增区间为 $(5, +\infty)$，单调减区间为 $(-\infty, 1)$.

(2) 单调增区间为 $(-1, 0)$，$(1, +\infty)$，$(0, 1)$，单调减区间为 $(-\infty, -1)$，$(0, 1)$.

(3) 单调增区间为 $(-\infty, -1)$，$\left(\frac{1}{5}, +\infty\right)$，单调减区间为 $\left(-1, \frac{1}{5}\right)$.

(4) 单调增区间为 $(-\infty, +\infty)$.

8. 证略. 提示：考虑 $F(x)=\frac{f(x)}{g(x)}$ 的单调性.

9. (1) 极大值为 $f\left(\frac{3}{2}\right)=\frac{27}{16}$. (2) 极大值为 $f(1)=1$，极小值为 $f(0)=f(2)=0$.

(3) 极小值为 $f(0)=3$，无极大值.　　　　(4) 极大值为 $f(e)=e^{\frac{1}{e}}$.

10.（1）最大值为 $f(0)=f(2)=4$，最小值为 $f(1)=2$.

（2）最大值为 $f(0)=0$，最小值为 $f(\pi)=-6$.

（3）最大值为 $f(2)=1$，最小值为 $f(0)=1-\sqrt[3]{4}$.

11.（1）凸区间为 $\left(-\infty,-\frac{1}{2}\right)$，凹区间为 $\left(-\frac{1}{2},+\infty\right)$，拐点为 $\left(-\frac{1}{2},\frac{41}{2}\right)$.

（2）凸区间为 $(-\infty,-2)$，$(0,+\infty)$，凹区间为 $(-2,0)$，拐点为 $\left(-2,\frac{9}{2}(-2)^{\frac{1}{3}}\right)$，$(0,0)$.

（3）凸区间为 $(-\infty,-3)$，$(-3,6)$，凹区间为 $(6,+\infty)$，拐点为 $(0,0)$. $\left(6,\frac{2}{27}\right)$.

（4）凸区间为 $(-\infty,-1)$，$(-1,0)$，凹区间为 $(0,1)$，$(1,+\infty)$，拐点为 $(0,0)$.

12.（1）证略. 提示：用拉格朗日中值定理证明.（2）证略. 提示：用单调性证明.

（3）证略. 提示：用曲线凹凸性证明.（4）证略. 提示：用最值证明.

13. 抛物线 $y^2=4x$ 上的点 $(1,2)$ 或 $(1,-2)$ 与点 $(3,0)$ 的距离最小.

14.（1）收益函数为 $R=xP(x)=10xe^{-\frac{x}{2}}$，边际收益函数为 $R'=5(2-x)e^{-\frac{x}{2}}$.

（2）收益最大时的产量为 2，最大收益为 $R(2)=20e^{-1}$，价格为 $P(2)=10e^{-1}$.

（3）图略.

15.（1）要使平均成本最小，应生产 1 000 件产品.

（2）要使利润最大，应生产 600 件产品.

21
世 纪
大学公共数学系列教材

第5章

不定积分

一、知识结构

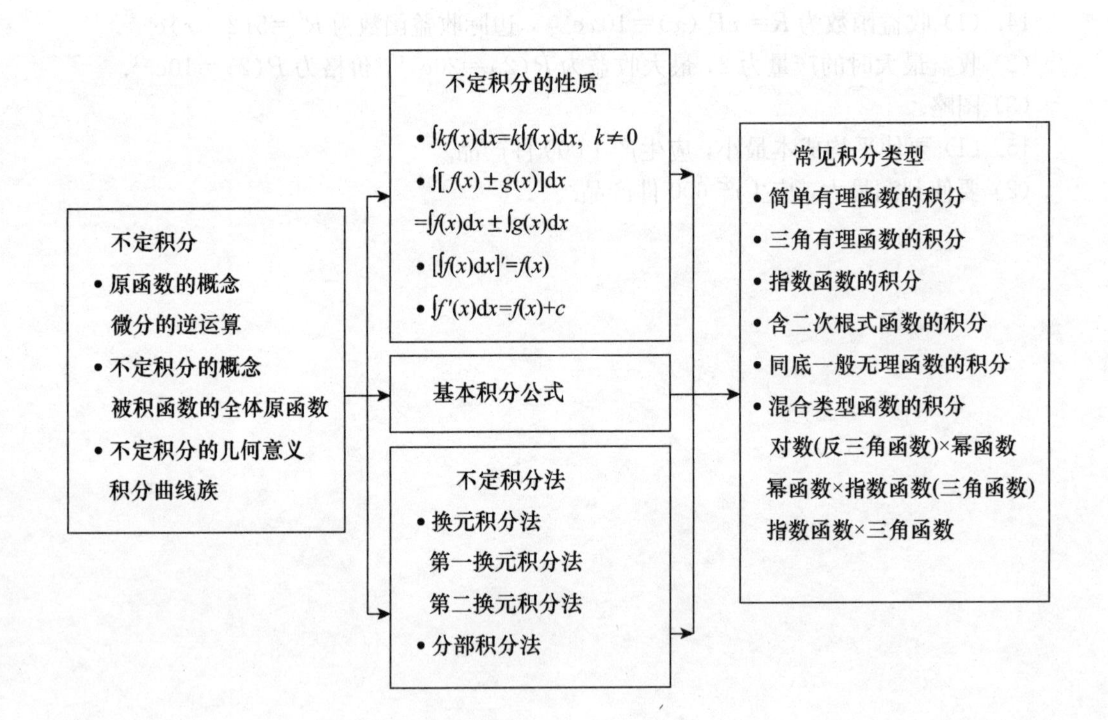
不定积分
• 原函数的概念
微分的逆运算
• 不定积分的概念
被积函数的全体原函数
• 不定积分的几何意义
积分曲线族
不定积分的性质
• $\int kf(x)dx=k\int f(x)dx,\ k\neq 0$
• $\int[f(x)\pm g(x)]dx$
$=\int f(x)dx\pm\int g(x)dx$
• $[\int f(x)dx]'=f(x)$
• $\int f'(x)dx=f(x)+c$
基本积分公式
不定积分法
• 换元积分法
第一换元积分法
第二换元积分法
• 分部积分法
常见积分类型
• 简单有理函数的积分
• 三角有理函数的积分
• 指数函数的积分
• 含二次根式函数的积分
• 同底一般无理函数的积分
• 混合类型函数的积分
对数(反三角函数)×幂函数
幂函数×指数函数(三角函数)
指数函数×三角函数

二、内容提要

1. 原函数与不定积分的概念

设函数 $f(x)$ 在区间 (a,b) 内有定义，如果存在函数 $F(x)$，使得对区间上的任意一点 x，总有 $f'(x)=f(x)$ 或 $\mathrm{d}F(x)=f(x)\mathrm{d}x$，则称 $F(x)$ 是 $f(x)$ 在该区间内的一个原函数.

设 $F(x)$ 为 $f(x)$ 的一个原函数，则 $f(x)$ 的全体原函数称为函数 $f(x)$ 的不定积分，记为

$$\int f(x)\mathrm{d}x=F(x)+C,\ C\text{ 为任意常数}.$$

2. 不定积分的基本性质

(1) $\int kf(x)\mathrm{d}x=k\int f(x)\mathrm{d}x$，其中 k 为非零常数；

(2) $\int [f(x)\pm g(x)]\mathrm{d}x=\int f(x)\mathrm{d}x\pm\int g(x)\mathrm{d}x$；

(3) $\left[\int f(x)\mathrm{d}x\right]'=f(x)$ 或 $\mathrm{d}\int f(x)\mathrm{d}x=f(x)\mathrm{d}x$；

(4) $\int f'(x)\mathrm{d}x=f(x)+C$ 或 $\int \mathrm{d}f(x)=f(x)+C$.

3. 基本积分法

设 $f(u)$ 有原函数 $F(u)$，$u=\varphi(x)$ 可微，则有

$$\int f[\varphi(x)]\varphi'(x)\mathrm{d}x=F[\varphi(x)]+C,$$

并称之为第一换元积分法.

设 $x=\varphi(t)$ 是单调、可微函数，且 $\varphi(t)\neq 0$. 又设 $f[\varphi(t)]\varphi'(t)$ 有原函数 $\Phi(t)$，则有

$$\int f(x)\mathrm{d}x=\int f[\varphi(t)]\varphi'(t)\mathrm{d}t=\Phi[\varphi^{-1}(x)]+C,$$

其中 $\varphi^{-1}(x)$ 是函数 $x=\varphi(t)$ 的反函数，并称之为第二换元积分法.

设 $u=u(x)$，$v=v(x)$ 均为可微函数，则有

$$\int u(x)v'(x)\mathrm{d}x=u(x)v(x)-\int v(x)u'(x)\mathrm{d}x,$$

并称之为分部积分法.

4. 基本积分公式

(1) $\int 0\mathrm{d}x=C$；

(2) $\int x^{\alpha}\mathrm{d}x=\frac{1}{\alpha+1}x^{\alpha+1}+C(\alpha\neq -1)$；

(3) $\int \frac{1}{x}\mathrm{d}x=\ln|x|+C$；　　(4) $\int \mathrm{e}^x\mathrm{d}x=\mathrm{e}^x+C$；

(5) $\int a^x\mathrm{d}x=\frac{1}{\ln a}a^x+C$；　　(6) $\int \sin x\mathrm{d}x=-\cos x+C$；

(7) $\int \cos x\mathrm{d}x=\sin x+C$；　　(8) $\int \sec^2 x\mathrm{d}x=\tan x+C$；

(9) $\int \csc^2 x\mathrm{d}x=-\cot x+C$；

(10) $\int \frac{1}{\sqrt{1-x^2}}\mathrm{d}x=\arcsin x+C$ 或 $-\arccos x+C$；

(11) $\int \frac{1}{1+x^2}\mathrm{d}x=\arctan x+C$ 或 $-\mathrm{arccot}\, x+C$；

(12) $\int \tan x\mathrm{d}x=-\ln|\cos x|+C$；　　(13) $\int \cot x\mathrm{d}x=\ln|\sin x|+C$；

(14) $\int \sec x\mathrm{d}x=\ln|\sec x+\tan x|+C$；

(15) $\int \csc x\mathrm{d}x=\ln|\csc x-\cot x|+C$ 或 $-\ln|\csc x+\cot x|+C$；

(16) $\int \frac{\mathrm{d}x}{x^2+a^2}=\frac{1}{a}\arctan\frac{x}{a}+C$；　　(17) $\int \frac{\mathrm{d}x}{x^2-a^2}=\frac{1}{2a}\ln\left|\frac{x-a}{x+a}\right|+C$；

(18) $\int \frac{\mathrm{d}x}{\sqrt{a^2-x^2}}=\arcsin\frac{x}{a}+C$；　　(19) $\int \frac{\mathrm{d}x}{\sqrt{x^2\pm a^2}}=\ln\left|x+\sqrt{x^2\pm a^2}\right|+C.$

三、重点与要求

1. 理解原函数与不定积分的概念，了解不定积分与微分的互逆运算关系.

2. 掌握不定积分的基本性质和基本积分公式.

3. 掌握不定积分的换元积分法和基本积分法，了解常见的积分类型，即简单的有理函数的积分、三角有理函数的积分、简单的含二次根式或可化为有理函数的一般无理函数的积分、可化为有理函数的指数函数的积分、简单的指数函数（或对数函数）与幂函数以及三角函数（或指数函数）与幂函数的乘积的积分.

四、例题解析

1. 原函数与不定积分的概念及其性质

[例 1] 填空题

(1) 已知函数 $f(x)$ 有一个原函数为 π，则 $f(x)=$________，$\int f(x)\mathrm{d}x=$________.

(2) $\frac{\mathrm{d}}{\mathrm{d}x}\int \mathrm{d}\int \mathrm{d}\int \mathrm{d}[f(x^2)]=$________，$\int \mathrm{d}\int \mathrm{d}\int \mathrm{d}[f(x^2)]=$________.

(3) 若 $f(x)=\mathrm{e}^{-2x}$，则 $f(x)\mathrm{d}x=\mathrm{d}$ ________.

(4) 若 $\int f(\mathrm{e}^{-x})\mathrm{d}\mathrm{e}^{-x}=\mathrm{e}^{2x}+C$，则 $f'(x)=$ ________，$\int f(-x)\mathrm{d}x=$ ________.

答 (1) 0，C. (2) $2xf'(x^2)$，$f(x^2)+C$. (3) $-\frac{1}{2}\mathrm{e}^{-2x}+C$. (4) $6x^{-4}$，$-x^{-2}+C$.

解析 (1) 依题设，$f(x)=(\pi)'=0$，$\int f(x)\mathrm{d}x=C$.

(2) 根据微分和积分的互逆关系，运算符 d 与 $\int$ 相遇时相互抵消，即

$$\mathrm{d}\int f(x)\mathrm{d}x=f(x)\mathrm{d}x,\ \int \mathrm{d}f(x)=f(x)+C,$$

因此，$\frac{\mathrm{d}}{\mathrm{d}x}\int \mathrm{d}\int \mathrm{d}\int \mathrm{d}[f(x^2)]=\frac{\mathrm{d}}{\mathrm{d}x}[f(x^2)]=2xf'(x^2)$，$\int \mathrm{d}\int \mathrm{d}\int \mathrm{d}[f(x^2)]=f(x^2)+C$.

(3) 将函数 $f(x)$ 放置在微分号 d 后，即将 $f(x)$ 积分放置在微分号后，即

$$f(x)\mathrm{d}x=\mathrm{d}\int f(x)\mathrm{d}x=\mathrm{d}\int \mathrm{e}^{-2x}\mathrm{d}x=\mathrm{d}\left(-\frac{1}{2}\mathrm{e}^{-2x}+C\right).$$

(4) 根据不定积分的概念和性质，$-f(\mathrm{e}^{-x})\mathrm{e}^{-x}=\left[-\int f(\mathrm{e}^{-x})\mathrm{e}^{-x}\mathrm{d}x\right]'=2\mathrm{e}^{2x}$，即 $f(\mathrm{e}^{-x})=-2\mathrm{e}^{3x}$，$f(x)=-2x^{-3}$，$f'(x)=6x^{-4}$.

$\int f(-x)\mathrm{d}x=\int 2x^{-3}\mathrm{d}x=-x^{-2}+C$ 或设 $\mathrm{e}^{-x}=-u$，$x=-\ln(-u)$，代入原积分式，得

$$-\int f(-u)\mathrm{d}u=(-u)^{-2}+C，即 \int f(-x)\mathrm{d}x=-x^{-2}+C.$$

[例 2] 单项选择题

(1) 下列函数中是函数 $f(x)=\mathrm{e}^{|x|}$ 的原函数的是（ ）.

A. $F(x)=\begin{cases}\mathrm{e}^x, & x\geqslant 0\\ -\mathrm{e}^{-x}, & x<0\end{cases}$

B. $F(x)=\begin{cases}\mathrm{e}^x, & x\geqslant 0\\ 1-\mathrm{e}^{-x}, & x<0\end{cases}$

C. $F(x)=\begin{cases}\mathrm{e}^x, & x\geqslant 0\\ 2-\mathrm{e}^{-x}, & x<0\end{cases}$

D. $F(x)=\begin{cases}\mathrm{e}^x, & x\geqslant 0\\ 3-\mathrm{e}^{-x}, & x<0\end{cases}$

(2) 下列结论正确的是（ ）.

A. $\int kf(x)\mathrm{d}x=k\int f(x)\mathrm{d}x$，$k$ 为任意常数

B. $\int \frac{1}{\sin x}\mathrm{d}\left(\frac{1}{\sin x}\right)=\frac{1}{2\sin^2 x}+C$

C. $f(x)$ 在 $[a,b]$ 上不连续，则在 $[a,b]$ 上必不存在原函数

D. 偶函数的原函数必为奇函数

(3) 在 $(-1,1)$ 内，函数 $f(x)=\frac{1}{1+x^2}$ 的一个原函数是（ ）.

A. $-\arctan\frac{1-x}{1+x}$

B. $\operatorname{arccot}\frac{1}{x}$

C. $-\arctan\frac{1}{x}$

D. $-\arctan\frac{1+x}{1-x}$

答　(1) C.　　(2) B.　　(3) A.

解析　(1) 若函数 $F(x)$ 是 $f(x)=\mathrm{e}^{|x|}$ 的一个原函数，则必可导，也必连续，容易验证，仅选项 C 在 $x=0$ 处连续，由排除法应选择 C.

(2) 结论 $\int kf(x)\mathrm{d}x=k\int f(x)\mathrm{d}x$ 仅在 k 为非零常数时成立，否则，若 $k=0$，有 $\int 0\mathrm{d}x=C=0$，矛盾. 由不定积分中变量形式的不变性，记 $u=\frac{1}{\sin x}$，则有 $\int \frac{1}{\sin x}\mathrm{d}\left(\frac{1}{\sin x}\right)=\int u\mathrm{d}u=\frac{1}{2}u^2+C$，再回代，即为等式 $\int \frac{1}{\sin x}\mathrm{d}\left(\frac{1}{\sin x}\right)=\frac{1}{2\sin^2 x}+C$；又容易验证 $F(x)=\begin{cases}x^2\sin\frac{1}{x}, & x\neq 0\\ 0, & x=0\end{cases}$ 是 $f(x)=\begin{cases}2x\sin\frac{1}{x}-\cos\frac{1}{x}, & x\neq 0\\ 0, & x=0\end{cases}$ 的原函数，但 $f(x)$ 在 $x=0$ 处间断，本命题等价于可导函数的导函数未必连续；函数 $F(x)=x^3+1$ 是偶函数 $f(x)=3x^2$ 的一个原函数，但非奇函数. 综上讨论，本题应选择 B.

(3) 从形式上看，选项 A，B，C 均满足 $f'(x)=\frac{1}{1+x^2}$，但函数 $\mathrm{arccot}\,\frac{1}{x}$ 和 $-\arctan\frac{1}{x}$ 在 $(-1, 1)$ 内不可导，由排除法应选择 A.

[例 3] 求下列满足条件的函数 $f(x)$：

(1) $\int \frac{f'(\ln x)}{x}\mathrm{d}x=x\ln x+C$；

(2) $\int f(x)\sin x\mathrm{d}x=f^2(x)+C$，$f(x)$ 不恒等于零；

(3) $F(x)$ 是函数 $f(x)$ 的一个原函数，且 $F(x)=\frac{f(x)}{x^2}$.

分析　由积分式连接的函数方程求未知函数，一般可利用不定积分的性质去积分号，直接得到函数或含未知函数导数的方程，再积分求得函数.

解　(1) 由 $\int \frac{f'(\ln x)}{x}\mathrm{d}x=\int \mathrm{d}f(\ln x)=f(\ln x)=x\ln x+C$，记 $u=\ln x$，$x=\mathrm{e}^u$，得 $f(u)=u\mathrm{e}^u+C$，即 $f(x)=x\mathrm{e}^x+C$.

(2) 两边求导，$\left[\int f(x)\sin x\mathrm{d}x\right]'=f(x)\sin x=2f(x)f'(x)$，整理得

$$f'(x)=\frac{1}{2}\sin x$$

因此得　$f(x)=\int \frac{1}{2}\sin x\mathrm{d}x=-\frac{1}{2}\cos x+C.$

(3) 依题设 $F'(x)=f(x)$，由 $F(x)=\frac{f(x)}{x^2}$，得 $\frac{F'(x)}{F(x)}=x^2$，两边积分，得

$$\int \frac{F'(x)}{F(x)}\mathrm{d}x=\int \mathrm{d}\ln F(x)=\int x^2\mathrm{d}x,$$

得 $\ln F(x)=\frac{1}{3}x^3+\ln C$，即 $F(x)=C\mathrm{e}^{\frac{1}{3}x^3}$，从而得 $f(x)=Cx^2\mathrm{e}^{\frac{1}{3}x^3}$.

小结　不定积分概念中最重要的关键词是“与微分的互逆运算”，就是运算符“$\int$”与“d”相遇可相互抵消，即 $\int \mathrm{d}f[u(x)]=f[u(x)]+C$，$\mathrm{d}\int f[u(x)]\mathrm{d}x=f[u(x)]\mathrm{d}x$，在整个过程中，函数 $f[u(x)]$ 的复合结构不受任何影响. 但要注意的是，$\mathrm{d}\int$ 的运算结果是唯一的，$\int \mathrm{d}$ 的运算结果不是唯一的.

从关键词出发，不定积分保留了微分的许多重要特征：

(1) 由导数逆运算引出原函数的概念，原函数 $F(x)$ 与 $f(x)$ 的关系等价于函数 $f(x)$ 与其导函数 $f'(x)$ 的关系. 检验不定积分的结果是否正确，唯一可靠的做法是求导.

(2) 由微分基本公式容易反推出不定积分的基本公式.

(3) 由一阶微分形式的不变性，所有积分公式中的变量既可以是自变量，也可以是中间变量，或者说，积分式中积分变量可以用任何变量同步置换，等式不变，因此，它是换元积分法的基础.

2. 不定积分的计算

类型一　有理函数的积分

[例 1] 计算下列不定积分：

(1) $\int \frac{1}{x^2-3x-4}\mathrm{d}x$；　　(2) $\int \frac{1}{x^2+2x+3}\mathrm{d}x$；

(3) $\int \frac{x-2}{x^2-2x-3}\mathrm{d}x$；　　(4) $\int \frac{x}{x^2-4x+5}\mathrm{d}x$.

分析　被积函数是分母均为二次多项式的真分式 ax^2+bx+c，若分子为一次式 $Mx+N$，则根据 $(ax^2+bx+c)'=2ax+b$ 配置常数，化为 $\int \frac{\mathrm{d}(ax^2+bx+c)}{ax^2+bx+c}$ 与 $\int \frac{1}{ax^2+bx+c}\mathrm{d}x$ 的代数和的形式. 再重点考察 $\Delta=b^2-4ac$，若 $\Delta<0$，则后者在分母配置平方和的基础上用公式 $\int \frac{1}{x^2+a^2}\mathrm{d}x$ 积分；若 $\Delta\geqslant 0$，则后者可分项积分或在分母配置平方差的基础上用公式 $\int \frac{1}{x^2-a^2}\mathrm{d}x$ 积分.

解　(1) 由 $x^2-3x-4=(x-4)(x+1)$ 或 $\left(x-\frac{3}{2}\right)^2-\left(\frac{5}{2}\right)^2$，有

$$\int \frac{1}{x^2-3x-4}\mathrm{d}x=\frac{1}{5}\int\left(\frac{1}{x-4}-\frac{1}{x+1}\right)\mathrm{d}x=\frac{1}{5}\ln\left|\frac{x-4}{x+1}\right|+C,$$

或

$$\int \frac{1}{x^2-3x-4}\mathrm{d}x=\int \frac{1}{\left(x-\frac{3}{2}\right)^2-\left(\frac{5}{2}\right)^2}\mathrm{d}\left(x-\frac{3}{2}\right)=\frac{1}{2\times\frac{5}{2}}\ln\left|\frac{x-\frac{3}{2}-\frac{5}{2}}{x-\frac{3}{2}+\frac{5}{2}}\right|+C$$

$$=\frac{1}{5}\ln\left|\frac{x-4}{x+1}\right|+C.$$

(2) 由 $x^2+2x+3=(x+1)^2+(\sqrt{2})^2$，有

$$\int\frac{1}{x^2+2x+3}\mathrm{d}x=\int\frac{1}{(x+1)^2+(\sqrt{2})^2}\mathrm{d}x=\frac{1}{\sqrt{2}}\arctan\frac{x+1}{\sqrt{2}}+C.$$

(3) 由 $(x^2-2x-3)'=2x-2$，$x^2-2x-3=(x-3)(x+1)$，有

$$\int\frac{x-2}{x^2-2x-3}\mathrm{d}x=\frac{1}{2}\int\frac{2x-2-2}{x^2-2x-3}\mathrm{d}x=\frac{1}{2}\ln|x^2-2x-3|-\int\frac{1}{x^2-2x-3}\mathrm{d}x,$$

其中 $$\int\frac{1}{x^2-2x-3}\mathrm{d}x=\frac{1}{4}\int\left(\frac{1}{x-3}-\frac{1}{x+1}\right)\mathrm{d}x=\frac{1}{4}\ln\left|\frac{x-3}{x+1}\right|+C,$$

或 $$\int\frac{1}{x^2-2x-3}\mathrm{d}x=\int\frac{1}{(x-1)^2-(2)^2}\mathrm{d}x=\frac{1}{2\times 2}\ln\left|\frac{x-1-2}{x-1+2}\right|+C$$
$$=\frac{1}{4}\ln\left|\frac{x-3}{x+1}\right|+C,$$

因此，

$$原积分=\frac{1}{2}\ln|x^2-2x-3|-\frac{1}{4}\ln\left|\frac{x-3}{x+1}\right|+C.$$

本题也可直接分项积分：令 $\frac{x-2}{x^2-2x-3}=\frac{A}{x-3}+\frac{B}{x+1}$，则 $x-2=A(x+1)+B(x-3)$.

取 $x=-1$，得 $B=\frac{3}{4}$，取 $x=3$，得 $A=\frac{1}{4}$，于是，

$$\int\frac{x-2}{x^2-2x-3}\mathrm{d}x=\frac{1}{4}\int\frac{1}{x-3}\mathrm{d}x+\frac{3}{4}\int\frac{1}{x+1}\mathrm{d}x$$
$$=\frac{1}{4}\ln|x-3|+\frac{3}{4}\ln|x+1|+C.$$

(4) 由 $(x^2-4x+5)'=2x-4$，$x^2-4x+5=(x-2)^2+1$，有

$$\int\frac{x}{x^2-4x+5}\mathrm{d}x=\frac{1}{2}\int\frac{2x-4+4}{x^2-4x+5}\mathrm{d}x=\frac{1}{2}\ln|x^2-4x+5|$$
$$+2\int\frac{1}{(x-2)^2+1}\mathrm{d}(x-2)$$
$$=\frac{1}{2}\ln|x^2-4x+5|+2\arctan(x-2)+C.$$

[**例 2**] 计算下列不定积分：

(1) $\int\frac{x^4+1}{x^3+1}\mathrm{d}x$；　　(2) $\int\frac{1}{x^6(x^2+1)}\mathrm{d}x$.

分析　以上被积函数中有假分式，且分母均为高于二次的多项式，假分式可应用分式除法化为真分式. 分母高于二次的多项式均可分解为一次因子和二次因子的乘积，再用待定系数法分解为若干形如"$\frac{A}{(x+a)^k}$"和"$\int\frac{Mx+N}{ax^2+bx+c}\mathrm{d}x\,(b^2-4ac<0)$"的部分分式形式，最后分项积分. 这类题从理论上讲都是可以积分的，即都可得到用初等函数表示的原函数，但过程十分烦琐. 本书一般只限于分母不超过三次的有理函数积分，三次以上的积分通常可通过适当变换，化为二次有理函数积分.

解 (1) 由$\frac{x^4+1}{x^3+1}=x-\frac{x-1}{x^3+1}$以及$x^3+1=(x+1)(x^2-x+1)$，令

$$\frac{x-1}{x^3+1}=\frac{A}{x+1}+\frac{Bx+C}{x^2-x+1},$$

有 $$x-1=A(x^2-x+1)+(Bx+C)(x+1)$$

取$x=-1$，得$A=-\frac{2}{3}$，取$x=0$，得$C=-\frac{1}{3}$，取$x=1$，得$B=\frac{2}{3}$，于是

$$\begin{aligned}\int\frac{x^4+1}{x^3+1}\mathrm{d}x &= \int\left(x-\frac{x-1}{x^3+1}\right)\mathrm{d}x=\frac{1}{2}x^2-\frac{2}{3}\int\frac{1}{x+1}\mathrm{d}x+\frac{1}{3}\int\frac{2x-1}{x^2-x+1}\mathrm{d}x\\ &=\frac{1}{2}x^2-\frac{2}{3}\ln|x+1|+\frac{1}{3}\ln(x^2-x+1)+C.\end{aligned}$$

(2) 设倒代换$x=\frac{1}{t}$，$\mathrm{d}x=-\frac{1}{t^2}\mathrm{d}t$，则

$$\begin{aligned}\int\frac{1}{x^6(x^2+1)}\mathrm{d}x &= -\int\frac{t^6}{1+t^2}\mathrm{d}t=-\int\left(t^4-t^2+1-\frac{1}{1+t^2}\right)\mathrm{d}t\\ &=-\frac{1}{5}t^5+\frac{1}{3}t^3-t+\arctan t+C\\ &=-\frac{1}{5x^5}+\frac{1}{3x^3}-\frac{1}{x}+\arctan\frac{1}{x}+C.\end{aligned}$$

类型二 三角有理函数的积分

[**例 3**] 计算下列不定积分：

(1) $\int\frac{\cos 2x}{\sin x-\cos x}\mathrm{d}x$；　　(2) $\int\sin^6 2x\cos^5 x\mathrm{d}x$；

(3) $\int\tan^6 x\csc^3 x\mathrm{d}x$；　　(4) $\int\frac{1+\sin x}{\cos x(2+3\sin x)}\mathrm{d}x$.

分析 由正余弦的四则运算构成的有理式，简称三角有理式，一般可记作$R(\sin x,\cos x)$. 对于较为简单的三角有理式，可以将其整理分项为正余弦的积分；对于"$\sin^m x\cos^n x$"形式的积分，当m或n为奇数时，可通过换元"$u=\cos x$"或"$u=\sin x$"直接化为多项式的积分；更为一般地，满足$R(-\sin x,\cos x)=-R(\sin x,\cos x)$或满足$R(\sin x,-\cos x)=-R(\sin x,\cos x)$的有理式都可以通过换元"$u=\sin x$"或"$u=\cos x$"化为有理函数的积分.

解 (1) 由$\frac{\cos 2x}{\sin x-\cos x}=\frac{\cos^2 x-\sin^2 x}{\sin x-\cos x}=-\sin x-\cos x$，有

$$\int\frac{\cos 2x}{\sin x-\cos x}\mathrm{d}x=-\int\sin x\mathrm{d}x-\int\cos x\mathrm{d}x=\cos x-\sin x+C.$$

(2) 由$\sin^6 2x\cos^5 x=2^6\sin^6 x\cos^{11} x$，设$u=\sin x$，则$\mathrm{d}u=\cos x\mathrm{d}x$，有

$$\begin{aligned}\int\sin^6 2x\cos^5 x\mathrm{d}x &= 2^6\int u^6(1-u^2)^5\mathrm{d}u\\ &=2^6\int(u^6-5u^8+10u^{10}-10u^{12}+5u^{14}-u^{16})\mathrm{d}u\end{aligned}$$

$$=\frac{64}{7}u^7-\frac{320}{9}u^9+\frac{640}{11}u^{11}-\frac{640}{13}u^{13}+\frac{64}{3}u^{15}-\frac{64}{17}u^{17}+C$$

$$=\frac{64}{7}\sin^7 x-\frac{320}{9}\sin^9 x+\frac{640}{11}\sin^{11} x-\frac{640}{13}\sin^{13} x+\frac{64}{3}\sin^{15} x-\frac{64}{17}\sin^{17} x+C.$$

(3) 由$\tan^6 x\csc^3 x=\frac{\sin^3 x}{\cos^6 x}$，设$u=\cos x$，则$\mathrm{d}u=-\sin x\mathrm{d}x$，有

$$\int\tan^6 x\csc^3 x\mathrm{d}x=\int\frac{\sin^3 x}{\cos^6 x}\mathrm{d}x=-\int\frac{1-u^2}{u^6}\mathrm{d}u=\int(u^{-4}-u^{-6})\mathrm{d}u$$

$$=-\frac{1}{3}u^{-3}+\frac{1}{5}u^{-5}+C=-\frac{1}{3}\sec^3 x+\frac{1}{5}\sec^5 x+C.$$

(4) 被积函数满足$R(\sin x,-\cos x)=-R(\sin x,\cos x)$，设$u=\sin x$，则$\mathrm{d}u=\cos x\mathrm{d}x$，有

$$\int\frac{1+\sin x}{\cos x(2+3\sin x)}\mathrm{d}x=\int\frac{1+u}{(1-u^2)(2+3u)}\mathrm{d}u=\int\frac{1}{-3u^2+u+2}\mathrm{d}u$$

$$=-\frac{1}{3}\int\frac{1}{\left(u-\frac{1}{6}\right)^2-\left(\frac{5}{6}\right)^2}\mathrm{d}u$$

$$=-\frac{1}{3}\times\frac{3}{5}\ln\left|\frac{u-\frac{1}{6}-\frac{5}{6}}{u-\frac{1}{6}+\frac{5}{6}}\right|+C$$

$$=-\frac{1}{5}\ln\left|\frac{u-1}{u+\frac{2}{3}}\right|+C=-\frac{1}{5}\ln\left|\frac{3\sin x-3}{3\sin x+2}\right|+C.$$

[**例 4**] 计算下列不定积分：

(1) $\int\sin^4 x\cos^6 x\mathrm{d}x$；　　(2) $\int\frac{\sin x-\cos x}{\sin x+2\cos x}\mathrm{d}x$；

(3) $\int\frac{1+\tan x}{\sin 2x}\mathrm{d}x$.

分析　本题三角有理式满足$R(-\sin x,-\cos x)=R(\sin x,\cos x)$，都可以通过换元"$u=\tan x$"或"$u=\cot x$"化为有理函数的积分. 对于较为简单的"$\sin^m x\cos^n x$"($m$，$n$均为偶数)形式的积分，可利用倍角公式降次处理.

解　(1) 由$\cos^2 x=\frac{1}{2}(1+\cos 2x)$，$\sin^2 x=\frac{1}{2}(1-\cos 2x)$，$\sin x\cos x=\frac{1}{2}\sin 2x$，有

$$\sin^4 x\cos^6 x=\frac{1}{32}(\sin^4 2x\cos 2x+\sin^4 2x)=\frac{1}{32}\sin^4 2x\cos 2x+\frac{1}{128}(1-\cos 4x)^2$$

$$=\frac{1}{32}\sin^4 2x\cos 2x+\frac{1}{128}\left[1-2\cos 4x+\frac{1}{2}(1+\cos 8x)\right]$$

$$=\frac{1}{32}\sin^4 2x\cos 2x+\frac{3}{256}-\frac{1}{64}\cos 4x+\frac{1}{256}\cos 8x,$$

于是

$$\int \sin^4 x\cos^6 x\mathrm{d}x=\frac{1}{32}\int \sin^4 2x\cos 2x\mathrm{d}x+\frac{3}{256}\int \mathrm{d}x-\frac{1}{64}\int \cos 4x\mathrm{d}x+\frac{1}{256}\int \cos 8x\mathrm{d}x$$
$$=\frac{1}{320}\sin^5 2x+\frac{3}{256}x-\frac{1}{256}\sin 4x+\frac{1}{2\,048}\sin 8x+C.$$

(2) **方法 1** 设 $u=\tan x$，$\mathrm{d}x=\frac{1}{1+u^2}\mathrm{d}u$，于是

$$\int \frac{\sin x-\cos x}{\sin x+2\cos x}\mathrm{d}x=\int \frac{u-1}{(u+2)(u^2+1)}\mathrm{d}u.$$

令

$$\frac{u-1}{(u+2)(u^2+1)}=\frac{A}{u+2}+\frac{Bu+C}{u^2+1},$$

有 $$u-1=A(u^2+1)+(Bu+C)(u+2),$$

取 $u=-2$，得 $A=-\frac{3}{5}$，取 $u=0$，得 $C=-\frac{1}{5}$，取 $u=1$，得 $B=\frac{3}{5}$，于是

$$\text{原积分}=-\frac{3}{5}\int \frac{1}{u+2}\mathrm{d}u+\frac{1}{5}\int \frac{3u-1}{u^2+1}\mathrm{d}u$$
$$=-\frac{3}{5}\ln|u+2|+\frac{3}{10}\ln(u^2+1)-\frac{1}{5}\arctan u+C$$
$$=-\frac{3}{5}\ln|\tan x+2|+\frac{3}{5}\ln|\sec x|-\frac{1}{5}x+C.$$

方法 2 设 $\frac{\sin x-\cos x}{\sin x+2\cos x}=\frac{A(\cos x-2\sin x)}{\sin x+2\cos x}+\frac{B(\sin x+2\cos x)}{\sin x+2\cos x}$，比较系数得 $A=-\frac{3}{5}$，$B=-\frac{1}{5}$，于是

$$\text{原积分}=-\frac{3}{5}\int \frac{\cos x-2\sin x}{\sin x+2\cos x}\mathrm{d}x-\frac{1}{5}\int \mathrm{d}x=-\frac{3}{5}\ln|\sin x+2\cos x|-\frac{1}{5}x+C.$$

对形如 $\int \frac{a\sin x+b\cos x}{c\sin x+d\cos x}\mathrm{d}x$ 的三角有理式的积分，方法 2 简单有效，具有针对性和普遍性.

(3) 设 $u=\tan x$，$\sin 2x=\frac{2u}{1+u^2}$，$\mathrm{d}x=\frac{1}{1+u^2}\mathrm{d}u$，于是

$$\int \frac{1+\tan x}{\sin 2x}\mathrm{d}x=\int \frac{1+u}{2u}\mathrm{d}u=\int \frac{1}{2u}\mathrm{d}u+\int \frac{1}{2}\mathrm{d}u=\frac{1}{2}\ln|u|+\frac{1}{2}u+C$$
$$=\frac{1}{2}\ln|\tan x|+\frac{1}{2}\tan x+C.$$

类型三　无理函数的积分

[例 5] 计算下列不定积分：

(1) $\int \frac{x}{\sqrt{x^2-4x}}\mathrm{d}x$；　　(2) $\int \frac{2x+1}{\sqrt{-x^2-2x}}\mathrm{d}x$；

(3) $\int \frac{1}{x\sqrt{x^2-1}}\mathrm{d}x$；　　(4) $\int \frac{1}{\sqrt{(3+4x-4x^2)^3}}\mathrm{d}x$.

分析 以上被积函数均含二次根式，其中较为简单的形如$\int \frac{Mx+N}{\sqrt{ax^2+bx+c}}\mathrm{d}x$的积分，根据$(ax^2+bx+c)'=2ax+b$，配置常数，化为$\int \frac{\mathrm{d}(ax^2+bx+c)}{\sqrt{ax^2+bx+c}}$与$\int \frac{1}{\sqrt{ax^2+bx+c}}\mathrm{d}x$的代数和的形式，后者配平方后，用公式$\int \frac{1}{\sqrt{u^2+d^2}}\mathrm{d}u=\ln\left|u+\sqrt{u^2+d^2}\right|+C(a>0)$或$\int \frac{1}{\sqrt{d^2-u^2}}\mathrm{d}u(a<0)=\arcsin\frac{u}{d}+C(a>0)$积分. 形如$\int \frac{1}{x\sqrt{ax^2+bx+c}}\mathrm{d}x$的积分，通过倒代换“$u=\frac{1}{x}$”也化为后者的形式积分. 更为一般地，通常用三角变换化为三角有理函数积分（见类型二）.

解 (1) 由$(x^2-4x)'=2x-4$，有

$$\begin{aligned}\int \frac{x}{\sqrt{x^2-4x}}\mathrm{d}x&=\frac{1}{2}\int \frac{2x-4}{\sqrt{x^2-4x}}\mathrm{d}x+2\int \frac{1}{\sqrt{(x-2)^2-2^2}}\mathrm{d}x\\&=\sqrt{x^2-4x}+2\ln\left|x-2+\sqrt{x^2-4x}\right|+C.\end{aligned}$$

(2) 由$(-x^2-2x)'=-2x-2$，有

$$\begin{aligned}\int \frac{2x+1}{\sqrt{-x^2-2x}}\mathrm{d}x&=-\int \frac{-2x-2}{\sqrt{-x^2-2x}}\mathrm{d}x-\int \frac{1}{\sqrt{1-(x+1)^2}}\mathrm{d}x\\&=-2\sqrt{-x^2-2x}-\arcsin(x+1)+C.\end{aligned}$$

(3) **方法1** 设$u=\frac{1}{x}$，$\mathrm{d}u=-\frac{1}{x^2}\mathrm{d}x$，有

$$\begin{aligned}\int \frac{1}{x\sqrt{x^2-1}}\mathrm{d}x&=\int \frac{1}{x^2\sqrt{1-\frac{1}{x^2}}}\mathrm{d}x=-\int \frac{1}{\sqrt{1-u^2}}\mathrm{d}u\\&=-\arcsin u+C=-\arcsin\frac{1}{x}+C.\end{aligned}$$

方法2 设$x=\sec u$，$\mathrm{d}x=\sec u\tan u\mathrm{d}u$，有

$$\int \frac{1}{x\sqrt{x^2-1}}\mathrm{d}x=\int \frac{\sec u\tan u}{\sec u\tan u}\mathrm{d}u=u+C=\arccos\frac{1}{x}+C.$$

(4) 由$3+4x-4x^2=2^2-(2x-1)^2$，设$2x-1=2\sin t$，$\mathrm{d}x=\cos t\mathrm{d}t$，有

$$\int \frac{1}{\sqrt{(3+4x-4x^2)^3}}\mathrm{d}x=\int \frac{1}{8\cos^2 t}\mathrm{d}t=\frac{1}{8}\tan t+C,$$

其中$\tan t=\frac{\sin t}{\sqrt{1-\sin^2 t}}=\frac{x-\frac{1}{2}}{\sqrt{1-\left(x-\frac{1}{2}\right)^2}}=\frac{2x-1}{\sqrt{3+4x-4x^2}}$，所以

$$原积分=\frac{2x-1}{8\sqrt{3+4x-4x^2}}+C.$$

[**例 6**] 计算下列不定积分：

(1) $\int \frac{\sqrt{x(x+1)}}{\sqrt{x}+\sqrt{x+1}}\mathrm{d}x$；　　(2) $\int \frac{1}{\sqrt{1+\sqrt{x}}}\mathrm{d}x$；

(3) $\int \frac{1}{\sqrt[3]{x}+2\sqrt{x}}\mathrm{d}x$；　　(4) $\int \frac{1}{2+\sqrt{x}-\sqrt{x+4}}\mathrm{d}x$.

分析　以上均为一般无理函数的积分，其中较为简单的可通过适当变换化为幂函数的积分，更一般的可通过换元法去根号，化为有理函数的积分.

解　(1) 分母有理化，可化为幂函数的积分，有

$$\begin{aligned}\int \frac{\sqrt{x(x+1)}}{\sqrt{x}+\sqrt{x+1}}\mathrm{d}x &= \int \sqrt{x(x+1)}(\sqrt{x+1}-\sqrt{x})\mathrm{d}x\\ &= \int \sqrt{x}(x+1)\mathrm{d}x-\int x\sqrt{x+1}\mathrm{d}x\\ &= \int x^{\frac{3}{2}}\mathrm{d}x+\int x^{\frac{1}{2}}\mathrm{d}x-\int (x+1)^{\frac{3}{2}}\mathrm{d}(x+1)\\ &\quad +\int (x+1)^{\frac{1}{2}}\mathrm{d}(x+1)\\ &= \frac{2}{5}x^{\frac{5}{2}}+\frac{2}{3}x^{\frac{3}{2}}-\frac{2}{5}(x+1)^{\frac{5}{2}}+\frac{2}{3}(x+1)^{\frac{3}{2}}+C.\end{aligned}$$

(2) 设 $u=\sqrt{x}$，$\mathrm{d}x=2u\mathrm{d}u$，有

$$\begin{aligned}\int \frac{1}{\sqrt{1+\sqrt{x}}}\mathrm{d}x &= \int \frac{2u}{\sqrt{1+u}}\mathrm{d}u=2\int \sqrt{u+1}\mathrm{d}(u+1)-2\int \frac{1}{\sqrt{1+u}}\mathrm{d}(u+1)\\ &= \frac{4}{3}(u+1)^{\frac{3}{2}}-4\sqrt{1+u}+C\\ &= \frac{4}{3}(\sqrt{x}+1)^{\frac{3}{2}}-4\sqrt{1+\sqrt{x}}+C.\end{aligned}$$

(3) 对含同底不同开方次数的有理函数 $f(\sqrt{ax+b},\sqrt[3]{ax+b},\cdots,\sqrt[k]{ax+b})$，可设$u=(ax+b)^{n}$，$n$ 为 2，3，…，k 的最小公倍数，化为有理函数的积分. 因此，设 $x=u^{6}$，$\mathrm{d}x=6u^{5}\mathrm{d}u$，有

$$\begin{aligned}\int \frac{1}{\sqrt[3]{x}+2\sqrt{x}}\mathrm{d}x &= \int \frac{6u^{3}}{1+2u}\mathrm{d}u=\int \left(3u^{2}-\frac{3}{2}u+\frac{3}{4}-\frac{3}{4}\cdot\frac{1}{1+2u}\right)\mathrm{d}u\\ &= u^{3}-\frac{3}{4}u^{2}+\frac{3}{4}u-\frac{3}{8}\ln(2u+1)+C\\ &= x^{\frac{1}{2}}-\frac{3}{4}x^{\frac{1}{3}}+\frac{3}{4}x^{\frac{1}{6}}-\frac{3}{8}\ln(2x^{\frac{1}{6}}+1)+C.\end{aligned}$$

(4) 分子和分母同乘 $2+\sqrt{x}+\sqrt{x+4}$，将分母简化，有

$$\begin{aligned}\int \frac{1}{2+\sqrt{x}-\sqrt{x+4}}\mathrm{d}x &= \int \frac{2+\sqrt{x}+\sqrt{x+4}}{4\sqrt{x}}\mathrm{d}x\\ &= \frac{1}{2}\int x^{-\frac{1}{2}}\mathrm{d}x+\frac{1}{4}\int \mathrm{d}x+\frac{1}{4}\int \sqrt{\frac{x+4}{x}}\mathrm{d}x\end{aligned}$$

$$=x^{\frac{1}{2}}+\frac{1}{4}x+\frac{1}{4}\int\sqrt{\frac{x+4}{x}}\mathrm{d}x,$$

其中$\int\sqrt{\frac{x+4}{x}}\mathrm{d}x$可用两种方法计算：

方法1 $\int\sqrt{\frac{x+4}{x}}\mathrm{d}x=\int\frac{x+4}{\sqrt{x^2+4x}}\mathrm{d}x=\frac{1}{2}\int\frac{2x+4}{\sqrt{x^2+4x}}\mathrm{d}x+2\int\frac{1}{\sqrt{(x+2)^2-4}}\mathrm{d}x$

$$=\sqrt{x^2+4x}+2\ln\left|x+2+\sqrt{x^2+4x}\right|+C.$$

方法2 设$u=\sqrt{\frac{x+4}{x}}$，$x=\frac{4}{u^2-1}$，有

$$\int\sqrt{\frac{x+4}{x}}\mathrm{d}x=\int u\mathrm{d}\left(\frac{4}{u^2-1}\right)=\frac{4u}{u^2-1}-\int\frac{4}{u^2-1}\mathrm{d}u\text{（分部积分）}$$

$$=\frac{4u}{u^2-1}-2\ln\left|\frac{u-1}{u+1}\right|+C$$

$$=\sqrt{x(x+4)}-2\ln\left|\frac{\sqrt{x+4}-\sqrt{x}}{\sqrt{x+4}+\sqrt{x}}\right|+C,$$

因此，

$$\text{原积分}=x^{\frac{1}{2}}+\frac{1}{4}x+\frac{1}{4}\sqrt{x(x+4)}-\frac{1}{2}\ln\left|\frac{\sqrt{x+4}-\sqrt{x}}{\sqrt{x+4}+\sqrt{x}}\right|+C.$$

类型四　指数函数的积分

[例7] 计算下列不定积分：

(1) $\int\frac{\mathrm{d}x}{2\mathrm{e}^{-x}+4\mathrm{e}^x-2}$；　　(2) $\int\frac{\mathrm{d}x}{\mathrm{e}^{2x}-1}$；

(3) $\int\frac{\arctan\mathrm{e}^x}{\mathrm{e}^x}\mathrm{d}x$；　　(4) $\int\frac{\mathrm{d}x}{\sqrt{1+\mathrm{e}^x}}$.

分析　含有指数函数的积分，一般可通过换元"$u=\mathrm{e}^x$"化为有理函数或其他我们所熟悉的函数类型的积分，即有$\int f(\mathrm{e}^x)\mathrm{d}x=\int\frac{f(u)}{u}\mathrm{d}u$.

解　(1) 设$u=\mathrm{e}^x$，$\mathrm{d}x=\frac{1}{u}\mathrm{d}u$，有

$$\int\frac{\mathrm{d}x}{2\mathrm{e}^{-x}+4\mathrm{e}^x-2}=\int\frac{\mathrm{d}u}{4u^2-2u+2}=\frac{1}{2}\int\frac{1}{\left(2u-\frac{1}{2}\right)^2+\frac{7}{4}}\mathrm{d}\left(2u-\frac{1}{2}\right)$$

$$=\frac{1}{2\times\frac{\sqrt{7}}{2}}\arctan\frac{4u-1}{\sqrt{7}}+C=\frac{1}{\sqrt{7}}\arctan\frac{4\mathrm{e}^x-1}{\sqrt{7}}+C.$$

(2) 设$u=\mathrm{e}^x$，$\mathrm{d}x=\frac{1}{u}\mathrm{d}u$，则$\int\frac{\mathrm{d}x}{\mathrm{e}^{2x}-1}=\int\frac{\mathrm{d}u}{u(u^2-1)}$，令

$$\frac{1}{u(u^2-1)}=\frac{A}{u}+\frac{B}{u-1}+\frac{C}{u+1},$$

有　　$1=A(u^2-1)+Bu(u+1)+Cu(u-1)$.

取 $u=0$，得 $A=-1$，取 $u=1$，得 $B=\frac{1}{2}$，取 $u=-1$，得 $C=\frac{1}{2}$，于是

$$\begin{aligned}原积分&=-\int\frac{1}{u}\mathrm{d}u+\frac{1}{2}\int\frac{1}{u-1}\mathrm{d}u+\frac{1}{2}\int\frac{1}{u+1}\mathrm{d}u\\&=-\ln u+\frac{1}{2}\ln|u-1|+\frac{1}{2}\ln|u+1|+C\\&=-x+\frac{1}{2}\ln|\mathrm{e}^{2x}-1|+C.\end{aligned}$$

(3) 设 $u=\mathrm{e}^x$，$\mathrm{d}x=\frac{1}{u}\mathrm{d}u$，有

$$\int\frac{\arctan\mathrm{e}^x}{\mathrm{e}^x}\mathrm{d}x=\int\frac{\arctan u}{u^2}\mathrm{d}u=-\int\arctan u\,\mathrm{d}\left(\frac{1}{u}\right)=-\frac{\arctan u}{u}+\int\frac{1}{u(u^2+1)}\mathrm{d}u,$$

其中 $\int\frac{1}{u(u^2+1)}\mathrm{d}u=\int\left(\frac{1}{u}-\frac{u}{u^2+1}\right)\mathrm{d}u=\ln u-\frac{1}{2}\ln(u^2+1)+C$，所以

$$原积分=-\frac{\arctan\mathrm{e}^x}{\mathrm{e}^x}+x-\frac{1}{2}\ln(\mathrm{e}^{2x}+1)+C.$$

(4) **方法 1**　对于带有根式的指数函数，可直接设根式为 u，这样可简化计算.

设 $u=\sqrt{1+\mathrm{e}^x}$，$x=\ln(u^2-1)$，$\mathrm{d}x=\frac{2u}{u^2-1}\mathrm{d}u$，有

$$\int\frac{\mathrm{d}x}{\sqrt{1+\mathrm{e}^x}}=\int\frac{2u}{u(u^2-1)}\mathrm{d}u=\ln\left|\frac{u-1}{u+1}\right|+C=\ln\left|\frac{\sqrt{1+\mathrm{e}^x}-1}{\sqrt{1+\mathrm{e}^x}+1}\right|+C.$$

方法 2　设 $u=\mathrm{e}^{-\frac{1}{2}x}$，$x=-2\ln u$，$\mathrm{d}x=-\frac{2}{u}\mathrm{d}u$，有

$$\begin{aligned}\int\frac{\mathrm{d}x}{\sqrt{1+\mathrm{e}^x}}=\int\frac{\mathrm{e}^{-\frac{1}{2}x}}{\sqrt{\mathrm{e}^{-x}+1}}\mathrm{d}x&=-2\int\frac{1}{\sqrt{u^2+1}}\mathrm{d}u=-2\ln(u+\sqrt{u^2+1})+C\\&=-2\ln(\mathrm{e}^{-\frac{1}{2}x}+\sqrt{\mathrm{e}^{-x}+1})+C.\end{aligned}$$

类型五　不同函数类型组合的积分

[例 8] 计算下列不定积分：

(1) $\int\ln(1+x^2)\mathrm{d}x$；　　(2) $\int\frac{\ln(x+\sqrt{x^2+1})}{(x^2+1)^{\frac{3}{2}}}\mathrm{d}x$；

(3) $\int(x+1)\arctan x\mathrm{d}x$；　　(4) $\int\arcsin x\arccos x\mathrm{d}x$.

分析　对于由对数函数与有理函数（或无理函数）的乘积构成的函数的积分，应采用分部积分法，并且先对有理函数（或无理函数）积分，即放入式中 d 的后面，必为有效积分.

解　(1) 幂函数已在 d 后面，即取 $v=x$，分部积分，得

$$\int \ln(1+x^2)\mathrm{d}x = x\ln(1+x^2) - \int \frac{x\cdot 2x}{1+x^2}\mathrm{d}x$$
$$= x\ln(1+x^2) - 2\int\left(1-\frac{1}{1+x^2}\right)\mathrm{d}x$$
$$= x\ln(1+x^2) - 2x + 2\arctan x + C.$$

(2) 先对 $v'=\frac{1}{(x^2+1)^{\frac{3}{2}}}$ 积分，即

$$\int \frac{1}{(x^2+1)^{\frac{3}{2}}}\mathrm{d}x \xlongequal{x=\tan t} \int \frac{\sec^2 t}{\sec^3 t}\mathrm{d}t = \int \cos t\mathrm{d}t = \sin t + C = \frac{x}{\sqrt{x^2+1}} + C,$$

于是，

$$原积分 = \int \ln(x+\sqrt{x^2+1})\mathrm{d}\left(\frac{x}{\sqrt{x^2+1}}\right)$$
$$= \frac{x\ln(x+\sqrt{x^2+1})}{\sqrt{x^2+1}} - \int \frac{x}{\sqrt{x^2+1}}\cdot\frac{1}{\sqrt{x^2+1}}\mathrm{d}x$$
$$= \frac{x\ln(x+\sqrt{x^2+1})}{\sqrt{x^2+1}} - \frac{1}{2}\ln(x^2+1) + C.$$

(3) 先对 $v'=x+1$ 积分，有

$$\int (x+1)\arctan x\mathrm{d}x = \frac{1}{2}\int \arctan x\mathrm{d}\left[(x+1)^2\right]$$
$$= \frac{1}{2}(x+1)^2\arctan x - \frac{1}{2}\int \frac{x^2+1+2x}{x^2+1}\mathrm{d}x$$
$$= \frac{1}{2}(x+1)^2\arctan x - \frac{1}{2}\ln(x^2+1) - \frac{1}{2}x + C.$$

(4) 幂函数已在 d 后面，即取 $v=x$，分部积分，得

$$\int \arcsin x\arccos x\mathrm{d}x = x\arcsin x\arccos x - \int\left(\frac{x\arccos x}{\sqrt{1-x^2}} - \frac{x\arcsin x}{\sqrt{1-x^2}}\right)\mathrm{d}x,$$

其中 $\int \frac{x\arccos x}{\sqrt{1-x^2}}\mathrm{d}x = -\int \arccos x\mathrm{d}(\sqrt{1-x^2}) = -\sqrt{1-x^2}\arccos x + \int \frac{\sqrt{1-x^2}}{-\sqrt{1-x^2}}\mathrm{d}x$

$$= -\sqrt{1-x^2}\arccos x - x + C.$$

类似地，$\int \frac{x\arcsin x}{\sqrt{1-x^2}}\mathrm{d}x = -\sqrt{1-x^2}\arcsin x + x + C$，于是，

$$原积分 = x\arcsin x\arccos x + \sqrt{1-x^2}(\arccos x - \arcsin x) + 2x + C.$$

[例 9] 计算下列不定积分：

(1) $\int \frac{x\sin^4 x}{\sin^3 2x}\mathrm{d}x$；　　(2) $\int \frac{x\mathrm{e}^x}{(1-\mathrm{e}^x)^2}\mathrm{d}x$.

分析　对于由幂函数 x^n 与三角函数（或指数函数）的乘积构成的函数的积分，应采用

分部积分法，且先对三角函数（或指数函数）积分，即放入式中 d 的后面，必为有效积分.

解 （1）先对 $v'=\dfrac{\sin^4 x}{\sin^3 2x}$积分，有

$$\int \frac{\sin^4 x}{\sin^3 2x}dx=\frac{1}{8}\int \frac{\sin x}{\cos^3 x}dx=-\frac{1}{8}\int \frac{d\cos x}{\cos^3 x}=\frac{1}{16}\cos^{-2}x+C,$$

于是

$$原积分=\int xd\left(\frac{1}{16}\cos^{-2}x\right)=\frac{1}{16}x\cos^{-2}x-\frac{1}{16}\int \cos^{-2}xdx$$
$$=\frac{1}{16}x\cos^{-2}x-\frac{1}{16}\tan x+C.$$

（2）先对 $v'=\dfrac{e^x}{(1-e^x)^2}$积分，有$\displaystyle\int \frac{e^x}{(1-e^x)^2}dx=-\int \frac{d(1-e^x)}{(1-e^x)^2}=\frac{1}{1-e^x}+C$，于是

$$原积分=\int xd\left(\frac{1}{1-e^x}\right)=\frac{x}{1-e^x}-\int \frac{1}{1-e^x}dx=\frac{x}{1-e^x}-\int \frac{1}{e^x(1-e^x)}de^x$$
$$=\frac{x}{1-e^x}-\int \left(\frac{1}{e^x}+\frac{1}{1-e^x}\right)de^x=\frac{x}{1-e^x}-x+\ln|e^x-1|+C.$$

［例 10］ 计算下列不定积分：

（1）$\displaystyle\int \cos(\ln x)dx$；　　　（2）$\displaystyle\int \frac{x}{\sqrt{1-x^2}}e^{\arcsin x}dx$.

分析 以上被积函数应先整理，确定积分类型. 对于由三角函数与指数函数的乘积构成的函数的积分，应采用分部积分法，可以从其中任何一种函数类型出发，先积分，然后从同一类型函数出发再运用一次分部积分，就可得所求积分的方程，求解即可得其积分.

解 （1）设 $u=\ln x$，$x=e^u$，$dx=e^u du$，有$\displaystyle\int \cos(\ln x)dx=\int e^u\cos u du$，先对 $v'=e^u$ 连续两次用分部积分，于是

$$原积分=\int \cos u de^u=e^u\cos u+\int e^u\sin u du=e^u\cos u+\int \sin u de^u$$
$$=e^u\cos u+e^u\sin u-\int e^u\cos u du,$$

$$原积分=\frac{1}{2}e^u(\cos u+\sin u)+C$$
$$=\frac{1}{2}x[\cos(\ln x)+\sin(\ln x)]+C.$$

（2）设 $u=\arcsin x$，$x=\sin u$，$\dfrac{x}{\sqrt{1-x^2}}=\dfrac{\sin u}{\cos u}$，$dx=\cos u du$，有$\displaystyle\int e^u\sin u du$，先对 $v'=e^u$ 连续两次用分部积分，于是

$$原积分=\int \sin u de^u=e^u\sin u-\int e^u\cos u du=e^u\sin u-\int \cos u de^u$$
$$=e^u\sin u-e^u\cos u-\int e^u\sin u du,$$

$$原积分=\frac{1}{2}e^{u}(\sin u-\cos u)+C$$

$$=\frac{1}{2}e^{\arcsin x}[\sin(\arcsin x)-\cos(\arcsin x)]+C.$$

类型六　其他类型的积分

[**例 11**] 计算下列不定积分：

(1) $\int xf''(x)\mathrm{d}x$，函数 $f(x)$的一个原函数为$\dfrac{\cos x}{x}$；

(2) 设 $\int x^2f(x^2)\mathrm{d}x=\arcsin x+C$，求$\int\dfrac{1}{f(x)}\mathrm{d}x$；

(3) 设 $f(x)=\begin{cases}e^x, & x\geqslant 0\\ \sin x, & x>0\end{cases}$，求$\int f(x-2)\mathrm{d}x$.

分析　形如$\int xf''(x)\mathrm{d}x$ 的积分是适用于分部积分法的典型，含 $f(x)$ 的积分不可能直接转换到 $\dfrac{1}{f(x)}$ 的积分，需求出 $f(x)$ 后再计算. 分段函数的积分应分段积分，关键是分段点处原函数连续，最终只含一个任意常数.

解　(1) 始终取 $v=f'(x)$和 $f(x)$分部积分，有

$$\int xf''(x)\mathrm{d}x=\int x\mathrm{d}f'(x)=xf'(x)-\int f'(x)\mathrm{d}x=xf'(x)-f(x)+C,$$

其中 $f(x)=\left(\dfrac{\cos x}{x}\right)'=\dfrac{-x\sin x-\cos x}{x^2}$，$f'(x)=\dfrac{-(x^2+2)\cos x+2x\sin x}{x^3}$，于是

$$原积分=x\cdot\frac{-(x^2+2)\cos x+2x\sin x}{x^3}-\frac{-x\sin x-\cos x}{x^2}+C$$

$$=\frac{3x\sin x-(x^2+1)\cos x}{x^2}+C.$$

(2) 对已知等式两边求导，得

$$x^2f(x^2)=\frac{1}{\sqrt{1-x^2}},\ f(x)=\frac{1}{x\sqrt{1-x}},$$

于是

$$\int\frac{1}{f(x)}\mathrm{d}x=\int x\sqrt{1-x}\mathrm{d}x\overset{u=1-x}{=\!=\!=}\int(u-1)u^{\frac{1}{2}}\mathrm{d}u=\frac{2}{5}u^{\frac{5}{2}}-\frac{2}{3}u^{\frac{3}{2}}+C$$

$$=\frac{2}{5}(1-x)^{\frac{5}{2}}-\frac{2}{3}(1-x)^{\frac{3}{2}}+C.$$

(3) $f(x-2)=\begin{cases}e^{x-2}, & x-2\geqslant 0\\ \sin(x-2), & x-2<0\end{cases}=\begin{cases}e^{x-2}, & x\geqslant 2\\ \sin(x-2), & x<2\end{cases}$，于是

当 $x\geqslant 2$ 时，$\int f(x-2)\mathrm{d}x=\int e^{x-2}\mathrm{d}x=e^{x-2}+C_1$；

当 $x<2$ 时，$\int f(x-2)\mathrm{d}x=\int\sin(x-2)\mathrm{d}x=-\cos(x-2)+C_2$.

因此，

$$F(x)=\int f(x-2)\,dx=\begin{cases}e^{x-2}+C_1, & x\geqslant 2\\ -\cos(x-2)+C_2, & x<2\end{cases},$$

又 $F(x)$ 又在 $x=2$ 处连续，$\lim\limits_{x\to 2^-}F(x)=-\lim\limits_{x\to 2^-}\cos(x-2)+C_2=-1+C_2=F(2)=1+C_1$，即 $C_2=2+C_1$，令 $C_1=C$，得

$$原积分=\begin{cases}e^{x-2}+C, & x\geqslant 2\\ -\cos(x-2)+2+C, & x<2\end{cases}.$$

小结 不定积分的计算是定积分的计算及应用的基础，也是微积分学三大基本运算之一，十分重要.

不定积分的计算，首先要熟悉基本积分公式. 要强调的是，由微分公式转换来的积分公式是不完全的，必须充实，全部公式最终由内容提要列出的19个公式构成.

还要强调的是，绝大多数情况下，能够直接套用公式的积分极少，一般都要作变换. 最简单的变换是局限于被积函数的整理和恒等变换. 当这类变换无效时，就需要运用换元积分法. 换元积分法的有效使用要结合被积函数的单一类型，正如例题解析类型一至四所介绍的，有理函数的积分在化部分分式的基础上主要是用多项式变换，三角有理函数的积分主要是用三角变换化为有理函数；无理函数的积分主要是用三角变换或根式变换，化为三角有理函数或有理函数；指数函数的积分主要是用对数变换化为有理函数或其他类型的积分. 以上换元积分不要忘记变量回代，结果应该是原积分变量的函数. 对于被积函数中同时出现两个类型的积分仅用换元积分无效，应改用分部积分法. 分部积分法是对被积函数的一部分先积分，再用新的积分替代. 新积分能否比原积分简化（至少不更复杂），关键是如何先分部积分，例5～例7提供了基本思路，背离这个思路，必定是无效的. 例8提供了具有典型性的其他三个积分类型，不难掌握.

对于具有共性的积分类型我们提供有针对性的方法，但对于一些特殊结构的积分还可以采用特定的积分方法，这都需要在解题的实践中积累.

与求导运算不同的是，即使结构很简单的积分也会出现“积不了分”的情况，主要是因为其原函数无法用初等函数表示，本书所有积分题均不在其列.

五、综合练习

1. 填空题

(1) 设函数 $f(x)$ 的一个原函数为 $\ln(x+1)$，则 $f'(x)=$________，$\int f(x)\,dx=$________.

(2) $a^x b^{2x}\,dx=d$________.

(3) 已知 $\int e^x f(3x)\,dx=e^x\sin x+C$，则 $f(x)=$________.

(4) $\frac{d}{dx}\int d\int d\int [f(x^3)]dx=$ ________, $\int d\int d\int d[xf(-x)]=$ ________.

(5)若 $\int f(x)dx=e^{2x}+C$，则 $\int f(-x)dx=$ ________, $\int xf(x^2)dx=$ ________.

(6) $\int \frac{x}{1+x^4}dx=$ ________.

(7)设 $f(x)$ 的一个原函数为 $\sin x^2$，则 $\int xf'(x)dx=$ ________.

2. 单项选择题

(1) 下列函数在各自定义范围内，不属于 $f(x)=\frac{1}{x}$ 的原函数的是（　　）.

A. $\ln 3x$　　B. $\ln t$　　C. $\ln|x|$　　D. $\ln(-x)$

(2) 设 $F(x)$ 为 $f(x)$ 的原函数，下列结论中正确的是（　　）.

A. 若 $f(x)$ 为奇函数，则 $F(x)$ 必为偶函数

B. 若 $f(x)$ 为偶函数，则 $F(x)$ 必为奇函数

C. 若 $f(x)$ 为有界函数，则 $F(x)$ 必同为有界函数

D. 若 $f(x)$ 为单调函数，则 $F(x)$ 也必为单调函数

(3) 若 $\int f(x)dx=F(x)+C$，则有（　　）.

A. $\int \sin xf(\cos x)dx=F(\cos x)+C$

B. $\int \cos xf(\sin x)dx=F(\sin x)+C$

C. $\int e^{-x}f(e^{-x})dx=F(e^{-x})+C$

D. $\int \frac{1}{\sqrt{x}}f(\sqrt{x})dx=F(\sqrt{x})+C$

(4) 已知 $\int \sin f(x)dx=x\sin f(x)-\int \cos f(x)dx$，则 $f(x)=$（　　）.

A. $x+C$　　B. x^2+C

C. $\ln|x|+C$　　D. $\ln x^2+C$

(5) 若函数 $f(x)$ 满足等式 $\int f(x)dx=f(x)+C$，且 $f(0)=0$，则 $f(x)=$（　　）.

A. e^x　　B. e^x-1

C. 0　　D. 任意常数

3. 计算下列积分：

(1) $\int \frac{x^2+1}{x^2+x+1}dx$；　　(2) $\int \frac{dx}{x^{11}+x}$；

(3) $\int \frac{xdx}{\sqrt{x^2-2x}}$；　　(4) $\int \frac{dx}{x\sqrt{-x^2+3x}}$；

(5) $\int \frac{dx}{(1-x)\sqrt{1-x^2}}$；　　(6) $\int \frac{\sin^3 xdx}{\sqrt{\cos x}}$；

(7) $\int \frac{dx}{\sin^2 x+2\cos^2 x}$；

(8) $\int \sin 3x\sin 2x dx$；

(9) $\int \frac{1}{e^{2x}-1}dx$；

(10) $\int \sqrt{x}\ln x^2 dx$；

(11) $\int e^{\sin x}\sin 2x dx$；

(12) $\int \frac{\cos x+x\sin x}{x^2+\cos^2 x}dx$.

4. 已知函数 $f(x)$ 的一个原函数为 $\cos x^2$，计算 $\int (x-1)^2 f''(x)dx$.

5. 求下列积分：

(1) $\int f(x)dx$，其中 $f(x)=\begin{cases} x^2, & x\geqslant 1 \\ 2x, & x<1 \end{cases}$；

(2) $\int f(x)dx$，其中 $f(x)=\max\{e^x, 3^x\}$.

6. 已知 $f'(x)=\cos x$，$f(0)=0$，$F(x)$ 为 $f(x)$ 的原函数，且 $F(0)=-1$，计算 $\int \frac{dx}{1+F(x)}$.

7. 某商品需求对价格的弹性为 $\frac{EQ}{EP}=P(\ln P+1)$，且当 $P=1$ 时，$Q=1$，求：

(1) 商品对价格的需求函数；

(2) 当价格无穷增大时，需求量的趋向是否稳定？

参考答案

1. (1) $-\frac{1}{(x+1)^2}$，$\ln(x+1)+C$；

(2) $(ab^2)^x/\ln(ab^2)+C$；

(3) $\sin\frac{x}{3}+\cos\frac{x}{3}$；

(4) $f(x^3)$，$xf(-x)+C$；

(5) $-e^{-2x}+C$，$\frac{1}{2}e^{2x^2}+C$；

(6) $\frac{1}{2}\arctan x^2+C$；

(7) $2x^2\cos x^2-\sin x^2+C$.

2. (1) B； (2) A； (3) B； (4) C； (5) C.

3. (1) $x-\frac{1}{2}\ln(x^2+x+1)+\frac{1}{\sqrt{3}}\arctan\frac{2x+1}{\sqrt{3}}+C$；

(2) $\ln x-\frac{1}{10}\ln(x^{10}+1)+C$；

(3) $-\sqrt{x^2-2x}+\ln(x-1+\sqrt{x^2-2x})+C$；

(4) $-\frac{2}{3}\sqrt{\frac{3}{x}-1}+C$；

(5) $\tan t+\sec t+C=\frac{x+1}{\sqrt{1-x^2}}+C$；

(6) $-2\sqrt{\cos x}+\frac{2}{5}\cos^2 x\sqrt{\cos x}+C$；

(7) $\frac{1}{\sqrt{2}}\arctan\frac{1}{\sqrt{2}}(\tan x)+C$；

(8) $\frac{1}{2}\sin x-\frac{1}{10}\sin 5x+C$；

(9) $\frac{1}{2}\ln|e^{-2x}-1|+C$；　(10) $\frac{4}{3}x^{\frac{3}{2}}\left(\ln x-\frac{2}{3}\right)+C$；

(11) $2e^{\sin x}(\sin x-1)+C$；　(12) $-\arctan\left(\frac{\cos x}{x}\right)+C$.

4. $-2(\sin x^2+2x^2\cos x^2)(x-1)^2+4x(x-1)\sin x^2+2\cos x^2+C$.

5. (1) $\begin{cases}\frac{1}{3}x^3+\frac{2}{3}+C, & x\geqslant 1\\ x^2+C, & x<1\end{cases}$；　(2) $\begin{cases}\frac{1}{\ln 3}3^x+1-\frac{1}{\ln 3}+C, & x\geqslant 0\\ e^x+C, & x<0\end{cases}$.

6. $-\cot\frac{x}{2}+C$.

7. (1) $Q=P^{-P}$；　(2) 需求量将稳定地趋向零.

第6章

定积分

一、知识结构

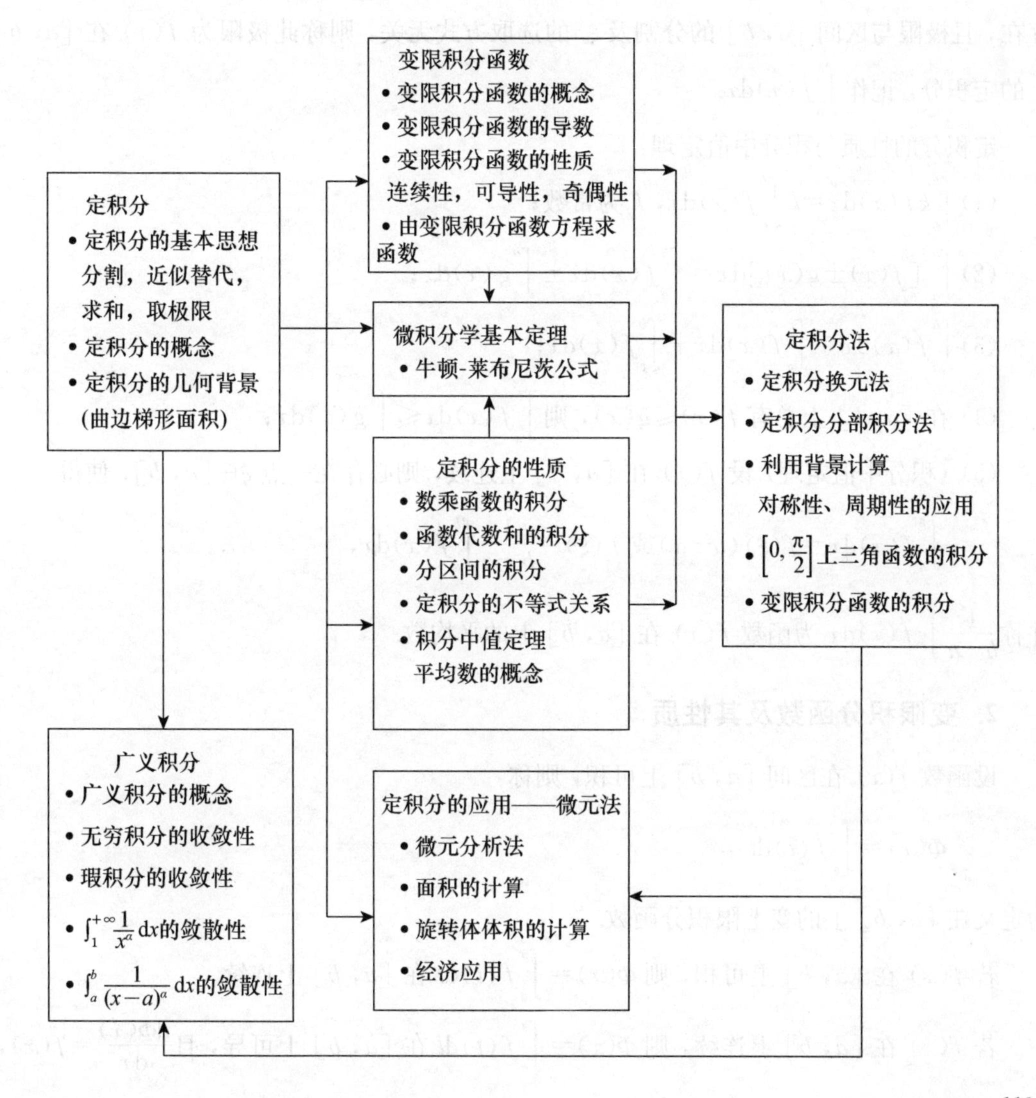

定积分
• 定积分的基本思想
分割，近似替代，
求和，取极限
• 定积分的概念
• 定积分的几何背景
(曲边梯形面积)
变限积分函数
• 变限积分函数的概念
• 变限积分函数的导数
• 变限积分函数的性质
连续性，可导性，奇偶性
• 由变限积分函数方程求
函数
微积分学基本定理
• 牛顿-莱布尼茨公式
定积分的性质
• 数乘函数的积分
• 函数代数和的积分
• 分区间的积分
• 定积分的不等式关系
• 积分中值定理
平均数的概念
定积分的应用——微元法
• 微元分析法
• 面积的计算
• 旋转体体积的计算
• 经济应用
定积分法
• 定积分换元法
• 定积分分部积分法
• 利用背景计算
对称性、周期性的应用
• $\left[0,\frac{\pi}{2}\right]$上三角函数的积分
• 变限积分函数的积分
广义积分
• 广义积分的概念
• 无穷积分的收敛性
• 瑕积分的收敛性
• $\int_1^{+\infty}\frac{1}{x^\alpha}dx$的敛散性
• $\int_a^b\frac{1}{(x-a)^\alpha}dx$的敛散性

二、内容提要

1. 定积分的概念与性质

设 $f(x)$ 在 $[a, b]$ 上有定义，分点 $a=x_0<x_1<\cdots<x_i<\cdots<x_n=b$ 将区间 $[a, b]$ 分割为 n 个子区间 $[x_{i-1}, x_i]$ $(i=1, \cdots, n)$，区间长度为 $\Delta x_i=x_i-x_{i-1}(i=1, \cdots, n)$，在每个小区间 $[x_{i-1}, x_i]$ 任意取一点 $\xi_i\in[x_{i-1}, x_i]$，作乘积 $f(\xi_i)\Delta x_i(i=1, 2, \cdots, n)$，求和 $S_n=\sum\limits_{i=1}^{n} f(\xi_i)\Delta x_i$. 如果极限

$$\lim_{\lambda\to 0}S_n=\lim_{\lambda\to 0}\sum_{i=1}^{n} f(\xi_i)\Delta x_i\ (\lambda=\max_{1\leqslant i\leqslant n}\{\Delta x_i\})$$

存在，且极限与区间 $[a, b]$ 的分割及 ξ_i 的选取方式无关，则称此极限为 $f(x)$ 在 $[a, b]$ 上的定积分，记作 $\int_a^b f(x)\mathrm{d}x$.

定积分的性质与积分中值定理：

(1) $\int_a^b kf(x)\mathrm{d}x=k\int_a^b f(x)\mathrm{d}x$，$k$ 为常数；

(2) $\int_a^b [f(x)\pm g(x)]\mathrm{d}x=\int_a^b f(x)\mathrm{d}x\pm\int_a^b g(x)\mathrm{d}x$；

(3) $\int_a^b f(x)\mathrm{d}x=\int_a^c f(x)\mathrm{d}x+\int_c^b f(x)\mathrm{d}x$；

(4) 在 $[a, b]$ 上总有 $f(x)\leqslant g(x)$，则 $\int_a^b f(x)\mathrm{d}x\leqslant\int_a^b g(x)\mathrm{d}x$；

(5)（积分中值定理）设 $f(x)$ 在 $[a, b]$ 上连续，则必存在一点 $\xi\in[a, b]$，使得

$$\int_a^b f(x)\mathrm{d}x=f(\xi)(b-a)\text{或}f(\xi)=\frac{1}{b-a}\int_a^b f(x)\mathrm{d}x,$$

并称 $\frac{1}{b-a}\int_a^b f(x)\mathrm{d}x$ 为函数 $f(x)$ 在 $[a, b]$ 上的平均数.

2. 变限积分函数及其性质

设函数 $f(x)$ 在区间 $[a, b]$ 上可积，则称

$$\Phi(x)=\int_a^x f(t)\mathrm{d}t$$

为定义在 $[a, b]$ 上的变上限积分函数.

若 $f(x)$ 在 $[a, b]$ 上可积，则 $\Phi(x)=\int_a^x f(t)\mathrm{d}t$ 在 $[a, b]$ 上连续.

若 $f(x)$ 在 $[a, b]$ 上连续，则 $\Phi(x)=\int_a^x f(t)\mathrm{d}t$ 在 $[a, b]$ 上可导，且 $\frac{\mathrm{d}\Phi(x)}{\mathrm{d}x}=f(x)$，

$\Phi(x)$ 为 $f(x)$ 的一个原函数.

3. 牛顿-莱布尼茨公式　定积分的积分法

牛顿-莱布尼茨公式　若 $f(x)$ 在 $[a, b]$ 上连续，$F(x)$ 为 $f(x)$ 的一个原函数，则

$$\int_a^b f(x)\mathrm{d}x = F(b) - F(a).$$

定积分的换元积分法

$$\int_a^b f(x)\mathrm{d}x = \int_\alpha^\beta f[\varphi(t)]\varphi'(t)\mathrm{d}t,$$

其中函数 $x=\varphi(t)$ 单调且存在连续导数，$\alpha=\varphi(a)$，$\beta=\varphi(b)$.

定积分的分部积分法

$$\int_a^b u(x)v'(x)\mathrm{d}x = u(x)v(x)\big|_a^b - \int_a^b v(x)u'(x)\mathrm{d}x.$$

4. 广义积分的概念及其计算

形如 $\int_a^{+\infty} f(x)\mathrm{d}x$，$\int_{-\infty}^b f(x)\mathrm{d}x$，$\int_{-\infty}^{+\infty} f(x)\mathrm{d}x$ 的积分，称为无穷限积分，简称无穷积分.

如果对于给定的实数 a 和任意实数 $b(b>a)$，函数 $f(x)$ 在 $[a, b]$ 上可积，且极限 $\lim\limits_{b\to+\infty}\int_a^b f(x)\mathrm{d}x$ 存在，则称无穷积分 $\int_a^{+\infty} f(x)\mathrm{d}x$ 收敛，极限值即为无穷积分的值，即 $\int_a^{+\infty} f(x)\mathrm{d}x = \lim\limits_{b\to+\infty}\int_a^b f(x)\mathrm{d}x$. 如果该极限不存在，则称无穷积分 $\int_a^{+\infty} f(x)\mathrm{d}x$ 发散.

类似地，定义

$$\int_{-\infty}^b f(x)\mathrm{d}x = \lim_{a\to-\infty}\int_a^b f(x)\mathrm{d}x;\ \int_{-\infty}^{+\infty} f(x)\mathrm{d}x = \lim_{a\to-\infty}\int_a^c f(x)\mathrm{d}x + \lim_{b\to+\infty}\int_c^b f(x)\mathrm{d}x.$$

如果被积函数 $f(x)$ 在 $[a, b]$ 上某点（或有限个点）无界，则称 $\int_a^b f(x)\mathrm{d}x$ 为瑕积分，无界点 c 称为瑕点.

瑕点为边界点 a，即当 $c=a$ 时，如果对任意小的正数 ε，函数 $f(x)$ 在 $[a+\varepsilon, b]$ 上可积，且极限 $\lim\limits_{\varepsilon\to0^+}\int_{a+\varepsilon}^b f(x)\mathrm{d}x$ 存在，则称瑕积分 $\int_a^b f(x)\mathrm{d}x$ 收敛，极限值即为瑕积分的值，即 $\int_a^b f(x)\,\mathrm{d}x = \lim\limits_{\varepsilon\to0^+}\int_{a+\varepsilon}^b f(x)\mathrm{d}x$. 如果该极限不存在，则称瑕积分 $\int_a^b f(x)\mathrm{d}x$ 发散.

类似地：

瑕点为边界点 b，即当 $c=b$ 时，定义 $\int_a^b f(x)\mathrm{d}x = \lim\limits_{\varepsilon\to0^+}\int_a^{b-\varepsilon} f(x)\mathrm{d}x$；

瑕点为内点 b，即当 $a<c<b$ 时，定义 $\int_a^b f(x)\mathrm{d}x = \lim\limits_{\varepsilon\to0^+}\int_a^{c-\varepsilon} f(x)\mathrm{d}x + \lim\limits_{\varepsilon\to0^+}\int_{c+\varepsilon}^b f(x)\mathrm{d}x$.

无穷积分和瑕积分统称广义积分或反常积分.

5. 定积分的应用　微元法

如果总量 Q 在区间 $[a, b]$ 上能够任意分割为若干局部量，并在分割条件下，通过"以直代曲""以常代变"等方法，将局部量近似表示为 $f(x_i)\Delta x_i$ 的结构形式，则 Q 可用定积分计算，即有 $Q=\int_a^b f(x)\mathrm{d}x$，这种计算总量的方法称为微元法，其中 $f(x)\mathrm{d}x$ 为总量的微元素.

由连续曲线 $y=f(x)$，$y=g(x)$，$x=a$，$x=b(a<b)$ 围成的平面图形的面积为

$$S=\int_a^b |f(x)-g(x)|\mathrm{d}x,$$

其中 $|f(x)-g(x)|\mathrm{d}x$ 为面积元素.

由连续曲线 $y=f(x)$，$x=a$，$x=b(a<b)$ 围成的平面图形绕 x 轴旋转一周所得旋转体的体积为

$$V_x=\int_a^b \pi f^2(x)\mathrm{d}x,$$

其中 $\pi f^2(x)\mathrm{d}x$ 为旋转体的体积元素.

由连续曲线 $y=f(x)$，$x=a$，$x=b(0<a<b)$ 围成的平面图形绕 y 轴旋转一周所得旋转体的体积为

$$V_y=\int_a^b 2\pi x|f(x)|\mathrm{d}x,$$

其中 $2\pi x|f(x)|\mathrm{d}x$ 为旋转体的体积元素.

其他方面的应用是简单的经济应用.

三、重点与要求

1. 了解定积分的概念和几何背景，了解定积分的基本性质和定积分的中值定理，能够区分定积分、不定积分和广义积分的概念的异同点.

2. 理解变限积分函数并会求其导数，能够分析讨论变限积分函数的性质.

3. 掌握牛顿-莱布尼茨公式，掌握定积分的换元积分法和分部积分法.

4. 会用定积分计算平面图形的面积、旋转体的体积和函数的平均值，会用定积分求解简单的经济应用问题.

5. 了解广义积分的概念，会计算广义积分.

四、例题解析

1. 定积分的概念及其性质

[例 1] 填空题

(1) 极限 $\lim\limits_{n\to\infty}\dfrac{1^\alpha+2^\alpha+\cdots+n^\alpha}{n^{\alpha+1}}$ 可转换为定积分________.

(2) 设 $f(x)$ 由等式 $f(x)=2x+\sqrt{1-x^2}\int_0^1 f(x)\mathrm{d}x$ 确定，则 $f(x)=$ ________.

(3) 若 $f(x)$ 为连续函数，则 $\lim\limits_{x\to a}\frac{1}{x-a}\int_a^x f(t)\mathrm{d}t=$ ________.

答 (1) $\int_0^1 x^\alpha\mathrm{d}x$. (2) $f(x)=2x+\frac{4}{4-\pi}\sqrt{1-x^2}$. (3) $f(a)$.

解析 (1) 形如 $\lim\limits_{n\to\infty}\sum\limits_{n=1}^{n}f\left(\frac{i}{n}\right)\frac{1}{n}$ 的和式极限可转换为定积分 $\int_0^1 f(x)\mathrm{d}x$，即有

$$\lim_{n\to\infty}\frac{1^\alpha+2^\alpha+\cdots+n^\alpha}{n^{\alpha+1}}=\lim_{n\to\infty}\sum_{n=1}^{n}\left(\frac{i}{n}\right)^\alpha\frac{1}{n}=\int_0^1 x^\alpha\mathrm{d}x.$$

(2) 当 $f(x)$ 确定后，定积分 $\int_0^1 f(x)\mathrm{d}x$ 为一个定常数，不妨设为 A，于是，有 $f(x)=2x+\sqrt{1-x^2}A$，且 $\int_0^1 f(x)\mathrm{d}x=\int_0^1 2x\mathrm{d}x+A\int_0^1\sqrt{1-x^2}\mathrm{d}x=A$，由定积分的几何意义，其中 $\int_0^1 2x\mathrm{d}x$ 是以 (0，0)，(1，0)，(1，2) 为顶点的三角形的面积，$\int_0^1\sqrt{1-x^2}\mathrm{d}x$ 是以 (0，0) 为圆心、1 为半径的四分之一圆的面积，即有 $1+\frac{1}{4}\pi A=A$，解得 $A=\frac{4}{4-\pi}$，因此，

$$f(x)=2x+\frac{4}{4-\pi}\sqrt{1-x^2}.$$

(3) 根据积分中值定理，有

$$\int_a^x f(t)\mathrm{d}t=f(\xi)(x-a)，\xi\in[a，x] \text{ 或 } [x，a]，\text{且当 } x\to a \text{ 时，}\xi\to a，$$

因此

$$\lim_{x\to a}\frac{1}{x-a}\int_a^x f(t)\mathrm{d}t=\lim_{x\to a}\frac{1}{x-a}\cdot f(\xi)(x-a)=\lim_{\xi\to a}f(\xi)=f(a).$$

[例 2] 单项选择题

(1) 下列不等式成立的是（ ）.

A. $\int_0^{\frac{\pi}{4}}\frac{\tan x}{x}\mathrm{d}x>1>\int_0^{\frac{\pi}{4}}\frac{x}{\tan x}\mathrm{d}x$　　B. $\frac{1}{T}\int_0^T \mathrm{e}^{x^2}\mathrm{d}x<\frac{1}{t}\int_0^t \mathrm{e}^{x^2}\mathrm{d}x$，其中 $T>t$

C. $\int_1^{+\infty}x^3\mathrm{d}x>\int_1^{+\infty}x^2\mathrm{d}x$　　D. $\int_{-1}^{-2}x^3\mathrm{d}x<\int_{-1}^{-2}x^2\mathrm{d}x$

(2) 设 a 为正常数，$N=\int_{-a}^{a}\sin^3 x\mathrm{d}x$，$P=\int_{-a}^{a}(x-x^2)\mathrm{d}x$，$Q=\int_{-a}^{a}\mathrm{e}^x\mathrm{d}x$，则有不等式（ ）.

A. $N<P<Q$　　B. $N<Q<P$

C. $Q<P<N$　　D. $P<N<Q$

(3) 设 $f(x)$ 在 $[a，b]$ 上存在二阶导数，且 $f(x)>0$，$f'(x)<0$，$f''(x)<0$，又设 $A=\int_a^b f(x)\mathrm{d}x$，$B=f(b)(b-a)$，$C=\frac{1}{2}[f(b)+f(a)](b-a)$，则有不等式（ ）.

A. $A<B<C$　　B. $C<B<A$

C. $B<C<A$　　　　　　　　　　　　　　D. $C<A<B$

答　(1) A.　(2) D.　(3) C.

解析　(1) 在被积函数的不同情况下比较积分大小，可利用性质估计积分范围. 在 $\left[0,\frac{\pi}{4}\right]$上，由 $f'(x)=\left(\frac{\tan x}{x}\right)'=\frac{2x-\sin 2x}{2x^2\cos x}>0$，知 $f(x)$ 单调增，故有 $f(0)<f(x)<f\left(\frac{\pi}{4}\right)$，即 $1<\frac{\tan x}{x}<\frac{4}{\pi}$，也有 $\frac{\pi}{4}<\frac{x}{\tan x}<1$，从而有 $\frac{\pi}{4}<\frac{x}{\tan x}<\frac{\tan x}{x}<\frac{4}{\pi}$，$\int_0^{\frac{\pi}{4}}\frac{\tan x}{x}\mathrm{d}x>1>\int_0^{\frac{\pi}{4}}\frac{x}{\tan x}\mathrm{d}x$，故选择 A. 另外，$\frac{1}{T}\int_0^T e^{x^2}\mathrm{d}x$，$\frac{1}{t}\int_0^t e^{x^2}\mathrm{d}x$ 分别表示函数 $y=e^{x^2}$ 在区间 $[0,T]$ 和 $[0,t]$ 上的平均数，在 $y=e^{x^2}$ 单调增及 $T>t$ 的情况下，在 $[0,T]$ 上的平均数应大于在 $[0,t]$ 上的平均数，即 $\frac{1}{T}\int_0^T e^{x^2}\mathrm{d}x>\frac{1}{t}\int_0^t e^{x^2}\mathrm{d}x$；虽然在 $(1,+\infty)$ 上，$x^3>x^2$，但定积分的性质未必适用于无穷区间；由 $\int_{-2}^{-1}x^3\mathrm{d}x<0<\int_{-2}^{-1}x^2\mathrm{d}x$，有 $\int_{-1}^{-2}x^3\mathrm{d}x=-\int_{-2}^{-1}x^3\mathrm{d}x>-\int_{-2}^{-1}x^2\mathrm{d}x=\int_{-1}^{-2}x^2\mathrm{d}x$，知选项 B、C、D 均不正确.

(2) 在对称区域比较积分大小，可利用被积函数的奇偶性由积分的符号性质判断. 由于 $\sin^3 x$，x 为奇函数，$N=\int_{-a}^{a}\sin^3 x\mathrm{d}x=0$，$\int_{-a}^{a}x\mathrm{d}x=0$，$P=\int_{-a}^{a}(x-x^2)\mathrm{d}x=-\int_{-a}^{a}x^2\mathrm{d}x<0$，又 $e^x>0$，$Q=\int_{-a}^{a}e^x\mathrm{d}x>0$，因此，$P<N<Q$，故选择 D.

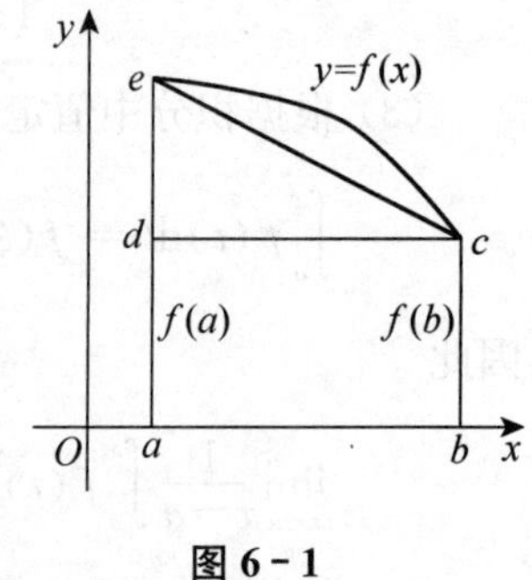

图 6-1

(3) 本题不同于 (1)、(2)题，对于抽象函数的积分，在 $f(x)>0$ 的条件下可尝试从几何角度考察. 由 $f'(x)<0$，$f''(x)<0$，曲线 $y=f(x)$ 如图 6-1 所示，$A=\int_a^b f(x)\mathrm{d}x$ 表示以 $y=f(x)$ 为曲边的曲边梯形的面积，$B=f(b)(b-a)$ 表示同底且高为 $f(b)$ 的矩形的面积，$C=\frac{1}{2}[f(b)+f(a)](b-a)$ 表示以 $f(b)$，$f(a)$ 为上下底、高为 $b-a$ 的直角梯形的面积，显然有 $B<C<A$，故选择 C.

[例 3] 设有一个半径为 2 米、深为 10 米的圆柱形水窖，内有存水，水面距地面 7 米，现要将全部存水抽到地面，试用微元法，将抽水所需做的功用定积分表示.

分析　如图 6-2 所示，将区间 $[-10,-7]$ 作任意分割，构造将高为 $\mathrm{d}y$ 的薄层水抽至水面所做的功，即做功微元素，从而给出定积分.

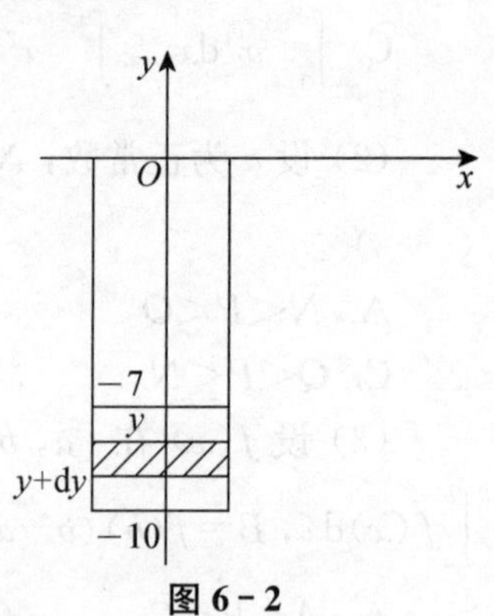

图 6-2

解　建立坐标系，如图 6-2 所示，将区间 $[-10,-7]$ 作任意分割，取典型小区间 $[y,y+\mathrm{d}y]$，在 $[y,y+\mathrm{d}y]$ 的水层重量为 $2^2\pi\mathrm{d}y$（设水的比重为 1）公斤，水层距地面高为 $-y$ 米，将该层水抽到地面做功为 $-4\pi y\mathrm{d}y$ 公斤·米，于是由微元法，将水窖里的水抽到地面需做功 $W=-\int_{-10}^{-7}4\pi y\mathrm{d}y=102\pi$ 公斤·米.

小结　定积分是从实际应用背景引申建立的又一个积分概念，基本思想就是微元法．掌握这个要点对理解和应用积分学是十分重要的．

首先，定积分引入的几何背景是曲边梯形的面积，严格地讲，$\int_a^b f(x)\mathrm{d}x$ 是曲线 $y=f(x)$ 与 x 轴在不同区间围成的若干曲边梯形面积的代数和．因此，当曲线 $y=f(x)$ 给定，区间 $[a, b]$ 给定时，$\int_a^b f(x)\mathrm{d}x$ 表示一个数或量值，它与积分变量 x 无关，与分割方式及 ξ 的取法无关．因此，在可积条件下，可以取特殊分割的 ξ 的取值，一个重要应用就是可将形如 $\lim\limits_{n\to\infty}\sum\limits_{n=1}^{n} f\left(\frac{i}{n}\right)\frac{1}{n}$ 的极限转为定积分进行计算．

例 2 中三个不等式的判断基本上涵盖了围绕定积分的概念和性质的典型问题及对定积分定值与估值的不同角度和方法：在同一积分区间上比较积分大小实际上是积分函数之间大小的比较．若属于同一函数类型，则可从单调性入手；若属于不同函数类型，则可通过相同区间上各自的最大最小值估值来比较大小，但讨论的前提是在有限区间内．在对称区间上比较积分大小时，应考察被积函数的对称性，通常在此基础上可从积分的符号特点作出定性判断．另外，对形如例 2 中选项 B 的积分大小比较，应从被积函数在对应区间上的平均数的角度作出推断．还要强调的是，利用几何背景判断和定值是处理定积分问题常见且非常简单有效的手段，要学会使用．

2. 变限积分函数　微积分学基本定理

类型一　变限积分函数及其性质

[例 1] 填空题

(1) 设 $f(x)$ 连续，且是周期为 T 的周期函数，则 $\frac{\mathrm{d}}{\mathrm{d}x}\int_0^T f(x+y)\mathrm{d}y=$ ________．

(2) 设 $F(x)=\int_0^x\left(\int_0^{y^2}\frac{\cos t}{\sqrt{1+t^2}}\mathrm{d}t\right)\mathrm{d}y$，则 $F''(x)=$ ________．

(3) 若 $f(x)$ 为连续函数，且 $f(0)\neq 0$，$F(x)=\int_0^x (x-t)f(t)\mathrm{d}t$，若当 $x\to 0$ 时，$F(x)$ 与 x^k 为同阶无穷小，则 $k=$ ________．

答　(1) 0.　(2) $\frac{2x\cos x^2}{\sqrt{1+x^4}}$.　(3) 2.

解析　(1) 对变上限积分函数求导，积分号内不应出自变量 x，应通过换元法进行清理，即由 $\int_0^T f(x+y)\mathrm{d}y \xlongequal{u=x+y} \int_x^{x+T} f(u)\mathrm{d}u$，从而有

$$\frac{\mathrm{d}}{\mathrm{d}x}\int_0^T f(x+y)\mathrm{d}y=\frac{\mathrm{d}}{\mathrm{d}x}\int_x^{x+T} f(u)\mathrm{d}u=f(x+T)-f(x)=0.$$

(2) 若记 $G(y^2)=\int_0^{y^2}\frac{\cos t}{\sqrt{1+t^2}}\mathrm{d}t$，则 $F(x)=\int_0^x G(y^2)\mathrm{d}y$，于是，有

$$F'(x)=G(x^2),\ F''(x)\overset{u=x^2}{=}\frac{\mathrm{d}G(u)}{\mathrm{d}u}\cdot\frac{\mathrm{d}u}{\mathrm{d}x}=\frac{\cos u}{\sqrt{1+u^2}}\cdot 2x=\frac{2x\cos x^2}{\sqrt{1+x^4}}.$$

(3) 由 $F(x)=\int_0^x (x-t)f(t)\mathrm{d}t = x\int_0^x f(t)\mathrm{d}t - \int_0^x tf(t)\mathrm{d}t$，有

$$\lim_{x\to 0}\frac{F(x)}{x^k}\overset{\frac{0}{0}}{=\!=}\lim_{x\to 0}\frac{\int_0^x f(t)\mathrm{d}t + xf(x) - xf(x)}{kx^{k-1}}\overset{\frac{0}{0}}{=\!=}\lim_{x\to 0}\frac{\left(\int_0^x f(t)\mathrm{d}t\right)'}{k(k-1)x^{k-2}}$$

$$=\lim_{x\to 0}\frac{f(x)}{k(k-1)x^{k-2}}\overset{k=2}{=\!=}\frac{f(0)}{2}\neq 0,$$

知 $k=2$.

[**例 2**] 单项选择题

(1) 设 $g(x)=\int_0^x f(u)\mathrm{d}u$，其中 $f(x)=\begin{cases} x-1, & 0\leqslant x<1 \\ 2x, & 1\leqslant x\leqslant 2\end{cases}$，则 $g(x)$ 在区间 $(0, 2)$ 内 (　　).

A. 无界　　B. 单调减　　C. 不连续　　D. 连续

(2) 设 $F(x)=\int_x^{x+2\pi} \mathrm{e}^{\cos t}\sin t\mathrm{d}t$，则 $F(x)$ 为 (　　).

A. 正常数　　B. 负常数　　C. 常数零　　D. 非常数

(3) 函数 $f(x)=\int_0^x (u-1)(u+1)^2(u+2)\mathrm{d}u$ 共有 (　　) 个极值点.

A. 3　　B. 2　　C. 1　　D. 0

答　(1) D.　(2) C.　(3) B.

解析　(1) 被积函数 $f(x)$ 在区间 $[0, 2]$ 上有界，仅有一个间断点，又 $g(x)=\int_0^x f(u)\mathrm{d}u$ 直观上表示由曲线 $y=f(u)$ 及直线 $u=0$, $u=x$, $y=0$ 围成的若干面积块的代数和，有限间断点不影响其面积大小及其变化，因此，$g(x)$ 在区间 $[0, 2]$ 上有界，在 $(0, 2)$ 内连续. 另外，$f(x)$ 在区间 $[0, 2]$ 上变号，即 $g'(x)$ 分别在 $(0, 1)$, $(1, 2)$ 内异号，故 $g(x)$ 非单调. 故选择 D.

(2) 由 $F'(x)=\left(\int_x^1 \mathrm{e}^{\cos t}\sin t\mathrm{d}t + \int_1^{x+2\pi}\mathrm{e}^{\cos t}\sin t\mathrm{d}t\right)' = \mathrm{e}^{\cos(x+2\pi)}\sin(x+2\pi) - \mathrm{e}^{\cos x}\sin x = 0$，

知 $F(x)$ 为常数，即 $F(x)=C$，又 $\mathrm{e}^{\cos t}\sin t$ 为奇函数，$F(-\pi)=\int_{-\pi}^{\pi}\mathrm{e}^{\cos t}\sin t\mathrm{d}t=0$，从而知 $F(x)=0$，故选择 C.

(3) 由 $f'(x)=(x-1)(x+1)^2(x+2)$，共有 2 个单调区间的分界点 $x=-2$, $x=1$，即 $f(x)$ 有 2 个极值点. 故选择 B.

[**例 3**] 若 $f(x)$ 在 $[-a, a]$ 上为奇函数，证明 $F(x)=\int_a^x f(t)\mathrm{d}t$ 必为偶函数. 试问当 $f(x)$ 为偶函数时，$F(x)=\int_a^x f(t)\mathrm{d}t$ 是否必为奇函数.

分析　即证 $F(-x)=F(x)$，可由换元 $u=-t$ 证明. 类似地，通过计算验证后一结论的正确性或结论正确应满足的条件.

证　由已知 $f(-x)=-f(x)$，$\int_{-a}^a f(t)\mathrm{d}t=0$. 设 $u=-t$，则

$$F(-x)=\int_{a}^{-x} f(t)\mathrm{d}t=-\int_{-a}^{x} f(-u)\mathrm{d}u=\int_{-a}^{x} f(u)\mathrm{d}u$$
$$=\int_{-a}^{a} f(u)\mathrm{d}u+\int_{a}^{x} f(u)\mathrm{d}u=F(x),$$

即 $F(x)=\int_{a}^{x} f(t)\mathrm{d}t$ 必为偶函数.

若 $f(x)$为偶函数，则 $f(-x)=f(x)$，$\int_{-a}^{a} f(t)\mathrm{d}t=2\int_{0}^{a} f(t)\mathrm{d}t$，于是，设 $u=-t$，则

$$F(-x)=\int_{a}^{-x} f(t)\mathrm{d}t=-\int_{-a}^{x} f(-u)\mathrm{d}u=-\int_{-a}^{x} f(u)\mathrm{d}u$$
$$=-\int_{-a}^{a} f(u)\mathrm{d}u-\int_{a}^{x} f(u)\mathrm{d}u,$$

从而知，当且仅当$\int_{-a}^{a} f(u)\mathrm{d}u=2\int_{0}^{a} f(u)\mathrm{d}u=0$，即 $a=0$ 时，$F(-x)=-F(x)$，$F(x)$ 为奇函数. 当 $a\neq 0$ 时，后一结论不正确.

[例 4] 设函数 $f(x)$ 满足积分方程 $f(x)=\int_{0}^{x} f(t)\mathrm{d}t+1$，求 $f(x)$.

分析 由含变限积分函数的积分方程求未知函数，一般通过求导去积分，化为含未知函数及其导数的方程，再由不定积分求出未知函数.

解 对方程两边求导，得 $f'(x)=f(x)$，即$\dfrac{f'(x)}{f(x)}=1$，再两边积分

$$\int \frac{f'(x)}{f(x)}\mathrm{d}x=\int \mathrm{d}x，得 \ln f(x)=x+\ln C，f(x)=C\mathrm{e}^{x},$$

又 $f(0)=\int_{0}^{0} f(t)\mathrm{d}t+1=1$，即 $C\mathrm{e}^{0}=1$，得 $C=1$，因此，$f(x)=\mathrm{e}^{x}$.

类型二 微积分学基本定理

[例 5] 单项选择题

(1) 下列函数能够在 $[-1, 1]$ 上应用牛顿-莱布尼茨公式计算定积分的是（　　）.

A. $f(x)=\mathrm{e}^{x^2}$　　　　B. $f(x)=\left(\arctan\dfrac{1}{x}\right)'$

C. $f(x)=\cot x$　　　　D. $f(x)=\arctan x$

(2) 设函数 $f(x)$ 在 $[a, b]$ 上连续，$M=\lim\limits_{h\to 0}\dfrac{1}{h}\int_{a}^{x}[f(t+h)-f(t)]\mathrm{d}t$，$N=f(x)-f(a)\ (a<x<b)$，则有（　　）.

A. $M<N$　　B. $M=N$　　C. $M>N$　　D. $M=(N+1)^2$

答 (1) D.　(2) B.

解析 (1) 牛顿-莱布尼茨公式的应用前提是，被积函数 $f(x)$ 在 $[a, b]$ 上连续，并存在一个有具体解析式的原函数. 选项 B 和 C 中，$f(x)=\cot x$ 和 $f(x)=\left(\arctan\dfrac{1}{x}\right)'$ 在 $(-1, 1)$ 内有间断点，$f(x)=\mathrm{e}^{x^2}$ 不存在一个有具体解析式的原函数，因此，不能用牛顿-莱布尼茨公式计算积分. 由排除法，应选择 D.

(2) 对抽象函数 $f(x)$的积分可设定 $f(x)$的一个原函数 $F(x)$，应用牛顿-莱布尼茨公式，去积分号处理，即有 $\int_a^x f(t+h)\mathrm{d}t \xlongequal{u=t+h} \int_{a+h}^{x+h} f(u)\mathrm{d}u = F(x+h)-F(a+h)$，

$$
\begin{aligned}
M &= \lim_{h\to 0}\frac{1}{h}[F(x+h)-F(a+h)-F(x)+F(a)] \\
&= \lim_{h\to 0}\frac{F(x+h)-F(x)}{h} - \lim_{h\to 0}\frac{F(a+h)-F(a)}{h} \\
&= F'(x)-F'(a)=f(x)-f(a),
\end{aligned}
$$

故选择 B.

[例 6] 设函数 $f(x)$ 在 $[0, 2a]$ 上连续，试用牛顿-莱布尼茨公式证明

$$\int_0^{2a} f(x)\mathrm{d}x = \int_0^a [f(x)+f(2a-x)]\mathrm{d}x,\ a>0.$$

分析 证明思路同例 5(2).

证 设 $F(x)=\int_0^x f(t)\mathrm{d}t$ 为 $f(x)$的一个原函数，于是，

$$左边 = \int_0^{2a} f(x)\mathrm{d}x = F(2a)-F(0)=F(2a),$$

$$
\begin{aligned}
右边 &= \int_0^a [f(x)+f(2a-x)]\mathrm{d}x = \int_0^a f(x)\mathrm{d}x + \int_0^a f(2a-x)\mathrm{d}x \\
&\xlongequal{u=2a-x} F(a) - \int_{2a}^a f(u)\mathrm{d}u = F(a)-[F(a)-F(2a)]=F(2a),
\end{aligned}
$$

因此，左式=右式，即 $\int_0^{2a} f(x)\mathrm{d}x = \int_0^a [f(x)+f(2a-x)]\mathrm{d}x,\ a>0$.

小结 变限积分函数是继初等函数、分段函数之后又一个重要类型的函数. 变限积分函数同时具有二重身份：一种是定积分身份，$F(x)=\int_a^x f(t)\mathrm{d}t$ 表示曲线 $y=f(x)$ 与 x 轴在不同区间围成的若干曲边梯形面积的代数和；另一种身份是函数，通常称面积函数，具有函数的所有属性，且其属性与被积函数 $f(x)$ 有关. 如当 $f(x)$ 在积分区间恒正（或恒负）时，则 $F(x)$ 单调增（或单调减）；当 $f(x)$ 为奇函数（偶函数）时，$F(x)$ 为偶函数（仅当 $a=0$ 时为奇函数）；$f(x)$ 的零点即 $F(x)$ 的驻点，若 $f(x)$ 可积，则 $F(x)$ 连续，若 $f(x)$ 连续，则$F(x)$ 可导. 其中最为重要的是，在 $f(x)$ 连续的条件下，$f'(x)=\left(\int_a^x f(t)\mathrm{d}t\right)'=f(x)$，即 $F(x)$ 是$f(x)$的一个原函数，因此，变限积分函数是不定积分与定积分的连接点，尤其是微分与积分的连接点.

处理变限积分函数问题几乎无一例外是运用求导作为工具，因此，变限函数求导是本节的关键. 求导时应注意，变限积分函数中含有两个变量：一个是积分变量，即积分式中“d”后面的变量，它只在积分过程中起作用，与积分值及导数无关；另一个是变限积分函数的自变量，它在积分式中是常数，求导时，必须将其调到积分号外或积分限上后才可以进行. 由含变限积分函数的积分方程求未知函数，是与变限积分函数相关的常见问题（如例 4），最终化为含未知函数及其导数的方程，称为微分方程. 微分方程的求解主要采用不定

积分法，其中有一个定常数的问题. 其一般解法将在第 9 章讨论.

微积分学基本定理，即牛顿-莱布尼茨公式，是微积分中最重要的定理，牛顿-莱布尼茨公式正是通过这个定理将微分学与积分学统一起来，创建了微积分学，因此，具有重要的理论意义和实用价值. 牛顿-莱布尼茨公式表明，在连续条件下，只要找到一个原函数，定积分就可表示为原函数在积分上下限函数值的差. 从实际问题引出积分模式是定积分的长项，而求原函数是不定积分的长项，两者优势互补有力推动了积分学的应用.

3. 定积分的计算

类型一　定积分的换元积分法和分部积分法

[**例 1**] 填空题

(1) 设 $\int_0^{\pi}\frac{\cos x}{(x+2)^2}dx=A$，则 $\int_0^{\frac{\pi}{2}}\frac{\sin x\cos x}{x+1}dx=$ ________.

(2) 设 $f(x)=\int_1^x\frac{\ln t}{1+t}dt\,(x>1)$，则 $f(x)+f\left(\frac{1}{x}\right)=$ ________.

答　(1) $\frac{1}{4}+\frac{1}{2\pi+4}-\frac{1}{2}A$.　(2) $\frac{1}{2}\ln^2 x$.

解析　(1) 两个积分对照，两积分变量之间存在倍数关系. 通过换元积分和分部积分可以相互转换，即设 $u=2x$，有

$$\begin{aligned}\int_0^{\frac{\pi}{2}}\frac{\sin x\cos x}{x+1}dx&=\int_0^{\frac{\pi}{2}}\frac{\sin 2x}{2x+2}dx=\frac{1}{2}\int_0^{\pi}\frac{\sin u}{u+2}du\\&=-\frac{1}{2}\int_0^{\pi}\frac{1}{u+2}d\cos u=-\frac{1}{2}\frac{\cos u}{u+2}\bigg|_0^{\pi}-\frac{1}{2}\int_0^{\pi}\frac{\cos u}{(u+2)^2}du\\&=\frac{1}{4}+\frac{1}{2\pi+4}-\frac{1}{2}A.\end{aligned}$$

(2) 无法由 $f(x)=\int_1^x\frac{\ln t}{1+t}dt$ 单纯积分，通过换元，将 $f\left(\frac{1}{x}\right)$ 化为与 $f(x)$ 同一积分区间内合并处理，即设 $u=\frac{1}{t}$，有

$$f\left(\frac{1}{x}\right)=\int_1^{\frac{1}{x}}\frac{\ln t}{1+t}dt=\int_1^x\frac{-u\ln u}{u+1}\cdot\left(-\frac{1}{u^2}\right)du=\int_1^x\left(\frac{1}{u}-\frac{1}{u+1}\right)\ln u\,du,$$

于是

$$f(x)+f\left(\frac{1}{x}\right)=\int_1^x\frac{\ln t}{1+t}dt+\int_1^x\frac{\ln t}{t}dt-\int_1^x\frac{\ln t}{1+t}dt=\frac{1}{2}\ln^2 t\bigg|_1^x=\frac{1}{2}\ln^2 x.$$

[**例 2**] 单项选择题

下列换元积分正确的是（　　）.

A. $\int_0^{\frac{3\pi}{4}}\frac{1}{\sin^2 x+2\cos^2 x}dx\xlongequal{u=\tan x}\int_0^{-1}\frac{1}{u^2+2}du$

B. $\int_0^{\frac{\pi}{2}}x\sqrt[3]{1-x^2}dx\xlongequal{x=\cos t}\int_1^{\arccos\frac{\pi}{2}}\sin^{\frac{3}{2}}t\cos t\,dt$

C. $\int_{-1}^{2}\frac{1}{1+x^2}\mathrm{d}x\xlongequal{x=\frac{1}{t}}-\int_{-1}^{\frac{1}{2}}\frac{1}{1+t^2}\mathrm{d}t$

D. $\int_{1}^{2}\frac{1}{1+x^2}\mathrm{d}x\xlongequal{x=\frac{1}{t}}-\int_{1}^{\frac{1}{2}}\frac{1}{1+t^2}\mathrm{d}t$

答 D.

解析 换元积分在设定 $x=\varphi(t)$ 或 $u=g(x)$ 时，$\varphi(t)$，$g(x)$ 必须在对应区间内连续可导且单调，上述换元时，选项 A，C 的设定函数 $u=\tan x$，$x=\frac{1}{t}$ 在对应区间内存在间断点，选项 B 中，函数 $x=\cos t$ 不能将区间 $\left[0,\frac{\pi}{2}\right]$ 转换到新的积分区间，$\arccos\frac{\pi}{2}$ 没有意义，故选择 D.

［**例 3**］计算下列积分：

(1) $\int_{-4}^{-3}\frac{\mathrm{d}x}{x^2\sqrt{x^2-1}}$；　　(2) $\int_{-\frac{1}{2}}^{\frac{1}{2}}\frac{(x+4)\arcsin x}{\sqrt{1-x^2}}\mathrm{d}x$.

分析 定积分的换元积分法和分部积分法的运用与不定积分没有本质区别，仍然要针对类型特点，并注意化简. 需要强调的是，换元积分时，所有运算必须在定义范围即积分区间内有意义，上下限的变换同步进行，不再回代.

解 (1) **方法 1** 按一般方法，用三角变换. 设 $x=\sec t$，$t=\arccos\frac{1}{x}$，$\mathrm{d}x=\tan t\sec t\mathrm{d}t$，又因 $\cos t=\frac{1}{x}<0$，$\arccos\frac{1}{x}\in\left[\frac{\pi}{2},\pi\right]$，$\sqrt{x^2-1}=-\tan t$，故

$$\int_{-4}^{-3}\frac{\mathrm{d}x}{x^2\sqrt{x^2-1}}=-\int_{\arccos(-\frac{1}{4})}^{\arccos(-\frac{1}{3})}\frac{\sec t\cdot\tan t\mathrm{d}t}{\sec^2 t\cdot\tan t}=-\int_{\arccos(-\frac{1}{4})}^{\arccos(-\frac{1}{3})}\cos t\mathrm{d}t$$

$$=-\sin t\Big|_{\arccos(-\frac{1}{4})}^{\arccos(-\frac{1}{3})}=\frac{\sqrt{15}}{4}-\frac{2\sqrt{2}}{3}.$$

方法 2 用倒代换. 设 $u=\frac{1}{x}$，$\mathrm{d}x=-\frac{1}{u^2}\mathrm{d}u$，则

$$\int_{-4}^{-3}\frac{\mathrm{d}x}{x^2\sqrt{x^2-1}}=\int_{-\frac{1}{4}}^{-\frac{1}{3}}\frac{1}{\frac{1}{u^2}\left(-\frac{1}{u}\sqrt{1-u^2}\right)}\left(-\frac{1}{u^2}\right)\mathrm{d}u=\int_{-\frac{1}{4}}^{-\frac{1}{3}}\frac{u\mathrm{d}u}{\sqrt{1-u^2}}$$

$$=-\sqrt{1-u^2}\Big|_{-\frac{1}{4}}^{-\frac{1}{3}}=\frac{\sqrt{15}}{4}-\frac{2\sqrt{2}}{3}.$$

(2) 由对称性，$\int_{-\frac{1}{2}}^{\frac{1}{2}}\frac{\arcsin x}{\sqrt{1-x^2}}\mathrm{d}x=0$，因此，

$$\int_{-\frac{1}{2}}^{\frac{1}{2}}\frac{(x+4)\arcsin x}{\sqrt{1-x^2}}\mathrm{d}x=\int_{-\frac{1}{2}}^{\frac{1}{2}}\frac{x\arcsin x}{\sqrt{1-x^2}}\mathrm{d}x=2\int_{0}^{\frac{1}{2}}\frac{x\arcsin x}{\sqrt{1-x^2}}\mathrm{d}x,$$

先对 $v'=\frac{x}{\sqrt{1-x^2}}$ 积分，得 $v=\int\frac{x}{\sqrt{1-x^2}}\mathrm{d}x=-\sqrt{1-x^2}$，于是

$$原积分=-2\int_0^{\frac{1}{2}}\arcsin x\mathrm{d}\sqrt{1-x^2}=-2\sqrt{1-x^2}\arcsin x\Big|_0^{\frac{1}{2}}+2\int_0^{\frac{1}{2}}\frac{\sqrt{1-x^2}}{\sqrt{1-x^2}}\mathrm{d}x$$

$$=1-\frac{\sqrt{3}\pi}{6}.$$

［**例 4**］如图 6-3 所示，曲线 C 的方程为 $y=f(x)$，直线 L_1 与 L_2 分别是曲线 C 在点 $(0, 0)$ 与 $(3, 2)$ 处的切线，其交点为 $(2, 4)$. 设函数 $f(x)$ 存在二阶导数，计算定积分 $\int_0^3 xf''(x)\mathrm{d}x$.

分析 这是一个典型的用分部积分法计算积分的题型，借助几何直观，容易得到 $f(0)$，$f(3)$，$f'(0)$，$f'(3)$，从而得到计算结果.

解 如图 6-3 所示，$f(0)=0$，$f(3)=2$，L_1 过点 $(0, 0)$，$(2, 4)$，所以，$f'(0)=\frac{4-0}{2-0}=2$，L_2 过点 $(3, 2)$，$(2, 4)$，所以，$f'(3)=\frac{4-2}{2-3}=-2$，因此，

$$\begin{aligned}\int_0^3 xf''(x)\mathrm{d}x&=\int_0^3 x\mathrm{d}f'(x)=xf'(x)\Big|_0^3-\int_0^3 f'(x)\mathrm{d}x\\&=3f'(3)-0\times f'(0)-f(3)+f(0)\\&=-6-2=-8.\end{aligned}$$

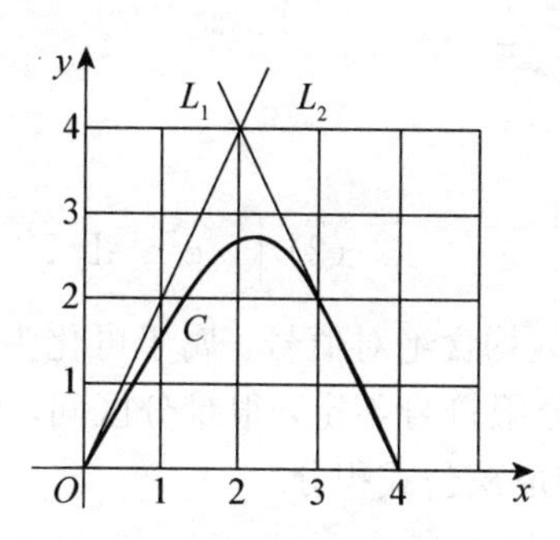

图 6-3

［**例 5**］设 $f(x)=\int_0^x \mathrm{e}^{-t^2+2t}\mathrm{d}t$，计算积分 $\int_0^1 (x-1)^2 f(x)\mathrm{d}x$.

分析 含有变限积分函数的定积分应该用分部积分法计算. 做法是先对变限积分函数以外的部分积分，再分部积分，变限积分函数求导可去积分，使之变为普通类型的积分.

解 先对 $v'=(x-1)^2$ 积分，于是

$$\begin{aligned}\int_0^1 (x-1)^2 f(x)\mathrm{d}x&=\frac{1}{3}\int_0^1 f(x)\mathrm{d}(x-1)^3\\&=\frac{1}{3}(x-1)^3\left(\int_0^x \mathrm{e}^{-t^2+2t}\mathrm{d}t\right)\Big|_0^1-\frac{1}{3}\int_0^1 (x-1)^3\mathrm{e}^{-(x-1)^2+1}\mathrm{d}x\\&\xlongequal{u=(x-1)^2}-\frac{\mathrm{e}}{6}\int_0^1 u\mathrm{e}^{-u}\mathrm{d}u=-\frac{\mathrm{e}}{6}(-u\mathrm{e}^{-u}-\mathrm{e}^{-u})\Big|_0^1\\&=\frac{1}{3}-\frac{\mathrm{e}}{6}.\end{aligned}$$

类型二　分段函数及可化为分段函数的积分

[**例 6**] 设 $f(x)=x(x\geqslant 0)$，$g(x)=\begin{cases}\sin x, & 0\leqslant x\leqslant\frac{\pi}{2}\\ 0, & x>\frac{\pi}{2}\end{cases}$，计算积分 $\int_0^x f(t)g(x-t)\mathrm{d}t$.

分析　分段函数积分不能直接用牛顿-莱布尼茨公式，应分段处理. 积分前应利用换元对分段函数的复合形式进行化简，再依变限落在不同分段区间的情况进行讨论.

解　$\int_0^x f(t)g(x-t)\mathrm{d}t\xlongequal{u=x-t}\int_0^x f(x-u)g(u)\mathrm{d}u$，于是，

当 $0\leqslant x\leqslant\frac{\pi}{2}$ 时，$\int_0^x f(x-u)g(u)\mathrm{d}u=\int_0^x(x-u)\sin u\mathrm{d}u=-\int_0^x(x-u)\mathrm{d}\cos u$

$$=-(x-u)\cos u\Big|_0^x-\int_0^x\cos u\mathrm{d}u=x-\sin x;$$

当 $x<\frac{\pi}{2}$ 时，$\int_0^x f(x-u)g(u)\mathrm{d}u=\int_0^{\frac{\pi}{2}}(x-u)\sin u\mathrm{d}u+\int_{\frac{\pi}{2}}^x(x-u)\cdot 0\mathrm{d}u$

$$=-(x-u)\cos u\Big|_0^{\frac{\pi}{2}}-\int_0^{\frac{\pi}{2}}\cos u\mathrm{d}u=x-1.$$

因此，原积分 $=\begin{cases}x-\sin x, & 0\leqslant x\leqslant\frac{\pi}{2}\\ x-1, & x>\frac{\pi}{2}\end{cases}$.

[**例 7**]　计算下列积分：

(1) $\int_0^{\pi}\sqrt{\sin x-\sin^3 x}\mathrm{d}x$;　　　　(2) $\int_a^b x\mathrm{e}^{|x|}\mathrm{d}x$.

分析　以上两题的被积函数均含绝对值号，属于可化为分段函数的积分类型，前者可利用分区间积分，后者由于积分限符号不定，很难分区间，可先利用不定积分求出被积函数的原函数，再利用牛顿-莱布尼茨公式积分.

解　(1) $\int_0^{\pi}\sqrt{\sin x-\sin^3 x}\mathrm{d}x=\int_0^{\pi}\sqrt{\sin x}|\cos x|\mathrm{d}x$

$$=\int_0^{\frac{\pi}{2}}\sqrt{\sin x}\cos x\mathrm{d}x-\int_{\frac{\pi}{2}}^{\pi}\sqrt{\sin x}\cos x\mathrm{d}x$$

$$=\frac{2}{3}\sin^{\frac{3}{2}}x\Big|_0^{\frac{\pi}{2}}-\frac{2}{3}\sin^{\frac{3}{2}}x\Big|_{\frac{\pi}{2}}^{\pi}=\frac{4}{3}.$$

(2) 先求原函数 $F(x)$，

当 $x<0$ 时，$F(x)=\int x\mathrm{e}^{|x|}\mathrm{d}x=-\int x\mathrm{d}\mathrm{e}^{-x}=-x\mathrm{e}^{-x}+\int\mathrm{e}^{-x}\mathrm{d}x=-x\mathrm{e}^{-x}-\mathrm{e}^{-x}+C_1$;

当 $x\geqslant 0$ 时，$F(x)=\int x\mathrm{e}^{|x|}\mathrm{d}x=\int x\mathrm{d}\mathrm{e}^{x}=x\mathrm{e}^{x}-\int\mathrm{e}^{x}\mathrm{d}x=x\mathrm{e}^{x}-\mathrm{e}^{x}+C_2$.

又 $F(0)=\lim\limits_{x\to 0^-}F(x)$，得 $C_1=C_2$，所以

$$F(x)=|x|\mathrm{e}^{|x|}-\mathrm{e}^{|x|}+C,$$

因此，$\int_a^b x\mathrm{e}^{|x|}\mathrm{d}x=(|x|\mathrm{e}^{|x|}-\mathrm{e}^{|x|})\big|_a^b=(|b|-1)\mathrm{e}^{|b|}-(|a|-1)\mathrm{e}^{|a|}$.

类型三 其他特定结构的定积分

[例 8] 证明 $\int_0^{\frac{\pi}{2}} f(\sin x, \cos x)\mathrm{d}x = \int_0^{\frac{\pi}{2}} f(\cos x, \sin x)\mathrm{d}x$.

分析 选择适合换元的积分，既保证积分区间不变，又能使正、余弦互换.

证 设 $u=\frac{\pi}{2}-x$, $\mathrm{d}x=-\mathrm{d}u$, 则

$$\text{左式} = -\int_{\frac{\pi}{2}}^{0} f\left[\sin\left(\frac{\pi}{2}-u\right), \cos\left(\frac{\pi}{2}-u\right)\right]\mathrm{d}u$$

$$= \int_0^{\frac{\pi}{2}} f(\cos u, \sin u)\mathrm{d}u = \text{右式}.$$

结果表明，在 $\left[0, \frac{\pi}{2}\right]$ 内由正、余弦构造的函数 $f(\sin x, \cos x)$ 的积分，当正、余弦互换时，其值不变.

[例 9] 计算积分 $\int_0^{\frac{\pi}{2}} \frac{1}{1+(\tan x)^{\lambda}}\mathrm{d}x$，$\lambda$ 为实数.

分析 题中当 $x=\frac{\pi}{2}$ 时，$\tan x$ 无定义，但被积函数有界，仍然可以积分. 更为一般地，当积分区间边界点出现无定义甚至无界的情况时，如积分 $\int_0^1 \frac{1}{\sqrt{1-x^2}}\mathrm{d}x$，只要原函数在该点能定值，仍可作一般积分处理.

解 (1) 由 $\int_0^{\frac{\pi}{2}} f(\sin x, \cos x)\mathrm{d}x = \int_0^{\frac{\pi}{2}} f(\cos x, \sin x)\mathrm{d}x$，有

$$\int_0^{\frac{\pi}{2}} \frac{1}{1+(\tan x)^{\lambda}}\mathrm{d}x = \int_0^{\frac{\pi}{2}} \frac{1}{1+(\cot x)^{\lambda}}\mathrm{d}x = \int_0^{\frac{\pi}{2}} \frac{(\tan x)^{\lambda}}{1+(\tan x)^{\lambda}}\mathrm{d}x.$$

因此，

$$\int_0^{\frac{\pi}{2}} \frac{1}{1+(\tan x)^{\lambda}}\mathrm{d}x = \frac{1}{2}\left[\int_0^{\frac{\pi}{2}} \frac{1}{1+(\tan x)^{\lambda}}\mathrm{d}x + \int_0^{\frac{\pi}{2}} \frac{(\tan x)^{\lambda}}{1+(\tan x)^{\lambda}}\mathrm{d}x\right]$$

$$= \frac{1}{2}\int_0^{\frac{\pi}{2}}\mathrm{d}x = \frac{\pi}{4}.$$

[例 10] 证明 $\int_0^{\frac{\pi}{2}} \sin^n x\,\mathrm{d}x = \begin{cases} \frac{n-1}{n}\cdot\frac{n-3}{n-2}\cdot\cdots\cdot\frac{1}{2}\cdot\frac{\pi}{2}, & n\text{ 为偶数} \\ \frac{n-1}{n}\cdot\frac{n-3}{n-2}\cdot\cdots\cdot\frac{2}{3}\cdot 1, & n\text{ 为奇数} \end{cases}$.

分析 利用分部积分法，先求出 $I_n = \int_0^{\frac{\pi}{2}} \sin^n x\,\mathrm{d}x$ 从 n 到 $n-2$ 的递推公式.

证 设 $I_n = \int_0^{\frac{\pi}{2}} \sin^n x\,\mathrm{d}x$，则

$$I_n = -\int_0^{\frac{\pi}{2}} \sin^{n-1}x\,\mathrm{d}\cos x = -\sin^{n-1}x\cos x\Big|_0^{\frac{\pi}{2}} + (n-1)\int_0^{\frac{\pi}{2}} \cos^2 x\sin^{n-2}x\,\mathrm{d}x$$

$$= (n-1)\int_0^{\frac{\pi}{2}} (1-\sin^2 x)\sin^{n-2}x\,\mathrm{d}x = (n-1)I_{n-2} - (n-1)I_n,$$

即得递推公式，$I_n=\frac{n-1}{n}I_{n-2}$，于是

当 n 为偶数时，$I_n=\frac{n-1}{n}I_{n-2}=\frac{n-1}{n}\cdot\frac{n-3}{n-2}I_{n-4}=\cdots=\frac{n-1}{n}\cdot\frac{n-3}{n-2}\cdot\cdots\cdot\frac{3}{4}\cdot\frac{1}{2}\cdot I_0$，

当 n 为奇数时，$I_n=\frac{n-1}{n}I_{n-2}=\frac{n-1}{n}\cdot\frac{n-3}{n-2}I_{n-4}=\cdots=\frac{n-1}{n}\cdot\frac{n-3}{n-2}\cdot\cdots\cdot\frac{2}{3}\cdot I_1$，

其中 $I_0=\int_0^{\frac{\pi}{2}}\sin^0 x\mathrm{d}x=\int_0^{\frac{\pi}{2}}\mathrm{d}x=\frac{\pi}{2}$，$I_1=\int_0^{\frac{\pi}{2}}\sin x\mathrm{d}x=1$，因此

$$\int_0^{\frac{\pi}{2}}\sin^n x\mathrm{d}x=\begin{cases}\frac{n-1}{n}\cdot\frac{n-3}{n-2}\cdot\cdots\cdot\frac{1}{2}\cdot\frac{\pi}{2}, & n\text{ 为偶数}\\ \frac{n-1}{n}\cdot\frac{n-3}{n-2}\cdot\cdots\cdot\frac{2}{3}\cdot 1, & n\text{ 为奇数}\end{cases}.$$

类似地，

$$\int_0^{\frac{\pi}{2}}\cos^n x\mathrm{d}x=\begin{cases}\frac{n-1}{n}\cdot\frac{n-3}{n-2}\cdot\cdots\cdot\frac{1}{2}\cdot\frac{\pi}{2}, & n\text{ 为偶数}\\ \frac{n-1}{n}\cdot\frac{n-3}{n-2}\cdot\cdots\cdot\frac{2}{3}\cdot 1, & n\text{ 为奇数}\end{cases}.$$

[例 11] 计算下列积分：

(1) $\int_0^{\frac{\pi}{2}}\sin^7 x\cos^4 x\mathrm{d}x$；　　　　(2) $\int_0^{\frac{\pi}{2}}\sin^{10}x\cos^2 x\mathrm{d}x$.

分析　本题从不定积分的三角有理函数类型的角度计算，也可直接利用例 10 的结论直接计算，显然，题 (2) 用例 10 的结论会简单得多.

解　(1) **方法 1**　设 $u=\cos x$，则

$$\begin{aligned}\int_0^{\frac{\pi}{2}}\sin^7 x\cos^4 x\mathrm{d}x&=\int_0^1(1-u^2)^3u^4\mathrm{d}u=\int_0^1(u^4-3u^6+3u^8-u^{10})\mathrm{d}u\\&=\left(\frac{1}{5}u^5-\frac{3}{7}u^7+\frac{1}{3}u^9-\frac{1}{11}u^{11}\right)\Big|_0^1\\&=\frac{1}{5}-\frac{3}{7}+\frac{1}{3}-\frac{1}{11}=\frac{16}{1\,155}.\end{aligned}$$

方法 2　由例 10 的结论，得

$$\begin{aligned}\int_0^{\frac{\pi}{2}}\sin^7 x(1-\sin^2 x)^2\mathrm{d}x&=I_7-2I_9+I_{11}\\&=\frac{6}{7}\cdot\frac{4}{5}\cdot\frac{2}{3}\cdot 1-2\cdot\frac{8}{9}\cdot\frac{6}{7}\cdot\frac{4}{5}\cdot\frac{2}{3}\cdot 1+\frac{10}{11}\\&\quad\cdot\frac{8}{9}\cdot\frac{6}{7}\cdot\frac{4}{5}\cdot\frac{2}{3}\cdot 1\\&=\frac{16}{1\,155}.\end{aligned}$$

(2) 由例 10 的结论，得

$$\int_0^{\frac{\pi}{2}} \sin^{10}x\cos^2 x\mathrm{d}x = \int_0^{\frac{\pi}{2}} \sin^{10}x(1-\sin^2 x)\mathrm{d}x = I_{10} - I_{12}$$

$$= \frac{9}{10}\cdot\frac{7}{8}\cdot\frac{5}{6}\cdot\frac{3}{4}\cdot\frac{1}{2}\cdot\frac{\pi}{2} - \frac{11}{12}\cdot\frac{9}{10}\cdot\frac{7}{8}\cdot\frac{5}{6}\cdot\frac{3}{4}\cdot\frac{1}{2}\cdot\frac{\pi}{2}$$

$$= \frac{21\pi}{2\,048}.$$

[例 12] 设 $f(x)$ 连续，且是周期为 T 的周期函数，证明 $\int_a^{a+nT} f(x)\mathrm{d}x = n\int_0^T f(x)\mathrm{d}x$.

分析 利用函数的周期性和换元积分证明.

证 依题设，$f(x)=f(x+T)=f(x+2T)=\cdots=f(x+kT)$，$k=1, 2, \cdots$. 于是

$$\int_{kT}^{(k+1)T} f(x)\mathrm{d}x \xlongequal{u=x-kT} \int_0^T f(u+kT)\mathrm{d}u = \int_0^T f(u)\mathrm{d}u$$

$$= \int_0^T f(x)\mathrm{d}x, \quad k=1, 2, \cdots, n,$$

$$\int_{nT}^{nT+a} f(x)\mathrm{d}x \xlongequal{u=x-nT} \int_0^a f(u+nT)\mathrm{d}u = \int_0^a f(u)\mathrm{d}u = \int_0^a f(x)\mathrm{d}x,$$

因此，

$$\text{左边} = \int_a^0 f(x)\mathrm{d}x + \int_0^T f(x)\mathrm{d}x + \int_T^{2T} f(x)\mathrm{d}x + \cdots + \int_{kT}^{(k+1)T} f(x)\mathrm{d}x + \cdots$$

$$+ \int_{nT}^{nT+a} f(x)\mathrm{d}x$$

$$= \int_a^0 f(x)\mathrm{d}x + \int_0^T f(x)\mathrm{d}x + \int_0^T f(x)\mathrm{d}x + \cdots + \int_0^T f(x)\mathrm{d}x + \int_0^a f(x)\mathrm{d}x$$

$$= n\int_0^T f(x)\mathrm{d}x = \text{右边}.$$

小结 定积分的计算基本上沿用不定积分的积分法，找出原函数后，通过牛顿-莱布尼茨公式定值. 但有自己的特点，应注意把握.

从限制条件说，不定积分的计算重点是找原函数，换元积分时，都是在假设所有运算有意义的前提下进行的. 如对积分 $\int \frac{1}{1+x^2}\mathrm{d}x$，可以在换元 $u=\frac{1}{x}$ 下，积分变为 $-\int \frac{1}{1+u^2}\mathrm{d}u = -\arctan\frac{1}{x}+C$，只要不忘记变量回代即可. 但计算定积分 $\int_{-1}^1 \frac{1}{1+x^2}\mathrm{d}x$ 时，换元 $u=\frac{1}{x}$ 是错误的，因为设定受限于积分区间，在 $[-1, 1]$ 内，$\frac{1}{x}$ 是间断的.

在更多的情况下，定积分的计算有自身特色，充分利用这些特色，相对于不定积分，计算要简单得多. 主要特色包括：

(1) 可以利用定积分的几何背景积分，如由对称性，当 $f(x)$ 为奇函数（或偶函数）时，有

$$\int_{-a}^a f(x)\mathrm{d}x = 0 \left(\text{或 } 2\int_0^a f(x)\mathrm{d}x\right),$$

当 $f(x)$ 是周期为 T 的周期函数时，

$$\int_{a}^{a+nT} f(x)\mathrm{d}x = n\int_{0}^{T} f(x)\mathrm{d}x,$$

再例如，$\int_{-a}^{a} \sqrt{a^2-x^2}\mathrm{d}x = \frac{1}{2}\pi a^2$.

(2) 换元积分不再有变量回代过程.

(3) 利用分区间积分的性质能方便地处理分段函数及可化为分段函数的积分.

(4) 可利用定积分的特定类型的积分公式，如

$$\int_{0}^{1} x^m(1-x^n)\mathrm{d}x = \int_{0}^{1}(1-x)^m x^n\mathrm{d}x,$$

$$\int_{-a}^{a} f(x)+f(-x)\mathrm{d}x = \int_{0}^{a}[f(x)+f(-x)]\mathrm{d}x,$$

$$\int_{0}^{\pi} xf(\sin x)\mathrm{d}x = \pi\int_{0}^{\frac{\pi}{2}} f(\sin x)\mathrm{d}x = \frac{\pi}{2}\int_{0}^{\pi} f(\sin x)\mathrm{d}x,$$

$$\int_{0}^{\frac{\pi}{2}} f(\sin x,\cos x)\mathrm{d}x = \int_{0}^{\frac{\pi}{2}} f(\cos x,\sin x)\mathrm{d}x,$$

$$\int_{0}^{\frac{\pi}{2}} \sin^n x\mathrm{d}x = \begin{cases} \frac{n-1}{n}\cdot\frac{n-3}{n-2}\cdot\cdots\cdot\frac{1}{2}\cdot\frac{\pi}{2}, & n\text{ 为偶数} \\ \frac{n-1}{n}\cdot\frac{n-3}{n-2}\cdot\cdots\cdot\frac{2}{3}\cdot 1, & n\text{ 为奇数} \end{cases}.$$

4. 广义积分及其计算

[例 1] 填空题

(1) 设 $\int_{2}^{+\infty}\left(\frac{1}{x-1}-\frac{1}{x+2}\right)\mathrm{d}x =$ ________.

(2) $\int_{-1}^{2}\ln|x|\mathrm{d}x =$ ________.

答 (1) $\ln 4$. (2) $2\ln 2-3$.

解析 (1) 本题从积分角度而言，分项积分最简单，即

$$\int_{2}^{+\infty}\left(\frac{1}{x-1}-\frac{1}{x+2}\right)\mathrm{d}x = \ln|x-1|\Big|_{2}^{+\infty} - \ln|x+2|\Big|_{2}^{+\infty},$$

但破坏了收敛性，不妥，应合并积分处理.

$$\int_{2}^{+\infty}\left(\frac{1}{x-1}-\frac{1}{x+2}\right)\mathrm{d}x = 3\int_{2}^{+\infty}\frac{1}{x^2+x-2}\mathrm{d}x = 3\int_{2}^{+\infty}\frac{1}{\left(x+\frac{1}{2}\right)^2-\frac{9}{4}}\mathrm{d}x$$

$$= \ln\left|\frac{x-1}{x+2}\right|\Bigg|_{2}^{+\infty} = \ln 4.$$

(2) 注意到 $x=0$ 为无界点，应分项，将 $x=0$ 放在积分边界点处理.

$$\int_{-1}^{2}\ln|x|\mathrm{d}x = \int_{-1}^{0}\ln(-x)\mathrm{d}x + \int_{0}^{2}\ln x\mathrm{d}x$$

$$= x\ln(-x)\Big|_{-1}^{0^-} - \int_{-1}^{0}\mathrm{d}x + x\ln x\Big|_{0^+}^{2} - \int_{0}^{2}\mathrm{d}x$$

$$= 2\ln 2-3,$$

其中 $\lim\limits_{x\to 0^-}x\ln(-x)=\lim\limits_{x\to 0^+}x\ln x=0$.

[例 2] 单项选择题

下列结论正确的是（　　）.

A. $\int_{-\infty}^{+\infty}\frac{x}{1+x^2}\mathrm{d}x=0$　　　　B. $\int_{-\infty}^{+\infty}\frac{x}{1+x^4}\mathrm{d}x=0$

C. $\int_{-1}^{1}\frac{1}{x^3}\mathrm{d}x=0$　　　　D. $\int_{0}^{1}\frac{1}{x^2}\mathrm{d}x<\int_{0}^{1}\frac{1}{x^3}\mathrm{d}x$

答　B.

解析　根据无穷积分的定义，

$$\int_{-\infty}^{+\infty}\frac{x}{1+x^2}\mathrm{d}x=\lim_{x\to+\infty}\frac{1}{2}\ln(1+x^2)-\lim_{x\to-\infty}\frac{1}{2}\ln(1+x^2),$$

知该积分发散，等式无实际意义. 类似地，瑕积分 $\int_{-1}^{1}\frac{1}{x^3}\mathrm{d}x$，$\int_{0}^{1}\frac{1}{x^2}\mathrm{d}x$，$\int_{0}^{1}\frac{1}{x^3}\mathrm{d}x$ 均发散，等式 $\int_{-1}^{1}\frac{1}{x^3}\mathrm{d}x=0$ 和不等式 $\int_{0}^{1}\frac{1}{x^2}\mathrm{d}x<\int_{0}^{1}\frac{1}{x^3}\mathrm{d}x$ 均无实际意义，又

$$\int_{-\infty}^{+\infty}\frac{x}{1+x^4}\mathrm{d}x=\int_{-\infty}^{0}\frac{x}{1+x^4}\mathrm{d}x+\int_{0}^{+\infty}\frac{x}{1+x^4}\mathrm{d}x$$

$$\overset{u=x^2}{=}\frac{1}{2}\int_{+\infty}^{0}\frac{\mathrm{d}u}{1+u^2}+\frac{1}{2}\int_{0}^{+\infty}\frac{\mathrm{d}u}{1+u^2}=-\frac{\pi}{4}+\frac{\pi}{4}=0,$$

知在收敛条件下，无穷积分适用对称性. 故选择 B.

[例 3] 计算下列积分：

(1) $\int_{-\frac{\pi}{4}}^{\frac{\pi}{4}}\frac{1}{1+4\sin^2 x}\mathrm{d}x$；　　　　(2) $\int_{0}^{+\infty}\frac{xe^x}{(1+e^x)^2}\mathrm{d}x$.

分析　题(1) 虽然非广义积分，但为便于计算，需作换元 $\cot x=u$，则 $x=0$ 为其无界点，从而将原积分转化为无穷积分，为此，利用对称性，必须将 $x=0$ 作为边界点处理. 对于题 (2)，在计算时注意既要便于计算，又不能因方法不当破坏其收敛性.

解　(1) 由对称性，$\int_{-\frac{\pi}{4}}^{\frac{\pi}{4}}\frac{1}{1+4\sin^2 x}\mathrm{d}x=2\int_{0}^{\frac{\pi}{4}}\frac{1}{1+4\sin^2 x}\mathrm{d}x$，设 $u=\cot x$，则 $\mathrm{d}u=-\frac{1}{\sin^2 x}\mathrm{d}x$，当 $x\to 0^+$ 时，$u\to+\infty$，于是，

$$\text{原积分}=2\int_{0}^{\frac{\pi}{4}}\frac{\mathrm{d}x}{(\csc^2 x+4)\sin^2 x}=-2\int_{+\infty}^{1}\frac{1}{u^2+5}\mathrm{d}u$$

$$=\frac{2}{\sqrt{5}}\arctan\frac{u}{\sqrt{5}}\Big|_{1}^{+\infty}=\frac{2}{\sqrt{5}}\left(\frac{\pi}{2}-\arctan\frac{1}{\sqrt{5}}\right).$$

(2) **方法 1**　先找原函数，再定值. 由

$$\int\frac{xe^x}{(1+e^x)^2}\mathrm{d}x=-\int x\mathrm{d}\left(\frac{1}{1+e^x}\right)=-x\frac{1}{1+e^x}+\int\frac{1}{1+e^x}\mathrm{d}x$$

$$=-\frac{x}{1+e^x}+\int\left(\frac{1}{e^x}-\frac{1}{1+e^x}\right)\mathrm{d}e^x$$

$$=-\frac{x}{1+e^x}+x-\ln(1+e^x)+C,$$

得$\int_0^{+\infty}\frac{xe^x}{(1+e^x)^2}dx=\lim\limits_{x\to+\infty}\left[-\frac{x}{1+e^x}+\ln\frac{e^x}{1+e^x}\right]+\ln2=\ln2.$

方法 2　直接用定积分分部积分法

$$\int_0^{+\infty}\frac{xe^x}{(1+e^x)^2}dx=-\frac{x}{1+e^x}\Big|_0^{+\infty}+\int_0^{+\infty}\frac{dx}{1+e^x}=\ln\frac{e^x}{1+e^x}\Big|_0^{+\infty}=\ln2.$$

方法 3　用另一种定积分分部积分法

$$\int_0^{+\infty}\frac{xe^x}{(1+e^x)^2}dx=\int_0^{+\infty}\frac{xe^{-x}}{(1+e^{-x})^2}dx=\frac{x}{1+e^{-x}}\Big|_0^{+\infty}-\int_0^{+\infty}\frac{dx}{1+e^{-x}},$$

其中，$\lim\limits_{x\to+\infty}\frac{x}{1+e^{-x}}=\infty$，积分过程出现发散，但非积分发散，而是方法不当.

[例 4] 计算下列积分：

(1) $\int_2^3\ln(x-2)dx$；　　　　(2) $\int_1^3\frac{dx}{\sqrt{|x^2-2x|}}$.

分析　以上积分为瑕积分. 仍然注意兼顾积分有效性和瑕积分的收敛性. 如果无法兼顾，可由不定积分先求原函数，再定值.

解　(1) **方法 1**　直接用定积分分部积分法.

$$\int_2^3\ln(x-2)dx=x\ln(x-2)\Big|_2^3-\int_2^3\frac{x}{x-2}dx,$$

其中，$\lim\limits_{x\to2^+}x\ln(x-2)=-\infty$，积分过程出现发散，但不能就此判定积分发散，而是方法不当，应改用其他方法再试.

方法 2　换另一种分部积分法.

$$\int_2^3\ln(x-2)dx=\int_2^3\ln(x-2)d(x-2)=(x-2)\ln(x-2)\Big|_2^3-\int_2^3dx=-1,$$

其中$\lim\limits_{x\to2^+}(x-2)\ln(x-2)=0$.

方法 3　先求原函数，再定值.

$$\int\ln(x-2)dx=x\ln(x-2)-\int\frac{x}{x-2}dx=x\ln(x-2)-x-2\ln(x-2)+C,$$

于是$\int_2^3\ln(x-2)dx=[(x-2)\ln(x-2)-x]\Big|_2^3=-1$.

(2) 无界点为 $x=2$，通过分项积分，放在边界点处理.

$$\begin{aligned}\int_1^3\frac{dx}{\sqrt{|x^2-2x|}}&=\int_1^2\frac{dx}{\sqrt{-x^2+2x}}+\int_2^3\frac{dx}{\sqrt{x^2-2x}}\\&=\int_1^2\frac{dx}{\sqrt{1-(x-1)^2}}+\int_2^3\frac{dx}{\sqrt{(x-1)^2-1}}\\&=\arcsin(x-1)\Big|_1^2+\ln\left[x-1+\sqrt{(x-1)^2-1}\right]\Big|_2^3\\&=\frac{\pi}{2}+\ln(2+\sqrt{3}).\end{aligned}$$

小结 广义积分是通过极限将定积分的概念推至无穷区间或无界函数情况下的积分，关键是收敛性的问题. 在收敛条件下，广义积分具有与定积分相同的性质和运算方法，如对称性、同一积分限下的大小比较等. 由于本课程收敛性的判别仅限于收敛性的基本概念，因此是否依靠积分计算取决于原函数代值（取极限）时的收敛性.

例 3 和例 4 表明，计算广义积分时，不能按定积分一般的积分思路进行，必须同时兼顾收敛性. 若在积分过程中出现发散的情况，不要轻易判断原积分发散，可改变积分方法或先求原函数再代值（取极限），后者可以确定其收敛性.

实际积分时，为了计算方便，可能在定积分和广义积分之间实行转换.

5. 定积分的综合应用

类型一　定积分的几何应用

［**例 1**］利用微元法证明，由曲线 $y=f(x)$ 与 x 轴所围成的介于区间 $[a, b]$ 内的平面图形绕 y 轴旋转所得的旋转体的体积为 $V_y=2\pi\int_a^b x|f(x)|\mathrm{d}x$，其中 $0<a<b$.

分析 利用微元法推导，体积元素为两个圆柱体的体积差.

证 如图 6-4 所示，对 $[a, b]$ 作任意分割，并任取一个分割小区间 $[x, x+\mathrm{d}x]$，该区间上对应曲边梯形绕轴旋转得到的体积可近似看作高为 $|f(x)|$、半径分别为 $x+\mathrm{d}x$ 和 x 的圆柱体的体积差，从而得旋转体的体积微元为

$$\begin{aligned}\mathrm{d}V&=\pi|f(x)|(x+\mathrm{d}x)^2-\pi|f(x)|x^2\\&=2\pi x|f(x)|\mathrm{d}x+\pi|f(x)|\mathrm{d}^2x\\&\approx2\pi x|f(x)|\mathrm{d}x,\end{aligned}$$

所以，由微元法，得到的旋转体的体积为

$$V_y=2\pi\int_a^b x|f(x)|\mathrm{d}x.$$

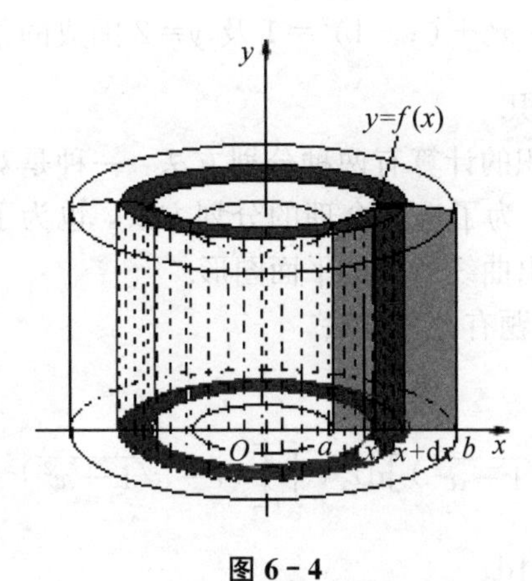

图 6-4

［**例 2**］求曲线 $y=x^3-2x$ 与 $y=x^2$ 围成的平面图形的面积，以及该平面图形绕 y 轴旋转所得到的旋转体的体积.

分析 为准确给出面积和旋转体的体积计算式，应画出曲线所围的平面图形，计算旋转体的体积可利用例 1 的公式.

解 如图 6－5 所示，两曲线交点为$(-1,1)$，$(0,0)$，$(2,4)$，且当$-1\leqslant x\leqslant 0$时$x^3-2x\geqslant x^2$，当$0\leqslant x\leqslant 2$时$x^3-2x\leqslant x^2$，于是，所围平面图形的面积为

$$\begin{aligned}\int_{-1}^{2}\left|x^3-2x-x^2\right|\mathrm{d}x&=\int_{-1}^{0}(x^3-2x-x^2)\mathrm{d}x-\int_{0}^{2}(x^3-2x-x^2)\mathrm{d}x\\&=\left(\frac{1}{4}x^4-x^2-\frac{1}{3}x^3\right)\Big|_{-1}^{0}-\left(\frac{1}{4}x^4-x^2-\frac{1}{3}x^3\right)\Big|_{0}^{2}\\&=\frac{5}{12}+\frac{8}{3}=\frac{37}{12}.\end{aligned}$$

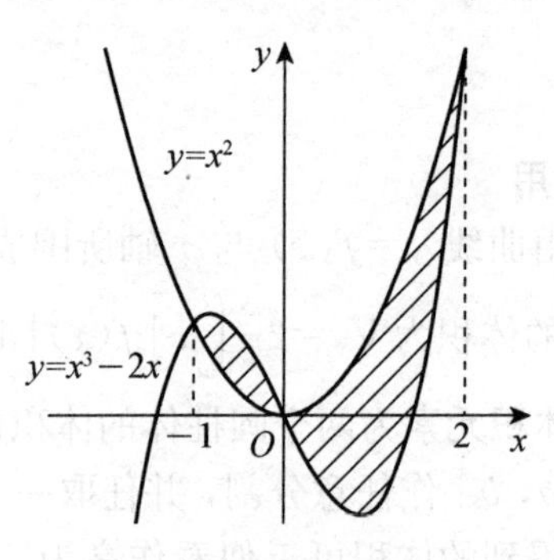

图 6－5

旋转体的体积为

$$\begin{aligned}V_y&=-2\pi\int_{-1}^{0}x(x^3-2x-x^2)\mathrm{d}x-2\pi\int_{0}^{2}x(x^3-2x-x^2)\mathrm{d}x\\&=-2\pi\left(\frac{1}{5}x^5-\frac{2}{3}x^3-\frac{1}{4}x^4\right)\Big|_{-1}^{0}-2\pi\left(\frac{1}{5}x^5-\frac{2}{3}x^3-\frac{1}{4}x^4\right)\Big|_{0}^{2}\\&=\frac{13\pi}{30}+\frac{88\pi}{15}=6.3\pi.\end{aligned}$$

[例 3] 求曲线$y=\frac{1}{2}x^2$，$x^2+(y-1)^2=1$及$y=2$围成的平面图形在第一象限部分的面积.

分析 由微元法，对面积的计算有两种分划方法：一种是对x分划，另一种是对y分划. 为了选择合理的分划方式，也为了准确给出面积计算式，应画出曲线所围的平面图形.

解 如图 6－6 所示，本题有三种方法.

方法 1 对x分划，

图 6－6

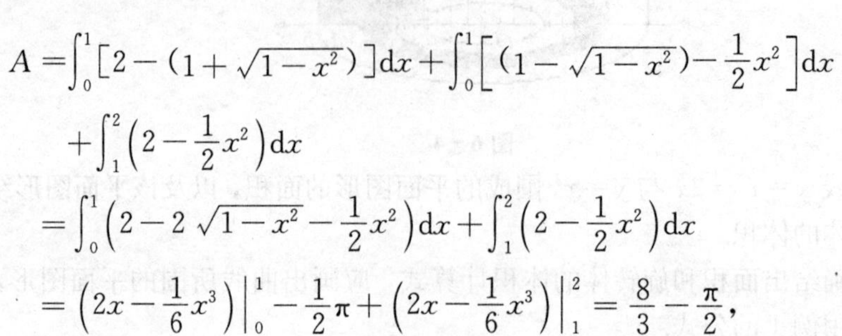

$$\begin{aligned}A&=\int_{0}^{1}\left[2-(1+\sqrt{1-x^2})\right]\mathrm{d}x+\int_{0}^{1}\left[(1-\sqrt{1-x^2})-\frac{1}{2}x^2\right]\mathrm{d}x\\&\quad+\int_{1}^{2}\left(2-\frac{1}{2}x^2\right)\mathrm{d}x\\&=\int_{0}^{1}\left(2-2\sqrt{1-x^2}-\frac{1}{2}x^2\right)\mathrm{d}x+\int_{1}^{2}\left(2-\frac{1}{2}x^2\right)\mathrm{d}x\\&=\left(2x-\frac{1}{6}x^3\right)\Big|_{0}^{1}-\frac{1}{2}\pi+\left(2x-\frac{1}{6}x^3\right)\Big|_{1}^{2}=\frac{8}{3}-\frac{\pi}{2},\end{aligned}$$

其中$\int_0^1 \sqrt{1-x^2}\,dx$表示半径为 1 的四分之一圆面积，即

$$\int_0^1 \sqrt{1-x^2}\,dx = \frac{1}{4}\pi.$$

方法 2　对 y 分划，

$$A=\int_0^2\left[\sqrt{2y}-\sqrt{1-(y-1)^2}\right]dy=\frac{2\sqrt{2}}{3}y^{\frac{3}{2}}\Big|_0^2-\frac{1}{2}\pi=\frac{8}{3}-\frac{\pi}{2},$$

其中$\int_0^2 \sqrt{1-(y-1)^2}\,dx$表示半径为 1 的二分之一圆的面积，即

$$\int_0^2 \sqrt{1-(y-1)^2}\,dx = \frac{1}{2}\pi.$$

方法 3　用面积差计算

$$A=\int_0^2\left(2-\frac{1}{2}x^2\right)dx-\frac{1}{2}\pi=\left(2x-\frac{1}{6}x^3\right)\Big|_0^2-\frac{\pi}{2}=\frac{8}{3}-\frac{\pi}{2}.$$

容易看到，借助图纸选择方法 2 或方法 3 最简便.

类型二　定积分的经济应用

［**例 4**］已知某产品的总产量是对时间的变化率是$Q'(t)=\frac{225}{t^2}e^{-\frac{15}{t}}$（吨／天），且$Q(0)=0$.

求：(1) 投产后多少天平均日产量达到最大值？最大值是多少？

(2) 达到最大值后再生产 30 天，这 30 天的平均日产量.

分析　求原函数有两种方法：一种是不定积分，有一个定常数的问题；另一种是用定积分，得到的是增量，不要忘记补初值.

解　(1) $Q(t)=\int_0^t \frac{225}{x^2}e^{-\frac{15}{x}}dx+Q(0)=15e^{-\frac{15}{x}}\Big|_0^t=15e^{-\frac{15}{t}}-\lim\limits_{t\to 0^+}e^{-\frac{15}{t}}=15e^{-\frac{15}{t}}$，

投产后 t 天平均日产量为 $f(t)$，

$$f(t)=\frac{Q(t)}{t}=\frac{15}{t}e^{-\frac{15}{t}},$$

令 $f'(t)=-\frac{15}{t^3}e^{-\frac{15}{t}}(t-15)=0$，得驻点 $t=15$，且当 $t>15$ 时 $f'(t)<0$，当 $0<t<15$ 时 $f(t)>0$，故 $t=15$ 为极大值点，即为最大值点. 所以，当该产品投产 15 天后平均日产量最大，最大日产量为 $f(15)=e^{-1}$（吨／天）.

(2) 由$\frac{1}{30}\int_{15}^{45}\frac{225}{x^2}e^{-\frac{15}{x}}dx=\frac{1}{30}[Q(45)-Q(15)]=\frac{1}{2}(e^{-\frac{1}{3}}-e^{-1})$，知平均日产量达到最大值后再生产 30 天，平均日产量为$\frac{1}{2}(e^{-\frac{1}{3}}-e^{-1})$（吨／天）.

［**例 5**］设某产品的边际成本为 $C'(x)=4+\frac{x}{4}$（万元／百台），边际收入为 $R'(x)=8-x$（万元／百台）.

求：(1) 产量从 1 百台增加到 5 百台时总成本与总收入的增量；

(2) 产量是多少时，总利润最大.

分析　同例 4.

解　(1) 总成本增量为

$$\Delta C=\int_{1}^{5}\left(4+\frac{x}{4}\right)\mathrm{d}x=\left(4x+\frac{1}{8}x^{2}\right)\Big|_{1}^{5}=19(\text{万元}).$$

总收入增量为

$$\Delta R=\int_{1}^{5}(8-x)\mathrm{d}x=\left(8x-\frac{1}{2}x^{2}\right)\Big|_{1}^{5}=20(\text{万元}).$$

(2) 总利润 $L=R-C$, 令

$$L'=R'(x)-C'(x)=8-x-\left(4+\frac{x}{4}\right)=4-x-\frac{x}{4}=0,$$

得 $x=3.2$ (百台).

又 $L''(3.2)=-\frac{5}{4}<0$, 知 $x=3.2$ 为极大值点，即为最大值点. 因此，当产量为 320 台时，总利润最大.

[**例 6**] 某商品房现售价为 150 万元，若分期付款，分 20 年全部付清，且每年付款额相同，年贴现率为 4%，按连续复利计算，每年应付款多少钱?

分析　用微元法计算出每年付款的贴现值元素，再利用定积分计算，使总量等于 150 万元.

解　设每年付款 a 万元，则时间 $[t, t+\mathrm{d}t]$ 间隔内还款的贴现值为 $\mathrm{d}A=a\mathrm{e}^{-0.04t}\mathrm{d}t$, 则 20 年付款的总贴现值为 $A(20)=\int_{0}^{20}a\mathrm{e}^{-0.04t}\mathrm{d}t$, 从而有

$$A(20)=\int_{0}^{20}a\mathrm{e}^{-0.04t}\mathrm{d}t=-\frac{a}{0.04}\mathrm{e}^{-0.04t}\Big|_{0}^{20}=13.77a=150,$$

解得 $a=10.9$(万元)，即每年付款 10.9 万元，可在 20 年内还清房款.

小结　定积分的应用关键是从实际问题中引入并建立定积分的数学模式，从理论上凡是总量 Q 能任意分割，分割后的每个分量 ΔQ 通过近似代替能表示为形式 $f(x)\mathrm{d}x$ (总量的微元素)，均能用定积分 $\int_{a}^{b}f(x)\mathrm{d}x$ 计算. 这就是微元法. 因此，如果能真正领会微元法的基本思想，定积分的应用就不难掌握.

定积分的几何应用应注意画出所围成的平面图形，这对于选择分划方式、积分定限都很有必要. 另外，在几何应用时应注意函数的符号，因为问题中面积的高、旋转体的旋转半径都是正的.

经济应用要注意定积分所表示的是某经济量的增量，求整个函数时还应补上初值. 另外，定积分中平均数的概念在经济学中也有所应用.

五、综合练习

1. 填空题

(1) 设函数 $f(x)$ 的一个原函数为 3, 则 $\int f(x)\mathrm{d}x=$ ________, $\int_{a}^{x}f(x)\mathrm{d}x=$ ________.

(2) $\lim\limits_{n\to\infty}\sum\limits_{k=1}^{n}\dfrac{n}{n^2+k^2}$ 可用定积分表示为________.

(3) 设 $f(x)$ 满足等式 $f(x)=x^3-\sqrt{1-x^2}\int_0^1 f(x)\mathrm{d}x$，则 $f(x)=$________.

(4) 设函数 $f(x)$ 在 $[-a,a]$ 可积，则 $\int_{-a}^{a}[f(x)-f(-x)]\mathrm{d}x=$________.

(5) 函数 $f(x)=\int_a^x (x-1)x^2(x+1)(x+3)\mathrm{d}x$ 的单调增区间为________.

(6) $\lim\limits_{n\to\infty}\int_n^{n+p}\dfrac{\sin x}{x}\mathrm{d}x=$________.

(7) $\int_{\frac{k-1}{n}\pi}^{\frac{k}{n}\pi}|\sin nx|\mathrm{d}x=$________.

2. 单项选择题

(1) 函数 $f(x)$ 在 $[a,b]$ 上连续是该函数在 $[a,b]$ 上存在原函数的（　　）.

A. 充分必要条件　　B. 必要非充分条件

C. 充分非必要条件　　D. 既非充分又非必要条件

(2) 设 $f(x)$ 为连续函数，a 为任意常数，下列结论中不一定正确的是（　　）.

A. 若 $f(x)$ 为奇函数，则 $\int_a^x f(t)\mathrm{d}t$ 必为偶函数

B. 若 $f(x)$ 为偶函数，则 $\int_a^x f(t)\mathrm{d}t$ 必为奇函数

C. 若 $f(x)$ 为正值函数，则 $\int_a^x f(t)\mathrm{d}t$ 必为单调增函数

D. 若 $f(x)$ 为单调增函数，则曲线 $y=\int_a^x f(t)\mathrm{d}t$ 也是凹的

(3) 设 $I_1=\int_{\frac{1}{2}}^{1}\dfrac{\mathrm{d}x}{(1+x^2)\sqrt{x}}$，$I_2=\int_{\frac{1}{2}}^{1}\dfrac{\mathrm{d}x}{(1+x^2)\sqrt[3]{x}}$，$I_3=\int_{\frac{1}{2}}^{1}\dfrac{\mathrm{d}x}{(1+x)\sqrt[3]{x}}$，则有（　　）.

A. $I_3<I_2<I_1$　　B. $I_2<I_3<I_1$

C. $I_3<I_1<I_2$　　D. $I_1<I_3<I_2$

(4) 设 $f(x)=\int_0^{x^2}\sin t^2\mathrm{d}t$，$g(x)=\dfrac{x^5}{5}+\dfrac{x^6}{6}$，则当 $x\to 0$ 时，$f(x)$ 是 $g(x)$ 的（　　）.

A. 低阶无穷小　　B. 高阶无穷小

C. 等价无穷小　　D. 同阶但不等价无穷小

(5) 如图 6-7 所示，曲线段的方程为 $y=f(x)$，函数 $f(x)$ 在区间$[0,a]$上有连续导数，则定积分 $\int_0^a xf'(x)\mathrm{d}x=$（　　）.

A. 曲边梯形 $ABOD$ 的面积

B. 梯形 $ABOD$ 的面积

C. 曲边三角形 ACD 的面积

D. 三角形 ACD 的面积

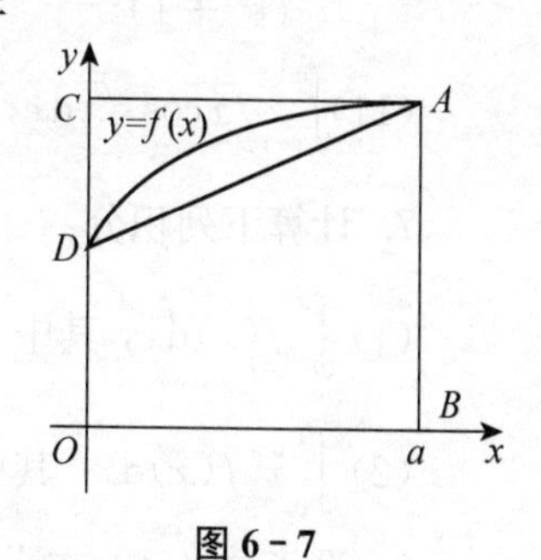

图 6-7

(6) 设函数 $f(x)$ 在 $[a,b]$ 上连续，则 $\int_a^b f(x)\mathrm{d}x=$（　　）.

A. $\frac{1}{2}\int_a^b f\left(\frac{x}{2}\right)\mathrm{d}x$　　B. $\frac{1}{2}\int_{2a}^{2b} f\left(\frac{x}{2}\right)\mathrm{d}x$

C. $\frac{1}{2}\int_{\frac{a}{2}}^{\frac{b}{2}} f\left(\frac{x}{2}\right)\mathrm{d}x$　　D. $2\int_{\frac{a}{2}}^{\frac{b}{2}} f\left(\frac{x}{2}\right)\mathrm{d}x$

(7) 下列结论正确的是（　　）.

A. $\int_1^{+\infty}\left[\frac{1}{x+2}-\frac{1}{x+3}\right]\mathrm{d}x=\int_1^{+\infty}\frac{1}{x+2}\mathrm{d}x-\int_1^{+\infty}\frac{1}{x+3}\mathrm{d}x$

B. $\int_1^{+\infty}x^3\mathrm{d}x>\int_1^{+\infty}x^2\mathrm{d}x$

C. 由对称性，$\int_{-\infty}^{+\infty}\frac{x}{1+x^2}\mathrm{d}x=0$

D. 由对称性，$\int_{-\infty}^{+\infty}\frac{x}{1+x^4}\mathrm{d}x=0$

3. 利用定积分的概念计算极限

$$\lim_{n\to\infty}\frac{1}{n}\left(\sqrt{1-\cos\frac{\pi}{n}}+\sqrt{1-\cos\frac{2\pi}{n}}+\cdots+\sqrt{1-\cos\frac{n\pi}{n}}\right).$$

4. 设连续函数 $f(x)$ 满足条件 $\int_0^x f(x-u)\mathrm{e}^u\mathrm{d}u=\sin x$，求函数 $f(x)$.

5. 设函数 $f(x)=\int_0^1|t(t-x)|\mathrm{d}t\,(0<x<1)$，求 $f(x)$ 的极值、单调区间及曲线 $y=f(x)$ 的凹凸区间.

6. 计算下列积分：

(1) $\int_{-4}^{1}\frac{x+|x|}{x^2+1}\mathrm{d}x$；　　(2) $\int_0^2 x\sqrt{2x-x^2}\mathrm{d}x$；

(3) $\int_0^1\sqrt{x\sqrt{x\sqrt[3]{x^2}}}\mathrm{d}x$；　　(4) $\int_0^1 x^2(1-x)^7\mathrm{d}x$；

(5) $\int_0^1 x^4\sqrt{1-x^2}\mathrm{d}x$；　　(6) $\int_{\frac{1}{2}}^{1}\frac{1}{x^2}\sqrt{\frac{1-x}{1+x}}\mathrm{d}x$；

(7) $\int_0^{\frac{\pi}{4}}\frac{\cos^2\theta}{\frac{1}{3}\cos^2\theta+\sin^2\theta}\mathrm{d}\theta$；　　(8) $\int_0^{\pi}\sqrt{1-\sin 2x}\mathrm{d}x$；

(9) $\int_0^1\frac{1}{(\mathrm{e}^x+1)^2}\mathrm{d}x$；　　(10) $\int_0^{\ln 2}\sqrt{\mathrm{e}^x+1}\mathrm{d}x$；

(11) $\int_0^{\pi^2}\sqrt{x}\cos\sqrt{x}\mathrm{d}x$；　　(12) $\int_0^1\frac{x\arcsin x}{\sqrt{1-x^2}}\mathrm{d}x$.

7. 计算下列积分：

(1) $\int_0^x f(x)\mathrm{d}x$，其中 $f(x)=\begin{cases}x^2, & 0\leqslant x<1\\ x-1, & 1\leqslant x\end{cases}$.

(2) $\int_0^1 x^2 f(x)\mathrm{d}x$，其中 $f(x)=\int_1^x \mathrm{e}^{t^2}\mathrm{d}t$.

8. 设函数 $f(x)$ 在 $[a, b]$ 上存在二阶连续导数，又 $f(a)=f'(a)=0$，证明：

$$\int_a^b f(x)\mathrm{d}x = \frac{1}{2}\int_a^b f''(x)\,(x-b)^2\mathrm{d}x.$$

9. 设函数 $f(x)$ 在 $\left[0, \frac{\pi}{2}\right]$ 上连续，证明：

$$\int_0^{\frac{\pi}{2}} \frac{f(\cos x)}{f(\cos x)+f(\sin x)}\mathrm{d}x = \frac{\pi}{4}.$$

10. 求下列由曲线围成的平面图形的面积.

(1) 由曲线 $y=\frac{4}{x}$ 和直线 $y=x$ 及 $y=4x$ 在第一象限中围成.

(2) 由曲线 $y^2=2ax$ 和 $x^2=2ay\,(a>0)$ 围成.

11. 设 D 是由曲线 $y=x^{\frac{1}{3}}$，直线 $x=a(a>0)$ 及 x 轴所围成的平面图形，V_x，V_y 分别是 D 绕 x 轴、y 轴旋转一周所得旋转体的体积. 若 $V_y=10V_x$，求 a 的值.

12. 计算下列广义积分：

(1) $\int_{-\infty}^{1} \frac{1}{x^2+2x+5}\mathrm{d}x$；　　(2) $\int_0^3 \ln(9-x^2)\mathrm{d}x$；

(3) $\int_{-\infty}^{+\infty} xf(x)\mathrm{d}x$，其中 $f(x)=\begin{cases}\lambda \mathrm{e}^{-\lambda x}, & x>0\\ 0, & x\leqslant 0\end{cases}$，$\lambda>0$.

13. 某厂生产的产品的边际收益函数为 $R'(Q)=10(10-Q)\mathrm{e}^{-\frac{Q}{10}}$，其中 Q 为产量（销售量），$R(Q)$ 为总收益，求：(1) 该产品的总收益函数；(2) 当产量由 2 增至 5 时的平均收益.

14. 已知某商品的需求量 x 对价格 P 的弹性为 $\frac{\mathrm{E}x}{\mathrm{E}P}=\frac{P}{4-P}$，最大需求量为 $x(0)=400$，求该商品对价格的需求函数和总收入函数.

15. 某种设备的使用寿命为 13 年，如果一次性购买，需要 15 万元，如果租用，每月租金为 1 400 元. 设资金的平均年利率为 8%，按连续复利计算，问一次性购买合适还是租用合适？

参考答案

1. (1) C，0；　(2) $\int_0^1 \frac{1}{1+x^2}\mathrm{d}x$；

(3) $x^3-\frac{1}{4+\pi}\sqrt{1-x^2}$；　(4) 0；　(5) $(-3,-1)$，$(1,+\infty)$；　(6) 0；　(7) $\frac{2}{n}$.

2. (1) C；　(2) B；　(3) A；　(4) B；　(5) C；　(6) B；　(7) D.

3. $\int_0^1 \sqrt{1-\cos\pi x}\,\mathrm{d}x=\frac{2\sqrt{2}}{\pi}$

4. $f(x)=-\sin x+\cos x$.

5. 单调增区间为 $\left(\frac{\sqrt{2}}{2}, 1\right)$，单调减区间为 $\left(0, \frac{\sqrt{2}}{2}\right)$，极小值为 $f\left(\frac{\sqrt{2}}{2}\right)=\frac{1}{3}\left(1-\frac{\sqrt{2}}{2}\right)$. 曲线是凹的，无拐点.

6. (1) $\ln 2$； (2) $\frac{1}{2}\pi$； (3) $\frac{12}{23}$； (4) $\frac{1}{360}$； (5) $\frac{\pi}{32}$； (6) $\sqrt{3}-\ln(2+\sqrt{3})$；

(7) $\left(\frac{\sqrt{3}}{2}-\frac{3}{8}\right)\pi$； (8) $2\sqrt{2}$； (9) $\frac{1}{2}+\ln 2+\frac{1}{e+1}-\ln(e+1)$；

(10) $2(\sqrt{3}-\sqrt{2})+\ln\frac{(\sqrt{3}-1)(\sqrt{2}+1)}{(\sqrt{3}+1)(\sqrt{2}-1)}$； (11) -4π； (12) 1.

7. (1) $\begin{cases}\frac{1}{3}x^3, & 0\leqslant x<1\\ \frac{1}{3}+\frac{1}{2}(x-1)^2, & 1\leqslant x\end{cases}$. (2) $-\frac{1}{6}$. 提示：用分部积分法.

8. 证略. 提示：将积分化为$\int_a^b f(x)\mathrm{d}(x-b)$，再用分部积分法.

9. 证略. 提示：用分部积分法，考虑积分$\int_0^{\frac{\pi}{2}}\frac{f(\sin x)}{f(\cos x)+f(\sin x)}\mathrm{d}x$.

10. (1) $4\ln 2$； (2) $\frac{4}{3}a^2$.

11. $\sqrt{125}$.

12. (1) $\frac{3\pi}{8}$； (2) $6\ln 6-6$； (3) $\frac{1}{\lambda}$.

13. (1) $R(Q)=900(1-e^{-\frac{Q}{10}})+10Qe^{-\frac{Q}{10}}$； (2) $\overline{R}=\frac{1}{3}(880e^{-0.2}-850e^{-0.5})$.

14. 需求函数为$x=100(4-P)$，总收入函数为$R(P)=100(4-P)P$或$R(x)=4x-0.01x^2$.

15. 租用比一次购买更合适. 提示：考虑13年租金累计贴现值.

第 7 章

无穷级数

一、知识结构

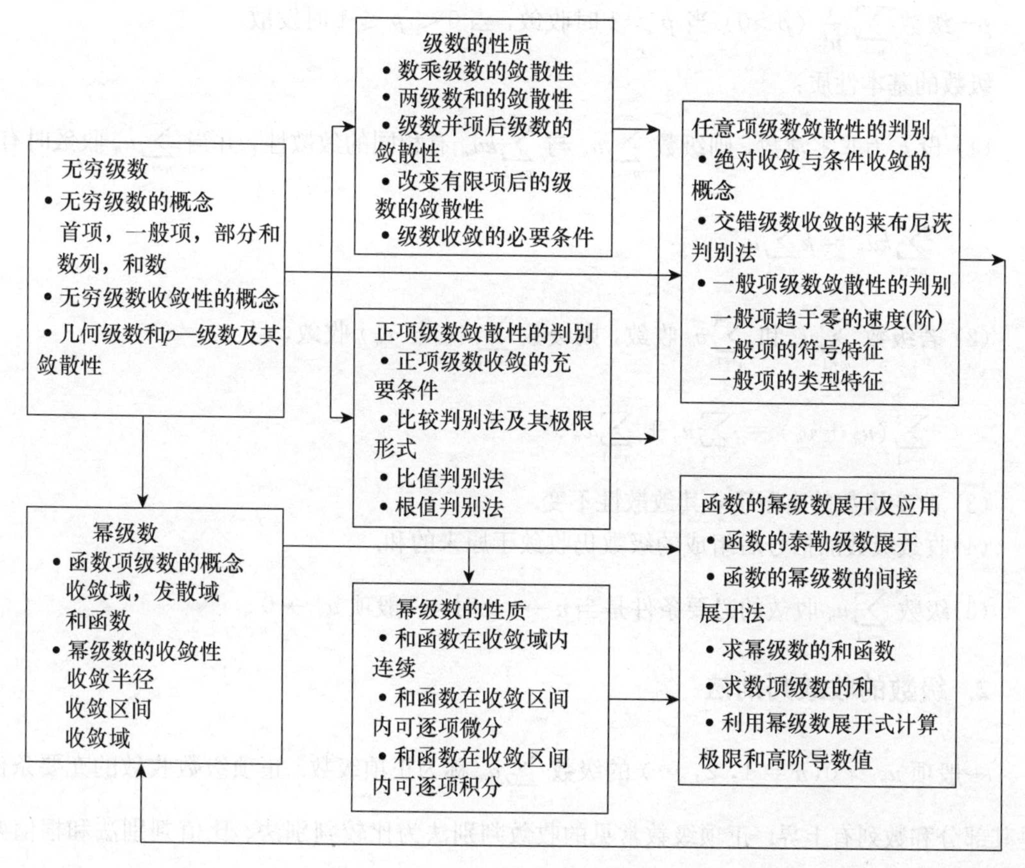

无穷级数
• 无穷级数的概念
首项，一般项，部分和数列，和数
• 无穷级数收敛性的概念
• 几何级数和p—级数及其敛散性
级数的性质
• 数乘级数的敛散性
• 两级数和的敛散性
• 级数并项后级数的敛散性
• 改变有限项后的级数的敛散性
• 级数收敛的必要条件
正项级数敛散性的判别
• 正项级数收敛的充要条件
• 比较判别法及其极限形式
• 比值判别法
• 根值判别法
任意项级数敛散性的判别
• 绝对收敛与条件收敛的概念
• 交错级数收敛的莱布尼茨判别法
• 一般项级数敛散性的判别
一般项趋于零的速度(阶)
一般项的符号特征
一般项的类型特征
幂级数
• 函数项级数的概念
收敛域，发散域
和函数
• 幂级数的收敛性
收敛半径
收敛区间
收敛域
幂级数的性质
• 和函数在收敛域内连续
• 和函数在收敛区间内可逐项微分
• 和函数在收敛区间内可逐项积分
函数的幂级数展开及应用
• 函数的泰勒级数展开
• 函数的幂级数的间接展开法
• 求幂级数的和函数
• 求数项级数的和
• 利用幂级数展开式计算极限和高阶导数值

二、内容提要

1. 常数项级数的收敛和发散的概念与性质

对于给定的常数项级数 $\sum_{n=1}^{\infty} u_n = u_1 + u_2 + \cdots + u_n + \cdots$，如果其部分和数列 $\{S_n\}$ 有极限，即 $\lim_{n\to\infty} S_n = S$，则称无穷级数 $\sum_{n=1}^{\infty} u_n$ 收敛，极限值 S 称为 $\sum_{n=1}^{\infty} u_n$ 的和，并记作

$$\sum_{n=1}^{\infty} u_n = u_1 + u_2 + \cdots + u_n + \cdots = S.$$

反之，如果 $\{S_n\}$ 极限不存在，则称级数 $\sum_{n=1}^{\infty} u_n$ 发散.

几何级数（或等比级数）$\sum_{n=1}^{\infty} aq^{n-1} = a + aq + aq^2 + \cdots + aq^{n-1} + \cdots (a \neq 0, q \neq 0)$ 当 $|q| < 1$ 时收敛，且和为 $\frac{a}{1-q}$，当 $|q| \geqslant 1$ 时发散.

p—级数 $\sum_{n=1}^{\infty} \frac{1}{n^p}$ $(p>0)$ 当 $p>1$ 时收敛，当 $0<p\leqslant 1$ 时发散.

级数的基本性质：

(1) 设 k 为非零常数，则级数 $\sum_{n=1}^{\infty} u_n$ 与 $\sum_{n=1}^{\infty} ku_n$ 有相同的敛散性，并当 $\sum_{n=1}^{\infty} u_n$ 收敛时有

$$\sum_{n=1}^{\infty} ku_n = k\sum_{n=1}^{\infty} u_n.$$

(2) 若级数 $\sum_{n=1}^{\infty} u_n$ 和 $\sum_{n=1}^{\infty} v_n$ 收敛，则级数 $\sum_{n=1}^{\infty} (u_n \pm v_n)$ 收敛，且

$$\sum_{n=1}^{\infty} (u_n \pm v_n) = \sum_{n=1}^{\infty} u_n \pm \sum_{n=1}^{\infty} v_n.$$

(3) 改变级数的有限项，其敛散性不变.

(4)收敛级数加括号后组成的级数仍收敛于原来的和.

(5)级数 $\sum_{n=1}^{\infty} u_n$ 收敛的必要条件是当 $n\to\infty$ 时，一般项 $u_n \to 0$.

2. 级数的收敛判别法

一般项 $u_n > 0 (n=1, 2, \cdots)$ 的级数 $\sum_{n=1}^{\infty} u_n$ 称为正项级数. 正项级数收敛的充要条件是其部分和数列有上界. 正项级数常见的收敛判别法为比较判别法、比值判别法和根值判

别法.

比较判别法：设 $\sum_{n=1}^{\infty}u_n$，$\sum_{n=1}^{\infty}v_n$ 为两个正项级数，且存在常数 $c(c>0)$，使得在某项 N 后，即当 $n>N$ 时，总有 $u_n\leqslant cv_n$ 成立，则

(1) 由 $\sum_{n=1}^{\infty}v_n$ 收敛，可推得 $\sum_{n=1}^{\infty}u_n$ 收敛；(2) 由 $\sum_{n=1}^{\infty}u_n$ 发散，可推得 $\sum_{n=1}^{\infty}v_n$ 发散.

比较判别法的极限形式：设 $\sum_{n=1}^{\infty}u_n$，$\sum_{n=1}^{\infty}v_n$ 为两个正项级数，且 $\lim_{n\to\infty}\frac{u_n}{v_n}=l$. 于是，若 $0<l<+\infty$，则 $\sum_{n=1}^{\infty}u_n$ 与 $\sum_{n=1}^{\infty}v_n$ 有相同的敛散性；若 $l=0$，则 $\sum_{n=1}^{\infty}v_n$ 收敛，$\sum_{n=1}^{\infty}u_n$ 必收敛；若 $l=+\infty$，则 $\sum_{n=1}^{\infty}v_n$ 发散，$\sum_{n=1}^{\infty}u_n$ 必发散.

比值判别法：对于正项级数 $\sum_{n=1}^{\infty}u_n$，若 $\lim_{n\to\infty}\frac{u_{n+1}}{u_n}=l$，则当 $l<1$ 时 $\sum_{n=1}^{\infty}u_n$ 收敛，当 $l>1$ 时 $\sum_{n=1}^{\infty}u_n$ 发散，当 $l=1$ 时 $\sum_{n=1}^{\infty}u_n$ 的敛散性需进一步判定.

根值判别法：对于正项级数 $\sum_{n=1}^{\infty}u_n$，若 $\lim_{n\to\infty}\sqrt[n]{u_n}=l$，则当 $l<1$ 时 $\sum_{n=1}^{\infty}u_n$ 收敛，当 $l>1$ 时 $\sum_{n=1}^{\infty}u_n$ 发散，当 $l=1$ 时 $\sum_{n=1}^{\infty}u_n$ 的敛散性需进一步判定.

绝对收敛与条件收敛：一般项 u_n 的符号变化的级数 $\sum_{n=1}^{\infty}u_n$ 称为任意项级数. 对于任意项级数，若 $\sum_{n=1}^{\infty}|u_n|$ 收敛，则 $\sum_{n=1}^{\infty}u_n$ 收敛，并称为绝对收敛；若 $\sum_{n=1}^{\infty}|u_n|$ 发散，且 $\sum_{n=1}^{\infty}u_n$ 收敛，则称 $\sum_{n=1}^{\infty}u_n$ 为条件收敛.

交错级数的莱布尼茨定理：形如 $\sum_{n=1}^{\infty}(-1)^{n-1}u_n(u_n>0)$ 的级数称为交错级数，如果 u_n 单调趋于零，则 $\sum_{n=1}^{\infty}(-1)^{n-1}u_n$ 收敛.

3. 幂级数

形如 $\sum_{n=0}^{\infty}a_nx^n$ 或 $\sum_{n=0}^{\infty}a_n(x-x_0)^n$ 的级数称为幂级数，其中 $a_n(n=0, 1, 2, \cdots)$ 和 x_0 均为常数，并称 a_n 为幂级数的系数.

设 $\sum_{n=0}^{\infty}a_nx^n$ 满足 $\lim_{n\to\infty}\left|\frac{a_{n+1}}{a_n}\right|=\rho$，则称 $R=\frac{1}{\rho}$ 为幂级数的收敛半径. 当 $R=0$，即 $\rho=+\infty$ 时，幂级数仅在点 $x=0$ 处收敛；当 $0<R<+\infty$ 时，幂级数的收敛区间为 $(-R, R)$，在综合讨论 $x=\pm R$ 处幂级数收敛性的基础上可得到幂级数的收敛域；当 $R=+\infty$，即 $\rho=0$ 时，幂级数的收敛区间和收敛域均为 $(-\infty, +\infty)$.

幂级数 $\sum_{n=0}^{\infty} a_n x^n$ 在其收敛域上定义为一个和函数 $S(x)$，记为

$$S(x) = \sum_{n=0}^{\infty} a_n x^n .$$

如果幂级数 $\sum_{n=0}^{\infty} a_n x^n$ 的收敛半径 $R > 0$，则 $S(x)$ 在其收敛域上连续，在收敛区间内可导和积分，并可逐项求导和逐项积分，有

$$S'(x) = \left(\sum_{n=0}^{\infty} a_n x^n\right)' = \sum_{n=0}^{\infty} (a_n x^n)' = \sum_{n=1}^{\infty} n a_n x^{n-1},\ x \in (-R, R),$$

$$\int_0^x S(t)\,\mathrm{d}t = \int_0^x \left(\sum_{n=0}^{\infty} a_n t^n\right)\mathrm{d}t = \sum_{n=0}^{\infty} \int_0^x (a_n t^n)\,\mathrm{d}t = \sum_{n=0}^{\infty} \frac{a_n}{n+1} x^{n+1},\ x \in (-R, R).$$

逐项求导和逐项积分后得到的幂级数与原幂级数有相同的收敛半径.

4. 函数的幂级数展开

泰勒公式和泰勒级数：若函数 $f(x)$ 在点 $x = x_0$ 的某邻域存在 $n+1$ 阶连续导数，则 $f(x)$ 在该邻域内可表示为 $(x - x_0)$ 的 n 次多项式 $P_n(x)$ 和一个余项 $R_n(x)$ 之和，即有泰勒公式

$$f(x) = f(x_0) + f'(x_0)(x - x_0) + \frac{1}{2!} f''(x_0)(x - x_0)^2$$
$$+ \cdots + \frac{1}{n!} f^{(n)}(x_0)(x - x_0)^n + R_n(x),$$

其中，$R_n(x) = \frac{1}{(n+1)!} f^{(n+1)}(\xi)(x - x_0)^{n+1}$，$\xi$ 为介于 x 与 x_0 之间的某数.

如果 $f(x)$ 在点 $x = x_0$ 的某邻域存在任意阶连续导数，则有级数

$$f(x_0) + f'(x_0)(x - x_0) + \frac{1}{2!} f''(x_0)(x - x_0)^2 + \cdots$$
$$+ \frac{1}{n!} f^{(n)}(x_0)(x - x_0)^n + \cdots,$$

并称为 $f(x)$ 在 $x = x_0$ 处的泰勒级数，$a_n = \frac{1}{n!} f^{(n)}(x_0)$ 称为泰勒级数的系数，满足 $R_n(x) \to 0$ 的区域称为 $f(x)$ 的可展区域. 在可展区域上

$$f(x) = f(x_0) + f'(x_0)(x - x_0) + \frac{1}{2!} f''(x_0)(x - x_0)^2 + \cdots$$
$$+ \frac{1}{n!} f^{(n)}(x_0)(x - x_0)^n + \cdots,$$

并称为 $f(x)$ 在 $x = x_0$ 处的泰勒级数展开式.

$f(x)$ 在 $x = 0$ 处的泰勒级数展开式

$$f(x) = f(0) + f'(0)x + \frac{1}{2!} f''(0)x^2 + \cdots + \frac{1}{n!} f^{(n)}(0)x^n + \cdots,$$

称为麦克劳林级数展开式，又称为 x 的幂级数.

常见函数的麦克劳林级数展开式：

$$e^x = 1 + x + \frac{1}{2!}x^2 + \cdots + \frac{1}{n!}x^n + \cdots (-\infty < x < +\infty),$$

$$\sin x = x - \frac{1}{3!}x^3 + \frac{1}{5!}x^5 + \cdots + \frac{(-1)^n}{(2n+1)!}x^{2n+1} + \cdots (-\infty < x < +\infty),$$

$$\cos x = 1 - \frac{1}{2!}x^2 + \frac{1}{4!}x^4 + \cdots + \frac{(-1)^n}{(2n)!}x^{2n} + \cdots (-\infty < x < +\infty),$$

$$\ln(1+x) = x - \frac{1}{2}x^2 + \frac{1}{3}x^3 + \cdots + \frac{(-1)^n}{n+1}x^{n+1} + \cdots (-1 < x \leqslant 1),$$

$$(1+x)^\alpha = 1 + \alpha x + \frac{\alpha(\alpha-1)}{2!}x^2 + \cdots + \frac{\alpha(\alpha-1)\cdots(\alpha-n+1)}{n!}x^n + \cdots (-1 < x < 1).$$

三、重点与要求

1. 了解级数的收敛与发散，收敛级数和的概念.

2. 了解级数的基本性质及级数收敛的必要条件. 掌握几何级数以及级数收敛和发散的条件. 掌握正项级数敛散性的比较判别法及其极限形式和比值判别法.

3. 了解任意项级数绝对收敛和条件收敛的概念及绝对收敛与级数收敛的关系. 了解交错级数的莱布尼茨判别法.

4. 会求幂级数的收敛半径、收敛区间和收敛域.

5. 了解幂级数在其收敛区间内的基本性质，即和函数的连续性、逐项求导和逐项积分. 会求简单幂级数在收敛区间内的和函数.

6. 了解麦克劳林级数展开式，会利用间接展开法，将简单函数展开为麦克劳林级数展开式.

四、例题解析

1. 级数及其敛散性的概念和性质

[例 1] 填空题

(1) 已知级数 $\sum_{n=1}^{\infty}(-1)^{n-1}a_n = 2$，$\sum_{n=1}^{\infty}a_{2n-1} = 5$，则 $\sum_{n=1}^{\infty}a_n =$ ________.

(2) $\sum_{n=1}^{\infty}\arctan\frac{1}{2n^2} =$ ________.

(3) $\sum_{n=1}^{\infty}\frac{1}{\sqrt{n(n+1)}(\sqrt{n+1}+\sqrt{n})} =$ ________.

答 (1) 8. (2) $\frac{\pi}{4}$. (3) 1.

解析 (1) 设 $\sigma_n=\sum\limits_{k=1}^{n}(-1)^{k-1}a_k$，$\tau_n=\sum\limits_{k=1}^{n}a_{2k-1}$，则 $S_{2n}=\sum\limits_{k=1}^{2n}a_n=2\tau_n-\sigma_{2n}$，$S_{2n+1}=S_{2n}+a_{2n+1}$.

由级数 $\sum\limits_{n=1}^{\infty}(-1)^{n-1}a_n=2$ 和 $\sum\limits_{n=1}^{\infty}a_{2n-1}=5$ 收敛，知当 $n\to\infty$ 时，有 $\sigma_n\to 2$，$\tau_n\to 5$，$a_{2n+1}\to 0$，也必有 $S_{2n}=2\tau_n-\sigma_{2n}\to 2\times 5-2=8$，$S_{2n+1}\to 8$，知 S_n 收敛，从而知 $\sum\limits_{n=1}^{\infty}a_n$ 收敛，且 $\sum\limits_{n=1}^{\infty}a_n=8$.

(2) **方法 1** 利用递推公式 $\arctan\alpha+\arctan\beta=\arctan\dfrac{\alpha+\beta}{1-\alpha\beta}$，求部分和序列

$$S_1=\arctan\frac{1}{2},\ S_2=\arctan\frac{1}{2}+\arctan\frac{1}{8}=\arctan\frac{\frac{1}{2}+\frac{1}{8}}{1-\frac{1}{2}\cdot\frac{1}{8}}=\arctan\frac{2}{3},$$

$$S_3=S_2+\arctan\frac{1}{18}=\arctan\frac{\frac{2}{3}+\frac{1}{18}}{1-\frac{2}{3}\cdot\frac{1}{18}}=\frac{3}{4},\ \cdots,$$

由归纳法可得 $S_n=\arctan\dfrac{n}{n+1}$，因此，

$$\sum_{n=1}^{\infty}\arctan\frac{1}{2n^2}=\lim_{n\to\infty}\arctan\frac{n}{n+1}=\frac{\pi}{4}.$$

方法 2 利用拆项法求部分和序列. 由

$$\arctan\frac{1}{2n^2}=\arctan\frac{\frac{1}{2n-1}-\frac{1}{2n+1}}{1+\frac{1}{2n-1}\cdot\frac{1}{2n+1}}=\arctan\frac{1}{2n-1}-\arctan\frac{1}{2n+1},$$

有 $S_n=\sum\limits_{k=1}^{n}\left(\arctan\dfrac{1}{2k-1}-\arctan\dfrac{1}{2k+1}\right)=\arctan 1-\arctan\dfrac{1}{2n+1}$. 从而得

$$\sum_{n=1}^{\infty}\arctan\frac{1}{2n^2}=\lim_{n\to\infty}\left(\arctan 1-\arctan\frac{1}{2n+1}\right)=\frac{\pi}{4}.$$

(3) 由 $u_n=\dfrac{1}{\sqrt{n(n+1)}(\sqrt{n+1}+\sqrt{n})}=\dfrac{\sqrt{n+1}-\sqrt{n}}{\sqrt{n(n+1)}}=\dfrac{1}{\sqrt{n}}-\dfrac{1}{\sqrt{n+1}}$，有 $S_n=\sum\limits_{k=1}^{n}\left(\dfrac{1}{\sqrt{n}}-\dfrac{1}{\sqrt{n+1}}\right)=1-\dfrac{1}{\sqrt{n+1}}$，从而得

$$\sum_{n=1}^{\infty}\frac{1}{\sqrt{n(n+1)}(\sqrt{n+1}+\sqrt{n})}=\lim_{n\to\infty}\left(1-\frac{1}{\sqrt{n+1}}\right)=1.$$

[例 2] 单项选择题

(1) 下列结论正确的是（　　）.

A. 数列 $\{u_n\}$ 与级数 $\sum_{n=1}^{\infty} u_n$ 有相同的敛散性

B. 级数 $\sum_{n=1}^{\infty} u_n$ 和 $\sum_{n=1}^{\infty} v_n$ 是数，只要 $u_n > v_n$，就必有 $\sum_{n=1}^{\infty} u_n > \sum_{n=1}^{\infty} v_n$

C. 收敛级数 $\sum_{n=1}^{\infty} u_n$ 重新排列前后项顺序，收敛性不变

D. 两个发散级数逐项相加得到的级数仍有可能变为收敛级数

(2) 若级数 $\sum_{n=1}^{\infty} u_n$ 收敛，则下列级数中也必收敛的是（　　）.

A. $\sum_{n=1}^{\infty} u_n u_{n+1}$　　B. $\sum_{n=1}^{\infty} u_{2n}$　　C. $\sum_{n=1}^{\infty} (-1)^n u_n$　　D. $\sum_{n=1}^{\infty} (u_n + u_{n+k})$

(3) 已知 $\lim_{n\to\infty} u_n = a$，则级数 $\sum_{n=1}^{\infty} (u_n - u_{n+1})$（　　）.

A. 收敛于 0　　B. 收敛于 a　　C. $u_1 - a$　　D. 发散

答　(1) D.　　(2) D.　　(3) C.

解析　(1) 级数 $\sum_{n=1}^{\infty} u_n$ 收敛，必有 $\{u_n\}$ 收敛，且 $\lim_{n\to\infty} u_n = 0$，反之不然，如 $\left\{\frac{n}{n+1}\right\}$ 收敛，但 $\sum_{n=1}^{\infty} u_n$ 发散；级数未必是数，两级数只有在都收敛的条件下才是数，才能作为数比较大小；收敛级数改变前后项次序后可能会改变其收敛性；由排除法，选择 D. 如发散级数 $\sum_{n=1}^{\infty}\left(\frac{1}{2^n} - 1\right)$，$\sum_{n=1}^{\infty} 1$ 逐项相加得到级数 $\sum_{n=1}^{\infty} \frac{1}{2^n}$ 是收敛级数，故选择 D.

(2) 级数 $\sum_{n=1}^{\infty} u_n$ 收敛，则由性质 $\sum_{n=1}^{\infty} u_{n+k}$ 必收敛，从而 $\sum_{n=1}^{\infty} (u_n + u_{n+k})$ 必收敛，故选择 D. 另由级数 $\sum_{n=1}^{\infty} \frac{(-1)^{n-1}}{\sqrt{n}}$ 收敛，但 $\sum_{n=1}^{\infty} u_n u_{n+1} = -\sum_{n=1}^{\infty} \frac{1}{\sqrt{n(n+1)}}$，$\sum_{n=1}^{\infty} u_{2n} = -\sum_{n=1}^{\infty} \frac{1}{\sqrt{2n}}$，$\sum_{n=1}^{\infty} (-1)^n u_n = -\sum_{n=1}^{\infty} \frac{1}{\sqrt{n}}$ 均发散，说明选项 A，B，C 均不正确.

(3) 级数 $\sum_{n=1}^{\infty} (u_n - u_{n+1})$ 的前 n 项和为 $S_n = \sum_{k=1}^{n} (u_n - u_{n+1}) = u_1 - u_2 + u_2 - u_3 + \cdots + u_{n-1} - u_n + u_n - u_{n+1} = u_1 - u_{n+1}$，因此，$\sum_{n=1}^{\infty} (u_n - u_{n+1}) = \lim_{n\to\infty} (u_1 - u_n) = u_1 - a$，故选择 C.

[例 3] 判断级数 $\frac{1}{3} + \frac{3}{3^2} + \frac{5}{3^3} + \cdots + \frac{2n-1}{3^n} + \cdots$ 的敛散性，若收敛，给出和.

分析　由 $\sum_{n=1}^{\infty} \frac{2n-1}{3^n} = 2\sum_{n=1}^{\infty} \frac{n}{3^n} - \sum_{n=1}^{\infty} \frac{1}{3^n}$ 知，关键是判断 $\sum_{n=1}^{\infty} \frac{n}{3^n}$ 的收敛性，用定义判断，先求出其部分和序列.

解　设 $S_n = \frac{1}{3} + \frac{2}{3^2} + \frac{3}{3^3} + \cdots + \frac{n}{3^n}$，则

$$2S_n = 3S_n - S_n = \left(1+\frac{2}{3}+\frac{3}{3^2}+\cdots+\frac{n}{3^{n-1}}\right)-\left(\frac{1}{3}+\frac{2}{3^2}+\frac{3}{3^3}+\cdots+\frac{n}{3^n}\right)$$

$$= 1+\left(\frac{2}{3}-\frac{1}{3}\right)+\left(\frac{3}{3^2}-\frac{2}{3^2}\right)+\cdots+\left(\frac{n}{3^{n-1}}-\frac{n-1}{3^{n-1}}\right)-\frac{n}{3^n}$$

$$= 1+\frac{1}{3}+\frac{1}{3^2}+\cdots+\frac{1}{3^{n-1}}-\frac{n}{3^n} = \frac{1-\left(\frac{1}{3}\right)^n}{1-\frac{1}{3}}-\frac{n}{3^n},$$

于是由 $\lim\limits_{n\to\infty}S_n = \lim\limits_{n\to\infty}\frac{1}{2}\left(\frac{1-\left(\frac{1}{3}\right)^n}{1-\frac{1}{3}}-\frac{n}{3^n}\right)=\frac{3}{4}$，知 $\sum\limits_{n=1}^{\infty}\frac{n}{3^n}$ 收敛，且 $\sum\limits_{n=1}^{\infty}\frac{n}{3^n}=\frac{3}{4}$，又 $\sum\limits_{n=1}^{\infty}\frac{1}{3^n}=\frac{\frac{1}{3}}{1-\frac{1}{3}}=\frac{1}{2}$，从而知 $\sum\limits_{n=1}^{\infty}\frac{2n-1}{3^n}$ 收敛，且

$$\sum_{n=1}^{\infty}\frac{2n-1}{3^n} = 2\sum_{n=1}^{\infty}\frac{n}{3^n}-\sum_{n=1}^{\infty}\frac{1}{3^n} = 2\times\frac{3}{4}-\frac{1}{2}=1.$$

小结 无穷级数是无穷数列按其排列顺序相加的和式. 无穷级数未必是数，只有在收敛条件下，无穷级数才能作为数进行运算和比较大小. 因此，收敛性是无穷级数的首要问题.

无穷级数 $\sum\limits_{n=1}^{\infty}u_n$ 的收敛性与其部分和序列 S_n 的收敛性是等价的. 无穷级数及其部分和序列收敛必然有无穷数列 $\{u_n\}$ 收敛，且 $u_n\to 0$，但反之不然. 用定义判断级数的收敛性，关键是求出其部分和序列 S_n，正如例题所介绍的，最常用的是拆项法，利用前后项相消求出和式.

根据级数的性质判断级数的敛散性是常见题. 要了解性质中条件与结论的因果关系，即级数 $\sum\limits_{n=1}^{\infty}u_n$ 与 $\sum\limits_{n=1}^{\infty}ku_n(k\neq 0)$ 的敛散性是等价的，若 $\sum\limits_{n=1}^{\infty}u_n$ 与 $\sum\limits_{n=1}^{\infty}v_n$ 收敛，则必有 $\sum\limits_{n=1}^{\infty}(au_n\pm bv_n)$ 收敛，若 $\sum\limits_{n=1}^{\infty}u_n$ 与 $\sum\limits_{n=1}^{\infty}v_n$ 中一个收敛且另一个发散，则 $\sum\limits_{n=1}^{\infty}(u_n\pm v_n)$ 必发散，但反之不然. 收敛级数在不改变和式中各项前后次序的情况下，重新组合构成的级数不改变收敛性以及和. 改变级数的有限项不改变其收敛性.

2. 级数敛散性的判别

类型一 正项级数敛散性的判别

[例 1] 填空题

(1) 已知级数 $\sum\limits_{n=1}^{\infty}\frac{2^n+a(-4)^n}{3^n}$ 收敛，则 $a=$________.

(2) 设 $\lim\limits_{n\to\infty}n^p(e^{\frac{1}{n}}-1)a_n=1$，且正项级数 $\sum\limits_{n=1}^{\infty}a_n$ 收敛，则 p 为________.

答 (1) 0. (2) 大于 2 的常数.

解析 (1) 由于 $\left|\frac{2}{3}\right|<1$，几何级数 $\sum\limits_{n=1}^{\infty}\left(\frac{2}{3}\right)^n$ 收敛，$\left|\frac{-4}{3}\right|>1$，$\sum\limits_{n=1}^{\infty}\left(\frac{-4}{3}\right)^n$ 发散，因此，若要 $\sum\limits_{n=1}^{\infty}\frac{2^n+a(-4)^n}{3^n}$ 收敛，必须有 $a=0$.

(2) 由 $\lim\limits_{n\to\infty}n^p(\mathrm{e}^{\frac{1}{n}}-1)a_n=1$，且正项级数 $\sum\limits_{n=1}^{\infty}a_n$ 收敛，知 $\sum\limits_{n=1}^{\infty}\frac{1}{n^p(\mathrm{e}^{\frac{1}{n}}-1)}$ 必收敛，又当 $n\to\infty$ 时，$n^p(\mathrm{e}^{\frac{1}{n}}-1)\sim n^{p-1}$，知 $\sum\limits_{n=1}^{\infty}\frac{1}{n^{p-1}}$ 收敛，从而有 $p-1>1$，即 $p>2$.

[例 2] 单项选择题

(1) 设级数 $\sum\limits_{n=1}^{\infty}\left(\frac{na}{n+1}\right)^n(a>0)$，则（　　）.

A. 对 a 的任意取值，该级数收敛　　B. 对 a 的任意取值，该级数发散

C. 当 $a\geqslant1$ 时，该级数发散　　D. 当 $a\geqslant1$ 时，该级数收敛

(2) 下列结论正确的是（　　）.

A. 若 $\lim\limits_{n\to\infty}\frac{a_n}{b_n}=1$，则 $\sum\limits_{n=1}^{\infty}a_n$ 与 $\sum\limits_{n=1}^{\infty}b_n$ 有相同的敛散性

B. 若正项级数 $\sum\limits_{n=1}^{\infty}a_n$ 收敛，则 $\lim\limits_{n\to\infty}\sqrt[n]{a_n}<1$

C. 若正项级数 $\sum\limits_{n=1}^{\infty}a_n$ 发散，则 $a_n>\frac{1}{n}$

D. 正项级数 $\sum\limits_{n=1}^{\infty}\frac{\beta^n}{n^\alpha}(\alpha>0,\beta>0)$ 的敛散性与 α，β 有关

(3) 设对 $n=1,2,\cdots$，总有不等式 $a_n\leqslant b_n\leqslant c_n$ 成立，则（　　）.

A. 若级数 $\sum\limits_{n=1}^{\infty}a_n$，$\sum\limits_{n=1}^{\infty}c_n$ 收敛，则必有 $\sum\limits_{n=1}^{\infty}b_n$ 收敛

B. 若级数 $\sum\limits_{n=1}^{\infty}a_n$，$\sum\limits_{n=1}^{\infty}c_n$ 发散，则必有 $\sum\limits_{n=1}^{\infty}b_n$ 发散

C. $\sum\limits_{n=1}^{\infty}a_n\leqslant\sum\limits_{n=1}^{\infty}b_n\leqslant\sum\limits_{n=1}^{\infty}c_n$

D. 以上结论均不成立

答 (1) C.　　(2) D.　　(3) A.

解析 (1) 由 $\lim\limits_{n\to\infty}\left(\frac{na}{n+1}\right)^n\Big/a^n=\frac{1}{\mathrm{e}}\neq0$，知 $\sum\limits_{n=1}^{\infty}\left(\frac{na}{n+1}\right)^n$ 与 $\sum\limits_{n=1}^{\infty}a^n$ 有相同的敛散性. 因此，当 $a\geqslant1$ 时，$\sum\limits_{n=1}^{\infty}a^n$ 发散，也必有 $\sum\limits_{n=1}^{\infty}\left(\frac{na}{n+1}\right)^n$ 发散，故选择 C.

(2) 在未确定 $\sum\limits_{n=1}^{\infty}a_n$ 与 $\sum\limits_{n=1}^{\infty}b_n$ 为正项级数的情况下，结论 A 不正确，见反例，设 $a_n=\frac{(-1)^n}{\sqrt{n}}$，$b_n=\frac{(-1)^n}{\sqrt{n}}+\frac{1}{n}$，虽然有 $\lim\limits_{n\to\infty}\frac{a_n}{b_n}=1$，但 $\sum\limits_{n=1}^{\infty}a_n$ 收敛，$\sum\limits_{n=1}^{\infty}b_n$ 发散；正项级数 $\sum\limits_{n=1}^{\infty}\frac{1}{n^2}$ 收敛，但 $\lim\limits_{n\to\infty}\sqrt[n]{\frac{1}{n^2}}=1$，$\sum\limits_{n=1}^{\infty}\frac{1}{2n}$ 发散，但 $\frac{1}{2n}<\frac{1}{n}$，选项 B，C 也不正确；当 $\beta\neq1$ 时，级数 $\sum\limits_{n=1}^{\infty}\frac{\beta^n}{n^\alpha}$

的敛散性与β有关，当$\beta=1$时，$\sum_{n=1}^{\infty}\frac{\beta^n}{n^\alpha}$的敛散性与$\alpha$有关，因此，$\sum_{n=1}^{\infty}\frac{\beta^n}{n^\alpha}$的敛散性与$\alpha$，$\beta$有关，故选择 D.

(3) 在未确定的条件下，比较判别法无效. 但由已知$a_n\leqslant b_n\leqslant c_n$，有$0\leqslant b_n-a_n\leqslant c_n-a_n$，且由$\sum_{n=1}^{\infty}a_n$，$\sum_{n=1}^{\infty}c_n$收敛，知$\sum_{n=1}^{\infty}(c_n-a_n)$收敛，从而知$\sum_{n=1}^{\infty}(b_n-a_n)$收敛，进而有$\sum_{n=1}^{\infty}b_n$收敛，故选择 A.

［例 3］ 讨论下列正项级数的敛散性：

(1) $\sum_{n=1}^{\infty}\frac{na^n}{n^2+2n+3}\ (a>0)$； (2) $\sum_{n=1}^{\infty}2^n\sin\frac{x}{3^n}(0<x<2\pi)$；

(3) $\sum_{n=1}^{\infty}\frac{\ln n}{n^p}$； (4) $\sum_{n=1}^{\infty}2^{-n+(-1)^n}$.

分析 正项级数的敛散性有多种判别法，要用对判别法，应抓住一般项类型的特点. (1) 中当$a\neq1$时，以指数函数为特点，用比值判别法. 当$a=1$时，以有理式为特点，用比较判别法. (2) 中u_n放大整理为几何级数直接判别. (3) 中相对对数函数$\ln n$以$p-$级数为主，用比较判别法. (4) 中以高幂次指数为特点，用根式判别法为宜.

解 (1) $\lim\limits_{n\to\infty}\frac{u_{n+1}}{u_n}=\lim\limits_{n\to\infty}\left[\frac{(n+1)a^{n+1}}{n^2+4n+6}\right]\bigg/\left[\frac{na^n}{n^2+2n+3}\right]=a.$

根据比值判别法，知当$a>1$时原级数发散，当$a<1$时原级数收敛，当$a=1$时$\frac{na^n}{n^2+2n+3}\sim\frac{1}{n}(n\to\infty)$，原级数发散.

综上讨论，当$a\geqslant1$时原级数发散，当$a<1$时原级数收敛.

(2) 由$u_n=2^n\sin\frac{x}{3^n}\leqslant x\left(\frac{2}{3}\right)^n$，又由$\sum_{n=1}^{\infty}\left(\frac{2}{3}\right)^n$是公比为$\frac{2}{3}<1$的几何级数，故收敛. 根据比值判别法，原级数收敛.

(3) 当$p>1$时，也有$\frac{1}{2}(p+1)>1$，于是由

$$\lim_{x\to+\infty}\left[\frac{\ln x}{x^p}\right]\bigg/\left[\frac{1}{x^{\frac{1}{2}(p+1)}}\right]=\lim_{x\to+\infty}\frac{\ln x}{x^{\frac{1}{2}(p-1)}}=\lim_{x\to+\infty}\frac{1}{\frac{1}{2}(p-1)x^{\frac{1}{2}(p-1)}}=0,$$

即$\lim\limits_{n\to+\infty}\left[\frac{\ln n}{n^p}\right]\bigg/\left[\frac{1}{n^{\frac{1}{2}(p+1)}}\right]=0$及$\sum_{n=1}^{\infty}\frac{1}{n^{\frac{1}{2}(p+1)}}$收敛，根据比较判别法的极限形式，知原级数收敛. 当$p\leqslant1$时$\frac{\ln n}{n^p}>\frac{1}{n^p}$，由$\sum_{n=1}^{\infty}\frac{1}{n^p}$发散，知原级数发散.

(4) $\lim\limits_{n\to\infty}\sqrt[n]{2^{-n+(-1)^n}}=\lim\limits_{n\to\infty}2^{-1+\frac{(-1)^n}{n}}=\frac{1}{2}<1$，根据根值判别法，知原级数收敛.

［例 4］ 设$a_n\neq0$且$\lim\limits_{n\to\infty}a_n=a(\neq0)$，证明级数$\sum_{n=1}^{\infty}|a_{n+1}-a_n|$与$\sum_{n=1}^{\infty}\left|\frac{1}{a_{n+1}}-\frac{1}{a_n}\right|$有相同的敛散性.

分析 即证两级数为同阶无穷小.

证 设 $u_n=|a_{n+1}-a_n|, v_n=\left|\frac{1}{a_{n+1}}-\frac{1}{a_n}\right|$，由

$$\lim_{n\to\infty}\frac{u_n}{v_n}=\lim_{n\to\infty}\frac{|a_{n+1}-a_n|}{\left|\frac{1}{a_{n+1}}-\frac{1}{a_n}\right|}=\lim_{n\to\infty}|a_{n+1}a_n|=a^2\neq 0,$$

根据比较判别法的极限形式，知 $\sum_{n=1}^{\infty}|a_{n+1}-a_n|$ 与 $\sum_{n=1}^{\infty}\left|\frac{1}{a_{n+1}}-\frac{1}{a_n}\right|$ 有相同的敛散性.

［例 5］ 利用级数的收敛性，证明 $\lim_{n\to\infty}\frac{n!2^n}{n^n}=0$.

分析 即证级数 $\sum_{n=1}^{\infty}\frac{n!2^n}{n^n}$ 收敛.

证 由

$$\lim_{n\to\infty}\frac{u_{n+1}}{u_n}=\lim_{n\to\infty}\left[\frac{(n+1)!2^{n+1}}{(n+1)^{n+1}}\right]\Big/\left[\frac{n!2^n}{n^n}\right]=\lim_{n\to\infty}\frac{2}{\left(1+\frac{1}{n}\right)^n}=\frac{2}{\mathrm{e}}<1,$$

根据比值判别法，$\sum_{n=1}^{\infty}\frac{n!2^n}{n^n}$ 收敛，因此，其一般项必趋于零，即

$$\lim_{n\to\infty}\frac{n!2^n}{n^n}=0.$$

类型二 变号级数敛散性的判别

［例 6］单项选择题

(1) 设级数 $\sum_{n=1}^{\infty}(-1)^n a_n 2^n$ 收敛，则级数 $\sum_{n=1}^{\infty}a_n$（ ）.

A. 发散　　B. 敛散性不确定　　C. 条件收敛　　D. 绝对收敛

(2) 设 $u_n>0(n=1,2,\cdots)$，且 $\lim_{n\to\infty}\frac{n}{u_n}=1$，则级数 $\sum_{n=1}^{\infty}(-1)^{n+1}\left(\frac{1}{u_n}+\frac{1}{u_{n+1}}\right)$（ ）.

A. 绝对收敛　　B. 条件收敛

C. 发散　　D. 收敛性根据已知条件不能确定

(3) 设 $p_n=\frac{a_n+|a_n|}{2}$，$q_n=\frac{a_n-|a_n|}{2}$，$n=1,2,\cdots$，于是下列命题正确的是（ ）.

A. 若 $\sum_{n=1}^{\infty}a_n$ 条件收敛，则 $\sum_{n=1}^{\infty}p_n$ 与 $\sum_{n=1}^{\infty}q_n$ 都收敛

B. 若 $\sum_{n=1}^{\infty}a_n$ 绝对收敛，则 $\sum_{n=1}^{\infty}p_n$ 与 $\sum_{n=1}^{\infty}q_n$ 都收敛

C. 若 $\sum_{n=1}^{\infty}a_n$ 条件收敛，则 $\sum_{n=1}^{\infty}p_n$ 与 $\sum_{n=1}^{\infty}q_n$ 的敛散性都不确定

D. 若 $\sum_{n=1}^{\infty}a_n$ 绝对收敛，则 $\sum_{n=1}^{\infty}p_n$ 与 $\sum_{n=1}^{\infty}q_n$ 的敛散性都不确定

答 (1) D.　(2) B.　(3) B.

解析 (1) 级数 $\sum_{n=1}^{\infty}(-1)^n a_n 2^n$ 收敛，则有 $\lim_{n\to\infty}|a_n|2^n=\lim_{n\to\infty}|a_n|\Big/\left(\frac{1}{2^n}\right)=0$，因此，由 $\sum_{n=1}^{\infty}\left(\frac{1}{2}\right)^n$ 收敛，知 $\sum_{n=1}^{\infty}|a_n|$ 收敛，且绝对收敛，故选择 D.

(2) 由 $\lim_{n\to\infty}\frac{n}{u_n}=1$ 知，当 $n\to\infty$ 时，$\frac{1}{u_n}\sim\frac{1}{n}$，$\left(\frac{1}{u_n}+\frac{1}{u_{n+1}}\right)\sim\frac{1}{2n}$，从而知 $\sum_{n=1}^{\infty}\left|(-1)^{n+1}\left(\frac{1}{u_n}+\frac{1}{u_{n+1}}\right)\right|$ 发散. 又 $S_{2n}=\frac{1}{u_1}+\frac{1}{u_2}-\left(\frac{1}{u_2}+\frac{1}{u_3}\right)+\left(\frac{1}{u_3}+\frac{1}{u_4}\right)-\cdots-\left(\frac{1}{u_{2n}}+\frac{1}{u_{2n+1}}\right)=\frac{1}{u_1}-\frac{1}{u_{2n+1}}$ 且 $\lim_{n\to\infty}S_{2n}=\lim_{n\to\infty}S_{2n+1}=u_1$，即部分和序列 S_n 收敛，因此，原级数收敛，且为条件收敛，故选择 B.

(3) 关键是讨论 a_n 与 p_n，q_n 的关系. 有

$$0\leqslant p_n=\begin{cases}a_n, & a_n\geqslant 0\\ 0, & a_n<0\end{cases},\quad 0\geqslant q_n=\begin{cases}0, & a_n\geqslant 0\\ a_n, & a_n<0\end{cases},$$

从而有

$$0\leqslant p_n\leqslant|a_n|,\ 0\leqslant|q_n|\leqslant|a_n|,$$

由比较判别法，若 $\sum_{n=1}^{\infty}a_n$ 绝对收敛，则 $\sum_{n=1}^{\infty}p_n$ 与 $\sum_{n=1}^{\infty}q_n$ 都收敛，故选择 B.

［**例 7**］讨论下列级数的敛散性，若收敛，说明是条件收敛还是绝对收敛.

(1) $\sum_{n=1}^{\infty}\frac{(-1)^n(a+n)}{n^2}(a\neq 0)$；　　(2) $\sum_{n=1}^{\infty}\frac{(-1)^n}{\pi^{n+1}}\sin\frac{\pi}{n+1}$；

(3) $\sum_{n=1}^{\infty}\frac{(-1)^{n-1}}{\ln(e^n+e^{-n})}$；　　(4) $\sum_{n=2}^{\infty}\sin\left(n\pi+\frac{1}{\ln n}\right)$.

分析 以上均为交错级数，首先要考虑判别是否绝对收敛，当非绝对收敛时再考虑原级数的收敛性，后者用莱布尼茨判别法时，单调性可用微分法进行.

解 (1) 当 $n\to\infty$ 时，$|u_n|=\left|\frac{(-1)^n(a+n)}{n^2}\right|\sim\frac{1}{n}$，由 $\sum_{n=1}^{\infty}\frac{1}{n}$ 发散，知 $\sum_{n=1}^{\infty}|u_n|$ 发散.

又当 $n\to\infty$ 时，$\frac{1}{n^2}$，$\frac{1}{n}$ 单调趋于零，由莱布尼茨判别法，交错级数 $\sum_{n=1}^{\infty}\frac{(-1)^n}{n^2}$，$\sum_{n=1}^{\infty}\frac{(-1)^n}{n}$ 收敛，从而知 $\sum_{n=1}^{\infty}\frac{(-1)^n(a+n)}{n^2}=a\sum_{n=1}^{\infty}\frac{(-1)^n}{n^2}+\sum_{n=1}^{\infty}\frac{(-1)^n}{n}$ 收敛，且为条件收敛.

(2) 当 $n\to\infty$ 时，$|u_n|=\left|\frac{(-1)^n}{\pi^{n+1}}\sin\frac{\pi}{n+1}\right|\leqslant\frac{1}{\pi^{n+1}}$，由 $\sum_{n=1}^{\infty}\left(\frac{1}{\pi}\right)^{n+1}$ 收敛，知 $\sum_{n=1}^{\infty}|u_n|$ 收敛. 因此，原级数绝对收敛.

(3) 当 $n\to\infty$ 时，$|u_n|=\left|\frac{(-1)^{n-1}}{\ln(e^n+e^{-n})}\right|=\frac{1}{\ln e^n(1+e^{-2n})}=\frac{1}{n+\ln(1+e^{-2n})}\sim\frac{1}{n}$，由 $\sum_{n=1}^{\infty}\frac{1}{n}$ 发散，知 $\sum_{n=1}^{\infty}|u_n|$ 发散.

又设 $f(x)=\ln(\mathrm{e}^x+\mathrm{e}^{-x})\ (x>0)$，由 $f'(x)=\dfrac{\mathrm{e}^x-\mathrm{e}^{-x}}{\mathrm{e}^x+\mathrm{e}^{-x}}>0$ 知，$f(x)=\ln(\mathrm{e}^x+\mathrm{e}^{-x})$ 单调增，从而知 $\dfrac{1}{f(x)}=\dfrac{1}{\ln(\mathrm{e}^x+\mathrm{e}^{-x})}$ 单调减，即 $\dfrac{1}{\ln(\mathrm{e}^n+\mathrm{e}^{-n})}$ 单调减，同时有 $\dfrac{1}{\ln(\mathrm{e}^n+\mathrm{e}^{-n})}\to 0$，因此，由莱布尼茨判别法，交错级数 $\sum\limits_{n=1}^{\infty}\dfrac{(-1)^{n-1}}{\ln(\mathrm{e}^n+\mathrm{e}^{-n})}$ 收敛，且为条件收敛.

(4) $u_n=\sin\left(n\pi+\dfrac{1}{\ln n}\right)=\sin n\pi\cos\dfrac{1}{\ln n}+\cos n\pi\sin\dfrac{1}{\ln n}=(-1)^n\sin\dfrac{1}{\ln n}$ 且当 $n\to\infty$ 时，$|u_n|=\left|(-1)^n\sin\dfrac{1}{\ln n}\right|\sim\dfrac{1}{\ln n}$，由 $\sum\limits_{n=1}^{\infty}\dfrac{1}{\ln n}$ 发散，知 $\sum\limits_{n=1}^{\infty}|u_n|$ 发散.

又 $\sin\dfrac{1}{\ln n}$ 单调减，趋于零，由莱布尼茨判别法，知 $\sum\limits_{n=2}^{\infty}\sin\left(n\pi+\dfrac{1}{\ln n}\right)$ 收敛，且为条件收敛.

[例 8] 设正项数列 $\{a_n\}$ 单调减少，且 $\sum\limits_{n=1}^{\infty}(-1)^n a_n$ 发散，讨论级数 $\sum\limits_{n=1}^{\infty}\dfrac{1}{(a_n+1)^n}$ 是否收敛并说明理由.

分析 $\{a_n\}$ 单调减少，且 $a_n>0$，从而知 a_n 收敛，即存在极限 $\lim\limits_{n\to\infty}a_n=a$，可进一步推断 $a>0$，可以对照几何级数证明该级数收敛.

解 依题设，$\{a_n\}$ 单调减少，且 $a_n>0$，即数列 a_n 单调下降有下界，必存在极限，不妨设 $\lim\limits_{n\to\infty}a_n=a$. 由极限保号性及 $\sum\limits_{n=1}^{\infty}(-1)^n a_n$ 发散，知 $a_n\geqslant a>0$. 若不然，由 $a=0$，必有 $\sum\limits_{n=1}^{\infty}(-1)^n a_n$ 收敛，与假设矛盾. 于是，有 $\dfrac{1}{(a_n+1)^n}\leqslant\dfrac{1}{(a+1)^n}$. 进而由几何级数 $\sum\limits_{n=1}^{\infty}\dfrac{1}{(a+1)^n}$ 收敛及比较判别法，确定级数 $\sum\limits_{n=1}^{\infty}\dfrac{1}{(a_n+1)^n}$ 收敛.

[例 9] 若 $\sum\limits_{n=1}^{\infty}b_n\,(b_n\geqslant 0)$ 收敛，级数 $\sum\limits_{n=1}^{\infty}(a_n-a_{n-1})$ 收敛，证明级数 $\sum\limits_{n=1}^{\infty}a_n b_n$ 绝对收敛.

分析 要证级数 $\sum\limits_{n=1}^{\infty}a_n b_n$ 绝对收敛，关键看数列 $\{a_n\}$ 是否有界，可从级数 $\sum\limits_{n=1}^{\infty}(a_n-a_{n-1})$ 的部分和 $S_n=a_n-a_1$ 的收敛性入手证明.

证 依题设，级数 $\sum\limits_{n=1}^{\infty}(a_n-a_{n-1})$ 收敛，则其部分和 $S_n=a_2-a_1+a_3-a_2+\cdots+a_n-a_{n-1}=a_n-a_1$ 收敛，因此，S_n 有界，即当 n 足够大时，必存在正数 M，使得 $|S_n|=|a_n-a_1|<M$，也有 $|a_n|<M+|a_1|$，从而有

$$|a_n b_n|<(M+|a_1|)b_n.$$

由于 $\sum\limits_{n=1}^{\infty}b_n$ 收敛，也有 $\sum\limits_{n=1}^{\infty}(M+|a_1|)b_n$ 收敛，所以，由比较判别法，$\sum\limits_{n=1}^{\infty}|a_n b_n|$ 收敛，即 $\sum\limits_{n=1}^{\infty}a_n b_n$ 绝对收敛.

类型三　幂级数的敛散性的判别

[例 10] 填空题

(1) 若幂级数 $\sum_{n=0}^{\infty}a_nx^n$ 的收敛半径为 R，则级数 $\sum_{n=0}^{\infty}a_n^2x^{2n+1}$ 的收敛半径为________，级数 $\sum_{n=0}^{\infty}a_na_{n+1}x^{n+1}$ 的收敛半径为________，级数 $\sum_{n=0}^{\infty}\frac{a_n}{2n+1}x^{2n+1}$ 的收敛半径为________.

(2) 若已知级数 $\sum_{n=0}^{\infty}(-1)^{n-1}\left(\frac{x-a}{n}\right)^n$ 当 $x>0$ 时发散，当 $x=0$ 时收敛，则 $a=$ ________.

答　(1) $R, R^2, \sqrt{R}$.　　(2) -1.

解析　(1) 由题设 $\lim_{n\to\infty}\left|\frac{a_{n+1}}{a_n}\right|=\frac{1}{R}$，从而有

$$\lim_{n\to\infty}\left|\frac{a_{n+1}^2x^{2n+3}}{a_n^2x^{2n+1}}\right|=\frac{1}{R^2}x^2,$$

知当 $|x|<R$ 时 $\sum_{n=0}^{\infty}a_n^2x^{2n+1}$ 绝对收敛，当 $|x|>R$ 时 $\sum_{n=0}^{\infty}a_n^2x^{2n+1}$ 发散，因此，$\sum_{n=0}^{\infty}a_n^2x^{2n+1}$ 的收敛半径为 R. 又

$$\lim_{n\to\infty}\left|\frac{a_{n+1}a_{n+2}}{a_na_{n+1}}\right|=\frac{1}{R^2},$$

因此，$\sum_{n=0}^{\infty}a_na_{n+1}x^{n+1}$ 的收敛半径为 R^2. 又由

$$\lim_{n\to\infty}\left|\left(\frac{a_{n+1}x^{2n+3}}{2n+3}\right)\Big/\left(\frac{a_nx^{2n+1}}{2n+1}\right)\right|=\frac{1}{R}x^2,$$

知当 $|x|<\sqrt{R}$ 时 $\sum_{n=0}^{\infty}\frac{a_n}{2n+1}x^{2n+1}$ 绝对收敛，当 $|x|>\sqrt{R}$ 时 $\sum_{n=0}^{\infty}\frac{a_n}{2n+1}x^{2n+1}$ 发散，因此，$\sum_{n=0}^{\infty}\frac{a_n}{2n+1}x^{2n+1}$ 的收敛半径为 $\sqrt{R}$.

(2) 由比值判别法，$\lim_{n\to\infty}\left|\frac{u_{n+1}}{u_n}\right|=|x-a|$，当 $|x-a|<1$ 时该级数收敛，收敛区间为 $(a-1, a+1)$. 由题设，当 $x>0$ 即 $a>-1$ 时该级数发散，同时，当 $x=0$ 即 $a=-1$ 时该级数收敛，从而知 $a=-1$.

[例 11] 单项选择题

(1) R 为幂级数 $\sum_{n=0}^{\infty}a_nx^n$ 的收敛半径的充分必要条件是（　　）.

A. 当 $|x|\leqslant R$ 时 $\sum_{n=0}^{\infty}a_nx^n$ 收敛，当 $|x|>R$ 时 $\sum_{n=0}^{\infty}a_nx^n$ 发散

B. 当 $|x|<R$ 时 $\sum_{n=0}^{\infty}a_nx^n$ 收敛，当 $|x|>R$ 时 $\sum_{n=0}^{\infty}a_nx^n$ 发散

C. 当 $|x|<R$ 时 $\sum_{n=0}^{\infty}a_nx^n$ 收敛，当 $|x|\geqslant R$ 时 $\sum_{n=0}^{\infty}a_nx^n$ 发散

D. 当 $|x|\leqslant R$ 时 $\sum\limits_{n=0}^{\infty}a_nx^n$ 收敛，或当 $|x|\geqslant R$ 时 $\sum\limits_{n=0}^{\infty}a_nx^n$ 发散

(2) 设幂级数 $\sum\limits_{n=0}^{\infty}a_n(x+2)^n$ 当 $x=2$ 时条件收敛，则该级数的收敛半径（　　）.

A. 只能确定 $R\geqslant 2$　　　　B. 只能确定 $R\geqslant 4$

C. 只能确定 $R\leqslant 2$　　　　D. 只能确定 $R=4$

(3) 设幂级数 $\sum\limits_{n=0}^{\infty}a_n(x-1)^n$ 当 $x=-1$ 时发散，则该级数在 $x=3$ 时（　　）.

A. 条件收敛　　　　B. 绝对收敛

C. 发散　　　　D. 敛散性不能确定

答　(1) B.　　(2) D.　　(3) D.

解析　(1) 根据收敛半径 R 的概念，与幂级数 $\sum\limits_{n=0}^{\infty}a_nx^n$ 在 $x=\pm R$ 处的敛散性无关，故选择 B.

(2) 因除收敛区间的边界点外，幂级数在收敛点处均应为绝对收敛，若 $\sum\limits_{n=0}^{\infty}a_n(x+2)^n$ 当 $x=2$ 时条件收敛，知 $x=2$ 必为收敛区间的边界点，因此，其收敛半径 $R=2+2=4$，故选择 D.

(3) 由幂级数的收敛区间和发散区间的对称性，若 $\sum\limits_{n=0}^{\infty}a_n(x-1)^n$ 当 $x=-1$ 时发散，则 $R\leqslant|-1-1|=2$，唯一可以确定的是，当 $|x-1|>2$ 时，级数发散，$x=3$ 并不在确定的范围内，因此在该点 $\sum\limits_{n=0}^{\infty}a_n(x-1)^n$ 的敛散性不能确定，故选择 D.

[**例 12**] 求下列函数项级数的收敛区间和收敛域：

(1) $\sum\limits_{n=1}^{\infty}\left(\frac{a^n}{n}+\frac{b^n}{n^2}\right)x^n\ (0<b<a)$；　(2) $\sum\limits_{n=1}^{\infty}\frac{(-1)^{n+1}3^{2n}}{2n}x^n(x-1)^n$.

分析　函数项级数收敛域的计算仍按照计算收敛半径、收敛区间、收敛域的步骤进行，两级数和的收敛半径是两级数收敛半径的最小值，对于多项式的幂次形式 $[f(x)]^n$，函数项级数的收敛区间由不等式 $|f(x)|<R$ 解得.

解　(1) 由 $\lim\limits_{n\to\infty}\left|\left(\frac{a^{n+1}}{n+1}\right)\Big/\left(\frac{a^n}{n}\right)\right|=a$，$\lim\limits_{n\to\infty}\left|\left[\frac{b^{n+1}}{(n+1)^2}\right]\Big/\left[\frac{b^n}{n^2}\right]\right|=b$，$0<b<a$，知 $\sum\limits_{n=1}^{\infty}\left(\frac{a^n}{n}+\frac{b^n}{n^2}\right)x^n$ 的收敛半径为 $R=\frac{1}{a}$，收敛区间为 $\left(-\frac{1}{a},\frac{1}{a}\right)$. 又当 $x=\frac{1}{a}$ 时，对应级数为 $\sum\limits_{n=1}^{\infty}\left[\frac{1}{n}+\frac{1}{n^2}\cdot\left(\frac{b}{a}\right)^n\right]$，发散；当 $x=-\frac{1}{a}$ 时，对应级数为 $\sum\limits_{n=1}^{\infty}\left[\frac{(-1)^n}{n}+\frac{(-1)^n}{n^2}\cdot\left(\frac{b}{a}\right)^n\right]$，收敛. 故该级数的收敛域为 $\left[-\frac{1}{a},\frac{1}{a}\right)$.

(2) 设 $X=x(x-1)$，则原级数变为 $\sum\limits_{n=1}^{\infty}\frac{(-1)^{n+1}3^{2n}}{2n}X^n$. 由

$$\lim_{n\to\infty}\left|\frac{a_{n+1}}{a_n}\right|=\lim_{n\to\infty}\left|\left(\frac{3^{2n+2}}{2n+2}\right)\Big/\left(\frac{3^{2n}}{2n}\right)\right|=9,$$

得 $\sum\limits_{n=1}^{\infty}\dfrac{(-1)^{n+1}3^{2n}}{2n}X^n$ 的收敛半径为 $R=\dfrac{1}{9}$，收敛区间为 $\left(-\dfrac{1}{9},\dfrac{1}{9}\right)$. 又当 $X=\dfrac{1}{9}$ 时，对应级数为 $\sum\limits_{n=1}^{\infty}\dfrac{(-1)^{n+1}}{2n}$，收敛；当 $X=-\dfrac{1}{9}$ 时，对应级数为 $-\sum\limits_{n=1}^{\infty}\dfrac{1}{2n}$，发散，故该级数的收敛域为 $\left(-\dfrac{1}{9},\dfrac{1}{9}\right]$. 求解不等式 $-\dfrac{1}{9}<x(x-1)\leqslant\dfrac{1}{9}$，得原级数的收敛域为

$$\left(\frac{3-\sqrt{13}}{6},\frac{3-\sqrt{5}}{6}\right)\cup\left(\frac{3+\sqrt{5}}{6},\frac{3+\sqrt{13}}{6}\right).$$

小结 级数敛散性的判别是级数的重点内容之一，一般而言，由于求级数的部分和 S_n 的难度很大，级数敛散性的判别主要依靠一系列级数敛散性的判别法，主要通过对级数一般项的分析入手.

由级数的比较判别法及其极限形式可以看到，如果不考虑符号因素(变号可能会出现前后项相消情况)，$\sum\limits_{n=1}^{\infty}u_n$ 的敛散性关键取决于其一般项 u_n 趋于零的速度，即无穷小 u_n 的阶. u_n 不趋于零，级数必定发散，u_n 趋于零的速度慢了，级数同样会发散；若一般项趋于零的速度快的级数发散了，则比它趋于零的速度慢的级数也必然发散；反之，若趋于零的速度慢的都收敛了，趋于零的速度快的级数也必然收敛；两个一般项为同阶无穷小的级数有相同的敛散性.

估计收敛级数的一般项趋于零的速度的大小，必须有一个客观标准，书中有两个基准级数，$p-$级数 $\sum\limits_{n=1}^{\infty}\dfrac{1}{n^p}$ $(p>0)$ 和几何级数 $\sum\limits_{n=1}^{\infty}aq^{n-1}$，它们的临界值分别为 $p=1$ 和 $|q|=1$，即 $\sum\limits_{n=1}^{\infty}\dfrac{1}{n^p}$ 当 $p>1$ 时收敛，当 $0<p\leqslant1$ 时发散，$\sum\limits_{n=1}^{\infty}aq^{n-1}$ 当 $|q|<1$ 时收敛，当 $|q|\geqslant1$ 时发散. 比值判别法与根值判别法实质上就是运用比较判别法，参照几何级数的敛散性得到的两个判别定理.

在具体判别时，要注意级数的符号特征，对正项级数，首先考察 u_n 是否趋于零，若 $u_n\to0$，则进一步考察 u_n 类型的特征. 若 u_n 为有理式或无理式，则应用比较判别法对照 $p-$级数作出推断；若 u_n 为阶层函数或指数函数，则应用比值判别法作出推断，对以指数函数为主要特点的级数还可用根值判别法. 比值判别法、根值判别法不能对前一种类型的级数的敛散性作出判断.

对任意项级数，先考虑采用正项级数判别法判别 $\sum\limits_{n=0}^{\infty}|u_n|$ 的敛散性，若 $\sum\limits_{n=0}^{\infty}|u_n|$ 收敛，则原级数绝对收敛，若 $\sum\limits_{n=0}^{\infty}|u_n|$ 发散，则改用其他方法判断 $\sum\limits_{n=1}^{\infty}u_n$ 的敛散性 (使用比值或根值判别法判别 $\sum\limits_{n=0}^{\infty}|u_n|$ 发散，可直接判定 $\sum\limits_{n=1}^{\infty}u_n$ 发散)，若 $\sum\limits_{n=1}^{\infty}u_n$ 收敛，则原级数为条件收敛.

对幂级数 $\sum\limits_{n=0}^{\infty}a_nx^n$，主要用比值判别法. 由于幂级数的收敛区间有对称性，进而引入幂

级数 $\sum_{n=0}^{\infty}a_n x^n$ 的收敛半径、收敛区间、收敛域的概念，先求收敛半径 R，从而得到收敛区间 $(-R,R)$，在讨论级数在 $x=\pm R$ 处敛散性的基础上最后给出幂级数的收敛域，这就是讨论并计算幂级数的敛散性的全过程. 其他结构的幂级数的敛散性的讨论均可以参照上述过程进行.

3. 函数的幂级数展开及其应用

类型一 函数的幂级数展开

[例 1] 填空题

(1) 已知三次多项式 $P(x)$ 在 $x=1$ 处的函数值和各阶导数值分别为 $P(1)=1$, $P'(1)=-2$, $P''(1)=4$, $P'''(1)=6$, 则 $P(x)=$________.

(2) 设 $f(x)=(x-1)^7 e^x$，则函数 $f(x)$ 在 $x=1$ 处关于 $x-1$ 的幂级数展开式为________，$f^{(20)}(1)=$________.

答 (1) x^3-x^2-3x+4. (2) $e\sum_{n=7}^{\infty}\frac{(x-1)^n}{(n-7)!}$, $\frac{20!e}{13!}$.

解析 (1) $P(x)$ 在 $x=1$ 处对应的泰勒级数为

$$P(x)=P(1)+P'(1)(x-1)+\frac{P''(1)}{2!}(x-1)^2+\frac{P'''(1)}{3!}(x-1)^3,$$

从而有

$$P(x)=1-2(x-1)+2(x-1)^2+(x-1)^3=x^3-x^2-3x+4.$$

(2) 由 $e^{x-1}=\sum_{n=0}^{\infty}\frac{(x-1)^n}{n!}$, $-\infty<x<+\infty$，所以有

$$f(x)=(x-1)^7\,e e^{x-1}=e\sum_{n=7}^{\infty}\frac{(x-1)^n}{(n-7)!},-\infty<x<+\infty.$$

又由泰勒级数展开公式

$$f(x)=\sum_{n=0}^{\infty}\frac{f^{(n)}(1)(x-1)^n}{n!}=e\sum_{n=7}^{\infty}\frac{(x-1)^n}{(n-7)!},$$

比较 $(x-1)^{20}$ 的系数，$\frac{f^{(20)}(1)}{20!}=\frac{e}{(20-7)!}$，得 $f^{(20)}(1)=\frac{20!e}{13!}$.

[例 2] 设 $f(x)=\begin{cases}\frac{\ln(x^2+1)}{x}, & x\neq 0\\ 0, & x=0\end{cases}$. (1) 将函数 $f(x)$ 展开成 x 的幂级数，并给出收敛域；(2) 利用 $f(x)$ 的幂级数展开式计算 $\sum_{n=1}^{\infty}\frac{(-1)^{n-1}}{n(n+1)}$ 的和数.

分析 利用 $\ln(1+x)$ 的幂级数展开式间接展开 $f(x)$；将 $\sum_{n=1}^{\infty}\frac{(-1)^{n-1}}{n(n+1)}$ 分项整理，再取适当取值点代入展开式，计算和数.

解 (1) 由 $\ln(1+x)=\sum_{n=1}^{\infty}\frac{(-1)^{n-1}x^n}{n}, -1<x\leqslant 1$，所以有

$$\ln(x^2+1)=\sum_{n=1}^{\infty}\frac{(-1)^{n-1}x^{2n}}{n}, -1\leqslant x\leqslant 1,$$

当 $x\neq 0$ 时 $f(x)=\frac{\ln(x^2+1)}{x}=\sum_{n=1}^{\infty}\frac{(-1)^{n-1}x^{2n-1}}{n}$，同时 $f(0)=\sum_{n=1}^{\infty}\frac{(-1)^{n-1}0^{2n-1}}{n}=0$，因此

$$f(x)=\sum_{n=1}^{\infty}\frac{(-1)^{n-1}x^{2n-1}}{n}, -1\leqslant x\leqslant 1.$$

(2) 由于 $\sum_{n=1}^{\infty}\frac{(-1)^{n-1}}{n(n+1)}=\sum_{n=1}^{\infty}\frac{(-1)^{n-1}}{n}-\sum_{n=1}^{\infty}\frac{(-1)^{n-1}}{n+1}=2\sum_{n=1}^{\infty}\frac{(-1)^{n-1}}{n}-1$，于是将 $x=1$ 代入展开式，有 $\ln 2=\sum_{n=1}^{\infty}\frac{(-1)^{n-1}}{n}$，从而得 $\sum_{n=1}^{\infty}\frac{(-1)^{n-1}}{n(n+1)}=2\ln 2-1$.

[**例 3**] 求 $f(x)=\arctan\frac{1-2x}{1+2x}$ 的幂级数展开式，并计算 $\sum_{n=0}^{\infty}\frac{(-1)^n}{2n+1}$ 的和数.

分析 直接利用已有的常备函数的幂级数展开式间接展开是很困难的，可退一步先求其导函数展开式，然后逐项积分给出所求 $f(x)$ 的幂级数展开式.

解 由 $f'(x)=\frac{1}{1+\left(\frac{1-2x}{1+2x}\right)^2}\left(\frac{1-2x}{1+2x}\right)'=-\frac{2}{1+4x^2}=-2\sum_{n=0}^{\infty}(-1)^n4^nx^{2n}, -\frac{1}{2}<x<\frac{1}{2}$，以及 $f(0)=\frac{\pi}{4}$，有

$$\begin{aligned}f(x)&=\int_0^x f'(x)\mathrm{d}x+f(0)=-2\sum_{n=0}^{\infty}(-1)^n4^n\int_0^x x^{2n}\mathrm{d}x+f(0)\\&=\frac{\pi}{4}-2\sum_{n=0}^{\infty}\frac{(-1)^n4^n}{2n+1}x^{2n+1}, -\frac{1}{2}<x<\frac{1}{2},\end{aligned}$$

又当 $x=\frac{1}{2}$ 时，级数 $\sum_{n=0}^{\infty}\frac{(-1)^n}{2n+1}$ 收敛，当 $x=-\frac{1}{2}$ 时函数没有定义，故 $f(x)$ 的幂级数展开式为

$$f(x)=\frac{\pi}{4}-2\sum_{n=0}^{\infty}\frac{(-1)^n4^n}{2n+1}x^{2n+1}, -\frac{1}{2}<x\leqslant\frac{1}{2},$$

将 $x=\frac{1}{2}$ 代入展开式，有

$$f\left(\frac{1}{2}\right)=\frac{\pi}{4}-\sum_{n=0}^{\infty}\frac{(-1)^n}{2n+1}=0，从而得 \sum_{n=0}^{\infty}\frac{(-1)^n}{2n+1}=\frac{\pi}{4}.$$

类型二　求和函数以及和

[**例 4**] 填空题

(1) $\sum_{n=2}^{\infty}\frac{1}{(n-1)2^n}=$ ______.

(2) $\sum\limits_{n=0}^{\infty}\frac{1}{n!}\cdot\sum\limits_{n=0}^{\infty}\frac{(-1)^n}{n!}=$ ________.

答 (1) $\frac{1}{2}\ln 2$. (2) 1.

解析 (1) 由 $\sum\limits_{n=2}^{\infty}\frac{1}{(n-1)2^n}=\sum\limits_{n=1}^{\infty}\frac{1}{n2^{n+1}}=\frac{1}{2}\sum\limits_{n=1}^{\infty}\frac{1}{n2^n}$，于是设 $S(x)=\sum\limits_{n=1}^{\infty}\frac{x^n}{n}$，$-1\leqslant x<1$，从而有

$$S'(x)=\sum_{n=1}^{\infty}\left(\frac{x^n}{n}\right)'=\sum_{n=1}^{\infty}x^{n-1}=\frac{1}{1-x},\ -1<x<1,$$

积分得 $S(x)=\int_0^x\frac{1}{1-x}\mathrm{d}x+S(0)=-\ln(1-x)$，$-1<x<1$，因此得

$$\sum_{n=2}^{\infty}\frac{1}{(n-1)2^n}=\frac{1}{2}S\left(\frac{1}{2}\right)=-\frac{1}{2}\ln\frac{1}{2}=\frac{1}{2}\ln 2.$$

(2) 由 $\mathrm{e}^x=\sum\limits_{n=0}^{\infty}\frac{x^n}{n!}$，$-\infty<x<+\infty$，同时有 $\mathrm{e}=\sum\limits_{n=0}^{\infty}\frac{1}{n!}$，$\mathrm{e}^{-1}=\sum\limits_{n=0}^{\infty}\frac{(-1)^n}{n!}$，因此得

$$\sum_{n=0}^{\infty}\frac{1}{n!}\cdot\sum_{n=0}^{\infty}\frac{(-1)^n}{n!}=\mathrm{e}\cdot\mathrm{e}^{-1}=1.$$

[**例 5**] 求下列级数的收敛域及和函数：

(1) $\sum\limits_{n=2}^{\infty}\frac{x^{n-2}}{n3^n}$； (2) $\sum\limits_{n=1}^{\infty}\frac{n+1}{2^n n!}x^n$.

分析 计算收敛域仍按求收敛半径、收敛区间、收敛域的步骤进行. 求和函数应根据一般项的结构特点进行必要整理，然后设定和函数，并运用逐项求导或逐项积分，化至已知函数的幂级数形式，以便转化为函数，最后回代求出所求结果.

解 (1) 原级数 $\sum\limits_{n=2}^{\infty}\frac{x^{n-2}}{n3^n}=\sum\limits_{n=0}^{\infty}\frac{x^n}{(n+2)3^{n+2}}=\frac{1}{3}\sum\limits_{n=0}^{\infty}\frac{x^n}{(n+2)3^{n+1}}$，由

$$\lim_{n\to\infty}\left|\frac{a_{n+1}}{a_n}\right|=\lim_{n\to\infty}\left|\left[\frac{1}{(n+3)3^{n+3}}\right]\Big/\left[\frac{1}{(n+2)3^{n+2}}\right]\right|=\frac{1}{3},$$

得 $R=3$，收敛区间为 $(-3,3)$. 又当 $x=3$ 时，$\sum\limits_{n=0}^{\infty}\frac{1}{(n+2)3}$ 发散，当 $x=-3$ 时，$\sum\limits_{n=0}^{\infty}\frac{(-1)^n}{(n+2)3}$ 收敛，故收敛域为 $[-3,3)$.

记 $S(x)=\sum\limits_{n=0}^{\infty}\frac{x^{n+2}}{(n+2)3^{n+1}}=x^2\sum\limits_{n=0}^{\infty}\frac{x^n}{(n+2)3^{n+1}}$，则 $S'(x)=\sum\limits_{n=0}^{\infty}\frac{x^{n+1}}{3^{n+1}}=\frac{\frac{x}{3}}{1-\frac{x}{3}}=\frac{x}{3-x}$，$-3<x<3$，积分得

$$S(x)=\int_0^x\frac{x}{3-x}\mathrm{d}x+S(0)=-x-3\ln(3-x)+3\ln 3,\ -3\leqslant x<3,$$

又 $\sum_{n=2}^{\infty}\frac{0^{n-2}}{n3^n}=\frac{1}{2\times 9}=\frac{1}{18}$，于是有

$$\sum_{n=2}^{\infty}\frac{x^{n-2}}{n3^n}=\begin{cases}\frac{1}{3x^2}[-x-3\ln(3-x)+3\ln 3], & -3\leqslant x<3,\ x\neq 0\\ \frac{1}{18}, & x=0\end{cases}.$$

(2) 由

$$\lim_{n\to\infty}\left|\frac{a_{n+1}}{a_n}\right|=\lim_{n\to\infty}\left|\left[\frac{n+2}{(n+1)!2^{n+1}}\right]\Big/\left[\frac{n+1}{n!2^n}\right]\right|=0,$$

得 $R=+\infty$，收敛域为 $(-\infty,+\infty)$.

记 $S(x)=\sum_{n=1}^{\infty}\frac{n+1}{2^n n!}x^n$，$-\infty<x<+\infty$，则有

$$\int_0^x S(x)\mathrm{d}x=\sum_{n=1}^{\infty}\frac{n+1}{2^n n!}\int_0^x x^n\mathrm{d}x=x\sum_{n=1}^{\infty}\frac{1}{n!}\left(\frac{x}{2}\right)^n=x\mathrm{e}^{\frac{x}{2}},$$

再求导，得

$$S(x)=(x\mathrm{e}^{\frac{x}{2}})'=\left(1+\frac{x}{2}\right)\mathrm{e}^{\frac{x}{2}},-\infty<x<+\infty.$$

类型三　其他应用

[例 6] 利用泰勒公式计算 $\lim_{x\to 0}\frac{\cos x-\mathrm{e}^{-\frac{x^2}{2}}}{x^4}$.

分析　本题是"$\frac{0}{0}$"型极限. 若用洛必达法则，则上下需连续做 4 次求导，过程较为繁杂. 由于分子是两函数之差，不能用等价代换，若利用泰勒公式，则分子各项可用误差项比分母高阶的多项式代换，计算就简单得多.

解　由 $\cos x=1-\frac{1}{2!}x^2+\frac{1}{4!}x^4+o(x^4)$，$\mathrm{e}^{-\frac{x^2}{2}}=1+\left(-\frac{x^2}{2}\right)+\frac{1}{2!}\left(-\frac{x^2}{2}\right)^2+o(x^4)$，有

$$\lim_{x\to 0}\frac{\cos x-\mathrm{e}^{-\frac{x^2}{2}}}{x^4}=\lim_{x\to 0}\frac{\left[1-\frac{1}{2!}x^2+\frac{1}{4!}x^4+o(x^4)\right]-\left[1+\left(-\frac{x^2}{2}\right)+\frac{1}{2!}\left(-\frac{x^2}{2}\right)^2+o(x^4)\right]}{x^4}$$

$$=\lim_{x\to 0}\frac{-\frac{1}{12}x^4+o(x^4)}{x^4}=-\frac{1}{12}.$$

[例 7] 利用泰勒公式计算积分 $\int_0^x\frac{\sin t}{t}\mathrm{d}t$.

分析　当被积函数为 $f(x)=\frac{\sin x}{x}$ 时，其原函数不能用初等函数表示，即"积不了分". 但若将其表示为幂级数形式再积分就十分容易了. 在此基础上可以计算在任何有限区间上满足一定精度的定积分值.

解 由 $\sin x = x - \frac{1}{3!}x^3 + \frac{1}{5!}x^5 + \cdots + \frac{(-1)^n}{(2n+1)!}x^{2n+1} + \cdots, -\infty < x < +\infty$，有

$$f(x) = \frac{\sin x}{x} = 1 - \frac{1}{3!}x^2 + \frac{1}{5!}x^4 + \cdots + \frac{(-1)^n}{(2n+1)!}x^{2n} + \cdots, -\infty < x < +\infty,$$

从而有

$$\int_0^x \frac{\sin t}{t}\mathrm{d}t = \sum_{n=0}^{\infty} \frac{(-1)^n}{(2n+1)!}\int_0^x t^{2n}\mathrm{d}t = \sum_{n=0}^{\infty} \frac{(-1)^n x^{2n+1}}{(2n+1)(2n+1)!}, -\infty < x < +\infty.$$

小结 幂函数是所有函数类型中最简单的一种，如果将其他函数都用幂级数表示，在处理数值计算、极限、导数及积分运算等方面就会带来相当多的便利，有很强的理论和实用价值.

函数的幂级数展开依据的是泰勒定理，应把握三个重点：一是幂级数展开式中系数表达式 $a_n = \frac{1}{n!}f^{(n)}(x_0)$，且其具有唯一性；二是收敛性，函数 $f(x)$ 的可展区间即其余项 $R_n(x) \to 0$ 的区间. 一般来说，函数 $f(x)$ 在存在任意阶导数的情况下，均对应一个幂级数展开式，但两者之间不一定能划等号，因此，在用幂级数展开式表示一个函数时，不要忘记标记上相应的可展区间（通常可用幂级数的收敛域与函数定义域的交集表示）. 三是几个常见函数（e^x, $\sin x$, $\ln(1+x)$, $\frac{1}{1+x}$, $(1+x)^\alpha$）关于 x 的幂级数展开式. 因为一般用定义式求 $f(x)$ 的级数展开式是很麻烦的，故更多是借助常见函数的幂级数展开式，采用间接展开法展开.

将 $f(x)$ 用幂级数展开和已知幂级数求和函数 $S(x)$ 是双向过程. 在该过程中都要借助常见函数的幂级数展开式. 对 $f(x)$ 展开时，为了利用现有展开式，往往先求 $f'(x)$ 或 $\int_0^x f(t)\mathrm{d}t$ 的幂级数展开式，然后逐项积分或求导给出 $f(x)$ 的级数已知函数的展开式. 反之，求已知幂级数的和函数，也同样需要先逐项积分或求导，将已知幂级数化为现有的已知函数的展开式，求出函数，再对该函数求导或积分，得到所求和函数. 可见对幂级数展开式逐项积分或求导是我们必须掌握的工具，这里要注意三点：一是对幂级数展开式逐项积分或求导不改变原幂级数的收敛半径和收敛区间，但可能改变收敛域，因此在运算过程中，对收敛域要作及时调整；二是逐项求导时，若首项为常数，则其导数为零，结果级数的下标应作相应调整；三是作逐项积分时，$f(x) = \int_0^x f'(t)\mathrm{d}t + f(0)$，不要忘了补 $f(0)$.

另外，利用函数幂级数展开式求级数的和，应先设定幂级数，原级数即为设定幂级数对应的一个数项级数，进而求出设定幂级数的和函数 $S(x)$，再代值求出和数.

五、综合练习

1. 填空题

(1) 级数 $\sum_{n=1}^{\infty} \frac{n}{(n+1)!} =$ ________.

(2) 已知级数 $\sum_{n=1}^{\infty}\frac{(-1)^n+a}{\sqrt{n(n+2)}}$ 收敛，则 $a=$________.

(3) 设 $\lim_{n\to\infty}n^p(e^{\frac{1}{n}}-1)a_n=1$，且正项级数 $\sum_{n=1}^{\infty}u_n$ 收敛，则 p 的取值范围是________.

(4)已知 $\{a_n\}$ 为正值单调递减数列，且级数 $\sum_{n=1}^{\infty}(-1)^na_n$ 发散，则级数 $\sum_{n=1}^{\infty}\frac{na_n}{n+1}x^n$ 的收敛半径为________.

(5)已知幂级数 $\sum_{n=0}^{\infty}a_n(x+2)^n$ 在点 $x=0$ 处收敛，在点 $x=-4$ 处发散，则幂级数 $\sum_{n=0}^{\infty}a_n(x-3)^n$ 的收敛域是________.

(6)幂级数 $\sum_{n=1}^{\infty}\frac{e^n-(-1)^n}{n^2}x^n$ 的收敛半径为________.

(7) $f(x)=e^x$ 在 $x=2$ 处的幂级数展开式为________.

2. 单项选择题

(1) 设 $\{u_n\}$ 是数列，则下列命题正确的是（　　）.

A. 若 $\sum_{n=1}^{\infty}u_n$ 收敛，则 $\sum_{n=1}^{\infty}(u_{2n-1}+u_{2n})$ 收敛

B. 若 $\sum_{n=1}^{\infty}(u_{2n-1}+u_{2n})$ 收敛，则 $\sum_{n=1}^{\infty}u_n$ 收敛

C. 若 $\sum_{n=1}^{\infty}u_n$ 收敛，则 $\sum_{n=1}^{\infty}(u_{2n-1}-u_{2n})$ 收敛

D. 若 $\sum_{n=1}^{\infty}(u_{2n-1}-u_{2n})$ 收敛，则 $\sum_{n=1}^{\infty}u_n$ 收敛

(2) 设有两个数列 $\{a_n\}$，$\{b_n\}$，若 $\lim_{n\to\infty}a_n=0$，则（　　）.

A. 当 $\sum_{n=1}^{\infty}b_n$ 收敛时，$\sum_{n=1}^{\infty}a_nb_n$ 收敛　　B. 当 $\sum_{n=1}^{\infty}b_n$ 发散时，$\sum_{n=1}^{\infty}a_nb_n$ 发散

C. 当 $\sum_{n=1}^{\infty}|b_n|$ 收敛时，$\sum_{n=1}^{\infty}a_n^2b_n^2$ 收敛　　D. 当 $\sum_{n=1}^{\infty}|b_n|$ 发散时，$\sum_{n=1}^{\infty}a_n^2b_n^2$ 发散

(3) 已知级数 $\sum_{i=1}^{\infty}(-1)^n\sqrt{n}\sin\frac{1}{n^\alpha}$ 绝对收敛，$\sum_{n=1}^{\infty}\frac{(-1)^n}{n^{2-\alpha}}$ 条件收敛，则（　　）.

A. $0<\alpha\leqslant\frac{1}{2}$　　B. $\frac{1}{2}<\alpha\leqslant 1$　　C. $1<\alpha\leqslant\frac{3}{2}$　　D. $\frac{3}{2}<\alpha<2$

(4) 下列结论中正确的是（　　）.

A. 若 $\lim_{n\to\infty}\frac{a_n}{b_n}=1$，则 $\sum_{n=1}^{\infty}a_n$ 与 $\sum_{n=1}^{\infty}b_n$ 有相同的敛散性

B. 若 $\lim_{n\to\infty}\left|\frac{u_{n+1}}{u_n}\right|>1$，则任意项级数 $\sum_{n=1}^{\infty}u_n$ 必发散

C. 若交错级数 $\sum_{n=1}^{\infty}(-1)^na_n$ 收敛，则必为条件收敛

D. 正项级数 $\sum_{n=1}^{\infty} a_n$ 收敛，但由 $\{a_n\}$ 子序列构造的级数 $\sum_{k=1}^{\infty} a_{n_k}$ 未必收敛

(5) 设幂级数 $\sum_{n=1}^{\infty} a_n x^n$ 与 $\sum_{n=1}^{\infty} b_n x^n$ 的收敛半径分别为 $3, \frac{\sqrt{3}}{3}$，则幂级数 $\sum_{n=1}^{\infty} \frac{a_n}{b_n} x^n$ 的收敛半径为（　　）.

A. $\frac{\sqrt{3}}{3}$　　B. $\sqrt{3}$　　C. 3　　D. $3\sqrt{3}$

(6) 设数列 $\{a_n\}$ 单调减少，$\lim_{n\to\infty} a_n = 0$，$S_n = \sum_{i=1}^{n} a_i \ (n=1, 2, \cdots)$ 无界，则幂级数 $\sum_{n=1}^{\infty} a_n (x-1)^n$ 的收敛域为（　　）.

A. $(-1, 1]$　　B. $[-1, 1)$　　C. $[0, 2)$　　D. $(0, 2]$

(7) 设 $f(x) = x\sin x$，由 $f(x)$ 在点 $x=0$ 处的幂级数展开式可得 $f^{(20)}(0) =$（　　）.

A. 18　　B. -18　　C. 20　　D. -20

3. 设级数 $\sum_{n=1}^{\infty} u_n$ 的部分和为 $S_n = 1 - \frac{1}{(n+1)^2}$，写出该级数以及一般项，并计算 $\sum_{n=1}^{\infty} (u_n + u_{n+1} - u_{n+2})$.

4. 判断下列级数的敛散性：

(1) $\sum_{n=1}^{\infty} \frac{1}{3^n - 2^n}$；　　(2) $\sum_{n=1}^{\infty} \left(\frac{a}{n} - \frac{b}{n+1}\right)$；

(3) $\sum_{n=1}^{\infty} \int_n^{n+1} e^{-\sqrt{x}} dx$；　　(4) $\sum_{n=1}^{\infty} \frac{1}{\ln(n^2+1)}$；

(5) $\sum_{n=1}^{\infty} \left(1 - \cos\frac{1}{n}\right)$；　　(6) $\sum_{n=1}^{\infty} \frac{a^n \ln^2 n}{n!} (a > 1)$；

(7) $\sum_{n=1}^{\infty} \frac{x^n}{(1+x)(1+x^2)\cdots(1+x^n)} (x > 0)$；　　(8) $\sum_{n=1}^{\infty} \frac{(3n^2-1)^n}{(2n)^{2n}}$.

5. 判断下列级数的敛散性，若收敛，说明是条件收敛，还是绝对收敛.

(1) $\sum_{n=1}^{\infty} \frac{2 + (-1)^n n}{n^2}$；　　(2) $\sum_{n=1}^{\infty} \frac{(-1)^n n}{n^2 - n + 2}$；

(3) $\sum_{n=1}^{\infty} (-1)^{\frac{n(n+1)}{2}} \frac{n!}{3^n}$；　　(4) $\sum_{n=1}^{\infty} \frac{n! 2^n}{n^n} \cos\frac{n\pi}{3}$.

6. 求下列幂级数的收敛半径、收敛区间和收敛域：

(1) $\sum_{n=1}^{\infty} \frac{5^n \ln^2 n}{n!} x^{n-1}$；　　(2) $\sum_{n=1}^{\infty} \frac{3^n + (-2)^n}{n} x^n$；

(3) $\sum_{n=1}^{\infty} \frac{2^{2n-1}}{2n-1} x^{2n-1}$；　　(4) $\sum_{n=1}^{\infty} \frac{2^{n+1}}{\sqrt{n+1}} (x+3)^n$.

7. 若级数 $\sum_{n=1}^{\infty} b_n (b_n > 0)$ 和 $\sum_{n=2}^{\infty} (a_n - a_{n-1})$ 收敛，证明 $\sum_{n=1}^{\infty} a_n b_n$ 绝对收敛.

8. 利用间接展开法将下列函数展开为关于 x 的幂级数展开式：

(1) $f(x)=\dfrac{x}{1-x-2x^2}$；　(2) $f(x)=\int_0^x \dfrac{\cos x^2-1}{x}\mathrm{d}x$.

9. 利用泰勒公式计算极限 $\lim\limits_{x\to\infty}\left[x-x^2\ln\left(1+\dfrac{1}{x}\right)\right]$.

10. 求幂级数 $\sum\limits_{n=1}^{\infty}\dfrac{(-1)^{n-1}}{n}x^{2n-1}$ 的收敛域及和函数，并求 $\sum\limits_{n=1}^{\infty}\dfrac{(-1)^{n-1}}{n3^n}$.

参考答案

1. (1) 1；(2) 0；(3) $p>2$；(4) 1；(5) $(1, 5]$；(6) $\dfrac{1}{\mathrm{e}}$；

(7) $\mathrm{e}^2\sum\limits_{n=0}^{\infty}\dfrac{(x-2)^n}{n!}$, $x\in(-\infty, +\infty)$.

2. (1) A；(2) C；(3) D；(4) B；(5) D；(6) C；(7) D.

3. $\dfrac{1}{n^2}-\dfrac{1}{(n+1)^2}$；$\dfrac{41}{36}$.

4. (1) 收敛；(2) 当 $a=b$ 时原级数收敛，当 $a\neq b$ 时原级数发散；(3) 收敛；(4) 发散；(5) 收敛；(6) 收敛；(7) 收敛；(8)收敛.

5. (1) 条件收敛；(2) 条件收敛；(3) 发散；(4) 绝对收敛.

6. (1) 收敛半径为 $+\infty$，收敛区间和收敛域均为 $(-\infty, +\infty)$；

(2) 收敛半径为$\dfrac{1}{3}$，收敛区间为$\left(-\dfrac{1}{3}, \dfrac{1}{3}\right)$，收敛域为 $\left[-\dfrac{1}{3}, \dfrac{1}{3}\right)$；

(3) 收敛半径为$\dfrac{1}{2}$，收敛区间为$\left(-\dfrac{1}{2}, \dfrac{1}{2}\right)$，收敛域为 $\left(-\dfrac{1}{2}, \dfrac{1}{2}\right)$；

(4) 收敛半径为$\dfrac{1}{2}$，收敛区间为$\left(-\dfrac{7}{2}, -\dfrac{5}{2}\right)$，收敛域为$\left[-\dfrac{7}{2}, -\dfrac{5}{2}\right)$.

7. 证略. 提示：a_n 为有界变量.

8. (1) $f(x)=\dfrac{1}{3}\sum\limits_{n=0}^{\infty}[2^n-(-1)^n]x^n$, $x\in\left(-\dfrac{1}{2}, \dfrac{1}{2}\right)$；

(2) $f(x)=\sum\limits_{n=1}^{\infty}\dfrac{(-1)^n}{4n(2n)!}x^{4n}$, $x\in(-\infty, +\infty)$.

9. $\dfrac{1}{2}$.

10. 收敛域为 $[-1, 1]$，$\sum\limits_{n=1}^{\infty}\dfrac{(-1)^{n-1}}{n}x^{2n-1}=\begin{cases}\dfrac{\ln(1+x^2)}{x}, & x\neq 0\\ 0, & x=0\end{cases}$，

$\sum\limits_{n=1}^{\infty}\dfrac{(-1)^{n-1}}{n3^n}=\ln\dfrac{4}{3}$.

第8章

多元函数微积分

一、知识结构

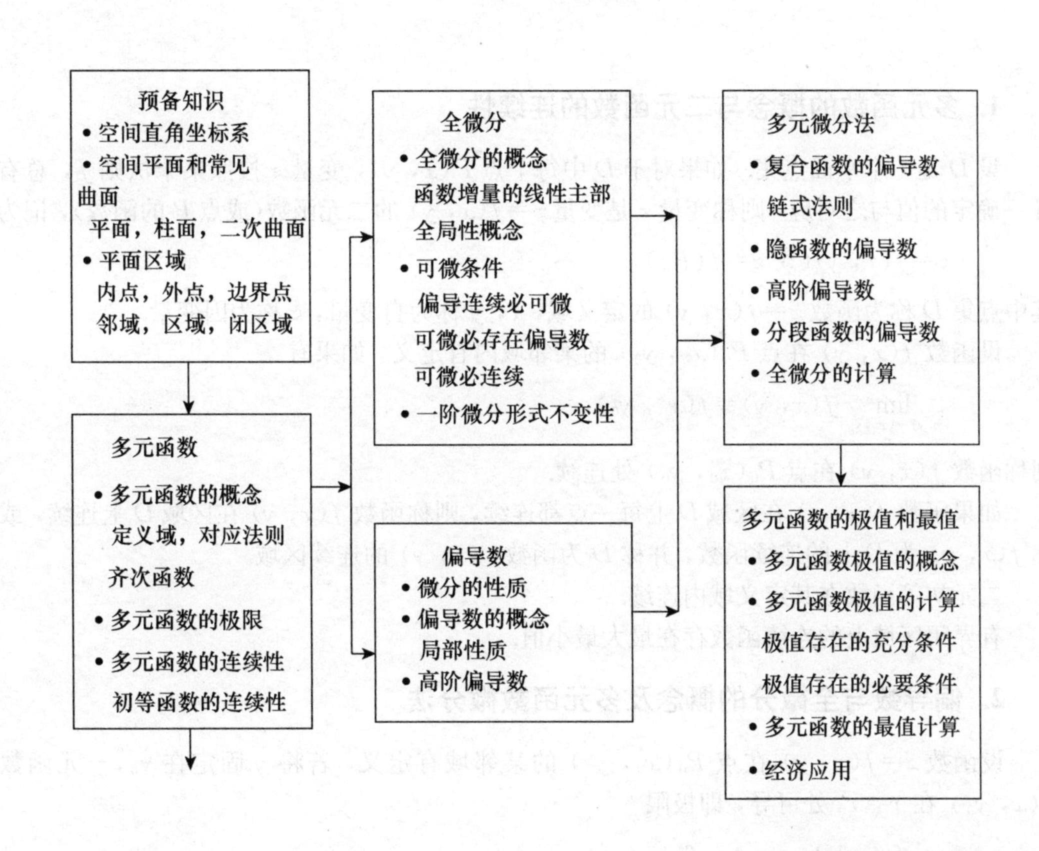

预备知识
• 空间直角坐标系
• 空间平面和常见曲面
平面，柱面，二次曲面
• 平面区域
内点，外点，边界点
邻域，区域，闭区域
多元函数
• 多元函数的概念
定义域，对应法则
齐次函数
• 多元函数的极限
• 多元函数的连续性
初等函数的连续性
全微分
• 全微分的概念
函数增量的线性主部
全局性概念
• 可微条件
偏导连续必可微
可微必存在偏导数
可微必连续
• 一阶微分形式不变性
偏导数
• 微分的性质
• 偏导数的概念
局部性质
• 高阶偏导数
多元微分法
• 复合函数的偏导数
链式法则
• 隐函数的偏导数
• 高阶偏导数
• 分段函数的偏导数
• 全微分的计算
多元函数的极值和最值
• 多元函数极值的概念
• 多元函数极值的计算
极值存在的充分条件
极值存在的必要条件
• 多元函数的最值计算
• 经济应用

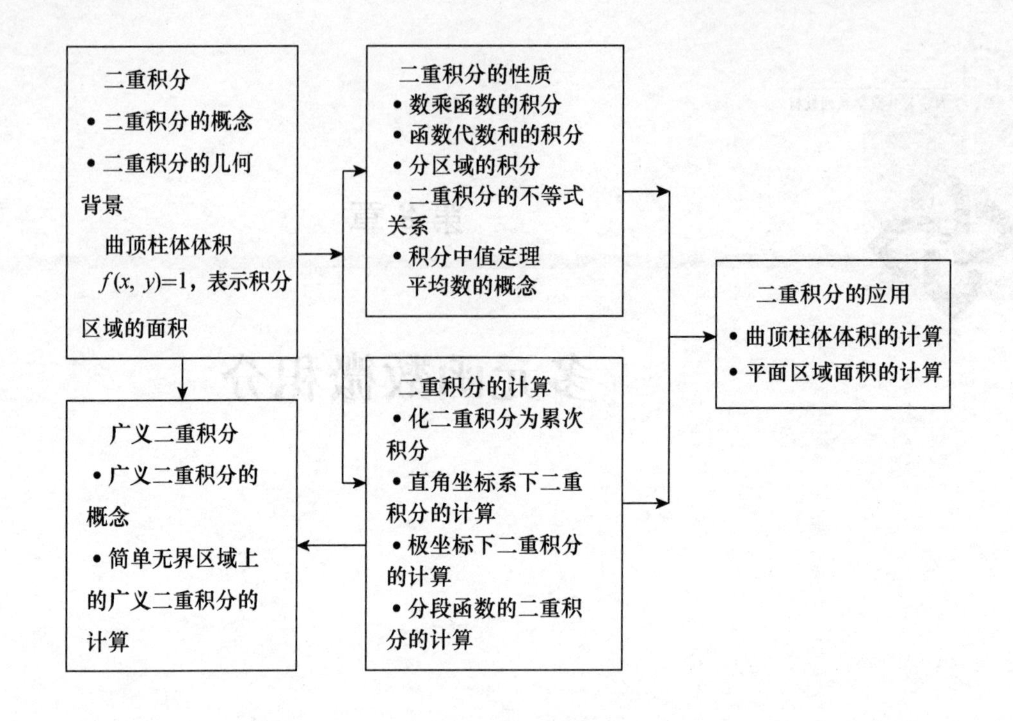

二、内容提要

1. 多元函数的概念与二元函数的连续性

设 D 是一个平面点集. 如果对于 D 中每个点 $P(x, y)$，变量 z 按照某个法则 f，总有唯一确定的值与之对应，则称变量 z 是变量 $z=f(x, y)$ 的二元函数(或点 P 的函数)，记为

$$z=f(x, y)(\text{或 } z=f(P)),$$

其中点集 D 称为函数 $z=f(x, y)$ 的定义域，x，y 称为自变量，z 称为因变量.

设函数 $f(x, y)$ 在点 $P_0(x_0, y_0)$ 的某邻域内有定义，如果有

$$\lim_{(x,y)\to(x_0,y_0)} f(x, y)=f(x_0, y_0),$$

则称函数 $f(x, y)$ 在点 $P_0(x_0, y_0)$ 处连续.

如果函数 $f(x, y)$ 在区域 D 上每一点都连续，则称函数 $f(x, y)$ 在区域 D 上连续，或称 $f(x, y)$ 为 D 上的连续函数，并称 D 为函数 $f(x, y)$ 的连续区域.

二元初等函数在其定义域内连续.

有界闭区域上的连续函数存在最大最小值.

2. 偏导数与全微分的概念及多元函数微分法

设函数 $z=f(x, y)$ 在点 $P_0(x_0, y_0)$ 的某邻域有定义，若将 y 固定在 y_0，一元函数 $f(x, y_0)$ 在 $x=x_0$ 处可导，即极限

$$\lim_{\Delta x\to 0}\frac{f(x_0+\Delta x, y_0)-f(x_0, y_0)}{\Delta x}$$

存在，则称此极限值为函数 $f(x, y)$ 在点 $P_0(x_0, y_0)$ 处关于 x 的偏导数，记作

$$f'_x(x_0, y_0),\ z'_x\big|_{(x_0, y_0)},\ \frac{\partial f}{\partial x}\bigg|_{(x_0, y_0)} \text{或} \frac{\partial z}{\partial x}\bigg|_{(x_0, y_0)}.$$

类似地，可定义函数 $f(x, y)$ 在点 $P_0(x_0, y_0)$ 处关于 y 的偏导数，记作

$$f'_y(x_0, y_0),\ z'_y\big|_{(x_0, y_0)},\ \frac{\partial f}{\partial y}\bigg|_{(x_0, y_0)} \text{或} \frac{\partial z}{\partial y}\bigg|_{(x_0, y_0)}.$$

如果函数 $z=f(x, y)$ 在区域 D 内的每一个点 (x, y) 均存在偏导数 $f'_x(x, y)$，$f'_y(x, y)$，则称函数 $z=f(x, y)$ 在 D 内存在偏导数，并称 $f'_x(x, y)$，$f'_y(x, y)$ 为函数 $f(x, y)$ 的偏导函数，可分别记作

$$f'_x,\ z'_x,\ \frac{\partial f}{\partial x} \text{或} \frac{\partial z}{\partial x};$$

$$f'_y,\ z'_y,\ \frac{\partial f}{\partial y} \text{或} \frac{\partial z}{\partial y}.$$

如果函数 $z=f(x, y)$ 在点 (x, y) 处的全增量 $\Delta z=f(x+\Delta x, y+\Delta y)-f(x, y)$ 可表示为

$$\Delta z=A\Delta x+B\Delta y+o(\rho),$$

其中 A，B 与 Δx，Δy 无关，$\rho=\sqrt{(\Delta x)^2+(\Delta y)^2}$，则称函数 $z=f(x, y)$ 在点 (x, y) 处可微，并称其增量的线性主部 $A\Delta x+B\Delta y$ 为函数 $z=f(x, y)$ 在点 (x, y) 的全微分，记作 $\mathrm{d}z$，即

$$\mathrm{d}z=A\Delta x+B\Delta y.$$

若函数 $z=f(x, y)$ 在点 (x, y) 处可微，则偏导数存在，且 $A=\frac{\partial z}{\partial x}$，$B=\frac{\partial z}{\partial y}$，从而有

$$\mathrm{d}z=\frac{\partial z}{\partial x}\mathrm{d}x+\frac{\partial z}{\partial y}\mathrm{d}y.$$

若函数 $z=f(x, y)$ 在区域 D 内各点都可微，则称函数 $z=f(x, y)$ 在 D 内可微分.

设函数 $u=u(x)$，$v=v(x)$ 在点 x 处可导，函数 $z=f(u, v)$ 在对应点 (u, v) 可微，则复合函数 $z=f[u(x), v(x)]$ 在点 x 处可导，且有

$$\frac{\mathrm{d}z}{\mathrm{d}x}=\frac{\partial f}{\partial u}\cdot\frac{\mathrm{d}u}{\mathrm{d}x}+\frac{\partial f}{\partial v}\cdot\frac{\mathrm{d}v}{\mathrm{d}x},$$

并称为全导数公式.

设函数 $z=f(u, v)$ 可微，$u=\varphi(x, y)$，$v=\psi(x, y)$ 的偏导数均存在，则有

$$\frac{\partial z}{\partial x}=\frac{\partial f}{\partial u}\cdot\frac{\partial u}{\partial x}+\frac{\partial f}{\partial v}\cdot\frac{\partial v}{\partial x},\ \frac{\partial z}{\partial y}=\frac{\partial f}{\partial u}\cdot\frac{\partial u}{\partial y}+\frac{\partial f}{\partial v}\cdot\frac{\partial v}{\partial y},$$

并称为链式法则.

设方程 $F(x, y, z)=0$ 隐含函数 $z=f(x, y)$，且 F，f 可微，则有公式

$$\frac{\partial z}{\partial x}=-\frac{F'_x}{F'_z},\ \frac{\partial z}{\partial y}=-\frac{F'_y}{F'_z}.$$

若函数 $z=f(x, y)$ 的偏导函数存在偏导数，则

$$\frac{\partial}{\partial x}\left(\frac{\partial z}{\partial x}\right)=\frac{\partial^2 z}{\partial x^2}=f''_{xx}(x, y)=f''_{11}(x, y), \frac{\partial}{\partial y}\left(\frac{\partial z}{\partial x}\right)=\frac{\partial^2 z}{\partial x \partial y}=f''_{xy}(x, y)=f''_{12}(x, y),$$

$$\frac{\partial}{\partial x}\left(\frac{\partial z}{\partial y}\right)=\frac{\partial^2 z}{\partial y \partial x}=f''_{yx}(x, y)=f''_{21}(x, y), \frac{\partial}{\partial y}\left(\frac{\partial z}{\partial y}\right)=\frac{\partial^2 z}{\partial y^2}=f''_{yy}(x, y)=f''_{22}(x, y),$$

称为函数 $z=f(x, y)$ 的二阶偏导数，其中 $f''_{xy}(x, y)f''_{yx}(x, y)$ 称为二阶混合偏导数. 类似地,可定义三阶及三阶以上偏导. 二阶或二阶以上的偏导数统称为高阶偏导数. 高阶混合偏导数在其连续条件下，与求偏导的次序无关.

3. 多元函数的极值、条件极值和最大最小值

设函数 $z=f(x, y)$ 在点 (x_0, y_0) 的某邻域有定义. 对于该邻域内异于 (x_0, y_0) 的所有点 (x, y)，如果总有不等式

$$f(x, y)\leqslant f(x_0, y_0)(\text{或 } f(x, y)\geqslant f(x_0, y_0)),$$

则称函数在 (x_0, y_0) 处有极大值（或极小值），(x_0, y_0) 称为极大值点（或极小值点）. 极大值、极小值统称为极值. 函数取极值的点称为极值点.

设函数 $z=f(x, y)$ 在点 (x_0, y_0) 处存在一阶偏导数，且 (x_0, y_0) 为其极值点，则 $f'_x(x_0, y_0)=0$, $f'_y(x_0, y_0)=0$.

设函数 $f(x, y)$ 在点 (x_0, y_0) 的某邻域内存在二阶连续编导数，且 $f'_x(x_0, y_0)=0$, $f'_y(x_0, y_0)=0$. 记

$$A=f''_{xx}(x_0, y_0), B=f''_{xy}(x_0, y_0), C=f''_{yy}(x_0, y_0),$$

于是，函数 $f(x, y)$ 在点 (x_0, y_0) 处，

(1) 若 $B^2-AC<0$，则有极值，且当 $A<0$ 时有极大值，当 $A>0$ 时有极小值；

(2) 若 $B^2-AC>0$，则没有极值；

(3) 若 $B^2-AC=0$，则可能有极值，也可能没有极值.

对自变量的取值附有约束条件的极值问题称为条件极值. 条件极值可用拉格朗日乘数法求解.

4. 二重积分的概念与性质

设函数 $z=f(x, y)$ 为定义在有界闭区域 D 上的有界函数. 将闭区域 D 任意分为 n 个小区域 $\Delta\sigma_1$, $\Delta\sigma_2$, …, $\Delta\sigma_n$，用 $\Delta\sigma_i$ 表示第 i 个小区域的面积. 在每个小区域 $\Delta\sigma_i$ 上任取一点 (ξ_i, η_i)，作乘积 $\Delta V_i\approx f(\xi_i, \eta_i)\Delta\sigma_i (i=1, 2, \cdots, n)$，并求和 $\sum\limits_{i=1}^{n} f(\xi_i, \eta_i)\Delta\sigma_i$. 用 λ 表示各小闭区域直径(即 $\Delta\sigma_i$ 内任意两点间的最大距离)的最大值，如果当 $\lambda\to 0$ 时，和的极限存在，且与区域分划及(ξ_i, η_i)的选取方式无关，则该极限值即为函数 $f(x, y)$ 在 D 上的二重积分，记作 $\iint\limits_D f(x, y)\mathrm{d}\sigma$，其中 $f(x, y)$ 称为被积函数，$f(x, y)\mathrm{d}\sigma$ 称为被积表达式，$\mathrm{d}\sigma$ 称为面积元素，x, y 称为积分变量，D 称为积分区域，并称 $f(x, y)$ 在 D 上可积.

二重积分的基本性质如下：

(1) $\iint\limits_D k\cdot f(x,y)\mathrm{d}\sigma=k\iint\limits_D f(x,y)\mathrm{d}\sigma$（$k$ 为常数）.

(2) $\iint\limits_D [f(x,y)\pm g(x,y)]\mathrm{d}\sigma=\iint\limits_D f(x,y)\mathrm{d}\sigma\pm\iint\limits_D g(x,y)\mathrm{d}\sigma$.

(3) 如果闭区域 D 被分为两个子区域 D_1，D_2，且 $D_1\cap D_2=\varnothing$，

$$\iint\limits_D f(x,y)\mathrm{d}\sigma=\iint\limits_{D_1} f(x,y)\mathrm{d}\sigma+\iint\limits_{D_2} f(x,y)\mathrm{d}\sigma.$$

(4) 如果在区域 D 上，$f(x,y)\leqslant g(x,y)$，则有不等式

$$\iint\limits_D f(x,y)\mathrm{d}\sigma\leqslant\iint\limits_D g(x,y)\mathrm{d}\sigma.$$

(5) 设 M，m 分别为函数 $f(x,y)$ 在闭区域 D 上的最大值和最小值，则有

$$m\sigma\leqslant\iint\limits_D f(x,y)\mathrm{d}\sigma\leqslant M\sigma.$$

(6)（积分中值定理）设函数 $f(x,y)$ 在闭区域 D 上连续，D 的面积为 σ，则在 D 上必存在一点 (ξ,η)，使得

$$\iint\limits_D f(x,y)\mathrm{d}\sigma=f(\xi,\eta)\mathrm{d}\sigma \text{ 或 } f(\xi,\eta)=\frac{1}{\sigma}\iint\limits_D f(x,y)\mathrm{d}\sigma.$$

5. 二重积分的计算

设函数 $f(x,y)$ 在有界闭区域 D 上连续．如果 D 如图 8－1 所示，表示为

$$D=\{(x,y)\mid\varphi_1(x)\leqslant y\leqslant\varphi_2(x),\ a\leqslant x\leqslant b\},$$

则有

$$\iint\limits_D f(x,y)\mathrm{d}\sigma=\int_a^b\mathrm{d}x\int_{\varphi_1(x)}^{\varphi_2(x)}f(x,y)\mathrm{d}y.$$

如果 D 如图 8－2 所示，可表示为

$$D=\{(x,y)\mid\psi_1(y)\leqslant x\leqslant\psi_2(y),\ c\leqslant y\leqslant d\},$$

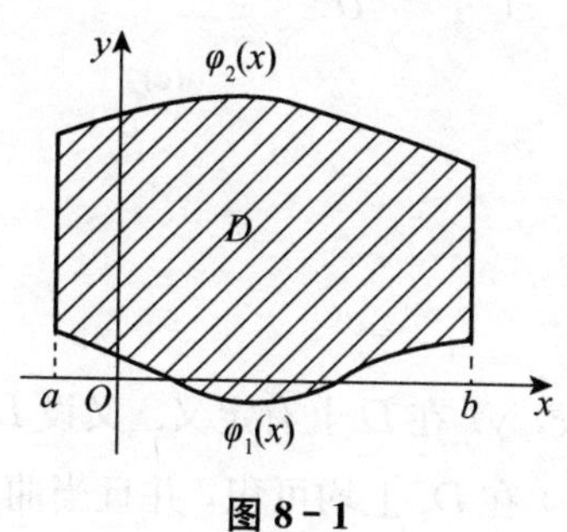

图 8－1

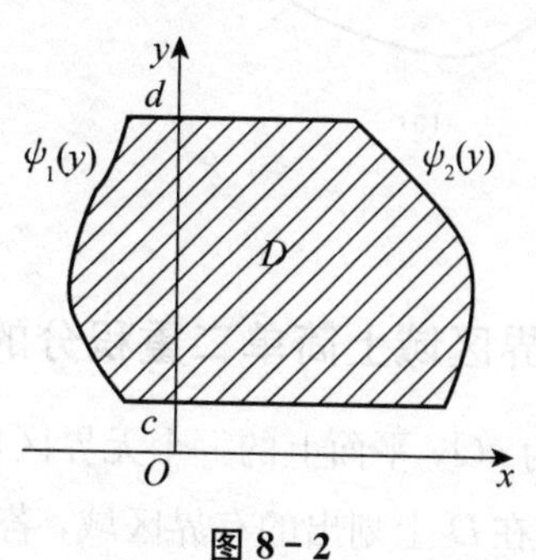

图 8－2

则有

$$\iint_D f(x, y)\mathrm{d}\sigma = \int_c^d \mathrm{d}y \int_{\psi_1(x)}^{\psi_2(x)} f(x, y)\mathrm{d}x.$$

极坐标系下二重积分的变换公式为

$$\iint_D f(x, y)d\sigma = \iint_{D'} f(r\cos\theta, r\sin\theta)r\mathrm{d}\theta\mathrm{d}r.$$

如果积分区域 D' 如图 8-3(a) 所示，可表示为

$$D' = \{(r, \theta) \mid 0 < r \leqslant r(\theta), 0 \leqslant \theta \leqslant 2\pi\},$$

则有

$$\iint_{D'} f(r\cos\theta, r\sin\theta)r\mathrm{d}\theta\mathrm{d}r = \int_0^{2\pi} \mathrm{d}\theta \int_0^{r(\theta)} f(r\cos\theta, r\sin\theta)r\mathrm{d}r$$

如果积分区域 D' 如图 8-3(b) 所示，可表示为

$$D' = \{(r, \theta) \mid 0 \leqslant r \leqslant r(\theta), \alpha \leqslant \theta \leqslant \beta\},$$

则有

$$\iint_{D'} f(r\cos\theta, r\sin\theta)r\mathrm{d}\theta\mathrm{d}r = \int_\alpha^\beta \mathrm{d}\theta \int_0^{r(\theta)} f(r\cos\theta, r\sin\theta)r\mathrm{d}r.$$

如果积分区域 D' 如图 8-3(c) 所示，可表示为

$$D' = \{(r, \theta) \mid r_1(\theta) \leqslant r \leqslant r_2(\theta), \alpha \leqslant \theta \leqslant \beta\},$$

则有

$$\iint_{D'} f(r\cos\theta, r\sin\theta)r\mathrm{d}\theta\mathrm{d}r = \int_\alpha^\beta \mathrm{d}\theta \int_{r_1(\theta)}^{r_2(\theta)} f(r\cos\theta, r\sin\theta)r\mathrm{d}r.$$

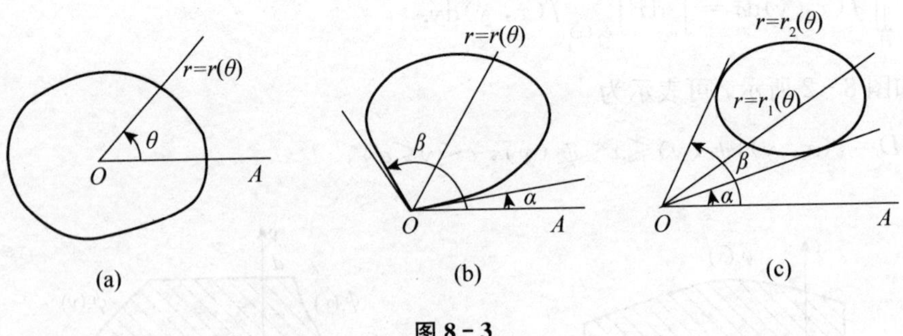

图 8-3

6. 无界区域上简单二重积分的计算

设 D 为 xOy 平面上的一个无界区域，函数 $f(x, y)$ 在 D 上有定义. 又设 D_r 是由任意光滑曲线 r 在 D 上划出的有界区域，若函数 $f(x, y)$ 在 D_r 上均可积，并且当曲线 r 任意变化且 $D_r \to D$ 时，极限

$$\lim_{D_r \to D} \iint_{D_r} f(x, y) \mathrm{d}\sigma$$

存在，则称该极限为函数 $f(x, y)$ 在无界区域上的广义二重积分，记作

$$\iint_D f(x, y) \mathrm{d}\sigma = \lim_{D_r \to D} \iint_{D_r} f(x, y) \mathrm{d}\sigma.$$

三、重点与要求

1. 了解多元函数的概念，了解二元函数的几何背景.

2. 了解二元函数的极限与连续的概念.

3. 了解多元函数的偏导数与全微分的概念. 会求多元复合函数的一阶、二阶偏导数. 会求全微分，会求多元隐函数的偏导数.

4. 了解多元函数极值和条件极值的概念，掌握多元函数极值存在的必要条件，了解二元函数极值存在的充分条件. 会求二元函数的极值，会用拉格朗日乘数法求条件极值，会求简单多元函数的最大最小值，会求简单的应用问题.

5. 了解二重积分的概念和基本性质. 掌握在直角坐标系和极坐标系下二重积分的计算，了解无界区域上二重积分的计算.

四、例题解析

1. 多元函数的概念以及二元函数的极限与连续性

类型一　多元函数的概念

[例 1] 填空题

(1) 设 $f\left(x+y, \dfrac{y}{x}\right)=x^2-y^2$，则 $f(x, y)=$________.

(2) 设 $z(x, y)=y^2F(2x-y)$，且 $z(x, 2)=x^2$，则 $z(x, y)=$________.

答　(1) $\dfrac{x^2(1-y)}{1+y}$.　　(2) $\dfrac{1}{4}y^2\left(x-\dfrac{y}{2}+1\right)^2$.

解析　(1) 已知复合函数求复合前的函数，一般可用变量置换法，也可用配置法. 本题用变量置换法更为简便. 设 $x+y=u$，$\dfrac{y}{x}=v$，反解得 $x=\dfrac{u}{1+v}$，$y=\dfrac{uv}{1+v}$，代入，得

$$f(u, v)=\left(\frac{u}{1+v}\right)^2-\left(\frac{uv}{1+v}\right)^2=u^2\frac{1-v}{1+v}，即 f(x, y)=\frac{x^2(1-y)}{1+y}.$$

(2) 依题设 $z(x, 2)=4F(2x-2)=x^2$，$F(u)=\dfrac{1}{4}\left(\dfrac{1}{2}u+1\right)^2$. 因此，

$$z(x, y)=y^2F(2x-y)=y^2\cdot\frac{1}{4}\left[\frac{1}{2}(2x-y)+1\right]^2=\frac{1}{4}y^2\left(x-\frac{1}{2}y+1\right)^2.$$

[例 2] 单项选择题

(1) 下列函数对中两函数相等的是（　　）.

A. $f(x, y)=\ln x-\ln\sin y$, $g(x, y)=\ln\dfrac{x}{\sin y}$

B. $f(x, y)=\sqrt{\dfrac{4-x^2-y^2}{x^2+y^2-1}}$, $g(x, y)=\dfrac{\sqrt{4-x^2-y^2}}{\sqrt{x^2+y^2-1}}$

C. $f(x, y)=e^{\ln(x+y)}$, $g(x, y)=x+y$

D. $f(x, y)=\sqrt{(x-y)^2}$, $g(x, y)=\sin(\arcsin|x-y|)$

(2) 下列函数中为一次齐次函数的是（　　）.

A. $z=\ln\left(\dfrac{x+y}{x-y}\right)^x$　　B. $z=e^{\frac{x^2}{y}}$　　C. $z=\dfrac{1}{\sqrt{x^2+y^2}}$　　D. $z=\sin\dfrac{x-y}{x+y}$

答　(1) B.　　(2) A.

解析　(1) 多元函数概念中的两个基本要素仍然是定义域和对应法则，A，C，D 选项中函数对的定义域不同，因此，两函数不相同. 选项 B 中对应法则相同，定义域同为 $D=\{(x, y)|1<x^2+y^2\leqslant 4\}$，故两函数相同，选之.

(2) 若函数 $f(x, y)$ 满足 $f(tx, ty)=t^kf(x, y)$，则称 $f(x, y)$ 为 k 次齐次函数. 齐次函数是经济学中常见的函数，如生产函数. 将 x，y 用 tx，ty 替换，验证知选项 A 中为 1 次齐次函数，选项 B 中为非齐次函数，选项 C 中为 -1 次齐次函数，选项 D 中为 0 次齐次函数，故选择 A.

类型二　二元函数的极限和连续性的概念

[例 3] 单项选择题

(1) 下列结论正确的是（　　）.

A. 若 $\lim\limits_{x\to x_0}[\lim\limits_{y\to y_0}f(x, y)]$ 存在，则 $\lim\limits_{\substack{x\to x_0\\y\to y_0}}f(x, y)$ 存在

B. 若 $\lim\limits_{x\to x_0}[\lim\limits_{y\to y_0}f(x, y)]$ 和 $\lim\limits_{y\to y_0}[\lim\limits_{x\to x_0}f(x, y)]$ 均存在，则 $\lim\limits_{\substack{x\to x_0\\y\to y_0}}f(x, y)$ 存在

C. 若 $\lim\limits_{\substack{x\to x_0\\y\to y_0}}f(x, y)$ 存在，则 $\lim\limits_{x\to x_0}[\lim\limits_{y\to y_0}f(x, y)]$ 和 $\lim\limits_{y\to y_0}[\lim\limits_{x\to x_0}f(x, y)]$ 均存在

D. 若 $\lim\limits_{\substack{x\to x_0\\y\to y_0}}f(x, y)$ 存在，且 $\lim\limits_{x\to x_0}f(x, y)$，$\lim\limits_{y\to y_0}f(x, y)$ 存在，则两个二次极限存在且相等，即 $\lim\limits_{x\to x_0}[\lim\limits_{y\to y_0}f(x, y)]=\lim\limits_{y\to y_0}[\lim\limits_{x\to x_0}f(x, y)]$

(2) 下列函数中，在其定义域内不连续的是（　　）.

A. $z=\sqrt{|xy|}$　　B. $z=\ln|x+y-1|$

C. $z=\begin{cases}\dfrac{xy}{x^2+y^2}, & (x, y)\neq(0, 0)\\ 0, & (x, y)=(0, 0)\end{cases}$　　D. $z=\begin{cases}\dfrac{x^2y}{x^2+y^2}, & (x, y)\neq(0, 0)\\ 0, & (x, y)=(0, 0)\end{cases}$

答 (1) D. (2) C.

解析 (1) 二元函数的极限与二次极限是不同的概念，如$\lim\limits_{\substack{x\to0\\y\to0}}x\sin\dfrac{1}{y}=0$存在，但$\lim\limits_{y\to0}x\sin\dfrac{1}{y}$不存在，即$\lim\limits_{x\to0}\left(\lim\limits_{y\to0}x\sin\dfrac{1}{y}\right)$不存在. 又如$\lim\limits_{x\to0}\left[\lim\limits_{y\to0}\dfrac{xy}{x^2+y^2}\right]=\lim\limits_{y\to0}\left[\lim\limits_{x\to0}\dfrac{xy}{x^2+y^2}\right]=0$，但$\lim\limits_{\substack{x\to0\\y\to0}}\dfrac{xy}{x^2+y^2}$不存在，故选项 A，B，C 不正确，由排除法，D 正确，故选之.

(2) 二元初等函数在其定义域内连续，选项 A，B 中的函数均为初等函数，在其定义域内连续. 又若取 $y=kx$，点 (x, y) 沿该路径趋于点 $(0, 0)$ 有 $\lim\limits_{\substack{x\to0\\y=kx\to0}}\dfrac{xy}{x^2+y^2}=\dfrac{k}{1+k^2}$，结果表明该极限与路径有关，证明$\lim\limits_{\substack{x\to0\\y\to0}}\dfrac{xy}{x^2+y^2}$不存在，即选项 C 中函数在点 $(0, 0)$ 不连续，故选择 C. 另外，由 $0\leqslant\left|\dfrac{xy}{x^2+y^2}\right|\leqslant1$，当 $x\to0$ 时有$\lim\limits_{\substack{x\to0\\y\to0}}\dfrac{x^2y}{x^2+y^2}=0=f(0, 0)$知选项 D 中函数在点 $(0, 0)$ 连续，因此在其定义域内连续.

［**例 4**］若$\lim\limits_{\substack{x\to0\\y\to0}}\dfrac{f(x, y)}{x^2+y^2}=-2$，且 $f(x, y)$ 在点 $(0, 0)$ 处连续，证明，必存在点 $(0, 0)$ 的某邻域，在该邻域内有 $f(x, y)<f(0, 0)$.

分析 多元函数的极限除极限过程更复杂外，与一元函数的极限没有本质区别，并具有相同的特性. 本题就是极限保号性的一个应用.

证 当 $x\to0$，$y\to0$ 时，$\lim\limits_{\substack{x\to0\\y\to0}}(x^2+y^2)=0$ 且由题设，$\lim\limits_{\substack{x\to0\\y\to0}}\dfrac{f(x, y)}{x^2+y^2}=-2$，表明 $f(x, y)$ 是与 x^2+y^2 同阶的无穷小，即有$\lim\limits_{\substack{x\to0\\y\to0}}f(x, y)=f(0, 0)=0$，又由极限的保号性，必存在点 $(0, 0)$ 的某邻域，在该邻域内有$\dfrac{f(x, y)}{x^2+y^2}<0$，因此有 $f(x, y)<0$，即 $f(x, y)<f(0, 0)$.

小结 多元函数的概念与一元函数的概念从本质上讲没有区别，仍然有定义域与对应法则两个基本要素. 但自变量个数由单个到多个的变化带来函数变化的复杂性. 由于定义域范围的扩展，自变量的变化从有限种变化方式变为无限种路径和无限种方式，因此，多元函数的研究必然带来一系列变化，由一元函数到二元函数，就是从有限变化到无限变化的过渡，极具代表性，因此，我们将重点讨论二元函数的变化特征，由此产生的相关概念和性质可以推至一般多元函数的研究.

多元函数的关系，最常见的是复合函数形式，其复合结构有更多变化，如 $z=f(x, y)$，$z=f(xy)$，$z=f(x+y, xy)$ 均表明因变量与自变量构成二元函数关系，但函数结构互不相同，处理时应注意把握. 不同结构的函数关系的转换是一种基本技能，常见的有变量置换法和配置法，应学会运用. 具体讨论二元函数时，主要面对的仍然是由基本初等函数构成的二元初等函数. 一元初等函数的性质均可转移到二元函数，如所有二元函数在其定义区域内都是连续的.

由于自变量变化方式的多样性和复杂性，对于二元函数极限和连续性我们仅限于一般了解. 但要明确一些基本要点：二元函数的极限同一元函数的极限一样，具有唯一性、有界性和保号性，都遵循极限运算的基本法则；二元函数的极限与自变量趋向的方向和路径无关；二元函数的极限不同于累次（二次）极限，即所有自变量的变化是同步的，不分先后.

2. 偏导数与全微分的概念

类型一　偏导数的概念

［例 1］填空题

(1) 设 $f(x, y)=xy+(x-1)\tan\sqrt[3]{\dfrac{y}{x}}$，则 $f'_x(1, 0)=$______，$f'_y(1, 1)=$______.

(2) 设 $z=\ln(x^2-y^2)$，$y=e^x$，则 $\dfrac{\partial z}{\partial x}=$______，$\dfrac{dz}{dx}=$______.

(3) 设 $F(x, y, z)=0$，且 F 可微，F'_x，F'_y，F'_z 非零，则 $\dfrac{\partial x}{\partial y}\cdot\dfrac{\partial y}{\partial z}\cdot\dfrac{\partial z}{\partial x}=$______.

(4) 设 $x^2+y^2+z^2-3xyz=0$，$u=xy^2z^3$，若方程隐含 $z=z(x, y)$，则 $\dfrac{\partial u}{\partial x}\Big|_{(1,1,1)}=$______，若方程隐含 $y=y(x, z)$，则 $\dfrac{\partial u}{\partial x}\Big|_{(1,1,1)}=$______.

答　(1) 0，1.　(2) $\dfrac{2x}{x^2-y^2}$，$\dfrac{2x-2e^{2x}}{x^2-y^2}$.　(3) -1.　(4) -2，-1.

解析　(1) 用定义求偏导，即

$$f'_x(1, 0)=\frac{df(x, 0)}{dx}\bigg|_{x=1}=0'\big|_{x=1}=0,\ f'_y(1, 1)=\frac{df(1, y)}{dy}\bigg|_{y=1}=y'\big|_{y=1}=1.$$

(2) 在计算 $\dfrac{\partial z}{\partial x}$ 时，z 是自变量 x，y 的二元函数，即 $z=\ln(x^2-y^2)$. 因此，$\dfrac{\partial z}{\partial x}=\dfrac{2x}{x^2-y^2}$. 在计算 $\dfrac{dz}{dx}$ 时，z 只是自变量 x 的一元函数，即 $z=\ln(x^2-e^{2x})$. 因此，$\dfrac{dz}{dx}=\dfrac{2x-2e^{2x}}{x^2-y^2}$.

(3) $\dfrac{\partial x}{\partial y}$ 不同于 $\dfrac{dx}{dy}$，后者是两个微分的商，因此，$\dfrac{dx}{dy}\cdot\dfrac{dy}{dz}\cdot\dfrac{dz}{dx}=1$，但 $\dfrac{\partial x}{\partial y}$ 不能拆分，故 $\dfrac{\partial x}{\partial y}\cdot\dfrac{\partial y}{\partial z}\cdot\dfrac{\partial z}{\partial x}\neq 1$. 由 $\dfrac{\partial x}{\partial y}=-\dfrac{F'_y}{F'_x}$，$\dfrac{\partial y}{\partial z}=-\dfrac{F'_z}{F'_y}$，$\dfrac{\partial z}{\partial x}=-\dfrac{F'_x}{F'_z}$，则 $\dfrac{\partial x}{\partial y}\cdot\dfrac{\partial y}{\partial z}\cdot\dfrac{\partial z}{\partial x}=-1$.

(4) 求由方程确定的隐函数的偏导，必须先确定变量关系，题中有两个方程、4 个变量，其中必有两个自变量，可以明确的是，u 是因变量，x 是自变量，如果剩下的变量 y，z 地位不确定，就无法计算 $\dfrac{\partial u}{\partial x}$. 在隐含 $z=z(x, y)$ 的情况下，z 是中间变量，记 $F=x^2+y^2+z^2-3xyz$，从而有

$$\frac{\partial u}{\partial x}=y^2z^3+3xy^2z^2\cdot\frac{\partial z}{\partial x}=y^2z^3+3xy^2z^2\cdot\left(-\frac{F'_x}{F'_z}\right)=y^2z^3-3xy^2z^2\cdot\frac{2x-3yz}{2z-3xy},$$

$$\frac{\partial u}{\partial x}\bigg|_{(1,1,1)}=1-3\times1=-2.$$

在隐含 $y=y(x, z)$ 的情况下，y 是中间变量，从而有

$$\frac{\partial u}{\partial x}=y^2z^3+2xyz^3\cdot\frac{\partial y}{\partial x}=y^2z^3+2xyz^3\cdot\left(-\frac{F'_x}{F'_y}\right)=y^2z^3-2xyz^3\cdot\frac{2x-3yz}{2z-3xz},$$

$$\frac{\partial u}{\partial x}\Big|_{(1,1,1)}=1-2\times1=-1.$$

这两个结果是不相同的.

［例 2］单项选择题

(1) 已知 $\frac{1}{u}=\frac{1}{x}+\frac{1}{y}+\frac{1}{z}$，且 $x>y>z>0$，当变量 x，y，z 分别增加一个单位时，其中对函数 $u(x, y, z)$ 的变化影响最大的变量是（　　）.

A. x　　　B. y　　　C. z　　　D. 不能确定

(2) 设下列函数均可微，则其中满足等式 $z'_x=f'_x$ 的是（　　）.

A. $z=f(2x, y)$　　　B. $z=f(x, x+y)$

C. $z=f(x, y+z)$　　　D. $z=f(y+1, x)$

答　(1) C.　(2) D.

解析　(1) 对函数 $u(x, y, z)$ 的变化影响最大，即 $u(x, y, z)$ 分别对变量 x，y，z 的偏导数中最大的变形. 由 $\frac{\partial u}{\partial x}=\frac{u^2}{x^2}$，$\frac{\partial u}{\partial y}=\frac{u^2}{y^2}$，$\frac{\partial u}{\partial z}=\frac{u^2}{z^2}$，且 $x>y>z>0$ 知 $0<\frac{\partial u}{\partial x}<\frac{\partial u}{\partial y}<\frac{\partial u}{\partial z}$，故当变量 z 单独变化时，对函数 $u(x, y, z)$ 引起的变化比变量 x，y 分别单独变化所引起的变化要大，故选择 C.

(2) 根据复合函数求偏导数的法则，当函数中一个分量为自变量 x 的系数为 1 的线性函数且另一个分量与自变量 x 无关时，$z'_x=f'_x$. 由此判断，选项 D 满足要求，故选之.

类型二　全微分的概念

［例 3］填空题

(1) 设方程 $\frac{x}{z}=\ln\frac{z^2}{y+5}$ 确定隐函数 $z=f(x, y)$，则在点 $(0, -1, 2)$ 处的全微分 $dz=$________.

(2) 设函数 $z=f(x, y)$ 存在二阶连续偏导数，且 $dz=(x^2+axy-y^2)dx+(x^2-2xy+by^2)dy$，则 $a=$________，$b=$________.

答　(1) $dz=\frac{1}{2}dx+\frac{1}{4}dy$.　(2) 2，任意实数.

解析　(1) 利用一阶微分形式的不变性，对方程同时微分，即

$$\frac{zdx-xdz}{z^2}=\frac{2dz}{z}-\frac{dy}{y+5},$$

将 $x=0$，$y=-1$，$z=2$ 代入，得 $dz=\frac{1}{2}dx+\frac{1}{4}dy$.

(2) 在 $z=f(x, y)$ 存在二阶连续偏导数的条件下，$\frac{\partial^2 z}{\partial x\partial y}=\frac{\partial^2 z}{\partial y\partial x}$. 由题设

$$\frac{\partial z}{\partial x}=x^2+axy-y^2,\ \frac{\partial z}{\partial y}=x^2-2xy+by^2,$$

从而有 $(x^2+axy-y^2)'_y=(x^2-2xy+by^2)'_x$，即 $ax-2y=2x-2y$，比较系数得 $a=2$，b 为任意实数.

［例 4］ 单项选择题

(1) 设 $\rho=\sqrt{(\Delta x)^2+(\Delta y)^2}$，则函数 $z=f(x, y)$ 在点 (x_0, y_0) 处可微的充分条件是（ ）.

A. $f(x, y)$ 在该点处连续且偏导数存在

B. $\lim\limits_{\rho\to 0}[\Delta z-f'_x(x_0, y_0)\Delta x-f'_y(x_0, y_0)\Delta y]=0$

C. $\lim\limits_{\rho\to 0}\dfrac{\Delta z-f'_x(x_0, y_0)\Delta x-f'_y(x_0, y_0)\Delta y}{\rho}=0$

D. $f(x, y)$ 在该点处的二阶偏导数存在

(2) 考虑二元函数的以下四条性质：①$f(x, y)$ 在点 (x_0, y_0) 处连续；②$f(x, y)$ 在点 (x_0, y_0) 处的两个偏导函数连续；③$f(x, y)$ 在点 (x_0, y_0) 处可微；④$f(x, y)$ 在点 (x_0, y_0) 处的偏导数存在. 若用“$P\Rightarrow Q$”表示由性质可以推出性质，则有（ ）.

A. ②⇒③⇒①　　　　B. ③⇒②⇒①

C. ③⇒④⇒①　　　　D. ③⇒①⇒④

答 (1) C. (2) A.

解析 (1) 由全微分的概念，函数 $z=f(x, y)$ 在点 (x_0, y_0) 处可微的充分必要条件是函数全增量 Δz 与 $f'_x(x_0, y_0)\Delta x+f'_y(x_0, y_0)\Delta y$ 的差是比 $\rho=\sqrt{(\Delta x)^2+(\Delta y)^2}$ 高阶的无穷小，因此，由选项 C 可推出函数 $f(x, y)$ 在点 (x_0, y_0) 处可微，故选择 C.

(2) 函数的四条性质的正确关系应该是

② ⇒ ③ ⇗④ ⇘①

故选择 A.

小结 偏导数与全微分是多元函数微分学的两个最基本也是最重要的概念. 首先要强调的是，偏导数只是函数对其中一个自变量的导数，即 $f'_x(x_0, y_0)=\left.\dfrac{\mathrm{d}f(x, y_0)}{\mathrm{d}x}\right|_{x=x_0}$，偏导数只反映函数在一个坐标轴方向的局部性质. 而全微分是在所有自变量改变的情况下全增量的线性主部，反映的是函数整体性变化的性质. 因此，在多元函数中，不存在一元函数中可导与可微相互等价的关系. 一般来说，多元函数的极限、连续性、可微性都是描述函数整体性的概念，而各阶偏导数，无论阶数多高，都是描述函数局部性的概念，它们之间的逻辑关系如例 4 所示，其中 $f(x, y)$ 在点 (x_0, y_0) 处两个偏导函数连续是条件最强的，在高阶偏导函数连续的情况下，混合偏导数与求偏导数的前后次序无关. 对这些内容，大家应该有清晰的了解.

由于偏导数在对一个自变量求导的过程中，其余自变量作常数处理，因此搞清变量的身份和关系是正确计算偏导数的前提，尤其在对由多个方程确定的隐函数求偏导数时，中间变量的确定以及其与求导自变量之间的关系必须确定，例 1 中 (2) 和 (4) 就是很好的例证.

如前所述，尽管在某点处的一阶偏导数存在，从而可以写出函数在该点处的全微分式，并不表明函数的全微分存在，函数 $z=f(x, y)$ 在点 (x_0, y_0) 处可微的充分必要条件是函数全增量 Δz 与 $f'_x(x_0, y_0)\Delta x+f'_y(x_0, y_0)\Delta y$ 的差是比 $\rho=\sqrt{(\Delta x)^2+(\Delta y)^2}$ 高阶的无穷小，ρ 是坐标平面内动点 (x, y) 到点 (x_0, y_0) 的距离，描绘的是 $(x, y)\to(x_0, y_0)$ 极限过程中的接近程度. 在可微条件下，微分式 $\mathrm{d}z=u(x, y)\Delta x+v(x, y)\Delta y$ 中，必有 $u=f'_x(x_0, y_0)$，$v=f'_y(x_0, y_0)$，在连续条件下，进一步有 $\frac{\partial u}{\partial y}=\frac{\partial v}{\partial x}$. 全微分具有与一元微分相同的运算法则和一阶微分形式不变性.

3. 偏导数与全微分的计算

类型一　复合函数的偏导数与全微分

［例 1］设 $u=\left(\frac{x-y+z}{x+y-z}\right)^n$，求 $\frac{\partial u}{\partial x}$，$\frac{\partial u}{\partial y}$，$\frac{\partial u}{\partial z}$.

分析　该函数复合结构较复杂，但有层次，且要同时计算所有一阶偏导数，因此，利用一阶微分形式不变性，直接计算出全微分，可以使所求结果一步到位，而且免去了对复杂的变量关系的讨论.

解　由

$$\begin{aligned}\mathrm{d}u&=n\left(\frac{x-y+z}{x+y-z}\right)^{n-1}\mathrm{d}\left(\frac{x-y+z}{x+y-z}\right)\\&=n\left(\frac{x-y+z}{x+y-z}\right)^{n-1}\frac{(x+y-z)\mathrm{d}(x-y+z)-(x-y+z)\mathrm{d}(x+y-z)}{(x+y-z)^2}\\&=n\left(\frac{x-y+z}{x+y-z}\right)^{n-1}\frac{(2y-2z)\mathrm{d}x-2x\mathrm{d}y+2x\mathrm{d}z}{(x+y-z)^2},\end{aligned}$$

得

$$\frac{\partial u}{\partial x}=n\left(\frac{x-y+z}{x+y-z}\right)^{n-1}\frac{2(y-z)}{(x+y-z)^2},$$
$$\frac{\partial u}{\partial y}=-n\left(\frac{x-y+z}{x+y-z}\right)^{n-1}\frac{2x}{(x+y-z)^2},$$
$$\frac{\partial u}{\partial z}=n\left(\frac{x-y+z}{x+y-z}\right)^{n-1}\frac{2x}{(x+y-z)^2}.$$

［例 2］设 $z=x^2\arctan\frac{y}{x}-y^2\arctan\frac{x}{y}$，求 $\frac{\partial z}{\partial x}$，$\frac{\partial z}{\partial y}$，$\frac{\partial^2 z}{\partial x\partial y}$.

分析　由 $z(x, y)=-z(y, x)$ 知该函数变量之间有对称性，因此有 $\left.\frac{\partial z}{\partial x}\right|_{(y, x)}=-\left.\frac{\partial z}{\partial y}\right|_{(x, y)}$，利用这一点可减少计算量. 在计算 $\frac{\partial^2 z}{\partial x\partial y}$ 前应尽可能对 $\frac{\partial z}{\partial x}$ 或 $\frac{\partial z}{\partial y}$ 化简整理.

解

$$\begin{aligned}\frac{\partial z}{\partial x}&=2x\arctan\frac{y}{x}+x^2\cdot\frac{1}{1+\left(\frac{y}{x}\right)^2}\cdot\left(-\frac{y}{x^2}\right)-y^2\cdot\frac{1}{1+\left(\frac{x}{y}\right)^2}\cdot\frac{1}{y}\\&=2x\arctan\frac{y}{x}-\frac{x^2y}{x^2+y^2}-\frac{y^3}{x^2+y^2}=2x\arctan\frac{y}{x}-y,\end{aligned}$$

由变量的对称性，有

$$\frac{\partial z}{\partial y}=-\frac{\partial z}{\partial x}\bigg|_{(y,\,x)}=x-2y\arctan\frac{x}{y}.$$

$$\frac{\partial^2 z}{\partial x\partial y}=\frac{\partial}{\partial y}\left(\frac{\partial z}{\partial x}\right)=2x\cdot\frac{1}{1+\left(\frac{y}{x}\right)^2}\cdot\frac{1}{x}-1=\frac{x^2-y^2}{x^2+y^2}.$$

[**例 3**] 设二元函数 $z=f(x, y)$ 在点 $(1, 1)$ 处可微，$f(1, 1)=1$，$f_1'(1, 1)=2$，$f_2'(1, 1)=3$，$\varphi(x)=f[x, f(x, f(x, x))]$. 求$\frac{\mathrm{d}}{\mathrm{d}x}[\varphi^3(x)]|_{x=1}$.

分析 本题函数具有多层次复合结构，求导时应由外向里层层展开，在对函数的第 i 个分量求偏导时，可用下标 i 表示为 $f_i'(x, y)$，可以不考虑该分量的结构，也不要设定太多变量，这样使用起来更为简便.

解
$$\begin{aligned}\frac{\mathrm{d}}{\mathrm{d}x}[\varphi^3(x)]|_{x=1}&=3\varphi^2(1)\frac{\mathrm{d}}{\mathrm{d}x}[\varphi(x)]|_{x=1}\\&=3\varphi^2(1)\{f_1'+f_2'[f_1'+f_2'(f_1'+f_2')]\}|_{x=1}\\&=3\varphi^2(1)\{f_1'(1, 1)+f_2'(1, 1)[f_1'(1, 1)\\&\quad+f_2'(1, 1)(f_1'(1, 1)+f_2'(1, 1))]\}\\&=3\times1\times\{2+3\times[2+3\times(2+3)]\}=159.\end{aligned}$$

[**例 4**] 设二元函数 $z=f(u, v)$，$u=x+y$，$v=xy$，$f(u, v)$ 存在二阶连续偏导数，求 $\frac{\partial^2 z}{\partial x\partial y}$.

分析 对抽象结构的复合函数求高阶偏导，除使用链式法则外，要注意无论重复多少次求导，其复合结构均不变，每次求导仍然要按原复合结构复合计算. 另外，仍沿用 $f_i'(x, y)$ 表示对函数的第 i 个分量求偏导.

解
$$\frac{\partial z}{\partial x}=\frac{\partial f}{\partial u}\cdot\frac{\partial u}{\partial x}+\frac{\partial f}{\partial v}\cdot\frac{\partial v}{\partial x}=f_1'(u, v)+yf_2'(u, v),$$

$$\begin{aligned}\frac{\partial}{\partial y}\left(\frac{\partial z}{\partial x}\right)&=f_{11}''\frac{\partial u}{\partial y}+f_{12}''\frac{\partial v}{\partial y}+y\left(f_{21}''\frac{\partial u}{\partial y}+f_{22}''\frac{\partial v}{\partial y}\right)+f_2'\\&=f_{11}''+(x+y)f_{12}''+xyf_{22}''+f_2'.\end{aligned}$$

$f(u, v)$ 存在二阶连续偏导数，其中 $f_{12}''=f_{21}''$.

[**例 5**] 设 $z=\frac{x}{f(x^2-y^2)}$，其中 f 为可导函数，证明$\frac{1}{x}\frac{\partial z}{\partial x}+\frac{1}{y}\frac{\partial z}{\partial y}=\frac{z}{x^2}$.

分析 本题的关键是计算$\frac{\partial z}{\partial x}$，$\frac{\partial z}{\partial y}$. 注意，函数结构中，$f(x^2-y^2)$ 由 $f(u)$ 与 $u=x^2-y^2$ 复合而成，其中第一层复合 $f(u)$ 是单变量复合，不可出现符号 $f_x'(u)$，$f_y'(u)$.

证
$$\frac{\partial z}{\partial x}=\frac{f(x^2-y^2)-xf'(u)\frac{\partial u}{\partial x}}{f^2(x^2-y^2)}=\frac{f(x^2-y^2)-2x^2f'(x^2-y^2)}{f^2(x^2-y^2)},$$

$$\frac{\partial z}{\partial y}=\frac{0\cdot f(x^2-y^2)-xf'(u)\frac{\partial u}{\partial y}}{f^2(x^2-y^2)}=\frac{2xyf'(x^2-y^2)}{f^2(x^2-y^2)},$$

从而有

$$左式=\frac{1}{x}\frac{\partial z}{\partial x}+\frac{1}{y}\frac{\partial z}{\partial y}=\frac{1}{x}\left[\frac{1}{f(x^2-y^2)}-\frac{2x^2f'(x^2-y^2)}{f^2(x^2-y^2)}\right]+\frac{1}{y}\frac{2xyf'(x^2-y^2)}{f^2(x^2-y^2)}$$

$$=\frac{x}{x^2f(x^2-y^2)}=\frac{z}{x^2}=右式.$$

类型二　由方程确定的隐函数的偏导数与全微分

［**例 6**］求下列隐函数的偏导数或全微分：

(1) 设方程 $x^2+z^2=y\varphi\left(\frac{z}{y}\right)$ 隐含函数 $z=z(x,y)$，φ 为可微函数，求 z'_x，z'_y.

(2) 设方程 $xyz-\ln yz=-2$ 隐含函数 $z=z(x,y)$，求 $z'_x(0,1)$，$z'_y(0,1)$，$z''_{xy}(0,1)$.

(3) 设 $xy+yz+zx=1$ 隐含函数 $z=z(x,y)$，求 $\mathrm{d}z$，$\frac{\partial^2 z}{\partial x\partial y}$.

分析　求一个方程确定的隐函数的偏导数，常见的方法有：①公式法，这时所涉及的变量均作为自变量；②求解方程法，在方程两边求偏导，可以得到以欲求偏导为未知数的代数方程，从而解方程得到结果，前提是事先要确定自变量和因变量；③利用一阶微分形式不变性，两边同时微分，再整理成全微分式，从而得到隐函数所有的一阶偏导数，这时所有变量均作为求微对象参与运算. 隐函数求二阶偏导，在定点计算时，可以对方程连续两次求偏导，然后代入定点值，依次直接求出在该点的一阶、二阶偏导数值，可以省去许多中间整理过程.

解　(1) **方法 1**　公式法. 设 $F(x,y,z)=x^2+z^2-y\varphi\left(\frac{z}{y}\right)$，于是

$$\frac{\partial z}{\partial x}=-\frac{F'_x}{F'_z}=-\frac{2x}{2z-y\varphi'\left(\frac{z}{y}\right)\cdot\frac{1}{y}}=-\frac{2x}{2z-\varphi'\left(\frac{z}{y}\right)},$$

$$\frac{\partial z}{\partial y}=-\frac{F'_y}{F'_z}=-\frac{-\varphi\left(\frac{z}{y}\right)-y\varphi'\left(\frac{z}{y}\right)\cdot\left(-\frac{z}{y^2}\right)}{2z-y\varphi'\left(\frac{z}{y}\right)\cdot\frac{1}{y}}$$

$$=\frac{y\varphi\left(\frac{z}{y}\right)-z\varphi'\left(\frac{z}{y}\right)}{2yz-y\varphi'\left(\frac{z}{y}\right)}.$$

方法 2　求解方程法. 在方程两边分别对 x 和 y 求偏导，有

$$2x+2zz'_x=y\varphi'\left(\frac{z}{y}\right)\cdot\frac{z'_x}{y}，解得\ z'_x=-\frac{2x}{2z-\varphi'\left(\frac{z}{y}\right)},$$

$$2zz'_y=\varphi\left(\frac{z}{y}\right)+y\varphi'\left(\frac{z}{y}\right)\cdot\frac{yz'_y-z}{y^2}，解得\ z'_y=\frac{y\varphi\left(\frac{z}{y}\right)-z\varphi'\left(\frac{z}{y}\right)}{2yz-y\varphi'\left(\frac{z}{y}\right)}.$$

方法 3　利用一阶微分形式不变性. 在方程两边同时微分，有

$$2x\mathrm{d}x+2z\mathrm{d}z=\varphi\left(\frac{z}{y}\right)\mathrm{d}y+y\mathrm{d}\varphi\left(\frac{z}{y}\right)=\varphi\left(\frac{z}{y}\right)\mathrm{d}y+y\varphi'\left(\frac{z}{y}\right)\frac{y\mathrm{d}z-z\mathrm{d}y}{y^2},$$

整理得

$$dz=-\frac{2xdx-\frac{1}{y}\left[y\varphi\left(\frac{z}{y}\right)-z\varphi'\left(\frac{z}{y}\right)\right]dy}{2z-\varphi'\left(\frac{z}{y}\right)},$$

因此

$$z_x'=-\frac{2x}{2z-\varphi'\left(\frac{z}{y}\right)},\ z_y'=\frac{y\varphi\left(\frac{z}{y}\right)-z\varphi'\left(\frac{z}{y}\right)}{2yz-y\varphi'\left(\frac{z}{y}\right)}.$$

(2) 方程 $xyz-\ln yz=-2$ 两边分别对 x 和 y 求偏导，然后在对 x 求偏导的基础上对 y 求偏导，得

$$yz+xyz_x'-\frac{1}{z}z_x'=0, \quad ①$$

$$xz+xyz_y'-\frac{1}{y}-\frac{1}{z}z_y'=0, \quad ②$$

$$z+yz_y'+xz_x'+xyz_{xy}''+\frac{z_y'}{z^2}z_x'-\frac{1}{z}z_{xy}''=0. \quad ③$$

当 $x=0$，$y=1$ 时 $z=e^2$，于是，

将 $x=0$，$y=1$，$z=e^2$ 代入式①，得 $z_x'(0,1)=e^4$；

将 $x=0$，$y=1$，$z=e^2$ 代入式②，得 $z_y'(0,1)=-e^2$；

将 $x=0$，$y=1$，$z=e^2$，$z_x'(0,1)=e^4$，$z_y'(0,1)=-e^2$ 代入式③，得 $z_{xy}''(0,1)=-e^4$.

(3) 对方程 $xy+yz+zx=1$ 两边微分，有

$$ydx+xdy+zdy+ydz+xdz+zdx=0,$$

得 $$dz=-\frac{(y+z)dx+(x+z)dy}{x+y},$$

且 $$\frac{\partial z}{\partial x}=-\frac{y+z}{x+y},\ \frac{\partial z}{\partial y}=-\frac{x+z}{x+y}.$$

从而有

$$\frac{\partial^2 z}{\partial x\partial y}=\frac{\partial}{\partial y}\left(\frac{\partial z}{\partial x}\right)=-\frac{(1+z_y')(x+y)-(y+z)}{(x+y)^2}$$

$$=\frac{2z}{(x+y)^2}.$$

[例 7] 设方程 $u=f(x,y,z)$，且 $\varphi(x^2,e^y,z)=0$，f，φ 可微，$y=\sin x$，求 $\frac{du}{dx}$.

分析 求由多个方程确定的隐函数的导数或偏导数，关键是确定变量之间的关系. 其中自变量数=变量数−方程数，变量中去掉自变量和因变量后剩下的均为中间变量. 据此，题中变量关系如图 8-4 所示，可见，u 是因变量，x 是自变量，y，z 是中间变量，且均为 x 的一元函数，求导时应用导数符号. 在明确变量关系及符号后，对各方程两边求导，可以得

到未知量为$\frac{du}{dx}$，$\frac{dy}{dx}$，$\frac{dz}{dx}$的线性方程组，从中可解得$\frac{du}{dx}$.

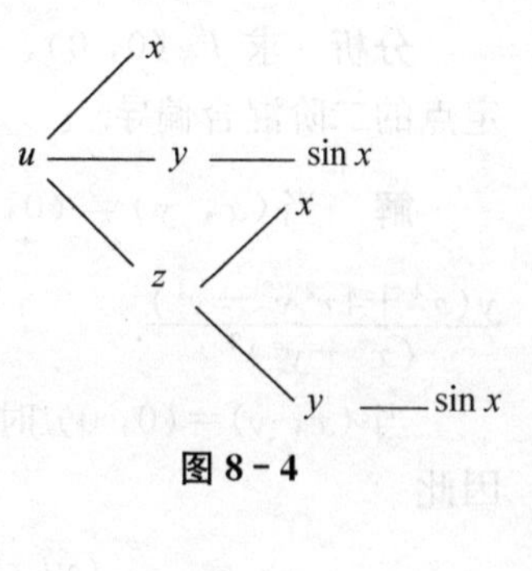

图 8-4

解　对方程 $u=f(x,y,z)$，$\varphi(x^2,e^y,z)=0$，$y=\sin x$ 两边求导，得

$$\begin{cases}\frac{du}{dx}=f_1'+f_2'\frac{dy}{dx}+f_3'\frac{dz}{dx}\\ 2x\varphi_1'+e^y\varphi_2'\frac{dy}{dx}+\varphi_3'\frac{dz}{dx}=0,\\ \frac{dy}{dx}=\cos x\end{cases}$$

解得

$$\frac{du}{dx}=f_1'+f_2'\cos x-f_3'\frac{2x\varphi_1'+e^y\cos x\varphi_2'}{\varphi_3'}.$$

类型三　分区域函数的偏导数

［例 8］设 $z=\sqrt{|xy|}$，求$\frac{\partial z}{\partial x}$.

分析　含绝对值号的函数求偏导数，应先去绝对值号化为分区域函数，然后在分区域内用公式求偏导，在区域分界线上用定义求偏导.

解　去绝对值号，则

$$z=\begin{cases}\sqrt{xy}, & xy>0\\ \sqrt{-xy}, & xy<0\\ 0 & x=0 \text{ 或 } y=0\end{cases},$$

于是，当 $xy>0$ 时$\frac{\partial z}{\partial x}=\frac{y}{2\sqrt{xy}}$，当 $xy<0$ 时$\frac{\partial z}{\partial x}=\frac{-y}{2\sqrt{-xy}}$.

当 $x=0$，$y\neq0$ 时，$\lim\limits_{x\to0}\frac{\sqrt{|xy|}-0}{x}=\infty$，知$\frac{\partial z}{\partial x}$不存在.

当 $y=0$ 时，$\left.\frac{\partial z}{\partial x}\right|_{(x,0)}=[z(x,0)]'=0'=0.$

因此

$$\frac{\partial z}{\partial x}=\begin{cases}\frac{y}{2\sqrt{xy}}, & xy>0\\ \frac{-y}{2\sqrt{-xy}}, & xy<0\\ 0, & -\infty<x<+\infty,\ y=0\\ \text{不存在}, & x=0,\ y\neq0\end{cases}.$$

［例 9］设 $f(x,y)=\begin{cases}xy\frac{x^2-y^2}{x^2+y^2}, & (x,y)\neq(0,0)\\ 0, & (x,y)=(0,0)\end{cases}$，求 $f''_{xy}(0,0)$，$f''_{yx}(0,0)$.

分析 求 $f''_{xy}(0,0)$，$f''_{yx}(0,0)$，先求其一阶偏导函数，方法同上，然后利用定义求在定点的二阶混合偏导.

解 当$(x,y)\neq(0,0)$ 时，$f'_x(x,y)=\dfrac{(3x^2y-y^3)(x^2+y^2)-2x(x^3y-xy^3)}{(x^2+y^2)^2}=\dfrac{y(x^4+4x^2y^2-y^4)}{(x^2+y^2)^2}$.

当$(x,y)=(0,0)$ 时，$f'_x(0,0)=[f(x,0)]'|_{x=0}=0$.

因此

$$f'_x(x,y)=\begin{cases}\dfrac{y(x^4+4x^2y^2-y^4)}{(x^2+y^2)^2}, & (x,y)\neq(0,0)\\ 0, & (x,y)=(0,0)\end{cases},$$

由变量对称性，有

$$f'_y(x,y)=\begin{cases}\dfrac{x(x^4-4x^2y^2-y^4)}{(x^2+y^2)^2}, & (x,y)\neq(0,0)\\ 0, & (x,y)=(0,0)\end{cases}$$

从而有

$$f''_{xy}(0,0)=[f'_x(0,y)]'|_{y=0}=[-y]'|_{y=0}=-1,$$
$$f''_{yx}(0,0)=[f'_y(x,0)]'|_{x=0}=[x]'|_{x=0}=1.$$

小结 偏导数与全微分的计算基础仍然是一元函数微分学. 最大的变化是变量关系更复杂、函数结构更加多样以及符号上的区分.

正确求偏导数，首先是多角度分清变量关系. 一是从求什么观察，如符号$\dfrac{\partial z}{\partial x}$表明$z$是因变量，$x$是自变量，且除$x$外，题中必定还有其他自变量，$\dfrac{\mathrm{d}z}{\mathrm{d}x}$表明$z$是因变量，$x$是唯一自变量. 二是从方程和变量个数观察，自变量数是变量数与方程数的差，变量中去掉自变量和因变量，剩下的均为中间变量.

其次要注意函数结构，如从变量关系分析，$z=f(x,y)$，$z=f(xy)$，$z=f(x+y,xy)$ 均表明z是自变量x，y的二元函数，在对x求偏导时，结果分别为$\dfrac{\partial z}{\partial x}=\dfrac{\partial f}{\partial x}$，$\dfrac{\partial z}{\partial x}=y\dfrac{\mathrm{d}f}{\mathrm{d}x}$，$\dfrac{\partial z}{\partial x}=f'_1+yf'_2$，差异源于不同的函数结构，符号运用应十分准确.

最后要正确掌握不同的求偏导的方法，尤其是在不同方法下对变量不同的处理和理解，即在公式法中，所涉及的变量均要看作自变量，在求解方程法中，必须严格界定自变量和因变量，在微分法中，所有变量均作为求微分对象参与运算.

对于特殊类型的偏导计算，提示如下：对结构较复杂的复合函数，尽量用下标i表示对函数第$i(i=1,2$等$)$个分量的偏导；对抽象结构的复合函数，不要忘记无论是多少阶的偏导函数，其复合结构不变，只要再求偏导，就需要同样的链式法则；对可化为分区域形式的函数，仍要用类似分段函数求导的方法和步骤处理；求隐函数的二阶偏导数，在求出一阶偏导函数后，再求偏导时，只能采用求解方程法进行.

相对而言，由于一阶微分形式不变性，全微分的计算难度不大，常用来计算一阶偏导数.

4. 多元函数的极值

类型一 多元函数的极值和最值

[例 1] 单项选择题

(1) 已知函数 $f(x, y)$ 在点 $(0, 0)$ 的某个邻域内连续，且 $f(0, 0)=0$，$\lim\limits_{\substack{x\to 0\\y\to 0}}\dfrac{f(x, y)}{2(x^2+y^2)}=-1$，则(　　).

A. 点 $(0, 0)$ 是函数 $f(x, y)$ 的极小值点

B. 点 $(0, 0)$ 是函数 $f(x, y)$ 的极大值点

C. 点 $(0, 0)$ 不是函数 $f(x, y)$ 的极值点

D. 由已知不能确定点 $(0, 0)$ 是否为函数 $f(x, y)$ 的极值点

(2) 对于函数 $f(x, y)=x^2+xy$，则 $(0, 0)$(　　).

A. 是 $f(x, y)$ 的驻点且为极大值点　　B. 是 $f(x, y)$ 的驻点且为极小值点

C. 是 $f(x, y)$ 的驻点但不是极值点　　D. 不是 $f(x, y)$ 的驻点，也不是极值点

答 (1) B.　　(2) C.

解析 (1) 由极限的保号性及 $\lim\limits_{\substack{x\to 0\\y\to 0}}\dfrac{f(x, y)}{2(x^2+y^2)}=-1$，必存在点 $(0, 0)$ 的一个邻域，在该邻域内恒有 $\dfrac{f(x, y)}{2(x^2+y^2)}<0$，即 $f(x, y)<0=f(0, 0)$，因此，根据二元函数极值的概念，可以确定点 $(0, 0)$ 是函数 $f(x, y)$ 的极大值点，故选择 B.

(2) 由 $f'_x(0, 0)=(x^2)'\big|_{x=0}=0$，$f'_y(0, 0)=(0)'\big|_{x=0}=0$ 知点 $(0, 0)$ 是 $f(x, y)$ 的驻点. 又 $f''_{xx}(0, 0)=2$，$f''_{yy}(0, 0)=0$，$f''_{xy}(0, 0)=1$，$\Delta=[f''_{xy}(0, 0)]^2-f''_{xx}(0, 0)f''_{yy}(0, 0)>0$ 知，点 $(0, 0)$ 不是函数 $f(x, y)$ 的极值点. 故选择 C.

[例 2] 设 $z=3axy-x^3-y^3$，求 $z(x, y)$ 的极值.

分析 求出 $z(x, y)$ 的驻点，及 f''_{xx}，f''_{yy}，f''_{xy}，$\Delta=(f''_{xy})^2-f''_{xx}f''_{yy}$，根据 Δ 及 f''_{xx} 或 f''_{yy} 的符号判断极值点，在极值点存在的条件下给出极大值、极小值.

解 令 $\begin{cases}z'_x=3ay-3x^2=0\\z'_y=3ax-3y^2=0\end{cases}$，得驻点 (a, a)，又

$$z''_{xx}=-6x,\ z''_{yy}=-6y,\ z''_{xy}=3a,\ \Delta(a, a)=[(z''_{xy})^2-z''_{xx}z''_{yy}]\big|_{(a,\ a)}=-27a^2,$$

因此，当 $a\neq 0$ 时，$\Delta<0$，(a, a) 为极值点，且若 $a>0$，则有极大值 $z(a, a)=a^3$，若 $a<0$，则有极小值 $z(a, a)=a^3$.

当 $a=0$ 时，$z=-x^3-y^3$ 且在点 $(0, 0)$ 的任意一个邻域内，当 $x>0$，$y>0$ 时，总有 $z(x, y)<0=f(0, 0)$，当 $x<0$，$y<0$ 时，总有 $z(x, y)>0=f(0, 0)$，故 $z(x, y)$ 无极值.

[例 3] 在条件方程 $x^2+y^2+z^2=6r^2$ 及 $x>0$，$y>0$，$z>0$ 下，求 $u=xy^2z^3$ 的最大值，并证明不等式

$$ab^2c^3\leqslant 108\left(\frac{a+b+c}{6}\right)^6 (a,\ b,\ c\ 为正常数).$$

分析 本题为条件极值，为了便于求出极值点，可利用目标值的单调性，将求 u 的最大值等价为求 $\ln u$ 的最大值.

解 要使 $u=xy^2z^3$ 最大，只要使 $\ln u=\ln x+2\ln y+3\ln z$ 最大即可，于是取

$$F(x,y,z)=\ln x+2\ln y+3\ln z+\lambda(x^2+y^2+z^2-6r^2).$$

令$\begin{cases}F'_x=\dfrac{1}{x}+2x\lambda=0\text{，即 }x^2=-\dfrac{1}{2\lambda}\\F'_y=\dfrac{2}{y}+2y\lambda=0\text{，即 }y^2=-\dfrac{2}{2\lambda}\\F'_z=\dfrac{3}{z}+2z\lambda=0\text{，即 }z^2=-\dfrac{3}{2\lambda}\\F'_\lambda=(x^2+y^2+z^2-6r^2)=0\end{cases}$，解得

$$\lambda=-\frac{1}{2r^2},\ x=r,\ y=\sqrt{2}r,\ z=\sqrt{3}r,$$

依题意，$u(x,y,z)$ 存在最大值，且驻点唯一，故当 $x=r$，$y=\sqrt{2}r$，$z=\sqrt{3}r$ 时，$u(x,y,z)$ 取最大值，即有不等式 $xy^2z^3\leqslant 6\sqrt{3}r^6$，从而有

$$x^2(y^2)^2(z^2)^3\leqslant 108(r^2)^6=108\left(\frac{x^2+y^2+z^2}{6}\right)^6,$$

取 $a=x^2$，$b=y^2$，$c=z^2$，因此有

$$ab^2c^3\leqslant 108\left(\frac{a+b+c}{6}\right)^6(a,b,c\text{ 为正常数}).$$

[例 4] 求函数 $u=x^2+y^2$ 在圆域 $D=\{(x,y)\mid(x-\sqrt{2})^2+(y-\sqrt{2})^2\leqslant 9\}$ 上的最大值和最小值.

分析 本题应分三步走：第一步，先求出圆域内的驻点，即可能的最值点，这是无条件极值问题；第二步，在边界线方程的约束下求出目标函数可能的最值点，这是条件极值问题；第三步，比较每步得到的可能最值点的函数值大小，给出 D 上的最大值和最小值.

解 令$\begin{cases}u'_x=2x=0\\u'_y=2y=0\end{cases}$，得圆域内可能的极值点 $(0,0)$.

又在边界线$(x-\sqrt{2})^2+(y-\sqrt{2})^2=9$ 上，$u=x^2+y^2$ 的最值为条件极值问题，于是，取

$$F(x,y,z)=x^2+y^2+\lambda((x-\sqrt{2})^2+(y-\sqrt{2})^2-9).$$

令$\begin{cases}F'_x=2x+2\lambda(x-\sqrt{2})=0\\F'_y=2y+2\lambda(y-\sqrt{2})=0\\F'_\lambda=(x-\sqrt{2})^2+(y-\sqrt{2})^2-9=0\end{cases}$，得可能的最值点$\begin{cases}x_1=-\dfrac{\sqrt{2}}{2}\\y_1=-\dfrac{\sqrt{2}}{2}\end{cases}$，$\begin{cases}x_2=\dfrac{5\sqrt{2}}{2}\\y_2=\dfrac{5\sqrt{2}}{2}\end{cases}$，由$u(0,0)=0$，$u\left(-\dfrac{\sqrt{2}}{2},-\dfrac{\sqrt{2}}{2}\right)=1$，$u\left(\dfrac{5\sqrt{2}}{2},\dfrac{5\sqrt{2}}{2}\right)=25$ 知，在区域 D 上的最小值为$u(0,0)=0$，最大值为 $u\left(\dfrac{5\sqrt{2}}{2},\dfrac{5\sqrt{2}}{2}\right)=25$.

类型二　经济应用

[**例 5**] 某垄断企业生产某种独一无二的商品，边际成本为 20 元，又知老人与儿童对该商品的需求弹性为$\frac{\mathrm{E}y}{\mathrm{E}P}=\frac{P}{100-2P}$，其他消费人群对该商品的需求弹性为$\frac{\mathrm{E}y}{\mathrm{E}P}=\frac{P}{100-P}$，其中 y 为需求量，P 为该商品的价格. 企业家决定对两类消费人群采用差别定价策略，为获取最大利润，企业针对两类消费人群应如何分别定价？

分析　本题为同一个企业用相同的成本生产产品并在不同消费群体中销售，其收益函数应分类按不同需求函数计算，再加总，进而求出目标函数——利润函数.

解　由已知，$C'(x)=20$，于是，总生产成本函数为 $C(x)=20x+C_0$，C_0 为固定成本.

设该产品对老人与儿童及其他消费人群的销售价格和销量分别为 P_1，x_1，P_2，x_2，$x=x_1+x_2$，则有

$$-\frac{P_1\mathrm{d}x_1}{x_1\mathrm{d}P_1}=\frac{P_1}{100-2P_1}，即\frac{\mathrm{d}x_1}{x_1}=-\frac{\mathrm{d}P_1}{100-2P_1},$$

积分得 $x_1=C_1\sqrt{100-2P_1}$，其中 C_1 为正常数.

$$-\frac{P_2\mathrm{d}x_2}{x_2\mathrm{d}P_2}=\frac{P_2}{100-P_2}，即\frac{\mathrm{d}x_2}{x_2}=-\frac{\mathrm{d}P_2}{100-P_2},$$

积分得 $x_2=C_2(100-P_2)$，其中 C_2 为正常数. 因此，总收益函数为

$$R=x_1P_1+x_2P_2=C_1P_1\sqrt{100-2P_1}+C_2P_2(100-P_2),$$

利润函数为

$$\begin{aligned}\pi(P_1,P_2)=R-C&=C_1P_1\sqrt{100-2P_1}+C_2P_2(100-P_2)\\&\quad-20\left[C_1\sqrt{100-2P_1}+C_2(100-P_2)\right]-C_0,\end{aligned}$$

令

$$\begin{cases}\pi'_{P_1}=C_1\left[\sqrt{100-2P_1}-\dfrac{P_1}{\sqrt{100-2P_1}}+\dfrac{20}{\sqrt{100-2P_1}}\right]=0\\\pi'_{P_2}=C_2(100-2P_2+20)=0\end{cases},$$

解得驻点 $P_1=40$，$P_2=60$，依题意存在最大值，且驻点唯一，故 $P_1=40$，$P_2=60$ 为最大值，即对老人与儿童定价 40，对其他人群定价 60 可获最大利润.

[**例 6**] 某公司通过电台及报刊两种方式做某种商品的推销广告，根据统计资料，销售收入 R(万元) 与电台广告费用 x_1(万元) 及报刊广告费用 x_2(万元) 之间的关系有如下经验公式：

$$R=15+14x_1+32x_2-8x_1x_2-2x_1^2-10x_2^2.$$

求：(1) 在广告费用不限情况下的最优广告投入；(2) 在限定广告费用为 1.5 万元情况下的最优广告投入.

分析　最优广告投入即在不计其他成本的情况下，使广告投入得到最大营销利润. 营销利润即去掉广告投入后的销售收入. 本题分别为无条件极值和条件极值问题.

解　(1) 依题意，营销利润为

$$\pi(x_1, x_2)=15+14x_1+32x_2-8x_1x_2-2x_1^2-10x_2^2-x_1-x_2,$$

令$\begin{cases}\pi'_{x_1}=13-8x_2-4x_1=0\\ \pi'_{x_2}=31-8x_1-20x_2=0\end{cases}$，得$\begin{cases}x_1=0.75\\ x_2=1.25\end{cases}$.

又 $\pi''_{x_1x_1}=-4<0$，$\pi''_{x_2x_2}=-20$，$\pi''_{x_1x_2}=-8$，$\Delta=(-8)^2-(-20)\times(-4)=-16<0$，知$(x_1, x_2)$为极大值点，即为最大值点，即当电台广告和报刊广告的投入分别为 0.75 万元及 1.25 万元时营销利润最大.

(2) 即在约束方程 $x_1+x_2=1.5$ 下求 $\pi(x_1, x_2)$ 的最大值.

设 $F(x_1, x_2, \lambda)=15+14x_1+32x_2-8x_1x_2-2x_1^2-10x_2^2-x_1-x_2+\lambda(x_1+x_2-1.5)$，

令$\begin{cases}F'_{x_1}=13-8x_2-4x_1+\lambda=0\\ F'_{x_2}=31-8x_1-20x_2+\lambda=0\\ F'_{\lambda}=x_1+x_2-1.5=0\end{cases}$，得$\begin{cases}x_1=0\\ x_2=1.5\\ \lambda=-1\end{cases}$，依题意存在最大值，且驻点唯一，故在广告费用限定为 1.5 万元的情况下，将 1.5 万元广告费全部投入报刊广告，可使营销利润最大.

[例 7] 某地区计划投资 162 百万元对该区内现有小五金厂和小农机厂进行技术改造，完成一个小五金厂改造需投资 6 百万元，完成一个小农机厂改造需要 4 百万元. 如果完成 x 个小五金厂和 y 个小农机厂的改造，可使该地区总利润的年增加值为 $f(x, y)=Ax^{\frac{2}{3}}y^{\frac{1}{3}}+3x+2y(A>0$，其中已扣除技术改造投资)，那么该地区如何分配这批资金用于这两类工厂改造，可使总利润的增加值最大?

分析 本题为条件极值问题.

解 设 $F(x, y, \lambda)=Ax^{\frac{2}{3}}y^{\frac{1}{3}}+3x+2y+\lambda(162-6x-4y)$，

$$令\begin{cases}F'_x=\dfrac{2}{3}Ax^{-\frac{1}{3}}y^{\frac{1}{3}}+3-6\lambda=0 & ①\\ F'_y=\dfrac{1}{3}Ax^{\frac{2}{3}}y^{-\frac{2}{3}}+2-4\lambda=0. & ②\\ F'_{\lambda}=162-6x-4y=0 & ③\end{cases}$$

由式①和式②得 $y=\dfrac{3}{4}x$，代入式③得 $x=18$，$y=13.5$(取整为 13)，依题意两类工厂改造存在最大值，且驻点唯一，故 $x=18$，$y=13$ 为最大值点，即这批资金用于 18 个小五金厂的改造和 13 个小农机厂的改造，完成后可使总利润的增加值最大.

小结 多元函数的极值是多元函数微分学应用的最主要部分，内容包括无条件极值和条件极值. 求无条件极值时应首先在其定义域内找出可能的极值点，即驻点和一阶偏导数不存在的点(本书只限于驻点). 需要强调的是，驻点未必是极值点，是否为极值点必须通过判别式 $\Delta(x_0, y_0)=[(z''_{xy})^2-z''_{xx}z''_{yy}]|_{(x_0, y_0)}$ 的符号判定，极大值、极小值还须进一步由 $z''_{xx}(x_0, y_0)$ 或 $z''_{yy}(x_0, y_0)$ 的符号确定. 在简单情况下，条件极值可以化为无条件极值计算. 在一般情况下，必须引入拉格朗日乘数，构造拉格朗日函数 $F=u(x, y, z)+\lambda[\varphi(x, y, z)-a]$ 并对其按无条件极值计算. 通常，求出拉格朗日函数的驻点是较为繁杂的，因此，在设定拉格朗日函数时，可利用目标函数的单调性作必要调整，如求 u 的极大值可以变为求 $\ln u$ 或 $u^2(u>0)$ 的极大值，同时在求解方程组时，还可利用条件方程 $\varphi(x, y, z)=a$

的结构特征. 由于知识的局限性，由拉格朗日乘数法求条件极值不要求对极值点作判别. 若依题意求极大值，且驻点唯一，则该驻点就是极大值点.

多元函数的最值问题一般是在有界闭区域内求最大值和最小值. 步骤是：首先在开区域内求出驻点；其次以边界线为约束方程，求出目标函数的条件极值点；最后比较所求各特殊点的函数值，其中最大者即为最大值，最小者即为最小值. 对于无界开区域内的最值问题，若依题意存在最大值，且驻点唯一，则该点的函数值就是最大值.

多元函数的最值问题在经济领域内的应用同样分为两种类型：一种是无约束条件下的最值问题，例如，如何安排多品种产品的生产，使收益或利润最大，如何对多种产品定价或对同一产品针对不同消费群体差别定价，使收益或利润最大，等等；另一种是在受到资源约束条件下的最值问题，例如，如何在有限资金下安排多品种产品的生产，使收益或利润最大，如何在有限资金下安排不同广告方式促销，使收益或利润最大，等等. 所有这些问题的关键是构造经济函数，其模式与一元函数中各经济函数的模式一致.

5. 二重积分的概念与性质

类型一　多元函数的极值和最值

[例 1] 填空题

(1) 若 $\iint\limits_D \sqrt{a^2-x^2-y^2}\,\mathrm{d}\sigma=\pi$，其中 D：$x^2+y^2\leqslant a^2$，则 $a=$________.

(2) 设 $f(x,y)$ 为连续函数，且 $f(x,y)=x\iint\limits_{|x|\leqslant a,\ |y|\leqslant a} f(x,y)\mathrm{d}\sigma+y^2$，则 $f(x,y)=$________.

(3) 设 D 为 $|x|+|y|\leqslant 1$ 确定的区域，则 $\iint\limits_{|x|+|y|\leqslant 1} xy^2 f(x^2+y^2)\mathrm{d}\sigma=$________.

(4) 积分 $\iint\limits_{|x|+|y|\leqslant 1}\ln(x^2+y^2)\mathrm{d}\sigma$ 取________号.

(5) 函数 $f(x,y)=\sin^2 x\cos^2 x$ 在 $D=\{(x,y)\mid 0\leqslant x\leqslant\pi,\ 0\leqslant y\leqslant\pi\}$ 上的平均值为________.

(6) 设 $f(x,y)=F''_{xy}(x,y)$，则 $\int_a^b\int_c^d f(x,y)\mathrm{d}x\mathrm{d}y=$________.

答　(1) $\sqrt[3]{\frac{3}{2}}$.　(2) $\frac{4}{3}a^4x+y^2$.　(3) 0.　(4) 负.　(5) $\frac{1}{4}$.

(6) $F(b,d)-F(a,d)-F(b,c)+F(a,c)$.

解析　(1) 由二重积分的几何意义，积分 $\iint\limits_D\sqrt{a^2-x^2-y^2}\,\mathrm{d}\sigma$ 表示半径为 a 的半球体的体积，即有

$$\iint\limits_D\sqrt{a^2-x^2-y^2}\,\mathrm{d}\sigma=\frac{1}{2}\times\frac{4}{3}\pi a^3=\pi,\quad \text{解得 } a=\sqrt[3]{\frac{3}{2}}.$$

(2) 二重积分 $\iint\limits_{|x|\leqslant a,\ |y|\leqslant a} f(x,y)\mathrm{d}\sigma$ 是定常数，设为 A，则 $f(x,y)=Ax+y^2$，代入积分式，得

$$A=\iint\limits_{|x|\leqslant a,\ |y|\leqslant a}(Ax+y^2)\mathrm{d}\sigma=\int_{-a}^{a}\mathrm{d}x\int_{-a}^{a}y^2\mathrm{d}y=\frac{4}{3}a^4,$$

从而得 $f(x,\ y)=\frac{4}{3}a^4x+y^2$，其中由对称性 $\iint\limits_{|x|\leqslant a,\ |y|\leqslant a}Ax\mathrm{d}\sigma=0.$

(3) 积分区域 D 分别关于 x 轴和 y 轴对称，且被积函数 $xy^2f(x^2+y^2)$ 是关于变量 x 的奇函数，故 $\iint\limits_{|x|+|y|\leqslant 1}xy^2f(x^2+y^2)\mathrm{d}\sigma=0.$

(4) 由于积分区域 D：$|x|+|y|\leqslant 1$，故 $x^2+y^2\leqslant 1$，$\ln(x^2+y^2)\leqslant 0$ 且等号仅在边界线上成立，故由二重积分的性质，$\iint\limits_{|x|+|y|\leqslant 1}\ln(x^2+y^2)\mathrm{d}\sigma<0.$

(5) 由在 D 上函数 $f(x,\ y)$ 的平均值的定义，

$$\begin{aligned}\overline{f(x,\ y)}&=\frac{1}{\sigma}\iint\limits_{0\leqslant x\leqslant\pi,\ 0\leqslant y\leqslant\pi}\sin^2x\cos^2y\mathrm{d}\sigma=\frac{1}{\pi^2}\int_0^{\pi}\sin^2x\mathrm{d}x\cdot\int_0^{\pi}\cos^2y\mathrm{d}y\\&=\frac{4}{\pi^2}\int_0^{\frac{\pi}{2}}\sin^2x\mathrm{d}x\cdot\int_0^{\frac{\pi}{2}}\cos^2y\mathrm{d}y=\frac{4}{\pi^2}\times\frac{1}{2}\times\frac{\pi}{2}\times\frac{1}{2}\times\frac{\pi}{2}=\frac{1}{4}.\end{aligned}$$

(6) 由 $f(x,\ y)=F''_{xy}(x,\ y)=\frac{\mathrm{d}}{\mathrm{d}y}F'_x(x,\ y)$，$F'_x(x,\ y)=\frac{\mathrm{d}}{\mathrm{d}x}F(x,\ y)$，有

$$\begin{aligned}\int_a^b\mathrm{d}x\int_c^d f(x,\ y)\mathrm{d}y&=\int_a^b\mathrm{d}x\int_c^d\frac{\mathrm{d}}{\mathrm{d}y}F'_x(x,\ y)\mathrm{d}y=\int_a^b\left[F'_x(x,\ y)\big|_c^d\right]\mathrm{d}x\\&=\int_a^bF'_x(x,\ d)\mathrm{d}x-\int_a^bF'_x(x,\ c)\mathrm{d}x=F(x,\ d)\big|_a^b-F(x,\ c)\big|_a^b\\&=F(b,\ d)-F(a,\ d)-F(b,\ c)+F(a,\ c).\end{aligned}$$

[**例 2**] 单项选择题

(1) 设 $f(x,\ y)$ 为连续函数，且 $f(0,\ 1)=1$，则 $\lim\limits_{\rho\to 0}\frac{1}{\pi\rho^2}\iint\limits_{x^2+(y-1)^2\leqslant\rho^2}f(x,\ y)\mathrm{d}x\mathrm{d}y=(\quad)$.

A. 1　　　　B. 0　　　　C. ∞　　　　D. 不存在，且不为∞

(2) 设 $D=\{(x,\ y)\mid x^2+y^2\leqslant 4,\ x\geqslant 0,\ y\geqslant 0\}$，$f(x)$ 为 D 上的函数，a，b 为常数，则 $\iint\limits_{D}\frac{a\sqrt{f(x)}+b\sqrt{f(y)}}{\sqrt{f(x)}+\sqrt{f(y)}}\mathrm{d}\sigma=(\quad)$.

A. $ab\pi$　　　　B. $\frac{ab}{2}\pi$　　　　C. $(a+b)\pi$　　　　D. $\frac{a+b}{2}\pi$

答　(1) A.　　(2) D.

解析　(1) 由积分中值定理，

$$\text{原极限}=\lim_{\rho\to 0}\frac{1}{\pi\rho^2}\cdot f(\xi,\ \eta)\pi\rho^2=\lim_{(\xi,\ \eta)\to(0,\ 1)}f(\xi,\ \eta)=f(0,\ 1)=1,$$

故选择 A.

(2) 如图 8-5 所示，积分区域关于直线 $y=x$ 对称，因此，二重积分中积分变量 x，y 互换，其值不变，即有

$$I_1 = \iint\limits_D \frac{a\sqrt{f(x)}+b\sqrt{f(y)}}{\sqrt{f(x)}+\sqrt{f(y)}}\mathrm{d}\sigma$$
$$= \iint\limits_D \frac{a\sqrt{f(y)}+b\sqrt{f(x)}}{\sqrt{f(x)}+\sqrt{f(y)}}\mathrm{d}\sigma = I_2,$$
$$I_1+I_2 = \iint\limits_D \frac{(a+b)\sqrt{f(x)}+(a+b)\sqrt{f(y)}}{\sqrt{f(x)}+\sqrt{f(y)}}\mathrm{d}\sigma$$
$$= (a+b)\iint\limits_D \mathrm{d}\sigma = (a+b)\times\frac{1}{4}\pi 2^2$$
$$= (a+b)\pi,$$

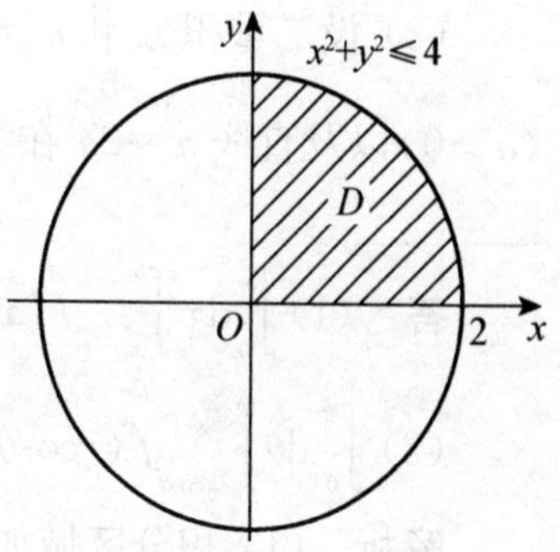

$x^2+y^2\leqslant 4$

图 8－5

从而解得 $I_1=I_2=\frac{1}{2}(a+b)\pi$，故选择 D.

小结 二重积分的概念和性质与定积分有许多相似之处. 首先，二重积分是一个量值，其大小与被积函数及积分区域有关，与积分变量无关. 其次，二重积分有清晰的几何直观背景，即当 $f(x, y)\geqslant 0$ 时，$\iint\limits_D f(x, y)\mathrm{d}\sigma$ 表示上顶为曲面、下底为积分区域的曲顶柱体的体积，积分 $\iint\limits_D \sqrt{a^2-x^2-y^2}\mathrm{d}\sigma$ 等于半径为 a 的半球体的体积，当 $f(x, y)=1$ 时，$\iint\limits_D \mathrm{d}\sigma$ 表示积分区域 D 的面积；若积分区域 D 关于 y 轴对称，且 $f(x, y)$ 是积分变量 x 的奇函数，或若积分区域 D 关于 x 轴对称，且 $f(x, y)$ 是积分变量 y 的奇函数，则积分为零，若积分区域 D 关于直线 $y=x$ 对称，则 $\iint\limits_D f(x, y)\mathrm{d}\sigma=\iint\limits_D f(y, x)\mathrm{d}\sigma$. 再次，在可积条件下，二重积分可分项积分和分区域积分，在同一积分区域内可以由被积函数的大小比较积分的大小，由被积函数的符号确定积分值的符号；同样存在内容相同的积分中值定理及在连续区域内函数的平均数的概念. 最后，类似于一元变限积分函数，在连续条件下，二元变限积分函数的二阶混合偏导等于被积函数，即设 $F(x, y)=\int_a^x \mathrm{d}u\int_b^y f(u, v)\mathrm{d}v$，则 $\frac{\partial^2}{\partial x\partial y}[F(x, y)]=f(x, y)$，反映了二重积分与二阶混合偏导之间的互逆关系.

二重积分均可化为二次累次积分的形式，这是计算二重积分的必要步骤，说明二重积分与定积分不仅性质相似，而且相互关联，密不可分. 特别地，当积分区域为矩形区域，被积函数可分离变量时，二重积分可变为两个定积分的乘积，即若 D: $a\leqslant x\leqslant b$，$c\leqslant x\leqslant d$，$f(x, y)=\varphi(x)g(y)$，则 $\iint\limits_D f(x, y)\mathrm{d}\sigma=\int_a^b \varphi(x)\mathrm{d}x\cdot\int_c^d g(y)\mathrm{d}y$.

了解以上二重积分的概念和性质，对于简化二重积分的计算是十分必要的.

6. 二重积分的计算

类型一　积分变换

[**例 1**] 填空题

(1) 交换积分次序，$\int_{-\frac{1}{4}}^0 \mathrm{d}y\int_{\frac{1}{2}-\sqrt{y+\frac{1}{4}}}^{\frac{1}{2}+\sqrt{y+\frac{1}{4}}} f(x, y)\mathrm{d}x+\int_0^2 \mathrm{d}y\int_y^{\frac{1}{2}+\sqrt{y+\frac{1}{4}}} f(x, y)\mathrm{d}x=$ ________.

(2) 设二重积分 $\iint\limits_D f(x, y)\mathrm{d}\sigma$，其中积分区域 D 为由曲线 $x=\frac{1}{2a}y^2$，$x^2-2ax+y^2=0$ $(a>0)$ 以及直线 $x=2a$ 在第一象限围成的区域，则该二重积分在极坐标系下的累次积分为________.

答 (1) $\int_0^2 \mathrm{d}x\int_{x^2-x}^{x} f(x, y)\mathrm{d}y$.

(2) $\int_0^{\frac{\pi}{4}}\mathrm{d}\theta\int_{2a\cos\theta}^{\frac{2a}{\cos\theta}} f(r\cos\theta, r\sin\theta)r\mathrm{d}r+\int_{\frac{\pi}{4}}^{\frac{\pi}{2}}\mathrm{d}\theta\int_{2a\cos\theta}^{\frac{2a\sin\theta}{\cos^2\theta}} f(r\cos\theta, r\sin\theta)r\mathrm{d}r$.

解析 (1) 积分区域如图 8－6 所示，可表示为 D：$0\leqslant x\leqslant 2$，$x^2-x\leqslant y\leqslant x$，于是

$$I=\int_0^2 \mathrm{d}x\int_{x^2-x}^{x} f(x, y)\mathrm{d}y.$$

(2) 积分区域如图 8－7 所示，在极坐标系下，D 的边界线方程可表示为：$r=2a\cos\theta$，$r=\frac{2a\cos\theta}{\sin^2\theta}$，$r=\frac{2a}{\cos\theta}$，$\theta=0$，$\theta=\frac{\pi}{2}$，于是，根据极坐标系的结构，原积分分为两个累次积分，

$$I=\int_0^{\frac{\pi}{4}}\mathrm{d}\theta\int_{2a\cos\theta}^{\frac{2a}{\cos\theta}} f(r\cos\theta, r\sin\theta)r\mathrm{d}r+\int_{\frac{\pi}{4}}^{\frac{\pi}{2}}\mathrm{d}\theta\int_{2a\cos\theta}^{\frac{2a\sin\theta}{\cos^2\theta}} f(r\cos\theta, r\sin\theta)r\mathrm{d}r.$$

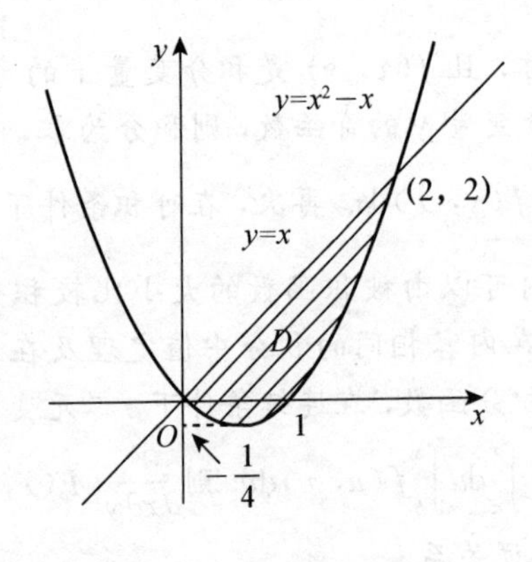

图 8－6

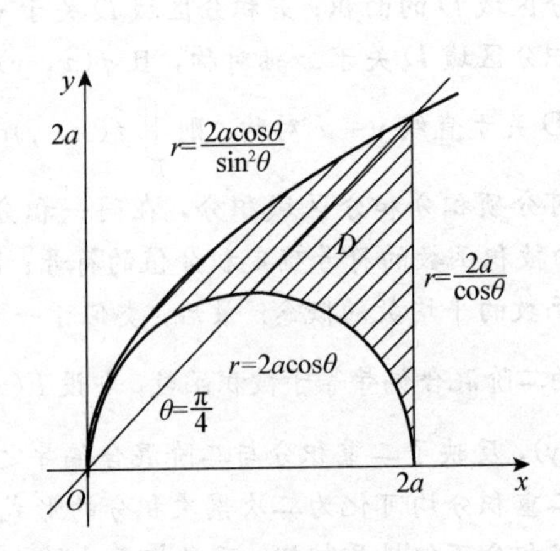

图 8－7

类型二　直角坐标系下的二重积分的计算

［例 2］计算下列二重积分

(1) $\iint\limits_D (1+x)\sqrt{1-\cos^2 y}\mathrm{d}x\mathrm{d}y$，$D$ 为由直线 $y=x+3$，$y=\frac{x}{2}-\frac{5}{2}$，$y=-\frac{\pi}{2}$，$y=\frac{\pi}{2}$ 围成的区域.

(2) $\iint\limits_D \frac{\mathrm{d}x\mathrm{d}y}{\sqrt{2a-x}}$，$D$ 为由圆 $(x-a)^2+(y-a)^2=a^2$ 与 x 轴、y 轴相切的小圆弧以及 x 轴、y 轴围成的区域.

(3) $\iint\limits_{D}\frac{y\sin x}{x}\mathrm{d}x\mathrm{d}y$，$D$ 为由 $x^2+y^2\geqslant 2x$，$1\leqslant x\leqslant 2$，$0\leqslant y\leqslant x$ 覆盖的公共区域.

分析 以上各题中虽然被积函数含有三角函数或积分区域边界含有圆线，但综合被积函数和积分区域两个方面，仍然在直角坐标系下计算更为简便，考虑到被积函数变量分离的特点，可选择适当的积分次序.

解 (1) D 如图 8-8 所示，宜先对 x 积分，即有

$$\begin{aligned}
原积分&=\int_{-\frac{\pi}{2}}^{\frac{\pi}{2}}\mathrm{d}y\int_{y-3}^{2y+5}(1+x)\sqrt{1-\cos^2 y}\mathrm{d}x\\
&=\int_{-\frac{\pi}{2}}^{\frac{\pi}{2}}\sqrt{1-\cos^2 y}\left(x+\frac{1}{2}x^2\right)\Bigg|_{y-3}^{2y+5}\mathrm{d}y\\
&=\int_{-\frac{\pi}{2}}^{\frac{\pi}{2}}\left(\frac{3}{2}y^2+14y+16\right)\sqrt{1-\cos^2 y}\mathrm{d}y\\
&=\int_0^{\frac{\pi}{2}}(3y^2+32)\sin y\mathrm{d}y=-(3y^2+32)\cos y\Big|_0^{\frac{\pi}{2}}+\int_0^{\frac{\pi}{2}}6y\cos y\mathrm{d}y\\
&=32+6y\sin y\Big|_0^{\frac{\pi}{2}}-6\int_0^{\frac{\pi}{2}}\sin y\mathrm{d}y=26+3\pi.
\end{aligned}$$

(2) D 如图 8-9 所示，宜先对 y 积分，即有

$$\begin{aligned}
原积分&=\int_0^a\mathrm{d}x\int_0^{a-\sqrt{2ax-x^2}}\frac{\mathrm{d}y}{\sqrt{2a-x}}=\int_0^a\frac{1}{\sqrt{2a-x}}(a-\sqrt{2ax-x^2})\mathrm{d}x\\
&=\int_0^a\frac{a}{\sqrt{2a-x}}\mathrm{d}x-\int_0^a\sqrt{x}\mathrm{d}x=\left(-2a\sqrt{2a-x}-\frac{2}{3}x^{\frac{3}{2}}\right)\Bigg|_0^a\\
&=\left(2\sqrt{2}-\frac{8}{3}\right)a^{\frac{3}{2}}.
\end{aligned}$$

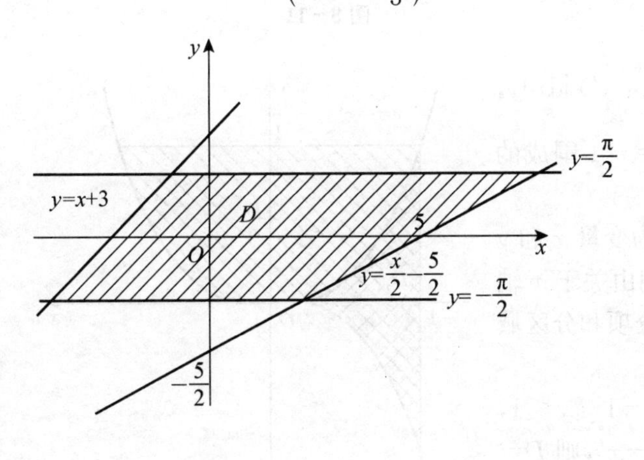

图 8-8

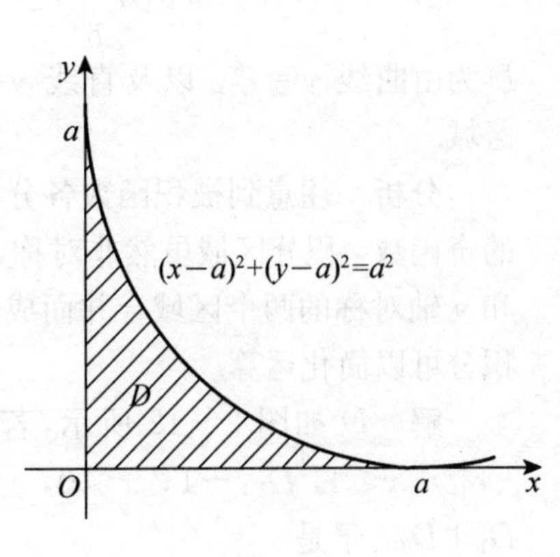

图 8-9

(3) D 如图 8-10 所示，宜先对 y 积分，即有

$$原积分=\int_1^2\mathrm{d}x\int_{\sqrt{2x-x^2}}^{x}\frac{y\sin x}{x}\mathrm{d}y=\int_1^2\frac{\sin x}{x}\cdot\left(\frac{1}{2}y^2\right)\Bigg|_{\sqrt{2x-x^2}}^{x}\mathrm{d}x$$

$$=\int_1^2(x-1)\sin x\mathrm{d}x=-(x-1)\cos x\Big|_1^2+\int_1^2\cos x\mathrm{d}x$$

$$=\sin 2-\cos 2-\sin 1.$$

［例 3］计算累次积分 $\int_1^2\mathrm{d}x\int_{\sqrt{x}}^{x}\sin\frac{\pi x}{2y}\mathrm{d}y+\int_2^4\mathrm{d}x\int_{\sqrt{x}}^{2}\sin\frac{\pi x}{2y}\mathrm{d}y.$

分析 一般情况下，给定的累次积分都很难按照现有的次序积分，应首先改变积分次序，为此，需要还原积分区域，然后按新的积分次序计算积分.

解 D 如图 8-11 所示，宜先对 x 积分，即有

$$\text{原积分}=\int_1^2\mathrm{d}y\int_y^{y^2}\sin\frac{\pi x}{2y}\mathrm{d}x=\int_1^2\left(-\frac{2y}{\pi}\cos\frac{\pi x}{2y}\right)\Big|_y^{y^2}\mathrm{d}y$$

$$=-\int_1^2\frac{2y}{\pi}\cos\frac{\pi y}{2}\mathrm{d}y=-\frac{4}{\pi^2}\int_1^2 y\mathrm{d}\sin\frac{\pi y}{2}$$

$$=-\frac{4}{\pi^2}y\sin\frac{\pi y}{2}\Big|_1^2+\frac{4}{\pi^2}\int_1^2\sin\frac{\pi y}{2}\mathrm{d}y=\frac{4}{\pi^2}\left(1+\frac{2}{\pi}\right).$$

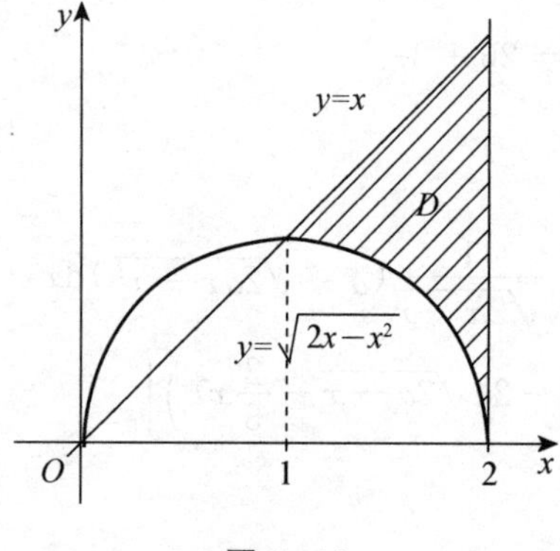

图 8-10

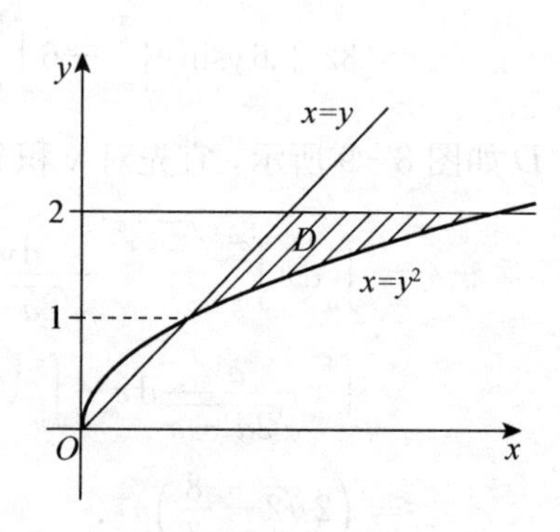

图 8-11

［例 4］计算二重积分 $\iint\limits_D x[1+yf(x^2+y^2)]\mathrm{d}x\mathrm{d}y$，$D$ 为由曲线 $y=x^3$，以及直线 $y=1$，$x=-1$ 围成的区域.

分析 注意到被积函数各分项分别为变量 x 和 y 的奇函数，积分区域虽然非对称，但分别由关于 x 轴和 y 轴对称的两个区域合并而成，通过分项和分区域积分可以简化运算.

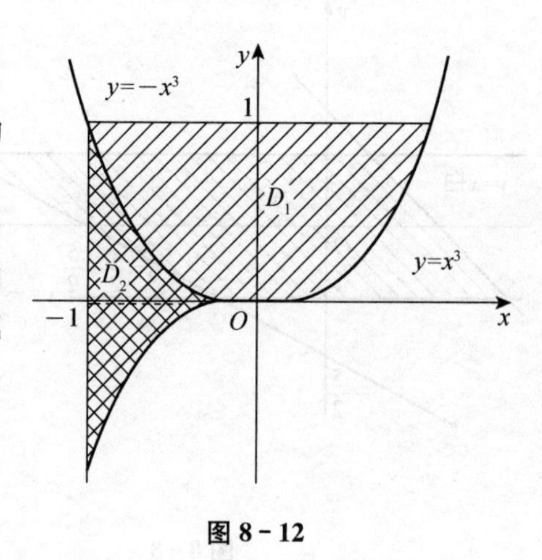

图 8-12

解 D 如图 8-12 所示，若记 D_1：$-1\leqslant x\leqslant 1$，$|x|^3\leqslant y\leqslant 1$，$D_2$：$-1\leqslant x\leqslant 0$，$x^3\leqslant y\leqslant -x^3$，则 $D=D_1+D_2$，于是

$$\text{原积分}=\iint\limits_{D_1}x[1+yf(x^2+y^2)]\mathrm{d}x\mathrm{d}y$$

$$+\iint_{D_2} x[1+yf(x^2+y^2)]\mathrm{d}x\mathrm{d}y,$$

由对称性，

$$\iint_{D_1} x[1+yf(x^2+y^2)]\mathrm{d}x\mathrm{d}y=0,\ \iint_{D_2} xyf(x^2+y^2)\mathrm{d}x\mathrm{d}y=0,$$

因此，

$$原积分=\iint_{D_2} x\mathrm{d}x\mathrm{d}y=2\int_{-1}^{0}\mathrm{d}x\int_{0}^{-x^3}x\mathrm{d}y=-2\int_{-1}^{0}x^4\mathrm{d}x=-\frac{2}{5}x^5\Big|_{-1}^{0}=-\frac{2}{5}.$$

类型三　极坐标系下的二重积分的计算

［例 5］计算二重积分 $\iint\limits_{D}(x+y+1)\mathrm{d}x\mathrm{d}y$，$D$：$x^2+y^2\leqslant x+y+1$.

分析　积分区域为圆域，$\left(x-\frac{1}{2}\right)^2+\left(y-\frac{1}{2}\right)^2\leqslant\frac{3}{2}$，被积函数较为简单，可考虑在极坐标系下计算，由于圆心不在原点，可经广义极坐标变换 $x=\frac{1}{2}+r\cos\theta$，$y=\frac{1}{2}+r\sin\theta$，$\mathrm{d}x\mathrm{d}y=r\mathrm{d}r\mathrm{d}\theta$ 简化计算.

解　设 $x=\frac{1}{2}+r\cos\theta$，$y=\frac{1}{2}+r\sin\theta$，则 $\mathrm{d}x\mathrm{d}y=r\mathrm{d}r\mathrm{d}\theta$，边界线方程为 $0\leqslant r\leqslant\sqrt{\frac{3}{2}}$，即在极坐标系下，$D$ 表示为 $0\leqslant\theta\leqslant 2\pi$，$0\leqslant r\leqslant\sqrt{\frac{3}{2}}$，有

$$\begin{aligned}原积分&=\int_{0}^{2\pi}\mathrm{d}\theta\int_{0}^{\sqrt{\frac{3}{2}}}(r\cos\theta+r\sin\theta+2)r\mathrm{d}r\\&=\int_{0}^{2\pi}(\cos\theta+\sin\theta)\mathrm{d}\theta\int_{0}^{\sqrt{\frac{3}{2}}}r^2\mathrm{d}r+2\int_{0}^{2\pi}\mathrm{d}\theta\int_{0}^{\sqrt{\frac{3}{2}}}r\mathrm{d}r\\&=2\iint_{D}\mathrm{d}\sigma=2\times\pi\times\left(\sqrt{\frac{3}{2}}\right)^2=3\pi.\end{aligned}$$

［例 6］计算二重积分 $\iint\limits_{D}\frac{1}{xy}\mathrm{d}x\mathrm{d}y$，$D$：$1\leqslant xy\leqslant 2$，$0<x\leqslant y\leqslant 4x$.

分析　积分区域为放射状，符合极坐标结构的特点，相对而言，在直角坐标系下分区域、定上下限都较为复杂，因此，本题应采用极坐标系计算.

解　D 如图 8－13 所示，设 $x=r\cos\theta$，$y=r\sin\theta$，则 $\mathrm{d}x\mathrm{d}y=r\mathrm{d}r\mathrm{d}\theta$，边界线方程为 $r_1=\sqrt{\frac{1}{\sin\theta\cos\theta}}$，$r_2=\sqrt{\frac{2}{\sin\theta\cos\theta}}$，$\theta_1=\frac{\pi}{4}$，$\theta_2=\arctan 4$，在极坐标系下，$D$ 表示为 $\frac{\pi}{4}\leqslant\theta\leqslant\arctan 4$，$\sqrt{\frac{1}{\sin\theta\cos\theta}}\leqslant r\leqslant\sqrt{\frac{2}{\sin\theta\cos\theta}}$，从而有

$$原积分=\int_{\frac{\pi}{4}}^{\arctan 4}\mathrm{d}\theta\int_{\sqrt{\frac{1}{\sin\theta\cos\theta}}}^{\sqrt{\frac{2}{\sin\theta\cos\theta}}}\frac{1}{r\sin\theta\cos\theta}\mathrm{d}r$$

$$=\int_{\frac{\pi}{4}}^{\arctan 4}\frac{1}{\sin\theta\cos\theta}(\ln r)\Bigg|_{\sqrt{\frac{1}{\sin\theta\cos\theta}}}^{\sqrt{\frac{2}{\sin\theta\cos\theta}}}\mathrm{d}\theta$$

$$=\frac{1}{2}\ln 2\int_{\frac{\pi}{4}}^{\arctan 4}\frac{1}{\tan\theta}\mathrm{d}\tan\theta=\frac{1}{2}\ln 2\cdot\ln\tan\theta\Bigg|_{\frac{\pi}{4}}^{\arctan 4}=\ln^2 2.$$

[例 7] 计算二重积分 $\iint\limits_D\frac{\sqrt{x^2+y^2}}{\sqrt{4a^2-x^2-y^2}}\mathrm{d}x\mathrm{d}y$，其中 D 由 $y=-a+\sqrt{a^2-x^2}\ (a>0)$，$y=-x$ 围成.

分析 被积函数含有"x^2+y^2"的结构，且积分区域为部分圆域，呈放射状，符合极坐标系结构的特点，因此，本题应采用极坐标系计算，考虑到分母圆线的半径为 $2a$，可设广义极坐标变换：$x=2ar\cos\theta$，$y=2ar\sin\theta$.

解 D 如图 8-14 所示，设 $x=2ar\cos\theta$，$y=2ar\sin\theta$，则 $\mathrm{d}x\mathrm{d}y=4a^2r\mathrm{d}r\mathrm{d}\theta$，代入边界线方程，$(a+2ar\sin\theta)^2+4a^2r^2\cos^2\theta=a^2$，整理得 $r=-\sin\theta$，另有 $\theta=-\frac{\pi}{4}$，于是

$$\text{原积分}=\int_{-\frac{\pi}{4}}^{0}\mathrm{d}\theta\int_0^{-\sin\theta}\frac{2ar}{2a\sqrt{1-r^2}}4a^2r\mathrm{d}r=4a^2\int_{-\frac{\pi}{4}}^{0}\mathrm{d}\theta\int_0^{-\sin\theta}\frac{r^2}{\sqrt{1-r^2}}\mathrm{d}r$$

$$\xlongequal{r=-\sin t}-4a^2\int_{-\frac{\pi}{4}}^{0}\mathrm{d}\theta\int_0^{\theta}\sin^2t\mathrm{d}t=-4a^2\int_{-\frac{\pi}{4}}^{0}\left(\frac{1}{2}t-\frac{1}{4}\sin 2t\right)\Bigg|_0^{\theta}\mathrm{d}\theta$$

$$=-a^2\int_{-\frac{\pi}{4}}^{0}(2\theta-\sin 2\theta)\mathrm{d}\theta=-a^2\left(\theta^2+\frac{1}{2}\cos 2\theta\right)\Bigg|_{-\frac{\pi}{4}}^{0}$$

$$=\frac{1}{16}\pi^2a^2-\frac{1}{2}a^2.$$

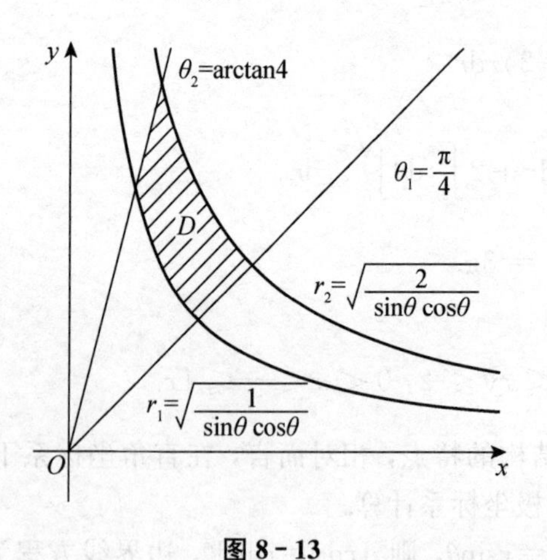

图 8-13

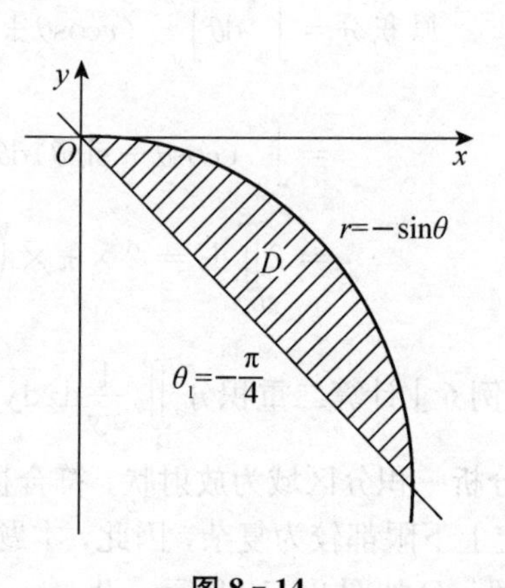

图 8-14

类型四　含绝对值号、取整函数的二重积分

[例 8] 计算二重积分 $\iint\limits_D\left|xy-\frac{1}{4}\right|\mathrm{d}x\mathrm{d}y$，$D$：$0\leqslant x\leqslant 1$，$0\leqslant y\leqslant 1$.

分析 含绝对值号的二重积分首先通过分区域化为两个普通的二重积分，再积分. 区域的分界线即满足绝对值为零的曲线，解题时，应利用原积分区域为矩形区域的特点来简化运算.

解 D 如图 8-15 所示，用曲线 $y=\dfrac{1}{4x}$ 将 D 划分为两个子区域：D_1 为 $y\leqslant\dfrac{1}{4x}$，$0\leqslant x\leqslant 1$，$0\leqslant y\leqslant 1$ 的公共区域，D_2 为 $1\geqslant y\geqslant\dfrac{1}{4x}$，$\dfrac{1}{4}\leqslant x\leqslant 1$ 的公共区域，于是

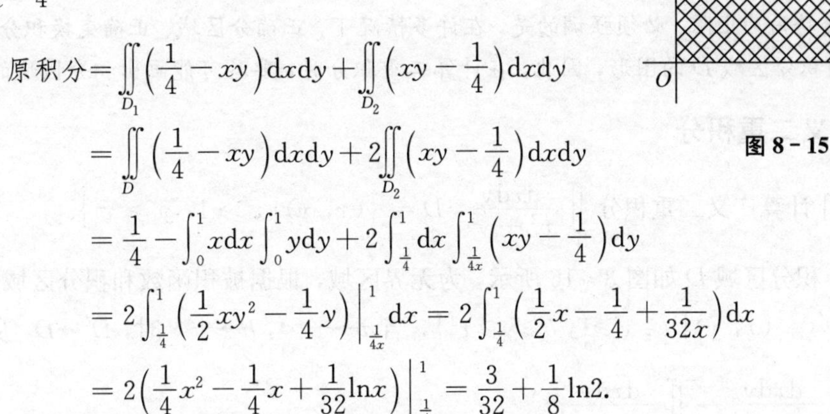

图 8-15

$$
\begin{aligned}
\text{原积分}&=\iint\limits_{D_1}\left(\frac{1}{4}-xy\right)\mathrm{d}x\mathrm{d}y+\iint\limits_{D_2}\left(xy-\frac{1}{4}\right)\mathrm{d}x\mathrm{d}y\\
&=\iint\limits_{D}\left(\frac{1}{4}-xy\right)\mathrm{d}x\mathrm{d}y+2\iint\limits_{D_2}\left(xy-\frac{1}{4}\right)\mathrm{d}x\mathrm{d}y\\
&=\frac{1}{4}-\int_0^1 x\mathrm{d}x\int_0^1 y\mathrm{d}y+2\int_{\frac{1}{4}}^1\mathrm{d}x\int_{\frac{1}{4x}}^1\left(xy-\frac{1}{4}\right)\mathrm{d}y\\
&=2\int_{\frac{1}{4}}^1\left(\frac{1}{2}xy^2-\frac{1}{4}y\right)\Big|_{\frac{1}{4x}}^1\mathrm{d}x=2\int_{\frac{1}{4}}^1\left(\frac{1}{2}x-\frac{1}{4}+\frac{1}{32x}\right)\mathrm{d}x\\
&=2\left(\frac{1}{4}x^2-\frac{1}{4}x+\frac{1}{32}\ln x\right)\Big|_{\frac{1}{4}}^1=\frac{3}{32}+\frac{1}{8}\ln 2.
\end{aligned}
$$

[例 9] 计算二重积分 $\iint\limits_{D}[x^2+y^2+1]\mathrm{d}x\mathrm{d}y$，其中[ ]为取整函数，$D$：$x^2+y^2\leqslant 2$.

分析 根据取整函数的概念，

$$
[x^2+y^2+1]=\begin{cases}1, & x^2+y^2<1\\ 2, & 1\leqslant x^2+y^2<2,\\ 3, & 2\leqslant x^2+y^2<3\end{cases}
$$

通过分区域，可化为两个普通的二重积分之和.

解 分区域积分，有

$$
\begin{aligned}
\text{原积分}&=\iint\limits_{x^2+y^2<1}[x^2+y^2+1]\mathrm{d}x\mathrm{d}y+\iint\limits_{1\leqslant x^2+y^2<2}[x^2+y^2+1]\mathrm{d}x\mathrm{d}y\\
&=\iint\limits_{x^2+y^2<1}\mathrm{d}x\mathrm{d}y+\iint\limits_{1\leqslant x^2+y^2<2}2\mathrm{d}x\mathrm{d}y=\pi\times 1^2+2\times\pi\times(2-1)=3\pi.
\end{aligned}
$$

小结 二重积分的计算，除利用几何直观背景可以直接计算一些特定结构的二重积分外，一般都要化为二次积分（累次积分）进行. 要正确积分，应按重要性处理以下三个环节：

首先，要确定适当的坐标系. 若被积函数含有“x^2+y^2”“$\dfrac{y}{x}$”以及积分区域在含有“x^2+y^2”结构的圆域内，或积分区域呈现极坐标系的发射状，宜采用极坐标系计算. 当圆心不在原点或 D 为椭圆面时，可设广义极坐标变换，即设 $x=x_0+r\cos\theta$，$y=y_0+r\sin\theta$，$\mathrm{d}x\mathrm{d}y=r\mathrm{d}r\mathrm{d}\theta$ 或设 $x=ar\cos\theta$，$y=br\sin\theta$，$\mathrm{d}x\mathrm{d}y=abr\mathrm{d}r\mathrm{d}\theta$ 以简化计算. 更多二重积分的计算是在直角坐标系下进行的.

其次，在确定坐标系后，要确定积分次序（极坐标系下先对 r 后对 θ 积分的次序是确定的），从某种程度上讲，积分次序的选择往往会决定积分能否进行. 另外，题目提供的累次积分一般是无法计算的，要学会用交换积分次序的方法求解.

最后，要正确确定积分上下限. 积分上下限要遵循相应坐标系的结构，如在直角坐标系下，上下限要沿坐标轴正向，从左到右、从下到上确定，首次积分限是由边界曲线到边界曲线，第二次积分限是由在 D 上对应积分变量取值的最小值到最大值. 在极坐标系下，首次对 r 积分，积分限是由极点向外作射线，进入 D 的边界曲线为下限，走出 D 的边界曲线为上限，第二次对 θ 积分的积分限是极轴沿逆时针方向绕极点旋转，先接触 D 的旋转角为下限，最后离开 D 的旋转角为上限. 必须强调的是，在许多情况下，正确分区域、正确交换积分次序和定限都要依赖积分区域 D 的图形，因此，在计算二重积分时，要尽可能画出积分区域的图形.

7. 广义二重积分

[例 1] 计算广义二重积分 $\iint\limits_D \dfrac{\mathrm{d}x\mathrm{d}y}{x^2+y^2}$，$D=\left\{(x,\ y)\mid x\geqslant 1,\ y\geqslant x^2\right\}$.

分析 积分区域 D 如图 8-16 所示，为无界区域，根据被积函数和积分区域的结构特点，可设 $D'=\left\{(x,\ y)\mid a\geqslant x\geqslant 1,\ b\geqslant y\geqslant x^2\right\}$，当 $a\to+\infty$，$b\to+\infty$ 时，$D'\to D$，从而

$$\iint\limits_{D'} \frac{\mathrm{d}x\mathrm{d}y}{x^2+y^2}\to\iint\limits_{D} \frac{\mathrm{d}x\mathrm{d}y}{x^2+y^2}.$$

解 取 $D'=\{(x,\ y)\mid a\geqslant x\geqslant 1,\ b\geqslant y\geqslant x^2\}$，且当 $a\to+\infty$，$b\to+\infty$ 时，$D'\to D$. 于是

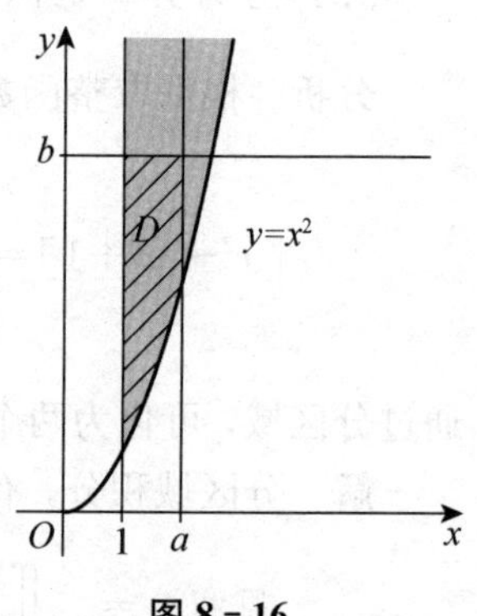

图 8-16

$$\begin{aligned}
\text{原积分}&=\lim_{a\to+\infty}\left(\lim_{b\to+\infty}\int_1^a \mathrm{d}x\int_{x^2}^{b}\frac{\mathrm{d}x\mathrm{d}y}{x^4+y^2}\right)\\
&=\lim_{a\to+\infty}\int_1^a \frac{1}{x^2}\left(\arctan\frac{y}{x^2}\right)\Big|_{x^2}^{+\infty}\mathrm{d}x\\
&=\frac{\pi}{4}\lim_{a\to+\infty}\int_1^a\frac{1}{x^2}\mathrm{d}x=\frac{\pi}{4}\lim_{a\to+\infty}\left(-\frac{1}{x}\right)\Big|_1^{+\infty}=\frac{\pi}{4}.
\end{aligned}$$

[例 2] 计算广义二重积分 $\iint\limits_D \max\{x,\ y\}\mathrm{e}^{-x^2-y^2}\mathrm{d}\sigma$，$D$ 为 xOy 平面.

分析 直线 $y=x$ 将 D 划分为两个子区域，$D_1: y\leqslant x$；$D_2: y\geqslant x$. 分区域可去符号 $\max\{x,\ y\}$，将原积分变为一般广义二重积分进行计算.

解 记 $D_1=\{(x,\ y)\mid y\leqslant x\}$，$D_2=\{(x,\ y)\mid y\geqslant x\}$，则 $D=D_1+D_2$，从而有

$$\begin{aligned}
\text{原积分}&=\iint\limits_{D_1} x\mathrm{e}^{-x^2-y^2}\mathrm{d}\sigma+\iint\limits_{D_2} y\mathrm{e}^{-x^2-y^2}\mathrm{d}\sigma\\
&=\int_{-\infty}^{+\infty}\mathrm{d}y\int_{-\infty}^{y} x\mathrm{e}^{-x^2-y^2}\mathrm{d}x+\int_{-\infty}^{+\infty}\mathrm{d}x\int_{-\infty}^{x} y\mathrm{e}^{-x^2-y^2}\mathrm{d}y\\
&=\int_{-\infty}^{+\infty}\mathrm{e}^{-y^2}\left(-\frac{1}{2}\mathrm{e}^{-x^2}\right)\Big|_{-\infty}^{y}\mathrm{d}y+\int_{-\infty}^{+\infty}\mathrm{e}^{-x^2}\left(-\frac{1}{2}\mathrm{e}^{-y^2}\right)\Big|_{-\infty}^{x}\mathrm{d}x\\
&=-\frac{1}{2}\int_{-\infty}^{+\infty}\mathrm{e}^{-2y^2}\mathrm{d}y-\frac{1}{2}\int_{-\infty}^{+\infty}\mathrm{e}^{-2x^2}\mathrm{d}x=-\int_{-\infty}^{+\infty}\mathrm{e}^{-2x^2}\mathrm{d}x\\
&\xlongequal{u=\sqrt{2}x}-\frac{1}{\sqrt{2}}\int_{-\infty}^{+\infty}\mathrm{e}^{-u^2}\mathrm{d}u=-\sqrt{\frac{\pi}{2}}.
\end{aligned}$$

式中，$\int_{-\infty}^{+\infty} e^{-x^2}dx=\sqrt{\pi}$，详见教材§8.7的例12.

小结 对于广义二重积分本书重点介绍的是在无界区域上的二重积分，这部分内容是经济和管理专业学生学习后续数学基础课——概率论与数理统计的必备知识，应注意掌握. 类似于无穷积分，无界区域上的广义二重积分主要是在二重积分基础上的极限推广，即选取边界线，构造有界区域 D_r 并计算 $\iint\limits_{D_r} f(x,y)d\sigma$. 若当 $D_r\to D$ 时，$\iint\limits_{D_r} f(x,y)d\sigma$ 的极限存在，则广义二重积分收敛，并有 $\iint\limits_{D} f(x,y)d\sigma=\lim\limits_{D_r\to D}\iint\limits_{D_r} f(x,y)d\sigma$. 因此，判断广义二重积分的收敛性和计算积分，选取适当的边界线，构造有界区域 D_r 是关键. 其原则是，要便于二重积分 $\iint\limits_{D_r} f(x,y)d\sigma$ 的计算，同时要有确定的极限方式，在该极限过程中，$D_r\to D$ 即将 D 全覆盖. 如在 xOy 平面计算 $\iint\limits_{D} e^{-x^2-y^2}d\sigma$，选取边界线 $x^2+y^2=r^2$，构造有界区域 $D_r=\{(x,y)\mid x^2+y^2\leqslant r^2\}$ 即可方便在极坐标下计算 $\iint\limits_{D_r} e^{-x^2-y^2}d\sigma$，且当 $r\to+\infty$ 时，$D_r\to D$. 若改取 $D_r=\{(x,y)\mid |x|\leqslant r, |y|\leqslant r\}$，尽管当 $r\to+\infty$ 时，$D_r\to D$，但无法计算 $\iint\limits_{D_r} e^{-x^2-y^2}d\sigma$，也就不能确定其收敛性和定值.

8. 二重积分的几何应用

[**例 1**] 求由闭曲线 $(x^2+y^2)^3=a^2(x^4+y^4)(a>0)$ 围成的平面图形的面积.

分析 所求平面图形的面积可表示为 $\iint\limits_{D} d\sigma$，积分区域 D 即闭曲线围成的平面图形. 该积分在直角坐标系下很难计算，但在极坐标系下积分则容易得多.

解 闭曲线围成的平面图形的面积为 $S=\iint\limits_{D} d\sigma$. 设 $x=r\cos\theta$，$y=r\sin\theta$，则在极坐标系下，边界线方程为 $r^2=a^2(\sin^4\theta+\cos^4\theta)$，$r=a\sqrt{\sin^4\theta+\cos^4\theta}$，由 $r>0$ 知 $0\leqslant\theta\leqslant 2\pi$，如图 8－17 所示，利用对称性，有

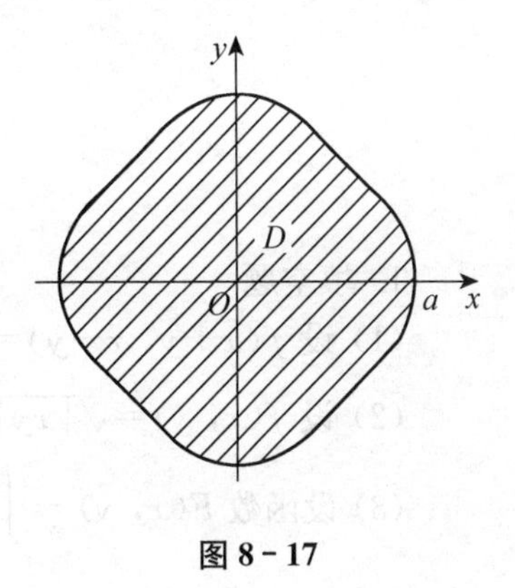

图 8－17

$$\begin{aligned}S&=4\int_0^{\frac{\pi}{2}}d\theta\int_0^{a\sqrt{\sin^4\theta+\cos^4\theta}} r dr\\&=2a^2\int_0^{\frac{\pi}{2}}(\sin^4\theta+\cos^4\theta)d\theta\\&=4a^2\cdot\frac{3}{4}\cdot\frac{1}{2}\cdot\frac{\pi}{2}=\frac{3}{4}\pi a^2.\end{aligned}$$

[**例 2**] 求由曲面 $x^2+y^2=x$ 与 $x^2+y^2+z^2=1$ 围成的立体的体积.

分析 将所求立体体积化为二重积分计算，先要确定积分区域 D 和被积函数. 其中 $x^2+y^2=x$ 为柱面方程，在平面的投影即为积分区域 D 的边界线方程，上下底面即为球面 $z=\pm\sqrt{1-x^2-y^2}$. 于是，利用对称性，立体体积可表示为 $z=\sqrt{1-x^2-y^2}$ 在 D 上二重积分的 2 倍.

解 取 $D=\{(x,y)\mid x^2+y^2\leqslant x\}$，曲面 $x^2+y^2=x$ 与 $x^2+y^2+z^2=1$ 围成的立体的体积可表示为 $V=2\iint\limits_D\sqrt{1-x^2-y^2}\,\mathrm{d}\sigma$. 在极坐标系下，$D$ 可表示为：$-\frac{\pi}{2}\leqslant\theta\leqslant\frac{\pi}{2}$，$0\leqslant r\leqslant\cos\theta$，于是，

$$V=2\int_{-\frac{\pi}{2}}^{\frac{\pi}{2}}\mathrm{d}\theta\int_0^{\cos\theta}r\sqrt{1-r^2}\,\mathrm{d}r=-\int_{-\frac{\pi}{2}}^{\frac{\pi}{2}}\frac{2}{3}(1-r^2)^{\frac{3}{2}}\Big|_0^{\cos\theta}\mathrm{d}\theta$$

$$=\frac{2}{3}\int_{-\frac{\pi}{2}}^{\frac{\pi}{2}}\mathrm{d}\theta-\frac{2}{3}\int_{-\frac{\pi}{2}}^{\frac{\pi}{2}}|\sin^3\theta|\,\mathrm{d}\theta=\frac{2}{3}\pi-\frac{4}{3}\int_0^{\frac{\pi}{2}}\sin^3\theta\mathrm{d}\theta$$

$$=\frac{2}{3}\pi-\frac{4}{3}\cdot\frac{2}{3}\cdot1=\frac{2}{3}\pi-\frac{8}{9}.$$

小结 二重积分在几何领域的应用主要是平面图形的面积和立体图形的体积的计算. 至此，平面图形的面积有两种计算方法：一种是定积分法，但必须在被积函数非负的情况下进行；另一种是二重积分法，即公式 $\iint\limits_D\mathrm{d}\sigma$. 在直角坐标系下，两者没有太大区别，但在极坐标系下，公式 $\iint\limits_D\mathrm{d}\sigma$ 可以解决一些复杂图形的面积计算，正如例 1 中所求的由封闭曲线围成的图形的面积用定积分法是难以求得的. 利用二重积分计算立体图形的体积，关键是确定积分区域 D 和被积函数 $f(x,y)$. 通常积分区域 D 由围成立体图形的柱面方程 $F(x,y)=C$ 在 xOy 平面的投影曲线围成，被积函数 $z=f(x,y)$ 则由围成立体图形的其他非柱面方程解出，若下底不是积分区域 D，则被积函数应由上曲面与下曲面方程的差表示，一般情况下可表示为 $|f(x,y)-g(x,y)|$ 的形式，如例 2 中被积函数不从对称角度考虑，同样可表示为 $\sqrt{1-x^2-y^2}-(-\sqrt{1-x^2-y^2})=2\sqrt{1-x^2-y^2}$.

五、综合练习

1. 填空题

(1) 设 $f(x+y,x-y)=2(x^2+y^2)\mathrm{e}^{x^2-y^2}$，则 $f(x,y)=$________.

(2) 设 $f(x,y)=\sqrt{|xy|}$，则 $f'_x(0,0)=$________，$f'_y(0,0)=$________.

(3) 设函数 $F(x,y)=\int_0^{xy}\frac{\sin t}{1+t^2}\mathrm{d}t$，则 $\left.\frac{\partial^2F}{\partial x^2}\right|_{\substack{x=0\\y=2}}=$________.

(4) 设函数 $z=f(x,y)$ 满足 $\lim\limits_{\substack{x\to0\\y\to1}}\frac{f(x,y)-2x+y-1}{\sqrt{x^2+(y-1)^2}}=0$，则 $\mathrm{d}z|_{(0,1)}=$________.

(5) 设 $u=f(x^2-y)$，$f(x)$ 为可微函数，则 $\frac{\partial u}{\partial x}+2x\frac{\partial u}{\partial y}=$________.

(6) 设 $D=\{(x,y)\mid(x-1)^2+y^2\leqslant a^2\}$，则 $\lim\limits_{a\to0}\frac{1}{a^2}\iint\limits_D\mathrm{e}^{x+y}\sin(x^2-y^2)\,\mathrm{d}\sigma=$________.

(7) $\int_1^2\mathrm{d}x\int_0^1x^y\ln x\,\mathrm{d}y=$________.

(8) 广义二重积分 $I=\int_{\frac{1}{2}}^{1}\mathrm{d}x\int_{1-x}^{x}f(x,y)\mathrm{d}y+\int_{1}^{+\infty}\mathrm{d}x\int_{0}^{x}f(x,y)\mathrm{d}y$ 在极坐标系下可化为累次积分________.

2. 单项选择题

(1) 下列函数中，满足方程 $x\frac{\partial u}{\partial x}+y\frac{\partial u}{\partial y}+z\frac{\partial u}{\partial z}=-u$ 的函数是 (　　).

A. $u=\ln\left(\frac{x+y}{x-y}\right)^{z}$　　B. $u=\frac{1}{\sqrt{x^2-2y^2+z^2}}$

C. $u=\left(\frac{z}{x-y}\right)^{\frac{y}{x}}$　　D. $u=\sin\left(\frac{x+y}{x-y}\right)$

(2) 设函数 $f(x,y)$ 可微，且对任意 x，y 都有 $\frac{\partial f(x,y)}{\partial x}>0$，$\frac{\partial f(x,y)}{\partial y}<0$，则使不等式 $f(x_1,y_1)<f(x_2,y_2)$ 成立的一个充分条件是 (　　).

A. $x_1>x_2$，$y_1<y_2$　　B. $x_1>x_2$，$y_1>y_2$

C. $x_1<x_2$，$y_1<y_2$　　D. $x_1<x_2$，$y_1>y_2$

(3) 已知 $f(x,y)=\mathrm{e}^{\sqrt{x^2+y^2}}$，则 (　　).

A. $f'_x(0,0)$，$f'_y(0,0)$ 都存在　　B. $f'_x(0,0)$ 不存在，$f'_y(0,0)$ 存在

C. $f'_x(0,0)$ 存在，$f'_y(0,0)$ 不存在　　D. $f'_x(0,0)$，$f'_y(0,0)$ 都不存在

(4) 设函数 $z=z(x,y)$ 由方程 $F\left(\frac{y}{x},\frac{z}{x}\right)=0$ 确定，其中 F 为可微函数，且 $F'_2\neq 0$，则 $x\frac{\partial z}{\partial x}+y\frac{\partial z}{\partial y}=$(　　).

A. x　　B. z　　C. $-x$　　D. $-z$

(5) 设函数 $f(x)$ 具有二阶连续导数，$f(x)>0$，$f'(0)=0$，则函数 $z=f(x)\ln f(y)$ 在点 $(0,0)$ 处取得极小值的一个充分条件是 (　　).

A. $f(0)>1$，$f''(0)>0$　　B. $f(0)>1$，$f''(0)<0$

C. $f(0)<1$，$f''(0)>0$　　D. $f(0)<1$，$f''(0)<0$

(6) 设函数 $f(x)$ 是连续的奇函数，$g(x)$ 是连续的偶函数，区域 $D=\{(x,y)\mid 0\leqslant x\leqslant 1,-\sqrt{x}\leqslant y\leqslant\sqrt{x}\}$，则下列结论正确的是 (　　).

A. $\iint\limits_D f(y)g(x)\mathrm{d}x\mathrm{d}y=0$　　B. $\iint\limits_D f(x)g(y)\mathrm{d}x\mathrm{d}y=0$

C. $\iint\limits_D [f(x)+g(y)]\mathrm{d}x\mathrm{d}y=0$　　D. $\iint\limits_D [f(y)+g(x)]\mathrm{d}x\mathrm{d}y=0$

(7) 设函数 $f(t)$ 连续，则二次积分 $\int_0^{\frac{\pi}{2}}\mathrm{d}\theta\int_{2\cos\theta}^{2}f(r^2)r\mathrm{d}r=$ (　　).

A. $\int_0^2\mathrm{d}x\int_{\sqrt{2x-x^2}}^{\sqrt{4-x^2}}\sqrt{x^2+y^2}f(x^2+y^2)\mathrm{d}y$

B. $\int_0^2\mathrm{d}x\int_{\sqrt{2x-x^2}}^{\sqrt{4-x^2}}f(x^2+y^2)\mathrm{d}y$

C. $\int_0^2\mathrm{d}y\int_{1+\sqrt{1-y^2}}^{\sqrt{4-y^2}}\sqrt{x^2+y^2}f(x^2+y^2)\mathrm{d}x$

D. $\int_0^2 dy \int_{1+\sqrt{1-y^2}}^{\sqrt{4-y^2}} f(x^2+y^2)dx$

(8) 下列二重积分等式不成立的是（　　）.

A. $\iint\limits_D x^2\sqrt{1-y^2}d\sigma = \iint\limits_D y^2\sqrt{1-x^2}d\sigma$, $D=\{(x, y)\mid |x|\leqslant 1, |y|\leqslant 1\}$

B. $\iint\limits_D x^3\sqrt{1-y^2}d\sigma = \iint\limits_D y^5\sqrt{1-x^2}d\sigma$, $D=\{(x, y)\mid |x|\leqslant 1, |y|\leqslant 1\}$

C. $\iint\limits_D x^2\sqrt{1-y^2}d\sigma = \iint\limits_D y^2\sqrt{1-x^2}d\sigma$, $D=\{(x, y)\mid 0\leqslant x\leqslant 1, 0\leqslant y\leqslant 1\}$

D. $\iint\limits_D x^3\sqrt{1-y^2}d\sigma = \iint\limits_D y^5\sqrt{1-x^2}d\sigma$, $D=\{(x, y)\mid 0\leqslant x\leqslant 1, 0\leqslant y\leqslant 1\}$

3. 求下列函数的偏导数或全微分：

(1) $z=(x+e^y)^x$，求$\frac{\partial z}{\partial x}$，$\frac{\partial z}{\partial y}$；

(2) $z=\left(\frac{y}{x}\right)^{\frac{x}{y}}$，求$\frac{\partial z}{\partial x}$，$\frac{\partial z}{\partial y}$；

(3) $z=\cos(2x+3y)$，$x=t+s$，$y=\ln\sqrt{st}$，求$\frac{\partial z}{\partial t}$，$\frac{\partial z}{\partial s}$；

(4) $z=\int_a^{uv} e^{t^2}dt$，$u=xy$，$v=x-y$，求$\frac{\partial z}{\partial x}$，$\frac{\partial z}{\partial y}$.

4. 求下列隐函数的导数、偏导数或全微分：

(1) 设 $z=z(x, y)$ 由方程 $xe^x-ye^y=ze^z$ 确定，求$\frac{\partial z}{\partial x}$，$\frac{\partial z}{\partial y}$；

(2) 设 $y=f(x, t)$ 由方程 $F(x, y, t)=0$ 确定，f，F 可微，求$\frac{dy}{dx}$；

(3) 设 $z=z(x, y)$ 由方程 $x+y-z=xe^{x-y-z}$确定，求 dz.

5. 设函数 $f(x, y)=\begin{cases} xy\dfrac{x-y}{\sqrt{x^2+y^2}}, & x^2+y^2\neq 0 \\ 0, & 0 \end{cases}$，试判断该函数在点 $(0, 0)$ 处的可微性.

6. 求下列函数的二阶偏导数：

(1) 设函数 $z=f[x+y, f(x, y)]$，其中函数 $f(u, v)$ 具有二阶连续导数，求$\frac{\partial^2 z}{\partial x\partial y}$；

(2) 设函数 $z=f(xy, yg(x))$，其中函数 f 具有二阶连续导数，函数 $g(x)$ 可导且在 $x=1$ 处取得极值 $g(1)=1$，求$\left.\frac{\partial^2 z}{\partial x\partial y}\right|_{\substack{x=1\\y=1}}$.

7. 设函数 $f(u)$ 具有二阶连续导数，$z=f(e^x\cos y)$ 满足方程$\frac{\partial^2 z}{\partial x^2}+\frac{\partial^2 z}{\partial y^2}=e^{3x}\cos y$，求 $f(u)$ 的表达式.

8. 证明下列各题：

(1) 设 $z=\frac{y}{f(x^2-y^2)}$，其中 f 为可导函数，则有$\frac{1}{x}\frac{\partial z}{\partial x}+\frac{1}{y}\frac{\partial z}{\partial y}=\frac{z}{y^2}$；

(2) 设函数 $z=z(x, y)$ 由方程组

$$\begin{cases} z=ux+\dfrac{y}{u}+f(u) \\ 0=x-\dfrac{y}{u^2}+f'(u) \end{cases}$$

确定，$f(u)$ 存在二阶导数，则有$\dfrac{\partial z}{\partial x}\cdot\dfrac{\partial z}{\partial y}=1$.

9. 求下列函数的极值或条件极值：

(1) $f(x, y)=x^2(2+y^2)+y\ln y$;

(2) $f(x, y)=x\mathrm{e}-\dfrac{x^2+y^2}{2}$;

(3) $u=x-2y+2z$, 若 $x^2+y^2+z^2=1$.

10. 求函数 $f(x, y)=x^2+2y^2-x^2y^2$ 在区域 $D=\{(x, y)\mid x^2+y^2\leqslant 4, y\geqslant 0\}$ 上的最大值和最小值.

11. 要制造一个容积为 V 的长方体的无盖水箱，应如何选择水箱的尺寸，才能使所用材料最省？

12. 某企业为生产甲、乙两种型号的产品投入的固定成本为 10 000(万元)，设该企业生产甲、乙两种产品的产量分别为 x(件) 和 y(件)，且这两种产品的边际成本分别为 $20+\dfrac{x}{2}$(万元/件) 与 $6+y$(万元/件).

(1) 求生产甲、乙两种产品的总成本函数 $C(x, y)$(万元)；

(2) 当总产量为 50 件时，甲、乙两种产品的产量各为多少时可以使总成本最小？求最小成本.

(3) 求总产量为 50 件且总成本最小时甲产品的边际成本，并解释其经济意义.

13. 设函数 $f(x, y)$ 满足等式 $f(x, y)=x^2+y^2+\sqrt{a^2-x^2-y^2}\iint\limits_{x^2+y^2\leqslant a^2} f(x, y)\mathrm{d}x\mathrm{d}y$,

求 $f(x, y)$.

14. 计算下列二重积分：

(1) $\iint\limits_D (y\sin^5 x-1)\mathrm{d}x\mathrm{d}y$, D 由曲线 $y=\sin x$, $x=\pm\dfrac{\pi}{2}$, $y=1$ 围成；

(2) $\iint\limits_D (x^2-y)\mathrm{d}x\mathrm{d}y$, $D=\{(x, y)\mid x^2+y^2\leqslant 1\}$;

(3) $\iint\limits_D (x+y)^3\mathrm{d}x\mathrm{d}y$, D 由曲线 $x=\sqrt{1+y^2}$ 以及直线 $x+\sqrt{2}y=0$ 和 $x-\sqrt{2}y=0$ 围成；

(4) $\iint\limits_D \dfrac{x\sin(\pi\sqrt{x^2+y^2})}{x+y}\mathrm{d}x\mathrm{d}y$, $D=\{(x, y)\mid 1\leqslant x^2+y^2\leqslant 4, x\geqslant 0, y\geqslant 0\}$;

(5) $\iint\limits_D (x-y)\mathrm{d}x\mathrm{d}y$, $D=\{(x, y)\mid (x-1)^2+(y-1)^2\leqslant 2, y\geqslant x\}$;

(6) $\int_{-\sqrt{2}}^{0}\mathrm{d}x\int_{-x}^{\sqrt{4-x^2}}(x^2+y^2)\mathrm{d}y+\int_0^2\mathrm{d}x\int_{\sqrt{2x-x^2}}^{\sqrt{4-x^2}}(x^2+y^2)\mathrm{d}y$.

15. 已知函数 $f(x, y)$ 具有二阶连续偏导数，且 $f(1,1)=4$，$f(0,1)=3$，$f(1,0)=2$，$f(0,0)=1$，$D=\{(x, y)\mid 0\leqslant y\leqslant 1, 0\leqslant x\leqslant 1\}$，计算二重积分 $\iint\limits_D f''_{xy}(x, y)\mathrm{d}x\mathrm{d}y$.

16. 计算下列二重积分：

(1) $\iint\limits_D \max\{xy, 1\}\mathrm{d}x\mathrm{d}y$，$D=\{(x, y)\mid 0\leqslant x\leqslant 2, 0\leqslant y\leqslant 2\}$；

(2) $\iint\limits_D f(x, y)\mathrm{d}\sigma$，其中 $D=\{(x, y)\mid |x|+|y|\leqslant 2\}$，

$$f(x, y)=\begin{cases} x^2, & |x|+|y|\leqslant 1 \\ \dfrac{|x|+|y|}{\sqrt{x^2+y^2}}, & 1<|x|+|y|\leqslant 2 \end{cases}.$$

17. 设 $f(x, y)=\begin{cases} \dfrac{1}{2}, & 0\leqslant x\leqslant 2, 0\leqslant y\leqslant 2-x \\ 0, & \text{其他} \end{cases}$，计算 $F(u)=\iint\limits_{x+y\leqslant u} f(x, y)\mathrm{d}x\mathrm{d}y$.

18 求圆 $r=1$ 之外和圆 $r=\dfrac{2}{\sqrt{3}}\cos\theta$ 之内公共部分的平面图形的面积.

19. 计算广义二重积分 $\iint\limits_{0\leqslant x,\, 0\leqslant y} \dfrac{1}{1+(x^2+y^2)^2}\mathrm{d}\sigma$.

参考答案

1. (1) $(x^2+y^2)e^{xy}$；　(2) 0, 0；　(3) 4；　(4) $2\mathrm{d}x-\mathrm{d}y$；　(5) 0；　(6) $\pi e\sin 1$；

(7) $\dfrac{1}{2}$；　(8) $\int_0^{\frac{\pi}{4}}\mathrm{d}\theta\int_{\frac{1}{\cos\theta+\sin\theta}}^{+\infty} f(r\cos\theta, r\sin\theta)r\mathrm{d}r$.

2. (1) B；　(2) D；　(3) D；　(4) B；　(5) A；　(6) A；　(7) B；　(8) D.

3. (1) $\dfrac{\partial z}{\partial x}=e^{x\ln(x+e^y)}\left(\ln(x+e^y)+\dfrac{x}{x+e^y}\right)$，$\dfrac{\partial z}{\partial y}=xe^y(x+e^y)^{x-1}$；

(2) $\dfrac{\partial z}{\partial x}=\dfrac{1}{y}\left(\dfrac{y}{x}\right)^{\frac{x}{y}}\left(\ln\dfrac{y}{x}-1\right)$，$\dfrac{\partial z}{\partial y}=\dfrac{x}{y^2}e^{\frac{x}{y}(\ln y-\ln x)}\left(\dfrac{y^2}{x^2}-\ln y+\ln x\right)$；

(3) $\dfrac{\partial z}{\partial t}=-\sin(2t+2s+3\ln\sqrt{st})\left(2+\dfrac{3}{2t}\right)$，$\dfrac{\partial z}{\partial s}=-\sin(2t+2s+3\ln\sqrt{st})\left(2+\dfrac{3}{2s}\right)$；

(4) $\dfrac{\partial z}{\partial x}=e^{[xy(x-y)]^2}(2xy-y^2)$，$\dfrac{\partial z}{\partial y}=-e^{[xy(x-y)]^2}(2xy-x^2)$.

4. (1) $\dfrac{\partial z}{\partial x}=\dfrac{x+1}{z+1}e^{x-z}$，$\dfrac{\partial z}{\partial y}=-\dfrac{y+1}{z+1}e^{y-z}$；　(2) $\dfrac{\mathrm{d}y}{\mathrm{d}x}=\dfrac{f_1'F_3'-f_2'F_1'}{F_3'+f_2'F_2'}$；

(3) $\mathrm{d}z=\dfrac{[(x+1)e^{x-y-z}-1]\mathrm{d}x-(xe^{x-y-z}+1)\mathrm{d}y}{xe^{x-y-z}-1}$.

5. 在点(0, 0)处可微. 提示：判断 $\lim\limits_{\substack{x\to 0\\ y\to 0}}\dfrac{f(x, y)-f(0,0)-f_x'(0,0)x-f_y'(0,0)y}{\sqrt{x^2+y^2}}$ 是否为零.

6. (1) $\dfrac{\partial^2 z}{\partial x\partial y}=f''_{11}[x+y, f(x, y)]+f''_{12}[x+y, f(x, y)]f_2'(x, y)$

$+[f''_{21}[x+y, f(x, y)]+f''_{22}[x+y, f(x, y)]f'_2(x, y)]f'_1(x, y)$
$+f'_2[x+y, f(x, y)]f''_{12}(x, y)$;

(2) $\left.\dfrac{\partial^2 z}{\partial x\partial y}\right|_{\substack{x=1\\y=1}}=f'_1(1, 1)+f''_{11}(1, 1)+f''_{12}(1, 1)$.

7. $f(u)=\dfrac{1}{6}u^3+C_1u+C_2$，$C_1$，$C_2$ 为任意常数.

8. 证略.

9. (1) 极小值为 $f\left(0, \dfrac{1}{e}\right)=-\dfrac{1}{e}$；　(2) 极大值为 $f(e, 0)=\dfrac{1}{2}e^2$；

(3) 极小值为 $u\left(-\dfrac{1}{3}, \dfrac{2}{3}, -\dfrac{2}{3}\right)=-3$，极大值为 $u\left(\dfrac{1}{3}, -\dfrac{2}{3}, \dfrac{2}{3}\right)=3$.

10. 最大值为 8，最小值为 0.

11. 水箱的长、宽、高分别为 $\sqrt[3]{2V}$，$\sqrt[3]{2V}$，$\dfrac{1}{2}\sqrt[3]{2V}$时使所用材料最省.

12. (1) $C(x, y)=20x+\dfrac{x^2}{4}+6y+\dfrac{1}{2}y^2+10\,000$；(2) 甲、乙两种产品的产量分别为 24 件和 26 件时总成本最小，最小总成本为 $C(24, 26)=11\,118$ 万元；(3) $C'_x(24, 26)=32$，其经济意义是，在总产量为 50 件、甲产品产量为 24 件时，甲产品再多生产一个单位产量，成本会增加 32 万元.

13. $f(x, y)=x^2+y^2+\dfrac{3\pi a^4}{6-4\pi a^3}\sqrt{a^2-x^2-y^2}$.

14. (1) -2；　(2) $\dfrac{\pi}{4}$；　(3) $\dfrac{14}{15}$；　(4) $-\dfrac{3}{4}$；　(5) $-\dfrac{8}{3}$；　(6) $\dfrac{9}{4}\pi$.

15. 0. 提示：$f''_{xy}(x, y)=\dfrac{\mathrm{d}f'_x(x, y)}{\mathrm{d}y}$.

16. (1) $4\dfrac{3}{4}+\ln 2$；　(2) $\dfrac{1}{3}+2\pi$.

17. $F(u)=\begin{cases}0, & u\leqslant 0\\ \dfrac{1}{4}u^2, & 0<u\leqslant 2.\\ 1, & 2<u\end{cases}$

18. $\dfrac{2}{\sqrt{3}}-\dfrac{\pi}{3}$.　19. $\dfrac{\pi^2}{8}$.

第9章

微分方程

一、知识结构

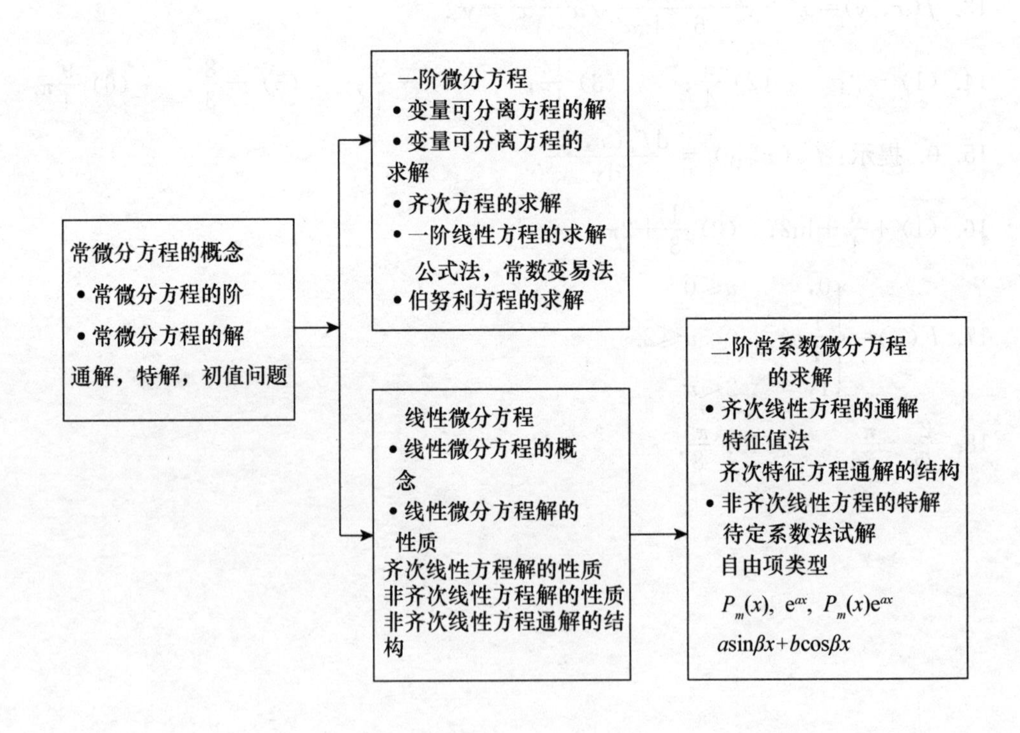

二、内容提要

1. 微分方程的概念

含有自变量、未知函数以及未知函数的导数（或微分）的函数方程，称为微分方程. 微分方程中未知函数的最高阶导数的阶数称为微分方程的阶. 未知函数是一元函数的方程称为常微分方程，

若函数 $y=\varphi(x)$ 在定义区间上存在 n 阶导数，且在该区间上满足 n 阶微分方程

$$F(x, y, y', y'', \cdots, y^{(n)})=0,$$

即恒有等式

$$F(x, \varphi(x), \varphi'(x), \varphi''(x), \cdots, \varphi^{(n)}(x))=0,$$

则称函数 $y=\varphi(x)$ 为该微分方程的解. 如果 $y=\varphi(x)$ 中含有 n 个任意常数，则称$y=\varphi(x)$ 为该方程的通解或一般解. 如果通解 $y=\varphi(x)$ 中任意常数取确定值，则称之为该方程的特解. 有时也将微分方程的某个具体解称为方程的特解. 由通解确定特解的条件称为定值条件或初值条件. n 阶微分方程的定值条件为 $y(x_0)=y_0$，$y'(x_0)=y_1$，$y''(x_0)=y_2$，…，$y^{(n)}(x_0)=y_n$，其中 y_0，y_1，y_2，…，y_n 为 n 个给定的常数.

如果 n 阶微分方程可表示为如下形式

$$y^{(n)}+a_1(x)y^{(n-1)}+\cdots+a_{n-1}(x)y'+a_n(x)y=f(x),$$

其中 $a_1(x)$，$a_2(x)$，…，$a_n(x)$，$f(x)$ 均为已知函数，则称该方程为 n 阶线性微分方程.

2. 一阶微分方程

形如 $f(x)\mathrm{d}x=g(y)\mathrm{d}y$ 的一阶微分方程称为分离变量方程. 形如$\frac{\mathrm{d}y}{\mathrm{d}x}=f(x)g(y)$ 的一阶微分方程称为可分离变量方程. 分离变量后两边积分，可得方程的通解表达式

$$\int f(x)\mathrm{d}x=\int\frac{1}{g(y)}\mathrm{d}y+C, C\text{ 为任意常数}.$$

形如$\frac{\mathrm{d}y}{\mathrm{d}x}=f\left(\frac{y}{x}\right)$的一阶微分方程称为齐次微分方程，简称齐次方程. 经 $u=\frac{y}{x}$ 变换可化齐次方程为可分离变量方程求解.

形如 $y'+P(x)y=Q(x)$ 的方程称为一阶线性微分方程，简称一阶线性方程. 其中若 $Q(x)=0$，则称为一阶齐次线性方程. 若 $Q(x)\neq0$，则称为一阶非齐次线性方程. 一阶非齐次线性方程的通解为

$$y=\mathrm{e}^{-\int P(x)\mathrm{d}x}\left(\int Q(x)\mathrm{e}^{\int P(x)\mathrm{d}x}\mathrm{d}x+C\right), C\text{ 为任意常数}.$$

3. 二阶常系数线性微分方程

形如 $y''+py'+qy=f(x)$ 的方程称为二阶常系数线性微分方程，其中 p，q 为实常数，自由项 $f(x)$ 为已知函数，当 $f(x)\neq 0$ 时称为二阶非齐次线性微分方程，当 $f(x)=0$ 时称为二阶齐次线性微分方程，并称 $\lambda^2+p\lambda+q=0$ 为二阶常系数线性微分方程的特征方程.

二阶常系数齐次线性微分方程 $y''+py'+qy=0$ 的通解：设 λ_1，λ_2 为特征方程 $\lambda^2+p\lambda+q=0$ 的两个特征根，于是

(1) 若 λ_1，λ_2 为两个不等实根，则齐次线性方程的通解为

$y=C_1e^{\lambda_1 x}+C_2e^{\lambda_2 x}$，其中 C_1，C_2 为任意常数.

(2) 若 λ_1，λ_2 为两个二重实根 λ，则齐次线性方程的通解为

$y=(C_1+C_2x)e^{\lambda x}$，其中 C_1，C_2 为任意常数.

(3) 若 λ_1，λ_2 为一对共轭复根 $\lambda_1, \lambda_2=\alpha\pm\beta i$，则齐次线性方程的通解为

$y=e^{\alpha x}(C_1\cos\beta x+C_2\sin\beta x)$，其中 C_1，C_2 为任意常数.

二阶常系数非齐次线性微分方程 $y''+py'+qy=f(x)$ 的通解可表示为 $y=\bar{y}+y^*$，其中 $\bar{y}$ 为对应的二阶常系数齐次方程的通解，y^* 是非齐次方程的一个特解.

求二阶常系数非齐次线性微分方程 $y''+py'+qy=f(x)$ 的特解 y^* 的待定系数法及其步骤：

(1) 根据 y^* 与 $f(x)$ 同结构的原理设定试解（见表 9-1）；

(2) 将试解代入非齐次方程，并分项整理；

(3) 比较等式两边同类项系数，确定特定系数的取值，从而求得方程的一个特解.

表 9-1

$f(x)$的形式	试解 y^* 的形式	取试解的条件
$f(x)=P_m(x)$ $P_m(x)$为 x 的 m 次多项式	$y^*=Q_m(x)=A_0+A_1x+\cdots+A_mx^m$， A_0，A_1，$\cdots$，A_m 为待定系数	$q\neq 0$ （当 $q=0$ 时为一阶线性方程）
$f(x)=e^{\alpha x}P_m(x)$ $P_m(x)$为 x 的 m 次多项式 α 为实数	$y^*=Q_m(x)e^{\alpha x}$，$Q_m(x)$ 同上	α 不是特征根
	$y^*=xQ_m(x)e^{\alpha x}$，$Q_m(x)$ 同上	α 是单特征根
	$y^*=x^2Q_m(x)e^{\alpha x}$，$Q_m(x)$ 同上	α 是二重特征根
$f(x)=e^{\alpha x}(a_1\cos\omega x+a_2\sin\omega x)$ a_1，a_2，ω，α 为实常数	$y^*=e^{\alpha x}(A_1\cos\omega x+A_2\sin\omega x)$ A_1，A_2 为待定系数	$\alpha\pm\omega i$ 不是特征根
	$y^*=xe^{\alpha x}(A_1\cos\omega x+A_2\sin\omega x)$ A_1，A_2 为待定系数	$\alpha\pm\omega i$ 是特征根

三、重点与要求

1. 了解微分方程及其阶、解、通解、初值条件和特解的概念.

2. 掌握变量可分离微分方程、齐次微分方程和一阶线性微分方程的求解方法.

3. 会解二阶常系数线性微分方程.

4. 了解二阶线性微分方程解的结构，会解自由项为多项式、指数函数、正弦函数与余弦函数的二阶常系数非齐次线性微分方程.

5. 会用微分方程求解简单的经济应用问题.

四、例题解析

1. 微分方程的概念

[例 1] 填空题

$y=(C_1+C_2x+x^2)e^{-x}$ 是微分方程________的通解.

答 $y''+2y'+y=2e^{-x}$.

解析 通过两次求导，先后消去两个任意常数，即可得到通解所满足的方程. 为此，将通解整理为 $ye^x=C_1+C_2x+x^2$，两边两次求导，得

$$y'e^x+ye^x=C_2+2x,\ y''e^x+y'e^x+y'e^x+ye^x=2,$$

即 $y''+2y'+y=2e^{-x}$.

[例 2] 单项选择题

(1) 方程 $(y-x^3)dx+xdy=2xydx+x^2dy$ 是（　　）.

A. 变量可分离方程　　B. 齐次方程

C. 一阶线性方程　　D. 二阶线性方程

(2) 微分方程 $y'\sin x=y\ln y$ 满足定解条件 $y\left(\frac{\pi}{2}\right)=e$ 的特解是（　　）.

A. $\frac{e^x}{\sin x}$　　B. $e^{\sin x}$　　C. $\frac{e^x}{\tan x}$　　D. $e^{\tan\frac{x}{2}}$

答 (1) C.　(2) D.

解析 (1) 将方程整理为 $(x^2-x)\frac{dy}{dx}+(2x-1)y=-x^3$，其中含未知函数的一阶导数，且未知函数及其导数相关项的幂次均为 1，因此，为一阶线性方程，故选择 C.

(2) 所给选项均满足定解条件. 再代入方程一一验证，对于选项 D，由 $y'=(e^{\tan\frac{x}{2}})'=\frac{1}{2}e^{\tan\frac{x}{2}}\sec^2\frac{x}{2}$，有

$$\begin{aligned}左式&=y'\sin x=\frac{1}{2}e^{\tan\frac{x}{2}}\sec^2\frac{x}{2}\cdot 2\sin\frac{x}{2}\cos\frac{x}{2}\\&=e^{\tan\frac{x}{2}}\tan\frac{x}{2}=e^{\tan\frac{x}{2}}\ln e^{\tan\frac{x}{2}}=右式,\end{aligned}$$

知 $y=e^{\tan\frac{x}{2}}$ 是满足定解条件的特解. 故选择 D. 本题也可通过直接求解方程来判断.

小结 微分方程的概念重点是了解微分方程的阶、通解及特解，能够识别一阶变量可分离方程、一阶齐次方程以及一、二阶线性微分方程. 判断某个函数是否为已知方程的解，

方法是求出函数的导数或微分代入方程两边，看能不能使等式成立，或直接求解方程，看能否得到与该函数相同的结果. 应注意，由于方法不同，实际得到的方程的解之间在形式上可能有差异，但可以相互转换. 对于需验证的解，通过观察其中是否含任意常数以及相互独立常数的个数判断通解的属性，代初值验证特解的属性，可以很快排除干扰项，在用排除法求解选择题时是一个简单而有效的做法.

已知方程的通解求其满足的微分方程，主要是通过求导消去其中的任意常数实现的. 求导的次数应等于解中独立的任意常数的个数，也与通解对应的微分方程的阶一致，若要每次求导都确保消去一个任意常数，则一般对通解作必要整理，将任意常数剥离出来.

2. 一阶微分方程的求解

[例 1] 填空题

(1) 方程 $(1+e^x)yy'=e^x$ 满足条件 $y(1)=1$ 的特解是________.

(2) 方程 $2y\dfrac{dy}{dx}=\dfrac{1}{x-y^2}+1$ 的通解是________.

(3) 若方程 $y'=\dfrac{y}{x}+\varphi\left(\dfrac{x}{y}\right)$ 有通解 $y=\dfrac{x}{(\ln Cx)^{\frac{1}{2}}}$，则 $\varphi(x)=$________.

(4) 已知方程 $\dfrac{dy}{dx}+P(x)y=f(x)$ 有两个特解 $y_1=x^2+\ln x$，$y_2=x^2$，则 $P(x)=$________，$f(x)=$________.

答 (1) $y^2=2\ln(e^x+1)+1-2\ln(e+1)$. (2) $(y^2-x)^2=-2x+C$.

(3) $-\dfrac{1}{2x^3}$. (4) $-\dfrac{1}{x\ln x}$, $2x-\dfrac{x}{\ln x}$.

解析 (1) 为可分离变量方程，分离变量，$ydy=\dfrac{e^x}{1+e^x}dx$，再两边积分，得方程的通解

$$\frac{1}{2}y^2=\ln(e^x+1)+C,$$

将 $x=1$，$y=1$ 代入，得 $C=\dfrac{1}{2}-\ln(e+1)$，因此，方程的满足条件的特解是

$$y^2=2\ln(e^x+1)+1-2\ln(e+1).$$

(2) 从形式上讲，该方程并非书中介绍的特定类型的一阶微分方程，可作变换 $u=y^2-x$，将方程变为分离变量方程 $udu=-dx$，两边积分得 $\dfrac{1}{2}u^2=-x+C'$，再回代 $u=y^2-x$ 并整理，得原方程的通解 $(y^2-x)^2=-2x+C$，其中 $C=2C'$.

(3) 该方程为齐次方程，通常先作换元 $u=\dfrac{y}{x}$ 处理，由题设，有 $u=\dfrac{y}{x}=\dfrac{1}{(\ln Cx)^{\frac{1}{2}}}$，从而有 $xu'+u=u+\varphi\left(\dfrac{1}{u}\right)$，即 $\dfrac{du}{\varphi\left(\dfrac{1}{u}\right)}=\dfrac{dx}{x}$，两边积分，得 $\displaystyle\int\frac{du}{\varphi\left(\frac{1}{u}\right)}=\int\frac{dx}{x}=\ln Cx=\frac{1}{u^2}$，两边再求导，得 $\dfrac{1}{\varphi\left(\dfrac{1}{u}\right)}=-\dfrac{2}{u^3}$. 因此，得 $\varphi(x)=-\dfrac{1}{2x^3}$.

(4) 该方程为一阶线性方程. 根据线性微分方程解的性质，$y_1-y_2=x^2+\ln x-x^2=\ln x$ 是该方程对应的齐次线性微分方程$\frac{dy}{dx}+P(x)y=0$的一个解，因此，$\ln' x+P(x)\ln x=0$，解得$P(x)=-\frac{1}{x\ln x}$，从而有 $f(x)=(x^2)'+\left(-\frac{1}{x\ln x}\right)\cdot x^2=2x-\frac{x}{\ln x}$.

［**例 2**］单项选择题

(1) 若曲线上任一点的切线斜率与切点的横坐标成正比，则该曲线是（　　）.

A. 圆　　B. 抛物线　　C. 椭圆　　D. 双曲线

(2) 若用代换 $y=z^m$ 可将微分方程 $y'=ax^\alpha+by^\beta$ 化为一阶齐次方程$\frac{dy}{dx}=f\left(\frac{y}{x}\right)$，则 α 与 β 应满足的条件是（　　）.

A. $\frac{1}{\beta}-\frac{1}{\alpha}=1$　　B. $\frac{1}{\beta}+\frac{1}{\alpha}=1$

C. $\frac{1}{\alpha}-\frac{1}{\beta}=1$　　D. $\frac{1}{\alpha}+\frac{1}{\beta}=-1$

(3) 设 $y_1(x)$ 是微分方程$\frac{dy}{dx}+P(x)y=Q(x)$的一个特解，C 为任意常数，则该方程的通解可表示为（　　）.

A. $y=y_1(x)+e^{-\int P(x)dx}$　　B. $y=y_1(x)+Ce^{-\int P(x)dx}$

C. $y=Cy_1(x)+e^{\int P(x)dx}$　　D. $y=y_1(x)+Ce^{\int P(x)dx}$

答　(1) B.　　(2) C.　　(3) B.

解析　(1) 依题设，将方程整理为$\frac{dy}{dx}=kx$，分离变量，得 $dy=kxdx$，再两边积分，得方程的通解 $y=\frac{1}{2}kx^2+C$，知该曲线为抛物线. 故选择 B.

(2) 若设 $y=z^m$，则$\frac{dy}{dx}=mz^{m-1}\frac{dz}{dx}$，代入原方程，得

$$mz^{m-1}\frac{dz}{dx}=ax^\alpha+bz^{m\beta}，即\ m\frac{dz}{dx}=az^{1-m}x^\alpha+bz^{m\beta-m+1},$$

因此，要使该方程为齐次方程，必有 $\alpha=m-1$，$m\beta-m+1=0$，从而解得$\frac{1}{\beta}-\frac{1}{\alpha}=-1$，故选择 C.

(3) 根据线性微分方程通解的结构，该非齐次线性方程的通解由其特解 $y_1(x)$ 和对应的齐次线性方程$\frac{dy}{dx}+P(x)y=0$的通解构成. 对齐次线性方程分离变量，$\frac{dy}{y}=-P(x)dx$，两边积分，得其通解为 $y=Ce^{-\int P(x)dx}$. 因此，该非齐次方程的通解应为 $y=y_1(x)+Ce^{-\int P(x)dx}$，故选择 B. 作为约定，微分方程解式中 $\int P(x)dx$ 不含任意常数 C，所以选项 A 只能看作该非齐次方程的一个特解.

［**例 3**］求解下列方程：

(1) $\frac{dy}{dx}=\frac{1+y^2}{(1+x)^2xy}$；　　(2) $x\frac{dy}{dx}-y=\sqrt{x^2-y^2}$；

(3) $dy=[(\ln x)e^{-\sin x}-y\cos x]dx$.

分析 以上各题为一阶微分方程的基本类型，求解要针对各自类型的特点，按照已经确定的求解模式进行，其中可分离变量方程的重点是分离变量，分离变量后两边积分即得通解，通常表现为隐式解. 齐次方程的重点是经变量替换 $u=\frac{y}{x}$，化原方程为可分离变量方程. 一阶线性方程用公式法，套用公式给出通解，或者在求出对应的一阶齐次线性方程的通解的基础上用常数变易法求解.

解 (1) 分离变量，得

$$\frac{y\mathrm{d}y}{1+y^2}=\frac{\mathrm{d}x}{(1+x)^2x}=\left[\frac{1}{x}-\frac{1}{1+x}-\frac{1}{(1+x)^2}\right]\mathrm{d}x,$$

两边积分，得

$$\frac{1}{2}\ln(1+y^2)=\ln|x|-\ln|1+x|+\frac{1}{1+x}+C.$$

(2) 将方程整理为 $\frac{\mathrm{d}y}{\mathrm{d}x}-\frac{y}{x}=\sqrt{1-\left(\frac{y}{x}\right)^2}$，设 $u=\frac{y}{x}$，即 $y=ux$，$\frac{\mathrm{d}y}{\mathrm{d}x}=x\frac{\mathrm{d}u}{\mathrm{d}x}+u$，方程变为

$$x\frac{\mathrm{d}u}{\mathrm{d}x}+u-u=\sqrt{1-u^2},\ 即 \frac{\mathrm{d}u}{\sqrt{1-u^2}}=\frac{\mathrm{d}x}{x},$$

两边积分得 $\arcsin u=\ln|x|+C$，从而得通解

$$\arcsin\frac{y}{x}=\ln|x|+C.$$

(3) **方法1** 用公式法. 将方程整理为 $\frac{\mathrm{d}y}{\mathrm{d}x}+y\cos x=(\ln x)e^{-\sin x}$，其中 $P(x)=\cos x$，$Q(x)=(\ln x)e^{-\sin x}$，于是由通解公式，通解为

$$\begin{aligned}y&=e^{\int-\cos x\mathrm{d}x}\left[\int(\ln x)e^{-\sin x}e^{\int\cos x\mathrm{d}x}\mathrm{d}x+C\right]\\&=e^{-\sin x}\left[\int\ln x\mathrm{d}x+C\right]=e^{-\sin x}(x\ln x-x+C).\end{aligned}$$

方法2 用常数变易法. 对齐次线性方程 $\frac{\mathrm{d}y}{\mathrm{d}x}+y\cos x=0$ 分离变量，得 $\frac{\mathrm{d}y}{y}=-\cos x\mathrm{d}x$，两边积分得通解 $y=Ce^{-\sin x}$.

设原非齐次线性方程的解为 $y=C(x)e^{-\sin x}$，代入原方程

$$C'(x)e^{-\sin x}-\cos xC(x)e^{-\sin x}+\cos xC(x)e^{-\sin x}=(\ln x)e^{-\sin x},$$

即有 $C'(x)=\ln x$，积分得 $C(x)=x\ln x-x+C$，因此，原方程的通解为

$$y=e^{-\sin x}(x\ln x-x+C).$$

[**例4**] 求解下列方程：

(1) $\frac{\mathrm{d}y}{\mathrm{d}x}=\frac{2x+y-1}{x-y+1}$； (2) $x\mathrm{d}y-y\mathrm{d}x=(x^2+x+1)\mathrm{d}x$；

(3) $\dfrac{dy}{dx}=\dfrac{1}{(y-x)^2+x}+1$；　　　　(4) $xy'+\dfrac{1}{x}y^3=y$.

分析　以上各题均不是一阶微分方程的基本类型，但都可通过变量替换化为基本类型或整理后由微分公式直接推出通解.

解　(1) 用变换，化为齐次方程求解. 将方程整理为$\dfrac{d(y-1)}{dx}=\dfrac{2+\dfrac{y-1}{x}}{1-\dfrac{y-1}{x}}$，可看作由变量 x，$y-1$ 组成的齐次方程，于是设 $u=\dfrac{y-1}{x}$，即 $y-1=ux$，$\dfrac{d(y-1)}{dx}=x\dfrac{du}{dx}+u$，方程变为

$$x\frac{du}{dx}+u=\frac{2+u}{1-u}，即\frac{(1-u)du}{2+u^2}=\frac{dx}{x}.$$

两边积分得$\dfrac{1}{\sqrt{2}}\arctan\dfrac{u}{\sqrt{2}}-\dfrac{1}{2}\ln(2+u^2)=\ln|x|+C$，从而得通解

$$\frac{1}{\sqrt{2}}\arctan\frac{y-1}{\sqrt{2}x}=\frac{1}{2}\ln[2x^2+(y-1)^2]+C.$$

(2) **方法 1**　用变换，利用微分公式计算. 将方程整理为$\dfrac{xdy-ydx}{x^2}=\left(1+\dfrac{1}{x}+\dfrac{1}{x^2}\right)dx$，从而有 $d\left(\dfrac{y}{x}\right)=d\left(x+\ln|x|-\dfrac{1}{x}\right)$. 因此，方程的通解为

$$y=x^2+x\ln|x|-1+Cx.$$

方法 2　用变换，利用一阶线性微分方程计算. 将方程整理为

$$\frac{dy}{dx}-\frac{1}{x}y=x+1+\frac{1}{x},$$

其中 $P(x)=-\dfrac{1}{x}$，$Q(x)=x+1+\dfrac{1}{x}$，方程的通解为

$$\begin{aligned}y&=e^{\int\frac{1}{x}dx}\left[\int\left(x+1+\frac{1}{x}\right)e^{-\int\frac{1}{x}dx}dx+C\right]\\&=x\left[\int\left(1+\frac{1}{x}+\frac{1}{x^2}\right)dx+C\right]=x^2+x\ln|x|-1+Cx.\end{aligned}$$

(3) 用变换，利用一阶线性微分方程计算. 将方程整理为

$$\frac{d(y-x)}{dx}=\frac{1}{(y-x)^2+x}.$$

设 $u=y-x$，方程整理为$\dfrac{du}{dx}=\dfrac{1}{u^2+x}$，即$\dfrac{dx}{du}-x=u^2$，可看作未知函数为 x，自变量为 u 的一阶线性微分方程，其中 $P(u)=-1$，$Q(u)=u^2$，方程的通解为

$$\begin{aligned}x&=e^{\int du}\left[\int u^2e^{-\int du}du+C\right]=e^u[-(u^2+2u+2)e^{-u}+C]\\&=Ce^{y-x}-(y-x)^2-2(y-x)-2.\end{aligned}$$

(4) 用变换，利用一阶线性微分方程计算. 将方程整理为 $(y^{-2})'+\frac{2}{x}y^{-2}=\frac{2}{x^2}$，设 $u=y^{-2}$，将方程整理为 $\frac{du}{dx}+\frac{2}{x}u=\frac{2}{x^2}$，其中 $P(x)=\frac{2}{x}$，$Q(x)=\frac{2}{x^2}$，通解为

$$u=e^{-\int\frac{2}{x}dx}\left[\int\frac{2}{x^2}e^{\int\frac{2}{x}dx}dx+C\right]=\frac{1}{x^2}\left[\int 2dx+C\right]=\frac{1}{x^2}(2x+C),$$

因此，原方程的通解为 $y^2=\frac{x^2}{2x+C}$.

［例 5］ 设 $y=e^{-x}$ 是微分方程 $x\frac{dy}{dx}+P(x)y=x$ 的一个解，求此方程满足条件 $y|_{x=\ln 2}=1$ 的特解.

分析 由 $y=e^{-x}$ 是微分方程 $x\frac{dy}{dx}+P(x)y=x$ 的一个解，可确定 $P(x)$，然后用公式给出通解，最后由定解条件确定常数，给出特解.

解 将 $y=e^{-x}$ 代入方程，有 $-xe^{-x}+P(x)e^{-x}=x$，解得 $P(x)=x(e^x+1)$. 于是，原方程为 $\frac{dy}{dx}+(e^x+1)y=1$，其中 $P_1(x)=e^x+1$，$Q_1(x)=1$，因此，原方程的通解为

$$\begin{aligned}y&=e^{-\int(e^x+1)dx}\left[\int e^{\int(e^x+1)dx}dx+C\right]=e^{-e^x-x}\left[\int e^{e^x}e^x dx+C\right]\\&=e^{-e^x-x}(e^{e^x}+C)=e^{-x}(1+Ce^{-e^x}).\end{aligned}$$

再将条件 $y|_{x=\ln 2}=1$ 代入通解，得 $C=e^2$，故方程满足条件的特解为

$$y=e^{-x}(1+e^{2-e^x}).$$

小结 一阶微分方程的求解，主要抓住三个重点类型，即一阶变量可分离方程、一阶齐次方程和一阶线性微分方程. 这三种类型，如例 3 所介绍的，都有固定的求解方法和步骤，实际上可进一步归纳为两个最基本方法：分离变量法和一阶线性方程的公式法. 其他形式的一阶微分方程，正如例 4 中看到的，一般都要利用变量替换，或者化为变量可分离方程，或者化为一阶线性方程求解. 一阶齐次方程的求解方法就是通过设定 $u=\frac{y}{x}$ 化为可分离变量方程，可以看作用变量替换求解方程的一个典型案例. 类似地，形如 $\frac{dy}{dx}=f(y\pm x)$ 的方程，通过设定 $u=y\pm x$ 也可化为可分离变量方程 $\frac{du}{dx}=f(u)\pm 1$，形如 $\frac{dy}{dx}+P(x)y=Q(x)y^n$ $(n\neq 0, 1)$ 的方程，通过设定 $u=y^{-(n-1)}$ 也可化为一阶线性微分方程 $\frac{1}{1-n}u'+P(x)u=Q(x)$ 求解.

求解一阶微分方程时，还应处理好以下几个问题：①正确理解微分方程中变量之间的等价关系，即既可将变量 y 看作 x 的函数，也可以将变量 x 看作 y 的函数，这样我们求解方程时就能够有更多的选择角度. 如在例 4 第 (3) 题中，方程 $\frac{du}{dx}=\frac{1}{u^2+x}$ 很难求解，但换个角度，将变量 x 看作 u 的函数，即 $\frac{dx}{du}-x=u^2$ 变为未知函数 $x(u)$ 的一阶线性微分方程，用

公式法就能很快求出通解. ②做好求解前方程的整理工作. 因为基本类型的求解都针对确定的结构形式，尤其是一阶线性微分方程，通解公式 $y=e^{-\int P(x)dx}\left[\int Q(x)e^{\int P(x)dx}dx+C\right]$ 只对应方程 $\frac{dy}{dx}+P(x)y=Q(x)$. 若方程为 $\frac{dy}{dx}=P(x)y+Q(x)$ 或 $\frac{dy}{dx}-P(x)y=Q(x)$，公式就应调整，否则必然出错. ③ 一阶方程的解通常为隐式解，一般情况下不需要整理.

3. 二阶常系数线性微分方程及其求解

[例 1] 单项选择题

(1) 设 $f_1(x)$ 和 $f_2(x)$ 为二阶常系数齐次线性方程 $y''+py'+qy=0$ 的两个特解，则 $C_1f_1(x)+C_2f_2(x)$（C_1，C_2 为任意常数）是该方程通解的充分条件是（　　）.

A. $f_1(x)f_2'(x)-f_1'(x)f_2(x)=0$

B. $f_1(x)f_2'(x)-f_1'(x)f_2(x)\neq0$

C. $f_1(x)f_2'(x)+f_1'(x)f_2(x)=0$

D. $f_1(x)f_2'(x)+f_1'(x)f_2(x)\neq0$

(2) 若方程 $y''+py'+qy=0$ 的所有解均为有界函数，则（　　）.

A. $p\geqslant0$，$q\geqslant0$　　　B. $p\geqslant0$，$q\leqslant0$

C. $p\leqslant0$，$q\geqslant0$　　　D. $p\leqslant0$，$q\leqslant0$

(3) 设 y_1，y_2，y_3 为二阶齐次线性方程 $y''+a_1(x)y'+a_2(x)y=f(x)$ 的三个线性无关的解，C_1，C_2 为任意常数，则该方程的通解为（　　）.

A. $C_1y_1+C_2y_2+y_3$　　　B. $C_1y_1+C_2y_2-(C_1+C_2)y_3$

C. $C_1(y_1-y_3)+C_2(y_2+y_3)+y_3$　　　D. $C_1(y_1-y_3)+C_2(y_2-y_3)+y_3$

(4) 方程 $y''-2y'+3y=e^x\sin\sqrt{2}x$ 的一个特解的试解形式为（　　）.

A. $e^x[A\cos\sqrt{2}x+B\sin\sqrt{2}x]$　　　B. $xe^x[A\cos\sqrt{2}x+B\sin\sqrt{2}x]$

C. $Ae^x\sin\sqrt{2}x$　　　D. $Ae^x\cos\sqrt{2}x$

答　(1) B.　　(2) A.　　(3) D.　　(4) B.

解析　(1) $C_1f_1(x)+C_2f_2(x)$（C_1，C_2 为任意常数）是该方程通解的充分条件是 $f_1(x)$ 和 $f_2(x)$ 线性无关，即 $f_1(x)$ 和 $f_2(x)$ 均不等于零，且 $\frac{f_2(x)}{f_1(x)}\neq C$，从而

$$\frac{f_1(x)f_2'(x)-f_1'(x)f_2(x)}{f_1^2(x)}\neq0,$$

因此，$f_1(x)f_2'(x)-f_1'(x)f_2(x)\neq0$. 故选择 B.

(2) 根据二阶常系数齐次线性方程通解的结构，其特征方程 $r^2+pr+q=0$ 的所有实特征根非正（对应通解为 $C_1e^{r_1x}+C_2e^{r_2x}$ 或 $(C_1+C_2x)e^{rx}$），或其复特征根实部 α 非正（对应通解为 $e^{\alpha x}(C_1\cos\beta x+C_2\sin\beta x)$），由特征根求解公式 $r=\frac{-p\pm\sqrt{p^2-4q}}{2}$ 知，$p\geqslant0$，$q\geqslant0$，故选择 A.

(3) 根据线性方程解的性质，两非齐次线性方程解的差为对应的齐次线性方程的解，故 y_1-y_3，y_2-y_3 同为齐次方程 $y''+a_1(x)y'+a_2(x)y=0$ 的解，又因 y_1，y_2，y_3 线性无

关，从而有$\frac{y_1-y_3}{y_2-y_3}=\frac{y_1/y_3-1}{y_2/y_3-1}\neq c$，即 y_1-y_3，y_2-y_3 线性无关，因此，$C_1(y_1-y_3)+C_2(y_2-y_3)$为其通解，$C_1(y_1-y_3)+C_2(y_2-y_3)+y_3$ 为原非齐次线性方程的通解，所以选择 D.

(4) 方程的特征方程为 $r^2-2r+3=0$，解得特征根为 $1\pm\sqrt{2}\mathrm{i}$，其实部及虚部与非齐次方程的自由项中指数系数及三角函数中角度系数一致，故原方程的一个特解试解在保持与自由项结构相同的基础上再添加 x 因子，即 $x\mathrm{e}^x[A\cos\sqrt{2}x+B\sin\sqrt{2}x]$，故选择 B.

[例 2] 求方程 $y''+5y'+6y=3\mathrm{e}^{-x}$的通解.

分析 自由项为 $f(x)=3\mathrm{e}^{-x}$形式的二阶常系数非齐次线性方程的一个特解可以用设定试解的待定系数法求解，也可以用类似一阶非齐次线性方程的常数变易法求解.

解 方程的特征方程为 $r^2+5r+6=0$，解得特征根 $r_1=-2$，$r_2=-3$，于是，对应的齐次线性方程的通解为

$$\tilde{y}=C_1\mathrm{e}^{-2x}+C_2\mathrm{e}^{-3x}.$$

下面求原方程的一个特解.

方法 1 待定系数法. 由于-1非特征根，故设原方程的一个特解为 $y^*=A\mathrm{e}^{-x}$，代入方程，有 $A\mathrm{e}^{-x}-5A\mathrm{e}^{-x}+6A\mathrm{e}^{-x}=2A\mathrm{e}^{-x}=3\mathrm{e}^{-x}$，得 $A=\frac{3}{2}$，即特解为 $y^*=\frac{3}{2}\mathrm{e}^{-x}$.

方法 2 常数变易法. 设原方程的一个特解为 $y^*=C_1(x)\mathrm{e}^{-2x}+C_2(x)\mathrm{e}^{-3x}$，有

$$(y^*)'=C_1'(x)\mathrm{e}^{-2x}+C_2'(x)\mathrm{e}^{-3x}-2C_1(x)\mathrm{e}^{-2x}-3C_2(x)\mathrm{e}^{-3x},$$

令 $C_1'(x)\mathrm{e}^{-2x}+C_2'(x)\mathrm{e}^{-3x}=0$，则

$$(y^*)''=-2C_1'(x)\mathrm{e}^{-2x}-3C_2'(x)\mathrm{e}^{-3x}+4C_1(x)\mathrm{e}^{-2x}+9C_2(x)\mathrm{e}^{-3x},$$

将 $(y^*)'$ 和 $(y^*)''$ 代入方程，有

$$\begin{cases}C_1'(x)\mathrm{e}^{-2x}+C_2'(x)\mathrm{e}^{-3x}=0\\-2C_1'(x)\mathrm{e}^{-2x}-3C_2'(x)\mathrm{e}^{-3x}=3\mathrm{e}^{-x}\end{cases},$$

解得 $C_1'(x)=3\mathrm{e}^x$，$C_2'(x)=-3\mathrm{e}^{2x}$，积分得 $C_1(x)=3\mathrm{e}^x$，$C_2'(x)=-\frac{3}{2}\mathrm{e}^{2x}$，所以，特解为

$$y^*=3\mathrm{e}^x\mathrm{e}^{-2x}-\frac{3}{2}\mathrm{e}^{2x}\mathrm{e}^{-3x}=\frac{3}{2}\mathrm{e}^{-x},$$

综上计算结果，原方程的通解为

$$y=C_1(x)\mathrm{e}^{-2x}+C_2(x)\mathrm{e}^{-3x}+\frac{3}{2}\mathrm{e}^{-x}.$$

[例 3] 求方程 $y''+3y'+3y=\sin x+\cos x$ 满足初值条件 $y(0)=0$，$y'(0)=0$ 的特解.

分析 由于特征根$\neq\mathrm{i}$，非齐次方程的一个特解可以设定为 $y^*=A\sin x+B\cos x$.

解 方程的特征方程为 $r^2+3r+3=0$，解得特征根为 $r_{1,2}=-\frac{3}{2}\pm\frac{\sqrt{3}}{2}\mathrm{i}$，于是，对应的齐次线性方程的通解为

$$\tilde{y}=\mathrm{e}^{-\frac{3}{2}x}\left(C_1\cos\frac{\sqrt{3}}{2}x+C_2\sin\frac{\sqrt{3}}{2}x\right).$$

由于特征根$\neq \mathrm{i}$，故设原方程的一个特解为 $y^*=A\sin x+B\cos x$，代入方程，得

$$(2A-3B)\sin x+(3A+2B)\cos x=\sin x+\cos x,$$

解得 $A=\frac{5}{13}$，$B=-\frac{1}{13}$，因此，$\tilde{y}=\frac{5}{13}\sin x-\frac{1}{13}\cos x$，原方程的通解为

$$y=\mathrm{e}^{-\frac{3}{2}x}\left(C_1\cos\frac{\sqrt{3}}{2}x+C_2\sin\frac{\sqrt{3}}{2}x\right)+\frac{5}{13}\sin x-\frac{1}{13}\cos x.$$

由初值条件

$$\begin{cases} y(0)=C_1-\frac{1}{13}=0 \\ y'(0)=-\frac{3}{2}C_1+\frac{\sqrt{3}}{2}C_2+\frac{5}{13}=0 \end{cases},$$

得 $C_1=\frac{1}{13}$，$C_2=-\frac{7}{13\sqrt{3}}$，从而得方程满足初值条件的特解为

$$y=\mathrm{e}^{-\frac{3}{2}x}\left(\frac{1}{13}\cos\frac{\sqrt{3}}{2}x-\frac{7}{13\sqrt{3}}\sin\frac{\sqrt{3}}{2}x\right)+\frac{5}{13}\sin x-\frac{1}{13}\cos x.$$

小结　二阶常系数线性微分方程 $y''+py'+qy=f(x)$ 的求解基本上是一个程式化的过程. 第一步，给出方程的特征方程 $r^2+pr+q=0$，并解出特征根，从而根据特征根的 3 种不同结果给出通解 $\tilde{y}$. 需要关注的是特征方程的系数与特征根的关系，进而推断出通解的性状特点(有界性、单调性和周期性). 第二步，求出非齐次线性微分方程的一个特解. 主要方法是通过设定试解的待定系数法(对较简单的自由项可以用变易系数法，如例 2). 在将试解代入原方程后，通过比较同类项的系数，可确定待定系数，从而得到方程的一个特解 y^*. 第三步，按照线性微分方程的通解结构给出通解 $y=\tilde{y}+y^*$.

如何正确设定试解应该是求解二阶常系数线性微分方程的难点. 其设定原则是，首先，试解的结构要与自由项 $f(x)$ 的结构的类型一致，并注意其完整性. 例如，若 $f(x)$ 是三次多项式，则试解应设为 $y^*=ax^3+bx^2+cx+d$，设定与 $f(x)$ 各幂次项是否完整无关；若 $f(x)$ 是正弦或余弦，则试解应设为 $y^*=A\sin x+B\cos x$，设定与 $f(x)$ 中是否同时含有正弦、余弦无关. 其次，在设定上述基本结构类型的基础上，进一步考虑添加调节因子 x^k 的问题，主要取决于 $f(x)$ 与特征根的关联程度. 若 $f(x)$ 由多项式 $P_n(x)$ 与 $\mathrm{e}^{\alpha x}$ 的乘积构成，且 α 为 $k(=0, 1, 2)$ 重特征根，则试解 y^* 应添加调节因子 x^k；若 $f(x)$ 形如 $a\cos\beta x+b\sin\beta x$ 且 $\pm\beta\mathrm{i}$ 为特征根，则试解 y^* 应添加调节因子 x；若 $f(x)$ 由 $a\cos\beta x+b\sin\beta x$ 与 $\mathrm{e}^{\alpha x}$ 的乘积构成，且 α 为 $k(=0, 1, 2)$ 重特征根，则试解 y^* 应添加调节因子 x^k；若 $f(x)$ 形如 $a\cos\beta x+b\sin\beta x$ 且 $\pm\beta\mathrm{i}$ 为特征根，则试解 y^* 应添加调节因子 x. 最后，若自由项由两个不同类型的函数之和构成，即 $f(x)=f_1(x)+f_2(x)$，则应对应各自的 $f_i(x)(i=1, 2)$ 分别设定特解，在计算后，得原方程的特解 $y^*=y_1^*+y_2^*$.

另外，对于一般线性微分方程解的性质应有所了解. 要点是，若干齐次线性微分方程

解的线性组合仍为该齐次线性方程的解；两个非齐次线性方程解的差为对应的齐次线性方程的解；非齐次线性方程的通解可以由对应的齐次线性方程的通解与该非齐次线性方程的一个解的和构成．掌握上述知识对于理解并求解二阶常系数线性微分方程是有益的．

4．应用及综合题

［**例1**］设函数 $y=f(x)$ 在 $(0,+\infty)$ 内连续，且有等式 $f(x)=1+\dfrac{1}{x}\int_1^x f(t)\mathrm{d}t$，试确定满足等式的 $f(x)$．

分析　由积分方程求未知函数，应通过两边求导或引入新变量，去积分号，化为微分方程求解．为了能够求导从而去积分号，应对等式进行必要的整理．

解　**方法1**　求导化微分方程．为此，将方程整理为 $xf(x)=x+\int_1^x f(t)\mathrm{d}t$，两边求导得

$$f(x)+xf'(x)=1+f(x),\ f'(x)=\frac{1}{x},$$

于是，$f(x)=\ln|x|+C$．

又将 $x=1$ 代入原等式，得 $f(1)=1=\ln 1+C$，$C=1$，因此，满足等式的函数为

$$f(x)=\ln|x|+1.$$

方法2　通过设定变量化微分方程．设 $u(x)=\int_1^x f(t)\mathrm{d}t$，则 $u'(x)=f(x)$，且 $u(1)=0$，原等式变为方程

$$u'(x)=1+\frac{1}{x}u(x),\ \text{即}\ u'(x)-\frac{1}{x}u(x)=1,$$

于是，$u(x)=\mathrm{e}^{\int\frac{1}{x}\mathrm{d}x}\left[\int\mathrm{e}^{-\int\frac{1}{x}\mathrm{d}x}\mathrm{d}x+C\right]=x(\ln|x|+C)$．

又 $u(1)=0$，解得 $C=0$，$u(x)=x\ln|x|$，因此，满足等式的函数为

$$f(x)=u'(x)=\ln|x|+1.$$

［**例2**］　设函数 $f(x)$ 在 $[1,+\infty)$ 上连续，若曲线 $y=f(x)$，$x=1$，$x=t(t>1)$ 与 x 轴围成的平面图形绕 x 轴旋转一周形成的旋转体的体积等于 $V(t)=\pi[tf(t)-f(1)]$．试求 $f(x)$ 满足的微分方程，以及该方程满足条件 $y(1)=\dfrac{1}{2}$ 的解．

分析　所围平面图形绕 x 轴旋转形成的旋转体的体积为 $V=\int_1^t \pi f^2(x)\mathrm{d}x$，即有等式 $\int_1^t \pi f^2(x)\mathrm{d}x=\pi[tf(t)-f(1)]$，可以利用上例解法进一步求出 $f(x)$．

解　曲线 $y=f(x)$，$x=1$，$x=t(t>1)$ 与 x 轴围成的平面图形绕 x 轴旋转一周形成的旋转体的体积等于 $\int_1^t \pi f^2(x)\mathrm{d}x$，于是，由题设，有等式

$$\int_1^t \pi f^2(x)\mathrm{d}x=\pi[tf(t)-f(1)],\ \text{且}\ f(1)=\frac{1}{2},$$

两边求导，得

$$f^2(t)=f(t)+tf'(t)，即\ ty'=y^2-y,$$

分离变量，$\dfrac{dy}{y^2-y}=\dfrac{dt}{t}$，

两边积分得 $\ln\left|\dfrac{y-1}{y}\right|=\ln t+C$，由 $f(1)=\dfrac{1}{2}$，得 $C=0$，因此 $y=\dfrac{1}{t+1}$，即

$$f(x)=\frac{1}{x+1}.$$

[例 3] 设某产品的产量 $y(t)$ 是时间 t 的函数，已知在时间间隔 $[t, t+dt]$ 内的增量与 $y(t)$，$N-y(t)$（N 为正常数）及 dt 成正比，且 $y(0)=\dfrac{1}{4}N$，求 $y(t)$ 及产量增长最快的时间.

分析 方程的应用题关键是建立与实际相符的微分方程. 本题主要是根据题目给出的一个经济设定，即在时间间隔 $[t, t+dt]$ 内的产量的增量 dy 与现有生产规模 $y(t)$、潜在的产能 $N-y(t)$（其中 N 通常指最大产能）及时间间隔长度 dt 成正比，从而得到相对应的经济模型，即方程. 另外，产量增长最快的时间即 $y'(t)$ 的最大值点.

解 由题设，

$$dy(t)=ky(t)(N-y(t))dt,\ y(0)=\frac{1}{4}N,\ k>0,$$

分离变量，$\dfrac{dy(t)}{y(t)(N-y(t))}=kdt$，

两边积分得$\dfrac{y(t)}{N-y(t)}=Ce^{Nkt}$，由 $y(0)=\dfrac{1}{4}N$，得 $C=\dfrac{1}{3}$，因此整理得

$$y(t)=\frac{N}{1+3e^{-Nkt}}.$$

又 $$\frac{dy}{dt}=\frac{3N^2ke^{-Nkt}}{(1+3e^{-Nkt})^2},\ \frac{d^2y}{dt^2}=-\frac{3N^3k^2e^{-Nkt}(1-3e^{-Nkt})}{(1+3e^{-Nkt})^3},$$

令$\dfrac{d^2y}{dt^2}=0$，得 $T=\dfrac{\ln3}{Nk}$，由于当 $t<T$ 时$\dfrac{d^2y}{dt^2}>0$，当 $t>T$ 时$\dfrac{d^2y}{dt^2}<0$，知 $T=\dfrac{\ln3}{Nk}$为最大值点，即 $y(t)$ 及产量增长最快的时间为 $T=\dfrac{\ln3}{Nk}$.

[例 4] 某湖泊的水量为 V，每年排入湖泊内含污染物 A 的污水量为 V，流入湖泊内不含 A 的水量为 $6V$，流出湖泊的水量为 $6V$. 已知 1999 年年底湖泊中 A 的含量为 $5m_0$，超过国家规定指标. 为了治理污染，从 2000 年年初起，限定排入湖泊中含 A 的污水浓度不超过$\dfrac{m_0}{V}$. 需经多少年，湖泊中污染物的含量才能降至 m_0 内？（注：设湖泊中污水量的浓度是均匀的.）

分析 本题可以从另一个角度，即排污的动态平衡过程考虑，用动态平衡原理建立数学模型，即微分方程. 动态平衡原理可用等式表述为：

某容器内单位时间内的物流增量＝单位时间内物流流入量－单位时间内物流流出量

解 设第 t 年湖泊内污染物 A 的含量为 $m(t)$，2000 年年初为治污起始时间，记为 $t_0=0$，则 $m(0)=5m_0$，t 年后，污染物 A 的年流入量为 $\frac{V}{6}\cdot\frac{m_0}{V}=\frac{m_0}{6}$，年流出量为 $\frac{V}{3}\cdot\frac{m}{V}=\frac{m}{3}$，于是由动态平衡原理，

$$\frac{\mathrm{d}m}{\mathrm{d}t}=\frac{m_0}{6}-\frac{m}{3}，即\frac{\mathrm{d}m}{\mathrm{d}t}+\frac{m}{3}=\frac{m_0}{6},$$

描述治理污染物 A 的数学模型是一阶线性微分方程，求解方程得

$$m(t)=\mathrm{e}^{-\int\frac{1}{3}\mathrm{d}t}\left[\int\frac{m_0}{6}\mathrm{e}^{\int\frac{1}{3}\mathrm{d}t}\mathrm{d}t+C\right]=\frac{m_0}{2}+C\mathrm{e}^{-\frac{1}{3}t},$$

又 $m(0)=5m_0$，得 $C=\frac{9m_0}{2}$，所以得

$$m(t)=\frac{m_0}{2}+\frac{9m_0}{2}\mathrm{e}^{-\frac{1}{3}t}.$$

依题意，设 T 年后湖泊中污染物的含量降至 m_0，有

$$m(T)=\frac{m_0}{2}+\frac{9m_0}{2}\mathrm{e}^{-\frac{1}{3}T}=m_0,$$

解得 $T=6\ln 3$，也就是需经 $T=6\ln 3$ 年，湖泊中污染物的含量才能降至 m_0 内.

小结 微分方程的应用就是在实际问题中综合利用微积分学的知识解决求未知函数的问题. 本书重点介绍的是在几何以及经济和管理中的应用.

大体上，求解问题要分三个步骤：第一步，构建方程，在几何领域，主要利用微积分学的几何背景，如切线斜率、曲线的曲率、平面图形的面积、旋转体的体积等建立在特定条件下的积分方程(最终仍然化为微分方程)或微分方程. 在经济和管理领域，通常依据描述经济增长率与经济存量关系的某个经济原理、设想，或根据经济和管理运行过程的动态平衡原理，建立相应的微分方程，同时还会根据研究目标给出初值条件或终值条件. 第二步，求解方程，常见的是带定值条件的一阶可分离变量方程、一阶齐次方程和一阶线性方程. 第三步，利用求解结果对相关问题进行定量和定性分析.

五、综合练习

1. 填空题

(1) 若 $y=(x+C)\mathrm{e}^{ax}$ 是方程 $y'+y=\mathrm{e}^{-x}$ 的解，则 $a=$________.

(2) 设 $f(x)$ 是方程 $(y'+y)(y'+2\cos x)=-\mathrm{e}^{\sin x}$ 满足条件 $y(0)=0$ 的一个特解，则 $\lim\limits_{x\to 0}\frac{f(x)}{x}=$________.

(3) 微分方程 $xy'+y=0$ 满足条件 $y(1)=1$ 的特解是________.

(4) 微分方程 $y''-y'+\frac{1}{4}y=0$ 的通解为________.

(5) $y=\left(C_1+C_2x+\frac{1}{x}\right)e^{-x}$是方程________的通解.

2. 单项选择题

(1) 下列方程中是一阶线性齐次微分方程的是(　　).

A. $\frac{dy}{dx}=\frac{y}{x}$　　B. $\frac{dy}{dx}=\frac{x}{y}$

C. $\frac{dy}{dx}=\frac{y+1}{x+1}$　　D. $\frac{dy}{dx}=\frac{x+1}{y+1}$

(2) 设 y_1, y_2 是一阶线性非齐次微分方程 $y'+p(x)y=q(x)$ 的两个特解，若常数λ, μ 使$\lambda y_1+\mu y_2$ 是该方程的解，$\lambda y_1-\mu y_2$ 是对应的齐次方程的解，则(　　).

A. $\lambda=\frac{1}{2}, \mu=\frac{1}{2}$　　B. $\lambda=-\frac{1}{2}, \mu=-\frac{1}{2}$

C. $\lambda=\frac{2}{3}, \mu=\frac{1}{3}$　　D. $\lambda=\frac{2}{3}, \mu=\frac{2}{3}$

(3) 设 y_1, y_2, y_3 是一阶线性非齐次微分方程 $y'+p(x)y=q(x)$ 的三个互不相等的解，则下列结论中正确的是(　　).

A. $3y_1+4y_2-5y_3$ 仍然是原方程的解　　B. y_1-y_2 一定是原方程的解

C. $\frac{y_1-y_2}{y_2-y_3}$为常数　　D. $\frac{y_1-y_2}{y_2-y_3}$为非常数

(4) 若方程 $y''+py'+qy=0$ 的通解均为 x 的周期函数，则有(　　).

A. $p>0$, $q=0$　　B. $p<0$, $q=0$

C. $p=0$, $q>0$　　D. $p=0$, $q<0$

(5) 微分方程 $y''-\lambda^2y=e^{\lambda x}+e^{-\lambda x}$ $(\lambda>0)$ 的特解形式为(　　).

A. $a(e^{\lambda x}+e^{-\lambda x})$　　B. $x(ae^{\lambda x}+be^{-\lambda x})$

C. $ax(e^{\lambda x}+e^{-\lambda x})$　　D. $x^2(ae^{\lambda x}+be^{-\lambda x})$

3. 求下列方程的通解或满足条件的特解:

(1) $y'=1+x+y^2+xy^2$;

(2) $y'\sin x-y\cos x=0$ 满足条件 $y\left(\frac{\pi}{2}\right)=1$ 的特解;

(3) $\frac{dy}{dx}=\frac{y}{x}-\frac{1}{2}\left(\frac{y}{x}\right)^3$;

(4) $xy'+y(\ln x-\ln y)=0$, $y(1)=e^3$;

(5) $(y+x^2e^{-x})dx-xdy=0$;

(6) $y'+y=e^{-x}+\cos x$ 满足条件 $y(0)=0$ 的特解.

4. 求下列方程的通解:

(1) $\frac{dy}{dx}=\frac{\sin x}{y-2x+1}+2$;　　(2) $\frac{dy}{dx}=\frac{\cos y}{x\sin y+y}$.

5. 设函数 $f(x)$ 满足方程 $f(x)=\ln(1+x^2)+\int_1^x \frac{1}{t}f(t)dt$, 求 $f(x)$.

6. 求下列方程的通解或满足条件的特解:

(1) $y''-3y'+2y=2xe^x$;

(2) $y''-4y'+3y=2e^{2x}$，$y(0)=1$，$y'(0)=1$；

(3) $y''+4y=\cos 4x$；

(4) $y''-y'=\sin x+e^{x}$，$y(0)=1$，$y'(0)=1$.

7. 已知 $y_1=e^{3x}-xe^{2x}$，$y_2=e^{x}-xe^{2x}$，$y_3=-xe^{2x}$ 是某二阶常系数非齐次线性微分方程的 3 个解，试给出该方程及方程的通解.

8. 设函数 $f(x)$ 满足方程 $f''(x)+f'(x)-2f(x)=0$ 及 $f'(x)+f(x)=2e^{x}$，求 $f(x)$.

9. 一条曲线过点(0，2)，且过曲线上任意一点的切线的斜率是该点纵坐标的 3 倍，求该曲线方程.

10. 某鱼塘放养了 400 条鱼，水塘养鱼的承载能力为 10 000 条. 又知一年后鱼群数增加到原来数量的 3 倍，如果鱼群数量满足逻辑斯蒂方程，求 t 年后鱼群的数量，并计算需要用多长时间鱼群的数量方可增至 5 000 条.

参考答案

1. (1) -1；　(2) -1；　(3) $xy=1$；

(4) $y=(C_1+C_2x)e^{\frac{1}{2}x}$，$C_1$，$C_2$ 为任意常数；　(5) $y''+2y'+y=\dfrac{2}{x^3}e^{-x}$.

2. (1) A；　(2) A；　(3) C；　(4) D；　(5) B.

3. (1) $\arctan y=\dfrac{1}{2}(1+x)^2+C$；　(2) $y=\sin x$；　(3) $e^{\left(\frac{x}{y}\right)^2}=xC$；

(4) $y=xe^{2x+1}$；　(5) $y=x(e^{x}+C)$；　(6) $y=\dfrac{\sin x+\cos x}{2}+e^{-x}\left(x-\dfrac{1}{2}\right)$.

4. (1) $\dfrac{1}{2}(y-2x+1)^2=-\cos x+C$；　(2) $x=\dfrac{1}{\cos y}\left(\dfrac{1}{2}y^2+C\right)$.

5. $f(x)=x\left(2\arctan x+\ln 2-\dfrac{\pi}{2}\right)$.

6. (1) $y=C_1e^{x}+C_2e^{2x}-x(x+2)e^{x}$；　(2) $y=2e^{x}+e^{3x}-2e^{2x}$；

(3) $y=C_1\cos 2x+C_2\sin 2x-\dfrac{1}{12}\cos 4x$；(4) $y=\dfrac{1}{2}e^{x}+\dfrac{1}{2}\cos x-\dfrac{1}{2}\sin x+xe^{2x}$.

7. 通解为 $y=C_1e^{3x}+C_2e^{x}-xe^{2x}$，方程是 $y''-4y'+3y=xe^{2x}$.

8. $f(x)=e^{x}$.　9. $y=2e^{3x}$.

10. $x(t)=\dfrac{10\,000\left(\dfrac{36}{11}\right)^{t}}{24+\left(\dfrac{36}{11}\right)^{t}}$；需要 $T=\dfrac{\ln 24}{\ln 36-\ln 11}\approx 2.68$ 年鱼群的数量方可增至 5 000 条.

第 10 章

差分方程

一、知识结构

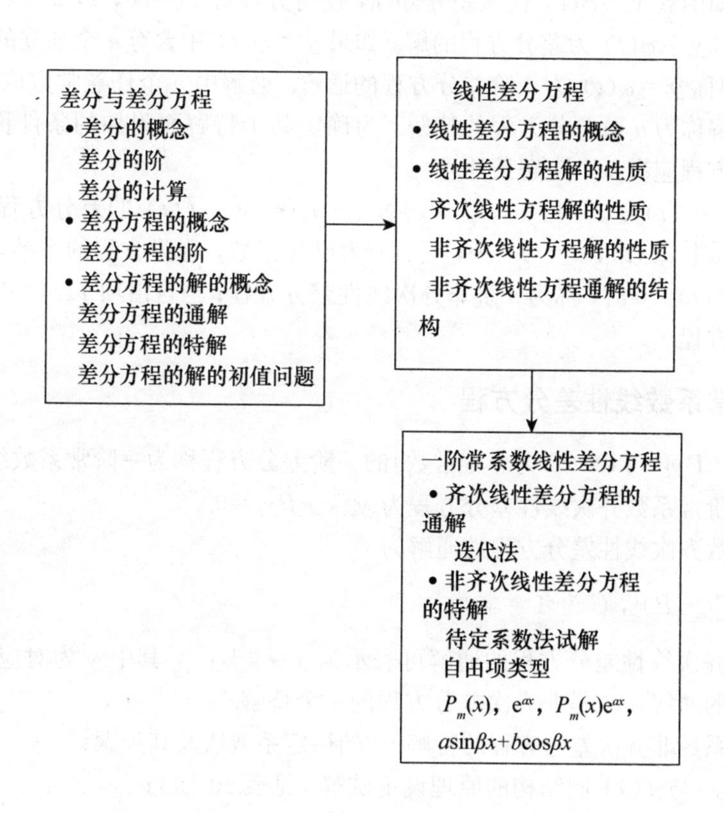

差分与差分方程
• 差分的概念
差分的阶
差分的计算
• 差分方程的概念
差分方程的阶
• 差分方程的解的概念
差分方程的通解
差分方程的特解
差分方程的解的初值问题
线性差分方程
• 线性差分方程的概念
• 线性差分方程解的性质
齐次线性方程解的性质
非齐次线性方程解的性质
非齐次线性方程通解的结构
一阶常系数线性差分方程
• 齐次线性差分方程的通解
迭代法
• 非齐次线性差分方程的特解
待定系数法试解
自由项类型
$P_m(x)$，$e^{\alpha x}$，$P_m(x)e^{\alpha x}$，
$a\sin\beta x+b\cos\beta x$

二、内容提要

1. 差分与差分方程的概念

设 $y_t=f(t)(t=\cdots, -2, -1, 0, 1, 2, \cdots)$ 为取离散等间隔的整数值的函数，则称

$$\Delta y_t=y_{t+1}-y_t \quad 或 \quad \Delta y(t)=y(t+1)-y(t)$$

为函数 y_t 在 t 时刻的一阶差分，函数 y_t 在 t 时刻的一阶差分的差分，称为函数 y_t 在 t 时刻的二阶差分，记为 $\Delta^2 y_t$. 一般地，函数 y_t 的 $n-1$ 阶差分的差分称为 n 阶差分，记为 $\Delta^n y_t$，即

$$\Delta^n y_t = \Delta^{n-1} y_{t+1} - \Delta^{n-1} y_t = \sum_{i=0}^{n} (-1)^i C_n^i y_{t+n-i},$$

其中 $n=1, 2, \cdots$, $C_n^i=\dfrac{n!}{i!\ (n-i)!}$.

含有自变量 t、未知函数在两个或两个以上不同时点的取值 y_t, y_{t+1}, y_{t+2}, …的函数方程称为差分方程，其中两个未知函数下标的最大差称为差分方程的阶.

如果将已知函数 $y_t=\varphi(t)$ 代入差分方程，使得方程对于 $t=0, 1, 2, \cdots$的所有取值均为恒等式，则称 $y_t=\varphi(t)$ 为差分方程的解. 如果 $y_t=\varphi(t)$ 中含有 n 个独立的任意常数 C_1, C_2, …, C_n，则称 $y_t=\varphi(t)$ 为 n 阶差分方程的通解. 通解中 n 个任意常数取定值的解或方程的某个具体解称为 n 阶差分方程的特解. 为确定某个特解而附加的条件称为定解条件. 对于 n 阶差分方程应有 n 个定解条件.

形如 $y_{t+n}+a_1(t)y_{t+n-1}+\cdots+a_{n-1}(x)y_{t+1}+a_n(x)y_t=f(t)$ 的差分方程，称为 n 阶线性差分方程，其中 $a_1(t)$, $a_2(t)$, …, $a_n(t)$ 为已知函数，称为方程的系数，$f(t)$ 为自由项. 当自由项 $f(t)\neq 0$ 时，称为 n 阶非齐次线性差分方程；当自由项 $f(t)=0$ 时，称为 n 阶齐次线性差分方程.

2. 一阶常系数线性差分方程

形如 $y_{t+1}+Py_t=f(t)$(P 为非零常数)的一阶差分方程称为一阶常系数线性差分方程. 方程对应的一阶常系数齐次线性差分方程为 $y_{t+1}+Py_t=0$.

一阶常系数齐次线性差分方程的通解为

$$y_t=C(-P)^t,\ C\ 为任意常数.$$

一阶常系数非齐次线性差分方程的通解可表示为 $y=\bar{y}+y^*$，其中 $\bar{y}$ 为对应的一阶常系数齐次差分方程的通解，y^* 是非齐次差分方程的一个特解.

求一阶常系数非齐次差分方程的特解 y^* 的待定系数法及其步骤：

(1) 根据 y^* 与 $f(x)$ 同结构的原理设定试解（见表 10-1)；

(2) 将试解代入非齐次差分方程，并分项整理；

(3) 比较等式两边同类项的系数，确定特定系数的取值，从而求得方程的一个特解.

表 10-1

$f(t)$	试解	特解 y_t^*
常数 a	$P\neq -1$　　A	$\dfrac{a}{P+1}$
	$P=-1$　　At	at
多项式 $a+bt$	$P\neq -1$　　$A+Bt$	$\dfrac{1}{P+1}\left(a-\dfrac{b}{P+1}\right)+\dfrac{b}{P+1}t$
	$P=-1$　　$At+Bt^2$	$t\left(a-\dfrac{b}{2}+\dfrac{b}{2}t\right)$
ab^t	$P\neq -b$　　Ab^t	$\dfrac{a}{b+P}b^t$
	$P=-b$　　Atb^t	$\dfrac{a}{b}tb^t$
$a\cos\omega t+b\sin\omega t$	$\Delta=(P+\cos\omega)^2+\sin^2\omega\neq 0$ $A\cos\omega t+B\sin\omega t$	$A=\dfrac{1}{\Delta}[a(P+\cos\omega)-b\sin\omega]$ $B=\dfrac{1}{\Delta}[b(P+\cos\omega)+a\sin\omega]$
	$\Delta=(P+\cos\omega)^2+\sin^2\omega=0$ $At\cos\omega t+Bt\sin\omega t$	$A=a$，$B=b$ 或 $A=-a$，$B=-b$

三、重点与要求

1. 了解差分与差分方程及其通解、初值条件和特解的概念.

2. 了解一阶常系数线性差分方程的求解方法.

3. 会解二阶常系数线性微分方程.

4. 了解二阶线性微分方程解的结构，会解自由项为多项式、指数函数、正弦函数与余弦函数的二阶常系数非齐次线性微分方程.

四、例题解析

1. 差分、差分方程的概念

[例 1] 填空题

(1) 设 $y_t=2^t t^2$，则 $\Delta^2 y_t=$________.

(2) $y_t=C2^t+3^t$ 是方程________的通解.

(3) 已知 $y(t)=\mathrm{e}^t$ 是方程 $y_{t+1}+ay_t=2\mathrm{e}^t$ 的一个特解，则 $a=$________.

答　(1) $2^t(t^2+8t+12)$.　　(2) $y_{t+1}-2y_t=3^t$.　　(3) $2-\mathrm{e}$.

解析　(1) $\Delta^2 y_t=y_{t+2}-2y_{t+1}+y_t=2^{t+2}(t+2)^2-2\cdot 2^{t+1}(t+1)^2+2^t t^2$
$=2^t(t^2+8t+12)$.

(2) 由 $y_t=C2^t+3^t$，得 $C=(y_t-3^t)2^{-t}$，也有 $C=(y_{t+1}-3^{t+1})2^{-t-1}$，两者相减，得

$(y_{t+1}-3^{t+1})2^{-t-1}-(y_t-3^t)2^{-t}=0$，整理得所求方程 $y_{t+1}-2y_t=3^t$.

(3) 将 $y(t)=e^t$ 代入方程，即 $e^{t+1}+ae^t=2e^t$，$e+a=2$，解得 $a=2-e$.

[例 2] 单项选择题

(1) 下列方程为二阶差分方程的是（　　）.

A. $\Delta^2 y_t+\Delta y_t=2^t$　　B. $\Delta^2 y_t=y_{t+2}-2y_{t+1}+y_t$

C. $\Delta y_t-y_{t-2}=2^{t+2}$　　D. $y_{t+2}^2=y_t y_{t+1}+t$

(2) 下列函数中，（　　）是方程 $(1+y_t)y_{t+1}=y_t$ 的通解.

A. $y_t=\dfrac{C}{1+Ct}$　　B. $y_t=\dfrac{1+Ct}{C}$

C. $y_t=\dfrac{1}{1+t}$　　D. $y_t=\dfrac{Ct}{1+Ct}$

答　(1) D.　　(2) A.

解析　(1) 差分方程的阶有两种定义方式，且对同一方程可能会有两不同的结论. 一种是以 $F(t, y_t, \Delta y_t, \cdots, \Delta^n y_t)=0$ 的结构形式，将式中出现的最高阶差分的阶数定义为方程的阶；另一种是以 $F(t, y_t, y_{t+1}, \cdots, y_{t+n})=0$ 的结构形式，将式中出现的函数下标的最大差定义为方程的阶. 本书采用的定义法是后一种，也是经济学中普遍采用的形式. 因此，将各选项中方程依次整理如下，$y_{t+2}-y_{t+1}=2^t$，$0=0$，$y_{t+1}-y_t-y_{t-2}=2^{t+2}$，$y_{t+2}^2=y_t y_{t+1}+t$，可以依次确定为一阶差分方程、二阶差分定义式（非差分方程）、三阶差分方程、二阶差分方程，故选择 D.

(2) **方法 1**　通解验证法. 依次将各项代入方程，经验证，选项 A，C 为方程的通解，其中 A 含任意常数 C，为方程的通解. 故选择 A.

方法 2　直接求解法. 为此，设 $u_t=\dfrac{1}{y_t}$ 将方程化为一阶常系数线性方程 $u_{t+1}-u_t=1$，解得通解为 $u(t)=C+t$，从而得原差分方程的通解 $y_t=\dfrac{1}{C+t}$，即选项 A.

[例 3] 设 $P_n(t)$ 是变量 t 的 n 次多项式，证明 $\Delta^n P_n(t)=n!$.

分析　若 $P_n(t)$ 是变量 t 的 n 次多项式，则 $\Delta^n P_n(t)=n!$ 是差分运算的一个重要结论，可用归纳法证明.

证　当 $n=1$ 时，对于 $P_1(t)=t+a_1$，有 $\Delta P_1(t)=1$，结论成立.

假设当 $n=k$ 时，结论也成立，即 $\Delta^k P_k(t)=k!$.

于是，当 $n=k+1$ 时，$\Delta^{k+1}P_{k+1}(t)=\Delta^k[P_{k+1}(t+1)-P_{k+1}(t)]$，其中

$$\begin{aligned}P_{k+1}(t+1)-P_{k+1}(t)&=[(t+1)^{k+1}+a_1(t+1)^k+\cdots+a_{k+1}]\\&\quad-[t^{k+1}+a_1t^k+\cdots+a_{k+1}]\\&=(k+1)Q_k(t)\end{aligned}$$

是最高幂次的系数为 $k+1$ 的 k 次多项式，从而有

$$\Delta^{k+1}P_{k+1}(t)=(k+1)\Delta^k Q_k(t)=(k+1)\cdot k!=(k+1)!,$$

因此，由归纳法证明 $\Delta^n P_n(t)=n!$.

[**例 4**] 证明 $\Delta^n 2^t = 2^t$，n 为正整数.

分析 用归纳法证明.

证 当 $n=1$ 时，有 $\Delta 2^t = 2^{t+1} - 2^t = 2^t$，结论成立.

假设当 $n=k$ 时，结论也成立，即 $\Delta^k 2^t = 2^t$.

于是，当 $n=k+1$ 时，$\Delta^{k+1} 2^t = \Delta^k (2^{t+1} - 2^t) = \Delta^k 2^t = 2^t$，因此，由归纳法可知 $\Delta^n 2^t = 2^t$.

类似可证，对于任意正常数 $a(a \neq 1)$ 及正整数 n，总有 $\Delta^n a^t = (a-1)^n a^t$.

小结 差分的研究对象是离散型函数，即整标函数，如数列. 具体指离散型函数的增量的概念，与之对应的是微分，其研究的对象是连续型函数，具体指连续型函数的增量的概念. 当单位取值很小，且 $\Delta t = 1$ 时，对于连续型函数 $y = f(t)$ 有 $dy \approx \Delta y = f(t+1) - f(t) = \Delta y_t$，说明差分和微分在许多方面是相通的. 例如，差分的运算就有与微分十分相似的运算法则，在差分概念的基础上建立的差分方程及其解法与微分方程及其解法就有十分相似的地方. 因此，在讨论差分方程及其解法时，首先要了解差分概念及其基本运算特点，并参考微分方程的概念及解法.

差分方程的相关概念(差分方程的阶，差分方程的解、通解、特解、定解条件等)与微分方程的相关概念具有相同的体系. 不同的是，对同一个差分方程，由于表现为两种不同的结构形式，方程的阶的定义出现了二义性. 例如，方程 $\Delta^2 y_t + \Delta y_t = 2^t$ 按式中差分的最高阶数定义，应为二阶差分方程，若表现为等价形式 $y_{t+2} - y_{t+1} = 2^t$，按式中函数下标最大差的定义，则为一阶差分方程. 为避免出现类似情况，我们统一规定，讨论所有差分方程问题时，都要化为形如 $F(t, y_t, y_{t+1}, \cdots, y_{t+n}) = 0$ 的形式，并据此定义方程的阶. 另外，需要强调，任何一个差分方程的时点均可作同步位移，如 $y_{t+2} - y_{t+1} = 2^t$ 与 $y_t - y_{t-1} = 2^{t-2}$ 表示同一方程.

2. 一阶常系数差分方程的求解

[**例 1**] 求下列差分方程的通解：

(1) $y_{t+1} - \dfrac{1}{2} y_t = 2^t$；　　(2) $y_{t+1} - y_t = 2 + t^2$；

(3) $y_{t+1} - 2y_t = \cos t$；　　(4) $3y_t - 3y_{t-1} = t3^t + 1$.

分析 以上均为形如 $y_{t+1} + a y_t = f(t)$ 的一阶常系数非齐次线性差分方程，求解方法与二阶常系数线性微分方程十分相似，即分两步走：第一步，先求对应的一阶齐次线性方程的通解 $\bar{y}_t = C(-a)^t$；第二步，通过设定特解的试解(即待定系数法)或其他方法，求出非齐次线性方程的一个特解 y_t^*，从而得原方程的通解 $y_t = C(-a)^t + y_t^*$.

解 (1) 对应的一阶齐次线性方程的通解为 $\bar{y}_t = C\left(\dfrac{1}{2}\right)^t$. 下面求非齐次方程的一个特解.

方法 1 待定系数法. 由 $f(t) = 2^t$，y_t^* 与 $f(t)$ 同结构，故设试解 $y_t^* = A2^t$，代入原方程，有

$$A2^{t+1} - \frac{1}{2}A2^t = 3A2^{t-1} = 2^t，得\ A = \frac{2}{3}，y_t^* = \frac{1}{3}2^{t+1}.$$

从而得原方程的通解 $y_t = C\left(\dfrac{1}{2}\right)^t + \dfrac{1}{3}2^{t+1}$.

方法 2　迭代法. 取初值 $y_0=0$，由迭代公式 $y_{t+1}=\frac{1}{2}y_t+2^t$，有

$$y_1=\frac{1}{2}y_0+2^0=2^0,\ y_2=\frac{1}{2}\cdot 2^0+2^1,$$

$$y_3=\frac{1}{2}\cdot\left(\frac{1}{2}\cdot 2^0+2^1\right)+2^2=\left(\frac{1}{2}\right)^2 2^0+\frac{1}{2}2^1+\left(\frac{1}{2}\right)^0 2^2,\cdots,$$

由归纳法可得

$$y_t^*=\sum_{i=0}^{t-1}\left(\frac{1}{2}\right)^{t-i-1}2^i=\left(\frac{1}{2}\right)^{t-1}\sum_{i=0}^{t-1}4^i=\frac{1}{3}\left(\frac{1}{2}\right)^{t-1}(4^t-1)$$

$$=-\frac{2}{3}\left(\frac{1}{2}\right)^t+\frac{1}{3}2^{t+1},$$

从而得原方程的通解 $y_t=C\left(\frac{1}{2}\right)^t-\frac{2}{3}\left(\frac{1}{2}\right)^t+\frac{1}{3}2^{t+1}=C'\left(\frac{1}{2}\right)^t+\frac{1}{3}2^{t+1}$，其中 $C'=C-\frac{2}{3}$.

(2) 对应的一阶齐次线性方程的通解为$\bar{y}_t=C$. 下面求非齐次方程的一个特解.

由 $f(t)=2+t^2$，y_t^* 与 $f(t)$ 同结构，又 $a=-1$，故设试解 $y_t^*=t(at^2+bt+c)$，代入原方程，有

$$(t+1)[a(t+1)^2+b(t+1)+c]-t(at^2+bt+c)$$
$$=3at^2+(2b+3a)t+(a+b+c)=t^2+2,$$

比较系数得 $a=\frac{1}{3}$，$b=-\frac{1}{2}$，$c=\frac{13}{6}$，故

$$y_t^*=\frac{1}{3}t^3-\frac{1}{2}t^2+\frac{13}{6}t.$$

从而得原方程的通解 $y_t=C+\frac{1}{3}t^3-\frac{1}{2}t^2+\frac{13}{6}t$.

(3) 对应的一阶齐次线性方程的通解为$\bar{y}_t=C2^t$. 下面求非齐次方程的一个特解.

由 $f(t)=\cos t$，y_t^* 与 $f(t)$ 同结构，故设试解 $y_t^*=A\cos t+B\sin t$，代入原方程，有

$$A\cos(t+1)+B\sin(t+1)-2A\cos t-2B\sin t$$
$$=[(\cos 1-2)A+(\sin 1)B]\cos t+[-(\sin 1)A+(\cos 1-2)B]\sin t$$
$$=\cos t,$$

比较系数得线性方程组

$$\begin{cases}(\cos 1-2)A+(\sin 1)B=1\\ -(\sin 1)A+(\cos 1-2)B=0\end{cases},$$

解得 $A=\frac{\cos 1-2}{5-4\cos 1}$，$B=\frac{\sin 1}{5-4\cos 1}$.

从而得原方程的通解 $y_t=C2^t+\frac{\cos 1-2}{5-4\cos 1}\cos t+\frac{\sin 1}{5-4\cos 1}\sin t$.

(4) 将方程整理为 $y_{t+1}-y_t=(t+1)3^t+\frac{1}{3}$，对应的一阶齐次线性方程的通解为$\bar{y}_t=C$.

下面求非齐次方程的一个特解. 记 $f_1(t)=(t+1)3^t$，则设方程 $y_{t+1}-y_t=f_1(t)$ 的试解为 $y_1^*(t)=(A+Bt)3^t$，代入原方程，有

$$[A+B(t+1)]3^{t+1}-(A+Bt)3^t=(2A+3B+2Bt)3^t=(t+1)3^t,$$

比较系数得 $A=-\frac{1}{4}$，$B=\frac{1}{2}$，$y_1^*(t)=\left(-\frac{1}{4}+\frac{1}{2}t\right)3^t$.

又记 $f_2(t)=\frac{1}{3}$，且 $a=-1$，则设方程 $y_{t+1}-y_t=f_2(t)$ 的试解为 $y_2^*(t)=Dt$，代入原方程，有

$$D(t+1)-Dt=D=\frac{1}{3}，y_2^*(t)=\frac{1}{3}t,$$

从而得原方程的通解 $y_t=C+\left(-\frac{1}{4}+\frac{1}{2}t\right)3^t+\frac{1}{3}t$.

[例 2] 已知差分方程 $(a+by_t)y_{t+1}=cy_t$，$t=0, 1, 2, \cdots$；a, b, c 为正常数，初值为 $y_0>0$. (1) 试证 $y_t>0(t=0, 1, 2, \cdots)$；(2) 试证通过变换 $u_t=\frac{1}{y_t}$可以将原方程化为 u_t 的线性方程，并由此求出 y_t 的通解；(3) 求方程 $(2+3y_t)y_{t+1}=4y_t$ 满足初值条件 $y_0=0.5$ 的特解.

分析 所给方程不是线性方程，如同微分方程，通过变量替换可以化一般方程为特定类型的方程（如线性方程），以达到求解的目的. 差分及其方程的证明题通常采用归纳法.

解 (1) 由已知，$y_0>0$，$a, b, c>0$，所以，$y_1=\frac{cy_0}{a+by_0}>0$.

设当 $t=k$ 时，仍有不等式 $y_k>0$，则当 $t=k+1$ 时，必有

$$y_{t+1}=\frac{cy_k}{a+by_k}>0,$$

因此，由归纳法证明，对于 $t=0, 1, 2, \cdots$，总有 $y_t>0$.

(2) 由于 $y_k>0$，所以方程可变形为

$$\frac{1}{y_{t+1}}=\frac{a}{c}\cdot\frac{1}{y_t}+\frac{b}{c}，即\ u_{t+1}=\frac{a}{c}u_t+\frac{b}{c},$$

该线性差分方程的通解为

$$u_t=C\left(\frac{a}{c}\right)^t+\frac{b}{c-a},\ a\neq c$$

或
$$u_t=C+\frac{b}{a}t,\ a=c.$$

将 $u_t=\frac{1}{y_t}$回代，即得原方程的通解

$$y_t=\left[C\left(\frac{a}{c}\right)^t+\frac{b}{c-a}\right]^{-1},\ a\neq c$$

或 $$y_t=\left[C+\frac{b}{a}t\right]^{-1},\ a=c.$$

(3) 当 $a=2$，$b=3$，$c=4$ 时，利用 (2) 可得方程 $(2+3y_t)y_{t+1}=4y_t$ 的通解为

$$y_t=\left[C\left(\frac{1}{2}\right)^t+\frac{3}{2}\right]^{-1},$$

由 $y_0=0.5$，即 $\frac{1}{2}=\left[C+\frac{3}{2}\right]^{-1}$，解得 $C=\frac{1}{2}$，故得方程满足条件的特解为

$$y_t=\left[\left(\frac{1}{2}\right)^{t+1}+\frac{3}{2}\right]^{-1}.$$

[**例 3**] 设 y_t，C_t 分别为 t 期的国民收入、消费，I 为投资（各期相同），三者有关系式

$$y_t=C_t+I,\ C_t=\alpha y_{t-1}+\beta,$$

其中 $0<\alpha<1$，$\beta>0$，试求 y_t，C_t.

分析 消去模型中的 C_t，即得关于国民收入的差分方程.

解 将 $C_t=\alpha y_{t-1}+\beta$ 代入等式 $y_t=C_t+I$，得方程

$$y_t-\alpha y_{t-1}=I+\beta,$$

为一阶常系数线性差分方程. 求解方程，得

$$y_t=c\alpha^t+\frac{I+\beta}{1-\alpha},\ c\text{ 为任意常数}.$$

若取初值为 $y(0)=y_0$，则得 $c=y_0-\frac{I+\beta}{1-\alpha}$，从而得

$$y_t=\left(y_0-\frac{I+\beta}{1-\alpha}\right)\alpha^t+\frac{I+\beta}{1-\alpha}.$$

由 $C_t=y_t-I$，进而得

$$C_t=\left(y_0-\frac{I+\beta}{1-\alpha}\right)\alpha^t+\frac{\alpha I+\beta}{1-\alpha}.$$

[**例 4**] 某家庭计划从现在起从每月工资里拿出一定数额的资金存入银行，作为子女的教育经费. 打算 20 年后开始每月从教育经费账户中支取 1 000 元，直到 10 年后子女大学毕业用完全部资金. 问 20 年需要筹足多少资金，以及每月需要存入多少资金来实现这个计划？设银行月利率为 0.5%.

分析 本题是涉及资金非连续复利的应用问题，关键是建立满足问题的差分方程，即数学模型. 建模原则同微分方程，依题意，家庭计划分两步：第一步是筹资动态过程，可以用动态平衡原理建立一个差分方程；第二步是使用资金的动态过程，可以用动态平衡原理建立另一个差分方程. 家庭计划的实施方案和目标可以通过设定模型的初值和终值体现. 实际解题时，应逆向而行，即先根据 20 年后使用资金的需要与终值为零的设计，求出使用资金的初值，亦即 20 年需要筹足的资金额，由此为筹资过程的终值，求解筹资动态方程，确定每月需要存入多少资金来实现这个计划.

解 设 a_n 为第 n 个月教育经费账户的资金余额，于是，20 年后使用资金过程中 a_n 应满足的方程是

$$a_{n+1}=1.005a_n-1\,000.$$

依题设，$a_{120}=0$，$a_0=x_0$ 为 20 年需要筹足的资金数.

求解一阶常系数线性差分方程，得通解

$$a_n=C_1(1.005)^n+200\,000,$$

由定解条件 $a_{120}=0$，得 $C_1=-109\,926.55$，$x_0=90\,073.45$ 元.

从现在起筹资过程的 20 年内 a_n 应满足的方程是

$$a_{n+1}=1.005a_n+b,$$

依题设，其中 $a_0=0$，$a_{240}=90\,073.45$，b 为每月需要存入的资金数.

求解一阶常系数线性差分方程，得通解

$$a_n=C_2(1.005)^n-200b,$$

由定解条件 $a_0=0$，$a_{240}=90\,073.45$，得 $C_2=38\,989.4$，$b=194.95$ 元. 因此，为实现该家庭计划，20 年内每月需要存入 194.95 元，共需要筹足资金 90 073.45 元.

小结 对于差分方程的求解，本书重点介绍的是一阶常系数线性差分方程. 从解的结构讲，线性差分方程与线性微分方程具有相同的性质.

根据线性差分方程解的性质，求解一阶常系数非齐次线性方程 $y_{t+1}+ay_t=f(t)$，可分两步走：

第一步，先给出对应的齐次方程 $y_{t+1}+ay_t=0$ 的通解. 由迭代公式：$y_{t+1}=-ay_t$，$t=0, 1, 2, \cdots$，不难得到通解表达式 $\bar{y}_t=C(-a)^t$，C 为任意常数(实际求解可直接给出结果).

第二步，给出原非齐次方程的一个特解，这是最关键的步骤，也是本章的重点和难点. 其基本方法，类似于二阶常系数线性微分方程的特解的试解的设定，称为待定系数法. 需要强调的是，差分方程 $y_{t+1}+ay_t=f(t)$ 对应的特征方程为 $r+a=0$，在考虑补充因子 t 时，主要考察特征根 $-a$ 与 $f(t)$ 的关系，并在下面两种情况下需添加补充因子 t，即当 $a=-1$ 且 $f(t)$ 为多项式(含常数)，或当 $a\neq-1$ 且 $f(t)$ 为多项式与指数函数 $(-a)^t$ 的乘积时添加. 将设定的试解代入原方程后，整理并比较系数，可以得到关于试解中待定系数的线性方程组，求解方程组，确定特解 y_t^*，从而可得原差分方程的通解 $y_t=C(-a)^t+y_t^*$，C 为任意常数.

将差分方程改写为 $y_{t+1}=-ay_t+f(t)$，反映了函数 y_t 在前后两个时间的数量关系，称为 y_t 的迭代公式，这是差分方程特有的结构形式，因此，一阶常系数线性差分方程还有一种特殊的解法，称为迭代法，即若记初值为 $y(0)=y_0$，由迭代公式 $y_{t+1}=-ay_t+f(t)$，有

$$y_1=-ay_0+f(0),$$
$$y_2=-ay_1+f(1)=-a(-ay_0+f(0))+f(1)=(-a)^2y_0-af(0)+f(1),$$
$$y_3=-ay_2+f(2)=(-a)^3y_0+(-a)^2f(0)+(-a)f(1)+f(2), \cdots,$$

利用归纳法可得

$$
\begin{aligned}
y_t &= (-a)^t y_0 + (-a)^{t-1} f(0) + (-a)^{t-2} f(1) + \cdots \\
&\quad + (-a) f(t-2) + (-a)^0 f(t-1) \\
&= (-a)^t y_0 + \sum_{i=0}^{t-1} (-a)^{t-1-i} f(i).
\end{aligned}
$$

于是，若记 y_0 为任意常数 C，则 $y_t = (-a)^t C + \sum\limits_{i=0}^{t-1} (-a)^{t-1-i} f(i)$ 为方程的通解，若取 $y_0=0$，则 $y_t^* = \sum\limits_{i=0}^{t-1} (-a)^{t-1-i} f(i)$ 为方程的一个特解.

一阶常系数线性差分方程是经济学与管理科学领域一类常用的数学模型，其建模方法和原理与微分方程相同. 例 3 是根据宏观经济学原理建立的一个模型，例 4 是根据动态平衡原理建立的另外一种模型. 围绕建模的目的，可以自行设定初值或终值为定解条件，也可以同时设定初值和终值，确定方程中某个带有特定内涵的待定常数. 一般来说，这类方程求解难度不大，关键是建立模型.

五、综合练习

1. 填空题

(1) 设 $y_t=(t+2)^3+2^t$，则 $\Delta^2 y_t=$________.

(2) 已知 $y_1(t)=2^t$，$y_2(t)=2^t-4t+1$ 是差分方程 $y_{t+1}+P(t)y_t=Q(t)$ 的两个解，则 $P(t)=$________，$Q(t)=$________.

(3) $y_t=C3^{-t}+\sin t$ 是差分方程________的通解.

2. 单项选择题

(1) 下列方程中为二阶差分方程的是（　　）.

A. $\Delta y_t=2^t+y_t$　　B. $\Delta y_{t+1}-2y_{t-1}=-8$

C. $\Delta^3 y_t+3y_{t+2}=2-y_t$　　D. $y_{t+2}-3t^2=8$

(2) 函数 $y_t=C2^t+8$ 是差分方程（　　）的通解，其中 C 是任意常数.

A. $y_{t+2}-3y_{t+1}+2y_t=0$　　B. $y_{t+2}-5y_t+2y_{t-1}=8$

C. $y_{t+1}-2y_t=8$　　D. $y_{t+1}-2y_t=-8$

(3) 方程 $y_{t+1}-y_t=t^2-1$ 的特解的试解是（　　）.

A. $y_t^*=At^3+Bt$　　B. $y_t^*=At^3+Bt^2+Ct$

C. $y_t^*=At^2+B$　　D. $y_t^*=At^2+Bt+C$

3. 设 $y_t=\mathrm{e}^t$，计算 $\Delta^m y_t\,(m=1, 2, \cdots)$.

4. 证明：$\Delta u_t v_t=v_{t+1}\Delta u_t+u_t\Delta v_t$.

5. 求下列差分方程的通解或满足条件的特解：

(1) $5y_{t+1}-25y_t=5^t+t$；　　(2) $y_{t+2}-y_{t+1}=t^2-1$；

(3) $y_{t+1}=3y_t+a^t$；　　(4) $y_{t+1}+3y_t=t3^t$，$y_0=2$；

(5) $y_{t+1}-y_t=2+t$，$y_0=4$；　　(6) $y_{t+1}-\dfrac{1}{2}y_t=-3\cdot 2^t$，$y_0=1$.

6. 某人协议借款 10 万元，月息为 2%，每月按定数偿还，两年内还清全部债款，问每月至少要还款多少?

7. 设 Y_t 为 t 期的国民收入，S_t 为 t 期的储蓄，I_t 为 t 期的投资. 已知 Y_t，S_t 和 I_t 之间有如下关系：

$$\begin{cases} S_t=\alpha Y_t+\beta \\ I_t=\gamma\beta(Y_t-Y_{t-1}),\ 0<\alpha<1,\ \beta>0,\ \gamma>0,\ 0<\delta<1, \\ S_t=\delta I_t \end{cases}$$

试求 Y_t，S_t 和 I_t.

参考答案

1. (1) $6t+18+2^t$； (2) $-\frac{4t+3}{4t-1}$, $2^t\frac{4t-5}{4t-1}$； (3) $y_{t+1}-\frac{1}{3}y_t=\sin(t+1)-\frac{1}{3}\sin t$.

2. (1) C； (2) D； (3) B.

3. $\Delta^m y_t=(\mathrm{e}-1)^m\mathrm{e}^t$.

4. 证略.

5. (1) $y_t=\left(C+\frac{t}{25}\right)5^t-\frac{1}{80}(4t+1)$； (2) $y_t=C+\frac{1}{3}t^3-\frac{3}{2}t^2+\frac{7}{6}t$；

(3) $y_t=\begin{cases} C3^t+\frac{1}{3}t3^t, & a=3 \\ C3^t+\frac{1}{a-3}a^t, & a\neq 3 \end{cases}$； (4) $y_t=\frac{25}{12}(-3)^t+\left(\frac{1}{6}t-\frac{1}{12}\right)3^t$；

(5) $y_t=4+\frac{1}{2}t^2+\frac{3}{2}t$； (6) $y_t=3\left(\frac{1}{2}\right)^t-2^{t+1}$.

6. 每月至少要还款 0.528 7 万元.

7. $Y_t=\left(Y_0+\frac{\beta}{\alpha}\right)\left[\frac{\gamma\beta}{\gamma\beta-\frac{\alpha}{\delta}}\right]^t-\frac{\beta}{\alpha}$， $S_t=(\alpha Y_0+\beta)\left[\frac{\gamma\beta}{\gamma\beta-\frac{\alpha}{\delta}}\right]^t$，

$I_t=\frac{\alpha Y_0+\beta}{\delta}\left[\frac{\gamma\beta}{\gamma\beta-\frac{\alpha}{\delta}}\right]^t$.

附录一

《微积分》习题答案与提示

习题一

1. 解 (1) 由 $3-4<x<3+4$，解得 $(-1, 7)$.

(2) 由 $x>\frac{1}{2}(-1+2)=\frac{1}{2}$，得 $\left(\frac{1}{2}, +\infty\right)$.

(3) 由 $|x-2|\leqslant 2$ 且 $x\neq 2$，得解 $[0, 2)\cup(2, 4]$.

(4) 即 $\frac{x}{x-1}>0$，得解 $(-\infty, 0)\cup(1, +\infty)$.

(5) 由 $x_0-\delta<x<x_0+\delta$，$x\neq x_0$，得解 $(x_0-\delta, x_0)\cup(x_0, x_0+\delta)$.

(6) 由于点 $x=-1$，$x=2$ 之间距离为 3，于是到两点距离之和小于等于 3 的点集是 $[-1, 2]$.

2. 解 (1) 不相同，对应法则不同；

(2) 不相同，对应法则不同；

(3) 不相同，定义域不同；

(4) 不相同，定义域不同；

(5) 相同，定义域与对应法则相同；

(6) 相同，定义域与对应法则相同.

3. 解 (1) $f(0)=-3$，$f(-1.5)=2.25-3-3=-3.75$，$f(1)=0$，

$$f(a+1)=(a+1)^2+2(a+1)-3=a^2+4a.$$

(2) $f(0)=[0.5]=0$，$f(-1.5)=[-1]=-1$，$f(1)=[1+0.5]=1$，

$$\begin{aligned}f(a+1)&=[a+1+0.5]\\&=\{n+1, n-0.5\leqslant a<n+0.5, n=0, \pm 1, \pm 2, \pm 3, \cdots.\end{aligned}$$

(3) $f(0)=0-1=-1$，$f(-1.5)=-1.5-1=-2.5$，$f(1)=2+1=3$，

$$f(a+1)=\begin{cases}a+1-1, & a+1<1\\ 2(a+1)+1, & a+1\geqslant 1\end{cases}=\begin{cases}a, & a<0\\ 2a+3, & a\geqslant 0\end{cases}.$$

(4) $f(0)=\sqrt{0+3}=\sqrt{3}$, $f(-1.5)=\cos 1.5$, $f(1)=\cos 1$,

$$f(a+1)=\begin{cases}\sqrt{(a+1)+3}, & |a+1|<1\\ \cos(a+1), & |a+1|\geqslant 1\end{cases}=\begin{cases}\sqrt{a+4}, & -2<a<0\\ \cos(a+1), & a\leqslant -2 \text{ 或 } a\geqslant 0\end{cases}.$$

4. 解 依题意，有

$$\begin{cases}x^2<1\\ |1-x|<1\end{cases}，即\begin{cases}-1<x<1\\ 0<x<2\end{cases}，$$

从而有定义域：$(0, 1)$.

5. 解 (1) 由$\begin{cases}x+1>0\\ x+1\geqslant 1\\ |x|+x\neq 0\end{cases}$，得 $(0, +\infty)$；

(2) 由$\begin{cases}x\neq 0\\ \dfrac{1+x}{1-x}\geqslant 0\end{cases}$，即$\begin{cases}x\neq 0\\ -1\leqslant x<1\end{cases}$，得 $(-1, 0)\cup(0, 1)$；

(3) 由 $\cos x\geqslant 0$，即 $2k\pi-\dfrac{\pi}{2}\leqslant x\leqslant 2k\pi+\dfrac{\pi}{2}$，得$\left[2k\pi-\dfrac{\pi}{2}, 2k\pi+\dfrac{\pi}{2}\right]$，$k\in \mathbf{Z}$；

(4) 由 $x-1\neq 0$，得 $(-\infty, 1)\cup(1, +\infty)$；

(5) 由$\left|\dfrac{1}{x}\right|\leqslant 1$且$x\neq 0$，得 $(-\infty, -1]\cup[1, +\infty)$；

(6) 由$\begin{cases}x<2 \text{ 且 } x\leqslant 2\\ x>2 \text{ 且 } x^2-1>0\end{cases}$，即$\begin{cases}x<2\\ x>2\end{cases}$，得 $(-\infty, 2)\cup(2, +\infty)$.

6. 解 (1) 当 $x\geqslant -\dfrac{1}{3}$ 时，$y=2-(3x+1)=-3x+1$，当 $x<-\dfrac{1}{3}$ 时，$y=2+(3x+1)=3x+3$，因此

$$y=\begin{cases}-3x+1, & x\geqslant -\dfrac{1}{3}\\ 3x+3, & x<-\dfrac{1}{3}\end{cases}，如附一图 1-1 所示.$$

(2) 当 $x<0$ 时，$y=\dfrac{1}{2}[-x+(2-x)]=1-x$，当 $0\leqslant x<2$ 时，$y=\dfrac{1}{2}[x+(2-x)]=1$，

当 $x\leqslant 2$ 时，$y=x-1$，因此，$y=\begin{cases}1-x, & x<0\\ 1, & 0\leqslant x<2\\ x-1, & 2\leqslant x\end{cases}$，如附一图 1-2 所示.

(3) 如附一图 1-3 所示，当 $x\leqslant 0$ 时 $2^{-x}\geqslant 2^x$，$y=2^{-x}$，当 $x>0$ 时 $2^{-x}<2^x$，$y=2^x$，因此有

$$y=\begin{cases}2^{-x}, & x\geqslant 0\\ 2^x, & x<0\end{cases}.$$

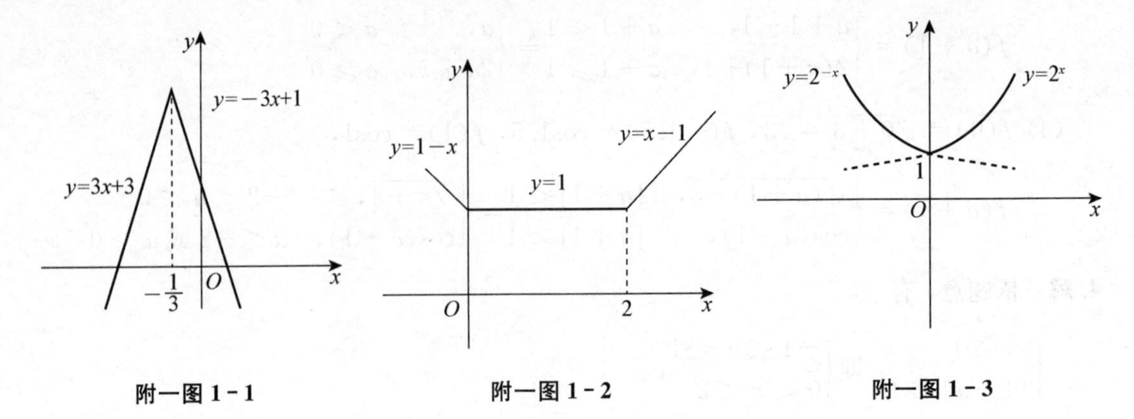

附一图 1-1　　附一图 1-2　　附一图 1-3

7. 解　(1) 是斜率为正的直线，在 R 上单调增.

(2) 指数函数的单调性与 a 是否大于 1 有关，即函数当 $0<a<1$ 时，单调减，当 $1<a$ 时，单调增.

(3) 借助直观图像，两函数均为单调增函数，因此，它们的和在其定义域内也单调增.

(4) 函数为常数与单调减函数之和，因此在定义域单调减.

(5) 单调增，理由同 (3).

(6) 由于点 $x=0$ 将定义域分为两个区间，应分别表述，即函数分别在 $(-\infty, 0)$，$(0, +\infty)$ 单调减.

8. 解　(1) 函数的定义域为有限区间 $[-3, 1]$，$0\leqslant y\leqslant 2$，有界.

(2) $|y|\leqslant|\sin x|^2+3|\cos x|\leqslant 4$，有界.

(3) 由方程 $y(1+x^2)-2x=0$ 有实根，知 $4-4y^2\geqslant 0$，即 $|y|\leqslant 1$，有界.

(4) 当 $|x|<1$ 时，$|y|\leqslant|x|+|\sin x|<2$，当 $|x|\geqslant 1$ 时，$|y|\leqslant 1$，综上知函数有界.

9. 解　(1) 由定义判断，为奇函数.

(2) 奇函数与非零常数之和为非奇非偶函数.

(3) 由奇函数 $y=\sin u$ 与偶函数 $u=\cos^3 x$ 构成的复合函数为偶函数.

(4) 直接验证知为偶函数.

(5) 直接验证知为奇函数.

(6) 两个奇函数的乘积为偶函数.

10. 证　(1) 设 $F(x)=f(x)+f(-x)$，同时有 $F(-x)=f(-x)+f[-(-x)]=F(x)$，同时，$F(x)$ 在对称区间 $(-a, a)$ 有定义，因此 $f(x)+f(-x)$ 为偶函数.

(2) 设 $F(x)=f(x)-f(-x)$，同时有 $F(-x)=f(-x)-f[-(-x)]=-F(x)$，同时，$F(x)$ 在对称区间 $(-a, a)$ 有定义，因此 $f(x)-f(-x)$ 为奇函数.

(3) 由 (1)，(2) 知 $[f(x)+f(-x)]$，$f(x)-f(-x)$ 分别为偶函数和奇函数，因此 $\frac{1}{2}[f(x)+f(-x)]$，$\frac{1}{2}[f(x)-f(-x)]$ 也分别为偶函数和奇函数，从而有

$$f(x)=\frac{1}{2}[f(x)+f(-x)]+\frac{1}{2}[f(x)-f(-x)].$$

11. 解　(1) 是周期为 π 的周期函数.

(2) 是周期为 $\frac{2\pi}{3}$ 的周期函数.

(3) 是周期为 2 的周期函数.

(4) 是周期为 π 的周期函数.

12. 解 (1) 否，反例：函数 $y = x$ 为实数域上的单调增函数，但 $y = x \cdot x = x^2$ 在实数域上非单调.

(2) 否，反例：函数 $y = x$，$y = -x^3$ 均为实数域上的单调函数，但 $y = x - x^3$ 在实数域上非单调.

(3) 否，反例：$y = x$ 为区间 $(0, 1)$内的有界函数，但取不到最大值、最小值.

(4) 否，反例同 (1).

(5) 是，若设 $f(x)$，$g(x)$ 均为偶函数，则有 $f(x) \cdot g(x) = f(-x) \cdot g(-x)$.

(6) 是，若设 $f(x)$ 为奇函数，即 $f(x) = -f(-x)$，则有 $f(0) = -f(-0)$，故 $f(0) = 0$.

13. 解 (1) 反解方程 $y = \dfrac{1}{x-1}$，得 $x = \dfrac{1}{y} + 1$，即有 $y = \dfrac{1}{x} + 1$，$D_{f^{-1}} = (-\infty, 0) \cup (0, +\infty)$.

(2) 反解方程 $y = 2^x + 1$，得 $x = \log_2(y-1)$，即得 $y = \log_2(x-1)$，$D_{f^{-1}} = (1, +\infty)$.

(3) 反解方程 $y = 3\log_a x$，得 $x = a^{\frac{y}{3}}$，即得 $y = a^{\frac{x}{3}}$，$D_{f^{-1}} = (-\infty, +\infty)$.

(4) 反解方程 $y = \lg\dfrac{1-x}{1+x}$，得 $x = \dfrac{1-10^y}{1+10^y}$，即得 $y = \dfrac{1-10^x}{1+10^x}$，$D_{f^{-1}} = (-\infty, +\infty)$.

(5) 反解方程 $y = (x+1)^3 - 1$，得 $x = \sqrt[3]{y+1} - 1$，即得 $y = \sqrt[3]{x+1} - 1$，$D_{f^{-1}} = (-\infty, +\infty)$.

(6) 当 $x > 0$ 时，反解方程 $y = x^2$，得 $x = \sqrt{y}$，即 $y = \sqrt{x}$，$x > 0$；当 $x \leqslant 0$ 时，反解方程 $y = x^3$，得 $x = \sqrt[3]{y}$，即得 $y = \sqrt[3]{x}$，$x \leqslant 0$，综上得

$$y = \begin{cases} \sqrt{x}, & x > 0 \\ \sqrt[3]{x}, & x \leqslant 0 \end{cases}, D_{f^{-1}} = (-\infty, +\infty).$$

14. 解 由

$$f(x-1) = \begin{cases} (x-1)+1, & x-1 \leqslant 1 \\ (x-1)^2, & x-1 > 1 \end{cases}，有 f(x-1) = \begin{cases} x, & x \leqslant 2 \\ (x-1)^2, & x > 2 \end{cases}.$$

$$f(x-1) + f(x) = \begin{cases} x, & x \leqslant 1 \\ x, & 1 < x \leqslant 2 \\ (x-1)^2, & 2 < x \end{cases} + \begin{cases} x+1, & x \leqslant 1 \\ x^2, & 1 < x \leqslant 2 \\ x^2, & 2 < x \end{cases}$$

$$= \begin{cases} 2x+1, & x \leqslant 1 \\ x^2 + x, & 1 < x \leqslant 2. \\ 2x^2 - 2x + 1, & 2 < x \end{cases}$$

15. 解 $f(x)$ 在 $[-\pi, 0]$ 上单调减，但在 $[0, \pi]$ 上单调增，因此在定义域上非单调；又当 $x \in [-\pi, 0]$时，$f(x) = \cos x - x$，从而有 $-x \in [0, \pi]$，$f(-x) = \cos(-x) + (-x) = \cos x - x = f(x)$，知 $f(x)$ 为偶函数. 显然，$|f(x)| \leqslant \pi + 1$，有界，非周期函数.

16. 解 由 $f(\sin x)=2-2\sin^2 x$，所以有

$$f(\cos x)=2-2\cos^2 x=2\sin^2 x,\ f(x^2-1)=2-2(x^2-1)=4-2x^2.$$

17. 解 $f[f(x)]=f(x)+\dfrac{1}{f(x)}=x+\dfrac{1}{x}+\dfrac{1}{x+\dfrac{1}{x}}=\dfrac{x^4+3x^2+1}{x(x^2+1)}$.

18. 解 $f[f(x)]=(x^3)^3=x^9$，$f[g(x)]=(2^x)^3=2^{3x}$，$g[f(x)]=2^{x^3}$，$g[g(x)]=2^{2^x}$.

19. 解 (1) 能，$D=(-2,+\infty)$，$Z=(0,+\infty)$.

(2) 能，$D=(-\infty,-1]\cup[1,+\infty)$，$Z=\left[-\dfrac{\pi}{2},0\right)\cup\left(0,\dfrac{\pi}{2}\right]$.

(3) 能，$D=[0,+\infty)$，$Z=[0,+\infty)$.

(4) 不能，因为 $u=\sec^2 x\geqslant 1$，从而有 $1-2u<0$.

20. 证 因为 $f(x)$ 在 R 上单调增加，因此，对于任意两个实数 $x_1,x_2\in(-\infty,+\infty)$，不妨设 $x_1>x_2$，则总有 $f(x_1)>f(x_2)$，也必有 $f[f(x_1)]>f[f(x_2)]$，所以，$f[f(x)]$ 也在 R 上单调增加.

21. 证 因为 $f(x)$，$g(x)$ 均为 R 上的奇函数，因此，对于任意实数 $x\in(-\infty,+\infty)$，总有 $f(-x)=-f(x)$，$g(-x)=-g(x)$，也必有 $f[g(-x)]=f[-g(x)]=-f[g(x)]$，$g[f(-x)]=g[-f(x)]=-g[f(x)]$，所以，$f[g(x)]$，$g[f(x)]$ 也必为 R 上的奇函数.

22. 解 (1) 是初等函数；(2) 函数可记作 $y=\sqrt{x^2}-2$，是初等函数；(3) 是初等函数；(4) 不是初等函数，因为无法用一个解析式表示函数；(5) 不是，理由同 (4).

23. 解 (1) $y=u^2$，$u=\sin v$，$v=\sqrt{w}$，$w=x-2$.

(2) $y=2^u$，$u=2^x$.

(3) $y=\lg u$，$u=v^2$，$v=\lg x$ 或 $y=2u$，$u=\lg v$，$v=\lg x$.

(4) $y=2^u$，$u=\arccos v$，$v=\dfrac{1}{x}$.

24. 解 (1) $\sin^2(\arccos\sqrt{1-x})=1-\cos^2(\arccos\sqrt{1-x})=1-(\sqrt{1-x})^2=x$，$x\in[0,1]$.

(2) $\log_a(a\sqrt[x]{a})=\log_a a^{1+\frac{1}{x}}=1+\dfrac{1}{x}$.

(3) $\tan(\arctan\alpha-\arctan\beta)=\dfrac{\tan(\arctan\alpha)-\tan(\arctan\beta)}{1+\tan(\arctan\alpha)\tan(\arctan\beta)}=\dfrac{\alpha-\beta}{1+\alpha\beta}$.

(4) $2^{2\log_4 x+6\log_8 x}=2^{\frac{2\log_2 x}{\log_2 4}+\frac{6\log_2 x}{\log_2 8}}=2^{3\log_2 x}=x^3$.

25. 解 (1) 由 $Q_d=100-2.5p$，$Q_s=1.25p-12.5$，$Q_d=Q_s$，有 $100-2.5p=1.25p-12.5$，解得均衡价格为 30 万元 / 万件.

(2) 需求函数按税后价计算，而供给函数中价格按税前价计算，因此有

$$Q_d=100-2.5(p+6),\ Q_s=1.25p-12.5,\ Q_d=Q_s，有\ 85-2.5p=1.25p-12.5,$$

解得 $p=26$，故税后均衡价格为 $26+6=32$ 万元 / 万件.

26. 解 方案如附一图 1-4 所示，有

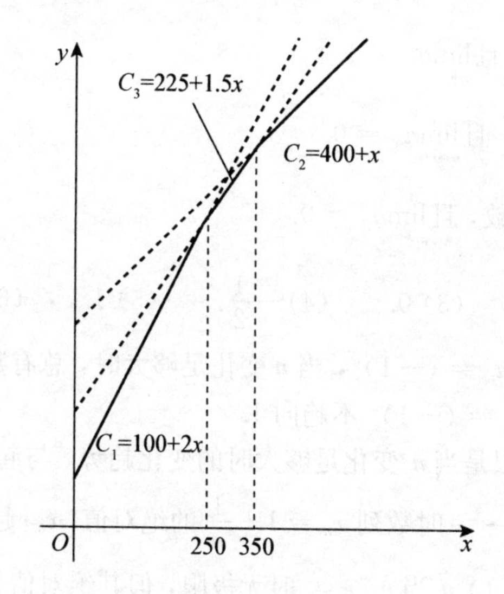

附一图 1-4

$$\min\{C_1, C_2, C_3\} = \begin{cases} 100+2x, & 0 \leqslant x < 250 \\ 225+1.5x, & 250 \leqslant x < 350. \\ 400+x, & 350 \leqslant x \end{cases}$$

因此，当产量在 $[0, 250]$ 内时，应采用方案 1，当产量在 $[250, 350]$ 内时，应采用方案 3，当产量在 $[350, +\infty)$ 内时，应采用方案 2.

27. 解

$$y = \begin{cases} (a-b)x, & 0 \leqslant x \leqslant 1\,000 \\ (a-b)1\,000 + (0.9a-b)(x-1\,000), & 1\,000 < x \leqslant 1\,300. \\ 1\,270a - bx, & 1\,300 < x \end{cases}$$

28. 解 设该商品的需求函数为 $Q_d = a - bp$，依题设，$a - 5b = 500$，$0.2b = 10$，可得 $a = 750$，$b = 50$，即 $Q_d = 750 - 50p$，因此，收益函数为

$$R = (750 - 50p)p,\ 0 \leqslant p \leqslant 15.$$

29. 解 依题设，收益函数为 $R = (7\,000 - 50p)p$，由 $R = C$，即

$$(7\,000 - 50p)p = 20\,000 + 25\,(7\,000 - 50p),$$

得保本价格 $p = 28.59$.（另解 $p = 136.41$，此时产量低于 1 000，舍去.）

习题二

1. 解 (1) $a_n = (-1)^n \dfrac{n}{(n+1)^2}$，收敛，且 $\lim\limits_{n\to\infty} a_n = 0$.

(2) $a_n = 2 + 5n$，不收敛，可记 $\lim\limits_{n\to\infty} a_n = \infty$.

(3) $a_n = \dfrac{(-1)^{n-1}}{n^2+1}$，收敛，且 $\lim\limits_{n\to\infty} a_n = 0$.

(4) $a_n=\frac{\ln n}{\ln 2n}$，收敛，且$\lim\limits_{n\to\infty}a_n=1$.

(5) $a_n=\frac{\cos^2 n}{2^n}$，收敛，且$\lim\limits_{n\to\infty}a_n=0$.

(6) $a_n=\frac{e^n-e^{-n}}{e^{n^2}-1}$，收敛，且$\lim\limits_{n\to\infty}a_n=0$.

2. 解 (1) 1. (2) 0. (3) 0. (4) $-\frac{1}{2}$. (5) 1. (6) 1. (7) 0. (8) 0.

3. 解 (1) 否，见反例：$a_n=(-1)^n$，当n变化足够大时，总有数列a_n中的偶数项与常数1的距离任意小，但$a_n=(-1)^n$不趋向1.

(2) 是，数列x_n的极限是当n变化足够大时的变化趋势，与起始项无关.

(3) 否，见反例：当$n\to\infty$时数列$x_n=1+\frac{1}{n}$的绝对值$|x_n|$越来越小，但x_n不趋向零.

(4) 否，数列$a_n=(-1)^n n$当$n\to\infty$时无极限，但其绝对值无限增大，有变化趋势.

(5) 是，$f(2n)$是$f(n)$的子数列，当$\lim\limits_{n\to\infty}f(n)=a$时，必有$\lim\limits_{n\to\infty}f(2n)=a$，但反之不然.

(6) 否，见反例：当$n\to\infty$时数列$a_n=1-\frac{10}{n}\to 1>0$，但当$n\leqslant 10$时，$a_n\leqslant 0$.

4. 证 由$\lim\limits_{n\to\infty}a_{2n}=\lim\limits_{n\to\infty}\cos(2n\pi+x)=\cos x$，$\lim\limits_{n\to\infty}a_{2n+1}=\lim\limits_{n\to\infty}\cos[(2n+1)\pi+x]=-\cos x$，$\lim\limits_{n\to\infty}a_{2n}\neq\lim\limits_{n\to\infty}a_{2n+1}$，知$\lim\limits_{n\to\infty}a_n$不存在.

5. 解 (1) 2. (2) π. (3) 3. (4) ∞. (5) $2e^3$. (6) 9.

6. 解 左、右极限均存在，且$\lim\limits_{x\to 0^+}f(x)=-1$，$\lim\limits_{x\to 0^-}f(x)=1$，图形如附一图 2-1 所示.

7. 解 点$x=0$，$x=2$，$x=0.01$处极限存在，且$\lim\limits_{x\to 0}f(x)=-1$，$\lim\limits_{x\to 2}f(x)=1$，$\lim\limits_{x\to 0.01}f(x)=-0.99$，图形如附一图 2-2 所示.

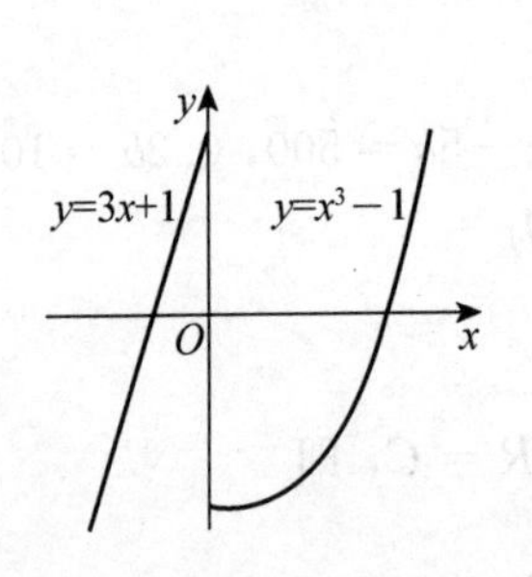

附一图 2-1

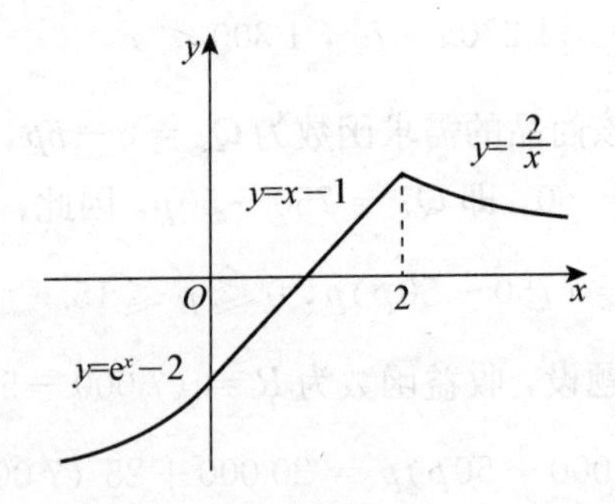

附一图 2-2

8. 证 由$\lim\limits_{x\to 0^+}\frac{|x|}{x}=\lim\limits_{x\to 0^+}\frac{x}{x}=1$，$\lim\limits_{x\to 0^-}\frac{|x|}{x}=\lim\limits_{x\to 0^+}\frac{-x}{x}=-1$，$\lim\limits_{x\to 0^+}\frac{|x|}{x}\neq\lim\limits_{x\to 0^-}\frac{|x|}{x}$，知$\lim\limits_{x\to 0}\frac{|x|}{x}$不存在.

9. 解 (1) 否，见反例：设$f(x)=\sin\pi x$，则$\lim\limits_{n\to\infty}f(n)=\lim\limits_{n\to\infty}\sin n\pi=0$，但$\lim\limits_{x\to\infty}f(x)$不存在.

(2) 正确，因为当$n\to\infty$时，$x_0+\frac{1}{n}\to x_0$是$x\to x_0$的一个子过程.

(3) 否，见反例：设 $f(x)=\dfrac{x^2-1}{x-1}$，则$\lim\limits_{x\to 1}f(x)=\lim\limits_{x\to 1}(x+1)=2$，但 $f(1)$无定义.

(4) 否，见反例：设 $f(x)=\begin{cases}2x^2, & x\neq 0\\ 2, & x=0\end{cases}$，$g(x)=\begin{cases}x^2, & x\neq 0\\ 1, & x=0\end{cases}$，显然，在$x=0$的某邻域内总有 $f(x)>g(x)$，但 $\lim\limits_{x\to 0}f(x)=\lim\limits_{x\to 0}g(x)=0$.

10. 解 (1) $x\to\infty$. (2) $x\to 0^+$. (3) $x\to-\infty$ 或 $x\to 1^-$. (4) $x\to 0$.

11. 解 (1) $x\to k\pi+\dfrac{\pi}{2}$，$k\in \mathrm{Z}$. (2) $x\to-1^+$. (3) $x\to 0^+$. (4) $x\to-\infty$.

12. 解 x^3+2x^2，$\sqrt{x+1}-1$，$100\sqrt[3]{x}$，$\sqrt[5]{x}$.

13. 解 (1) 否，无穷小是任意变小的变量.

(2) 是，零与任意非零无穷小的比值的极限均为零.

(3) 否，零是无穷小，不能放在分母上.

(4) 否，见反例：当$x\to\infty$ 时，x^2，$\dfrac{1}{x}-x^2$均为无穷大，但其和$x^2+\left(\dfrac{1}{x}-x^2\right)=\dfrac{1}{x}$为无穷小.

(5) 否，见反例：当 $x\to\infty$ 时，$x\sin x$ 是无界变量，但非无穷大.

(6) 否，因为有界变量中含无穷小，无穷大乘无穷小是未定式.

(7) 否，见反例：当$x\to 0$ 时，x，$x\sin\dfrac{1}{x}$ 均为无穷小，但它们的比值无极限，故不能比较阶的大小.

(8) 否，见反例：设

$$f(n)=\begin{cases}0, & n=2k\\ n, & n=2k-1\end{cases}，g(n)=\begin{cases}n, & n=2k\\ 0, & n=2k-1\end{cases}，k\in \mathrm{N},$$

显然，当 $n\to\infty$ 时，$f(n)g(n)=0$ 为无穷小，但 $f(n)$，$g(n)$ 均非无穷小.

14. 解 如果将无穷小量的四个性质中的无穷小均改为无穷大，其中仅性质 2.2 正确. 性质 2.1 的反例：见题 13(4) 中的反例；性质 2.3 的反例：当 $x\to 0$ 时，$\dfrac{1}{x}$ 为无穷大，x^2 为有界变量，两者乘积为无穷小，而非无穷大. 性质 2.4 的反例：当 $x\to\infty$ 时，x，x^3 均为无穷大，x^3 满足极限不为零的条件，但 x 与 x^3 比值的极限为零而非无穷大.

15. 证 依题设，$\lim\limits_{x\to 0}\dfrac{f(x)}{x}=1$，从而有$\lim\limits_{x\to 0}\dfrac{f(x)-x}{x}=1-1=0$，因此，$f(x)-x=o(x)$.

16. 解 由$\lim\limits_{x\to\infty}\dfrac{f(x)-g(x)}{f(x)}=1-\lim\limits_{x\to\infty}\dfrac{g(x)}{f(x)}=0$，知$\lim\limits_{x\to\infty}\dfrac{g(x)}{f(x)}=1$，因此说明 $f(x)$ 与 $g(x)$ 为等价无穷小.

17. 解 由$\lim\limits_{x\to 2}\dfrac{x^2-ax+2}{x-2}=c\neq 0$，知 x^2-ax+2 为当 $x\to 2$ 时的无穷小，即有 $\lim\limits_{x\to 2}(x^2-ax+2)=6-2a=0$，$a=3$，从而有 $c=\lim\limits_{x\to 2}\dfrac{x^2-3x+2}{x-2}=\lim\limits_{x\to 2}(x-1)=1$.

18. 解 (1) $\lim\limits_{n\to\infty}\dfrac{2n+1}{\sqrt{n^2+n}}=\lim\limits_{n\to\infty}\dfrac{2+\dfrac{1}{n}}{\sqrt{1+\dfrac{1}{n}}}=2$.

(2) $\lim\limits_{n\to\infty}(\sqrt{n-1}-\sqrt{n})=\lim\limits_{n\to\infty}\dfrac{-1}{\sqrt{n-1}+\sqrt{n}}=0$.

(3) $\lim\limits_{n\to\infty}\dfrac{2n\cdot\mathrm{arccot}n}{\sqrt{n^2+n}}=\lim\limits_{n\to\infty}\dfrac{2\cdot\mathrm{arccot}n}{\sqrt{1+\dfrac{1}{n}}}=2\cdot 0=0$.

(4) $\lim\limits_{n\to\infty}\left(1+\dfrac{1}{3}+\dfrac{1}{9}+\cdots+\dfrac{1}{3^n}\right)=\dfrac{1}{1-\dfrac{1}{3}}=\dfrac{3}{2}$.

(5) $\lim\limits_{x\to 2}(x^3-5x)=2^3-10=-2$.

(6) $\lim\limits_{x\to 5}\left(2-\dfrac{3}{4-x}\right)=2-\dfrac{3}{4-5}=5$.

(7) $\lim\limits_{x\to+\infty}\dfrac{2\sqrt[3]{x^2}+1}{x+\sqrt{x}}=\lim\limits_{x\to+\infty}\dfrac{2+\dfrac{1}{\sqrt[3]{x^2}}}{\sqrt[3]{x}+\dfrac{1}{\sqrt[6]{x}}}=0$.

(8) $\lim\limits_{x\to\infty}\dfrac{(x-2)^{10}(2x+3)^5}{(3x+6)^{15}}=\lim\limits_{x\to\infty}\dfrac{\left(1-\dfrac{2}{x}\right)^{10}\left(2+\dfrac{3}{x}\right)^5}{\left(3+\dfrac{6}{x}\right)^{15}}=\dfrac{32}{3^{15}}$.

(9) $\lim\limits_{x\to 1}\dfrac{x^2-1}{2x^2-3x+1}=\lim\limits_{x\to 1}\dfrac{(x-1)(x+1)}{(x-1)(2x-1)}=\lim\limits_{x\to 1}\dfrac{x+1}{2x-1}=2$.

(10) $\lim\limits_{x\to 2}\dfrac{x-2}{\sqrt{x}-\sqrt{2}}=\lim\limits_{x\to 2}\dfrac{(x-2)(\sqrt{x}+\sqrt{2})}{x-2}=2\sqrt{2}$.

(11) $\lim\limits_{x\to 0}\dfrac{(x+a)^2-a^2}{x}=\lim\limits_{x\to 0}\dfrac{x^2+2ax}{x}=2a$.

(12) $\lim\limits_{x\to 1}\dfrac{\sqrt{5x-1}-2}{\sqrt{x-1}}=\lim\limits_{x\to 1}\dfrac{5(x-1)}{(\sqrt{5x-1}+2)\sqrt{x-1}}=0$.

(13) $\lim\limits_{x\to 1}\dfrac{x^n-1}{x-1}=\lim\limits_{x\to 1}(x^{n-1}+x^{n-2}+\cdots+x+1)=n$.

(14) $\lim\limits_{x\to 2}\dfrac{3x-6}{x^2+3x-10}=\lim\limits_{x\to 2}\dfrac{3(x-2)}{(x-2)(x+5)}=\lim\limits_{x\to 2}\dfrac{3}{x+5}=\dfrac{3}{7}$.

(15) $\lim\limits_{x\to 2^+}(x-2)^{-x}=\lim\limits_{x\to 2^+}\mathrm{e}^{-x\ln(x-2)}=+\infty$.

(16) $\lim\limits_{x\to 0}(1+5x)^{\sin x}=\lim\limits_{x\to 0}\mathrm{e}^{\sin x\ln(1+5x)}=\mathrm{e}^0=1$.

19. 解 (1) 由

$$\frac{1+2+\cdots+n}{n^2+2n}<\frac{1}{n^2+n+1}+\frac{2}{n^2+n+2}+\cdots+\frac{n}{n^2+n+n}<\frac{1+2+\cdots+n}{n^2+n},$$

及

$$\lim_{n\to\infty}\frac{1+2+\cdots+n}{n^2+2n}=\frac{1}{2}\lim_{n\to\infty}\frac{n+1}{n+2}=\frac{1}{2},\ \lim_{n\to\infty}\frac{1+2+\cdots+n}{n^2+n}=\frac{1}{2},$$

得 $\lim\limits_{n\to\infty}\left(\dfrac{1}{n^2+n+1}+\dfrac{2}{n^2+n+2}+\cdots+\dfrac{n}{n^2+n+n}\right)=\dfrac{1}{2}$.

(2) 由 $4<(1+2^n+4^n)^{\frac{1}{n}}<4\cdot 3^{\frac{1}{n}}$，以及 $\lim\limits_{n\to\infty}4=4$，$\lim\limits_{n\to\infty}4\cdot 3^{\frac{1}{n}}=4$，得

$\lim_{n\to\infty}(1+2^n+4^n)^{\frac{1}{n}}=4.$

(3) 由 $0<\frac{n!}{n^n}=\frac{1\cdot 2\cdot\cdots\cdot n}{n\cdot n\cdot\cdots\cdot n}<\frac{1}{n}$，以及 $\lim_{n\to\infty}0=0$，$\lim_{n\to\infty}\frac{1}{n}=0$，得 $\lim_{n\to\infty}\frac{n!}{n^n}=0$.

20. 答 (1) 否，反例：当 $x\to\infty$ 时，$f(x)=\sin x$，$g(x)=\frac{1}{x}-\sin x$ 均无极限，但 $f(x)+g(x)=\frac{1}{x}$ 的极限存在.

(2) 否，反例：当 $x>0$ 时，总有不等式 $-\frac{1}{x}+\sin x<\sin x<\frac{1}{x}+\sin x$，且

$\lim_{x\to+\infty}\left[\frac{1}{x}+\sin x-\left(-\frac{1}{x}+\sin x\right)\right]=\lim_{x\to+\infty}\frac{2}{x}=0$，但 $\lim_{x\to+\infty}\sin x$ 无极限.

(3) 否，反例：$x_n=n$ 为单调增数列，但 $\lim_{n\to\infty}x_n$ 无极限.

(4) 否，反例：$x_n=(-1)^n$ 为有界数列，但 $\lim_{n\to\infty}x_n$ 无极限.

21. 解 (1) $\lim_{x\to 0}\frac{\sin nx}{\tan mx}=\lim_{x\to 0}\frac{nx}{mx}=\frac{n}{m}$，其中 $\sin nx\sim nx$，$\tan mx\sim mx$.

(2) $\lim_{x\to 0}\frac{x\sin 2x}{1-\cos x}=\lim_{x\to 0}\frac{x\cdot 2x}{\frac{1}{2}x^2}=4$，其中 $\sin 2x\sim 2x$，$1-\cos x\sim\frac{1}{2}x^2$.

(3) $\lim_{x\to 0}\frac{x-\sin x}{x+\tan x}=\lim_{x\to 0}\frac{1-\frac{\sin x}{x}}{1+\frac{\tan x}{x}}=0.$

(4) $\lim_{x\to 0}\frac{2\arcsin x}{\sin 3x}=\lim_{x\to 0}\frac{2x}{3x}=\frac{2}{3}$，其中 $\arcsin x\sim x$，$\sin 3x\sim 3x$.

(5) $\lim_{x\to 0}\frac{\tan x-\sin x}{x^3}=\lim_{x\to 0}\frac{\sin x}{x}\cdot\frac{1-\cos x}{x^2}=\lim_{x\to 0}\frac{\sin x}{x}\cdot\frac{\frac{1}{2}x^2}{x^2}=\frac{1}{2}$，其中 $1-\cos x\sim\frac{1}{2}x^2$.

(6) $\lim_{x\to 0}\frac{\arctan 2x}{x+\tan x}=2\lim_{x\to 0}\frac{\frac{\arctan 2x}{2x}}{1+\frac{\tan x}{x}}=1.$

(7) $\lim_{x\to\infty}x\sin\frac{1+x}{x^2}=\lim_{x\to\infty}x\cdot\frac{1+x}{x^2}=1$，其中 $\sin\frac{1+x}{x^2}\sim\frac{1+x}{x^2}$.

(8) $\lim_{x\to 0}\frac{\ln(1+\sin x)}{\tan x}=\lim_{x\to 0}\frac{x}{\tan x}=1$，其中 $\ln(1+\sin x)\sim\sin x\sim x$.

(9) $\lim_{x\to\infty}\left(\frac{x+1}{x-1}\right)^{2x}=\lim_{x\to\infty}\left(1+\frac{1}{x}\right)^{2x}\Big/\lim_{x\to\infty}\left(1-\frac{1}{x}\right)^{2x}=\mathrm{e}^4.$

(10) $\lim_{x\to\infty}\left(1-\frac{2}{x}\right)^{x-2}=\lim_{x\to\infty}\left(1-\frac{2}{x}\right)^{x}\cdot\lim_{x\to\infty}\left(1-\frac{2}{x}\right)^{-2}=\mathrm{e}^{-2}.$

(11) $\lim_{x\to\infty}\left(1+\frac{2}{x}\right)^{2x}=\mathrm{e}^4.$

(12) 因为 $\lim_{x\to 0}\cot x\ln(1-\sin x)=\lim_{x\to 0}\cos x\cdot\ln(1-\sin x)^{\frac{1}{\sin x}}=-1$，所以

$\lim_{x\to 0}(1-\sin x)^{\cot x}=\mathrm{e}^{-1}.$

(13) 因$\lim\limits_{x\to\infty}2\sqrt[3]{x}\cdot\ln\left(1-\dfrac{2}{x}\right)=\lim\limits_{x\to\infty}\dfrac{2}{\sqrt[3]{x^2}}\cdot\ln\left(1-\dfrac{2}{x}\right)^{x}=0$，故$\lim\limits_{x\to\infty}\left(1-\dfrac{2}{x}\right)^{2\sqrt[3]{x}}=1$.

(14) 因$\lim\limits_{x\to\infty}x^3\cdot\ln\left(1+\dfrac{1}{x}\right)=\lim\limits_{x\to\infty}x^2\cdot\ln\left(1+\dfrac{1}{x}\right)^{x}=+\infty$，故$\lim\limits_{x\to\infty}\left(1+\dfrac{1}{x}\right)^{x^3}=+\infty$.

(15) $\lim\limits_{n\to\infty}\ln n\ln\left(1-\dfrac{1}{2\ln n}\right)=\lim\limits_{n\to\infty}\ln\left(1-\dfrac{1}{2\ln n}\right)^{\ln n}=\ln e^{-\frac{1}{2}}=-\dfrac{1}{2}$.

(16) $\lim\limits_{x\to 0}\dfrac{1}{x}\ln(1-x+x^2-x^3)=\lim\limits_{x\to 0}\dfrac{1}{x}(-x)=-1$，其中

$\ln(1-x+x^2-x^3)\sim -x+x^2-x^3\sim -x$.

22. 解 (1) $\lim\limits_{x\to 0}\dfrac{e^{\alpha x}-e^{\beta x}}{x}=\lim\limits_{x\to 0}\dfrac{e^{\alpha x}-1}{x}-\lim\limits_{x\to 0}\dfrac{e^{\beta x}-1}{x}=\alpha-\beta$.

(2) $\lim\limits_{n\to\infty}n^2(e^{\frac{1}{n}}-e^{\frac{1}{n+1}})=\lim\limits_{n\to\infty}n^2e^{\frac{1}{n}}(1-e^{-\frac{1}{n(n+1)}})=\lim\limits_{n\to\infty}n^2\dfrac{1}{n(n+1)}=1$，其中

$(1-e^{-\frac{1}{n(n+1)}})\sim\dfrac{1}{n(n+1)}$.

(3) $\lim\limits_{x\to 1}x^{\frac{1}{x-1}}=\lim\limits_{x\to 1}[1+(x-1)]^{\frac{1}{x-1}}=e$.

(4) 因为$\lim\limits_{x\to 0}\dfrac{1}{x}\ln[1-(1-\cos x)]=\lim\limits_{x\to 0}\dfrac{\cos x-1}{x}=0$，所以，$\lim\limits_{x\to 0}(\cos x)^{\frac{1}{x}}=1$.

(5) $\lim\limits_{x\to 0}(\sec^2x)^{\cot^2x}=\lim\limits_{x\to 0}(1+\tan^2x)^{\frac{1}{\tan^2x}}=e$.

(6) $\lim\limits_{x\to 0^+}\dfrac{e^{\frac{1}{x}}+\cos x}{e^{\frac{1}{x}}+1}=\lim\limits_{x\to 0^+}\dfrac{1+e^{-\frac{1}{x}}\cos x}{1+e^{-\frac{1}{x}}}=1$，$\lim\limits_{x\to 0^-}\dfrac{e^{\frac{1}{x}}+\cos x}{e^{\frac{1}{x}}+1}=\dfrac{0+1}{0+1}=1$，所以

$\lim\limits_{x\to 0}\dfrac{e^{\frac{1}{x}}+\cos x}{e^{\frac{1}{x}}+1}=1$.

(7) $\lim\limits_{x\to 0}(\csc x-\cot x)=\lim\limits_{x\to 0}\dfrac{1-\cos x}{\sin x}=0$.

(8) 当$0<|x|<1$时，$\lim\limits_{n\to\infty}\dfrac{x^n-x^{-n}}{x^n+x^{-n}}=\lim\limits_{n\to\infty}\dfrac{x^{2n}-1}{x^{2n}+1}=-1$；

当$|x|=1$时，$\lim\limits_{n\to\infty}\dfrac{x^n-x^{-n}}{x^n+x^{-n}}=\lim\limits_{n\to\infty}\dfrac{x^{2n}-1}{x^{2n}+1}=0$；

当$|x|>1$时，$\lim\limits_{n\to\infty}\dfrac{x^n-x^{-n}}{x^n+x^{-n}}=\lim\limits_{n\to\infty}\dfrac{x^{2n}-1}{x^{2n}+1}=1$.

$$\lim_{n\to\infty}\frac{x^n-x^{-n}}{x^n+x^{-n}}=\begin{cases}-1, & 0<|x|<1\\ 0, & |x|=1\\ 1, & |x|>1\end{cases}.$$

23. 解 (1) 否，在分母极限为零的情况下，不能用运算法则. 正确做法是：

因为$\lim\limits_{x\to 1}\dfrac{x-1}{x^2-3x+1}=\dfrac{\lim\limits_{x\to 1}(x-1)}{\lim\limits_{x\to 1}(x^2-3x+1)}=\dfrac{0}{-1}=0$，所以$\lim\limits_{x\to 1}\dfrac{x^2-3x+1}{x-1}=\infty$.

(2) 否，对幂指函数，无对应的运算法则. 正确做法是：

因为$\lim\limits_{x\to 0}\cos x\ln(1+x^2)=\lim\limits_{x\to 0}x^2\cos x=0$，所以$\lim\limits_{x\to 0}(1+x^2)^{\cos x}=e^0=1$.

(3) 否，等式$\dfrac{x^2+2x+1}{x^2-1}=\dfrac{x+1}{x-1}$不成立，正确做法是：

$$\lim_{x\to-1}\frac{x^2+2x+1}{x^2-1}=\lim_{x\to-1}\frac{(x+1)^2}{(x+1)(x-1)}=\lim_{x\to-1}\frac{x+1}{x-1}=\frac{0}{-2}=0.$$

(4) 否，因为等价无穷小代换仅在连乘连除情况下适用，正确做法是：

$$\lim_{x\to0}\frac{\sin x-x}{\sin x+x}=\lim_{x\to0}\frac{\frac{\sin x}{x}-1}{\frac{\sin x}{x}+1}=\frac{1-1}{1+1}=0.$$

24. 证 (1) 任取 $x_0\in(-\infty,+\infty)$，总有 $\lim\limits_{x\to x_0}f(x)=2\left(\lim\limits_{x\to x_0}x\right)^2-1=2x_0^2-1=f(x_0)$，知函数 $y=2x^2-1$ 在点 x_0 处连续，又由 x_0 的任意性，知 $y=2x^2-1$ 在 $(-\infty,+\infty)$ 上连续.

(2) 任取 $x_0\in(-\infty,+\infty)$，总有 $\lim\limits_{x\to x_0}f(x)=\lim\limits_{x\to x_0}3^x=3^{x_0}=f(x_0)$，知函数 $y=3^x$ 在点 x_0 处连续，又由 x_0 的任意性，知 $y=3^x$ 在 $(-\infty,+\infty)$ 上连续.

25. 解 (1) 当 $x<0$ 或 $x>0$ 时，对应函数 $y=x+1$，$y=x-1$ 均为初等函数，连续，需考虑 $x=0$ 处的连续性，由 $\lim\limits_{x\to0^+}f(x)=\lim\limits_{x\to0^+}(x-1)=-1\neq f(0)$ 知，$x=0$ 为间断点. 因此，该函数在 $x\neq0$ 时连续.

(2) 当 $x<0$ 或 $x>0$ 时，对应函数 $y=x+1$，$y=x-1$ 均为初等函数，连续，又 $x=0$ 不在定义域内，因此，该函数在其定义域内连续.

26. 解 (1) 连续. 从几何直观上，曲线 $y=|g(x)|$ 只是将连续曲线 $y=g(x)$ 在 x 轴下方的部分沿 x 轴向上对折后形成的曲线，不改变其连续性，因此，$f(x)+|g(x)|$ 为两连续函数之和，仍为连续函数.

(2) 不一定连续. 见反例：函数 $f(x)=\ln x$，$g(x)=x-2$ 均为 $[1,2]$ 上的连续函数，但 $f[g(x)]$ 在 $[1,2]$ 上不连续.

(3) 不一定连续. 见反例：函数 $f(x)=x-2$，$g(x)=\ln x$ 均为 $[1,2]$ 上的连续函数，但 $\frac{f(x)}{g(x)}$ 在 $[1,2]$ 上不连续.

(4) 不一定连续. 见反例：函数 $f(x)=x-2$，$g(x)=\ln x$ 均为 $[1,2]$ 上的连续函数，但 $f(x)^{g(x)}$ 在 $[1,2]$ 上不连续.

27. 解 (1) $x=-1$，第 2 类间断点（无穷间断）；

(2) $x=-1,-2$，其中 $x=-1$ 为第 1 类间断点且为可去间断点，补充定义 $f(-2)=2$，可使函数在该点连续. $x=-1$ 为第 2 类间断点，且为无穷间断点.

(3) $x=\frac{1}{2},-1$，其中 $x=-1$ 为第 1 类间断点且为可去间断点，补充定义 $f(-1)=-\frac{1}{3}$，可使函数在该点连续. $x=-\frac{1}{2}$ 为第 2 类间断点，且为无穷间断点.

(4) $x=0$，第 1 类间断点（可去间断），补充定义 $f(0)=1$，可使函数在该点连续.

(5) $x=0$，第 2 类间断点（无穷间断及振荡间断）.

(6) $x=-1,0$，其中 $x=-1$ 为第 1 类间断点且为跳跃间断点，$x=0$ 为第 2 类间断点且为无穷间断点.

28. 解 (1) 由 $\lim\limits_{x\to1^-}f(x)=\lim\limits_{x\to1^-}ax=a$，$\lim\limits_{x\to1^+}f(x)=\lim\limits_{x\to1^+}e^{bx}=e^b$，$a=e^b$，知当 $a=e^b$，c 为任意实数时，函数 $f(x)$ 在点 $x=1$ 处有极限；

(2) $\lim\limits_{x\to1}f(x)=f(1)=c$，即当 $a=e^b=c$ 时，函数 $f(x)$ 在点 $x=1$ 处连续.

29. 解 (1) 否，见反例：函数 $f(x)=x+\dfrac{1}{x}$，$g(x)=-\dfrac{1}{x}$ 在 $x=0$ 处间断，但 $f(x)+g(x)$ 在该点处连续.

(2) 是. 由 $\lim\limits_{x\to a}f(x)=f(a)$，必有 $\lim\limits_{x\to a}|f(x)|=|f(a)|$.

(3) 否. 由 $\lim\limits_{x\to a}|f(x)|=|f(a)|$，未必有 $\lim\limits_{x\to a}f(x)=f(a)$，如 $f(x)=\begin{cases}2, & x\leqslant 0\\ -2, & x>0\end{cases}$ 在 $x=0$ 处.

(4) 否. 见反例：函数 $f(x)=x$ 在 $(0,1)$ 内连续，但取不到最大最小值.

(5) 否. 见反例：函数 $f(x)=\dfrac{1}{x}$ 在定义域内连续，但 $y=f(x)$ 不是首尾连通的曲线.

(6) 否. 见反例：函数 $f(x)=\begin{cases}2, & 0\leqslant x<1\\ -2, & x=1\end{cases}$ 在 $(0,1)$ 内连续，且 $f(0)f(1)<0$，但对任意 $x\in(0,1)$ 总有 $y=f(x)>0$.

30. 证 取 $F(x)=f(x)-x$，依题设，$F(x)$ 在 $[a,b]$ 上连续，且

$$F(a)F(b)=(f(a)-a)(f(b)-b)<0,$$

于是由零值定理，必存在一点 $\xi\in(a,b)$，使得 $F(\xi)=f(\xi)-\xi=0$，即 $f(\xi)=\xi$.

31. 证 取 $F(x)=x^3-3x-1$，依题设，$F(x)$ 在 $[1,2]$ 上连续，且

$$F(1)F(2)=-3\times1<0,$$

于是由零值定理，必存在一点 $\xi\in(1,2)$，使得 $F(\xi)=\xi^3-3\xi-1=0$，即方程 $x^3-3x=1$ 在 $(1,2)$ 内至少有一个实根.

32. 证 取 $F(x)=x-a\sin x-b$，依题设，$F(x)$ 在 $[0,a+b]$ 上连续，且

$$F(0)F(a+b)=-b\times a[1-\sin(a+b)]\leqslant 0,$$

于是由零值定理，必存在一点 $\xi\in[0,a+b]$，使得 $F(\xi)=0$，又 $F(0)=-b\neq0$，因此，方程 $x=a\sin x+b$ 至少有一个其值不大于 $a+b$ 的正根.

33. 解 设 t 年后债务翻一番，即有 $2a=ae^{0.05t}$，即 $0.05t=\ln2$，得 $t=\dfrac{\ln2}{0.05}\approx14$ (年).

34. 解 设现值为 a 万元，则 $ae^{0.04t}=f(t)=2^{\sqrt{t}}$，得 $a=2^{\sqrt{t}}e^{-0.04t}$ 万元.

习题三

1. 解 由 $y'=4x$，$y'|_{x=-1}=-4$，又当 $x=-1$ 时，$y=-1$，因此，

切线为 $y+1=-4(x+1)$，即 $y=-4x-5$，

法线为 $y+1=\dfrac{1}{4}(x+1)$，即 $y=\dfrac{1}{4}x-\dfrac{3}{4}$.

2. 解 (1) 由 $y=60t-15t^2=60-15(t-2)^2$ 知，当 $t=2$ 时，小球上升至最高点，这时

上升高度是 60.

(2) 上升期间小球运行的平均速度为 $\bar{v}=\dfrac{60}{2}=30$.

(3) 由 $v(t)=\lim\limits_{\Delta t\to 0}\dfrac{\Delta y}{\Delta t}=\lim\limits_{\Delta t\to 0}\dfrac{60(t+\Delta t)-15(t+\Delta t)^2-60t-15t^2}{\Delta t}=60-30t$，知 $v(1)=30$，$y(1)=45$，$v(1.5)=45$，$y(1.5)=56.25$.

3. 证 任取 $x_0\in(-\infty,+\infty)$，在 x_0 处自变量的改变量为 $\Delta x=x-x_0$，函数的改变量为

$$\Delta y=\cos(x_0+\Delta x)-\cos x_0=-2\sin\frac{\Delta x}{2}\sin\left(x_0+\frac{\Delta x}{2}\right),$$

有 $\lim\limits_{\Delta x\to 0}\dfrac{\Delta y}{\Delta x}=-\lim\limits_{\Delta x\to 0}\dfrac{2}{\Delta x}\sin\dfrac{\Delta x}{2}\sin\left(x_0+\dfrac{\Delta x}{2}\right)=-\sin x_0$，

知 $y=\cos x$ 在点 $x=x_0$ 处连续，由 x_0 的任意性，知 $y=\cos x$ 在 $(-\infty,+\infty)$ 上可导.

4. 解 (1) 由

$$\begin{aligned}\lim_{\Delta x\to 0}\frac{\Delta y}{\Delta x}&=\lim_{\Delta x\to 0}\frac{1+(x+\Delta x)^3-(1+x^3)}{\Delta x}\\&=\lim_{\Delta x\to 0}[3x^2+3x\Delta x+(\Delta x)^2]=3x^2,\end{aligned}$$

所以 $y'=3x^2$.

(2) 由

$$\lim_{\Delta x\to 0}\frac{\Delta y}{\Delta x}=\lim_{\Delta x\to 0}\frac{1}{\Delta x}\left(\frac{1}{x+\Delta x}-\frac{1}{x}\right)=-\lim_{\Delta x\to 0}\frac{1}{x(x+\Delta x)}=-\frac{1}{x^2},$$

所以 $y'=-\dfrac{1}{x^2}$.

(3) 由

$$\begin{aligned}\lim_{\Delta x\to 0}\frac{\Delta y}{\Delta x}&=\lim_{\Delta x\to 0}\frac{\sqrt[3]{(x+\Delta x)^2}-\sqrt[3]{x^2}}{\Delta x}\\&=\lim_{\Delta x\to 0}\frac{(x+\Delta x)^2-x^2}{\Delta x(\sqrt[3]{(x+\Delta x)^4}+\sqrt[3]{(x+\Delta x)^2}\sqrt[3]{x^2}+\sqrt[3]{x^4})}\\&=\lim_{\Delta x\to 0}\frac{2x+\Delta x}{\sqrt[3]{(x+\Delta x)^4}+\sqrt[3]{(x+\Delta x)^2}\sqrt[3]{x^2}+\sqrt[3]{x^4}}=\frac{2}{3\sqrt[3]{x}},\end{aligned}$$

所以 $y'=\dfrac{2}{3}x^{-\frac{1}{3}}$，$y'(1)=\dfrac{2}{3}$.

5. 解 由

$$\lim_{x\to 0}\frac{f(x)}{x}=\lim_{x\to 0}\frac{1}{x}\cdot\frac{\sqrt{1+x^2}-1}{x}=\lim_{x\to 0}\frac{1}{\sqrt{1+x^2}+1}=\frac{1}{2},$$

知 $f(x)$ 在 $x=0$ 处可导，且 $f'(0)=\dfrac{1}{2}$.

6. 解 (1) 否. 函数 $f(x)$ 在点 $x=0$ 处未必连续，因此，$f'(0)$ 未必存在.

(2) 是. 由$\lim\limits_{x\to\infty}xf\left(\frac{1}{x}\right)=\lim\limits_{u=\frac{1}{x}\to 0}\frac{f(u)}{u}=1$，知$\lim\limits_{u\to 0}f(u)=0$，又 $f(x)$ 在点 $x=0$ 处连续，从而知 $f(0)=0$，进而有 $f'(0)=\lim\limits_{x\to 0}\frac{f(x)-f(0)}{x}=\lim\limits_{x\to 0}\frac{f(x)}{x}=1$.

7. 解 由题设$\lim\limits_{\Delta x\to 0}\frac{f(x_0+\Delta x)-f(x_0)}{\Delta x}=1$，于是

(1) $\lim\limits_{\Delta x\to 0}\frac{f(x_0-2\Delta x)-f(x_0)}{\Delta x}=-2\lim\limits_{\Delta x\to 0}\frac{f(x_0-2\Delta x)-f(x_0)}{-2\Delta x}=-2$.

(2) $\lim\limits_{\Delta x\to 0}\frac{f(x_0)-f(x_0-\Delta x)}{\Delta x}=\lim\limits_{\Delta x\to 0}\frac{f(x_0-\Delta x)-f(x_0)}{-\Delta x}=1$.

(3) $\lim\limits_{x\to x_0}\frac{f(3x-2x_0)-f(2x-x_0)}{x-x_0}$

$=3\lim\limits_{x\to x_0}\frac{f(x_0+3x-3x_0)-f(x_0)}{3(x-x_0)}-2\lim\limits_{x\to x_0}\frac{f(x_0+2x-2x_0)-f(x_0)}{2(x-x_0)}$

$=3-2=1$.

(4) $\lim\limits_{n\to\infty}n\left[f\left(x_0-\frac{1}{n}\right)-f(x_0)\right]=-\lim\limits_{n\to\infty}\frac{1}{-\frac{1}{n}}\left[f\left(x_0-\frac{1}{n}\right)-f(x_0)\right]=-1$.

8. 解 由导数定义，$\lim\limits_{x\to a}\frac{f(x)-f(a)}{x-a}=\lim\limits_{x\to a}g(x)$，于是

(1) $g(x)$ 在点 $x=a$ 的某邻域有定义，$\lim\limits_{x\to a}g(x)$ 未必存在，因此，不一定可导.

(2) $g(x)$ 在点 $x=a$ 的某邻域内有定义，且极限存在，即$\lim\limits_{x\to a}\frac{f(x)-f(a)}{x-a}$存在，故可导.

(3) $g(x)$ 在点 $x=a$ 处连续，即$\lim\limits_{x\to a}\frac{f(x)-f(a)}{x-a}$存在，故可导.

9. 解 当$f(x)=|\sin x|$时，$f'_-(0)=-1$，$f'_+(0)=1$，$f'(0)$不存在；当$f(x)=\sqrt[3]{x}|\sin x|$时，由$f'_+(0)=\lim\limits_{x\to 0^+}\frac{f(x)-f(0)}{x}=\lim\limits_{x\to 0}\sqrt[3]{x}\frac{|\sin x|}{x}=0$，$f'_-(0)=\lim\limits_{x\to 0^-}\frac{f(x)-f(0)}{x}=\lim\limits_{x\to 0}\sqrt[3]{x}\frac{|\sin x|}{x}=0$，知 $f(x)$ 在 $x=0$ 处可导.

10. 解 (1) 由$\lim\limits_{x\to 0^+}f(x)=\lim\limits_{x\to 0^+}k(k-1)xe^x+1=1$，$\lim\limits_{x\to 0^-}f(x)=\lim\limits_{x\to 0^-}(x^2+1)=1$，知$k$为任意实数时，$f(x)$ 在 $x=0$ 处有极限.

(2) 由$\lim\limits_{x\to 0}f(x)=f(0)$，得 $k^2=1$，$k=\pm 1$，知当 $k=\pm 1$ 时，$f(x)$ 在 $x=0$ 处连续.

(3) 由 $f'_+(0)=\lim\limits_{x\to 0^+}\frac{f(x)-f(0)}{x}=\lim\limits_{x\to 0^+}\frac{k(k-1)xe^x}{x}=k(k-1)$，

$$f'_-(0)=\lim_{x\to 0^-}\frac{f(x)-f(0)}{x}=\lim_{x\to 0^+}\frac{x^2}{x}=0,$$

得 $k(k-1)=0$，$k=1$（当 $k=0$ 时非连续，舍去），知当 $k=1$ 时，$f(x)$ 在 $x=0$ 处可导.

11. 解 (1) 否. 反例：初等函数 $f(x)=\sqrt[3]{x}$ 在其定义域 $(-\infty,+\infty)$不可导.

(2) 否. 反例：函数 $f(x)=\begin{cases}x+1, & x>0\\ x-1, & x<0\end{cases}$ 满足条件 $\lim\limits_{x\to x_0^-}f'(x)=\lim\limits_{x\to x_0^+}f'(x)$，但 $f'(0)$ 不存在.

(3) 是. $f(x)$ 在区间 (a,b) 内点点可导，即点点有切线斜率，从而得切线方程.

(4) 否. 曲线 $f(x)=\sqrt[3]{x}$ 在点 $x=0$ 存在铅直切线，但函数在该点不可导.

12. 解 点 $(1,0)$ 不在曲线上，设切点为 (a,a^3)，$y'|_{x=a}=3a^2$，则对应切线方程为 $y-a^3=3a^2(x-a)$，又切线过点 $(1,0)$，故有 $0-a^3=3a^2(1-a)$，解得 $a=0,\dfrac{3}{2}$，因此，所求过点 $(1,0)$ 的切线为 $y=0$，$y=\dfrac{27}{4}x-\dfrac{27}{4}$.

13. 解 设曲线的公切线与 $y=x^2$ 与 $y=\dfrac{1}{x}$ 的切点分别为 $P_1(x_1,x_1^2)$，$P_2\left(x_2,\dfrac{1}{x_2}\right)$，过点 P_1，P_2 的切线分别为 $y=2x_1x-x_1^2$，$y=-\dfrac{1}{x_2^2}x+\dfrac{2}{x_2}$，两切线重合，即有

$$2x_1=-\frac{1}{x_2^2},\ -x_1^2=\frac{2}{x_2},$$

解得 $x_1=-2$，$x_2=-\dfrac{1}{2}$，故公切线为 $y=-4x-4$.

14. 解 (1) 由于 $y=x^{\frac{3}{4}}$，所以 $y'=\dfrac{3}{4}x^{-\frac{1}{4}}$.

(2) 由于 $y=(2\mathrm{e})^x$，所以 $y'=(\ln2+1)2^x\mathrm{e}^x$.

(3) 由于 $y=x^{\frac{3}{2}}+2x^{\frac{1}{2}}+x^{-\frac{1}{2}}$，所以 $y'=\dfrac{3}{2}x^{\frac{1}{2}}+x^{-\frac{1}{2}}-\dfrac{1}{2}x^{-\frac{3}{2}}$.

(4) 由于 $y=x^{\frac{4}{3}}+x-x^{\frac{1}{3}}-1$，所以 $y'=\dfrac{4}{3}x^{\frac{1}{3}}-\dfrac{1}{3}x^{-\frac{2}{3}}+1$.

(5) 由于 $y=\dfrac{a}{c+d}x+\dfrac{b}{c+d}$，所以 $y'=\dfrac{a}{c+d}$.

(6) 由于 $y=\ln2\pi-\dfrac{4}{3}\ln x$，所以 $y'=-\dfrac{4}{3x}$.

(7) $y'=\dfrac{(4x-1)(x+2)-(2x^2-x+3)}{(x+2)^2}=\dfrac{2x^2+8x-5}{(x+2)^2}$.

(8) 由于 $y=\dfrac{2\sqrt{x}}{x-1}$，所以 $y'=\dfrac{\dfrac{1}{\sqrt{x}}(x-1)-2\sqrt{x}}{(x-1)^2}=-\dfrac{x+1}{\sqrt{x}\,(x-1)^2}$.

(9) $y'=-\dfrac{2ax+b}{(ax^2+bx+c)^2}$.

(10) $y'=-\dfrac{1}{x\ln^2x}$.

(11) $y'=\dfrac{-\sin x(1-\sin x)+\cos x(1+\cos x)}{(1-\sin x)^2}=\dfrac{1-\sin x+\cos x}{(1-\sin x)^2}$.

(12) 由于 $y=\dfrac{1}{2}\sec x+\csc x$，所以 $y'=\dfrac{1}{2}\sec x\tan x-\csc x\cot x$.

(13) 由于 $y=\frac{\pi}{2}$，所以 $y'=0$.

(14) $y'=\ln x\arctan x+\arctan x+\frac{x\ln x}{1+x^2}$.

(15) $y'=\sin\theta+\theta\cos\theta-\sin\theta=\theta\cos\theta$.

(16) $y'=\sec\varphi+\varphi\sec\varphi\tan\varphi-\csc\varphi\cot\varphi$.

(17) 由于 $y=2^x x^{-2}\cos x+2\pi e$，所以 $y'=-2x^{-3}2^x\cos x+\ln 2x^{-2}2^x\cos x-x^{-2}2^x\sin x$.

(18) $y'=\frac{\left(1-\frac{1}{x}\right)(x+\ln x)-\left(1+\frac{1}{x}\right)(x-\ln x)}{(x+\ln x)^2}=\frac{2(\ln x-1)}{(x+\ln x)^2}$.

(19) $y'=2x\ln x+x$.

(20) 由于 $y=\frac{\ln\pi+2\ln x}{\ln x}+\operatorname{arccot}x$，所以 $y'=-\frac{\ln\pi}{x\ln^2 x}-\frac{1}{x^2+1}$.

15. 解 (1) $y'=3(x^2-2x)^2(2x-2)=6(x^2-2x)^2(x-1)$.

(2) $y'=[x^{\frac{1}{2}}(x+1)^{\frac{1}{6}}]'=\frac{1}{2}x^{-\frac{1}{2}}(x+1)^{\frac{1}{6}}+\frac{1}{6}x^{\frac{1}{2}}(x+1)^{-\frac{5}{6}}$

$=\frac{1}{6}x^{-\frac{1}{2}}(x+1)^{-\frac{5}{6}}(4x+3)$.

(3) $y'=10(x+2\sqrt{x})^9\left(1+\frac{1}{\sqrt{x}}\right)$.

(4) $y'=5\left(\frac{x+1}{x+2}\right)^4\left(1-\frac{1}{x+2}\right)'=5\left(\frac{x+1}{x+2}\right)^4\frac{1}{(x+2)^2}$.

(5) $y'=e^{\frac{1}{x}}+xe^{\frac{1}{x}}\left(-\frac{1}{x^2}\right)=\left(1-\frac{1}{x}\right)e^{\frac{1}{x}}$.

(6) $y'=2^{\sin x}\ln 2\cos x\cos 2x-2\cdot 2^{\sin x}\sin 2x=2^{\sin x}(\ln 2\cos x\cos 2x-2\sin 2x)$.

(7) $y'=\left(1-\frac{2}{e^{2x}+1}\right)'=\frac{4e^{2x}}{(e^{2x}+1)^2}$.

(8) $s'=\frac{1}{2}[\ln(1+t)-\ln(1-t)]'=\frac{1}{2}\left(\frac{1}{1+t}+\frac{1}{1-t}\right)=\frac{1}{1-t^2}$.

(9) $y'=-\frac{2^{-x}\ln 2+3^{-x}\ln 3+4^{-x}\ln 4}{2^{-x}+3^{-x}+4^{-x}}$.

(10) $y'=\{2\ln[3\ln(\ln x)]\}'=2\frac{1}{\ln(\ln x)}[\ln(\ln x)]'=\frac{2}{x\ln x\ln(\ln x)}$.

(11) $y'=\frac{\sin 2x\sin x^2-2x\cos x^2\sin^2 x}{(\sin x^2)^2}$.

(12) $y'=\frac{1}{1+(\sqrt{x^2-1})^2}(\sqrt{x^2-1})'=\frac{1}{x\sqrt{x^2-1}}$.

(13) $y'=-\frac{1}{1+\left(\frac{x+1}{x-1}\right)^2}\left(1+\frac{2}{x-1}\right)'=\frac{1}{x^2+1}$.

(14) $y'=\frac{1}{\sqrt{1-\left(\frac{2x}{1+x^2}\right)^2}}\left(\frac{2x}{1+x^2}\right)'=\frac{1+x^2}{|1-x^2|}\cdot\frac{2(1-x^2)}{(1+x^2)^2}=\frac{2(1-x^2)}{|1-x^2|(1+x^2)}$.

(15) $y' = \arctan\sqrt{x} + x\dfrac{(\sqrt{x})'}{1+x} = \arctan\sqrt{x} + \dfrac{\sqrt{x}}{2(1+x)}$.

(16) $y' = -\left(\ln\cos\dfrac{x}{2}\right)' = -\dfrac{-\sin\dfrac{x}{2}}{\cos\dfrac{x}{2}}\cdot\dfrac{1}{2} = \dfrac{1}{2}\tan\dfrac{x}{2}$.

(17) $y' = -\dfrac{1}{\arccos^2\sqrt{x}}\cdot\dfrac{(\sqrt{x})'}{\sqrt{1-x}} = \dfrac{1}{2\sqrt{x-x^2}\arccos^2\sqrt{x}}$.

(18) $y' = \arccos x - \dfrac{x}{\sqrt{1-x^2}} + \dfrac{x}{\sqrt{1-x^2}} = \arccos x$.

(19) $y' = \dfrac{1}{2}\sqrt{x^2+a^2} + \dfrac{x^2}{2\sqrt{x^2+a^2}} + \dfrac{a^2}{2\sqrt{x^2+a^2}} = \sqrt{x^2+a^2}$.

(20) $y' = \dfrac{2-2x}{2\sqrt{2x-x^2}} + 2\dfrac{1}{\sqrt{1-\dfrac{x}{4}}}\cdot\dfrac{1}{4\sqrt{x}} = \dfrac{1-x}{\sqrt{2x-x^2}} + \dfrac{1}{\sqrt{4x-x^2}}$.

16. 解

(1) $y' = f'(\sin^2 x)\sin 2x + f'(\cos^2 x)(-\sin 2x) = \sin 2x[f'(\sin^2 x) - f'(\cos^2 x)]$.

(2) $y' = 2f(x^2)f'(x^2)\cdot 2x = 4xf(x^2)f'(x^2)$.

(3) $y' = f'\left[f\left(\dfrac{1}{x}\right)\right]f'\left(\dfrac{1}{x}\right)\left(-\dfrac{1}{x^2}\right) = -\dfrac{1}{x^2}f'\left[f\left(\dfrac{1}{x}\right)\right]f'\left(\dfrac{1}{x}\right)$.

(4) $y' = \left[\dfrac{2}{1+f(x)} - 1\right]' = -\dfrac{2f'(x)}{[1+f(x)]^2}$.

(5) $y' = \dfrac{1}{2\sqrt{x}}f'(\sqrt{x}+1)$.

(6) $y' = -\dfrac{f'(-x)}{f(-x)}$.

(7) $y' = \dfrac{f'(x)}{\sqrt{f^2(x)+1}}$.

(8) $y' = e^{f(x)}f'(x)f(x) + f'(x)e^{f(x)} = e^{f(x)}f'(x)[f(x)+1]$.

17. 解 (1) 由于 $\ln y = \dfrac{1}{2}\ln(x+1) - \dfrac{1}{6}\ln x - \dfrac{1}{2}\ln(x+3) - \ln 3$，因此

$$y' = \sqrt{\frac{x+1}{3\sqrt[3]{x}(x+3)}}\left(\frac{1}{2(x+1)} - \frac{1}{6x} - \frac{1}{2(x+3)}\right).$$

(2) 由于 $\ln y = \dfrac{1}{2}\ln x + 2\ln(x+3) - \dfrac{1}{3}\ln x - 3\ln(1-x)$，因此

$$y' = \frac{\sqrt{x}(x+3)^2}{\sqrt[3]{x}(1-x)^3}\left(\frac{1}{6x} + \frac{2}{x+3} + \frac{3}{1-x}\right).$$

(3) 由于 $\ln y = \cos x\ln\sin x$，因此

$$y' = (\sin x)^{\cos x}\left(\frac{\cos^2 x}{\sin x} - \sin x\ln\sin x\right).$$

(4) 设 $u=x^{2^x}$，$v=2^{x^2}$，则 $\ln u=2^x\ln x$，$\ln v=x^2\ln 2$，从而

$$u'=x^{2^x}\left(2^x\ln 2\ln x+\frac{1}{x}\cdot 2^x\right)=x^{2^x}2^x\left(\ln 2\ln x+\frac{1}{x}\right),\ v'=2^{x^2}\cdot 2x\ln 2,$$

于是

$$y'=u'+v'+(a^{2a})'=x^{2^x}2^x\left(\ln 2\ln x+\frac{1}{x}\right)+2\ln 2x\cdot 2^{x^2}.$$

(5) 由于 $\ln y=\frac{1}{x+1}\ln(1+2x)$，因此

$$y'=(1+2x)^{\frac{1}{x+1}}\left[\frac{2}{(x+1)(2x+1)}-\frac{\ln(2x+1)}{(x+1)^2}\right].$$

(6) 由于 $\ln y=x[\ln(x+1)-\ln x]$，因此

$$y'=\left(1+\frac{1}{x}\right)^x\left[\ln\frac{x+1}{x}+x\left(\frac{1}{x+1}-\frac{1}{x}\right)\right]=\left(1+\frac{1}{x}\right)^x\left(\ln\frac{x+1}{x}-\frac{1}{x+1}\right).$$

(7) 由于 $\ln y=\sqrt{x}\ln x$，因此，$y'=x^{\sqrt{x}}\left[\frac{1}{2\sqrt{x}}\ln x+\frac{\sqrt{x}}{x}\right]=\frac{1}{2\sqrt{x}}x^{\sqrt{x}}(\ln x+2)$.

(8) 由于 $\ln\left(y-\sin\frac{\pi}{3}\right)=\ln^2 x$，因此，$y'=\left(y-\sin\frac{\pi}{3}\right)\frac{2\ln x}{x}=x^{\ln x}\frac{2\ln x}{x}$.

18. 解 由 $f'(x)=2x$，$\varphi'(x)=-\frac{1}{\sqrt{1-x^2}}$，于是

(1) $\{f[\varphi(x)]\}'=f'[\varphi(x)]\varphi'(x)=-\frac{2\arccos x}{\sqrt{1-x^2}}$.

(2) $f'[\varphi(x)]=2\arccos x$.

(3) $\varphi[f'(-x)]|_{x=0.5}=\arccos(-2x)|_{x=0.5}=\pi$.

(4) $\varphi\{[f(0.5)]'\}=\varphi(0)=\arccos 0=\frac{\pi}{2}$.

19. 证 (1) 若 $f(x)$ 为奇函数，则 $f(x)=-f(-x)$，两边求导，得

$$f'(x)=-f'(-x)(-x)'=f'(-x),$$

因此，$f'(x)$ 为偶函数.

(2) 若 $f(x)$ 是以 T 为周期的周期函数，则 $f(x)=f(x+T)$，两边求导，得

$$f'(x)=f'(x+T)(x+T)'=f'(x+T),$$

因此，$f'(x)$ 为同周期的周期函数.

20. 解 依题设，t 秒钟后骑车人与汽车间的距离为

$$f(t)=\sqrt{(8t)^2+(20t)^2+20^2}=\sqrt{464t^2+400},$$

于是 5 秒钟后，人与汽车分离的速度为

$$v(5)=f'(5)=\frac{464t}{\sqrt{464t^2+400}}\Big|_{t=5}\approx 21.18\ (\text{米}/\text{秒}).$$

21. 解 设石头投入 t 秒后，产生波纹的面积为 $S(t)=\pi(60t)^2$，因此，湖中圆形波纹面积的变化率 $S'(t)=7\,200\pi t$ 厘米^2/秒. 从而有

(1) $S'(1)=7\,200\pi$ 厘米^2/秒；

(2) $S'(2)=14\,400\pi$ 厘米^2/秒；

(3) $S'(5)=36\,000\pi$ 厘米^2/秒.

从结果看，湖中圆形波纹面积的变化率与时间 t 成正比.

22. 解 (1) 两边对 x 求导，有 $\dfrac{1}{2\sqrt{x}}+\dfrac{1}{\sqrt{y}}y'=0$，得 $y'=-\dfrac{\sqrt{y}}{2\sqrt{x}}$.

(2) 两边对 x 求导，有 $y'=1+e^{x+y}(1+y')$，得 $y'=\dfrac{1+e^{x+y}}{1-e^{x+y}}$.

(3) 两边对 x 求导，有 $5y^4y'+2xy+x^2y'-9x^2=-2y'$，得

$$y'=-\frac{2xy-9x^2}{5y^4+x^2+2},\ y'\Big|_{\substack{x=1\\y=1}}=\frac{7}{8}.$$

(4) 两边对 x 求导，有 $\cos(x+y)(1+y')=e^{xy}(xy'+y)$，得

$$y'=-\frac{\cos(x+y)-ye^{xy}}{\cos(x+y)-xe^{xy}},\ y'\Big|_{\substack{x=0\\y=0}}=-1.$$

(5) 两边取对数，$y\ln x=2x\ln\left(\dfrac{y}{2}\right)$，再对 x 求导，有 $y'\ln x+\dfrac{y}{x}=2\ln\left(\dfrac{y}{2}\right)+\dfrac{2x}{y}y'$，得

$$y'=-\frac{y^2-2xy\ln\dfrac{y}{2}}{xy\ln x-2x^2},\ y'\Big|_{\substack{x=1\\y=2}}=2.$$

(6) 两边对 x 求导，有 $\dfrac{x+yy'}{x^2+y^2}=\dfrac{1}{1+\left(\dfrac{x}{y}\right)^2}\cdot\dfrac{y-xy'}{y^2}$，得

$$y'=\frac{y-x}{y+x},\ y'\Big|_{\substack{x=0\\y=1}}=1.$$

23. 解 (1) 函数 $f(x)$ 的定义域为 $[-1,1]$，导函数 $y'=-\dfrac{x}{\sqrt{1-x^2}}$ 的定义域为 $(-1,1)$，知函数 $f(x)$ 在其定义域内不可导，$x=\pm1$ 为不可导点，其导函数在 $(-1,1)$ 内连续.

(2) 函数 $f(x)$ 的定义域为 $(-\infty,0)\cup(0,+\infty)$，在定义域内总有 $y'=1$，因此 $f(x)$ 在定义域内可导，且其导函数分别在 $(-\infty,0)$，$(0,+\infty)$ 内连续.

(3) 函数 $f(x)$ 的定义域为 $(-\infty,+\infty)$，当 $x\neq0$ 时，总有 $f'(x)=2x\sin\dfrac{1}{x}-\cos\dfrac{1}{x}$，当 $x=0$ 时，由 $\lim\limits_{x\to0}\dfrac{f(x)-f(0)}{x}=\lim\limits_{x\to0}x\sin\dfrac{1}{x}=0$，知 $f(x)$ 可导，且 $f'(0)=0$，因此 $f(x)$ 在定义域内可导，且

$$y'=\begin{cases}2x\sin\dfrac{1}{x}-\cos\dfrac{1}{x}, & x\neq 0\\ 0, & x=0\end{cases}.$$

由于$\lim\limits_{x\to 0}f'(x)$不存在，其导函数在点$x=0$处不连续.

(4) 函数$f(x)$的定义域为$(-\infty,+\infty)$，由$\lim\limits_{x\to 0^+}f(x)\neq\lim\limits_{x\to 0^-}f(x)$知$x=0$为间断点.又当$x>0$时，$f'(x)=-\dfrac{1}{(x+1)^2}$，当$x<0$时，$f'(x)=-\dfrac{1}{(x-1)^2}$. 因此，$x=0$为不可导点，在$x\neq 0$时导函数连续，且$y'=\begin{cases}-\dfrac{1}{(x+1)^2}, & x>0\\ -\dfrac{1}{(x-1)^2}, & x<0\end{cases}$.

24. 解 (1) 由$y'=-2e^{-2x}$，$y''=(-2)^2e^{-2x}$，…，得$y^{(n)}=(-2)^ne^{-2x}$.

(2) 由$y'=-k\sin kx=k\cos\left(\dfrac{\pi}{2}+kx\right)$，$y''=k^2\cos\left(2\cdot\dfrac{\pi}{2}+kx\right)$，…，得

$$y^{(n)}=k^n\cos\left(\frac{n\pi}{2}+kx\right).$$

(3) 由$y'=\sin 2x$，$y''=2\cos 2x=2\sin\left(\dfrac{\pi}{2}+2x\right)$，$y'''=2^2\sin\left(2\cdot\dfrac{\pi}{2}+2x\right)$，…，得

$$y^{(n)}=2^{n-1}\sin\left(\frac{(n-1)\pi}{2}+2x\right).$$

(4) 由$y'=\dfrac{1}{(2-x)^2}$，$y''=\dfrac{1\cdot 2}{(2-x)^3}$，…，得$y^{(n)}=\dfrac{n!}{(2-x)^{n+1}}$.

(5) 由$y'=\dfrac{1}{x+1}$，$y''=\dfrac{-1}{(x+1)^2}$，$y'''=\dfrac{-1\cdot(-2)}{(x+1)^3}$，…，得$y^{(n)}=\dfrac{(-1)^{n-1}(n-1)!}{(x+1)^n}$.

(6) 由$y'=(x+1)e^x$，$y''=(x+1)e^x+e^x=(x+2)e^x$，…，得$y^{(n)}=(x+n)e^x$.

25. 解 (1) $y'=5x^4+6x-2$，$y''=20x^3+6$.

(2) $y'=\dfrac{2x}{1+x^2}$，$y''=\dfrac{2(1+x^2)-2x\cdot 2x}{(1+x^2)^2}=\dfrac{2(1-x^2)}{(1+x^2)^2}$.

(3) $y'=e^{x^2}+2x^2e^{x^2}=(1+2x^2)e^{x^2}$，$y''=4xe^{x^2}+2x(1+2x^2)e^{x^2}=(6x+4x^3)e^{x^2}$.

(4) $y'=\dfrac{1}{\sqrt{1+x^2}}$，$y''=-\dfrac{2x}{2\sqrt{1+x^2}\,(\sqrt{1+x^2})^2}=-\dfrac{x}{(1+x^2)^{\frac{3}{2}}}$.

(5) 两边对x求导，$1-y'=\cos(x+y)(1+y')$，得$y'=-\dfrac{\cos(x+y)-1}{\cos(x+y)+1}$，再求导，

$$y''=\left[-1+\frac{2}{\cos(x+y)+1}\right]'=\frac{2\sin(x+y)(1+y')}{[\cos(x+y)+1]^2},$$

将$y'+1=\dfrac{2}{\cos(x+y)+1}$代入，得

$$y''=\left[-1+\frac{2}{\cos(x+y)+1}\right]'=\frac{4\sin(x+y)}{[\cos(x+y)+1]^3}.$$

(6) 两边对 x 求导，$2x+2yy'=0$，$y'=-\dfrac{x}{y}$，再求导，得

$$y''=-\frac{y-xy'}{y^2}=-\frac{y+x\dfrac{x}{y}}{y^2}=-\frac{y^2+x^2}{y^3}=-\frac{1}{y^3}.$$

26. 解 (1) $y'=\dfrac{1}{x}f'(\ln x)$，

$$y''=-\frac{1}{x^2}f'(\ln x)+\frac{1}{x^2}f''(\ln x)=\frac{1}{x^2}[f''(\ln x)-f'(\ln x)].$$

(2) $y'=\cos x\cdot e^{f(\sin x)}f'(\sin x)$，

$$\begin{aligned}y''&=-\sin x e^{f(\sin x)}f'(\sin x)+e^{f(\sin x)}[f'(\sin x)]^2\cos^2 x+\cos^2 x e^{f(\sin x)}f''(\sin x)\\&=e^{f(\sin x)}\{\cos^2 x\cdot f''(\sin x)+\cos^2 x[f'(\sin x)]^2-\sin x\cdot f'(\sin x)\}.\end{aligned}$$

27. 解 $$\begin{aligned}\Delta y\Big|_{x=2}&=[(x+\Delta x)^2-(x+\Delta x)-(x^2-x)]\Big|_{x=2}\\&=[(2x-1)\Delta x+(\Delta x)^2]\Big|_{x=2}=3\Delta x+(\Delta x)^2,\end{aligned}$$

$$dy\Big|_{x=2}=(x^2-x)'\Big|_{x=2}\Delta x=(2x-1)\Big|_{x=2}\Delta x=3\Delta x.$$

于是，当 $\Delta x=1$ 时，$\Delta y\Big|_{x=2}=4$，$dy\Big|_{x=2}=3$；当 $\Delta x=0.1$ 时，$\Delta y\Big|_{x=2}=0.31$，$dy\Big|_{x=2}=0.3$；当 $\Delta x=0.01$ 时，$\Delta y\Big|_{x=2}=0.030\,1$，$dy\Big|_{x=2}=0.03$.

28. 解 (1) $y'=\ln\sqrt{x^2+1}+x\cdot\dfrac{1}{2}\cdot\dfrac{2x}{x^2+1}=\ln\sqrt{x^2+1}+\dfrac{x^2}{x^2+1}$，所以

$$dy=\left(\ln\sqrt{x^2+1}+\frac{x^2}{x^2+1}\right)dx.$$

(2) 由 $y'=(a+b)(x^{-\frac{2}{3}})'=-\dfrac{2}{3}(a+b)x^{-\frac{5}{3}}$，所以，$dy=-\dfrac{2}{3}(a+b)x^{-\frac{5}{3}}dx$.

(3) 由 $y'=-e^{-x}\tan x+e^{-x}\sec^2 x$，所以 $dy=(-e^{-x}\tan x+e^{-x}\sec^2 x)dx$.

(4) 由 $y'=\dfrac{e^x}{1+e^{2x}}$，所以 $dy=\dfrac{e^x}{e^{2x}+1}dx$.

(5) 由 $y'=2^{\frac{x}{\ln x}}\ln 2\dfrac{\ln x-1}{\ln^2 x}$，所以 $dy=2^{\frac{x}{\ln x}}\ln 2\dfrac{\ln x-1}{\ln^2 x}dx$.

(6) 由 $y'=\dfrac{\ln x}{x\sqrt{1+\ln^2 x}}$，所以，$dy=\dfrac{\ln x}{x\sqrt{\ln^2 x+1}}dx$.

(7) 由 $y'=-\cot x\csc^2 x+\dfrac{\cos x}{\sin x}=-\cot^3 x$，所以，$dy=-\cot^3 x dx$.

(8) 由 $y'=[e^{(x-1)\ln x}]'=e^{(x-1)\ln x}\left(\ln x+1-\dfrac{1}{x}\right)$，所以，$dy=x^{x-1}\left(\ln x-\dfrac{1}{x}+1\right)dx$.

29. 解 (1) 两边求导，$\dfrac{1}{2\sqrt{x}}+\dfrac{1}{2\sqrt{y}}y'=0$，得 $y'=-\dfrac{\sqrt{y}}{\sqrt{x}}$，因此，$dy=-\dfrac{\sqrt{y}}{\sqrt{x}}dx$.

(2) 两边求导，$y'=1+2\cos y y'$，得 $y'=\dfrac{1}{1-2\cos y}$，因此，$dy=\dfrac{1}{1-2\cos y}dx$.

(3) 两边求导，$2yy' = 1 + \frac{1}{1+x^2}$，得 $y' = \frac{x^2+2}{2(x^2+1)y}$，因此，$\mathrm{d}y = \frac{x^2+2}{2(x^2+1)y}\mathrm{d}x$.

(4) 两边求导，$y' = \frac{1}{x+y}(1+y')$，得 $y' = \frac{1}{x+y-1}$，因此，$\mathrm{d}y = \frac{1}{x+y-1}\mathrm{d}x$.

30. 解 (1) 设 $f(x) = \mathrm{e}^x$，有微分近似公式 $\mathrm{e}^{x+\Delta x} \approx \mathrm{e}^x + \mathrm{e}^x\Delta x$，取 $x=1$，$\Delta x = 0.02$，得

$\mathrm{e}^{1.02} \approx \mathrm{e} + \mathrm{e} \times 0.02 = 1.02\mathrm{e}$.

(2) 设 $f(x) = \ln x$，有微分近似公式 $\ln(x+\Delta x) \approx \ln x + \frac{1}{x}\Delta x$，取 $x=1$，$\Delta x = 0.003$，得

$\ln 1.003 \approx 0.003$.

(3) 设 $f(x) = \sin x$，有微分近似公式 $\sin(x+\Delta x) \approx \sin x + \cos x\Delta x$，取

$x = 0$，$\Delta x = \frac{\pi}{180} \times 20 = \frac{\pi}{9}$，得 $\sin 20° \approx \frac{\pi}{9}$.

(4) 设 $f(x) = x^{\frac{1}{5}}$，有微分近似公式 $(x+\Delta x)^{\frac{1}{5}} \approx x^{\frac{1}{5}} + \frac{1}{5}x^{-\frac{4}{5}}\Delta x$，取 $x = 32$，$\Delta x = -1$，得

$$\sqrt[5]{31} \approx 2 - \frac{1}{5 \times 16} = 1.9875.$$

31. 证 (1) 设 $f(x) = \sqrt[\alpha]{x}$，有微分近似公式 $\sqrt[\alpha]{x_0 + \Delta x} \approx \sqrt[\alpha]{x_0} + \frac{1}{\alpha}x_0^{\frac{1}{\alpha}-1}\Delta x$，取 $x_0 = 1$，$\Delta x = x$，得

$$\sqrt[\alpha]{x+1} - 1 \approx \frac{1}{\alpha}x \,(\alpha > 0).$$

(2) 设 $f(x) = \mathrm{e}^x$，有微分近似公式 $\mathrm{e}^{x_0+\Delta x} \approx \mathrm{e}^{x_0} + \mathrm{e}^{x_0}\Delta x$，取 $x_0 = 0$，$\Delta x = x$，得 $\mathrm{e}^x - 1 \approx x$.

(3) 设 $f(x) = \tan x$，有微分近似公式 $\tan(x_0+\Delta x) \approx \tan x_0 + \sec^2 x_0 \Delta x$，取 $x_0 = 0$，$\Delta x = x$，得

$$\tan x \approx x.$$

(4) 设 $f(x) = \ln x$，有微分近似公式 $\ln(x_0 + \Delta x) \approx \ln x_0 + \frac{1}{x_0}\Delta x$，取 $x_0 = 1$，$\Delta x = x$，得

$$\ln(x+1) \approx x.$$

32. 解 设球外直径为 r，球壳厚度为 Δr，则球壳近似公式为

$$\Delta V = \frac{4}{3}\pi r^3 - \frac{4}{3}\pi(r-\Delta r)^3 \approx \mathrm{d}V = 4\pi r^2\Delta r,$$

将 $r = 6$，$\Delta r = 0.6$ 代入，得 $\Delta V \approx 4\pi \times 36 \times 0.6 = 86.4\pi$ 厘米^3.

33. 解 (1) $\overline{\Delta C} = \frac{1}{5}[C(105) - C(100)] = 117.5$ 万元/单位.

(2) $\Delta C=\frac{1}{1}[C(101)-C(100)]=115.5$ 万元 / 单位.

(3) $C'(100)=(15+x)|_{x=100}=115$ 万元 / 单位.

34. 解 $C'(x)=\frac{1}{\sqrt{x}}$ 为边际成本函数；$R'(x)=\frac{5}{(x+1)^2}$ 为边际收益函数；

$L'(x)=R'(x)-C'(x)=\frac{5}{(x+1)^2}-\frac{1}{\sqrt{x}}$ 为边际利润函数.

35. 解 (1) $\frac{Ey}{Ex}=\frac{d\ln(ax+b)}{d\ln x}=\frac{ax}{ax+b}$.

(2) $\frac{Ey}{Ex}=\frac{d\ln 2x^3}{d\ln x}=3$.

(3) $\frac{Ey}{Ex}=\frac{d\ln 3e^{ax}}{d\ln x}=ax$.

(4) $\frac{Ey}{Ex}=\frac{d\ln(\ln 2x^2)}{d\ln x}=\frac{2}{\ln 2x^2}$.

36. 解 (1) $\frac{\Delta P}{P}$ 表示价格为 P_0 时的相对改变量，即价格的平均变化幅度.

(2) $-\frac{\Delta Q}{Q}$ 表示需求量为 Q_0 时的相对改变量，即需求量的平均变化幅度.

(3) $-\frac{\Delta P}{P}\bigg/\frac{\Delta Q}{Q}$ 表示价格为 P_0 时需求量的相对改变量对于价格的相对改变量的平均变化幅度.

(4) $\lim\limits_{\Delta P\to 0}-\left(\frac{\Delta P}{P}\bigg/\frac{\Delta Q}{Q}\right)$ 表示在 P_0 处价格增加百分之一时需求量相应减少的百分数.

37. 解 (1) $R(P)=PQ(P)$，于是

$$\frac{dR}{dP}=Q(P)+P\frac{dQ}{dP}=Q(P)\left[1-\left(-\frac{P}{Q}\cdot\frac{dQ}{dP}\right)\right]=Q(1-\eta_d).$$

(2) $\frac{ER}{EP}=\frac{P dR}{R dP}=\frac{P}{PQ}Q(1-\eta_d)=1-\eta_d=1-\frac{2P^2}{192-P^2}=\frac{192-3P^2}{192-P^2}$,

从而得 $\left.\frac{ER}{EP}\right|_{P=6}=\frac{7}{13}\approx 0.54$. 其经济意义是，当 $P=6$ 时价格上涨 1%，总收益将上涨 0.54%，也说明此时涨价可以增加收入.

38. 解 依题设，$R(P)=PQ=P\left(\frac{a}{P+b}-c\right)$，$R'(P)=\frac{ab-c(P+b)^2}{(P+b)^2}$.

令 $R'(P)=0$，得 $P_0=\sqrt{\frac{ab}{c}}-b=\sqrt{\frac{b}{c}}(\sqrt{a}-\sqrt{bc})$，于是，

当 $0<P<\sqrt{\frac{b}{c}}(\sqrt{a}-\sqrt{bc})$ 时，涨价可以增加总收益；

当 $\frac{a}{c}-b\geqslant P>\sqrt{\frac{b}{c}}(\sqrt{a}-\sqrt{bc})$ 时，降价可以增加总收益.

39. 解 由 $R(P)=PQ=Pf(P)$ 及题意，

$$\frac{dR}{dP}=Q(P)+P\frac{dQ}{dP}=Q(P)\left[1-\left(-\frac{P}{Q}\cdot\frac{dQ}{dP}\right)\right]=Q(1-\eta_d),$$

解得 $\eta_d=1$.

习题四

1. 解 (1) $f(x)=\frac{1}{x^2}$ 在 $x=0$ 处间断，不满足罗尔定理的条件，也不存在 $\xi\in(-1,1)$，使得 $f'(\xi)=0$.

(2) $f(-2)\neq f(2)$，不满足罗尔定理的条件，存在 $\xi=0\in(-2,2)$，使得 $f'(\xi)=0$.

(3) $f(x)$ 满足罗尔定理的条件，存在 $\xi=1\in\left(\frac{1}{2},2\right)$，使得 $f'(\xi)=0$.

(4) $f(x)$ 在 $x=0$ 处不可导，不满足罗尔定理的条件，也不存在 $\xi\in(-1,1)$，使得 $f'(\xi)=0$.

2. 解 $f(x)$ 为多项式，在 $(-\infty,\infty)$ 上可导，又 $f(-4)=f(-3)=f(-1)=f(0)=f(1)$，根据罗尔定理，$f'(\xi)=0$ 存在 4 个实根，分别取自区间 $(-4,-3)$，$(-3,-1)$，$(-1,0)$，$(0,1)$.

3. 证 若不然，设 $f(x)=x^3+3x-k$，方程 $x^3+3x-k=0$ 在区间 $(0,+\infty)$ 内有两个不等正实根 $0<x_1<x_2$，即有 $f(x_1)=f(x_2)=0$，又 $f(x)$ 在区间 $[x_1,x_2]$ 上连续可导，根据罗尔定理，必存在一点 $\xi\in(x_1,x_2)$，使得 $f'(\xi)=3\xi^2+3=0$，但由于 $\xi>0$，总有 $f'(\xi)>0$，矛盾，因此，方程 $x^3+3x-k=0$ 在区间 $(0,+\infty)$ 内至多有一个实根.

4. 证 由于 $f(x)$ 为奇函数，且处处可微，因此，$f(x)=-f(-x)$，且 $f(x)$ 在 $[-b,b]$ 上满足拉格朗日中值定理的条件，即必存在 $\xi\in(-b,b)$，$f'(\xi)=\frac{f(b)-f(-b)}{b-(-b)}=\frac{f(b)}{b}$.

5. 证 (1) 设 $f(x)=e^x$，显然，当 $x=0$ 时，$f(0)=e^0=1$，满足不等式，当 $x\neq0$ 时，不妨设 $x>0$，则 $f(x)$ 在 $[0,x]$ 上满足拉格朗日中值定理的条件，即必存在 $\xi\in(0,x)$，使得

$f(x)-f(0)=e^{\xi}x$，即有 $e^x=1+e^{\xi}x>1+x$，其中 $e^{\xi}>1$，$xe^{\xi}>x$.

同理，当 $x<0$ 时，$f(x)$ 在 $[x,0]$ 上满足拉格朗日中值定理的条件，即必存在 $\xi\in(x,0)$，使得

$e^x=1+e^{\xi}x>1+x$，其中 $e^{\xi}<1$，$xe^{\xi}>x$.

(2) 设 $f(x)=\ln x$，显然，$f(x)$ 在 $[a,b]$ 上满足拉格朗日中值定理的条件，即必存在 $\xi\in(a,b)$，使得

$$\ln b-\ln a=\frac{1}{\xi}(b-a),$$

由于 $0<a<\xi<b$，必有 $\frac{1}{b}<\frac{1}{\xi}<\frac{1}{a}$，因此，有不等式

$$\frac{b-a}{b}\leqslant \ln\frac{b}{a}\leqslant\frac{b-a}{a}\ (0<a<b).$$

6. 证 设 $f(x)=\arctan x+\arctan\frac{1}{x}$，$f(x)$ 在 $(0,+\infty)$ 上可导，且

$$f'(x)=\frac{1}{1+x^2}+\frac{1}{1+\left(\frac{1}{x}\right)^2}\cdot\left(-\frac{1}{x^2}\right)=0,$$

知 $f(x)$ 在 $(0,+\infty)$ 上，$f(x)\equiv C$，取 $x=1$ 代入，得 $C=\frac{\pi}{4}+\frac{\pi}{4}=\frac{\pi}{2}$，即恒有

$$\arctan x+\arctan\frac{1}{x}=\frac{\pi}{2}\ (0<x<+\infty).$$

7. 解 (1) 否. 函数 $f(x)$ 在 $[a,b]$ 上有定义，未必在 $[a,b]$ 上连续，不满足拉格朗日中值定理的条件. 反例：取函数 $f(x)=\begin{cases}1, & -1\leqslant x<1\\ -1, & x=1\end{cases}$，则在 $(-1,1)$ 内恒有 $f'(x)=0$，但

$$\frac{f(1)-f(-1)}{1-(-1)}=-1\neq 0.$$

(2) 否. 中值定理只适合在区间上应用，反例：取函数 $f(x)=\begin{cases}1, & x>0\\ -1, & x<0\end{cases}$，则在其定义域内恒有 $f'(x)=0$，但 $f(x)$ 非常数.

(3) 否. 函数 $f(x)$ 在 (a,b) 内有界与 $f'(x)$ 在 (a,b) 内有界无必然联系，反例：函数 $f(x)=x$ 在 $(0,+\infty)$ 内可导，且 $f'(x)=1$ 有界，但 $f(x)=x$ 在 $(0,+\infty)$ 内无界.

(4) 否. 函数 $f(x)$，$g(x)$ 在区间 $[a,b]$ 上分别应用拉格朗日中值定理，各自得到的中值未必相同，而柯西定理中的中值 ξ 是同一个值.

8. 解 (1) $\lim\limits_{x\to-2}\frac{x^2-x-6}{x^3-2x+4}=\lim\limits_{x\to-2}\frac{2x-1}{3x^2-2}=\frac{-5}{10}=-\frac{1}{2}.$

(2) $\lim\limits_{x\to1}\frac{x^\beta-1}{x^\alpha-1}=\lim\limits_{x\to1}\frac{\beta x^{\beta-1}}{\alpha x^{\alpha-1}}=\frac{\beta}{\alpha}.$

(3) $\lim\limits_{x\to0}\frac{5^x-3^x}{2x}=\lim\limits_{x\to0}\frac{5^x\ln5-3^x\ln3}{2}=\frac{1}{2}\ln\frac{5}{3}.$

(4) $\lim\limits_{x\to0}\frac{x-\sin x}{x^2\ln(1+x)}=\lim\limits_{x\to0}\frac{x-\sin x}{x^3}=\lim\limits_{x\to0}\frac{1-\cos x}{3x^2}=\lim\limits_{x\to0}\frac{\sin x}{6x}=\frac{1}{6}.$

(5)
$$\lim_{x\to0}\frac{(1+x)^{\frac{1}{x}}-\mathrm{e}}{x}=\lim_{x\to0}\left[\mathrm{e}^{\frac{\ln(1+x)}{x}}\right]'=\lim_{x\to0}(1+x)^{\frac{1}{x}}\frac{\frac{x}{1+x}-\ln(1+x)}{x^2}$$
$$=\mathrm{e}\lim_{x\to0}\frac{x-(1+x)\ln(1+x)}{x^2}=\mathrm{e}\lim_{x\to0}\frac{1-1-\ln(1+x)}{2x}=-\frac{1}{2}\mathrm{e}.$$

(6) $\lim\limits_{x\to\frac{\pi}{4}}(1-\tan x)\sec2x=\lim\limits_{x\to\frac{\pi}{4}}\frac{1-\tan x}{\cos2x}=\lim\limits_{x\to\frac{\pi}{4}}\frac{-\sec^2x}{-2\sin2x}=1.$

(7) $\lim\limits_{x\to+\infty}\sqrt{x}(\sqrt[x]{x}-1)=\lim\limits_{x\to+\infty}\sqrt{x}(\mathrm{e}^{\frac{\ln x}{x}}-1)=\lim\limits_{x\to+\infty}\frac{\ln x}{\sqrt{x}}=\lim\limits_{x\to+\infty}\frac{2\sqrt{x}}{x}=0.$

(8) $\lim\limits_{x\to0^+}x^3e^{\frac{1}{x}}=\lim\limits_{u=\frac{1}{x}\to+\infty}\dfrac{e^u}{u^3}=\lim\limits_{u\to+\infty}\dfrac{e^u}{3!}=+\infty.$

(9) $\lim\limits_{x\to+\infty}(x-\ln x)=\lim\limits_{x\to+\infty}\dfrac{\left(1-\dfrac{1}{x}\ln x\right)}{\dfrac{1}{x}}=+\infty$，其中 $\lim\limits_{x\to+\infty}\dfrac{\ln x}{x}=\lim\limits_{x\to+\infty}\dfrac{1}{x}=0.$

(10) $\lim\limits_{x\to0}\left(\dfrac{1}{x}-\csc x\right)=\lim\limits_{x\to0}\dfrac{\sin x-x}{x\sin x}=\lim\limits_{x\to0}\dfrac{\sin x-x}{x^2}=\lim\limits_{x\to0}\dfrac{\cos x-1}{2x}=\lim\limits_{x\to0}\dfrac{-\sin x}{2}=0.$

(11) $\lim\limits_{x\to0}\left(\dfrac{1}{x}-\dfrac{1}{\arctan x}\right)=\lim\limits_{x\to0}\dfrac{\arctan x-x}{x\arctan x}=\lim\limits_{x\to0}\dfrac{\arctan x-x}{x^2}$

$$=\lim_{x\to0}\frac{\dfrac{1}{1+x^2}-1}{2x}=\lim_{x\to0}\frac{-x}{2}=0.$$

(12) $\lim\limits_{x\to\infty}x\ln\left(1+\dfrac{3}{x}+\dfrac{5}{x^2}\right)=\lim\limits_{u=\frac{1}{x}\to0}\dfrac{\ln(1+3u+5u^2)}{u}=\lim\limits_{u\to0}\dfrac{3+10u}{1+3u+5u^2}=3$，故

$$\lim_{x\to\infty}\left(1+\frac{3}{x}+\frac{5}{x^2}\right)^x=e^3.$$

(13) $\lim\limits_{x\to0^+}\dfrac{\ln(\cot x)}{\ln x}=\lim\limits_{x\to0^+}\dfrac{-x\csc^2x}{\cot x}=-\lim\limits_{x\to0^+}\dfrac{x}{\cos x\sin x}=-1$，故 $\lim\limits_{x\to0^+}(\cot x)^{\frac{1}{\ln x}}=e^{-1}.$

(14) $\lim\limits_{x\to0}\dfrac{\ln(e^x+e^{2x}+\cdots+e^{nx})-\ln n}{x}=\lim\limits_{x\to0}\dfrac{e^x+2e^{2x}+\cdots+ne^{nx}}{e^x+e^{2x}+\cdots+e^{nx}}$

$$=\frac{1}{n}(1+2+\cdots+n)=\frac{n+1}{2},$$

故 $\lim\limits_{x\to0}\left(\dfrac{e^x+e^{2x}+\cdots+e^{nx}}{n}\right)^{\frac{1}{x}}=e^{\frac{1}{2}(n+1)}.$

(15) $\lim\limits_{x\to0}\dfrac{\ln(\cos x)}{x}=\lim\limits_{x\to0}\dfrac{-\sin x}{\cos x}=0$，故 $\lim\limits_{x\to0}(\cos x)^{\frac{1}{x}}=e^0=1.$

(16) $\lim\limits_{n\to\infty}n[\ln(\sqrt[n]{a}+\sqrt[n]{b})-\ln2]=\lim\limits_{x=\frac{1}{n}\to0}\dfrac{\ln(a^x+b^x)-\ln2}{x}$

$$=\lim_{x\to0}\frac{a^x\ln a+b^x\ln b}{a^x+b^x}=\frac{\ln ab}{2},$$

$$\lim_{n\to\infty}\left(\frac{\sqrt[n]{a}+\sqrt[n]{b}}{2}\right)^n=e^{\frac{\ln ab}{2}}=\sqrt{ab}.$$

9. 证 由 $f(0)=0$，$f'(0)=1$，知当 $x\to0$ 时，$f(x)-x$，$f'(x)-1$ 均为无穷小，又 $f(x)$ 三阶可导，知 $f''(x)$ 连续，于是由洛必达法则，有

$$\lim_{x\to0}\frac{f(x)-x}{x^2}=\lim_{x\to0}\frac{f'(x)-1}{2x}=\lim_{x\to0}\frac{f''(x)}{2}=\frac{1}{2}.$$

10. 解 (1) 由 $y'=3x^2-6x-9=3(x-3)(x+1)$，得驻点 $x_1=-1$，$x_2=3$，知当 $x<-1$ 或 $x>3$ 时，$f'(x)>0$，即 $f(x)$ 单调增；当 $-1<x<3$ 时，$f'(x)<0$，即 $f(x)$ 单调减. 故单调增区间为 $(-\infty,-1)$，$(3,+\infty)$，单调减区间为 $(-1,3)$.

(2) 由 $y'=1-\frac{4}{x^2}=\frac{1}{x^2}(x+2)(x-2)$，得驻点 $x_1=-2$，$x_2=2$，及导数不存的点 $x_3=0$，知当 $x<-2$ 或 $x>2$ 时，$f'(x)>0$，即 $f(x)$ 单调增；当 $-2<x<2$ 且 $x\neq0$ 时，$f'(x)<0$，即 $f(x)$ 单调减. 故单调增区间为 $(-\infty,-2)$，$(2,+\infty)$，单调减区间为 $(-2,0)$，$(0,2)$.

(3) 由 $y'=2(x+1)(x-2)^3+3(x+1)^2(x-2)^2=(x+1)(x-2)^2(5x-1)$，得驻点 $x_1=-1$，$x_2=\frac{1}{5}$，$x_3=2$，由于 $(x-2)$ 为平方项，$x_1=-1$，$x_2=\frac{1}{5}$ 为单调区间分界点，知当 $x<-1$ 或 $x>\frac{1}{5}$ 时，$f'(x)\geqslant0$，即 $f(x)$ 单调增；当 $-1<x<\frac{1}{5}$ 时，$f'(x)<0$，即 $f(x)$ 单调减. 故单调增区间为 $(-\infty,-1)$，$\left(\frac{1}{5},+\infty\right)$，单调减区间为 $\left(-1,\frac{1}{5}\right)$.

(4) 由 $y'=1-2\cos x$，得驻点 $x_1=\frac{\pi}{3}$，$x_2=\frac{5\pi}{3}$，知当 $0<x<\frac{\pi}{3}$ 或 $\frac{5\pi}{3}<x<2\pi$ 时，$f'(x)<0$，即 $f(x)$ 单调减；当 $\frac{\pi}{3}<x<\frac{5\pi}{3}$ 时，$f'(x)>0$，即 $f(x)$ 单调增. 故单调增区间为 $\left(\frac{\pi}{3},\frac{5\pi}{3}\right)$，单调减区间为 $\left(0,\frac{\pi}{3}\right)$，$\left(\frac{5\pi}{3},2\pi\right)$.

(5) 由 $y'=\left(1-\frac{3}{x^2+3}\right)'=\frac{6x}{(x^2+3)^2}$，得驻点 $x_1=0$，知当 $x<0$ 时，$f'(x)<0$，即 $f(x)$ 单调减；当 $x>0$ 时，$f'(x)>0$，即 $f(x)$ 单调增. 故单调增区间为 $(0,+\infty)$，单调减区间为 $(-\infty,0)$.

(6) 函数的定义域为 $(0,+\infty)$，由 $y'=4x-\frac{1}{x}=\frac{4}{x}\left(x+\frac{1}{2}\right)\left(x-\frac{1}{2}\right)$，得驻点 $x_1=\frac{1}{2}$，知当 $0<x<\frac{1}{2}$ 时，$f'(x)<0$，即 $f(x)$ 单调减；当 $x>\frac{1}{2}$ 时，$f'(x)>0$，即 $f(x)$ 单调增. 故单调增区间为 $\left(\frac{1}{2},+\infty\right)$，单调减区间为 $\left(0,\frac{1}{2}\right)$.

(7) 由 $y'=\frac{1}{x^2}\mathrm{e}^{-\frac{1}{x}}>0$，无驻点，但有间断点 $x_1=0$，故 $f(x)$ 的单调增区间为 $(-\infty,0)$，$(0,+\infty)$.

(8) 函数的定义域为 $[0,+\infty)$，由 $y'=x^{\frac{3}{2}}+\frac{3}{2}(x-1)x^{\frac{1}{2}}=\frac{1}{2}x^{\frac{1}{2}}(5x-3)$，得驻点 $x_1=\frac{3}{5}$，知当 $0<x<\frac{3}{5}$ 时，$f'(x)<0$，即 $f(x)$ 单调减；当 $x>\frac{3}{5}$ 时，$f'(x)>0$，即 $f(x)$ 单调增. 故单调增区间为 $\left(\frac{3}{5},+\infty\right)$，单调减区间为 $\left(0,\frac{3}{5}\right)$.

11. 证 设 x_1，x_2 为 $[a,b]$ 上任意两点，不妨设 $x_1<x_2$. 若 x_1，$x_2\in[a,c]$，依题设，$f(x)$ 在 $[a,c]$ 上连续，在 (a,c) 内可导，于是，由拉格朗日中值定理，必存在一点 $\xi\in(a,c)$，使得 $f(x_2)=f(x_1)+f'(\xi)(x_2-x_1)>f(x_1)$，因此，$f(x)$ 在 $[a,c]$ 上单调增加. 同理可证 $f(x)$ 在 $[c,b]$ 上单调增加. 若 $a\leqslant x_1<c<x_2\leqslant b$，也必有

$f(x_1)<f(c)<f(x_2)$，综上讨论，$f(x)$ 在 $[a, b]$ 上单调增加.

12. 证 设 $f(x)=x-\sin x$，显然曲线 $y=f(x)$ 与 x 轴有交点 $(0, 0)$，即方程 $x=\sin x$ 有一个实根. 又 $f'(x)=1-\cos x\geqslant 0$，且 $f'(x)$ 的零点左右两侧的导数均为正，知曲线 $y=f(x)$ 单调增，与 x 轴仅有一个交点，从而证明方程 $x=\sin x$ 仅有一个实根.

13. 证 (1) 设 $f(x)=\sqrt{1+x}-1-\frac{1}{2}x$，则 $f'(x)=\frac{1}{2\sqrt{1+x}}-\frac{1}{2}=\frac{1-\sqrt{1+x}}{2\sqrt{1+x}}$，显然，$f(x)$ 在 $[0, +\infty)$ 上连续，且在 $(0, +\infty)$ 内 $f'(x)<0$，故 $f(x)$ 在 $[0, +\infty)$ 上单调减，因此，当 $x>0$ 时，总有 $f(x)<f(0)=0$，即 $\sqrt{1+x}<1+\frac{1}{2}x$.

(2) 设 $f(x)=3-\frac{1}{x}-2\sqrt{x}$，则 $f'(x)=\left(\frac{1}{x}\right)^2-\left(\frac{1}{x}\right)^{\frac{1}{2}}$，显然，$f(x)$ 在 $[1, +\infty)$ 上连续，且在 $(1, +\infty)$ 内 $f'(x)<0$，故 $f(x)$ 在 $[1, +\infty)$ 上单调减，因此，当 $x>1$ 时，总有 $f(x)<f(1)=0$，即 $3-\frac{1}{x}<2\sqrt{x}$.

(3) 设 $f(x)=x-\arctan x$，则 $f'(x)=1-\frac{1}{1+x^2}=\frac{x^2}{1+x^2}\geqslant 0$，显然，$f(x)$ 在 $[0, +\infty)$ 上连续，且在 $(0, +\infty)$ 内 $f'(x)>0$，故 $f(x)$ 在 $[0, +\infty)$ 上单调增，因此，当 $x\geqslant 0$ 时，总有 $f(x)\geqslant f(0)=0$，即 $x\geqslant\arctan x$.

(4) 设 $f(x)=\ln x-\frac{2(x-1)}{x+1}$，则 $f'(x)=\frac{1}{x}-\frac{4}{(1+x)^2}=\frac{(x-1)^2}{x(1+x)^2}$，显然，$f(x)$ 在 $[1, +\infty)$ 上连续，且在 $(1, +\infty)$ 内 $f'(x)>0$，故，$f(x)$ 在 $[1, +\infty)$ 上单调增，因此，当 $x>1$ 时，总有 $f(x)>f(1)=0$，即 $\ln x>\frac{2(x-1)}{x+1}$.

14. 解 (1) 由 $y'=3x^2-6x-9=3(x-3)(x+1)$，得驻点 $x_1=-1$，$x_2=3$，由附一表 4-1 知极大值 $f(-1)=4$，极小值 $f(3)=-28$.

附一表 4-1

x	$(-\infty, -1)$	-1	$(-1, 3)$	3	$(3, +\infty)$
y'	$+$	0	$-$	0	$+$
y	↗	极大	↘	极小	↗

(2) 函数 $f(x)$ 的定义域为 $(-\infty, 1]$，由 $y'=1+\frac{-1}{2\sqrt{1-x}}=\frac{1}{2\sqrt{1-x}}(2\sqrt{1-x}-1)=0$，得驻点 $x=\frac{3}{4}$，且当 $x<\frac{3}{4}$ 时 $f'(x)>0$，当 $\frac{3}{4}<x<1$ 时 $f'(x)<0$，知 $f(x)$ 有极大值 $f\left(\frac{3}{4}\right)=\frac{5}{4}$，无极小值.

(3) 函数 $f(x)$ 的定义域为 $(-1, +\infty)$，由 $y'=1-\frac{1}{1+x}=\frac{x}{1+x}=0$，得驻点 $x=0$，且当 $x>0$ 时 $f'(x)>0$，当 $-1<x<0$ 时 $f'(x)<0$，知 $f(x)$ 有极小值 $f(0)=0$，无极大值.

(4) 由 $y'=2x\mathrm{e}^{-x}-x^2\mathrm{e}^{-x}=\mathrm{e}^{-x}x(2-x)=0$，得驻点 $x_1=0$，$x_2=2$，由附一表 4-2.

知极大值 $f(2)=4e^{-2}$，极小值 $f(0)=0$.

附一表 4-2

x	$(-\infty, 0)$	0	$(0, 2)$	2	$(2, +\infty)$
y'	$-$	0	$+$	0	$-$
y	↘	极小	↗	极大	↘

(5) 由 $y'=\dfrac{x^2+1-2x^2}{(x^2+1)^2}=\dfrac{1-x^2}{(x^2+1)^2}=0$，得驻点 $x_1=-1$，$x_2=1$，由附一表 4-3.

知极大值 $f(1)=\dfrac{1}{2}$，极小值 $f(-1)=-\dfrac{1}{2}$.

附一表 4-3

x	$(-\infty, -1)$	-1	$(-1, 1)$	1	$(1, +\infty)$
y'	$-$	0	$+$	0	$-$
y	↘	极小	↗	极大	↘

(6) 由 $y'=6x(x^2+1)^2$，得驻点 $x=0$，且当 $x>0$ 时，$f'(x)>0$，当 $x<0$ 时，$f'(x)<0$，知 $f(x)$ 有极小值 $f(0)=1$，无极大值.

15. 解 (1) 由 $y'=6x^2-6x-12=0$，得驻点 $x_1=-1$，$x_2=2$，又 $f(-1)=8$，$f(2)=-19$，$f(-2)=-3$，$f(3)=-8$，知最大值 $f(-1)=8$，最小值 $f(2)=-19$.

(2) 由 $y'=\cos x-\sin x=0$，得驻点 $x=\dfrac{\pi}{4}$，又 $f(0)=1$，$f\left(\dfrac{\pi}{4}\right)=\sqrt{2}$，$f\left(\dfrac{\pi}{3}\right)=\dfrac{1+\sqrt{3}}{2}$，知最大值 $f\left(\dfrac{\pi}{4}\right)=\sqrt{2}$，最小值 $f(0)=1$.

(3) 由 $y'=\dfrac{1}{3}t^{-\frac{2}{3}}(8-t)-t^{\frac{1}{3}}=\dfrac{1}{3}t^{-\frac{2}{3}}(8-4t)=0$，得驻点 $t=2$，又 $f(2)=6\sqrt[3]{2}$，$f(0)=0$，$f(8)=0$，知最大值 $f(2)=6\sqrt[3]{2}$，最小值 $f(0)=f(8)=0$.

(4) 由 $x^2-3x+2=0$，得 $x_1=1$，$x_2=2$，又由 $y'=|2x-3|=0$，得 $x_3=\dfrac{3}{2}$，又 $f\left(\dfrac{3}{2}\right)=-\dfrac{1}{4}$，$f(1)=f(2)=0$，$f(10)=72$，$f(-10)=132$，知最大值 $f(-10)=132$，最小值 $f(1)=f(2)=0$.

(5) 由 $x-3=0$，得 $x=3$，由 $f(3)=e^0=1$，$f(-5)=e^8$，$f(5)=e^2$，知最大值 $f(-5)=e^8$，最小值 $f(3)=1$.

(6) 由 $y'=(e^{\frac{\ln x}{x}})'=e^{\frac{\ln x}{x}}\dfrac{1-\ln x}{x^2}=0$，得驻点 $x=e$，又 $f(e)=e^{\frac{1}{e}}$，又由 $\lim\limits_{x\to0^+}e^{\frac{\ln x}{x}}=0$，$\lim\limits_{x\to+\infty}e^{\frac{\ln x}{x}}=1$，知最大值 $f(e)=e^{\frac{1}{e}}$，无最小值.

(7) 由 $y'=2x+\dfrac{54}{x^2}=0$，得驻点 $x=-3$，$f(-3)=27$，又由 $\lim\limits_{x\to0^-}\left(x^2-\dfrac{54}{x}\right)=\lim\limits_{x\to-\infty}\left(x^2-\dfrac{54}{x}\right)=+\infty$，知最小值 $f(-3)=27$，无最大值.

16. 解 (1) 设 $y=\frac{x^{10}}{2^x}$，由 $y'=\frac{10x^9}{2^x}-\frac{x^{10}\ln 2}{2^x}=\frac{x^9}{2^x}(10-x\ln 2)=0$，得驻点 $x=\frac{10}{\ln 2}$，且当 $x>\frac{10}{\ln 2}$ 时 $f'(x)<0$，当 $0<x<\frac{10}{\ln 2}$ 时 $f'(x)>0$，知 $x=\frac{10}{\ln 2}\approx 14.4$ 为最大值点，从而知数列 $\left\{\frac{n^{10}}{2^n}\right\}$ 的第 15 项最大.

(2) 设 $y=x^{\frac{1}{x}}$，由 $y'=(\mathrm{e}^{\frac{\ln x}{x}})'=\mathrm{e}^{\frac{\ln x}{x}}\frac{1-\ln x}{x^2}=0$，得驻点 $x=\mathrm{e}$，且当 $x>\mathrm{e}$ 时 $f'(x)<0$，当 $0<x<\mathrm{e}$ 时 $f'(x)>0$，知 $x=\mathrm{e}$ 为最大值点，从而知数列 $\{\sqrt[n]{n}\}$ 的第 3 项最大.

17. 证 设 $f(x)$ 存在极值，且 x_0 为极值点，则 $f'(x_0)=0$，将 $x=x_0$ 代入方程，有

$$y''(x_0)+x_0^2[y'(x_0)]^2=y''(x_0)=3\mathrm{e}^{-x_0}>0,$$

因此，由定理 4.9 知，$f(x_0)$ 必为极小值.

18. 证 (1) 设 $f(x)=|3x-x^3|$，由 $3x-x^3=0$，得 $x_1=-\sqrt{3}$，$x_2=\sqrt{3}$，$x_3=0$，又由 $(3x-x^3)'=3-3x^2=0$，得 $x_4=-1$，$x_5=1$，比较 $f(-1)=f(1)=2=f(-2)=f(2)=2$，$f(-\sqrt{3})=f(\sqrt{3})=f(0)=0$，知 $f(x)$ 在 $[-2,2]$ 上的最大值为 2，因此有 $|3x-x^3|\leqslant 2$.

(2) 设 $f(x)=x^p+(1-x)^p$，由 $f'(x)=px^{p-1}-p(1-x)^{p-1}=0$，得 $x=\frac{1}{2}$，又由 $f''\left(\frac{1}{2}\right)=p(p-1)\left(\frac{1}{2}\right)^{p-3}>0$，$x=\frac{1}{2}$ 为极小值点，即为最小值点，因此有

$$f(x)=x^p+(1-x)^p\geqslant f\left(\frac{1}{2}\right)，即\ x^p+(1-x)^p\geqslant\frac{1}{2^{p-1}}.$$

19. 解 (1) 否. 反例：函数 $f(x)=x^3$ 在 $(-1,1)$ 可导，单调增，但有 $f'(x)\geqslant 0$.

(2) 否. 反例：函数 $f(x)=2-x$，$g(x)=x$ 在 $(0,1)$ 可导，且 $f(x)\geqslant g(x)$，但 $f'(x)=-1<g'(x)=1$.

(3) 否. 见 (2) 的反例.

(4) 否. 极值是局部的性质，局部的极大值未必大于另一个局部的极小值.

(5) 否. 反例：函数 $f(x)=x^3$ 在 $(-1,1)$ 可导，且有唯一驻点 $x=0$，但 $x=0$ 非极值点.

20. 解 (1) 由 $y'=4x^3-24x^2+36x-24$，$y''=12x^2-48x+36=12(x-1)(x-3)$，得 $x_1=1$，$x_2=3$，由附一表 4-4 知凹区间为 $(-\infty,1)$，$(3,+\infty)$，凸区间为 $(1,3)$，拐点为 $(1,-4)$，$(3,-36)$.

附一表 4-4

x	$(-\infty,1)$	1	$(1,3)$	3	$(3,+\infty)$
y''	+	0	−	0	+
y	∪	拐点	∩	拐点	∪

(2) 曲线 $y=|x^2-4x+3|$ 如附一图 4-1 所示，知该曲线的凹区间为 $(-\infty,1)$，$(3,+\infty)$，凸区间为 $(1,3)$，拐点为：$(1,0)$，$(3,0)$.

(3) 由 $y' = e^{-x} - xe^{-x} = e^{-x}(1-x)$,

$$y'' = e^{-x}(x-1) - e^{-x} = e^{-x}(x-2),$$

得 $x=2$，并且当 $x>2$ 时 $f''(x)>0$，当 $x<2$ 时 $f''(x)<0$，知曲线的凹区间为 $(2, +\infty)$，凸区间为 $(-\infty, 2)$，拐点为 $(2, 2e^{-2})$.

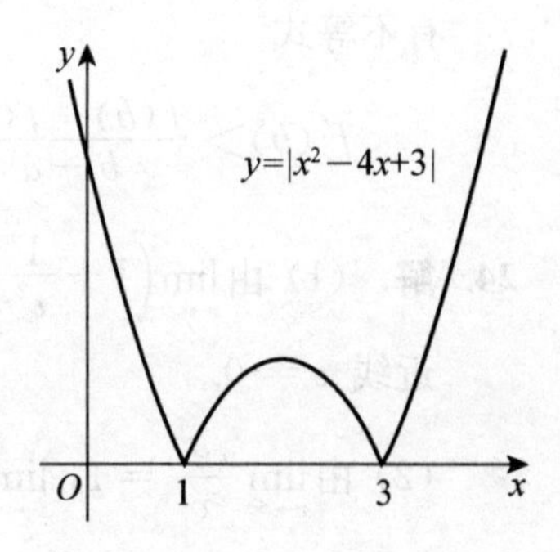

附一图 4-1

(4) 函数 $f(x)$ 的定义域为 $(0, +\infty)$，由 $y' = 1 + \ln x$，$y'' = \dfrac{1}{x} > 0$，知曲线的凸区间为 $(0, +\infty)$，无拐点.

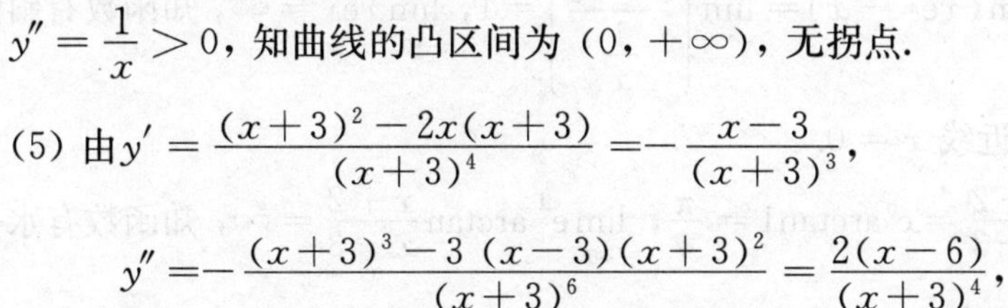

(5) 由 $y' = \dfrac{(x+3)^2 - 2x(x+3)}{(x+3)^4} = -\dfrac{x-3}{(x+3)^3}$,

$$y'' = -\frac{(x+3)^3 - 3(x-3)(x+3)^2}{(x+3)^6} = \frac{2(x-6)}{(x+3)^4},$$

得 $x=6$，并且当 $x>6$ 时 $f''(x)>0$，当 $x<6$ 且 $x\neq -3$ 时 $f''(x)<0$，知曲线的凸区间为 $(-\infty, -3)$，$(-3, 6)$，凹区间为 $(6, +\infty)$，拐点为 $\left(6, \dfrac{2}{27}\right)$.

(6) 由 $y' = \dfrac{5}{3}(x-4)^{\frac{2}{3}}$，$y'' = \dfrac{10}{9}(x-4)^{-\frac{1}{3}}$，得二阶导数不存在的点 $x=4$，并且当 $x>4$ 时 $f''(x)>0$，当 $x<4$ 时 $f''(x)<0$，知曲线的凹区间为 $(4, +\infty)$，凸区间为 $(-\infty, 4)$，拐点为 $(4, 0)$.

21. 证 由于 $f(x)$ 在 $(-\infty, +\infty)$ 内 $f^{(4)}(x)>0$，知 $f^{(3)}(x)$ 单调增，则当 $x>x_0$ 时，$f^{(3)}(x)>f^{(3)}(x_0)=0$，知 $f^{(2)}(x)$ 在 $(x_0, +\infty)$ 内单调增，从而当 $x>x_0$ 时，$f^{(2)}(x)>f^{(2)}(x_0)=0$. 又当 $x<x_0$ 时，$f^{(3)}(x)<f^{(3)}(x_0)=0$，知 $f^{(2)}(x)$ 在 $(-\infty, x_0)$ 内单调减，从而当 $x<x_0$ 时，$f^{(2)}(x)>f^{(2)}(x_0)=0$，因此，在 $(-\infty, +\infty)$ 内总有 $f^{(2)}(x)\geqslant 0$，且其零点 $x=x_0$ 仅为孤立点. 综上讨论，函数在 $(-\infty, +\infty)$ 内的图形是凹的.

22. 解 函数 $f(x)$ 在 (a, b) 存在二阶导数，且 $f''(x)>0$，如附一图 4-2 所示，其图形仅有三种可能，容易确定结论 (3) 必然不正确.

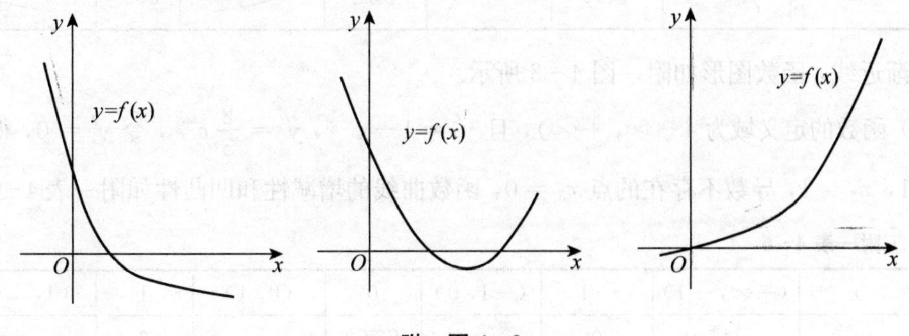

附一图 4-2

23. 证 依题设，$f(x)$ 在 $[a, b]$ 上满足拉格朗日中值定理的条件，必存在一点 $\xi\in(a, b)$，使得 $f'(\xi) = \dfrac{f(b)-f(a)}{b-a}$. 又 $f''(x)>0$，知 $f'(x)$ 在 $[a, b]$ 上单调增，因此，

有不等式

$$f'(b) > \frac{f(b)-f(a)}{b-a} > f'(a).$$

24. 解 (1) 由 $\lim\limits_{x\to\infty}\left(1+\frac{1}{x^2}\right)=1$，$\lim\limits_{x\to 0}\left(1+\frac{1}{x^2}\right)=+\infty$，知函数有水平渐近线 $y=1$，铅直渐近线 $x=0$.

(2) 由 $\lim\limits_{x\to\infty}\frac{xe^{\frac{1}{x}}}{x}=1$，$\lim\limits_{x\to\infty}(xe^{\frac{1}{x}}-x)=\lim\limits_{x\to\infty}\left[\frac{e^{\frac{1}{x}}-1}{\frac{1}{x}}\right]=1$，$\lim\limits_{x\to 0^+}xe^{\frac{1}{x}}=\infty$，知函数有斜渐近线 $y=x+1$，铅直渐近线 $x=0$.

(3) 由 $\lim\limits_{x\to\infty}e^{\frac{1}{x}}\arctan\frac{x+2}{x-3}=e^0\arctan 1=\frac{\pi}{4}$，$\lim\limits_{x\to 0^+}e^{\frac{1}{x}}\arctan\frac{x+2}{x-3}=\infty$，知函数有水平渐近线 $y=\frac{\pi}{4}$，铅直渐近线 $x=0$.

(4) 由 $\lim\limits_{x\to 0^+}(x+\ln x)=-\infty$，知函数有铅直渐近线 $x=0$.

(5) 由 $\lim\limits_{x\to\infty}\frac{x^3}{(x+1)^2}\Big/x=\lim\limits_{x\to\infty}\frac{x^2}{(x+1)^2}=1$，$\lim\limits_{x\to\infty}\left[\frac{x^3}{(x+1)^2}-x\right]=\lim\limits_{x\to\infty}\frac{x^3-x(x+1)^2}{(x+1)^2}=-2$，$\lim\limits_{x\to -1}\frac{x^3}{(x+1)^2}=-\infty$，知函数有斜渐近线 $y=x-2$，铅直渐近线 $x=-1$.

(6) 由 $\lim\limits_{x\to\infty}\frac{xe^x}{e^x-1}\Big/x=1$，$\lim\limits_{x\to\infty}\left(\frac{xe^x}{e^x-1}-x\right)=0$，知函数有斜渐近线 $y=x$.

25. 解 (1) 函数的定义域为 $(-\infty,+\infty)$，且 $y'=3x^2-6x$，$y''=6x-6$，令 $y'=0$，$y''=0$，得 $x_1=0$，$x_2=1$，$x_3=2$，函数曲线的增减性和凹凸性如附一表 4-5 所示：

附一表 4-5

x	$(-\infty, 0)$	0	$(0, 1)$	1	$(1, 2)$	2	$(2, +\infty)$
y'	+	0	−	−	−	0	+
y''	−	−	−	0	+	0	+
$f(x)$	⌒↗	极大	⌒↘	拐点	◡↘	极小	◡↗

无渐近线，函数图形如附一图 4-3 所示.

(2) 函数的定义域为 $(-\infty,+\infty)$，且 $y'=1-x^{-\frac{2}{3}}$，$y''=\frac{2}{3}x^{-\frac{5}{3}}$，令 $y'=0$，得 $x_1=-1$，$x_2=1$，导数不存在的点 $x_3=0$，函数曲线的增减性和凹凸性如附一表 4-6 所示：

附一表 4-6

x	$(-\infty, -1)$	-1	$(-1, 0)$	0	$(0, 1)$	1	$(1, +\infty)$
y'	+	0	−	不存在	−	0	+
y''	−	−	−	不存在	+	0	+
$f(x)$	⌒↗	极大	⌒↘	拐点	◡↘	极小	◡↗

无渐近线，函数图形如附一图 4-4 所示.

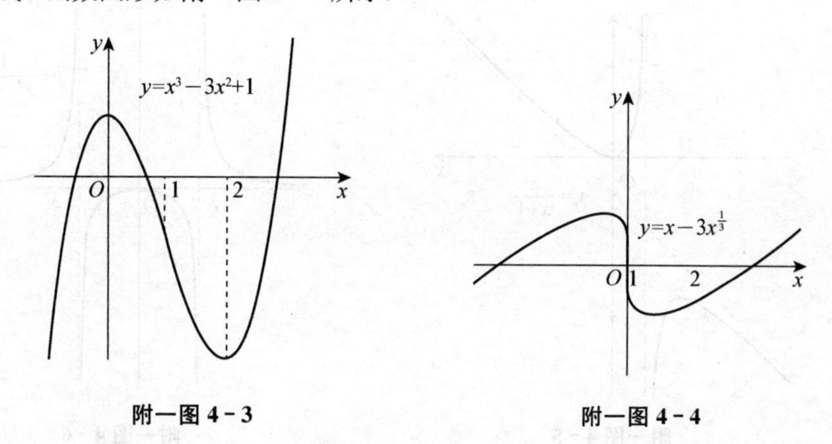

附一图 4-3　　　　附一图 4-4

(3) 函数的定义域为 $(-\infty,-1)\cup(-1,+\infty)$，且 $y'=\dfrac{x^2+2x}{(x+1)^2}$，$y''=\dfrac{2}{(x+1)^3}$，令 $y'=0$，$y''=0$，得 $x_1=0$，$x_2=-2$ 及间断点 $x_3=-1$，函数曲线的增减性和凹凸性如附一表 4-7 所示：

附一表 4-7

x	$(-\infty,-2)$	-2	$(-2,-1)$	-1	$(-1,0)$	0	$(0,+\infty)$
y'	$+$	0	$-$	不存在	$-$	0	$+$
y''	$-$	$-$	$-$	不存在	$+$	$+$	$+$
$f(x)$		极大		拐点		极小	

又由 $\lim\limits_{x\to\infty}\dfrac{f(x)}{x}=\lim\limits_{x\to\infty}\dfrac{x}{x+1}=1$，$\lim\limits_{x\to\infty}\left(\dfrac{x^2}{x+1}-x\right)=-1$，$\lim\limits_{x\to-1}f(x)=\infty$，知有斜渐近线 $y=x-1$，垂直渐近线 $x=-1$. 函数图形如附图 4-5 所示.

(4) 函数的定义域为 $(-\infty,-3)\cup(-3,3)\cup(3,+\infty)$，且 $y'=\dfrac{-2x}{(x^2-9)^2}$，$y''=\dfrac{6(x^2+3)}{(x^2-9)^3}$，令 $y'=0$，得 $x_1=0$，及间断点 $x_2=-3$，$x_3=3$，函数曲线的增减性和凹凸性如附一表 4-8 所示：

附一表 4-8

x	$(-\infty,-3)$	-3	$(-3,0)$	0	$(0,3)$	3	$(3,+\infty)$
y'	$+$	不存在	$+$	0	$-$	不存在	$-$
y''	$+$	不存在	$-$	$-$	$-$	不存在	$+$
$f(x)$				极大			

又由 $\lim\limits_{x\to\infty}\dfrac{1}{x^2-9}=0$，$\lim\limits_{x\to\pm3}\dfrac{1}{x^2-9}=\infty$，知有水平渐近线 $y=0$，垂直渐近线 $x=\pm3$. 函数图形如附一图 4-6 所示.

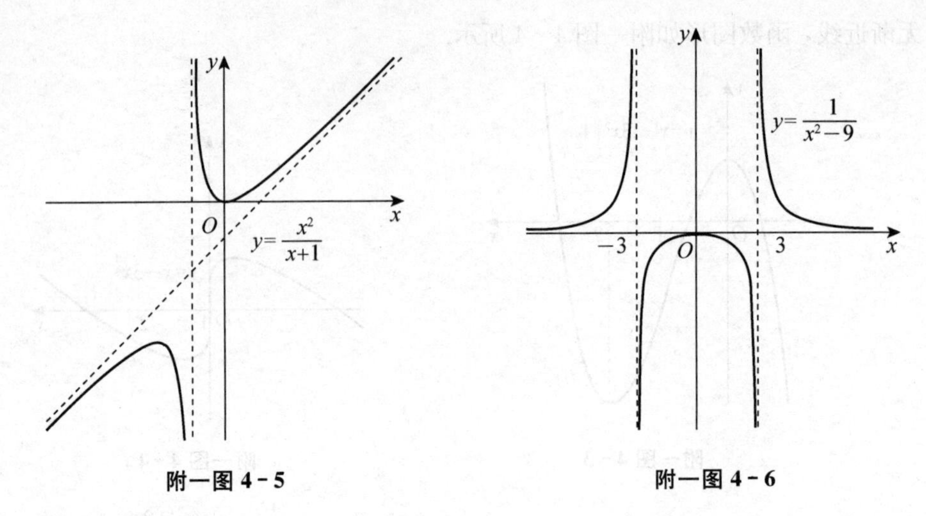

附一图 4－5　　　　附一图 4－6

(5) 函数的定义域为 $(-\infty,+\infty)$，且 $y'=(1+x)\mathrm{e}^x$，$y''=(2+x)\mathrm{e}^x$，令 $y'=0$，$y''=0$，得 $x_1=-2$，$x_2=-1$，函数曲线的增减性和凹凸性如附一表 4－9 所示：

附一表 4－9

x	$(-\infty,-2)$	-2	$(-2,-1)$	-1	$(-1,+\infty)$
y'	$-$	$-$	$-$	0	$+$
y''	$-$	0	$+$	$+$	$+$
$f(x)$		拐点		极小	

又由 $\lim\limits_{x\to-\infty}x\mathrm{e}^x=0$，知有水平渐近线 $y=0$，函数图形如附一图 4－7 所示.

(6) 函数的定义域为 $(-\infty,+\infty)$，且 $y'=1+\dfrac{1}{1+x^2}=\dfrac{2+x^2}{1+x^2}$，$y''=-\dfrac{2x}{(1+x^2)^2}$，令 $y''=0$，得 $x_1=0$. 当 $x>0$ 时，$y'>0$，$y''<0$，函数单调增，曲线凸. 当 $x<0$ 时，$y'>0$，$y''>0$，函数单调增，曲线凹. 又由 $\lim\limits_{x\to\infty}\dfrac{x+\arctan x}{x}=1$，$\lim\limits_{x\to+\infty}(x+\arctan x-x)=\dfrac{\pi}{2}$，$\lim\limits_{x\to-\infty}(x+\arctan x-x)=-\dfrac{\pi}{2}$，知有斜渐近线 $y=x\pm\dfrac{\pi}{2}$，函数图形如附一图 4－8 所示.

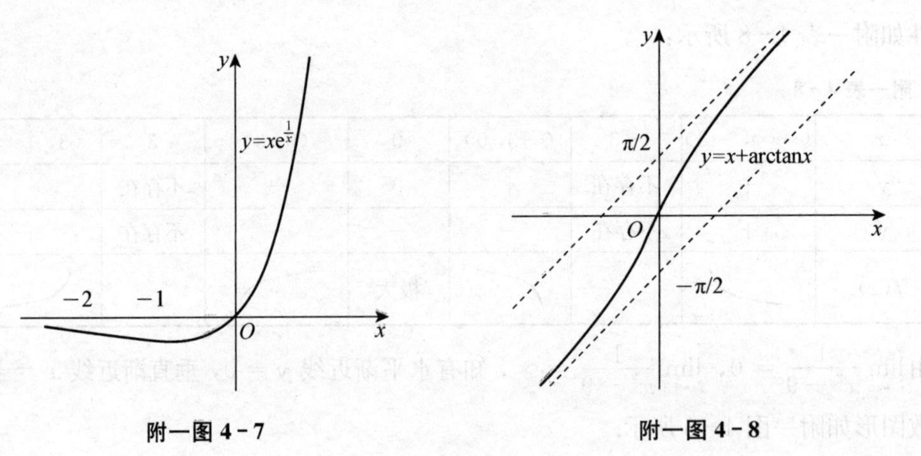

附一图 4－7　　　　附一图 4－8

26. 解 如教材图 4－17 所示，当 $x<b$ 时，曲线 $y'=f'(x)$ 在 x 轴上方，即 $f'(x)\geqslant 0$，且零点为孤立点，当 $x>b$ 时，曲线 $y'=f'(x)$ 在 x 轴下方，即 $f'(x)<0$，因此，$f(x)$ 的单调增区间为 $(-\infty,b)$，单调减区间为 $(b,+\infty)$，极大值为 $f(b)$，无极小值. 又当 $x<0$ 或 $x>a$ 时，曲线 $y'=f'(x)$ 单调下降，即 $f''(x)<0$，当 $0<x<a$ 时，曲线 $y'=f'(x)$ 单调上升，即 $f''(x)>0$，因此，$f(x)$ 的凹区间为 $(0,a)$，凸区间为 $(-\infty,0)$，$(a,+\infty)$，拐点为 $(0,f(0))$，$(a,f(a))$.

27. 解 如教材图 4－18 所示，函数 $f(x)$ 在 (a,b) 内有三个驻点，一个导数不存在的点，四个点均为 $f'(x)$ 单调区间的分界点，其中两个点左升右降，两个点右升左降，因此，$f(x)$ 有四个极值，两个为极大值，两个为极小值.

28. 解 依题设，曲线 $y=f(x)=x^4-4x+p$ 与 x 轴有唯一交点，由于 $f'(x)=4x^3-4$ 在 $(-\infty,+\infty)$ 有唯一驻点 $x=1$，且 $f''(x)=12x^2\geqslant 0$，且 $f''(x)$ 的零点为孤立点，知曲线 $y=f(x)$ 为凹的，从而知 $x=1$ 为最小值点，因此，要使方程 $x^4-4x+p=0$ 在 $(-\infty,+\infty)$ 上有唯一解，当且仅当 $f(1)=0$，即 $p=3$.

29. 解 设圆柱形容器的底面半径为 R，高为 h，造价为 y，依题意，有 $V=\pi R^2h$，$h=\dfrac{V}{\pi R^2}$，造价为

$$y=2\pi R^2\cdot a+2\pi Rhb=2a\pi R^2+\frac{2Vb}{R}.$$

令 $y'=4a\pi R-\dfrac{2Vb}{R^2}=0$，得 $R^*=\sqrt[3]{\dfrac{Vb}{2a\pi}}$，又 $y''=4a\pi+\dfrac{4Vb}{R^3}>0$，知 R^* 为最小值点，此时有 $h^*=\sqrt[3]{\dfrac{4a^2V}{\pi b^2}}$，从而有 $\dfrac{2R^*}{h^*}=\dfrac{b}{a}$，即底面直径与高的比例为 $b:a$ 时，造价最省.

30. 解 设 P 表示降价后的销售价，x 为增加的销量，$L(x)$ 为总利润. 于是，有 $\dfrac{x}{8-P}=\dfrac{0.4\times 1\,000}{0.1\times 8}$，得 $P=8-\dfrac{1}{500}x$，从而

$$L(x)=\left(8-\frac{1}{500}x-5\right)(1\,000+x).$$

令 $L'(x)=1-\dfrac{1}{250}x=0$，得 $x^*=250$，又 $L''(x)=-\dfrac{1}{250}<0$，知 $x^*=250$ 为最大值点. 此时，$P^*=8-\dfrac{1}{500}\times 250=7.5$ 元，即当定价为 7.5 元时，利润最大，最大利润为 3 125 元.

31. 解 (1) 依题设，利润函数为

$$\pi=R-C=9Q-(Q^3-9Q^2+33Q+10)=-Q^3+9Q^2-24Q-10.$$

令 $\pi'=-3Q^2+18Q-24$，得 $Q^*=2$ 或 $Q^*=4$，又 $\pi''=-6Q+18$，$\pi''(2)=6>0$，$\pi''(4)=-6<0$，知 $Q^*=4$ 为最大值点. 故产出为 4 时，利润最大，最大利润为 $\pi(4)=-26$.

(2) 由于利润为负，厂家将停止生产.

(3) 厂家只有在单位平均收益超过平均可变成本时才可以生产，其中可变成本 $V_c=Q^3-$

$9Q^2+33Q$，平均可变成本为$\overline{V_c}=Q^2-9Q+33$，由$(\overline{V_c})'=2Q-9=0$，有$Q^*=4.5$，又$(\overline{V_c})''=2>0$，知当$Q^*=4.5$时，平均可变成本最小，最小值为$12\dfrac{3}{4}$，因此，当价格超过$12\dfrac{3}{4}$时，厂家才进行生产.

32. 解 国家在厂家利润最大的情况下征税.

(1) 厂家税后利润为π，总税收为$T=tQ$，于是

$$\pi=R-C-T=-(\beta+c)Q^2+(\alpha-b-t)Q-a.$$

令$\pi'=-2(\beta+c)Q+(\alpha-b-t)=0$，得$Q^*=\dfrac{\alpha-b-t}{2(\beta+c)}$.

又$\pi''=-2(\beta+c)<0$，知Q^*为最大值点.

此时，总税收为$T=tQ^*=\dfrac{1}{2(\beta+c)}(\alpha-b-t)t$.

(2) 令$T'=\dfrac{1}{2(\beta+c)}(\alpha-b-2t)=0$，得$t^*=\dfrac{\alpha-b}{2}$.

又$T''=-\dfrac{1}{\beta+c}<0$，知$t^*$为最大值点，即税率为$t^*=\dfrac{\alpha-b}{2}$时，总税收最大.

厂家税后利润为$\pi=\dfrac{(\alpha-b)^2}{16(\beta+c)}-a$.

(3) 利润最大化时产品的销售价格为

$$P(t^*)=\frac{R(Q^*)}{Q^*}=\alpha-\beta Q^*=\alpha-\frac{\beta(\alpha-b)}{4(\beta+c)}.$$

33. 证 即证利润最大时的价格就是需求弹性为1的价格. 依题意，利润为$L(P)=PQ-1$，当利润最大时，$\dfrac{dL(P)}{dP}=Q+P\dfrac{dQ}{dP}=0$，即有$\eta_d=-\dfrac{PdQ}{QdP}=1$，因此，按需求弹性为1的方法定价可使利润最大.

34. 解 依题设，t年出售时文物价值的贴现值为$f(t)=A_t e^{-rt}=A_0 2^{\sqrt{t}}e^{-rt}=A_0 e^{\sqrt{t}\ln 2-rt}$，令$f'(t)=A_0 e^{\sqrt{t}\ln 2-0.05t}\left(\dfrac{\ln 2}{2\sqrt{t}}-0.05\right)=0$，得$t^*=100\ln^2 2\approx 48$（年），依题意，存在最大值，且驻点唯一，因此，$t^*$为最大值点，即48年后出售可得最大贴现值.

习题五

1. 解 (1) $f(x)=(-1)'=0$，$f(x)$的全体原函数为$\int f(x)\,dx=C$.

(2) 依题意，$f(2x)=(x^2)'=2x$，故$f(x)=x$.

(3) 依题意，$f(x)=(e^{x^2})'=2xe^{x^2}$，故$f'(x)=2e^{x^2}+4x^2e^{x^2}=(2+4x^2)e^{x^2}$.

(4) 由$\left(\int e^{x^2}dx\right)'=e^{x^2}$，$\left(\int e^{t^2}dt\right)'_x=0$，$\left(\int e^{x^2}dx^2\right)'=2xe^{x^2}$，知$\int e^{x^2}dx$是函数$e^{x^2}$的原函数.

(5) $f(x)=(0)'=0$，$\int f(x)\,dx=C$.

2. 解 (1) 由 $\left(\arctan\frac{1}{x}+C\right)'=\frac{1}{1+\left(\frac{1}{x}\right)^2}\left(-\frac{1}{x^2}\right)=-\frac{1}{1+x^2}\neq\frac{1}{1+x^2}$，知该运算不正确.

(2) 由 $\left[\frac{1}{2}(\sin^2 x-\cos^2 x)+C\right]'=\sin 2x$，知该运算正确.

(3) 由 $(\ln 4x+C)'=\frac{1}{x}$，知该运算正确.

(4) 由 $(\sin x^2+C)'=\cos x^2\cdot 2x\neq x\cos x^2$，知该运算不正确.

3. 解 (1) $\int f'(x)\,\mathrm{d}x=f(x)+C$.

(2) $\int \mathrm{d}f(2x)=f(2x)+C$.

(3) $\frac{\mathrm{d}}{\mathrm{d}x}\left[\int f(x^2)\mathrm{d}x\right]=f(x^2)$.

(4) $\mathrm{d}\left[\int f(\sin x)\mathrm{d}x\right]=f(\sin x)\mathrm{d}x$.

4. 解 依题设，$f'(x)=\frac{1}{2}x+1$，因此

$$f(x)=\int\left(\frac{1}{2}x+1\right)\mathrm{d}x=\frac{1}{4}x^2+x+C.$$

又曲线 $y=f(x)$ 过点 (1，2)，将 $x=1$，$y=2$ 代入函数式，

$$2=\frac{1}{4}+1+C,\ 得\ C=\frac{3}{4},$$

所以，满足条件的函数曲线为 $y=\frac{1}{4}x^2+x+\frac{3}{4}$.

5. 解 (1) $\int\sqrt{x}\sqrt[3]{x}\mathrm{d}x=\int x^{\frac{5}{6}}\mathrm{d}x=\frac{1}{\frac{5}{6}+1}x^{\frac{5}{6}+1}+C=\frac{6}{11}x^{\frac{11}{6}}+C$.

(2) $\int(\sqrt[3]{x}+2)(x-3)\mathrm{d}x=\int(x^{\frac{4}{3}}+2x-3x^{\frac{1}{3}}-6)\mathrm{d}x=\frac{3}{7}x^{\frac{7}{3}}+x^2-\frac{9}{4}x^{\frac{4}{3}}-6x+C$.

(3) $\int(\sqrt{x}+1)^2\mathrm{d}x=\int(x+2\sqrt{x}+1)\mathrm{d}x=\frac{1}{2}x^2+\frac{4x\sqrt{x}}{3}+x+C$.

(4) $\int\frac{(t-1)^3}{t^2}\mathrm{d}t=\int\left(t-3+\frac{3}{t}-\frac{1}{t^2}\right)\mathrm{d}t=\frac{1}{2}t^2-3t+3\ln|t|+\frac{1}{t}+C$.

(5) $\int\frac{x^2}{1+x^2}\mathrm{d}x=\int\left(1-\frac{1}{1+x^2}\right)\mathrm{d}x=x-\arctan x+C$.

(6) $\int\frac{2^x+5^x}{10^x}\mathrm{d}x=\int\left[\left(\frac{1}{5}\right)^x+\left(\frac{1}{2}\right)^x\right]\mathrm{d}x=-\frac{1}{\ln 5}\left(\frac{1}{5}\right)^x-\frac{1}{\ln 2}\left(\frac{1}{2}\right)^x+C$.

(7) $\int\tan^2 x\mathrm{d}x=\int(\sec^2 x-1)\mathrm{d}x=\tan x-x+C$.

(8) $\int\cos^2\frac{x}{2}\mathrm{d}x=\frac{1}{2}\int(1+\cos x)\mathrm{d}x=\frac{1}{2}x+\frac{1}{2}\sin x+C$.

(9) $\int\frac{\cos 2x}{\sin^2 x\cos^2 x}\mathrm{d}x=\int\frac{\cos^2 x-\sin^2 x}{\sin^2 x\cos^2 x}\mathrm{d}x=\int(\csc^2 x-\sec^2 x)\mathrm{d}x=-\cot x-\tan x+C$.

(10) $\int \frac{1+\sin 2x}{\sin x+\cos x}dx = \int \frac{(\sin x+\cos x)^2}{\sin x+\cos x}dx$

$= \int (\sin x+\cos x)dx = \sin x-\cos x+C.$

(11) $\int \frac{\sqrt{1+x^2}}{\sqrt{1-x^4}}dx = \int \frac{1}{\sqrt{1-x^2}}dx = \arcsin x+C.$

(12) $\int \frac{1+2x^2}{x^2(x^2+1)}dx = \int \left(\frac{1}{x^2}+\frac{1}{x^2+1}\right)dx = -\frac{1}{x}+\arctan x+C.$

6. 解 (1) 设 $u=4x+5$，$dx=\frac{1}{4}du$，则

$$\int (4x+5)^{100}dx = \frac{1}{4}\int u^{100}du = \frac{1}{404}u^{101}+C = \frac{1}{404}(4x+5)^{101}+C.$$

(2) 设 $u=3-2x$，$dx=-\frac{1}{2}du$，则

$$\int \frac{1}{3-2x}dx = -\frac{1}{2}\int \frac{1}{u}du = -\frac{1}{2}\ln|u|+C = -\frac{1}{2}\ln|3-2x|+C.$$

(3) $\int \frac{x+2}{x-1}dx = \int \left(1+\frac{3}{x-1}\right)dx = \int dx+3\int \frac{1}{x-1}d(x-1) = x+3\ln|x-1|+C.$

(4) 设 $u=x+1$，$du=dx$，则

$$\int \frac{x-3}{(x+1)^{10}}dx = \int \frac{u-4}{u^{10}}du = \int u^{-9}du-4\int u^{-10}du$$

$$= -\frac{1}{8u^8}+\frac{4}{9u^9}+C = -\frac{1}{8(x+1)^8}+\frac{4}{9(x+1)^9}+C.$$

(5) 设 $u=2-x^4$，$du=-4x^3dx$，则

$$\int \frac{x^3}{2-x^4}dx = -\frac{1}{4}\int \frac{1}{u}du = -\frac{1}{4}\ln|u|+C = -\frac{1}{4}\ln|2-x^4|+C.$$

(6) 设 $u=x-1$，$du=dx$，则

$$\int \frac{1}{x^2-2x+2}dx = \int \frac{1}{1+(x-1)^2}dx = \int \frac{1}{1+u^2}du = \arctan u+C$$

$$= \arctan(x-1)+C.$$

(7) 设 $u=\frac{1}{2}x^3$，$du=\frac{3}{2}x^2dx$，则

$$\int \frac{x^2}{x^6+4}dx = \frac{1}{6}\int \frac{1}{u^2+1}du = \frac{1}{6}\arctan u+C = \frac{1}{6}\arctan\frac{x^3}{2}+C.$$

(8) 由 $\frac{1}{x^2-x-6} = \frac{1}{5}\left(\frac{1}{x-3}-\frac{1}{x+2}\right)$，于是

$$\int \frac{1}{x^2-x-6}dx = \frac{1}{5}\left[\int \frac{1}{x-3}d(x-3)-\int \frac{1}{x+2}d(x+2)\right]$$

$$= \frac{1}{5}(\ln|x-3|-\ln|x+2|)+C = \frac{1}{5}\ln\left|\frac{x-3}{x+2}\right|+C.$$

(9) 设 $u=x-3$，$\mathrm{d}u=\mathrm{d}x$，则

$$\int\frac{x^2-4}{x-3}\mathrm{d}x=\int\frac{(u+3)^2-4}{u}\mathrm{d}u=\int\left(u+6+\frac{5}{u}\right)\mathrm{d}u$$

$$=\frac{1}{2}u^2+6u+5\ln|u|+C'=\frac{1}{2}(x-3)^2+6x+5\ln|x-3|+C,$$

其中 $C=C'-18$.

(10) 设 $u=x^2+3x+16$，$\mathrm{d}u=(2x+3)\mathrm{d}x$，则

$$\int\frac{(2x+3)\mathrm{d}x}{x^2+3x+16}=\int\frac{1}{u}\mathrm{d}u=\ln|u|+C=\ln|x^2+3x+16|+C.$$

(11) 设 $u=x^7$，$\mathrm{d}u=7x^6\mathrm{d}x$，则

$$\int\frac{1}{x(x^7+2)}\mathrm{d}x=\frac{1}{7}\int\frac{1}{u(u+2)}\mathrm{d}u=\frac{1}{14}\int\left(\frac{1}{u}-\frac{1}{u+2}\right)\mathrm{d}u$$

$$=\frac{1}{14}(\ln|u|-\ln|u+2|)+C=\frac{1}{2}\ln|x|-\frac{1}{14}\ln|x^7+2|+C.$$

(12) 设 $u=x^2+2x+5$，$\mathrm{d}u=2(x+1)\mathrm{d}x$，则

$$\int\frac{x+1}{(x^2+2x+5)^2}\mathrm{d}x=\frac{1}{2}\int\frac{1}{u^2}\mathrm{d}u=-\frac{1}{2u}+C=-\frac{1}{2(x^2+2x+5)}+C.$$

(13) 设 $u=x+1$，$\mathrm{d}u=\mathrm{d}x$，则

$$\int\frac{1}{\sqrt{-x^2-2x}}\mathrm{d}x=\int\frac{1}{\sqrt{1-u^2}}\mathrm{d}u=\arcsin u+C=\arcsin(x+1)+C.$$

(14) 设 $u=\sqrt{\frac{2}{3}}x$，$\sqrt{\frac{3}{2}}\mathrm{d}u=\mathrm{d}x$，则

$$\int\frac{1}{\sqrt{3-2x^2}}\mathrm{d}x=\frac{1}{\sqrt{2}}\int\frac{1}{\sqrt{1-u^2}}\mathrm{d}u=\frac{1}{\sqrt{2}}\arcsin u+C=\frac{1}{\sqrt{2}}\arcsin\sqrt{\frac{2}{3}}x+C.$$

(15) 设 $u=x^3+a^3$，$\mathrm{d}u=3x^2\mathrm{d}x$，则

$$\int x^2\sqrt[3]{x^3+a^3}\mathrm{d}x=\frac{1}{3}\int u^{\frac{1}{3}}\mathrm{d}u=\frac{1}{4}u^{\frac{4}{3}}+C=\frac{1}{4}(x^3+a^3)^{\frac{4}{3}}+C.$$

(16) 设 $u=x^2+2x$，$\mathrm{d}u=2(x+1)\mathrm{d}x$，则

$$\int\frac{x+1}{\sqrt[3]{x^2+2x}}\mathrm{d}x=\frac{1}{2}\int u^{-\frac{1}{3}}\mathrm{d}u=\frac{3}{4}u^{\frac{2}{3}}+C=\frac{3}{4}(x^2+2x)^{\frac{2}{3}}+C.$$

(17) 设 $u=x^2-1$，$\mathrm{d}u=2x\mathrm{d}x$，则

$$\int x\sqrt{x^2-1}\mathrm{d}x=\frac{1}{2}\int u^{\frac{1}{2}}\mathrm{d}u=\frac{1}{3}u^{\frac{3}{2}}+C=\frac{1}{3}(x^2-1)^{\frac{3}{2}}+C.$$

(18) 设 $u=x^2+2x$，$\mathrm{d}u=2(x+1)\mathrm{d}x$，则

$$\int \frac{x}{x-\sqrt{x^2-1}}dx = \int x(x+\sqrt{x^2-1})dx = \int x^2 dx + \int x\sqrt{x^2-1}dx$$
$$= \frac{1}{3}x^3 + \frac{1}{3}(x^2-1)^{\frac{3}{2}} + C,$$

其中$\int x\sqrt{x^2-1}dx = \frac{1}{2}\int u^{\frac{1}{2}}du = \frac{1}{3}u^{\frac{3}{2}} + C = \frac{1}{3}(x^2-1)^{\frac{3}{2}} + C.$

(19) 由$(-x^2+4x-3)' = -2x+4$，于是

$$\int \frac{2x+4}{\sqrt{-x^2+4x-3}}dx = \int \frac{8-(-2x+4)}{\sqrt{-x^2+4x-3}}dx$$
$$= \int \frac{8}{\sqrt{1-(x-2)^2}}d(x-2) - \int \frac{d(-x^2+4x-3)}{\sqrt{-x^2+4x-3}}$$
$$= 8\arcsin(x-2) - 2\sqrt{-x^2+4x-3} + C.$$

(20) 设$u = x^2$，$du = 2xdx$，则
$$\int xe^{x^2}dx = \frac{1}{2}\int e^u du = \frac{1}{2}e^u + C = \frac{1}{2}e^{x^2} + C.$$

(21) 设$u = 1-x-x^2$，$du = -(2x+1)dx$，则
$$\int (2x+1)e^{1-x-x^2}dx = -\int e^u du = -e^u + C = -e^{1-x-x^2} + C.$$

(22) 设$u = e^x$，$du = e^x dx$，则
$$\int e^{e^x+x}dx = \int e^{e^x}de^x = \int e^u du = e^u + C = e^{e^x} + C.$$

(23) 设$u = 1-\frac{2}{x}$，$du = \frac{1}{x^2}dx$，则
$$\int \frac{1}{x^2}e^{1-\frac{2}{x}}dx = \int e^u du = e^u + C = e^{1-\frac{2}{x}} + C.$$

(24) 设$u = 2+e^x$，$du = e^x dx$，则
$$\int \frac{e^x}{2+e^x}dx = \int \frac{1}{u}du = \ln|u| + C = \ln|2+e^x| + C.$$

(25) 设$u = e^x$，$du = e^x dx$，则
$$\int \frac{1}{e^x+e^{-x}}dx = \int \frac{e^x}{e^{2x}+1}dx = \int \frac{1}{u^2+1}du = \arctan u + C = \arctan e^x + C.$$

(26) 设$u = e^x$，$du = e^x dx$，则
$$\int \frac{1}{e^x+1}dx = \int \frac{e^x}{e^x(e^x+1)}dx = \int \frac{1}{u(u+1)}du$$
$$= \int \left(\frac{1}{u} - \frac{1}{u+1}\right)du = \ln\frac{u}{u+1} + C = x - \ln(e^x+1) + C.$$

(27) 设 $u=\sin x$，$\mathrm{d}u=\cos x\mathrm{d}x$，则

$$\int\frac{\cos x}{\mathrm{e}^{\sin x}}\mathrm{d}x=\int\mathrm{e}^{-u}\mathrm{d}u=-\mathrm{e}^{-u}+C=-\mathrm{e}^{-\sin x}+C.$$

(28) 设 $u=\mathrm{e}^{x}$，$\mathrm{d}u=\mathrm{e}^{x}\mathrm{d}x$，则

$$\begin{aligned}\int\frac{\mathrm{e}^{x}-1}{\mathrm{e}^{x}+1}\mathrm{d}x&=\int\left(\frac{2\mathrm{e}^{x}}{\mathrm{e}^{x}+1}-1\right)\mathrm{d}x=\int\frac{2}{u+1}\mathrm{d}u-\int\mathrm{d}x\\&=2\ln(u+1)-x+C=2\ln(\mathrm{e}^{x}+1)-x+C.\end{aligned}$$

(29) 设 $u=1-\mathrm{e}^{x}$，$\mathrm{d}u=-\mathrm{e}^{x}\mathrm{d}x$，则

$$\int\mathrm{e}^{x}\sqrt{1-\mathrm{e}^{x}}\mathrm{d}x=-\int u^{\frac{1}{2}}\mathrm{d}u=-\frac{2}{3}u^{\frac{3}{2}}+C=-\frac{2}{3}(1-\mathrm{e}^{x})^{\frac{3}{2}}+C.$$

(30) 设 $u=\mathrm{e}^{-x}$，$\mathrm{d}u=-\mathrm{e}^{-x}\mathrm{d}x$，则

$$\int\frac{1}{\sqrt{\mathrm{e}^{2x}-1}}\mathrm{d}x=\int\frac{\mathrm{e}^{-x}}{\sqrt{1-\mathrm{e}^{-2x}}}\mathrm{d}x=-\int\frac{1}{\sqrt{1-u^{2}}}\mathrm{d}u=-\arcsin u+C=-\arcsin\mathrm{e}^{-x}+C.$$

(31) 设 $u=\omega t+\varphi$，$\mathrm{d}u=\omega\mathrm{d}t$，则

$$\int\sin(\omega t+\varphi)\mathrm{d}t=\frac{1}{\omega}\int\sin u\mathrm{d}u=-\frac{1}{\omega}\cos u+C=-\frac{1}{\omega}\cos(\omega t+\varphi)+C.$$

(32) 设 $u=\cos 5x$，$\mathrm{d}u=-5\sin 5x\mathrm{d}x$，则

$$\begin{aligned}\int\tan 5x\mathrm{d}x&=\int\frac{\sin 5x}{\cos 5x}\mathrm{d}x=-\frac{1}{5}\int\frac{1}{u}\mathrm{d}u\\&=-\frac{1}{5}\ln|u|+C=-\frac{1}{5}\ln|\cos 5x|+C.\end{aligned}$$

(33) 设 $u=2x+\theta$，$\mathrm{d}u=2\mathrm{d}x$，则

$$\int\frac{1}{\cos^{2}(2x+\theta)}\mathrm{d}x=\frac{1}{2}\int\frac{1}{\cos^{2}u}\mathrm{d}u=\frac{1}{2}\tan u+C=\frac{1}{2}\tan(2x+\theta)+C.$$

(34) 设 $u=\sin x$，$\mathrm{d}u=\cos x\mathrm{d}x$，则

$$\int u^{3}\mathrm{d}u=\frac{1}{4}u^{4}+C=\frac{1}{4}\sin^{4}x+C.$$

(35) 设 $u=\sin x$，$\mathrm{d}u=\cos x\mathrm{d}x$，则

$$\int\frac{\cos x}{1+\sin^{2}x}\mathrm{d}x=\int\frac{1}{1+u^{2}}\mathrm{d}u=\arctan u+C=\arctan(\sin x)+C.$$

(36) 设 $u=\tan x$，$\mathrm{d}u=\frac{1}{\cos^{2}x}\mathrm{d}x$，则

$$\int\frac{1}{\cos^{2}x\sqrt{\tan x}}\mathrm{d}x=\int u^{-\frac{1}{2}}\mathrm{d}u=2u^{\frac{1}{2}}+C=2\sqrt{\tan x}+C.$$

(37) 设 $u=1+\cos 2x$，$\mathrm{d}u=-2\sin 2x\mathrm{d}x$，则

$$\int \frac{\sin 2x}{(1+\cos 2x)^2}dx=-\frac{1}{2}\int \frac{1}{u^2}du=\frac{1}{2u}+C=\frac{1}{2(1+\cos 2x)}+C.$$

(38) 设 $u=\cos x$，$du=-\sin x dx$，则

$$\int \frac{\sin^3 x}{\sqrt{\cos x}}dx=-\int \frac{1-\cos^2 x}{\sqrt{\cos x}}d\cos x=-\int \frac{1-u^2}{\sqrt{u}}du=-\int (u^{-\frac{1}{2}}-u^{\frac{3}{2}})du$$

$$=-2\sqrt{u}+\frac{2}{5}u^{\frac{5}{2}}+C=-2\sqrt{\cos x}+\frac{2}{5}(\cos x)^{\frac{5}{2}}+C.$$

(39) 设 $u=\sin x$，$du=\cos x dx$，则

$$\int \frac{\cos^3 x}{\sin^2 x}dx=\int \frac{1-\sin^2 x}{\sin^2 x}d\sin x=\int \frac{1-u^2}{u^2}du$$

$$=-\frac{1}{u}-u+C=-\frac{1}{\sin x}-\sin x+C.$$

(40) $\int \frac{1}{1+\sin x}dx=\int \frac{1-\sin x}{\cos^2 x}dx=\int \frac{1}{\cos^2 x}dx+\int \frac{1}{\cos^2 x}d\cos x$

$$=\tan x-\frac{1}{\cos x}+C.$$

(41) $\int \tan^3 x dx=\int \frac{\sin^3 x}{\cos^3 x}dx=-\int \frac{1-\cos^2 x}{\cos^3 x}d\cos x=\int \left(\frac{1}{u}-u^{-3}\right)du$

$$=\ln|u|+\frac{1}{2}u^{-2}+C=\ln|\cos x|+\frac{1}{2\cos^2 x}+C.$$

(42) $\int \frac{1}{\cos x(1+\sin^2 x)}dx=\int \frac{\cos x}{(1-\sin^2 x)(1+\sin^2 x)}dx$

$$=\int \frac{1}{(1-u^2)(1+u^2)}du=\frac{1}{4}\int \left(\frac{1}{1-u}+\frac{1}{1+u}+\frac{2}{1+u^2}\right)du$$

$$=\frac{1}{4}\ln\left|\frac{1+\sin x}{1-\sin x}\right|+\frac{1}{2}\arctan(\sin x)+C.$$

(43) $\int \sin^2 x\cos^2 x dx=\frac{1}{4}\int \sin^2 2x dx=\frac{1}{8}\int (1-\cos 4x)dx$

$$=\frac{1}{8}\int dx-\frac{1}{32}\int \cos 4x d(4x)=\frac{1}{8}x-\frac{1}{32}\sin 4x+C.$$

(44) $\int \sin 3x\cos 2x dx=\frac{1}{2}\int (\sin 5x+\sin x)dx=-\frac{1}{10}\cos 5x-\frac{1}{2}\cos x+C.$

(45) 设 $u=\ln x$，$du=\frac{1}{x}dx$，则

$$\int \frac{\ln^3 x}{x}dx=\int u^3 du=\frac{1}{4}u^4+C=\frac{1}{4}\ln^4 x+C.$$

(46) 设 $u=\ln x$，$du=\frac{1}{x}dx$，则

$$\int \frac{1+\ln x}{x}dx=\int (1+u)du=u+\frac{1}{2}u^2+C=\ln x+\frac{1}{2}\ln^2 x+C.$$

(47) 设 $u=\ln x$，$du=\frac{1}{x}dx$，则

$$\int\frac{1}{x\sqrt{3-\ln^2x}}dx=\int\frac{1}{\sqrt{3-u^2}}du=\arcsin\frac{u}{\sqrt{3}}+C=\arcsin\frac{\ln x}{\sqrt{3}}+C.$$

(48) $$\int\frac{\ln(1+x)-\ln x}{x(1+x)}dx=-\int[\ln(1+x)-\ln x]d[\ln(1+x)-\ln x]$$

$$=-\frac{1}{2}[\ln(1+x)-\ln x]^2+C.$$

(49) $$\int\frac{1}{\sqrt{x^2+6x+25}}dx=\int\frac{1}{\sqrt{(x+3)^2+16}}d(x+3)$$

$$=\ln\left|x+3+\sqrt{(x+3)^2+16}\right|+C.$$

(50) $$\int\frac{1}{\sqrt{x^2+6x+5}}dx=\int\frac{1}{\sqrt{(x+3)^2-4}}d(x+3)$$

$$=\ln\left|x+3+\sqrt{(x+3)^2-4}\right|+C.$$

(51) 由 $(x^2-4x+3)'=2x-4$，于是

$$\int\frac{x}{\sqrt{x^2-4x+3}}dx=\frac{1}{2}\int\frac{2x-4+4}{\sqrt{x^2-4x+3}}dx$$

$$=\frac{1}{2}\int\frac{d(x^2-4x+3)}{\sqrt{x^2-4x+3}}+2\int\frac{1}{\sqrt{(x-2)^2-1}}d(x-2)$$

$$=\sqrt{x^2-4x+3}+2\ln\left|x-2+\sqrt{(x-2)^2-1}\right|+C.$$

(52) 设 $u=\frac{1}{x}$，$du=-\frac{1}{x^2}dx$，则

$$\int\frac{1}{x\sqrt{1+x^2}}dx=\int\frac{1}{x^2\sqrt{1+\left(\frac{1}{x}\right)^2}}dx=-\int\frac{1}{\sqrt{1+u^2}}du=-\ln\left|u+\sqrt{1+u^2}\right|+C$$

$$=-\ln\left|\frac{1}{x}+\sqrt{1+\left(\frac{1}{x}\right)^2}\right|+C.$$

(53) 设 $u=\sqrt{x}$，$du=\frac{1}{2\sqrt{x}}dx$ 或 $2udu=dx$，则

$$\int\frac{1}{1+\sqrt{x}}dx=\int\frac{2u}{1+u}du=\int\left(2-\frac{2}{1+u}\right)du=2u-2\ln(1+u)+C$$

$$=2\sqrt{x}-2\ln(1+\sqrt{x})+C.$$

(54) 设 $u=\sqrt{x-2}$，$du=\frac{1}{2\sqrt{x-2}}dx$ 或 $2udu=dx$，则

$$\int\frac{x+1}{x\sqrt{x-2}}dx=\int\frac{u^2+3}{(u^2+2)u}2udu=2\int\left(1+\frac{1}{u^2+2}\right)du$$

$$=2u+\sqrt{2}\arctan\frac{u}{\sqrt{2}}+C=2\sqrt{x-2}+\sqrt{2}\arctan\sqrt{\frac{x-2}{2}}+C.$$

(55) 设 $u=\sqrt{x+1}$，$\mathrm{d}u=\dfrac{1}{2\sqrt{x+1}}\mathrm{d}x$ 或 $2u\mathrm{d}u=\mathrm{d}x$，则

$$\int\frac{1}{(2+x)\sqrt{1+x}}\mathrm{d}x=\int\frac{1}{(u^2+1)u}2u\mathrm{d}u=2\arctan u+C$$

$$=2\arctan\sqrt{1+x}+C.$$

(56) 设 $u=\sqrt[4]{x}$，$x=u^4$，$\mathrm{d}x=4u^3\mathrm{d}u$，则

$$\int\frac{1}{\sqrt{x}\,(1+\sqrt[4]{x})^3}\mathrm{d}x=\int\frac{1}{u^2(1+u)^3}4u^3\mathrm{d}u=4\int\frac{u}{(1+u)^3}\mathrm{d}u$$

$$=4\int\left[\frac{1}{(1+u)^2}-\frac{1}{(1+u)^3}\right]\mathrm{d}(u+1)$$

$$=-\frac{4}{1+u}+\frac{2}{(1+u)^2}+C$$

$$=-\frac{4}{1+\sqrt[4]{x}}+\frac{2}{(1+\sqrt[4]{x})^2}+C.$$

(57) 令 $\dfrac{1}{x^3+1}=\dfrac{A}{x+1}+\dfrac{Bx+C}{x^2-x+1}$，得 $A\,(x^2-x+1)+(Bx+C)(x+1)=1$，分别取 $x=-1$，$x=0$，$x=1$ 代入，得 $A=\dfrac{1}{3}$，$C=\dfrac{2}{3}$，$B=-\dfrac{1}{3}$，故

$$\frac{1}{x^3+1}=\frac{1}{3\,(x+1)}+\frac{-x+2}{3\,(x^2-x+1)},$$

因此，

$$\int\frac{1}{x^3+1}\mathrm{d}x=\int\left[\frac{1}{3\,(x+1)}+\frac{-x+2}{3\,(x^2-x+1)}\right]\mathrm{d}x,$$

其中 $\displaystyle\int\frac{1}{3\,(x+1)}\mathrm{d}x=\frac{1}{3}\ln|x+1|+C_1,$

$$\frac{1}{3}\int\frac{-x+2}{x^2-x+1}\mathrm{d}x=-\frac{1}{6}\int\frac{(2x-1)-3}{x^2-x+1}\mathrm{d}x$$

$$=-\frac{1}{6}\int\frac{\mathrm{d}(x^2-x+1)}{x^2-x+1}+\frac{1}{2}\int\frac{1}{\left(x-\frac{1}{2}\right)^2+\frac{3}{4}}\mathrm{d}\left(x-\frac{1}{2}\right)$$

$$=-\frac{1}{6}\ln(x^2-x+1)+\frac{1}{\sqrt{3}}\arctan\frac{2x-1}{\sqrt{3}}+C_2,$$

所以，$\displaystyle\int\frac{1}{x^3+1}\mathrm{d}x=\frac{1}{3}\ln|x+1|+=-\frac{1}{6}\ln(x^2-x+1)+\frac{1}{\sqrt{3}}\arctan\frac{2x-1}{\sqrt{3}}+C.$

(58) 令 $\dfrac{1}{(x+1)(x^2+1)}=\dfrac{A}{x+1}+\dfrac{Bx+C}{x^2+1}$，得 $A\,(x^2+1)+(Bx+C)(x+1)=1$，分别取 $x=-1$，$x=0$，$x=1$ 代入，得 $A=\dfrac{1}{2}$，$C=\dfrac{1}{2}$，$B=-\dfrac{1}{2}$，故

$$\frac{1}{(x+1)(x^2+1)}=\frac{1}{2(x+1)}+\frac{-x+1}{2(x^2+1)},$$

因此，

$$\int\frac{1}{(x+1)(x^2+1)}\mathrm{d}x=\int\left[\frac{1}{2(x+1)}+\frac{-x+1}{2(x^2+1)}\right]\mathrm{d}x$$
$$=\frac{1}{2}\ln|x+1|-\frac{1}{4}\ln(x^2+1)+\frac{1}{2}\arctan x+C.$$

7. 解 (1) $\int\arctan x\mathrm{d}x=x\arctan x-\int\frac{x}{1+x^2}\mathrm{d}x=x\arctan x-\frac{1}{2}\ln(1+x^2)+C.$

(2) $\int\arccos x\mathrm{d}x=x\arccos x+\int\frac{x}{\sqrt{1-x^2}}\mathrm{d}x=x\arccos x-\sqrt{1-x^2}+C.$

(3) $\int x\arcsin x\mathrm{d}x=\int\arcsin x\mathrm{d}\left(\frac{1}{2}x^2\right)=\frac{1}{2}x^2\arcsin x-\frac{1}{2}\int\frac{x^2}{\sqrt{1-x^2}}\mathrm{d}x$

$$=\frac{1}{2}\left(x^2-\frac{1}{2}\right)\arcsin x+\frac{1}{4}x\sqrt{1-x^2}+C,$$

其中$\int\frac{x^2}{\sqrt{1-x^2}}\mathrm{d}x\overset{x=\sin t}{=}\int\frac{\sin^2t\cos t}{\cos t}\mathrm{d}t=\frac{1}{2}\int(1-\cos2t)\mathrm{d}t=\frac{1}{2}t-\frac{1}{4}\sin2t+C$

$$=\frac{1}{2}\arcsin x-\frac{1}{2}x\sqrt{1-x^2}+C.$$

(4) $\int x^2\arctan x\mathrm{d}x=\int\arctan x\mathrm{d}\left(\frac{1}{3}x^3\right)=\frac{1}{3}x^3\arctan x-\frac{1}{3}\int\frac{x^3}{1+x^2}\mathrm{d}x$

$$=\frac{1}{3}x^3\arctan x-\frac{1}{3}\int\left(x-\frac{x}{1+x^2}\right)\mathrm{d}x$$
$$=\frac{1}{3}x^3\arctan x-\frac{1}{6}x^2+\frac{1}{6}\ln(1+x^2)+C.$$

(5) $\int\frac{1}{x^2}\arcsin x\mathrm{d}x=-\int\arcsin x\mathrm{d}\left(\frac{1}{x}\right)=-\frac{1}{x}\arcsin x+\int\frac{1}{x\sqrt{1-x^2}}\mathrm{d}x$

$$=-\frac{1}{x}\arcsin x-\ln\left|\frac{1}{x}+\sqrt{\left(\frac{1}{x}\right)^2-1}\right|+C,$$

其中$\int\frac{1}{x\sqrt{1-x^2}}\mathrm{d}x=-\int\frac{1}{\sqrt{\left(\frac{1}{x}\right)^2-1}}\mathrm{d}\left(\frac{1}{x}\right)=-\ln\left|\frac{1}{x}+\sqrt{\left(\frac{1}{x}\right)^2-1}\right|+C.$

(6) $\int\frac{1}{x^2}\arctan x\mathrm{d}x=-\int\arctan x\mathrm{d}\left(\frac{1}{x}\right)=-\frac{1}{x}\arctan x+\int\frac{1}{x(1+x^2)}\mathrm{d}x$

$$=-\frac{1}{x}\arctan x+\ln|x|-\frac{1}{2}\ln(1+x^2)+C,$$

其中$\int\frac{1}{x(1+x^2)}\mathrm{d}x=\int\left(\frac{1}{x}-\frac{x}{1+x^2}\right)\mathrm{d}x=\ln|x|-\frac{1}{2}\ln(1+x^2)+C.$

(7) $\int\arcsin^2x\mathrm{d}x=x\arcsin^2x-2\int\frac{x\arcsin x}{\sqrt{1-x^2}}\mathrm{d}x$

$$=x\arcsin^2x+2\int\arcsin x\mathrm{d}\sqrt{1-x^2}$$

$$= x\arcsin^2 x + 2\sqrt{1-x^2}\arcsin x - 2\int dx$$

$$= x\arcsin^2 x + 2\sqrt{1-x^2}\arcsin x - 2x + C.$$

(8) $\int \ln(x+1)dx = x\ln(x+1) - \int \frac{x}{x+1}dx = x\ln(x+1) - \left(\int 1 - \frac{1}{x+1}\right)dx$

$$= x\ln(x+1) - x + \ln(x+1) + C.$$

(9) $\int x^2\ln(1+x)dx = \frac{1}{3}x^3\ln(x+1) - \frac{1}{3}\int \frac{x^3}{x+1}dx$

$$= \frac{1}{3}x^3\ln(x+1) - \frac{1}{3}\left(\int x^2 - x + 1 - \frac{1}{x+1}\right)dx$$

$$= \frac{1}{3}x^3\ln(x+1) - \frac{1}{9}x^3 + \frac{1}{6}x^2 - \frac{1}{3}x + \frac{1}{3}\ln(x+1) + C.$$

(10) $\int \frac{1}{x^3}\ln x dx = -\frac{1}{2}\int \ln x d\left(\frac{1}{x^2}\right) = -\frac{1}{2x^2}\ln x + \frac{1}{2}\int \frac{1}{x^3}dx = -\frac{1}{2x^2}\ln x - \frac{1}{4x^2} + C.$

(11) $\int x^{\alpha}\ln x dx = \frac{1}{\alpha+1}\int \ln x dx^{\alpha+1} = \frac{x^{\alpha+1}}{\alpha+1}\ln x - \frac{1}{\alpha+1}\int x^{\alpha}dx$

$$= \frac{1}{\alpha+1}x^{\alpha+1}\ln x - \frac{1}{(\alpha+1)^2}x^{\alpha+1} + C.$$

(12) $\int \ln(x+\sqrt{1+x^2})dx = x\ln(x+\sqrt{1+x^2}) - \int \frac{x}{\sqrt{1+x^2}}dx$

$$= x\ln(x+\sqrt{1+x^2}) - \sqrt{1+x^2} + C.$$

(13) $\int xe^{-x}dx = -\int xde^{-x} = -xe^{-x} + \int e^{-x}dx = -xe^{-x} - e^{-x} + C.$

(14) $\int (x-1)e^x dx = \int (x-1)de^x = (x-1)e^x + \int e^x dx = xe^x + C.$

(15) $\int (x^2+x)e^x dx = \int (x^2+x)de^x = (x^2+x)e^x - \int e^x(2x+1)dx$

$$= (x^2+x)e^x - e^x - \int 2xde^x = (x^2+x-1)e^x - 2xe^x + 2e^x + C$$

$$= (x^2-x+1)e^x + C.$$

(16) $\int x\cos 3x dx = \frac{1}{3}\int xd\sin 3x = \frac{1}{3}x\sin 3x - \frac{1}{3}\int \sin 3x dx$

$$= \frac{1}{3}x\sin 3x + \frac{1}{9}\cos 3x + C.$$

(17) $\int x\sec^2 x dx = \int xd\tan x = x\tan x - \int \tan x dx = x\tan x + \ln|\cos x| + C.$

(18) $\int x\cos^2 x dx = \frac{1}{2}\int x(1+\cos 2x)dx = \frac{1}{4}x^2 + \frac{1}{4}\int xd\sin 2x$

$$= \frac{1}{4}x^2 + \frac{1}{4}x\sin 2x - \frac{1}{4}\int \sin 2x dx$$

$$= \frac{1}{4}x^2 + \frac{1}{4}x\sin 2x + \frac{1}{8}\cos 2x + C.$$

(19) $\int x^2\sin x dx = -\int x^2 d\cos x = -x^2\cos x + \int 2x\cos x dx$

$$=-x^2\cos x+2\int x\mathrm{d}\sin x$$

$$=-x^2\cos x+2x\sin x-2\int \sin x\mathrm{d}x$$

$$=-x^2\cos x+2x\sin x+2\cos x+C.$$

(20) $\int \mathrm{e}^{\theta}\cos\theta\mathrm{d}\theta=\int\cos\theta\mathrm{d}\mathrm{e}^{\theta}=\mathrm{e}^{\theta}\cos\theta+\int\mathrm{e}^{\theta}\sin\theta\mathrm{d}\theta$

$$=\mathrm{e}^{\theta}\cos\theta+\int\sin\theta\mathrm{d}\mathrm{e}^{\theta}=\mathrm{e}^{\theta}\cos\theta+\mathrm{e}^{\theta}\sin\theta-\int\mathrm{e}^{\theta}\cos\theta\mathrm{d}\theta,$$

所以$\int\mathrm{e}^{\theta}\cos\theta\mathrm{d}\theta=\frac{1}{2}\mathrm{e}^{\theta}(\cos\theta+\sin\theta)+C.$

8. 解 (1) 设$u=\sqrt{x}$，$2u\mathrm{d}u=\mathrm{d}x$，则

$$\int\mathrm{e}^{\sqrt{x}}\mathrm{d}x=2\int u\mathrm{e}^{u}\mathrm{d}u=2u\mathrm{e}^{u}-2\int\mathrm{e}^{u}\mathrm{d}u=2(u-1)\mathrm{e}^{u}+C=2(\sqrt{x}-1)\mathrm{e}^{\sqrt{x}}+C.$$

(2) 设$u=\sqrt{x}$，$2u\mathrm{d}u=\mathrm{d}x$，则

$$\int\arctan\sqrt{x}\mathrm{d}x=2\int u\arctan u\mathrm{d}u=\int\arctan u\mathrm{d}u^2=u^2\arctan u-\int\frac{u^2}{1+u^2}\mathrm{d}u$$

$$=u^2\arctan u-\int\left(1-\frac{1}{1+u^2}\right)\mathrm{d}u$$

$$=u^2\arctan u-u+\arctan u+C$$

$$=x\arctan\sqrt{x}-\sqrt{x}+\arctan\sqrt{x}+C.$$

(3) 设$u=\sqrt{x}$，$2u\mathrm{d}u=\mathrm{d}x$，则

$$\int\sin\sqrt{x}\mathrm{d}x=2\int u\sin u\mathrm{d}u=-2u\cos u+2\int\cos u\mathrm{d}u$$

$$=-2u\cos u+2\sin u+C=-2\sqrt{x}\cos\sqrt{x}+2\sin\sqrt{x}+C.$$

(4) 设$u=\sqrt{1-x}$，$-2u\mathrm{d}u=\mathrm{d}x$，则

$$\int\mathrm{e}^{\sqrt{1-x}}\mathrm{d}x=-2\int u\mathrm{e}^{u}\mathrm{d}u=-2u\mathrm{e}^{u}+2\int\mathrm{e}^{u}\mathrm{d}u$$

$$=2(1-u)\mathrm{e}^{u}+C=2(1-\sqrt{1-x})\mathrm{e}^{\sqrt{1-x}}+C.$$

(5) $\int x^2\mathrm{e}^{3x}\mathrm{d}x=\frac{1}{3}\int x^2\mathrm{d}\mathrm{e}^{3x}=\frac{1}{3}x^2\mathrm{e}^{3x}-\frac{2}{3}\int x\mathrm{e}^{3x}\mathrm{d}x$

$$=\frac{1}{3}x^2\mathrm{e}^{3x}-\frac{2}{9}x\mathrm{e}^{3x}+\frac{2}{9}\int\mathrm{e}^{3x}\mathrm{d}x=\mathrm{e}^{3x}\left(\frac{1}{3}x^2-\frac{2}{9}x+\frac{2}{27}\right)+C.$$

(6) 设$u=\sqrt{x}$，$2u\mathrm{d}u=\mathrm{d}x$，则

$$\int\ln(1-\sqrt{x})\mathrm{d}x=2\int u\ln(1-u)\mathrm{d}u=u^2\ln(1-u)+\int\frac{u^2}{1-u}\mathrm{d}u$$

$$=u^2\ln(1-u)-\frac{u^2}{2}-u-\ln(1-u)+C$$

$$=x\ln(1-\sqrt{x})-\frac{x}{2}-\sqrt{x}-\ln(1-\sqrt{x})+C.$$

(7) 设 $u=\ln x$，$e^u du = dx$，则

$$\int \sin(\ln x)\,dx = \int e^u \sin u du = e^u \sin u - \int e^u \cos u du$$

$$= e^u \sin u - e^u \cos u - \int e^u \sin u du,$$

所以$\int \sin(\ln x)\,dx = \frac{1}{2}e^u(\sin u - \cos u) + C = \frac{1}{2}x[\sin(\ln x) - \cos(\ln x)] + C.$

(8) $\int \frac{x\arcsin x}{\sqrt{1-x^2}}dx = -\int \arcsin x d\sqrt{1-x^2} = -\sqrt{1-x^2}\arcsin x + \int dx.$

$$= -\sqrt{1-x^2}\arcsin x + x + C.$$

9. 解 依题设，$f(x) = (e^{x^2})' = 2xe^{x^2}$，于是

$$\int xf'(x)\,dx = \int x d f(x) = xf(x) - \int f(x)\,dx = 2x^2e^{x^2} - e^{x^2} + C.$$

10. 解 (1) 错. $\int f(u)du$ 是以 u 为自变量的函数，微分后仍是以 u 为自变量的函数.

(2) 正确. $\int xf(t)dt$ 表示以 t 为积分变量的不定积分，x 是常数，可提到积分号外，故

$$\int xf(t)dt = x\int f(t)dt.$$

(3) 错. 左侧是被积函数的全体原函数，结果应加任意常数.

(4) 正确. 由导数运算法则和不定积分的性质，有

$$\frac{d}{dx}\left(\int u dx + \int v dx\right) = \frac{d}{dx}\int u dx + \frac{d}{dx}\int v dx = u + v.$$

(5) 错. 由$[f(ax+b)+C]' = af'(ax+b) \neq f'(ax+b)$知，积分不正确.

(6) 正确. 若设 $u = \frac{1}{\cos x}$，则有

$$\int \frac{1}{\cos x} d\frac{1}{\cos x} = \int u du = \frac{1}{2}u^2 + C = \frac{1}{2\cos^2 x} + C.$$

习题六

1. 解 根据定积分的结构模式，若设 $x_i = \frac{i}{n}$，$i = 0, 1, 2, \cdots, n$，$\Delta x_i = \frac{1}{n}$，则

$$\lim_{n\to\infty}\frac{1}{n}\left(\frac{n+1}{n} + \frac{n+2}{n} + \cdots + \frac{n+n}{n}\right) = \lim_{n\to\infty}\sum_{i=1}^{n}(1+x_i)\Delta x_i$$

可表示函数 $f(x) = 1+x$ 在区间$[0, 1]$上的定积分，即有

$$\lim_{n\to\infty}\frac{1}{n}\left(\frac{n+1}{n} + \frac{n+2}{n} + \cdots + \frac{n+n}{n}\right) = \int_0^1 (1+x)dx.$$

根据定积分的几何背景，$\int_0^1 (1+x)dx$ 表示积分函数 $f(x) = 1+x$ 与 x 轴及 y 轴围成的

直角梯形的面积，即有

$$\int_0^1 (1+x)\mathrm{d}x = \frac{1}{2}\times(1+2)\times 1 = \frac{3}{2}.$$

2. 解 (1) $\int_{60}^{120} v(t)\mathrm{d}t$ 表示时间间隔内质点运动的实际位移.

(2) $\int_{60}^{120} |v(t)|\mathrm{d}t$ 表示时间间隔内质点走过的路程.

(3) $\int_{60}^{120} a(t)\mathrm{d}t$ 表示时间间隔内质点运动速度的增加值.

3. 解 (1) 根据定积分的几何背景，$\int_1^2 (x+2)\mathrm{d}x$ 表示积分函数 $f(x)=x+2$ 与直线 $x=1$，$x=2$ 及 x 轴围成的直角梯形的面积，即有

$$\int_1^2 (x+2)\mathrm{d}x = \frac{1}{2}\times(3+4)\times 1 = \frac{7}{2}.$$

(2) 根据定积分的几何背景，$\int_0^a \sqrt{a^2-x^2}\mathrm{d}x$ 表示原点在圆心、半径为四分之一的圆的面积，即有

$$\int_0^a \sqrt{a^2-x^2}\mathrm{d}x = \frac{1}{4}\pi a^2.$$

(3) 根据定积分的几何背景，$\int_{-1}^1 \frac{x}{1+x^2}\mathrm{d}x$ 表示两个关于原点对称的大小相同但符号相反的面积块的代数和，即有 $\int_{-1}^1 \frac{x}{1+x^2}\mathrm{d}x = 0$.

(4) 根据定积分的几何背景，$\int_{-1}^1 (1-|x|)\mathrm{d}x$ 表示两个关于 y 轴对称的大小相同的面积块的和，其中一个是由积分函数 $f(x)=1-x$ 与 y 轴及 x 轴围成的三角形的面积，即有

$$\int_{-1}^1 (1-|x|)\mathrm{d}x = 2\times\frac{1}{2}\times 1\times 1 = 1.$$

4. 解 (1) 不正确. $\int_a^b f(x)\,\mathrm{d}x$ 的几何意义是表示由曲线 $y=f(x)$，直线 $x=a$，$x=b$ 及 x 轴围成的若干面积块的代数和. 结论仅当 $f(x)\geqslant 0$ 时成立.

(2) 不正确. 由于定积分的大小与积分变量无关，即有 $\int_a^x f(x)\,\mathrm{d}x = \int_a^x f(t)\mathrm{d}t$.

(3) 正确. 由于 $\int_a^b f(x)\,\mathrm{d}x = -\int_b^a f(x)\,\mathrm{d}x$，若同时有 $\int_a^b f(x)\,\mathrm{d}x = \int_b^a f(x)\,\mathrm{d}x$，则 $2\int_a^b f(x)\,\mathrm{d}x = 0$，即 $\int_a^b f(x)\,\mathrm{d}x = 0$.

(4) 不正确. $\int_0^\pi \cos x\mathrm{d}x$ 是两块关于点 $\left(\frac{\pi}{2}, 0\right)$ 对称的大小相同但符号相反的面积的代数和，即有 $\int_0^\pi \cos x\mathrm{d}x = 0$.

(5) 不正确. 由于被积函数 $f(x)=\dfrac{1}{x^3}$ 在积分区间上无界，围不成有效面积的图形，定积分的对称性不适用.

(6) 不正确. 对任意常数k，等式$\int_a^b kf(x)\,\mathrm{d}x=k\int_a^b f(x)\,\mathrm{d}x$成立，而不定积分$\int kf(x)\,\mathrm{d}x=k\int f(x)\,\mathrm{d}x$ 仅当k 为非零常数时成立.

5. 解 (1) 在区间 $\left[0,\dfrac{\pi}{2}\right]$ 上，$\sin x\leqslant x$，且仅当 $x=0$ 时等式成立，故根据定积分的性质，有不等式 $\int_0^{\frac{\pi}{2}}\sin x\mathrm{d}x<\int_0^{\frac{\pi}{2}}x\mathrm{d}x$.

(2) 在$[1,3]$上，$1\leqslant x$，也有 $x^2\leqslant x^3$，且仅当$x=1$时等式成立，故根据定积分的性质，有不等式$\int_1^3 x^2\mathrm{d}x<\int_1^3 x^3\mathrm{d}x$.

(3) 由于 e^{-x} 在 $[-1,1]$ 单调减，因此，e^{-x} 对应区间 $[-1,0]$ 上的取值大于区间$[0,1]$ 上的取值，故有不等式$\int_{-1}^0\mathrm{e}^{-x}\mathrm{d}x>\int_0^1\mathrm{e}^{-x}\mathrm{d}x$.

(4) 由于 x^2 在 $(0,+\infty)$ 单调增，因此，x^2 在 $[0,2]$ 上的平均值小于在 $[0,3]$ 上的平均值，故有不等式$\dfrac{1}{2}\int_0^2 x^2\mathrm{d}x<\dfrac{1}{3}\int_0^3 x^2\mathrm{d}x$.

6. 解 (1) 由 $f'(x)=(x^2-x)'=2x-1=0$，所以得驻点 $x=\dfrac{1}{2}$，比较

$$f(0)=0,\ f\left(\frac{1}{2}\right)=-\frac{1}{4},\ f(2)=2,$$

知在$[0,2]$上被积函数 $f(x)$ 的最大值为 $f(2)=2$，最小值为 $f\left(\dfrac{1}{2}\right)=-\dfrac{1}{4}$，因此有

$$-\frac{1}{2}=2\times\left(-\frac{1}{4}\right)\leqslant\int_0^2(x^2-x)\,\mathrm{d}x\leqslant 2\times 2=4.$$

(2) 在区间$[1,3]$上，$0\leqslant\ln x\leqslant\ln 3$，所以根据定积分的性质，有

$$0=0\times 2\leqslant\int_1^3\ln x\mathrm{d}x\leqslant\ln 3\times 2=2\ln 3.$$

7. 证 由于$f(x)$ 为 $[a,b]$ 上的连续函数，必存在最大值M和最小值m，又 $g(x)>0$，有

$$mg(x)\leqslant f(x)g(x)\leqslant Mg(x),$$

从而有

$$m\int_a^b g(x)\,\mathrm{d}x\leqslant\int_a^b f(x)\,g(x)\,\mathrm{d}x\leqslant M\int_a^b g(x)\,\mathrm{d}x,$$

$$m\leqslant\frac{\int_a^b f(x)\,g(x)\,\mathrm{d}x}{\int_a^b g(x)\,\mathrm{d}x}\leqslant M,$$

由连续函数的介值定理，必存在 $\xi \in (a, b)$，使得

$$f(\xi)=\frac{\int_a^b f(x)\, g(x)\, dx}{\int_a^b g(x)\, dx}.$$

8. 解 设米袋重量 $f(h)$ 相对山高 h 的函数为 $f(h)=a+bh$，由 $f(0)=a=30$，$f(50)=a+50b=20$，得 $a=30$，$b=-0.2$，因此，$f(h)=30-0.2h$，又在 $[h, h+dh]$ 上，背米做功为 $dW=f(h)dh$，从而得到人背米上山所做的功为

$$W=\int_0^{50} f(h)dh=\int_0^{50}(30-0.2h)dh=(30h-0.1h^2)\Big|_0^{50}=1\,250\ (\text{公斤}\cdot\text{米}).$$

9. 解 (1) $\frac{d}{dx}\int_0^x t\sqrt{1+t^2}dt=x\sqrt{1+x^2}$.

(2) $\frac{d}{dx}\int_x^2 e^{-t^2}dt=-e^{-x^2}$.

(3) $\frac{d}{db}\int_a^{b^2}\sin x^2 dx=2b\sin b^4$.

(4) $\frac{d}{dx}\int_a^{b^2}\sin x^2 dx=0$.

(5) $\frac{d}{dx}\int_{\sin x}^{\cos x}\arcsin x^2 dx=-\sin x\arcsin(\cos^2 x)-\cos x\arcsin(\sin^2 x)$.

(6) $\frac{d}{dx}\int_{x^2}^{x^3}\frac{1}{\sqrt{1+t^4}}dt=\frac{3x^2}{\sqrt{1+x^{12}}}-\frac{2x}{\sqrt{1+x^8}}$.

10. 解 (1) $\lim\limits_{x\to 0}\frac{1}{x^2}\int_0^x \arcsin t dt=\lim\limits_{x\to 0}\frac{\arcsin x}{2x}=\frac{1}{2}$.

(2) $\lim\limits_{x\to 0}\frac{1}{x}\int_0^x (1+\sin t)^{\frac{1}{t}}dt=\lim\limits_{x\to 0}(1+\sin x)^{\frac{1}{x}}=e$.

(3) $\lim\limits_{x\to 1}\frac{1}{x-1}\int_1^x \ln t dt=\lim\limits_{x\to 1}(\ln x)=0$.

(4) $\lim\limits_{x\to 0}\frac{1}{x^3}\int_0^x (1-\cos t)dt=\lim\limits_{x\to 0}\frac{1-\cos x}{3x^2}=\lim\limits_{x\to 0}\frac{\sin x}{6x}=\frac{1}{6}$.

11. 解 由 $F'(x)=3x^2\sin x$，$F''(x)=6x\sin x+3x^2\cos x$，

$$\begin{aligned}F'''(x)&=6\sin x+6x\cos x+6x\cos x-3x^2\sin x\\&=6\sin x+12x\cos x-3x^2\sin x.\end{aligned}$$

所以 $F'''(1)=3\sin 1+12\cos 1$.

12. 解 (1) 由 $f'(x)=|x(1+x)|\geqslant 0$，驻点为孤立点，因此，$F(x)$ 在 $(-\infty, +\infty)$ 上单调增加.

(2) 由 $f'(x)=x^2(1+x)(x-2)=0$，得驻点 $x_1=-1$，$x_1=0$，$x_2=2$，列表如下：

x	$(-\infty, -1)$	-1	$(-1, 0)$	0	$(0, 2)$	2	$(2, +\infty)$
$f'(x)$	$+$		$-$	0	$-$		$+$
$f(x)$	↗		↘		↘		↗

因此，函数 $F(x)$ 的单调增区间为 $(-\infty, -1)$，$(2, +\infty)$，单调减区间为 $(-1, 2)$.

(3) 由 $f'(x) = \ln(1+x) = 0$，得驻点 $x=0$. 当 $-1 < x < 0$ 时，$f'(x) < 0$，当 $x > 0$ 时，$f'(x) > 0$，因此，$F(x)$ 在 $(-1, 0)$ 单调减少，在 $(0, +\infty)$ 单调增加.

(4) 由 $f'(x) = 1 - \cos x \geqslant 0$，且驻点均为孤立点，因此，$F(x)$ 在 $(-\infty, +\infty)$ 上单调增加.

13. 解 由 $f'(x) = xe^{-x^2} = 0$，得驻点 $x=0$，且当 $x<0$ 时，$f'(x)<0$，当 $x>0$ 时，$f'(x)>0$，知 $F(x)$ 有极小值 $F(0)=0$，无极大值.

14. 解 (1) $\int_1^4 (1-\sqrt{x})^2 \frac{1}{\sqrt{x}} dx = \int_1^4 (x^{-\frac{1}{2}} - 2 + x^{\frac{1}{2}}) dx = \left(2x^{\frac{1}{2}} - 2x + \frac{2}{3}x^{\frac{3}{2}}\right)\Big|_1^4 = \frac{2}{3}$.

(2) $\int_1^2 0 dx = C\Big|_1^2 = 0$.

(3) $\int_0^1 \frac{1-x^2}{1+x^2} dx = \int_0^1 \left(\frac{2}{1+x^2} - 1\right) dx = (2\arctan x - x)\Big|_0^1 = \frac{\pi}{2} - 1$.

(4) $\int_0^1 \frac{1}{\sqrt{4-x^2}} dx = \arcsin\frac{x}{2}\Big|_0^1 = \frac{\pi}{6}$.

(5) $\int_0^{\frac{\pi}{3}} \tan^2 x dx = \int_0^{\frac{\pi}{3}} (\sec^2 x - 1) dx = (\tan x - x)\Big|_0^{\frac{\pi}{3}} = \sqrt{3} - \frac{\pi}{3}$.

(6) $\int_0^2 (e^x - x) dx = \left(e^x - \frac{1}{2}x^2\right)\Big|_0^2 = e^2 - 3$.

(7) $\int_0^2 (4-2x)(4-x^2) dx = \int_0^2 (16 - 8x - 4x^2 + 2x^3) dx$

$$= \left(16x - 4x^2 - \frac{4}{3}x^3 + \frac{1}{2}x^4\right)\Big|_0^2 = \frac{40}{3}.$$

(8) $\int_0^2 2^x e^x dx = \int_0^2 (2e)^x dx = \frac{1}{\ln(2e)} (2e)^x \Big|_0^2 = \frac{1}{\ln(2e)} (4e^2 - 1)$.

(9) $\int_0^{\frac{\pi}{2}} \cos^2\frac{x}{2} dx = \frac{1}{2}\int_0^{\frac{\pi}{2}} (1+\cos x) dx = \frac{1}{2}(x + \sin x)\Big|_0^{\frac{\pi}{2}} = \frac{\pi}{4} + \frac{1}{2}$.

(10) $\int_{-1}^0 \frac{3x^4 + 3x^2 + 1}{x^2+1} dx = \int_{-1}^0 \left(3x^2 + \frac{1}{x^2+1}\right) dx = (x^3 + \arctan x)\Big|_{-1}^0 = 1 + \frac{\pi}{4}$.

15. 解 (1) $\int_1^2 \frac{1}{(2x-1)^2} dx \xlongequal{u=2x-1} \frac{1}{2}\int_1^3 \frac{1}{u^2} du = -\frac{1}{2u}\Big|_1^3 = \frac{1}{3}$.

(2) $\int_1^5 \frac{\sqrt{x-1}}{x} dx \xlongequal{u=\sqrt{x-1}} \int_0^2 \frac{2u^2}{u^2+1} du = 2\int_0^2 \left(1 - \frac{1}{u^2+1}\right) du = 2(u - \arctan u)\Big|_0^2$

$$= 4 - 2\arctan 2.$$

(3) $\int_4^9 \frac{\sqrt{x}}{\sqrt{x}-1} dx \xlongequal{u=\sqrt{x}} \int_2^3 \frac{2u^2}{u-1} du = 2\int_2^3 \left(u + 1 + \frac{1}{u-1}\right) du$

$$= [u^2 + 2u + 2\ln(u-1)]\Big|_2^3 = 7 + 2\ln 2.$$

(4) $\int_1^4 \frac{1}{1+\sqrt{x-1}} dx \xlongequal{u=\sqrt{x-1}} \int_0^{\sqrt{3}} \frac{2u}{u+1} du = 2\int_0^{\sqrt{3}} \left(1 - \frac{1}{u+1}\right) du$

$$= 2[u - \ln(u+1)]\Big|_0^{\sqrt{3}} = 2\sqrt{3} - 2\ln(\sqrt{3}+1).$$

(5) $\int_{\frac{1}{e}}^{e} \frac{(\ln x)^2}{x}dx \xlongequal{u=\ln x} \int_{-1}^{1} u^2 du = \frac{1}{3}u^3 \Big|_{-1}^{1} = \frac{2}{3}$.

(6) $\int_{1}^{e^2} \frac{1}{x\sqrt{1+\ln x}}dx \xlongequal{u=\sqrt{\ln x+1}} \int_{1}^{\sqrt{3}} 2du = 2\sqrt{3}-2$.

(7) $\int_{0}^{2} (e^x - e^{-x})^2 dx \xlongequal{u=e^x} \int_{1}^{e^2} \frac{1}{u}(u-u^{-1})^2 du = \int_{1}^{e^2}\left(u-\frac{2}{u}+u^{-3}\right)du$

$= \left(\frac{1}{2}u^2 - 2\ln u - \frac{1}{2}u^{-2}\right)\Big|_{1}^{e^2} = \frac{1}{2}e^4 - 4 - \frac{1}{2}e^{-4}$.

(8) $\int_{0}^{\ln 2} \sqrt{e^x-1}dx \xlongequal{u=\sqrt{e^x-1}} \int_{0}^{1} \frac{u\cdot 2u}{1+u^2}du = 2\int_{0}^{1}\left(1-\frac{1}{1+u^2}\right)du = 2(u-\arctan u)\Big|_{0}^{1}$

$= 2-\frac{\pi}{2}$.

(9) $\int_{0}^{1} \frac{1}{1+e^x}dx \xlongequal{u=e^x} \int_{1}^{e} \frac{1}{u(1+u)}du = \int_{1}^{e}\left(\frac{1}{u}-\frac{1}{1+u}\right)du = [\ln u - \ln(1+u)]\Big|_{1}^{e}$

$= 1-\ln(1+e)+\ln 2$.

(10) $\int_{\frac{1}{2}}^{1} \frac{1}{x^2}e^{-\frac{1}{x}}dx \xlongequal{u=-\frac{1}{x}} \int_{-2}^{-1} e^u du = e^u\Big|_{-2}^{-1} = e^{-1}-e^{-2}$.

(11) $\int_{\frac{1}{\pi}}^{\frac{2}{\pi}} \frac{1}{x^2}\sin\frac{1}{x}dx \xlongequal{u=\frac{1}{x}} -\int_{\pi}^{\frac{\pi}{2}} \sin u du = \cos u\Big|_{\pi}^{\frac{\pi}{2}} = 1$.

(12) $\int_{\frac{\pi}{4}}^{\frac{\pi}{2}} \cot x dx \xlongequal{u=\sin x} \int_{\frac{\sqrt{2}}{2}}^{1} \frac{1}{u}du = \ln u\Big|_{\frac{\sqrt{2}}{2}}^{1} = \frac{1}{2}\ln 2$.

(13) $\int_{0}^{\frac{\pi}{4}} \cos^3 x\cdot\tan x dx = \int_{0}^{\frac{\pi}{4}} \cos^2 x\cdot\sin x dx$

$\xlongequal{u=\cos x} -\int_{1}^{\frac{\sqrt{2}}{2}} u^2 du = \frac{1}{3}u^3\Big|_{\frac{\sqrt{2}}{2}}^{1} = \frac{1}{3}\left(1-\frac{\sqrt{2}}{4}\right)$.

(14) $\int_{0}^{\frac{\pi}{4}} \cos^7 2x dx \xlongequal{u=2x} \frac{1}{2}\int_{0}^{\frac{\pi}{2}} \cos^7 du = \frac{1}{2}\cdot\frac{6}{7}\cdot\frac{4}{5}\cdot\frac{2}{3}\cdot 1 = \frac{8}{35}$.

(15) $\int_{0}^{\frac{\pi}{2}} \cos^4 x\cdot\sin^2 x dx = \frac{1}{8}\int_{0}^{\frac{\pi}{2}} \sin^2 2x(1+\cos 2x)dx$

$= \frac{1}{8}\int_{0}^{\frac{\pi}{2}} \sin^2 2x\cos 2x dx + \frac{1}{64}\int_{0}^{\frac{\pi}{2}} (1-\cos 4x)d(4x)$

$\xlongequal{u=\sin 2x} \frac{1}{16}\int_{0}^{0} u^2 du + \frac{1}{64}(4x-\sin 4x)\Big|_{0}^{\frac{\pi}{2}} = \frac{\pi}{32}$.

(16) $\int_{-\frac{\pi}{2}}^{\frac{\pi}{2}} \cos^4 x dx = \frac{1}{2}\int_{0}^{\frac{\pi}{2}} (1+\cos 2x)^2 dx = \frac{1}{2}\int_{0}^{\frac{\pi}{2}} (1+2\cos 2x+\cos^2 2x)dx$

$= \int_{0}^{\frac{\pi}{2}}\left(\frac{1}{2}+\cos 2x+\frac{1+\cos 4x}{4}\right)dx$

$= \frac{1}{4}\int_{0}^{\frac{\pi}{2}} 3dx + \frac{1}{2}\int_{0}^{\frac{\pi}{2}} \cos 2x d(2x) + \frac{1}{16}\int_{0}^{\frac{\pi}{2}} \cos 4x d(4x) = \frac{3\pi}{8}$.

(17) $\int_{1}^{2} \frac{\sqrt{x^2-1}}{x}dx \xlongequal{u=\sqrt{x^2-1}} \int_{0}^{\sqrt{3}} \frac{u^2}{1+u^2}du = \int_{0}^{\sqrt{3}}\left(1-\frac{1}{1+u^2}\right)du$

$$= (u - \arctan u)\Big|_0^{\sqrt{3}} = \sqrt{3} - \frac{\pi}{3}.$$

(18) $\int_a^{2a} \frac{\sqrt{x^2 - a^2}}{x^4} dx \xlongequal{x = a\sec t} \int_0^{\frac{\pi}{3}} \frac{a^2 \tan^2 t \sec t}{a^4 \sec^4 t} dt = \frac{1}{a^2}\int_0^{\frac{\pi}{3}} \sin^2 t \cos t dt$

$$= \frac{1}{a^2}\int_0^{\frac{\pi}{3}} \sin^2 t d\sin t = \frac{1}{3a^2}(\sin^3 t)\Big|_0^{\frac{\pi}{3}} = \frac{\sqrt{3}}{8a^2}.$$

(19) $\int_0^a x^2\sqrt{a^2 - x^2} dx \xlongequal{x = a\sin t} \int_0^{\frac{\pi}{2}} a^4 \sin^2 t \cos^2 t dt = \frac{a^4}{4}\int_0^{\frac{\pi}{2}} \sin^2 2t dt$

$$= \frac{a^4}{8}\int_0^{\frac{\pi}{2}} (1 - \cos 4t) dt = \frac{a^4}{8}\left(t - \frac{1}{4}\sin 4t\right)\Big|_0^{\frac{\pi}{2}} = \frac{a^4\pi}{16}.$$

(20) $\int_0^a \frac{1}{\sqrt{(a^2 + x^2)^3}} dx \xlongequal{x = a\tan t} \int_0^{\frac{\pi}{4}} \frac{a\sec^2 t}{a^3\sec^3 t} dt = \frac{1}{a^2}\int_0^{\frac{\pi}{4}} \cos t dt = \frac{1}{a^2}\sin t\Big|_0^{\frac{\pi}{4}} = \frac{\sqrt{2}}{2a^2}.$

(21) $\int_0^2 \frac{1}{\sqrt{x+1} + \sqrt[3]{(x+1)^2}} dx \xlongequal{u = \sqrt[6]{x+1}} \int_1^{\sqrt[6]{3}} \frac{6u^5}{u^3 + u^4} du = 6\int_1^{\sqrt[6]{3}} \frac{u^2}{1+u} du$

$$= 6\int_1^{\sqrt[6]{3}} \left(u - 1 + \frac{1}{1+u}\right) du$$

$$= [3u^2 - 6u + 6\ln(1+u)]\Big|_1^{\sqrt[6]{3}}$$

$$= 3\sqrt[3]{3} - 6\sqrt[6]{3} + 3 + 6\ln\frac{1 + \sqrt[6]{3}}{2}.$$

(22) $\int_0^3 \sqrt{\frac{x}{x+1}} dx = \frac{1}{2}\int_0^3 \frac{2x + 1 - 1}{\sqrt{x^2 + x}} dx$

$$= \frac{1}{2}\int_0^3 \frac{1}{\sqrt{x^2 + x}} d(x^2 + x) - \frac{1}{2}\int_0^3 \frac{1}{\sqrt{\left(x + \frac{1}{2}\right)^2 - \frac{1}{4}}} d\left(x + \frac{1}{2}\right)$$

$$= \left[\sqrt{x^2 + x}\Big|_0^3 - \frac{1}{2}\ln\left|x + \frac{1}{2} + \sqrt{\left(x + \frac{1}{2}\right)^2 - \frac{1}{4}}\right|\right]\Big|_0^3$$

$$= 2\sqrt{3} - \frac{1}{2}\ln(7 + 4\sqrt{3}).$$

(23) $\int_{-\frac{\pi}{2}}^{\frac{\pi}{2}} \sqrt{\cos x - \cos^3 x} dx = 2\int_0^{\frac{\pi}{2}} \sqrt{\cos x(1 - \cos^2 x)} dx = 2\int_0^{\frac{\pi}{2}} \sin x\sqrt{\cos x} dx$

$$= -2\int_0^{\frac{\pi}{2}} \sqrt{\cos x} d\cos x = -\frac{4}{3}(\cos x)^{\frac{3}{2}}\Big|_0^{\frac{\pi}{2}} = \frac{4}{3}.$$

(24) $\int_{-3}^2 \sqrt{(x+2)^6} dx = \int_{-3}^2 |x+2|^3 dx$

$$= -\int_{-3}^{-2} (x+2)^3 d(x+2) + \int_{-2}^2 (x+2)^3 d(x+2)$$

$$= -\frac{1}{4}(x+2)^4\Big|_{-3}^{-2} + \frac{1}{4}(x+2)^4\Big|_{-2}^2 = 64\frac{1}{4}.$$

16. 解 (1) $\int_{-\pi}^{\pi} x^3 \cos x dx = 0.$

(2) $\int_{-\frac{1}{2}}^{\frac{1}{2}} \frac{x+1}{\sqrt{1 - x^2}} dx = 2\int_0^{\frac{1}{2}} \frac{1}{\sqrt{1 - x^2}} dx = 2\arcsin x\Big|_0^{\frac{1}{2}} = \frac{\pi}{3}.$

(3) $\int_{-1}^{1}\frac{x+|x|}{2+x^2}dx=2\int_0^1\frac{x}{2+x^2}dx=\ln(2+x^2)\Big|_0^1=\ln\frac{3}{2}.$

(4) $\int_{-2}^{2}\frac{x^2\sin^3x}{(x^4+3x^2-5)^2}dx=0.$

17. 解 (1) $\int_0^1 xe^{-x}dx=-\int_0^1 xde^{-x}=-xe^{-x}\Big|_0^1+\int_0^1 e^{-x}dx=-e^{-1}-e^{-x}\Big|_0^1=1-2e^{-1}.$

(2) $\int_0^{\sqrt{\ln 2}}x^3e^{-x^2}dx=-\frac{1}{2}\int_0^{\sqrt{\ln 2}}x^2de^{-x^2}=-\frac{1}{2}x^2e^{-x^2}\Big|_0^{\sqrt{\ln 2}}+\frac{1}{2}\int_0^{\sqrt{\ln 2}}e^{-x^2}dx^2$

$=-\frac{1}{4}\ln 2-\frac{1}{2}e^{-x^2}\Big|_0^{\sqrt{\ln 2}}=\frac{1}{4}-\frac{1}{4}\ln 2.$

(3) $\int_0^4 e^{\sqrt{x}}dx\xlongequal{u=\sqrt{x}}\int_0^2 2ue^u du=\int_0^2 2ude^u=2ue^u\Big|_0^2-2\int_0^2 e^u du=4e^2-2e^u\Big|_0^2$

$=2(e^2+1).$

(4) $\int_1^e x\ln xdx=\frac{1}{2}\int_1^e \ln xdx^2=\frac{1}{2}x^2\ln x\Big|_1^e-\frac{1}{2}\int_0^e xdx=\frac{1}{2}e^2-\frac{1}{4}x^2\Big|_1^e=\frac{1}{4}e^2+\frac{1}{4}.$

(5) $\int_0^{e-1}\ln(x+1)dx=x\ln(x+1)\Big|_0^{e-1}-\int_0^{e-1}\frac{x}{x+1}dx$

$=e-1-[x-\ln(x+1)]\Big|_0^{e-1}=1.$

(6) $\int_0^1\ln(1+\sqrt{x})dx\xlongequal{u=\sqrt{x}}\int_0^1\ln(1+u)du^2=u^2\ln(1+u)\Big|_0^1-\int_0^1\frac{u^2}{1+u}du$

$=\ln 2-\int_0^1\left(u-1+\frac{1}{1+u}\right)du$

$=\ln 2-\left[\frac{1}{2}u^2-u+\ln(1+u)\right]\Big|_0^1$

$=\frac{1}{2}.$

(7) $\int_0^1\ln(1+x^2)dx=x\ln(1+x^2)\Big|_0^1-\int_0^1\frac{2x^2}{1+x^2}dx$

$=\ln 2-2(u-\arctan u)\Big|_0^1=\frac{\pi}{2}-2+\ln 2.$

(8) $\int_0^{\frac{\pi}{4}}x\cos 2xdx=\frac{1}{2}x\sin 2x\Big|_0^{\frac{\pi}{4}}-\frac{1}{2}\int_0^{\frac{\pi}{4}}\sin 2xdx=\frac{\pi}{8}+\frac{1}{4}\cos 2x\Big|_0^{\frac{\pi}{4}}=\frac{\pi}{8}-\frac{1}{4}.$

(9) $\int_0^{\frac{\pi}{4}}x\cos^2 xdx=\frac{1}{2}\int_0^{\frac{\pi}{4}}x(1+\cos 2x)dx=\frac{1}{4}x^2\Big|_0^{\frac{\pi}{4}}+\frac{1}{4}\int_0^{\frac{\pi}{4}}xd\sin 2x$

$=\frac{1}{64}\pi^2+\frac{1}{4}x\sin 2x\Big|_0^{\frac{\pi}{4}}-\frac{1}{4}\int_0^{\frac{\pi}{4}}\sin 2xdx$

$=\frac{1}{64}\pi^2+\frac{\pi}{16}+\frac{1}{8}\cos 2x\Big|_0^{\frac{\pi}{4}}=\frac{1}{64}\pi^2+\frac{\pi}{16}-\frac{1}{8}.$

(10) $\int_{\frac{\pi}{4}}^{\frac{\pi}{2}}\frac{x}{\sin^2 x}dx=-x\cot x\Big|_{\frac{\pi}{4}}^{\frac{\pi}{2}}+\int_{\frac{\pi}{4}}^{\frac{\pi}{2}}\cot xdx=\frac{\pi}{4}+\ln(\sin x)\Big|_{\frac{\pi}{4}}^{\frac{\pi}{2}}=\frac{\pi}{4}+\frac{1}{2}\ln 2.$

(11) $\int_0^1 x\arctan xdx=\frac{1}{2}x^2\arctan x\Big|_0^1-\frac{1}{2}\int_0^1\frac{x^2}{1+x^2}dx$

$=\frac{\pi}{8}-\frac{1}{2}(x-\arctan x)\Big|_0^1=\frac{\pi}{4}-\frac{1}{2}.$

(12) $\int_0^{\frac{1}{2}} \arcsin x \mathrm{d}x = x\arcsin x\Big|_0^{\frac{1}{2}} - \int_0^{\frac{1}{2}} \frac{x}{\sqrt{1-x^2}}\mathrm{d}x = \frac{\pi}{12} + \sqrt{1-x^2}\Big|_0^{\frac{1}{2}} = \frac{\pi}{12} + \frac{\sqrt{3}}{2} - 1.$

(13) 由$\int_0^{\pi} \mathrm{e}^x \cos x \mathrm{d}x = \mathrm{e}^x \cos x\Big|_0^{\pi} + \int_0^{\pi} \mathrm{e}^x \sin x \mathrm{d}x = -1 - \mathrm{e}^{\pi} + \mathrm{e}^x \sin x\Big|_0^{\pi} - \int_0^{\pi} \mathrm{e}^x \cos x \mathrm{d}x$，所以，$\int_0^{\pi} \mathrm{e}^x \cos x \mathrm{d}x = -\frac{1}{2}(\mathrm{e}^{\pi} + 1)$.

(14) $\int_{\frac{1}{\mathrm{e}}}^{\mathrm{e}} |\ln x| \mathrm{d}x = -\int_{\frac{1}{\mathrm{e}}}^{1} \ln x \mathrm{d}x + \int_1^{\mathrm{e}} \ln x \mathrm{d}x$

$$= -(x\ln x - x)\Big|_{\frac{1}{\mathrm{e}}}^{1} + (x\ln x - x)\Big|_1^{\mathrm{e}} = 2 - \frac{2}{\mathrm{e}}.$$

(15) $\int_a^b f''(x)\, x\mathrm{d}x = \int_a^b x\mathrm{d}f'(x) = xf'(x)\Big|_a^b - \int_a^b f'(x)\,\mathrm{d}x$

$$= bf'(b) - af'(a) - f(x)\Big|_a^b$$

$$= bf'(b) - af'(a) - f(b) + f(a).$$

18. 证 (1) 设 $x = a - u$，则 $\mathrm{d}x = -\mathrm{d}u$，从而有

$$\text{左式} = \int_0^a f(x)\,\mathrm{d}x = -\int_a^0 f(a-u)\mathrm{d}u = \int_0^a f(a-u)\mathrm{d}u = \int_0^a f(a-x)\mathrm{d}x = \text{右式}.$$

(2) 设 $x = 1 - u$，则 $\mathrm{d}x = -\mathrm{d}u$，从而有

$$\text{左式} = \int_0^1 x^m(1-x)^n \mathrm{d}x = -\int_1^0 (1-u)^m u^n \mathrm{d}u = \int_0^1 x^n(1-x)^m \mathrm{d}x = \text{右式}.$$

(3) 设 $x = \pi - u$，则 $\mathrm{d}x = -\mathrm{d}u$，从而有

$$\int_0^{\pi} xf(\sin x)\mathrm{d}x = -\int_{\pi}^0 (\pi - u)f[\sin(\pi - u)]\mathrm{d}u = \pi\int_0^{\pi} f(\sin u)\mathrm{d}u - \int_0^{\pi} uf(\sin u)\mathrm{d}u,$$

解得$\int_0^{\pi} xf(\sin x)\mathrm{d}x = \frac{\pi}{2}\int_0^{\pi} f(\sin x)\mathrm{d}x$.

(4) 设 $x = a + (b-a)u$，则 $\mathrm{d}x = (b-a)\mathrm{d}u$，从而有

$$\text{左式} = \int_a^b f(x)\,\mathrm{d}x = (b-a)\int_0^1 f[a + (b-a)u]\mathrm{d}u$$

$$= (b-a)\int_0^1 f[a + (b-a)x]\mathrm{d}x = \text{右式}.$$

19. 证 依题设，$F'(x) = f(x)$，$F(1) = \int_0^1 f(t)\mathrm{d}t$，从而有

$$\text{左式} = \int_0^1 F(x)\,\mathrm{d}x = xF(x)\Big|_0^1 - \int_0^1 xf(x)\mathrm{d}x = \int_0^1 f(x)\mathrm{d}x - \int_0^1 xf(x)\mathrm{d}x$$

$$= \int_0^1 (1-x)f(x)\mathrm{d}x = \text{右式}.$$

20. 证 $\text{右式} = \int_0^x \left[\int_0^u f(x)\mathrm{d}x\right]\mathrm{d}u = \left[u\int_0^u f(x)\mathrm{d}x\right]\Big|_0^x - \int_0^x u\left[\int_0^u f(x)\mathrm{d}x\right]'\mathrm{d}u$

$$= x\int_0^x f(u)\mathrm{d}u - \int_0^x uf(u)\mathrm{d}u = \int_0^x f(u)(x-u)\mathrm{d}u = \text{左式}.$$

21. 解 (1) $A = \int_1^4 x^2 \mathrm{d}x = \frac{1}{3}x^3\Big|_1^4 = 21.$

(2) 曲线 $y=x^2$ 与 $x=y^2$ 的交点是 (0, 0), (1, 1)，于是

$$A=\int_0^1(\sqrt{x}-x^2)\mathrm{d}x=\left(\frac{2}{3}x^{\frac{3}{2}}-\frac{1}{3}x^3\right)\Big|_0^1=\frac{1}{3}.$$

(3) 曲线 $xy=1$ 与 $y=4x$ 的交点是 $\left(\frac{1}{2}, 2\right)$，于是

$$A=\int_{\frac{1}{2}}^2\left(4x-\frac{1}{x}\right)\mathrm{d}x=(2x^2-\ln x)\Big|_{\frac{1}{2}}^2=\frac{15}{2}-2\ln 2.$$

(4) 曲线 $xy=3$ 与 $y=4-x$ 的交点是 (1, 3), (3, 1)，于是

$$A=\int_1^3\left(4-x-\frac{3}{x}\right)\mathrm{d}x=\left(4x-\frac{1}{2}x^2-3\ln x\right)\Big|_1^3=4-3\ln 3.$$

(5) $A=\int_0^3(2x-x)\mathrm{d}x=\frac{1}{2}x^2\Big|_0^3=\frac{9}{2}.$

(6) $A=\int_{-\ln 10}^{\ln 10}\mathrm{e}^y\mathrm{d}y=\mathrm{e}^y\Big|_{-\ln 10}^{\ln 10}=9.9.$

(7) $A=\int_1^{\mathrm{e}}[\ln y-(-\ln y)]\mathrm{d}y=2\int_1^{\mathrm{e}}\ln y\mathrm{d}y=2(y\ln y-y)\Big|_1^{\mathrm{e}}=2.$

(8) 由对称性

$$A=2\int_0^2|1-x^2|\mathrm{d}x=2\int_0^1(1-x^2)\mathrm{d}x+2\int_1^2(x^2-1)\mathrm{d}x$$

$$=2\left(x-\frac{1}{3}x^3\right)\Big|_0^1+2\left(\frac{1}{3}x^3-x\right)\Big|_1^2=4.$$

22. 解 (1) 依题意，$a\sqrt{x_0}=\ln\sqrt{x_0}$ 及 $\frac{a}{2\sqrt{x_0}}=\frac{1}{2x_0}$，解得 $x_0=\mathrm{e}^2$，$a=\frac{1}{\mathrm{e}}$.

(2) 由 $y=a\sqrt{x_0}=a\mathrm{e}=1$，得切点坐标为 $(\mathrm{e}^2, 1)$.

(3) 两曲线与 x 轴围成的平面图形的面积为

$$S=\int_0^{\mathrm{e}^2}\frac{\sqrt{x}}{\mathrm{e}}\mathrm{d}x-\int_1^{\mathrm{e}^2}\ln\sqrt{x}\mathrm{d}x=\frac{2}{3}\,\frac{1}{\mathrm{e}}x^{\frac{3}{2}}\Big|_0^{\mathrm{e}^2}-\frac{1}{2}(x\ln x-x)\Big|_1^{\mathrm{e}^2}=\frac{1}{6}\mathrm{e}^2-\frac{1}{2}.$$

23. 解 (1) $V_y=\int_{-b}^b\pi x^2\mathrm{d}y=\int_{-b}^b\pi\frac{a^2}{b^2}(b^2-y^2)\mathrm{d}y=\frac{\pi a^2}{b^2}\left(b^2y-\frac{1}{3}y^3\right)\Big|_{-b}^b=\frac{4}{3}\pi a^2b.$

(2) $V_x=\int_0^{\pi}\pi y^2\mathrm{d}x=\int_0^{\pi}\pi\sin^2x\mathrm{d}x=\frac{\pi}{2}\int_0^{\pi}(1-\cos 2x)\mathrm{d}x=\frac{\pi}{2}\left(x-\frac{1}{2}\sin 2x\right)\Big|_0^{\pi}=\frac{1}{2}\pi^2.$

(3) $V_y=\int_0^1\pi(x_1^2-x_2^2)\mathrm{d}y=\int_0^1\pi(y-y^2)\mathrm{d}y=\pi\left(\frac{1}{2}y^2-\frac{1}{3}y^3\right)\Big|_0^1=\frac{1}{6}\pi.$

(4) $V_x=\int_0^1\pi y^2\mathrm{d}x=\int_0^1\pi\mathrm{e}^{2x}\mathrm{d}x=\frac{\pi}{2}\mathrm{e}^{2x}\Big|_0^1=\frac{\pi}{2}(\mathrm{e}^2-1).$

(5) $V_x=\int_0^1\pi y^2\mathrm{d}x=\int_0^1\pi x^2\mathrm{e}^{2x}\mathrm{d}x=\frac{\pi}{2}x^2\mathrm{e}^{2x}\Big|_0^1-\pi\int_0^1x\mathrm{e}^{2x}\mathrm{d}x$

$$=\frac{\pi}{2}\mathrm{e}^2-\frac{\pi}{2}x\mathrm{e}^{2x}\Big|_0^1+\frac{\pi}{2}\int_0^1\mathrm{e}^{2x}\mathrm{d}x=\frac{\pi}{4}\mathrm{e}^{2x}\Big|_0^1=\frac{\pi}{4}(\mathrm{e}^2-1).$$

(6) 曲线 $xy=3$ 与 $y=4-x$ 的交点是 (1, 3), (3, 1)，于是

$$V_x = \int_1^3 \pi\,(y_1^2 - y_2^2)\,\mathrm{d}x = \int_1^3 \pi\left[(4-x)^2 - \frac{9}{x^2}\right]\mathrm{d}x$$

$$= \pi\left[-\frac{1}{3}(4-x)^3 + \frac{9}{x}\right]\Big|_1^3 = \frac{8\pi}{3}.$$

(7) 如附一图 6－1 所示，$xy=1$ 与 $y=4x$，$x=2$，$y=0$ 所围图形绕 y 轴旋转的旋转体的体积可由 S_1，S_2 两个图形分别由公式

$$V_y = \int_a^b 2\pi x\,|f(x)|\,\mathrm{d}x,\ 0 \leqslant a < b$$

计算得到，即

$$V_1 = \int_0^{\frac{1}{2}} 2\pi x \cdot 4x\,\mathrm{d}x = \frac{8}{3}\pi x^3\Big|_0^{\frac{1}{2}} = \frac{\pi}{3},$$

$$V_2 = \int_{\frac{1}{2}}^2 2\pi x \cdot \frac{1}{x}\,\mathrm{d}x = 2\pi x\Big|_{\frac{1}{2}}^2 = 3\pi,$$

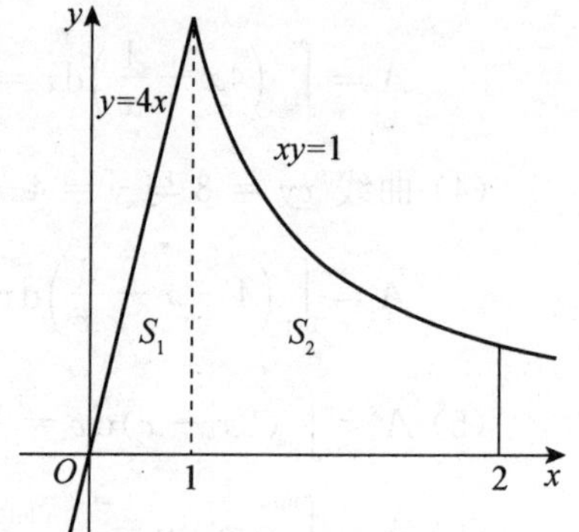

附一图 6－1

得总旋转体的体积 $V_y = V_1 + V_2 = \dfrac{10\pi}{3}$.

(8) $V_y = \int_1^4 2\pi x \cdot \sqrt{x}\,\mathrm{d}x = \frac{4}{5}\pi x^{\frac{5}{2}}\Big|_1^4 = \frac{124}{5}\pi.$

24. 解 (1) 由 $\int\left(\dfrac{C(x)}{x}\right)'\mathrm{d}x = \int -\dfrac{100}{x^2}\mathrm{d}x = \dfrac{100}{x} + C$，有 $C(x) = 100 + C \cdot x$，又 $C(1) = 100 + C = 102$，得 $C = 2$，因此，$C(x) = 100 + 2x$.

$$R(x) = \int_0^x (12 - 0.1x)\,\mathrm{d}x = 12x - 0.05x^2,$$

所以，$L(x) = R(x) - C(x) = 12x - 0.05x^2 - (100 + 2x) = -0.05x^2 + 10x - 100$.

(2) 令 $L'(x) = -0.1x + 10 = 0$，得 $x = 100$（单位），又 $L''(x) = -0.1 < 0$，知 $x = 100$ 为最大值点，即当产量为 100 单位时利润最大.

(3) 利润最大时的平均价格为 $P = \dfrac{R}{x}\Big|_{x=100} = \dfrac{12x - 0.05x^2}{x}\Big|_{x=100} = 7$（万元）.

25. 解 (1) $C(x) = \int_3^x C'(x)\,\mathrm{d}x + C(3) = \int_3^x (3x^2 - 18x + 24)\,\mathrm{d}x + 55$

$$= (x^3 - 9x^2 + 24x)\Big|_3^x + 55$$

$$= x^3 - 9x^2 + 24x + 37.$$

单位成本函数为 $\dfrac{C(x)}{x} = x^2 - 9x + 24 + \dfrac{37}{x}$.

(2) 追加的成本数 $\Delta C = \int_2^{10} (3x^2 - 18x + 24)\,\mathrm{d}x = (x^3 - 9x^2 + 24x)\Big|_2^{10} = 320$.

(3) 追加的平均单位成本 $\dfrac{\Delta C}{10} = 32$.

26. 解 (1) $C(x) = \int_3^x C'(x)\,\mathrm{d}x + C(3) = \int_3^x (3x + 5)\,\mathrm{d}x + 42.5 = \dfrac{3}{2}x^2 + 5x + 14$，单位成本函数 $\dfrac{C(x)}{x} = \dfrac{3}{2}x + 5 + \dfrac{14}{x}$.

(2) 令$\left[\frac{C(x)}{x}\right]'=\frac{3}{2}-\frac{14}{x^2}=0$，得$x=\sqrt{\frac{28}{3}}$，由$\left[\frac{C(x)}{x}\right]''=\frac{28}{x^3}>0$知$x=\sqrt{\frac{28}{3}}$为最小值点，即单位成本最小时的产量为$\sqrt{\frac{28}{3}}\approx 3$个单位.

(3) 单位成本最小时再生产 5 个单位的平均单位成本为

$$C=\frac{1}{5}\int_3^8 C'(x)\mathrm{d}x=\frac{1}{5}\int_3^8(3x+5)\mathrm{d}x=\frac{1}{5}\left(\frac{3}{2}x^2+5x\right)\Big|_3^8=21.5.$$

27. 解 (1) $Q(t)=\int_0^t\frac{90}{t^2}\mathrm{e}^{-\frac{3}{t}}\mathrm{d}t=30\mathrm{e}^{-\frac{3}{t}}\Big|_0^t=30\mathrm{e}^{-\frac{3}{t}}$，平均产量为$\overline{Q}(t)=\frac{1}{t}\int_0^t\frac{90}{t^2}\mathrm{e}^{-\frac{3}{t}}\mathrm{d}t=\frac{30}{t}\mathrm{e}^{-\frac{3}{t}}$. 令$\overline{Q}(t)'=30\left(\frac{3}{t^3}\mathrm{e}^{-\frac{3}{t}}-\frac{1}{t^2}\mathrm{e}^{-\frac{3}{t}}\right)=0$，得$t=3$，依题意存在最大值，且驻点唯一，故$t=3$为最大值点，即投产 3 年后平均产量达到最大值.

(2) 在平均产量达到最大值后，再生产 3 年，这 3 年的平均年产量为

$$\overline{Q}(t)=\frac{1}{3}\int_3^6\frac{90}{t^2}\mathrm{e}^{-\frac{3}{t}}\mathrm{d}t=\frac{1}{3}\times 30\mathrm{e}^{-\frac{3}{t}}\Big|_3^6=10\left(\mathrm{e}^{-\frac{1}{2}}-\mathrm{e}^{-1}\right).$$

28. 解 (1) $\int_0^{+\infty}\frac{1}{(x+2)(x+3)}\mathrm{d}x=\int_0^{+\infty}\left(\frac{1}{x+2}-\frac{1}{x+3}\right)\mathrm{d}x=\ln\frac{x+2}{x+3}\Big|_0^{+\infty}=\ln\frac{3}{2}.$

(2) $\int_{\mathrm{e}^2}^{+\infty}\frac{1}{x\ln x\ln^2(\ln x)}\mathrm{d}x=-\frac{1}{\ln(\ln x)}\Big|_{\mathrm{e}^2}^{+\infty}=\frac{1}{\ln 2}.$

(3) $$\int_0^{+\infty}\frac{x\mathrm{e}^{-x}}{(1+\mathrm{e}^{-x})^2}\mathrm{d}x=\int_0^{+\infty}\frac{x\mathrm{e}^{x}}{(1+\mathrm{e}^{x})^2}\mathrm{d}x=-\int_0^{+\infty}x\mathrm{d}\left(\frac{1}{1+\mathrm{e}^x}\right)$$
$$=-\frac{x}{1+\mathrm{e}^x}\Big|_0^{+\infty}+\int_0^{+\infty}\frac{1}{1+\mathrm{e}^x}\mathrm{d}x=\ln\frac{\mathrm{e}^x}{1+\mathrm{e}^x}\Big|_0^{+\infty}=\ln 2.$$

(4) $\int_2^{+\infty}\frac{1}{x^2-1}\mathrm{d}x=\frac{1}{2}\ln\frac{x-1}{x+1}\Big|_2^{+\infty}=\frac{1}{2}\ln 3.$

(5) $\int_{-\infty}^{+\infty}\frac{2x}{x^2+1}\mathrm{d}x=\int_{-\infty}^0\frac{2x}{x^2+1}\mathrm{d}x+\int_0^{+\infty}\frac{2x}{x^2+1}\mathrm{d}x$，由$\int_0^{+\infty}\frac{2x}{x^2+1}\mathrm{d}x=\ln(x^2+1)\Big|_0^{+\infty}=+\infty$，知原无穷积分发散.

(6) $\int_{\mathrm{e}}^{+\infty}\frac{1}{x\ln x}\mathrm{d}x=\ln(\ln x)\Big|_{\mathrm{e}}^{+\infty}=+\infty$，知原无穷积分发散.

(7) $\int_0^1\frac{x}{\sqrt{1-x^2}}\mathrm{d}x=-\sqrt{1-x^2}\Big|_0^1=1.$

(8) $\int_1^2\frac{x}{\sqrt{x-1}}\mathrm{d}x\xlongequal{u=\sqrt{x-1}}\int_0^1\frac{(u^2+1)2u}{u}\mathrm{d}u=2\left(\frac{1}{3}u^3+u\right)\Big|_0^1=\frac{8}{3}.$

(9) $\int_1^2\frac{1}{x\sqrt{x^2-1}}\mathrm{d}x\xlongequal{u=\frac{1}{x}}-\int_1^{\frac{1}{2}}\frac{1}{\sqrt{1-u^2}}\mathrm{d}u=-\arcsin u\Big|_1^{\frac{1}{2}}=\frac{\pi}{3}.$

(10) $\int_1^{\mathrm{e}}\frac{1}{x\sqrt{1-(\ln x)^2}}\mathrm{d}x=\int_1^{\mathrm{e}}\frac{1}{\sqrt{1-(\ln x)^2}}\mathrm{d}(\ln x)=\arcsin(\ln x)\Big|_1^{\mathrm{e}}=\frac{\pi}{2}.$

习题七

1. 解 $u_1=1$, $u_2=1$, $u_3=2$, $u_4=3$, $u_5=5$, $u_6=8$, $S_6=\sum\limits_{i=1}^{6}u_n=20.$

2. 解 $u_1=S_1=2$，当 $n\geqslant 2$ 时，$u_n=S_n-S_{n-1}=\dfrac{n+1}{n}-\dfrac{n}{n-1}=-\dfrac{1}{n(n-1)}$，该级数为 $2-\sum\limits_{n=2}^{\infty}\dfrac{1}{n(n-1)}$.

3. 解 (1) 发散. 由于 $u_n=\cos\dfrac{\pi}{2n}\to 1\neq 0$.

(2) 收敛，由于 $S_n=\dfrac{1}{4}\sum\limits_{k=1}^{n}\left(\dfrac{1}{4k-1}-\dfrac{1}{4k+3}\right)=\dfrac{1}{4}\left(\dfrac{1}{3}-\dfrac{1}{4n+3}\right)\to\dfrac{1}{12}$.

(3) 收敛，由于
$$\begin{aligned}S_n&=\sum_{k=1}^{n}\left[(\sqrt{k+2}-\sqrt{k+1})-(\sqrt{k+1}-\sqrt{k})\right]\\&=\sqrt{n+2}-\sqrt{n+1}-\sqrt{2}+1\\&=\frac{1}{\sqrt{n+2}+\sqrt{n+1}}-\sqrt{2}+1\to-\sqrt{2}+1.\end{aligned}$$

(4) 发散，由于 $u_n=\dfrac{1}{\sqrt{n+1}+\sqrt{n}}=\sqrt{n+1}-\sqrt{n}$, $S_n=\sum\limits_{k=1}^{n}(\sqrt{k+1}-\sqrt{k})=\sqrt{n+1}-1\to+\infty$.

(5) 发散，由于几何级数 $\sum\limits_{n=1}^{\infty}\left(\dfrac{3}{4}\right)^n$ 收敛，且调和级数 $\sum\limits_{n=1}^{\infty}\dfrac{1}{n}$ 发散.

(6) 收敛，由于几何级数 $\sum\limits_{n=1}^{\infty}(-1)^{n-1}\dfrac{6^{n-1}}{7^{n-1}}$ 中，$|q|=\dfrac{6}{7}<1$.

(7) 收敛，由于几何级数 $\sum\limits_{n=1}^{\infty}\dfrac{1}{4^n}$ 中，$|q|=\dfrac{1}{4}<1$.

(8) 发散，由于 $u_n=\dfrac{n-\sqrt{n+1}}{2n-1}\to\dfrac{1}{2}\neq 0$.

4. 证 由于几何级数 $\sum\limits_{n=1}^{\infty}\left(\dfrac{2}{3}\right)^n$ 中，$|q|=\dfrac{2}{3}<1$，及 $\sum\limits_{n=1}^{\infty}\left(-\dfrac{1}{3}\right)^n$ 中，$|q|<1$，$\sum\limits_{n=1}^{\infty}\left(\dfrac{2}{3}\right)^n$ 与 $\sum\limits_{n=1}^{\infty}\left(-\dfrac{1}{3}\right)^n$ 均收敛，故级数 $\sum\limits_{n=1}^{\infty}\dfrac{2^n-(-1)^n}{3^n}$ 收敛，其和为

$$S=\sum_{n=1}^{\infty}\left(\frac{2}{3}\right)^n-\sum_{n=1}^{\infty}\left(-\frac{1}{3}\right)^n=\frac{\frac{2}{3}}{1-\frac{2}{3}}-\frac{-\frac{1}{3}}{1+\frac{1}{3}}=\frac{9}{4}.$$

5. 解 (1) 错. 反例：$\sum\limits_{n=1}^{\infty}u_n=\sum\limits_{n=1}^{\infty}\dfrac{1}{n}$, $\sum\limits_{n=1}^{\infty}v_n=\sum\limits_{n=1}^{\infty}\left(\dfrac{1}{n^2}-\dfrac{1}{n}\right)$ 均为发散级数，但 $\sum\limits_{n=1}^{\infty}(u_n+v_n)$ 收敛.

(2) 正确. 级数 $\sum\limits_{n=1}^{\infty}(u_n+v_n)$ 收敛，即数列 $\left\{\sum\limits_{k=1}^{n}(u_k+v_k)\right\}$ 收敛，故有界.

(3) 错. 反例：$\sum_{n=1}^{\infty}u_n=\sum_{n=1}^{\infty}\frac{1+n^2}{n^2}$，$\sum_{n=1}^{\infty}v_n=\sum_{n=1}^{\infty}\frac{1-n^2}{n^2}$ 中一般项均不趋于零，但 $\sum_{n=1}^{\infty}(u_n+v_n)$收敛.

(4) 正确. 若不然，$\sum_{n=1}^{\infty}u_n$ 发散，$\sum_{n=1}^{\infty}v_n$ 收敛，则$\sum_{n=1}^{\infty}u_n=\sum_{n=1}^{\infty}[(u_n+v_n)-v_n]$ 收敛，矛盾.

6. 解 (1) 由 $u_n=\frac{1}{n^2-\sqrt{n}}\sim\frac{1}{n^2}$，且 $\sum_{n=1}^{\infty}\frac{1}{n^2}$ 收敛，知原级数收敛.

(2) 由 $u_n=\frac{n-1}{n^2+2n+3}\sim\frac{1}{n}$，且 $\sum_{n=1}^{\infty}\frac{1}{n}$ 发散，知原级数发散.

(3) 由 $u_n=\frac{n-1}{(2n-1)2^n}\sim\frac{1}{2^{n+1}}$，且 $\sum_{n=1}^{\infty}\frac{1}{2^{n+1}}$ 收敛，知原级数收敛.

(4) 由 $u_n=\left(\frac{n^2+1}{n^3+1}\right)^2\sim\frac{1}{n^2}$，且$\sum_{n=1}^{\infty}\frac{1}{n^2}$ 收敛，知原级数收敛.

(5) 由 $u_n=\frac{1}{\ln^2 n}>\frac{1}{n}$，且$\sum_{n=1}^{\infty}\frac{1}{n}$ 发散，知原级数发散.

(6) 由 $u_n=\frac{1}{n}\arctan\frac{n+1}{n^2}\sim\frac{1}{n^2}$，且 $\sum_{n=1}^{\infty}\frac{1}{n^2}$ 收敛，知原级数收敛.

(7) 由 $u_n=(\sqrt[n]{2}-1)^{\frac{3}{2}}\sim\left(\frac{\ln 2}{n}\right)^{\frac{3}{2}}$，且 $\sum_{n=1}^{\infty}\left(\frac{\ln 2}{n}\right)^{\frac{3}{2}}$ 收敛，知原级数收敛.

(8) 当 $a>1$ 时，$u_n=\frac{1}{1+a^n}\sim\frac{1}{a^n}$，且 $\sum_{n=1}^{\infty}\frac{1}{a^n}$ 收敛，知原级数收敛. 当 $1\geqslant a>0$ 时，$u_n=\frac{1}{1+a^n}$ 不趋于零，知原级数发散.

(9) 由 $u_n=\frac{n}{(a+bn)^p}\sim\frac{1}{b^p n^{p-1}}$，则当 $p-1>1$，即 $p>2$ 时，$\sum_{n=1}^{\infty}\frac{1}{b^p n^{p-1}}$ 收敛，知原级数收敛；当 $p-1\leqslant 1$，即 $p\leqslant 2$ 时，$\sum_{n=1}^{\infty}\frac{1}{b^p n^{p-1}}$ 发散，知原级数发散.

(10) 由 $u_n=1-\cos\frac{a}{n}\sim\frac{a^2}{2n^2}$，且 $\sum_{n=1}^{\infty}\frac{a^2}{2n^2}$ 收敛，知原级数收敛.

(11) 由 $u_n=\frac{1}{n}\ln\frac{n}{n-1}=\frac{1}{n}\ln\left(1+\frac{1}{n-1}\right)\sim\frac{1}{n^2}$，且 $\sum_{n=1}^{\infty}\frac{1}{n^2}$ 收敛，知原级数收敛.

(12) 由 $u_n=\sqrt{n+\frac{1}{n}}-\sqrt{n-\frac{1}{n}}=\frac{\frac{2}{n}}{\sqrt{n+\frac{1}{n}}+\sqrt{n-\frac{1}{n}}}\sim\frac{1}{n^{\frac{3}{2}}}$，且 $\sum_{n=1}^{\infty}\frac{1}{n^{\frac{3}{2}}}$ 收敛，知原级数收敛.

7. 解 (1) 由$\lim_{n\to\infty}\frac{u_{n+1}}{u_n}=\lim_{n\to\infty}\frac{2^{n+1}}{(2n+3)!}\cdot\frac{(2n+1)!}{2^n}=0<1$，知原级数收敛.

(2) 由$\lim_{n\to\infty}\frac{u_{n+1}}{u_n}=\lim_{n\to\infty}(n+1)\sin\frac{1}{2^{n+1}}\Big/\left(n\sin\frac{1}{2^n}\right)=\frac{1}{2}<1$，知原级数收敛.

(3) 由$\lim\limits_{n\to\infty}\dfrac{u_{n+1}}{u_n}=\lim\limits_{n\to\infty}\dfrac{(n+1)^2\ln^3(n+1)}{3^{n+1}}\Big/\left(\dfrac{n^2\ln^3 n}{3^n}\right)=\dfrac{1}{3}<1$，知原级数收敛.

(4) 由$\lim\limits_{n\to\infty}\dfrac{u_{n+1}}{u_n}=\lim\limits_{n\to\infty}\dfrac{[(n+1)!]^2}{(2n+2)!}\Big/\left(\dfrac{(n!)^2}{(2n)!}\right)=\lim\limits_{n\to\infty}\dfrac{(n+1)^2}{(2n+2)(2n+1)}=\dfrac{1}{4}<1$，知原级数收敛.

(5) 由$\lim\limits_{n\to\infty}\sqrt[n]{u_n}=\lim\limits_{n\to\infty}\sqrt[n]{\left(1+\dfrac{1}{n}\right)^{n^2}}=\lim\limits_{n\to\infty}\left(1+\dfrac{1}{n}\right)^n=\mathrm{e}>1$，知原级数发散.

(6) 由$\lim\limits_{n\to\infty}\sqrt[n]{u_n}=\lim\limits_{n\to\infty}\sqrt[n]{\left(\dfrac{2n}{3n-1}\right)^n}=\dfrac{2}{3}<1$，知原级数收敛.

(7) 由$\lim\limits_{n\to\infty}\dfrac{u_{n+1}}{u_n}=\lim\limits_{n\to\infty}\dfrac{(n+1)!2^{n+1}}{(n+1)^{n+1}}\Big/\left(\dfrac{n!2^n}{n^n}\right)=2\lim\limits_{n\to\infty}\left(\dfrac{n}{n+1}\right)^n=\dfrac{2}{\mathrm{e}}<1$，知原级数收敛.

(8) 由$\lim\limits_{n\to\infty}\dfrac{u_{n+1}}{u_n}=\lim\limits_{n\to\infty}(n+1)^k a^{n+1}\Big/(n^k a^n)=a$，知当$0<a<1$时，原级数收敛；当$a>1$时，原级数发散；当$a=1$时，$u_n=n^k\to+\infty$，原级数发散.

(9) 由$\lim\limits_{n\to\infty}\dfrac{u_{n+1}}{u_n}=\lim\limits_{n\to\infty}\dfrac{1\cdot3\cdot5\cdot\cdots\cdot(2n+1)}{2\cdot5\cdot8\cdot\cdots\cdot(3n+2)}\Big/\left[\dfrac{1\cdot3\cdot5\cdot\cdots\cdot(2n-1)}{2\cdot5\cdot8\cdot\cdots\cdot(3n-1)}\right]=\lim\limits_{n\to\infty}\dfrac{2n+1}{3n+2}=\dfrac{2}{3}<1$，知原级数收敛.

(10) 由$\lim\limits_{n\to\infty}\dfrac{u_{n+1}}{u_n}=\lim\limits_{n\to\infty}\dfrac{1\cdot3\cdot5\cdot\cdots\cdot(2n+1)}{3^{n+1}(n+1)!}\Big/\left[\dfrac{1\cdot3\cdot5\cdot\cdots\cdot(2n-1)}{3^n n!}\right]=\lim\limits_{n\to\infty}\dfrac{2n+1}{3(n+1)}=\dfrac{2}{3}<1$，知原级数收敛.

(11) 由$\lim\limits_{n\to\infty}\sqrt[n]{u_n}=\lim\limits_{n\to\infty}\sqrt[n]{\left(\dfrac{an}{n+1}\right)^n}=a$，知当$0<a<1$时，原级数收敛；当$a>1$时，原级数发散；当$a=1$时，$u_n=\left(\dfrac{n}{n+1}\right)^n\to\dfrac{1}{\mathrm{e}}<1$，原级数收敛.

(12) 由$\lim\limits_{n\to\infty}\sqrt[n]{u_n}=\lim\limits_{n\to\infty}\sqrt[n]{\dfrac{3^n}{n+3}x^{2n}}=3x^2$，知当$|x|<\dfrac{1}{\sqrt{3}}$时，原级数收敛；当$|x|>\dfrac{1}{\sqrt{3}}$时，原级数发散；当$|x|=\dfrac{1}{\sqrt{3}}$时，$u_n=\dfrac{1}{n+3}$，原级数发散.

8. 解 (1) 不正确. 反例：$\sum\limits_{n=1}^{\infty}\dfrac{1}{n^2}$收敛，但$\lim\limits_{n\to\infty}\dfrac{u_{n+1}}{u_n}=1$.

(2) 正确. 因为，若$\lim\limits_{n\to\infty}\dfrac{u_{n+1}}{u_n}=\rho<1$，$\sum\limits_{n=1}^{\infty}u_n$收敛，必有$\lim\limits_{n\to\infty}u_n=0$.

(3) 正确. 因为，若$\sum\limits_{n=1}^{\infty}u_n$收敛，则$\lim\limits_{n\to\infty}u_n=0$，于是，当$n$足够大时，有$u_n<1$，从而有$u_n^2<u_n$，故$\sum\limits_{n=1}^{\infty}u_n^2$收敛.

(4) 正确. 若$\sum\limits_{n=1}^{\infty}u_n$收敛，则$\sum\limits_{n=1}^{\infty}u_{2n}$，$\sum\limits_{n=1}^{\infty}u_{2n-1}$收敛，也必有$\sum\limits_{n=1}^{\infty}(u_{2n}-u_{2n-1})$收敛.

(5) 正确. 若$\sum\limits_{n=1}^{\infty}u_n$收敛，又$\sum\limits_{n=1}^{\infty}\dfrac{1}{n^2}$收敛，则$\sum\limits_{n=1}^{\infty}\left(u_n+\dfrac{1}{n^2}\right)$收敛，且$u_n+\dfrac{1}{n^2}\geqslant\dfrac{\sqrt{u_n}}{n}$，故

$\sum\limits_{n=1}^{\infty}\dfrac{\sqrt{u_n}}{n}$ 收敛.

(6) 不正确. 反例：$\sum\limits_{n=1}^{\infty}\dfrac{1}{n^2}$ 收敛，但 $\lim\limits_{n\to\infty}\dfrac{u_{n+1}}{u_n}=1$.

(7) 正确. 若 $\sum\limits_{n=1}^{\infty}u_n$，$\sum\limits_{n=1}^{\infty}v_n$ 收敛，则 $\sum\limits_{n=1}^{\infty}u_n^2$，$\sum\limits_{n=1}^{\infty}v_n^2$ 收敛，$\sum\limits_{n=1}^{\infty}(u_n^2+v_n^2)$ 收敛，又 $u_n^2+v_n^2\geqslant u_nv_n$，故 $\sum\limits_{n=1}^{\infty}u_nv_n$ 收敛.

(8) 不正确. 反例：设 $\sum\limits_{n=1}^{\infty}u_n=\sum\limits_{n=1}^{\infty}n^2$，$\sum\limits_{n=1}^{\infty}v_n=\sum\limits_{n=1}^{\infty}n^3$，显然，$u_n\leqslant v_n(n=1,2,\cdots)$，但 $\sum\limits_{n=1}^{\infty}u_n$，$\sum\limits_{n=1}^{\infty}v_n$ 均发散，无法考证 $\sum\limits_{n=1}^{\infty}u_n\leqslant\sum\limits_{n=1}^{\infty}v_n$.

9. 证 设 $u_n=\dfrac{n!2^n}{n^n}$，由 $\lim\limits_{n\to\infty}\dfrac{u_{n+1}}{u_n}=2\lim\limits_{n\to\infty}\left(\dfrac{n}{n+1}\right)^n=\dfrac{2}{\mathrm{e}}<1$，知 $\sum\limits_{n=1}^{\infty}u_n$ 收敛，其一般项必趋于零，即 $\lim\limits_{n\to\infty}\dfrac{n!2^n}{n^n}=0$.

10. 解 (1) 由 $\sum\limits_{n=1}^{\infty}\left|\dfrac{(-1)^n}{\sqrt{n}}\right|=\sum\limits_{n=1}^{\infty}\dfrac{1}{\sqrt{n}}$ 发散，又 $\dfrac{1}{\sqrt{n}}$ 单调趋于零，知交错级数 $\sum\limits_{n=1}^{\infty}\dfrac{(-1)^n}{\sqrt{n}}$ 收敛，且为条件收敛.

(2) 由 $\left|(-1)^n\dfrac{1}{\ln(n+1)}\right|>\dfrac{1}{n}$，$\sum\limits_{n=1}^{\infty}\dfrac{1}{n}$ 发散，知 $\sum\limits_{n=1}^{\infty}\left|(-1)^n\dfrac{1}{\ln(n+1)}\right|$ 发散，又 $\dfrac{1}{\ln(n+1)}$ 单调趋于零，知交错级数 $\sum\limits_{n=1}^{\infty}(-1)^n\dfrac{1}{\ln(n+1)}$ 收敛，且为条件收敛.

(3) 由 $\lim\limits_{n\to\infty}\left|\dfrac{u_{n+1}}{u_n}\right|=\lim\limits_{n\to\infty}\dfrac{(n+1)^2}{2^{n+1}}\Big/\left(\dfrac{n^2}{2^n}\right)=\dfrac{1}{2}<1$，知原级数收敛，且绝对收敛.

(4) $u_n=(-1)^{n+1}a^{\frac{1}{n}}$ 不趋于零，原级数发散.

(5) 由 $\lim\limits_{n\to\infty}\dfrac{u_{n+1}}{u_n}=\lim\limits_{n\to\infty}\dfrac{(n+1)!3^{n+1}}{(n+1)^{n+1}}\Big/\left(\dfrac{n!3^n}{n^n}\right)=3\lim\limits_{n\to\infty}\left(\dfrac{n}{n+1}\right)^n=\dfrac{3}{\mathrm{e}}>1$，知原级数发散.

(6) 由 $\sum\limits_{n=1}^{\infty}\dfrac{1}{n}$ 发散，交错级数 $\sum\limits_{n=1}^{\infty}(-1)^n\dfrac{1}{n}$ 收敛，故 $\sum\limits_{n=1}^{\infty}\left[\dfrac{1}{n}+(-1)^n\dfrac{1}{n}\right]$ 发散.

(7) 由 $|u_n|=\left|\dfrac{\sin nx}{n^2+a^2}\right|\leqslant\dfrac{1}{n^2}$，$\sum\limits_{n=1}^{\infty}\dfrac{1}{n^2}$ 收敛，知 $\sum\limits_{n=1}^{\infty}\dfrac{\sin nx}{n^2+a^2}$ 绝对收敛.

(8) 由 $|u_n|=\left|\dfrac{1+(-1)^n}{n^2+2n}\right|\leqslant\dfrac{2}{n^2}$，$\sum\limits_{n=1}^{\infty}\dfrac{2}{n^2}$ 收敛，知 $\sum\limits_{n=1}^{\infty}\dfrac{1+(-1)^n}{n^2+2n}$ 绝对收敛.

(9) 由 $|u_n|=\left|\ln\dfrac{n}{n+1}\right|\sim\dfrac{1}{n+1}$，$\sum\limits_{n=1}^{\infty}\dfrac{1}{n+1}$ 发散，知 $\sum\limits_{n=1}^{\infty}\left|(-1)^n\ln\dfrac{n}{n+1}\right|$ 发散. 又 $-\ln\dfrac{n}{n+1}$ 单调减，且趋于零，故知交错级数 $\sum\limits_{n=1}^{\infty}(-1)^n\dfrac{1}{\ln(n+1)}$ 收敛，且为条件收敛.

(10) 由 $|u_n|=\left|\dfrac{(-1)^n}{\ln(\mathrm{e}^n+\mathrm{e}^{-n})}\right|\sim\dfrac{1}{n}$，$\sum\limits_{n=1}^{\infty}\dfrac{1}{n}$ 发散，知 $\sum\limits_{n=1}^{\infty}\left|\dfrac{(-1)^n}{\ln(\mathrm{e}^n+\mathrm{e}^{-n})}\right|$ 发散.

又设 $f(x)=\ln(e^x+e^{-x})(x>0)$，$f'(x)=\dfrac{e^x-e^{-x}}{e^x+e^{-x}}>0$，知 $f(x)$ 在 $(0,+\infty)$ 上单调增，从而知 $\dfrac{1}{\ln(e^n+e^{-n})}$ 单调减，且 $\dfrac{1}{\ln(e^n+e^{-n})}\to 0$，故知交错级数 $\sum\limits_{n=1}^{\infty}\dfrac{(-1)^n}{\ln(e^n+e^{-n})}$ 收敛，且为条件收敛.

(11) 由 $|u_n|=\left|\sin\dfrac{1}{n^2}\right|\leqslant\dfrac{1}{n^2}$，$\sum\limits_{n=1}^{\infty}\dfrac{1}{n^2}$ 收敛，知 $\sum\limits_{n=1}^{\infty}(-1)^n\sin\dfrac{1}{n^2}$ 绝对收敛.

(12) 由 $\lim\limits_{n\to\infty}\sqrt[n]{|u_n|}=\lim\limits_{n\to\infty}\sqrt[n]{\dfrac{2^{n^2}}{n^n}}=\lim\limits_{n\to\infty}\dfrac{2^n}{n}=+\infty$，知原级数发散.

11. 解 (1) 错. 比值判别法只适用于同号级数. 反例：设 $u_n=\dfrac{(-1)^n}{\sqrt{n}}$，$v_n=\dfrac{(-1)^n}{\sqrt{n}}+\dfrac{1}{n}$，显然 $\sum\limits_{n=1}^{\infty}u_n$ 收敛，且 $\lim\limits_{n\to\infty}\dfrac{u_n}{v_n}=1$，但 $\sum\limits_{n=1}^{\infty}v_n$ 不收敛.

(2) 错. 反例：设 $u_n=(-1)^n$，显然 $\sum\limits_{n=1}^{\infty}u_n$ 发散，但 $\sum\limits_{n=1}^{\infty}(u_n+u_{n+1})$ 收敛.

(3) 错. 反例：设 $u_n=\dfrac{(-1)^n}{\sqrt{n}}$，$\sum\limits_{n=1}^{\infty}u_n$ 收敛，但

$$\sum_{n=1}^{\infty}u_n^2=\sum_{n=1}^{\infty}\frac{1}{n},$$

$$\sum_{n=1}^{\infty}u_nu_{n+1}=-\sum_{n=1}^{\infty}\frac{1}{\sqrt{n(n+1)}},$$

$$\sum_{n=1}^{\infty}(-1)^nu_n=\sum_{n=1}^{\infty}\frac{1}{\sqrt{n}}$$

均发散.

(4) 正确. 由 $u_n<v_n<w_n(n=1,2,\cdots)$，也有 $0<v_n-u_n<w_n-u_n$，且 $\sum\limits_{n=1}^{\infty}u_n$，$\sum\limits_{n=1}^{\infty}w_n$ 收敛，则 $\sum\limits_{n=1}^{\infty}(w_n-u_n)$ 收敛，从而有 $\sum\limits_{n=1}^{\infty}(v_n-u_n)$ 收敛，进而推出 $\sum\limits_{n=1}^{\infty}v_n$ 收敛.

(5) 错. 反例：设 $u_n=-\dfrac{1}{n}$，$v_n=\dfrac{1}{n^2}$，$w_n=\dfrac{1}{n}$，显然 $u_n<v_n<w_n$，且 $\sum\limits_{n=1}^{\infty}u_n$，$\sum\limits_{n=1}^{\infty}w_n$ 发散，但 $\sum\limits_{n=1}^{\infty}v_n$ 收敛.

(6) 错. 反例：设 $u_n=\dfrac{(-1)^n}{\sqrt{n}}$，$\sum\limits_{n=1}^{\infty}u_n$ 收敛，但 $\sum\limits_{n=1}^{\infty}u_n^2$ 发散.

12. 证 由 $\sum\limits_{n=1}^{\infty}u_n^2$，$\sum\limits_{n=1}^{\infty}v_n^2$ 收敛，知 $\sum\limits_{n=1}^{\infty}(u_n^2+v_n^2)$ 收敛，又 $(u_n-v_n)^2=u_n^2+v_n^2-2|u_nv_n|\geqslant 0$，有 $u_n^2+v_n^2\geqslant|u_nv_n|$，从而有 $\sum\limits_{n=1}^{\infty}u_nv_n$ 绝对收敛.

13. 解 (1) 由 $\lim\limits_{n\to\infty}\dfrac{a_{n+1}}{a_n}=\lim\limits_{n\to\infty}\dfrac{1}{(n+1)3^{n+1}}\Big/\left(\dfrac{1}{n3^n}\right)=\dfrac{1}{3}$，知 $R=3$，收敛区间为 $(-3,3)$，

又当$x=3$时，$\sum\limits_{n=1}^{\infty}\frac{1}{n}$发散，当$x=-3$时，$\sum\limits_{n=1}^{\infty}\frac{(-1)^n}{n}$收敛，故收敛域为$[-3, 3)$.

(2) 由$\lim\limits_{n\to\infty}\frac{a_{n+1}}{a_n}=\lim\limits_{n\to\infty}\frac{1}{(n+1)^2}\Big/\left(\frac{1}{n^2}\right)=1$，知$R=1$，收敛区间为$(-1, 1)$，又当$x=\pm1$时，$\sum\limits_{n=1}^{\infty}|u_n(x)|=\sum\limits_{n=1}^{\infty}\frac{1}{n^2}$收敛，故收敛域为$[-3, 3]$.

(3) 由$\lim\limits_{n\to\infty}\left|\frac{a_{n+1}}{a_n}\right|=\lim\limits_{n\to\infty}\frac{1}{\sqrt{n+1}}\Big/\left(\frac{1}{\sqrt{n}}\right)=1$，知$R=1$，收敛区间为$(-1, 1)$，又当$x=1$时，$\sum\limits_{n=1}^{\infty}\frac{(-1)^n}{\sqrt{n}}$收敛，当$x=-1$时，$\sum\limits_{n=1}^{\infty}\frac{1}{\sqrt{n}}$发散，故收敛域为$(-1, 1]$.

(4) 由$\lim\limits_{n\to\infty}\frac{a_{n+1}}{a_n}=\lim\limits_{n\to\infty}\frac{1}{4^{n+1}}\Big/\left(\frac{1}{4^n}\right)=\frac{1}{4}$，知$R=\sqrt{4}=2$，收敛区间为$(-2, 2)$，又当$x=\pm2$时，$\sum\limits_{n=1}^{\infty}u_n(x)=\sum\limits_{n=1}^{\infty}1$发散，故收敛域为$(-2, 2)$.

(5) 由$\lim\limits_{n\to\infty}\frac{a_{n+1}}{a_n}=\lim\limits_{n\to\infty}\frac{3^{n+1}}{1+(n+1)^2}\Big/\left(\frac{3^n}{1+n^2}\right)=3$，知$R=\frac{1}{3}$，收敛区间为$\left(-\frac{1}{3}, \frac{1}{3}\right)$，又当$x=\pm\frac{1}{3}$时，$\sum\limits_{n=1}^{\infty}|u_n(x)|=\sum\limits_{n=1}^{\infty}\frac{1}{n^2+1}$收敛，故收敛域为$\left[-\frac{1}{3}, \frac{1}{3}\right]$.

(6) 由$\lim\limits_{n\to\infty}\frac{a_{n+1}}{a_n}=\lim\limits_{n\to\infty}\sum\limits_{n=1}^{\infty}\frac{\ln(n+2)}{n+2}\Big/\left[\frac{\ln(n+1)}{n+1}\right]=1$，知$R=1$，收敛区间为$(-1, 1)$，又当$x=-1$时，交错级数$\sum\limits_{n=1}^{\infty}\frac{(-1)^{n+1}\ln(n+1)}{n+1}$收敛，当$x=1$时，$\sum\limits_{n=1}^{\infty}\frac{\ln(n+1)}{n+1}$发散，故收敛域为$[-1, 1)$.

(7) 由$\lim\limits_{n\to\infty}\frac{a_{n+1}}{a_n}=\lim\limits_{n\to\infty}\frac{2^{2n+1}}{(n+1)\sqrt{n+1}}\Big/\left(\frac{2^{2n-1}}{n\sqrt{n}}\right)=4$，知$R=\frac{1}{4}$，收敛区间为$\left(-\frac{1}{4}, \frac{1}{4}\right)$，又当$x=\pm\frac{1}{4}$时，$\sum\limits_{n=1}^{\infty}|u_n(x)|=\sum\limits_{n=1}^{\infty}\frac{1}{2n^{\frac{3}{2}}}$收敛，故收敛域为$\left[-\frac{1}{4}, \frac{1}{4}\right]$.

(8) 由$\lim\limits_{n\to\infty}\frac{a_{n+1}}{a_n}=\lim\limits_{n\to\infty}\frac{2^{n+1}}{2^n}=2$，知$R=\frac{1}{2}$，又由$-\frac{1}{2}<x+1<\frac{1}{2}$，得收敛区间为$\left(-\frac{3}{2}, -\frac{1}{2}\right)$，又当$x=-\frac{1}{2}$及$x=-\frac{3}{2}$时，$u_n(x)$不趋于零，$\sum\limits_{n=1}^{\infty}u_n(x)$发散，故收敛域为$\left(-\frac{3}{2}, -\frac{1}{2}\right)$.

(9) 由$\lim\limits_{n\to\infty}\frac{a_{n+1}}{a_n}=\lim\limits_{n\to\infty}\frac{(n+1)!}{n!}=\infty$，知$R=0$，收敛区间为$x=1$，收敛域为$x=1$.

(10) 由$\lim\limits_{n\to\infty}\frac{a_{n+1}}{a_n}=\lim\limits_{n\to\infty}\left[\frac{(-1)^{n+1}}{3^{n+1}}+3^{n+1}\right]\Big/\left[\frac{(-1)^n}{3^n}+3^n\right]=3$，知$R=\frac{1}{3}$，收敛区间为$\left(-\frac{1}{3}, \frac{1}{3}\right)$，又当$x=-\frac{1}{3}$时，$\sum\limits_{n=1}^{\infty}u_n(x)=\sum\limits_{n=1}^{\infty}\left[\frac{1}{9^n}+(-1)^n\right]$发散，当$x=\frac{1}{3}$时，$\sum\limits_{n=1}^{\infty}u_n(x)=\sum\limits_{n=1}^{\infty}\left[\frac{(-1)^n}{9^n}+1\right]$发散，故收敛域为$\left(-\frac{1}{3}, \frac{1}{3}\right)$.

(11) 令 $X=2x-1$，由 $\lim\limits_{n\to\infty}\left|\frac{a_{n+1}}{a_n}\right|=\lim\limits_{n\to\infty}\frac{1}{(n+1)(n+2)}\Big/\left[\frac{1}{n\ (n+1)}\right]=1$，知 $\sum\limits_{n=1}^{\infty}\frac{(-1)^n}{n\ (n+1)}X^n$ 的收敛半径为$R=1$，又由$-1<2x-1<1$，知原级数的收敛区间为 $(0,\ 1)$，又当 $x=0$ 及 $x=1$ 时，$\sum\limits_{n=1}^{\infty}|u_n(x)|=\sum\limits_{n=1}^{\infty}\frac{1}{n\ (n+1)}$ 收敛，故原级数的收敛域为 $[0,\ 1]$.

(12) 令 $X=\frac{1}{x}$，由 $\lim\limits_{n\to\infty}\left|\frac{a_{n+1}}{a_n}\right|=\lim\limits_{n\to\infty}\frac{1}{\sqrt{n+1}}\Big/\left(\frac{1}{\sqrt{n}}\right)=1$，知 $\sum\limits_{n=1}^{\infty}\frac{(-1)^{n-1}}{\sqrt{n}}X^n$ 的收敛半径为$R=1$，又由$-1<\frac{1}{x}<1$，知原级数的收敛区间为 $(-\infty,\ -1)\cup(1,\ +\infty)$，又当 $x=-1$ 时，$-\sum\limits_{n=1}^{\infty}\frac{1}{\sqrt{n}}$ 发散，当 $x=1$ 时，交错级数 $\sum\limits_{n=1}^{\infty}\frac{(-1)^{n-1}}{\sqrt{n}}$ 收敛，故原级数的收敛域为 $(-\infty,\ -1)\cup[1,\ +\infty)$.

14. 解 由已知，$\lim\limits_{n\to\infty}\left|\frac{a_{n+1}}{a_n}\right|=\frac{1}{R}$，于是

(1) $R_1=\lim\limits_{n\to\infty}\left|\frac{na_n}{(n+1)a_{n+1}}\right|=R$.

(2) $R_2=\lim\limits_{n\to\infty}\left|\frac{a_n^2}{a_{n+1}^2}\right|=R^2$.

(3) $R_3=\sqrt{\lim\limits_{n\to\infty}\left|\frac{a_n}{a_{n+1}}\right|}=\sqrt{R}$.

(4) $R_4=\lim\limits_{n\to\infty}\left|\frac{(-1)^n a_n}{n+1}\Big/\left(\frac{(-1)^{n+1}a_{n+1}}{n+2}\right)\right|=R$.

15. 解 (1) 由 $\lim\limits_{n\to\infty}\left|\frac{a_{n+1}}{a_n}\right|=\lim\limits_{n\to\infty}\left[\frac{1}{(n+1)4^{n+1}}\right]\Big/\left[\frac{1}{n4^n}\right]=\frac{1}{4}$，知收敛区间为 $(-4,\ 4)$，又当 $x=-4$ 时，$-\sum\limits_{n=1}^{\infty}\frac{1}{n}$ 发散，当 $x=4$ 时，$\sum\limits_{n=1}^{\infty}\frac{(-1)^{n-1}}{n}$ 收敛，因此原级数的收敛域为 $(-4,4]$.

设 $S\ (x)=\sum\limits_{n=1}^{\infty}\frac{(-1)^{n-1}}{n}\left(\frac{x}{4}\right)^n$，则

$$S'(x)=\sum_{n=1}^{\infty}\frac{(-1)^{n-1}}{4}\left(\frac{x}{4}\right)^{n-1}=\frac{1}{4}\cdot\frac{1}{1+\frac{x}{4}}=\frac{1}{4+x},$$

从而有 $S\ (x)=\int_0^x\frac{1}{4+x}\mathrm{d}x+S\ (0)=\ln|4+x|-\ln4,\ x\in(-4,\ 4]$.

(2) 由 $\lim\limits_{n\to\infty}\left|\frac{a_{n+1}}{a_n}\right|=\lim\limits_{n\to\infty}\frac{2(n+1)}{2n}=1$，知收敛区间为 $(-1,1)$，又当 $x=\pm1$ 时，u_n 不趋于零，$\sum\limits_{n=1}^{\infty}u_n$ 发散，因此收敛域为 $(-1,\ 1)$.

设 $S\ (x)=\sum\limits_{n=1}^{\infty}2nx^{2n-1}$，则

$$S(x)=\sum_{n=1}^{\infty}(x^{2n})'=\left(\frac{x^2}{1-x^2}\right)'=\frac{2x}{(1-x^2)^2},\ x\in(-1,1).$$

(3) 由 $\lim\limits_{n\to\infty}\frac{a_{n+1}}{a_n}=\lim\limits_{n\to\infty}\frac{n+1}{n}=1$，知收敛区间为 $(-1,1)$，又当 $x=\pm1$ 时，u_n 不趋于零，$\sum\limits_{n=1}^{\infty}u_n$ 发散，因此收敛域为 $(-1,1)$.

设 $S(x)=x\sum\limits_{n=1}^{\infty}nx^{n-1}$，则

$$S(x)=x\sum_{n=1}^{\infty}(x^n)'=x\left(\frac{x}{1-x}\right)'=\frac{x}{(1-x^2)^2},\ x\in(-1,1).$$

(4) 由 $\lim\limits_{n\to\infty}\left|\frac{a_{n+1}}{a_n}\right|=\lim\limits_{n\to\infty}\left|\frac{2^{n+1}+(-1)^{n+1}3^{n+1}}{n+1}\Big/\left[\frac{2^n+(-1)^n3^n}{n}\right]\right|=3$，知收敛区间为 $\left(-\frac{1}{3},\frac{1}{3}\right)$，又当 $x=\frac{1}{3}$ 时，$\sum\limits_{n=1}^{\infty}\left[\frac{1}{n}\left(\frac{2}{3}\right)^n+\frac{(-1)^n}{n}\right]$ 收敛，当 $x=-\frac{1}{3}$ 时，$\sum\limits_{n=1}^{\infty}\left[\frac{1}{n}\left(-\frac{2}{3}\right)^n+\frac{1}{n}\right]$ 发散，因此收敛域为 $\left(-\frac{1}{3},\frac{1}{3}\right]$.

设 $S(x)=\sum\limits_{n=1}^{\infty}\frac{2^n+(-1)^n3^n}{n}x^n$，则

$$S'(x)=\sum_{n=1}^{\infty}\left[2(2x)^{n-1}-3(-3x)^{n-1}\right]=\frac{2}{1-2x}-\frac{3}{1+3x},$$

从而有

$$\begin{aligned}S(x)&=\int_0^x\left(\frac{2}{1-2x}-\frac{3}{1+3x}\right)dx+S(0)=-(\ln|1-2x|+\ln|1+3x|)\\&=-\ln|(1-2x)(1+3x)|,\ x\in\left(-\frac{1}{3},\frac{1}{3}\right].\end{aligned}$$

(5) 由 $\lim\limits_{n\to\infty}\frac{a_{n+1}}{a_n}=\lim\limits_{n\to\infty}\frac{n(n+1)}{(n+1)(n+2)}=1$，知收敛区间为 $(-1,1)$，又当 $x=\pm1$ 时，$\sum\limits_{n=1}^{\infty}|u_n|=\sum\limits_{n=1}^{\infty}\frac{1}{n(n+1)}$ 收敛，因此收敛域为 $[-1,1]$.

设 $S(x)=\sum\limits_{n=1}^{\infty}\frac{x^{n+1}}{n(n+1)}$，则

$$S'(x)=\sum_{n=1}^{\infty}\frac{1}{n}x^n,\ S''(x)=\sum_{n=1}^{\infty}x^{n-1}=\frac{1}{1-x},$$

从而有 $S'(x)=\int_0^x\frac{1}{1-x}dx+S'(0)=-\ln|x-1|$，

$$S(x)=-\int_0^x\ln|x-1|\,dx+S(0)=-(x-1)\ln|x-1|+x,\ x\in[-1,1),$$

又当 $x=1$ 时，$S(x)=\sum\limits_{n=1}^{\infty}\frac{1}{n(n+1)}=1$，所以

$$S(x)=\begin{cases}-(x-1)\ln|x-1|+x, & -1\leqslant x<1\\ 1, & x=1\end{cases}.$$

(6) 由$\lim\limits_{n\to\infty}\dfrac{a_{n+1}}{a_n}=\lim\limits_{n\to\infty}\dfrac{n3^{n-1}}{(n+1)3^n}=\dfrac{1}{3}$，知收敛区间为$(-3,3)$，又当$x=3$时，$\sum\limits_{n=1}^{\infty}\dfrac{3}{n}$发散，当$x=-3$时，$\sum\limits_{n=1}^{\infty}(-1)^n\dfrac{3}{n}$收敛，因此收敛域为$[-3,3)$.

设$S(x)=\sum\limits_{n=1}^{\infty}\dfrac{x^n}{n3^{n-1}}$，则

$$S'(x)=\sum_{n=1}^{\infty}\left(\frac{x}{3}\right)^{n-1}=\frac{1}{1-\frac{x}{3}}=\frac{3}{3-x},$$

从而有$S(x)=\int_0^x\dfrac{3}{3-x}\mathrm{d}x+S(0)=-3\ln|x-3|+3\ln3=3\ln\left|\dfrac{3}{x-3}\right|$，$x\in[-3,3)$.

16. 解 (1) 由$\mathrm{e}^x=1+x+\dfrac{1}{2!}x^2+\cdots+\dfrac{1}{n!}x^n+\cdots=\sum\limits_{n=0}^{\infty}\dfrac{1}{n!}x^n(-\infty<x<+\infty)$，有

$$f(x)=\frac{1}{2}\mathrm{e}^{-x^2}=\frac{1}{2}\sum_{n=0}^{\infty}\frac{1}{n!}(-x^2)^n=\frac{1}{2}\sum_{n=0}^{\infty}\frac{(-1)^nx^{2n}}{n!}(-\infty<x<+\infty).$$

(2) 由$\dfrac{1}{1+x}=\sum\limits_{n=0}^{\infty}(-1)^nx^n$，$x\in(-1,1)$，有

$$f(x)=\frac{x^5}{1+x}=x^5\sum_{n=0}^{\infty}(-1)^nx^n=\sum_{n=0}^{\infty}(-1)^nx^{n+5},\ x\in(-1,1).$$

(3) 由

$$(1+x)^\alpha=1+\alpha x+\frac{\alpha(\alpha-1)}{2!}x^2+\cdots+\frac{\alpha(\alpha-1)\cdots(\alpha-n+1)}{n!}x^n+\cdots(-1<x<1)$$

有

$$\frac{1}{\sqrt{1-x^2}}=[1+(-x^2)]^{-\frac{1}{2}}=1-\frac{1}{2}(-x^2)+\frac{1}{2}\left(-\frac{1}{2}\right)\left(-\frac{1}{2}-1\right)(-x^2)^2+\cdots+\frac{1}{n!}\left(-\frac{1}{2}\right)\left(-\frac{1}{2}-1\right)\cdots\left(-\frac{1}{2}-n+1\right)(-x^2)^n+\cdots,\quad x\in(-1,1)$$

从而有

$$f(x)=\frac{x}{\sqrt{1-x^2}}=x+\frac{1}{2}x^3+\frac{1\cdot3}{2!\cdot2^2}x^5+\cdots+\frac{1\cdot3\cdot5\cdots(2n-1)}{n!\cdot2^n}x^{2n+1}+\cdots,\ x\in(-1,1).$$

(4) 由$\mathrm{e}^x=1+x+\dfrac{1}{2!}x^2+\cdots+\dfrac{1}{n!}x^n+\cdots=\sum\limits_{n=0}^{\infty}\dfrac{1}{n!}x^n(-\infty<x<+\infty)$，有

$$f(x)=\mathrm{e}^{x\ln3}=\sum_{n=0}^{\infty}\frac{1}{n!}(x\ln3)^n=\sum_{n=0}^{\infty}\frac{(\ln3)^n x^n}{n!}(-\infty<x<+\infty).$$

(5) 由 $\ln(1+x)=x-\frac{1}{2}x^2+\cdots+\frac{(-1)^n}{n+1}x^{n+1}+\cdots=\sum_{n=0}^{\infty}\frac{(-1)^n}{n+1}x^{n+1}(-1<x\leqslant1)$，有

$$\begin{aligned}f(x)&=\ln(1+x-2x^2)=\ln(1-x)+\ln(1+2x)\\&=\sum_{n=1}^{\infty}\frac{(-1)^{n-1}}{n}(-x)^n+\sum_{n=1}^{\infty}\frac{(-1)^{n-1}}{n}(2x)^n\\&=\sum_{n=1}^{\infty}\frac{(-1)^{n-1}2^n-1}{n}x^n,\ x\in\left(-\frac{1}{2},\ \frac{1}{2}\right].\end{aligned}$$

(6) 由 $\cos x=1-\frac{1}{2!}x^2+\frac{1}{4!}x^4+\cdots+\frac{(-1)^n}{(2n)!}x^{2n}+\cdots=\sum_{n=0}^{\infty}\frac{(-1)^n}{(2n)!}x^{2n}(-\infty<x<+\infty)$，有

$$f(x)=2\sin^2x=1-\cos2x=1-\sum_{n=0}^{\infty}\frac{(-1)^n2^{2n}}{(2n)!}x^{2n},\ x\in(-\infty,\ +\infty).$$

(7) 由 $\cos x=1-\frac{1}{2!}x^2+\frac{1}{4!}x^4+\cdots+\frac{(-1)^n}{(2n)!}x^{2n}+\cdots=\sum_{n=0}^{\infty}\frac{(-1)^n}{(2n)!}x^{2n}(-\infty<x<+\infty)$，有

$$f(x)=\cos x^2=\sum_{n=0}^{\infty}\frac{(-1)^n}{(2n)!}x^{4n},\ x\in(-\infty,\ +\infty).$$

(8) 由 $\mathrm{e}^x=1+x+\frac{1}{2!}x^2+\cdots+\frac{1}{n!}x^n+\cdots=\sum_{n=0}^{\infty}\frac{1}{n!}x^n(-\infty<x<+\infty)$，有

$$\begin{aligned}f(x)&=\frac{\mathrm{e}^x-\mathrm{e}^{-x}}{2}=\frac{1}{2}\left[\sum_{n=0}^{\infty}\frac{1}{n!}x^n-\sum_{n=0}^{\infty}\frac{1}{n!}(-x)^n\right]\\&=\sum_{n=0}^{\infty}\frac{1}{(2n+1)!}x^{2n+1},\ x\in(-\infty,\ +\infty).\end{aligned}$$

(9) 由 $(\arctan x)'=\frac{1}{1+x^2}=\sum_{n=0}^{\infty}(-1)^nx^{2n},\ x\in(-1,\ 1)$，有

$$\arctan x=\int_0^x\frac{1}{1+x^2}\mathrm{d}x+\arctan0=\sum_{n=0}^{\infty}\frac{(-1)^n}{2n+1}x^{2n+1},\ x\in[-1,\ 1],$$

从而有 $f(x)=\int_0^x\frac{\arctan x}{x}\mathrm{d}x=\int_0^x\left(\sum_{n=0}^{\infty}\frac{(-1)^n}{2n+1}x^{2n}\right)\mathrm{d}x$

$$=\sum_{n=0}^{\infty}\frac{(-1)^n}{(2n+1)^2}x^{2n+1},\ x\in[-1,\ 1].$$

(10) 由 $\ln(1+x)=x-\frac{1}{2}x^2+\cdots+\frac{(-1)^n}{n+1}x^{n+1}+\cdots=\sum_{n=0}^{\infty}\frac{(-1)^n}{n+1}x^{n+1}(-1<x\leqslant1)$，有

$$f(x)=\int_0^x \frac{\ln(x+1)}{x}\mathrm{d}x=\int_0^x \sum_{n=0}^{\infty}\frac{(-1)^n}{n+1}x^n\mathrm{d}x=\sum_{n=0}^{\infty}\frac{(-1)^n}{(n+1)^2}x^{n+1},\ x\in[-1,\ 1].$$

17. 解 由 $\mathrm{e}^x=1+x+\frac{1}{2!}x^2+\cdots+\frac{1}{n!}x^n+\cdots=\sum_{n=0}^{\infty}\frac{1}{n!}x^n(-\infty<x<+\infty)$，有

当 $x\neq 0$ 时，$f(x)=\frac{\mathrm{e}^x-1}{x}=\sum_{n=1}^{\infty}\frac{1}{n!}x^{n-1}$；

当 $x=0$ 时，$f(0)=\sum_{n=1}^{\infty}\frac{1}{n!}0^{n-1}=1$；

即有 $f(x)=\frac{\mathrm{e}^x-1}{x}=\sum_{n=1}^{\infty}\frac{1}{n!}x^{n-1},\ x\in(-\infty,\ +\infty)$.

又由

$$f(x)=\sum_{n=0}^{\infty}\frac{f^{(n)}(0)}{n!}x^n=\sum_{n=1}^{\infty}\frac{1}{n!}x^{n-1},$$

以及 $f(x)$ 的幂级数展开式的唯一性，比较 x^{100} 的系数，有

$$\frac{f^{(100)}(0)}{100!}=\frac{1}{(100+1)!},$$

得 $f^{(100)}(0)=\frac{1}{101}$.

18. 解 (1) 设 $S(x)=\sum_{n=2}^{\infty}\frac{x^{n-1}}{n-1},\ x\in[-1,\ 1)$，则

$$S'(x)=\sum_{n=2}^{\infty}x^{n-2}=\frac{1}{1-x},\ x\in(-1,\ 1),$$

从而有 $S(x)=\int_0^x\frac{1}{1-x}\mathrm{d}x+S(0)=-\ln|1-x|,\ x\in[-1,\ 1)$,

$$\sum_{n=2}^{\infty}\frac{1}{(n-1)2^n}=\frac{1}{2}S\left(\frac{1}{2}\right)=\frac{1}{2}\ln 2.$$

(2) 由 $\mathrm{e}^x=\sum_{n=0}^{\infty}\frac{1}{n!}x^n,\ \mathrm{e}^{-x}=\sum_{n=0}^{\infty}\frac{(-1)^n}{n!}x^n,\ x\in(-\infty,\ +\infty)$，从而有

$$S(x)=\frac{\mathrm{e}^x-\mathrm{e}^{-x}}{2}=\sum_{n=0}^{\infty}\frac{x^{2n+1}}{(2n+1)!},\ x\in(-\infty,\ +\infty),$$

$$\sum_{n=1}^{\infty}\frac{\pi^{2n}}{(2n-1)!}=\pi S(\pi)=\frac{\pi(\mathrm{e}^{\pi}-\mathrm{e}^{-\pi})}{2}.$$

19. 解 (1) 由 $\mathrm{e}^x=\sum_{n=0}^{\infty}\frac{1}{n!}x^n,\ x\in(-\infty,\ +\infty)$，有

$$\mathrm{e}^{x-1}=\sum_{n=0}^{\infty}\frac{1}{n!}(x-1)^n,\ x\in(-\infty,\ +\infty),$$

从而有 $f(x)=\mathrm{e}^x=\mathrm{e}\cdot\mathrm{e}^{x-1}=\sum_{n=0}^{\infty}\frac{\mathrm{e}}{n!}(x-1)^n,\ x\in(-\infty,+\infty)$.

(2) 设 $t=x-(-1)=x+1$，则 $x=t-1$，由 $\frac{1}{1-x}=\sum_{n=0}^{\infty}x^n,\ x\in(-1,1)$，有

$$f(x)=\frac{1}{1-x}=\frac{1}{2-t}=\frac{1}{2}\cdot\frac{1}{1-\frac{t}{2}}=\frac{1}{2}\sum_{n=0}^{\infty}\left(\frac{t}{2}\right)^n=\sum_{n=0}^{\infty}\frac{1}{2^{n+1}}(x+1)^n,$$

其中 $x+1\in(-2,2)$，即 $x\in(-3,1)$.

(3) 设 $t=x-2$，则 $x=t+2$，由 $\ln(1+x)=\sum_{n=0}^{\infty}\frac{(-1)^n}{n+1}x^{n+1}(-1<x\leqslant 1)$，有

$$f(x)=\ln x=\ln(t+2)=\ln[1+(1+t)]=\sum_{n=0}^{\infty}\frac{(-1)^n}{n+1}(1+t)^{n+1}$$

$$=\sum_{n=0}^{\infty}\frac{(-1)^n}{n+1}(x-1)^{n+1},$$

其中 $1+t=x-1\in(-1,1]$，即 $x\in(0,2]$.

(4) 设 $t=x-\frac{\pi}{2}$，$x=t+\frac{\pi}{2}$，由 $\cos x=\sum_{n=0}^{\infty}\frac{(-1)^n}{(2n)!}x^{2n}(-\infty<x<+\infty)$，有

$$f(x)=\sin x=\sin\left(t+\frac{\pi}{2}\right)=\cos t$$

$$=\sum_{n=0}^{\infty}\frac{(-1)^n}{(2n)!}t^{2n}=\sum_{n=0}^{\infty}\frac{(-1)^n}{(2n)!}\left(x-\frac{\pi}{2}\right)^{2n},\ x\in(-\infty,+\infty).$$

20. 解 (1) 由 $\cos x=1-\frac{1}{2!}x^2+o(x^2)$，$\mathrm{e}^{x^2}=1+x^2+o(x^2)$，有

$$\lim_{x\to 0}\frac{1-\mathrm{e}^{x^2}}{1-\cos x}=\lim_{x\to 0}\frac{-x^2+o(x^2)}{\frac{1}{2!}x^2+o(x^2)}=-2.$$

(2) 由 $\sin x=x-\frac{1}{3!}x^3+o(x^3)$，有

$$\lim_{x\to 0}\frac{x-\sin x}{x^3}=\lim_{x\to 0}\frac{x-\left[x-\frac{1}{3!}x^3+o(x^3)\right]}{x^3}=\frac{1}{6}.$$

习题八

1. 解 (1) 由 $2x+y^2\neq 0$，得 $D_f=\left\{(x,y)\,\middle|\,x\neq-\frac{1}{2}y^2\right\}$，定义域如附一图 8-1 所示.

(2) 由 $x-\sqrt{y}\geqslant 0$ 且 $y\geqslant 0$，得 $D_f=\{(x,y)\mid x^2\geqslant y \text{ 且 } y\geqslant 0\}$，定义域如附一图8-2 所示.

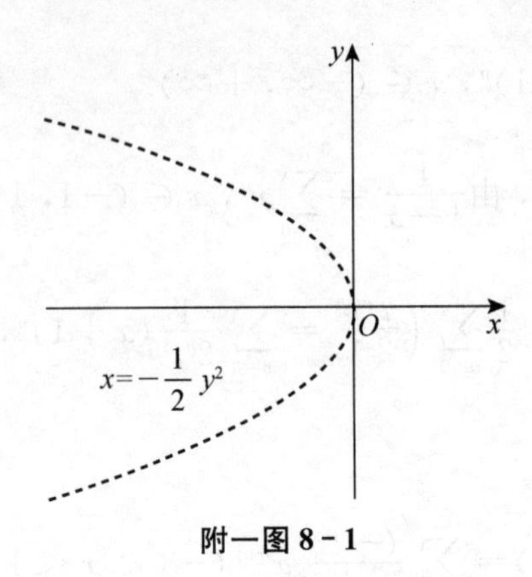

附一图 8-1

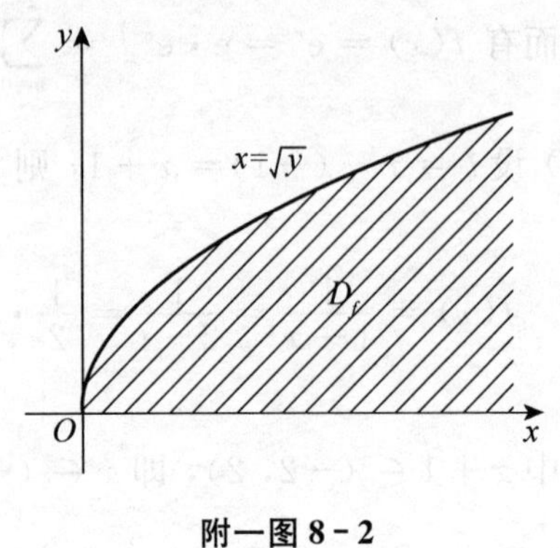

附一图 8-2

(3) 由 $x\sin y \geqslant 0$，即 $x \geqslant 0$ 且 $\sin y \geqslant 0$ 或 $x \leqslant 0$ 且 $\sin y \leqslant 0$，得

$$D_f = \{(x, y) \mid x \geqslant 0, 2k\pi \leqslant y \leqslant (2k+1)\pi\}$$
$$\bigcup \{(x, y) \mid x \leqslant 0, (2k+1)\pi \leqslant y \leqslant (2k+2)\pi\},$$

定义域如附一图 8-3 所示.

(4) 由 $(x^2+y^2-4)(9-x^2-y^2)>0$，即 $4<x^2+y^2<9$，得 $D_f = \{(x, y) \mid 4 < x^2+y^2 < 9\}$，定义域如附一图 8-4 所示.

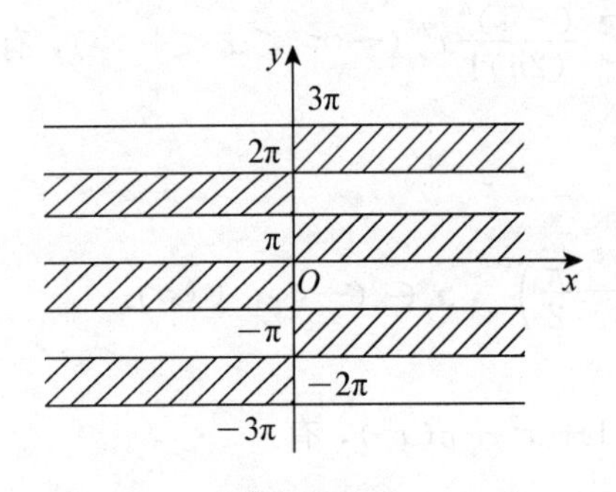

附一图 8-3

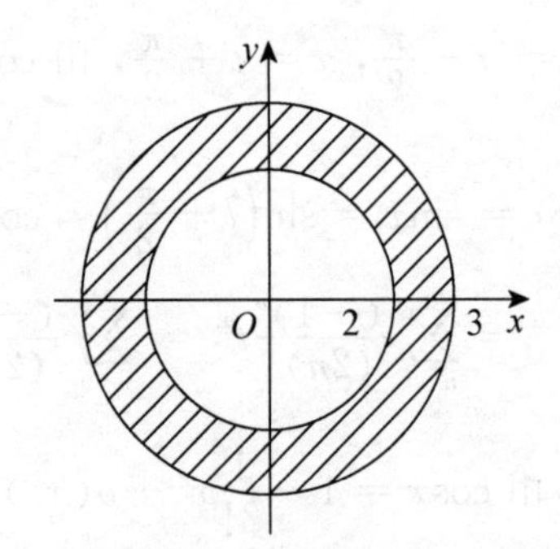

附一图 8-4

(5) 由 $1-(|x|+|y|)>0$，得 $D_f = \left\{(x, y) \,\middle|\, |x|+|y|<1\right\}$，定义域见附一图 8-5.

(6) 由 $\ln(xy)>0$ 且 $xy>0$，得 $D_f = \{(x, y) \mid xy>1\}$，定义域见附一图 8-6.

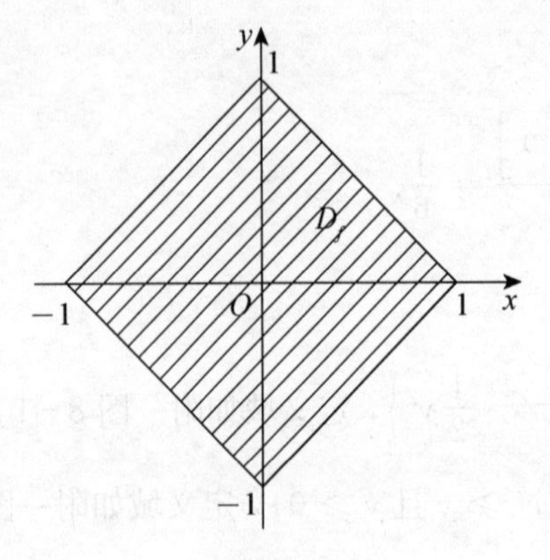

附一图 8-5

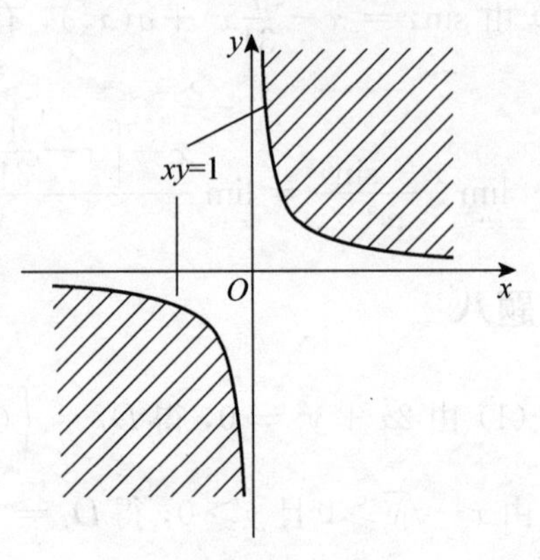

附一图 8-6

(7) 由 $\left|\frac{x}{3}\right|\leqslant 1$ 且 $\left|\frac{y}{2}\right|\leqslant 1$，得 $D_f=\left\{(x, y)\,\middle|\, |x|\leqslant 3 \text{ 且 } |y|\leqslant 2\right\}$，定义域如附一图 8-7 所示.

(8) 由 $x+y>0$ 且 $2^{xy}-1\geqslant 0$，得 $D_f=\{(x, y)\mid x\geqslant 0,\ y\geqslant 0 \text{ 且 } xy>0\}$，定义域如附一图 8-8 所示.

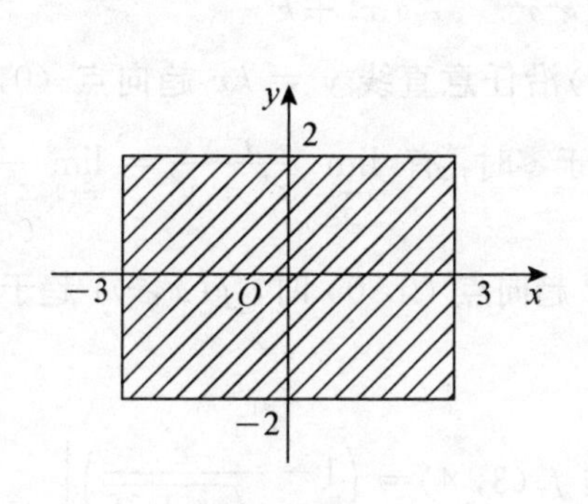

附一图 8-7

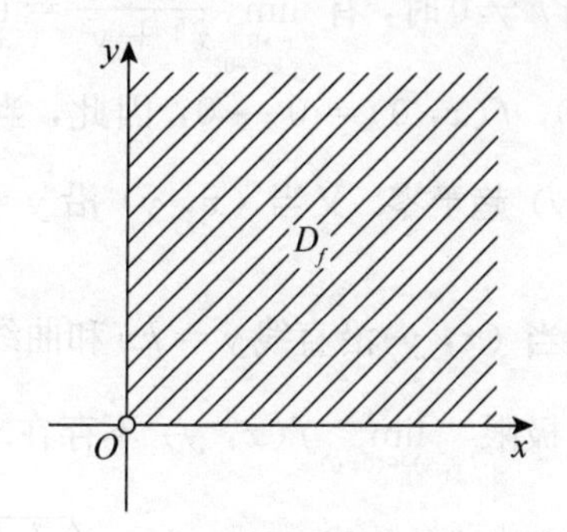

附一图 8-8

2. 解 (1) $f(-2, 3)=13$. (2) $f\left(\frac{1}{x}, \frac{1}{y}\right)=\frac{1}{x^3}-\frac{2}{xy}+\frac{1}{y^2}$.

(3) $\frac{f(1, 1+h)-f(1, 2)}{h}=h-\frac{1}{h}$.

3. 解 由 $f(x+y, x-y)=\frac{1}{2}[(x+y)^2+(x-y)^2]$，所以 $f(x, y)=\frac{1}{2}(x^2+y^2)$.

4. 解 由 $z(x, 1)=1+f(\sqrt{x}-1)=x$，得 $f(\sqrt{x}-1)=x-1$，令 $u=\sqrt{x}-1$，则 $x=(u+1)^2$，从而得 $f(u)=(u+1)^2-1=u^2+2u$，因此，

$$z(x, y)=\sqrt{y}+(\sqrt{x}-1)^2+2(\sqrt{x}-1)=x+\sqrt{y}-1.$$

5. 解 (1) 由 $f(tx, ty)=t^2x^2+t^2y^2-t^2xy\mathrm{e}^{\frac{ty}{tx}}=t^2(x^2+y^2-xy\mathrm{e}^{\frac{y}{x}})$，知 $f(x, y)$ 是二次齐次函数.

(2) 由 $f(tx, ty)=\frac{t^2x^2+t^2y^2}{t^3x^3+t^3y^3}=t^{-1}\left(\frac{x^2+y^2}{x^3+y^3}\right)$，知 $f(x, y)$ 是 -1 次齐次函数.

(3) 由 $f(tx, ty)=\frac{1}{\sqrt{t^2x^2+3t^2y^2}}=\frac{1}{t\sqrt{x^2+3y^2}}$，知 $f(x, y)$ 是 -1 次齐次函数.

(4) 由 $f(tx, ty)=t^{\alpha+\beta}x^{\alpha}y^{\beta}F\left(\frac{tx}{ty}\right)=t^{\alpha+\beta}\left[x^{\alpha}y^{\beta}F\left(\frac{x}{y}\right)\right]$，知 $f(x, y)$ 是 $\alpha+\beta$ 次齐次函数.

6. 解 (1) $\lim\limits_{(x, y)\to(-1, 2)}\frac{3xy-x^3y^2}{x+y}=\frac{3\times(-1)\times 2-(-1)^3\times 2^2}{-1+2}=-2$.

(2) $\lim\limits_{(x, y)\to(0, 0)}\frac{1}{x}\ln(1+xy)=\lim\limits_{(x, y)\to(0, 0)}\frac{1}{x}\cdot xy=0$，其中当 $xy\to 0$ 时 $\ln(1+xy)\sim xy$.

(3) $\lim\limits_{(x, y)\to(0, 1)}\frac{\sin xy}{x}=\lim\limits_{xy\to 0}\frac{\sin xy}{xy}\lim\limits_{y\to 1}y=1$.

(4) $\lim\limits_{(x, y)\to(-1, 0)}\frac{xy}{\sqrt{xy+1}-1}=\lim\limits_{(x, y)\to(-1, 0)}\frac{xy(\sqrt{xy+1}+1)}{xy+1-1}=2$.

7. **证** 由于 $\lim\limits_{x\to 0}f(x, y)$，$\lim\limits_{y\to 0}f(x, y)$ 不存在，故累次极限 $\lim\limits_{x\to 0}[\lim\limits_{y\to 0}f(x, y)]$ 和 $\lim\limits_{y\to 0}[\lim\limits_{x\to 0}f(x, y)]$ 不存在，又当 $(x, y)\to(0, 0)$时，$x+y\to 0$，且$\left|\sin\frac{1}{x}\cos\frac{1}{y}\right|\leqslant 1$，故 $\lim\limits_{(x, y)\to(0, 0)}(x+y)\sin\frac{1}{x}\cos\frac{1}{y}=0$，即极限 $\lim\limits_{(x, y)\to(0, 0)}(x+y)\sin\frac{1}{x}\cos\frac{1}{y}$ 存在.

8. **证** 当$k\neq 0$时，有 $\lim\limits_{\substack{x\to 0\\ y=kx\to 0}}\frac{x^3y}{x^6+y^2}=\lim\limits_{x\to 0}\frac{kx^4}{x^6+k^2x^2}=\lim\limits_{x\to 0}\frac{kx^2}{x^4+k^2}=0$，当$k=0$时，$y=kx=0$，$f(x, 0)=0\to 0$，因此，当 (x, y)沿任意直线 $y=kx$ 趋向点 $(0, 0)$ 时，$f(x, y)$ 趋于零. 又当 (x, y) 沿 $y=x^3$ 趋于零时，有 $\lim\limits_{\substack{x\to 0\\ y=x^3\to 0}}\frac{x^3y}{x^6+y^2}=\lim\limits_{x\to 0}\frac{x^6}{x^6+x^6}=\frac{1}{2}$，知当 (x, y)沿直线$y=kx$ 和曲线$y=x^3$ 趋向点 $(0, 0)$ 时，$f(x, y)$ 趋于不同数，所以，极限 $\lim\limits_{(x, y)\to(0, 0)}f(x, y)$ 不存在.

9. **解** (1) 由 $f(x, 4)=x+4-\sqrt{x^2+16}$，则 $f'_x(3, 4)=\left(1-\frac{x}{\sqrt{x^2+16}}\right)\Big|_{x=3}=\frac{2}{5}$.

(2) $f'_x(1, 1)=[f(x, 1)]'\Big|_{x=1}=e^{x\ln(1+x)}\left[\ln(1+x)+\frac{x}{1+x}\right]\Big|_{x=1}=2\left(\ln 2+\frac{1}{2}\right)$；

$f'_y(1, 1)=[f(1, y)]'\Big|_{y=1}=(1+y)'\Big|_{y=1}=1$.

(3) $f'_x(0, 0)=[f(x, 0)]'\Big|_{x=0}=\left(\frac{x}{1+\sin x}\right)'\Big|_{x=0}=\frac{1+\sin x-x\cos x}{(1+\sin x)^2}\Big|_{x=0}=1$；

$f'_y(0, 0)=[f(0, y)]'\Big|_{y=0}=(0)'\Big|_{y=0}=0$.

(4) $f'_x(0, 0)=[f(x, 0)]'\Big|_{x=0}=(0)'\Big|_{x=0}=0$；

$f'_y(0, 0)=[f(0, y)]'\Big|_{y=0}=(0)'\Big|_{x=0}=0$.

10. **解** 由 $f'_x(0, 0)=\lim\limits_{x\to 0}\frac{f(x, 0)}{x}=\lim\limits_{x\to 0}\frac{|x|\varphi(x, 0)}{x}$，$f'_y(0, 0)=\lim\limits_{y\to 0}\frac{f(0, y)}{y}=\lim\limits_{y\to 0}\frac{|y|\varphi(0, y)}{y}$，知仅当$\lim\limits_{x\to 0}\varphi(x, 0)=0$，$\lim\limits_{y\to 0}\varphi(0, y)=0$，即 $\varphi(0, 0)=0$ 时，$f'_x(0, 0)$，$f'_y(0, 0)$ 存在.

11. **解** (1) $z'_x=3x^2-3y$；$z'_y=3y^2-3x$.

(2) $z'_x=\frac{1}{2\sqrt{x}}\sin(x+y)+\sqrt{x}\cos(x+y)$；$z_y{}'=\sqrt{x}\cos(x+y)$.

(3) $z'_x=\frac{x}{x^2+y^2}$；$z'_y=\frac{y}{x^2+y^2}$.

(4) 由 $z=\log_x y=\frac{\ln y}{\ln x}$，有 $z'_x=-\frac{\ln y}{x\ln^2 x}$，$z'_y=\frac{1}{y\ln x}$.

(5) $z'_x=\cos x\tan xy+y\sin x\sec^2 xy$；$z'_y=x\sin x\sec^2 xy$.

(6) $z'_x=-\frac{2x}{y}\sin x^2$；$z'_y=-\frac{1}{y^2}\cos x^2$.

(7) $z'_x=\dfrac{1}{y\sqrt{1-\left(\dfrac{x}{y}\right)^2}}=\dfrac{1}{\sqrt{y^2-x^2}}$; $z'_y=\dfrac{1}{\sqrt{1-\left(\dfrac{x}{y}\right)^2}}\cdot\dfrac{-x}{y^2}=-\dfrac{x}{y\sqrt{y^2-x^2}}$.

(8) $z'_x=\dfrac{1}{1+\left(\dfrac{x-y}{x+y}\right)^2}\cdot\dfrac{2y}{(x+y)^2}=\dfrac{y}{x^2+y^2}$;

$$z'_y=\frac{1}{1+\left(\frac{x-y}{x+y}\right)^2}\cdot\frac{-2x}{(x+y)^2}=-\frac{x}{x^2+y^2}.$$

(9) $z'_x=2xy(1+x^2)^{y-1}$; $z'_y=(1+x^2)^y\ln(1+x^2)$.

(10) $z'_x=\mathrm{e}^{-x^2}$; $z'_y=-\cos\sqrt{y}$.

(11) $u'_x=y\cdot z^{xy}\ln z$; $u'_y=x\cdot z^{xy}\ln z$; $u'_z=xy\cdot z^{xy-1}$.

(12) $u'_x=(x+1)yz\mathrm{e}^{x+y+z}$; $u'_y=x(y+1)z\mathrm{e}^{x+y+z}$; $u'_z=xy(z+1)\mathrm{e}^{x+y+z}$.

12. 解 由 $z'_x=\dfrac{1}{y^2}\mathrm{e}^{\frac{x}{y^2}}$, $z'_y=-\dfrac{2x}{y^3}\mathrm{e}^{\frac{x}{y^2}}$，有

$$\text{左边}=2x\cdot\frac{1}{y^2}\mathrm{e}^{\frac{x}{y^2}}+y\left(-\frac{2x}{y^3}\mathrm{e}^{\frac{x}{y^2}}\right)=0=\text{右边},$$

故 $z=\mathrm{e}^{\frac{x}{y^2}}$ 满足方程.

13. 解 由 $z'_x=\dfrac{1}{\sqrt[n]{x}+\sqrt[n]{y}}\left(\dfrac{\sqrt[n]{x}}{nx}\right)$, $z'_y=\dfrac{1}{\sqrt[n]{x}+\sqrt[n]{y}}\left(\dfrac{\sqrt[n]{y}}{ny}\right)$，有

$$\text{左边}=x\frac{1}{\sqrt[n]{x}+\sqrt[n]{y}}\left(\frac{\sqrt[n]{x}}{nx}\right)+y\frac{1}{\sqrt[n]{x}+\sqrt[n]{y}}\left(\frac{\sqrt[n]{y}}{ny}\right)=\frac{1}{n}=\text{右边},$$

故 $z=\ln(\sqrt[n]{x}+\sqrt[n]{y})$满足方程.

14. 解 由 $z'_x=f'(x-y)(x-y)'_x=f'(x-y)$, $z'_y=f'(x-y)(x-y)'_y=-f'(x-y)$，有

$$\text{左边}=f'(x-y)-f'(x-y)=0=\text{右边},$$

故 $z=f(x-y)$满足方程.

15. 解 $C'_x(8,6)=(6x+2y)\Big|_{(8,6)}=60$（元/公斤），表示当甲、乙两种产品的产量分别为 8 公斤和 6 公斤时，单独再生产 1 公斤甲种产品的成本.

$C'_y(8,6)=(2x+10y)\Big|_{(8,6)}=76$（元/公斤），表示当甲、乙两种产品的产量分别为 8 公斤和 6 公斤时，单独再生产 1 公斤乙种产品的成本.

16. 解 该产品当 $t=20$, $x=50$, $M=4$ 时对于投入工时的边际产量为

$$Y'_t\Big|_{(20,50,4)}=(\alpha 100t^{\alpha-1}x^{\beta}M^{\gamma})\Big|_{(20,50,4)}=100\alpha\,20^{\alpha-1}\,50^{\beta}4^{\gamma};$$

对于投入原料的边际产量为

$$Y'_x\Big|_{(20,50,4)}=(\beta 100t^{\alpha}x^{\beta-1}M^{\gamma})\Big|_{(20,50,4)}=100\beta\,20^{\alpha}\,50^{\beta-1}4^{\gamma};$$

对于投入生产资料技术更新投资的边际产量为

$$Y'_M\Big|_{(20,\,50,\,4)} = (\gamma 100 t^{\alpha} x^{\beta} M^{\gamma-1})\Big|_{(20,\,50,\,4)} = 100\gamma\, 20^{\alpha}\, 50^{\beta} 4^{\gamma-1}.$$

17. 解 (1) $\mathrm{d}z = \mathrm{e}^{\sqrt{x^2+y^2}}\,\dfrac{x\mathrm{d}x + y\mathrm{d}y}{\sqrt{x^2+y^2}}$.

(2) $\mathrm{d}z = \dfrac{2\mathrm{d}x + 3\mathrm{d}y}{2x+3y}$.

(3) $\mathrm{d}z = y^{\sin x}\ln y\cos x\mathrm{d}x + \sin x \cdot y^{\sin x-1}\mathrm{d}y = y^{\sin x}\left(\ln y\cos x\mathrm{d}x + \dfrac{\sin x}{y}\mathrm{d}y\right)$.

(4) $\mathrm{d}z = \dfrac{1}{y}(1+x)^{\frac{1}{y}-1}\mathrm{d}x - \dfrac{1}{y^2}(1+x)^{\frac{1}{y}}\ln(1+x)\mathrm{d}y$

$= \dfrac{1}{y^2}(1+x)^{\frac{1}{y}}\left[\dfrac{y}{1+x}\mathrm{d}x - \ln(1+x)\mathrm{d}y\right]$.

(5) $\mathrm{d}u = (y+z)\mathrm{d}x + (x+z)\mathrm{d}y + (x+y)\mathrm{d}z$.

(6) $\mathrm{d}z = \dfrac{y\mathrm{d}x + x\mathrm{d}y}{2\sqrt{xy}\,\sqrt{1-xy}}$.

(7) $\mathrm{d}z = \dfrac{1}{1+\left(\dfrac{x-y}{x+y}\right)^2}\cdot\dfrac{(x+y)(\mathrm{d}x-\mathrm{d}y)-(x-y)(\mathrm{d}x+\mathrm{d}y)}{(x+y)^2} = \dfrac{y\mathrm{d}x - x\mathrm{d}y}{x^2+y^2}$.

(8) $\mathrm{d}u = z\left(\dfrac{y}{x}\right)^{z-1}\left(-\dfrac{y}{x^2}\right)\mathrm{d}x + z\left(\dfrac{y}{x}\right)^{z-1}\left(\dfrac{1}{x}\right)\mathrm{d}y + \left(\dfrac{y}{x}\right)^{z}\ln\left(\dfrac{y}{x}\right)\mathrm{d}z$

$= \left(\dfrac{y}{x}\right)^{z}\left[-\dfrac{z}{x}\mathrm{d}x + \dfrac{z}{y}\mathrm{d}y + \ln\left(\dfrac{y}{x}\right)\mathrm{d}z\right]$.

18. 解 (1) $(x_0+\Delta x)^m(y_0+\Delta y)^n \approx x_0^m y_0^n + m x_0^{m-1} y_0^n \Delta x + n y_0^{n-1} x_0^m \Delta y$，取 $x_0 = 1$，$y_0 = 1$，$\Delta x = x$，$\Delta y = y$，代入有

$$(1+x)^m(1+y)^n \approx 1 + mx + ny.$$

(2) $\ln(x_0+\Delta x)\ln(y_0+\Delta y) \approx \ln x_0 \ln y_0 + \dfrac{1}{x_0}\ln y_0\cdot\Delta x + \dfrac{1}{y_0}\ln x_0\cdot\Delta y$，取 $x_0 = 1$，$y_0 = 1$，$\Delta x = x$，$\Delta y = y$，代入有

$$\ln(1+x)\ln(1+y) \approx 0.$$

(3) $(x_0+\Delta x)^{y_0+\Delta y} \approx x_0^{y_0} + y_0 x_0^{y_0-1}\cdot\Delta x + x_0^{y_0}\ln x_0\cdot\Delta y$，取 $x_0 = 1$，$y_0 = 2$，$\Delta x = x$，$\Delta y = y$，代入有

$$(1+x)^{2+y} \approx 1 + 2x.$$

(4) $\cos(x_0+\Delta x)\cdot\tan(y_0+\Delta y) \approx \cos x_0\tan y_0 - \sin x_0\tan y_0\cdot\Delta x + \cos x_0\sec^2 y_0\cdot\Delta y$，取 $x_0 = 0$，$y_0 = \dfrac{\pi}{4}$，$\Delta x = x$，$\Delta y = y$，代入有

$$z = \cos x\cdot\tan\left(\frac{\pi}{4}+y\right) \approx 1 + 2y.$$

19. 解 (1) $\dfrac{dz}{dx}=vu^{v-1}\dfrac{du}{dx}+u^v\ln u\dfrac{dv}{dx}=\ln x(1+x)^{\ln x-1}+\dfrac{1}{x}(1+x)^{\ln x}\ln(1+x).$

(2) $\dfrac{dz}{dt}=\dfrac{1}{\sqrt{1-(x-y)^2}}\left(\dfrac{dx}{dt}-\dfrac{dy}{dt}\right)=\dfrac{1}{\sqrt{1-(3t-\sqrt{t})^2}}\left(3-\dfrac{1}{2\sqrt{t}}\right).$

(3) $\dfrac{\partial z}{\partial x}=2u\ln v\dfrac{\partial u}{\partial x}+\dfrac{u^2}{v}\dfrac{\partial v}{\partial x}=\dfrac{2x}{y^2}\ln(3x-2y)+\dfrac{3x^2}{(3x-2y)y^2},$

$\dfrac{\partial z}{\partial y}=2u\ln v\dfrac{\partial u}{\partial y}+\dfrac{u^2}{v}\dfrac{\partial v}{\partial y}=-\dfrac{2x^2}{y^3}\ln(3x-2y)-\dfrac{2x^2}{(3x-2y)y^2}.$

(4) $\dfrac{\partial z}{\partial x}=\left(1+\dfrac{u}{v}\right)e^{\frac{u}{v}}\dfrac{\partial u}{\partial x}-\dfrac{u^2}{v^2}e^{\frac{u}{v}}\dfrac{\partial v}{\partial x}=e^{\frac{x^2+y^2}{xy}}\left[\dfrac{2x^2+2y^2+2xy}{y}-\dfrac{(x^2+y^2)^2}{x^2y}\right],$

$\dfrac{\partial z}{\partial x}=\left(1+\dfrac{u}{v}\right)e^{\frac{u}{v}}\dfrac{\partial u}{\partial y}-\dfrac{u^2}{v^2}e^{\frac{u}{v}}\dfrac{\partial v}{\partial y}=e^{\frac{x^2+y^2}{xy}}\left[\dfrac{2x^2+2y^2+2xy}{x}-\dfrac{(x^2+y^2)^2}{xy^2}\right].$

(5) $\dfrac{\partial z}{\partial x}=e^u\sin v\dfrac{\partial u}{\partial x}+e^u\cos v\dfrac{\partial v}{\partial x}=e^{xy}\left(y\sin\dfrac{y}{x}-\dfrac{y}{x^2}\cos\dfrac{y}{x}\right),$

$\dfrac{\partial z}{\partial y}=e^u\sin v\dfrac{\partial u}{\partial y}+e^u\cos v\dfrac{\partial v}{\partial y}=e^{xy}\left(x\sin\dfrac{y}{x}+\dfrac{1}{x}\cos\dfrac{y}{x}\right).$

(6) $dz=\dfrac{1}{\sqrt{(x^2+y^2)^2+1}}d(x^2+y^2)=\dfrac{2xdx+2ydy}{\sqrt{(x^2+y^2)^2+1}}.$

(7) $dz=f_1'\cdot d(x+y)+f_2'\cdot de^{xy}=(f_1'+yf_2'\cdot e^{xy})dx+(f_1'+xf_2'\cdot e^{xy})dy.$

(8) $du=\dfrac{\sqrt{x^2+y^2+z^2}dx-xd\sqrt{x^2+y^2+z^2}}{(\sqrt{x^2+y^2+z^2})^2}=\dfrac{(y^2+z^2)dx-xydy-xzdz}{(x^2+y^2+z^2)^{\frac{3}{2}}}.$

20. 解 $g_u'(u,v)=2uf_1'+vf_3'$，$g_v'(u,v)=-2vf_1'-2vf_2'+uf_3'$，将 $u=1$，$v=1$ 代入，有

$g_u'(1,1)=2f_1'(0,0,1)+f_3'(0,0,1)=2a+c,$

$g_v'(1,1)=-2f_1'(0,0,1)-2f_2'(0,0,1)+f_3'(0,0,1)=-2a-2b+c.$

21. 解 由齐次函数的性质，满足方程的是二次齐次函数.

(1) $f(x,y)=3x^2-xy+5y^2+1$ 为非齐次函数，不满足.

(2) $f(x,y)=x^2\ln\dfrac{x^2+2xy}{3xy+y^2}$ 为二次齐次函数，满足.

(3) $f(x,y)=\dfrac{xy}{\sqrt{x^2+xy+y^2}}$ 为一次齐次函数，不满足.

(4) $f(x,y)=x^2e^{\frac{y}{x}}$ 为二次齐次函数，满足.

22. 解 (1) 设 $F(x,y)=xy-\ln xy$，则 $\dfrac{dy}{dx}=-\dfrac{F_x'}{F_y'}=-\dfrac{y-\frac{1}{x}}{x-\frac{1}{y}}=-\dfrac{xy^2-y}{x^2y-x}.$

(2) 设 $F(x,y)=\sin y+e^x-xy^2$，则 $\dfrac{dy}{dx}=-\dfrac{F_x'}{F_y'}=-\dfrac{e^x-y^2}{\cos y-2xy}.$

(3) 设 $F(x,y)=y\ln x-x\ln y$，则 $\dfrac{dy}{dx}=-\dfrac{F_x'}{F_y'}=-\dfrac{\frac{y}{x}-\ln y}{\ln x-\frac{x}{y}}=\dfrac{y^2-xy\ln y}{x^2-xy\ln x}.$

(4) $\frac{\mathrm{d}y}{\mathrm{d}x}=-\frac{F'_x}{F'_y}=-\frac{f'_1+yf'_2}{f'_1+xf'_2}$.

(5) 由变量分析，y 为因变量，t 为中间变量，均为 x 的函数，于是有 $\frac{\mathrm{d}y}{\mathrm{d}x}=f'_1+f'_2\frac{\mathrm{d}t}{\mathrm{d}x}$，$2\cos t\frac{\mathrm{d}t}{\mathrm{d}x}=x\frac{\mathrm{d}t}{\mathrm{d}x}+t$，将 $\frac{\mathrm{d}t}{\mathrm{d}x}=\frac{t}{2\cos t-x}$ 代入，有 $\frac{\mathrm{d}y}{\mathrm{d}x}=f'_1+\frac{t}{2\cos t-x}f'_2$.

23. 解 (1) 两边微分，得

$$\mathrm{d}x+2\mathrm{d}y+\mathrm{d}z-\frac{yz\mathrm{d}x+xz\mathrm{d}y+xy\mathrm{d}z}{\sqrt{xyz}}=0,$$

即

$$\mathrm{d}z=\frac{1}{xy-\sqrt{xyz}}\left[(\sqrt{xyz}-yz)\mathrm{d}x+(2\sqrt{xyz}-xz)\mathrm{d}y\right],$$

因此

$$\frac{\partial z}{\partial x}=\frac{\sqrt{xyz}-yz}{xy-\sqrt{xyz}},\ \frac{\partial z}{\partial y}=\frac{2\sqrt{xyz}-xz}{xy-\sqrt{xyz}}.$$

(2) 设 $F(x,y,z)=x+y+z-\mathrm{e}^{-(x+y+z)}$，则

$$\frac{\partial z}{\partial x}=-\frac{F'_x}{F'_z}=-\frac{1+\mathrm{e}^{-(x+y+z)}}{1+\mathrm{e}^{-(x+y+z)}}=-1,\text{由对称性，}\frac{\partial z}{\partial y}=-1.$$

(3) 设 $F(x,y,z)=\sin(x+y)+\sin(y+z)-1$，则

$$\frac{\partial z}{\partial x}=-\frac{F'_x}{F'_z}=-\frac{\cos(x+y)}{\cos(y+z)},\ \frac{\partial z}{\partial y}=-\frac{F'_y}{F'_z}=-\frac{\cos(x+y)+\cos(y+z)}{\cos(y+z)}.$$

(4) 由变量分析，z 为中间变量，于是设 $F(x,y,z)=x^2+y^2+z^2-3xyz$，则

$$\frac{\partial z}{\partial x}=-\frac{F'_x}{F'_z}=-\frac{2x-3yz}{2y-3xy},\ \left.\frac{\partial z}{\partial x}\right|_{(1,1,1)}=-1.$$

于是

$$\left.\frac{\partial u}{\partial x}\right|_{(1,1,1)}=\left.\left(y^2z^3+3xy^2z^2\frac{\partial z}{\partial x}\right)\right|_{(1,1,1)}=-2.$$

(5) 两边微分，得

$$\mathrm{d}x+\mathrm{d}z=\varphi(y+z)\mathrm{d}y+y\varphi'(y+z)(\mathrm{d}y+\mathrm{d}z),$$

即

$$\mathrm{d}z=-\frac{1}{1-y\varphi'(y+z)}\mathrm{d}x+\frac{\varphi(y+z)+y\varphi'(y+z)}{1-y\varphi'(y+z)}\mathrm{d}y.$$

(6) 两边微分，得

$$\mathrm{e}^{x+y}\sin(x+z)(\mathrm{d}x+\mathrm{d}y)+\mathrm{e}^{x+y}\cos(x+z)(\mathrm{d}x+\mathrm{d}z)=0,$$

即

$$dz=-[\tan(x+z)+1]dx-\tan(x+z)dy.$$

24. 解 (1) $\dfrac{\partial z}{\partial x}=4x^3-8xy^2$，$\dfrac{\partial z}{\partial y}=4y^3-8x^2y$，于是

$$\frac{\partial^2 z}{\partial x^2}=12x^2-8y^2,\ \frac{\partial^2 z}{\partial x\partial y}=-16xy,\ \frac{\partial^2 z}{\partial y^2}=12y^2-8x^2.$$

(2) $\dfrac{\partial z}{\partial x}=2a\sin(ax+by)\cos(ax+by)=a\sin2(ax+by)$，$\dfrac{\partial z}{\partial y}=b\sin2(ax+by)$，于是

$$\frac{\partial^2 z}{\partial x^2}=2a^2\cos2(ax+by),\ \frac{\partial^2 z}{\partial x\partial y}=2ab\cos2(ax+by),\ \frac{\partial^2 z}{\partial y^2}=2b^2\cos2(ax+by).$$

(3) $\dfrac{\partial z}{\partial x}=\dfrac{\ln y}{x}y^{\ln x}$，$\dfrac{\partial z}{\partial y}=\dfrac{\ln x}{y}y^{\ln x}$，于是

$$\frac{\partial^2 z}{\partial x^2}=\frac{\ln^2 y-\ln y}{x^2}e^{\ln x\ln y},\ \frac{\partial^2 z}{\partial x\partial y}=\frac{1+\ln x\ln y}{xy}e^{\ln x\ln y},\ \frac{\partial^2 z}{\partial y^2}=\frac{\ln^2 x-\ln x}{y^2}e^{\ln x\ln y}.$$

(4) $\dfrac{\partial z}{\partial x}=2f'+g'_1+yg'_2$，$\dfrac{\partial z}{\partial y}=-f'_1+xg'_2$，于是

$$\frac{\partial^2 z}{\partial x^2}=4f''+g''_{11}+2yg''_{21}+y^2g''_{22},\ \frac{\partial^2 z}{\partial x\partial y}=-2f''+xg''_{12}+xyg''_{22}+g'_2,$$

$$\frac{\partial^2 z}{\partial y^2}=f''+x^2g''_{22}.$$

25. 解 (1) 设 $F(x, y, z)=xy+yz+zx-1$，则

$$\frac{\partial z}{\partial x}=-\frac{F'_x}{F'_z}=-\frac{y+z}{x+y},\ \frac{\partial z}{\partial y}=-\frac{F'_y}{F'_z}=-\frac{x+z}{x+y},$$

因此

$$\frac{\partial^2 z}{\partial x^2}=-\frac{z'_x(x+y)-(y+z)}{(x+y)^2}=\frac{2(y+z)}{(x+y)^2},$$

$$\frac{\partial^2 z}{\partial x\partial y}=-\frac{(1+z'_y)(x+y)-(y+z)}{(x+y)^2}=\frac{2z}{(x+y)^2}.$$

(2) 设 $F(x, y, z)=z^3-3xyz-a^3$，则

$$\frac{\partial z}{\partial x}=-\frac{F'_x}{F'_z}=\frac{yz}{z^2-xy},\ \frac{\partial z}{\partial y}=-\frac{F'_y}{F'_z}=\frac{xz}{z^2-xy},$$

因此

$$\frac{\partial^2 z}{\partial x^2}=\frac{yz'_x(z^2-xy)-yz(2zz'_x-y)}{(z^2-xy)^2}=\frac{-2xy^3z}{(z^2-xy)^3},$$

$$\frac{\partial^2 z}{\partial x\partial y}=\frac{(z+yz'_y)(z^2-xy)-yz(2zz'_y-x)}{(z^2-xy)^2}=\frac{z^5-2xyz^3-x^2y^2z}{(z^2-xy)^3}.$$

26. 证 (1) $\frac{\partial u}{\partial x}=\frac{\partial u}{\partial r}\cdot\frac{\partial r}{\partial x}=-\frac{1}{r^2}\cdot\frac{x}{\sqrt{x^2+y^2+z^2}}=-\frac{x}{r^3}$, $\frac{\partial u}{\partial y}=-\frac{y}{r^3}$, $\frac{\partial u}{\partial z}=-\frac{z}{r^3}$, 又

$$\frac{\partial^2 u}{\partial x^2}=-\frac{r^3-3r^2x\cdot\frac{\partial r}{\partial x}}{r^6}=-\frac{r-3x\cdot\frac{x}{r}}{r^4}=\frac{2x^2-y^2-z^2}{r^5},$$

$$\frac{\partial^2 u}{\partial y^2}=\frac{2y^2-x^2-z^2}{r^5},\ \frac{\partial^2 u}{\partial z^2}=\frac{2z^2-x^2-y^2}{r^5},$$

则有

$$\frac{\partial^2 u}{\partial x^2}+\frac{\partial^2 u}{\partial y^2}+\frac{\partial^2 u}{\partial z^2}=\frac{(2x^2-y^2-z^2)+(2y^2-x^2-z^2)+(2z^2-x^2-y^2)}{r^5}=0.$$

(2) $\frac{\partial u}{\partial x}=\varphi'(x-at)+\psi'(x+at)$, $\frac{\partial u}{\partial t}=-a\varphi'(x-at)+a\psi'(x+at)$, 又

$$\frac{\partial^2 u}{\partial x^2}=\varphi''(x-at)+\psi''(x+at),\ \frac{\partial^2 u}{\partial t^2}=a^2[\varphi''(x-at)+\psi''(x+at)],$$

则有

$$a^2\frac{\partial^2 u}{\partial x^2}=\frac{\partial^2 u}{\partial t^2}.$$

27. 解 (1) 令$\begin{cases}z'_x=2x-y-2=0\\z'_y=-x+2y+1=0\end{cases}$, 得$\begin{cases}x=1\\y=0\end{cases}$, 又

$$z''_{xx}=2>0,\ z''_{xy}=-1,\ z''_{yy}=2,\ \Delta=(z''_{xy})^2-z''_{xx}z''_{yy}=-3<0,$$

知有极小值 $z(1,0)=-1$.

(2) 令$\begin{cases}z'_x=3x^2-3y=0\\z'_y=3y^2-3x=0\end{cases}$, 得$\begin{cases}x_1=0\\y_1=0\end{cases}$, $\begin{cases}x_2=1\\y_2=1\end{cases}$, 又

$$z''_{xx}=6x,\ z''_{xy}=-3,\ z''_{yy}=6y,\ \Delta=(z''_{xy})^2-z''_{xx}z''_{yy}=9-36xy,$$

由 $\Delta(0,0)=9>0$, 知 $(0,0)$ 非极值点, $\Delta(1,1)=-27<0$, $z''_{xx}(1,1)=6>0$ 知 $(1,1)$ 为极小值点, 极小值 $z(1,1)=-1$.

(3) 令$\begin{cases}z'_x=3x^2-6x=0\\z'_y=3y^2-6y=0\end{cases}$, 得$\begin{cases}x_1=0\\y_1=0\end{cases}$, $\begin{cases}x_2=0\\y_2=2\end{cases}$, $\begin{cases}x_3=2\\y_3=0\end{cases}$, $\begin{cases}x_4=2\\y_4=2\end{cases}$, 又

$$z''_{xx}=6x-6,\ z''_{xy}=0,\ z''_{yy}=6y-6,\ \Delta=(z''_{xy})^2-z''_{xx}z''_{yy}=-(6x-6)(6y-6),$$

由 $\Delta(0,0)=-36<0$, $z''_{xx}(0,0)=-6<0$, 知有极大值 $z(0,0)=0$;
由 $\Delta(2,2)=-36<0$, $z''_{xx}(2,2)=6>0$, 知有极小值 $z(2,2)=-8$;
由 $\Delta(0,2)=\Delta(2,0)=36>0$, 知 $(0,2)$, $(2,0)$ 非极值点.

(4) 令$\begin{cases}z'_x=4x^3=0\\z'_y=4y^3=0\end{cases}$, 得$\begin{cases}x=0\\y=0\end{cases}$, 又 $z=x^4+y^4\geqslant z(0,0)=0$ 知有极小值 $z(0,0)=0$.

(5) 令$\begin{cases}z'_x=ay-2xy-y^2=0\\z'_y=ax-2xy-x^2=0\end{cases}$, 得$\begin{cases}x_1=0\\y_1=0\end{cases}$, $\begin{cases}x_2=0\\y_2=a\end{cases}$, $\begin{cases}x_3=a\\y_3=0\end{cases}$, $\begin{cases}x_4=\frac{1}{3}a\\y_4=\frac{1}{3}a\end{cases}$, 又

$z''_{xx}=-2y$, $z''_{xy}=a-2x-2y$, $z''_{yy}=-2x$, $\Delta=(z''_{xy})^2-z''_{xx}z''_{yy}=(a-2x-2y)^2-4xy$,

由 $\Delta\left(\frac{a}{3},\frac{a}{3}\right)=-\frac{a^2}{3}<0$, $z''_{xx}\left(\frac{a}{3},\frac{a}{3}\right)=-\frac{2a}{3}$ 知，当 $a>0$ 时，有极大值 $z\left(\frac{a}{3},\frac{a}{3}\right)=\frac{a^3}{27}$，当 $a<0$ 时，有极小值 $z\left(\frac{a}{3},\frac{a}{3}\right)=\frac{a^3}{27}$；

由 $\Delta(0,0)=\Delta(0,a)=\Delta(a,0)=a^2>0$，知 $(0,0)$，$(0,a)$，$(a,0)$ 非极值点.

(6) 令 $\begin{cases}z'_x=\cos x\sin y\sin(x+y)+\sin x\sin y\cos(x+y)=\sin y\sin(2x+y)=0\\ z'_y=\sin x\cos y\sin(x+y)+\sin x\sin y\cos(x+y)=\sin x\sin(x+2y)=0\end{cases}$,

得 $\begin{cases}x_1=\frac{\pi}{3}\\ y_1=\frac{\pi}{3}\end{cases}$，$\begin{cases}x_2=\frac{2\pi}{3}\\ y_2=\frac{2\pi}{3}\end{cases}$，又

$z''_{xx}=2\sin y\cos(2x+y)$, $z''_{yy}=2\sin x\cos(x+2y)$,

$z''_{xy}=\cos y\sin(2x+y)+\sin y\cos(2x+y)=\sin(2x+2y)$,

$\Delta=(z''_{xy})^2-z''_{xx}z''_{yy}=\sin^2(2x+2y)-4\sin y\cos(2x+y)\sin x\cos(x+2y)$,

由 $\Delta\left(\frac{\pi}{3},\frac{\pi}{3}\right)=-\frac{9}{4}<0$, $z''_{xx}\left(\frac{\pi}{3},\frac{\pi}{3}\right)=-\sqrt{3}<0$ 知，有极大值 $z\left(\frac{\pi}{3},\frac{\pi}{3}\right)=\frac{3\sqrt{3}}{8}$；

由 $\Delta\left(\frac{2\pi}{3},\frac{2\pi}{3}\right)=-\frac{9}{4}<0$, $z''_{xx}\left(\frac{2\pi}{3},\frac{2\pi}{3}\right)=\sqrt{3}>0$ 知，有极小值 $z\left(\frac{\pi}{3},\frac{\pi}{3}\right)=-\frac{3\sqrt{3}}{8}$.

28. 解 (1) 设 $F(x,y)=xy+\lambda(x+y-1)$,

令 $\begin{cases}f'_x=y+\lambda=0\\ f'_y=x+\lambda=0\\ f'_\lambda=x+y-1=0\end{cases}$，得驻点 $\left(\frac{1}{2},\frac{1}{2}\right)$.

(2) 设 $F(x,y)=\frac{x}{a}+\frac{y}{b}+\lambda(x^2+y^2-1)$,

令 $\begin{cases}f'_x=\frac{1}{a}+2\lambda x=0\\ f'_y=\frac{1}{b}+2\lambda y=0\\ f'_\lambda=x^2+y^2-1=0\end{cases}$，得驻点 $\left(\frac{b}{\sqrt{a^2+b^2}},\frac{a}{\sqrt{a^2+b^2}}\right)$，$\left(\frac{-b}{\sqrt{a^2+b^2}},\frac{-a}{\sqrt{a^2+b^2}}\right)$.

(3) 设 $F(x,y)=xyz+\lambda(x^2+y^2+z^2-a^2)$,

令 $\begin{cases}f'_x=yz+2\lambda x=0\\ f'_y=xz+2\lambda y=0\\ f'_z=xy+2\lambda z=0\\ f'_\lambda=x^2+y^2+z^2-a^2=0\end{cases}$，得驻点 $\left(\frac{\sqrt{3}a}{3},\frac{\sqrt{3}a}{3},\frac{\sqrt{3}a}{3}\right)$.

29. 解 (1) 令 $\begin{cases}z'_x=8xy-3x^2y-2xy^2=0\\ z'_y=4x^2-x^3-2x^2y=0\end{cases}$，得驻点 $(2,1)$，又

在边界线 $x=0$, $0\leqslant y\leqslant 6$ 上，$z=0$；

在边界线 $y=0$, $0\leqslant x\leqslant 6$ 上，$z=0$；

在边界线 $y=6-x$, $0<x<6$ 上，$z=-2x^2(6-x)$，由 $z'=-24x+6x^2=0$，得

$x=4$，

比较 $z(2,1)=4$，$z(4,2)=-64$，$z=0$，知最大值为 $z(2,1)=4$，最小值为 $z(4,2)=-64$.

(2) 令 $\begin{cases} z'_x=2x-12=0 \\ z'_y=2y+16=0 \end{cases}$，得驻点 $(6,-8)$. 但 $(6,-8)$ 不在区域内，最值只能在边界线上得到，设 $F(x,y,\lambda)=x^2+y^2-12x+16y+\lambda(x^2+y^2-25)$.

令 $\begin{cases} F'_x=2x-12+2x\lambda=0 \\ F'_y=2y+16+2y\lambda=0 \\ F'_\lambda=x^2+y^2-25=0 \end{cases}$，得 $\begin{cases} x_1=-3 \\ y_1=4 \end{cases}$，$\begin{cases} x_2=3 \\ y_2=-4 \end{cases}$，

比较 $z(-3,4)=125$，$z(3,-4)=-75$，知最大值为 $z(-3,4)=125$，最小值为 $z(3,-4)=-75$.

(3) 令 $\begin{cases} z'_x=\cos x-\sin(x-y)=0 \\ z'_y=-\sin y+\sin(x-y)=0 \end{cases}$，得 $\begin{cases} x=\dfrac{\pi}{3} \\ y=\dfrac{\pi}{6} \end{cases}$，$z\left(\dfrac{\pi}{3},\dfrac{\pi}{6}\right)=\dfrac{3\sqrt{3}}{2}$.

又在边界线 $x=0$，$0\leqslant y\leqslant\dfrac{\pi}{2}$ 上，$z(0,y)=2\cos y$，有最大值 $z(0,0)=2$，最小值 $z\left(0,\dfrac{\pi}{2}\right)=0$；

在边界线 $x=\dfrac{\pi}{2}$，$0\leqslant y\leqslant\dfrac{\pi}{2}$ 上，$z=\left(\dfrac{\pi}{2},y\right)=1+\cos y+\sin y$，有最大值 $z\left(\dfrac{\pi}{2},\dfrac{\pi}{4}\right)=1+\sqrt{2}$，最小值 2；

在边界线 $y=0$，$0\leqslant x\leqslant\dfrac{\pi}{2}$ 上，$z(x,0)=1+\sin x+\cos x$，有最大值 $z\left(\dfrac{\pi}{4},0\right)=1+\sqrt{2}$，最小值 2；

在边界线 $y=\dfrac{\pi}{2}$，$0\leqslant x\leqslant\dfrac{\pi}{2}$ 上，$z=\left(x,\dfrac{\pi}{2}\right)=2\sin x$，有最大值 $z\left(\dfrac{\pi}{2},\dfrac{\pi}{2}\right)=2$，最小值 $z\left(0,\dfrac{\pi}{2}\right)=0$；

综上讨论，知在 D 上最大值为 $z\left(\dfrac{\pi}{3},\dfrac{\pi}{6}\right)=\dfrac{3\sqrt{3}}{2}$，最小值为 $z\left(0,\dfrac{\pi}{2}\right)=0$.

30. 解 设内接矩形在第一象限的顶点坐标为 (x,y)，则 $S(x,y)=4xy$，且满足方程 $\dfrac{x^2}{a^2}+\dfrac{y^2}{b^2}=1$，设

$$F(x,y,z)=4xy+\lambda\left(\frac{x^2}{a^2}+\frac{y^2}{b^2}-1\right),$$

令 $\begin{cases} f'_x=4y+\dfrac{2\lambda x}{a^2}=0 \\ f'_y=4x+\dfrac{2\lambda y}{b^2}=0 \\ f'_\lambda=\dfrac{x^2}{a^2}+\dfrac{y^2}{b^2}-1=0 \end{cases}$，得 $\begin{cases} x=\dfrac{\sqrt{2}a}{2} \\ y=\dfrac{\sqrt{2}b}{2} \end{cases}$，

依题意，存在最大值，又驻点唯一，因此，最大面积为 $S\left(\frac{\sqrt{2}a}{2},\frac{\sqrt{2}b}{2}\right)=2ab$.

31. 解 由 $x+y=l$，将 $y=l-x$ 代入原函数，有

$$z=\frac{1}{2}[x^n+(l-x)^n],\ x\in[0,l],$$

令 $z'=\frac{1}{2}[nx^{n-1}-n(l-x)^{n-1}]=0$，得 $x^*=\frac{l}{2}$，

比较 $z\left(\frac{l}{2}\right)=\left(\frac{l}{2}\right)^n$，$z(0)=z(l)=\frac{1}{2}l^n$，又驻点唯一，因此，最小值为 $z\left(\frac{l}{2}\right)=\left(\frac{l}{2}\right)^n$，即有不等式

$$\left(\frac{l}{2}\right)^n=\left(\frac{x+y}{2}\right)^n\leqslant\frac{1}{2}(x^n+y^n)，即有\left(\frac{a+b}{2}\right)^n\leqslant\frac{a^n+b^n}{2}.$$

32. 解 点 (x,y) 到直线 $x-y=3$ 的距离为 $d=\frac{|x-y-3|}{\sqrt{2}}$，且在曲线 $y=x^2$ 上. 要使 d 最小，只需 d^2 最小，于是设 $F(x,y,\lambda)=(x-y-3)^2+\lambda(y-x^2)$，令

$$\begin{cases}f'_x=2x-2y-6-2x\lambda=0 & ①\\ f'_y=-2x+2y+6+\lambda=0 & ②,\\ f'_\lambda=y-x^2=0\end{cases}$$

由式①，式②解得 $x=\frac{1}{2}$ 或 $\lambda=0$，且当 $\lambda=0$ 时，方程组无实根，因此得 $x=\frac{1}{2}$，$y=\frac{1}{4}$.

由题意，存在最小值，又驻点唯一，故 $\left(\frac{1}{2},\frac{1}{4}\right)$ 为最小值点，最短距离为 $d\left(\frac{1}{2},\frac{1}{4}\right)=\frac{11}{4\sqrt{2}}$.

33. 解 收益函数为 $R(x,y)=36x+86y$，于是利润函数为

$$\pi(x,y)=R-C=36x+86y-x^2-4xy-5y^2-23,$$

令 $\begin{cases}\pi'_x=36-2x-4y=0\\ \pi'_y=86-4x-10y=0\end{cases}$，解得 $\begin{cases}x=4\\ y=7\end{cases}$，

依题意存在最大值，又驻点唯一，故 (4，7) 为最大值点，因此，当甲、乙两种产品的产量分别为 4 单位和 7 单位时可得最大利润 $\pi(4,7)=350$(万元).

34. 解 (1) 令 $\begin{cases}\pi'_x=-2x+6=0\\ \pi'_y=-8y+16=0\end{cases}$ 解得 $\begin{cases}x=3\\ y=2\end{cases}$.

依题意存在最大值，又驻点唯一，故 (3，2) 为最大值点，又 $3\times2\,000+2\times2\,000\leqslant12\,000$(千克)，知当甲、乙两种产品的产量分别为 3 千只和 2 千只时可得最大利润 $\pi(3,2)=525$.

(2) 即在约束条件 $x+y\leqslant4.5$ 下求最大利润. 设

$$F(x,y,\lambda)=-x^2-4y^2+6x+16y+500+\lambda(x+y-4.5),$$

令$\begin{cases}f'_x=-2x+6+\lambda=0\\f'_y=-8y+16+\lambda=0\\f'_\lambda=x+y-4.5=0\end{cases}$，解得$\begin{cases}x=2.6\\y=1.9\end{cases}$，

依题意存在最大值，又驻点唯一，故（2.6，1.9）为最大值点，因此，当甲、乙两种产品的产量分别为2.6千只和1.9千只时在约束条件下可得最大利润$\pi(2.6,1.9)=524.8$.

35. 解 利润函数为$\pi(x,y)=\frac{1}{5}S-25=\frac{40x}{5+x}+\frac{20y}{10+y}-25$，且$x+y=25$，于是设

$$F(x,y,\lambda)=\frac{40x}{5+x}+\frac{20y}{10+y}-25+\lambda(x+y-25),$$

令$\begin{cases}f'_x=\dfrac{200}{(5+x)^2}+\lambda=0\\f'_y=\dfrac{200}{(10+y)^2}+\lambda=0\\f'_\lambda=x+y-25=0\end{cases}$，解得$\begin{cases}x=15\\y=10\end{cases}$，

依题意存在最大值，又驻点唯一，故（15，10）为最大值点，因此，两种方式的广告费分别为15万元和10万元时可得最大利润$\pi(15,10)=15$（万元）.

36. 解 设$F(K,L,\lambda)=\ln K+2\ln L+\lambda(K+2L-9)$，

令$\begin{cases}f'_K=\dfrac{1}{K}+\lambda=0\\f'_L=\dfrac{2}{L}+2\lambda=0\\f'_\lambda=K+2L-9=0\end{cases}$，解得$\begin{cases}K=3\\L=3\end{cases}$，

依题意存在最大值，又驻点唯一，故（3，3）为最大值点，因此，在生产成本为9的情况下最大产出$Y(3,3)=3\ln 3$，产出最大时生产的资本投入和劳动力投入均为3.

37. 解 设$F(x,y,\lambda)=2\sqrt{x}+\sqrt{y}+\lambda(x+y-15)$，

令$\begin{cases}f'_x=\dfrac{1}{\sqrt{x}}+\lambda=0\\f'_y=\dfrac{1}{2\sqrt{y}}+\lambda=0\\f'_\lambda=x+y-15=0\end{cases}$，解得$\begin{cases}x=12\\y=3\end{cases}$，

依题意存在最大值，又驻点唯一，故（12，3）为最大值点，因此，当A类工作用时12小时、B类工作用时3小时时工作效果最大.

38. 解 （1）由对称性$\iint\limits_{\substack{|x|\leqslant 1\\|y|\leqslant 1}}x\mathrm{d}\sigma=0$，故$\iint\limits_{\substack{|x|\leqslant 1\\|y|\leqslant 1}}(x-1)\mathrm{d}\sigma=-\iint\limits_{\substack{|x|\leqslant 1\\|y|\leqslant 1}}\mathrm{d}\sigma<0$.

（2）由对称性，故$\iint\limits_{x^2+y^2\leqslant 1}xy\mathrm{d}\sigma=0$.

（3）由$1\leqslant x^2+y^2$，$0\leqslant\ln(x^2+x^2)$，仅$0=\ln 1$，故$\iint\limits_{1\leqslant x^2+y^2\leqslant 4}\ln(x^2+y^2)\mathrm{d}\sigma>0$.

（4）由对称性，故$\iint\limits_{|x|+|y|\leqslant 1}(x+y)\mathrm{d}\sigma=0$.

39. 解 (1) 由 $x^2+y^2\geqslant 0$, $D_1\subset D_2$, 故 $\iint\limits_{D_1}(x^2+y^2)\mathrm{d}\sigma\leqslant\iint\limits_{D_2}(x^2+y^2)\mathrm{d}\sigma$.

(2) 由 $\iint\limits_{D}xy\mathrm{d}\sigma=0$, $\iint\limits_{D}(x^2+y^2)^{\frac{1}{2}}\mathrm{d}\sigma\geqslant 0$, 故 $\iint\limits_{D}xy\mathrm{d}\sigma\leqslant\iint\limits_{D}(x^2+y^2)^{\frac{1}{2}}\mathrm{d}\sigma$.

(3) 由 D: $x^2+y^2\leqslant 1$, 有 $x^2+y^2\leqslant(x^2+y^2)^{\frac{1}{2}}$, 故 $\iint\limits_{D}(x^2+y^2)\mathrm{d}\sigma\leqslant\iint\limits_{D}(x^2+y^2)^{\frac{1}{2}}\mathrm{d}\sigma$.

40. 解 (1) $\overline{f(x,y)}=\dfrac{1}{\pi a^2}\iint\limits_{D}\sqrt{a^2-x^2-y^2}\mathrm{d}\sigma=\dfrac{1}{\pi a^2}\cdot\dfrac{2}{3}\pi a^3=\dfrac{2}{3}a$.

(2) $\overline{f(x,y)}=\dfrac{4}{\pi^2}\iint\limits_{D}\sin^2x\cdot\cos^2y\mathrm{d}\sigma=\dfrac{4}{\pi^2}\int_0^{\frac{\pi}{2}}\sin^2x\mathrm{d}x\cdot\int_0^{\frac{\pi}{2}}\cos^2y\mathrm{d}y$

$$=\frac{4}{\pi^2}\left(\frac{1}{2}\cdot\frac{\pi}{2}\right)^2=\frac{1}{4}.$$

41. 解 (1) $I=\int_0^1\mathrm{d}x\int_x^{\sqrt{x}}f(x,y)\mathrm{d}y=\int_0^1\mathrm{d}y\int_{y^2}^{y}f(x,y)\mathrm{d}x$.

(2) $I=\int_0^{\frac{\pi}{4}}\mathrm{d}x\int_{\sin x}^{\cos x}f(x,y)\mathrm{d}y=\int_0^{\frac{\sqrt{2}}{2}}\mathrm{d}y\int_0^{\arcsin y}f(x,y)\mathrm{d}x+\int_{\frac{\sqrt{2}}{2}}^1\mathrm{d}y\int_0^{\arccos y}f(x,y)\mathrm{d}x$.

(3) $I=\int_0^1\mathrm{d}x\int_{-\sqrt{x}}^{\sqrt{x}}f(x,y)\mathrm{d}y+\int_1^4\mathrm{d}x\int_{x-2}^{\sqrt{x}}f(x,y)\mathrm{d}y=\int_{-1}^2\mathrm{d}y\int_{y^2}^{y+2}f(x,y)\mathrm{d}x$.

(4) $I=\int_0^1\mathrm{d}x\int_{\frac{1}{8}x^3}^{x^2}f(x,y)\mathrm{d}y+\int_1^2\mathrm{d}x\int_{\frac{1}{8}x^3}^{1}f(x,y)\mathrm{d}y=\int_0^1\mathrm{d}y\int_{\sqrt{y}}^{2y^{\frac{1}{3}}}f(x,y)\mathrm{d}x$.

42. 解 (1) $I=\int_0^a\mathrm{d}y\int_{\sqrt{a^2-x^2}}^{a}f(x,y)\mathrm{d}x+\int_a^{2a}\mathrm{d}y\int_0^a f(x,y)\mathrm{d}x+\int_{2a}^{3a}\mathrm{d}y\int_{y-2a}^{a}f(x,y)\mathrm{d}x$.

(2) $I=\int_{-1}^0\mathrm{d}y\int_{-2\sqrt{y+1}}^{2\sqrt{y+1}}f(x,y)\mathrm{d}x+\int_0^8\mathrm{d}y\int_{-2\sqrt{y+1}}^{2-y}f(x,y)\mathrm{d}x$.

(3) $I=\int_1^{\mathrm{e}}\mathrm{d}x\int_1^{\ln x}f(x,y)\mathrm{d}y$.

(4) $I=\int_0^2\mathrm{d}x\int_{-\sqrt{2x-x^2}}^{\sqrt{2x-x^2}}f(x,y)\mathrm{d}y$.

(5) $I=\int_0^1\mathrm{d}y\int_{\sqrt{y}}^{3-2y}f(x,y)\mathrm{d}x$.

(6) $I=\int_0^1\mathrm{d}x\int_{x^3}^{2-x}f(x,y)\mathrm{d}y$.

43. 解 (1) $I=\int_{-1}^1\mathrm{e}^x\mathrm{d}x\int_0^2\mathrm{e}^y\mathrm{d}y=\mathrm{e}^x\Big|_{-1}^1\cdot\mathrm{e}^y\Big|_0^2=\mathrm{e}^3-2\mathrm{e}+\mathrm{e}^{-1}$.

(2) $I=\int_0^{\pi}\mathrm{d}x\int_0^{\frac{\pi}{2}}x\sin(x+y)\mathrm{d}y=-\int_0^{\pi}x[\cos(x+y)]\Big|_0^{\frac{\pi}{2}}\mathrm{d}x$

$$=\int_0^{\pi}x(\sin x+\cos x)\mathrm{d}x=x(\sin x-\cos x)\Big|_0^{\pi}-\int_0^{\pi}(\sin x-\cos x)\mathrm{d}x$$

$$=\pi-2.$$

(3) $I=4\int_0^1\mathrm{d}x\int_0^{\sqrt{1-x^2}}\sqrt{1-x^2}y^2\mathrm{d}y=4\int_0^1\sqrt{1-x^2}\left(\dfrac{1}{3}y^3\right)\Big|_0^{\sqrt{1-x^2}}\mathrm{d}x$

$$=\frac{4}{3}\int_0^1(1-x^2)^2\mathrm{d}x=\frac{4}{3}\left(x-\frac{2}{3}x^3+\frac{1}{5}x^5\right)\Big|_0^1=\frac{32}{45}.$$

(4) $I=\int_2^4 dx\int_x^{3x}\frac{y}{x}dy=\int_2^4\frac{1}{2x}(y^2)\Big|_x^{3x}dx=\int_2^4 4xdx=2x^2\Big|_2^4=24.$

(5) 积分区域如附一图 8-9 所示，有

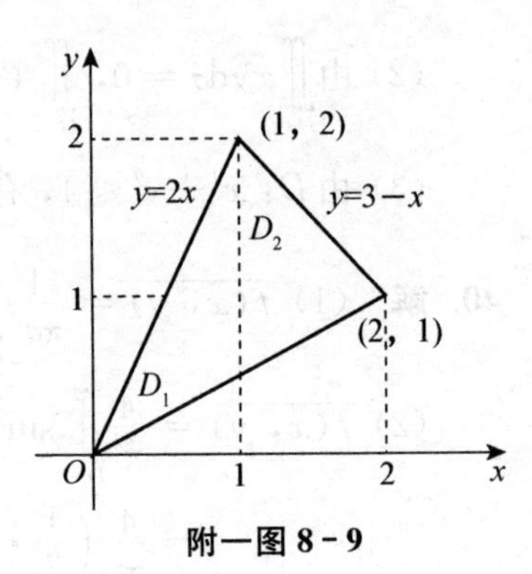

附一图 8-9

$$
\begin{aligned}
I&=\iint_{D_1}x d\sigma+\iint_{D_2}x d\sigma\\
&=\int_0^1 x dx\int_{\frac{x}{2}}^{2x}dy+\int_1^2 x dx\int_{\frac{x}{2}}^{3-x}dy\\
&=\int_0^1\frac{3}{2}x^2dx+\int_1^2\left(3x-\frac{3}{2}x^2\right)dx\\
&=\frac{3}{2}.
\end{aligned}
$$

(6)
$$
\begin{aligned}
I&=2\int_{\frac{1}{\sqrt{2}}}^1 dy\int_0^{\sqrt{1-y^2}}\sqrt{1-y^2}dx+2\int_0^{\frac{1}{\sqrt{2}}}dy\int_0^y\sqrt{1-y^2}dx\\
&=2\int_{\frac{1}{\sqrt{2}}}^1(1-y^2)dy+2\int_0^{\frac{1}{\sqrt{2}}}y\sqrt{1-y^2}dy\\
&=2\left(y-\frac{1}{3}y^3\right)\Big|_{\frac{1}{\sqrt{2}}}^1-\frac{2}{3}(1-y^2)^{\frac{3}{2}}\Big|_0^{\frac{1}{\sqrt{2}}}=2-\sqrt{2}.
\end{aligned}
$$

(7)
$$
\begin{aligned}
I&=\int_{\frac{1}{2}}^2 dy\int_{\frac{1}{y}}^2 ye^{xy}dx=\int_{\frac{1}{2}}^2 e^{xy}\Big|_{\frac{1}{y}}^2dy=\int_{\frac{1}{2}}^2(e^{2y}-e)dy\\
&=\left(\frac{1}{2}e^{2y}-ey\right)\Big|_{\frac{1}{2}}^2=\frac{1}{2}e^4-2e.
\end{aligned}
$$

(8)
$$
\begin{aligned}
I&=\int_0^1 dx\int_{x^2}^{2-x}x^2ydy=\int_0^1 x^2\left(\frac{1}{2}y^2\right)\Big|_{x^2}^{2-x}dx=\frac{1}{2}\int_0^1(4x^2-4x^3+x^4-x^6)dx\\
&=\left(\frac{2}{3}x^3-\frac{1}{2}x^4+\frac{1}{10}x^5-\frac{1}{14}x^7\right)\Big|_0^1=\frac{41}{210}.
\end{aligned}
$$

(9) 交换积分次序，有

$$I=\int_0^1 dx\int_0^{x^2}\frac{\sin x}{x}dy=\int_0^1 x\sin x dx=(-x\cos x+\sin x)\Big|_0^1=\sin 1-\cos 1.$$

(10) 交换积分次序，有

$$I=\int_0^1 dy\int_0^y e^{y^2}dx=\int_0^1 ye^{y^2}dy=\frac{1}{2}e^{y^2}\Big|_0^1=\frac{1}{2}(e-1).$$

(11) 如附一图 8-10 所示，交换积分次序，有

$$
\begin{aligned}
I&=\int_1^2 dy\int_y^{y^2}\sin\frac{\pi x}{2y}dx=-\int_1^2\frac{2y}{\pi}\left(\cos\frac{\pi x}{2y}\right)\Big|_y^{y^2}dy\\
&=-\int_1^2\frac{2y}{\pi}\cos\frac{\pi y}{2}dy+\frac{2}{\pi}\int_1^2 y\cos\frac{\pi}{2}dy\\
&=\left(-\frac{4}{\pi^2}y\sin\frac{\pi y}{2}-\frac{8}{\pi^3}\cos\frac{\pi y}{2}\right)\Big|_1^2\\
&=\frac{4}{\pi^2}\left(1-\frac{2}{\pi}\right).
\end{aligned}
$$

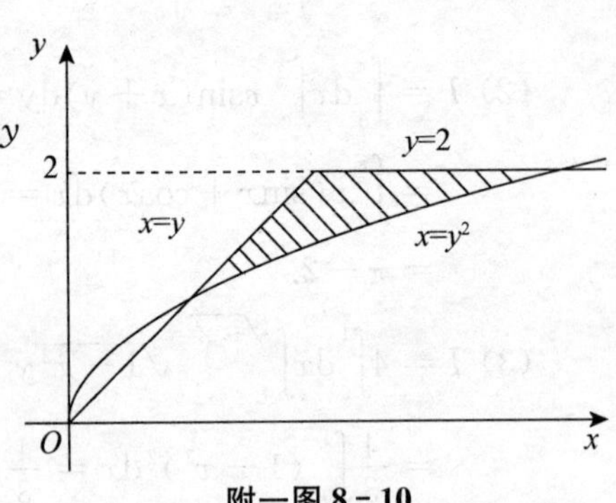

附一图 8-10

(12) 如附一图 8－11 所示，交换积分次序，有

$$I=\int_{\frac{1}{2}}^{1}\mathrm{d}x\int_{x^2}^{x}\mathrm{e}^{\frac{y}{x}}\mathrm{d}y=\int_{\frac{1}{2}}^{1}x\mathrm{e}^{\frac{y}{x}}\Big|_{x^2}^{x}\mathrm{d}x$$

$$=\int_{\frac{1}{2}}^{1}(x\mathrm{e}-x\mathrm{e}^{x})\mathrm{d}x=\left(\frac{1}{2}x^2\mathrm{e}-x\mathrm{e}^{x}+\mathrm{e}^{x}\right)\Big|_{\frac{1}{2}}^{1}$$

$$=\frac{3}{8}\mathrm{e}-\frac{1}{2}\mathrm{e}^{\frac{1}{2}}.$$

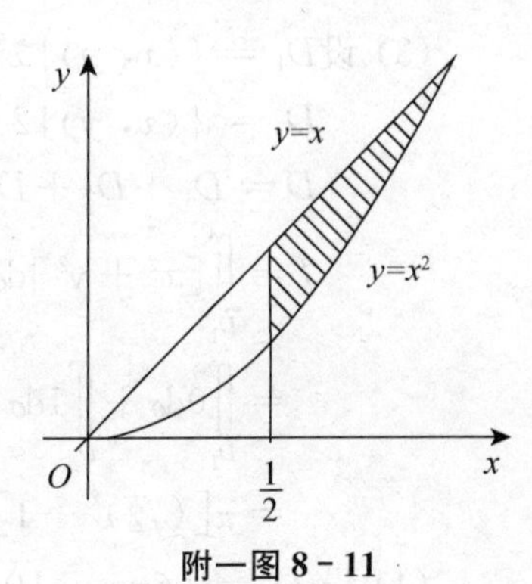

附一图 8－11

44. 解 (1) $I=\int_0^{\frac{\pi}{2}}\mathrm{d}\theta\int_0^1 r^3\sin^2\theta\mathrm{d}r=\int_0^{\frac{\pi}{2}}\sin^2\theta\mathrm{d}\theta\cdot\int_0^1 r^3\mathrm{d}r$

$$=\frac{1}{2}\cdot\frac{\pi}{2}\cdot\frac{1}{4}=\frac{\pi}{16}.$$

(2) $I=\int_0^{2\pi}\mathrm{d}\theta\int_0^1 r^2(\sin\theta+\cos\theta)\mathrm{d}r$

$$=\int_0^{2\pi}(\sin\theta+\cos\theta)\mathrm{d}\theta\cdot\int_0^1 r^2\mathrm{d}r=0\cdot\frac{1}{3}=0.$$

(3) $I=\int_0^{2\pi}\mathrm{d}\theta\int_0^1 r\sin r^2\mathrm{d}r=-2\pi\cdot\frac{1}{2}\cos r^2\Big|_0^1=\pi(1-\cos 1).$

(4) $I=\int_0^{\frac{\pi}{4}}\mathrm{d}\theta\int_0^{\frac{1}{\cos\theta}}r\arctan(\tan\theta)\mathrm{d}r=\int_0^{\frac{\pi}{4}}\theta\left(\frac{1}{2}r^2\right)\Big|_0^{\frac{1}{\cos\theta}}\mathrm{d}\theta$

$$=\frac{1}{2}\int_0^{\frac{\pi}{4}}\theta\sec^2\theta\mathrm{d}\theta=\frac{1}{2}(\theta\tan\theta)\Big|_0^{\frac{\pi}{4}}-\frac{1}{2}\int_0^{\frac{\pi}{4}}\tan\theta\mathrm{d}\theta$$

$$=\frac{\pi}{8}+\frac{1}{2}\ln\cos\theta\Big|_0^{\frac{\pi}{4}}=\frac{\pi}{8}-\frac{1}{4}\ln 2.$$

(5) $I=2\int_0^{\frac{\pi}{3}}\mathrm{d}\theta\int_1^{2\cos\theta}r^3\sin\theta\cos\theta\mathrm{d}r=2\int_0^{\frac{\pi}{3}}\sin\theta\cos\theta\left(\frac{1}{4}r^4\right)\Big|_1^{2\cos\theta}\mathrm{d}\theta$

$$=2\int_0^{\frac{\pi}{3}}\left(4\sin\theta\cos^5\theta-\frac{1}{4}\sin\theta\cos\theta\right)\mathrm{d}\theta=\left(-\frac{4}{3}\cos^6\theta-\frac{1}{4}\sin^2\theta\right)\Big|_0^{\frac{\pi}{3}}=\frac{9}{8}.$$

(6) $I=\int_0^{\frac{\pi}{4}}\mathrm{d}\theta\int_{\frac{1}{\cos\theta}}^{\frac{2}{\cos\theta}}\frac{r\mathrm{d}r}{r^2\cos\theta}=\int_0^{\frac{\pi}{4}}\frac{1}{\cos\theta}(\ln r)\Big|_{\frac{1}{\cos\theta}}^{\frac{2}{\cos\theta}}\mathrm{d}\theta$

$$=\ln 2\int_0^{\frac{\pi}{4}}\sec\theta\mathrm{d}\theta=\ln 2\ln|\sec\theta+\tan\theta|\Big|_0^{\frac{\pi}{4}}=\ln 2\ln(1+\sqrt{2}).$$

45. 解 (1) $I=\iint\limits_{D_1}x^3y\mathrm{d}\sigma+\iint\limits_{D_2}x^2\mathrm{d}\sigma=\iint\limits_{D_2}x^2\mathrm{d}\sigma=2\int_0^1\mathrm{d}x\int_{x^2}^1 x^2\mathrm{d}y$

$$=2\int_0^1(x^2-x^4)\mathrm{d}x=2\left(\frac{1}{3}x^3-\frac{1}{5}x^5\right)\Big|_0^1=\frac{4}{15},$$

其中，由对称性$\iint\limits_{D_1}x^3y\mathrm{d}\sigma=0$.

(2) 设 $D_1=\{(x,y)\mid 0\leqslant y\leqslant x\leqslant 1\}$，$D_2=\{(x,y)\mid 0\leqslant x\leqslant y\leqslant 1\}$，$D=D_1+D_2$，有

$$I=\iint\limits_{D_1}(x-y)\mathrm{d}\sigma+\iint\limits_{D_2}(y-x)\mathrm{d}\sigma=\int_0^1\mathrm{d}x\int_0^x(x-y)\mathrm{d}y+\int_0^1\mathrm{d}y\int_0^y(y-x)\mathrm{d}x$$

$$=2\int_0^1\left(xy-\frac{1}{2}y^2\right)\Big|_0^x\mathrm{d}x=\int_0^1 x^2\mathrm{d}x=\frac{1}{3}.$$

(3) 设$D_1=\{(x,y)\mid x^2+y^2<1\}$，$D_2=\{(x,y)\mid 1\leqslant x^2+y^2<2\}$，

$D_3=\{(x,y)\mid 2\leqslant x^2+y^2<3\}$，$D_4=\{(x,y)\mid 3\leqslant x^2+y^2\leqslant 4\}$，

$D=D_1+D_2+D_3+D_4$，有

$$I=\iint_{D_1}[x^2+y^2]\mathrm{d}\sigma+\iint_{D_2}[x^2+y^2]\mathrm{d}\sigma+\iint_{D_3}[x^2+y^2]\mathrm{d}\sigma+\iint_{D_4}[x^2+y^2]\mathrm{d}\sigma$$

$$=\iint_{D_1}0\mathrm{d}\sigma+\iint_{D_2}1\mathrm{d}\sigma+\iint_{D_3}2\mathrm{d}\sigma+\iint_{D_4}3\mathrm{d}\sigma$$

$$=\pi[(\sqrt{2})^2-1]+2\pi[(\sqrt{3})^2-(\sqrt{2})^2]+3\pi[(\sqrt{4})^2-(\sqrt{3})^2]=6\pi.$$

(4) 设$D_1=\{(x,y)\mid 0\leqslant x\leqslant y\leqslant 1\}$，$D_2=\{(x,y)\mid 0\leqslant y\leqslant x\leqslant 1\}$，$D=D_1+D_2$，有

$$I=\iint_{D_1}\mathrm{e}^{y^2}\mathrm{d}\sigma+\iint_{D_2}\mathrm{e}^{x^2}\mathrm{d}\sigma=\int_0^1\mathrm{d}y\int_0^y\mathrm{e}^{y^2}\mathrm{d}x+\int_0^1\mathrm{d}x\int_0^x\mathrm{e}^{x^2}\mathrm{d}y=2\int_0^1 y\mathrm{e}^{y^2}\mathrm{d}y=\mathrm{e}^{y^2}\Big|_0^1=\mathrm{e}-1.$$

46. 解 (1) 设$x=r\cos\theta$，$y=r\sin\theta$，则

$$\iint_D f(\sqrt{x^2+y^2})\mathrm{d}\sigma=\int_0^{2\pi}\mathrm{d}\theta\int_0^1 rf(r)\mathrm{d}r=2\pi\int_0^1 rf(r)\mathrm{d}r.$$

(2) 设$x=r\cos\theta$，$y=r\sin\theta$，则

$$\iint_D f\left(\frac{y}{x}\right)\mathrm{d}\sigma=\int_{-\frac{\pi}{2}}^{\frac{\pi}{2}}\mathrm{d}\theta\int_0^{\cos\theta}rf(\tan\theta)\mathrm{d}r=\frac{1}{2}\int_{-\frac{\pi}{2}}^{\frac{\pi}{2}}\cos^2\theta f(\tan\theta)\mathrm{d}\theta.$$

47. 解 (1) 设$x=r\cos\theta$，$y=r\sin\theta$，$D_r=\{(x,y)\mid x^2+y^2\leqslant r^2,x\geqslant 0,y\geqslant 0\}$，则

$$I=\lim_{r\to+\infty}\iint_{D_r}\mathrm{e}^{-(x^2+y^2)}\mathrm{d}\sigma=\int_0^{\frac{\pi}{2}}\mathrm{d}\theta\int_0^{+\infty}r\mathrm{e}^{-r^2}\mathrm{d}r=\frac{\pi}{2}\left(-\frac{1}{2}\mathrm{e}^{-r^2}\right)\Big|_0^{+\infty}=\frac{\pi}{4}.$$

(2) 设$x=r\cos\theta$，$y=r\sin\theta$，$D_r=\{(x,y)\mid 1\leqslant x^2+y^2\leqslant r^2\}$，则

$$I=\lim_{r\to+\infty}\iint_{D_r}\frac{1}{(x^2+y^2)^2}\mathrm{d}\sigma=\int_0^{2\pi}\mathrm{d}\theta\int_1^{+\infty}\frac{1}{r^3}\mathrm{d}r=2\pi\left(-\frac{1}{2r^2}\right)\Big|_1^{+\infty}=\pi.$$

48. 解 (1) $S=\iint_D\mathrm{d}\sigma=\int_0^3\mathrm{d}x\int_{(\sqrt{3}-\sqrt{x})^2}^{3-x}\mathrm{d}y=\int_0^3(2\sqrt{3x}-2x)\mathrm{d}x=\left(2\sqrt{3}\cdot\frac{2}{3}x^{\frac{3}{2}}-x^2\right)\Big|_0^3=3.$

(2) 由$y=\sqrt{1-x^2}$，$y=\sqrt{2}x^2$，得交点$\left(-\frac{\sqrt{2}}{2},\frac{\sqrt{2}}{2}\right)$，$\left(\frac{\sqrt{2}}{2},\frac{\sqrt{2}}{2}\right)$，则

$$S=\iint_D\mathrm{d}\sigma=2\int_0^{\frac{\sqrt{2}}{2}}\mathrm{d}x\int_{\sqrt{2}x^2}^{\sqrt{1-x^2}}\mathrm{d}y=2\int_0^{\frac{\sqrt{2}}{2}}(\sqrt{1-x^2}-\sqrt{2}x^2)\mathrm{d}x=\frac{\pi}{4}+\frac{1}{6},$$

其中，$\int_0^{\frac{\sqrt{2}}{2}}\sqrt{1-x^2}\mathrm{d}x\overset{x=\sin t}{=}\int_0^{\frac{\pi}{4}}\cos^2t\mathrm{d}t=\left(\frac{1}{2}t+\frac{1}{4}\sin 2t\right)\Big|_0^{\frac{\pi}{4}}=\frac{\pi}{8}+\frac{1}{4}$，$\int_0^{\frac{\sqrt{2}}{2}}\sqrt{2}x^2\mathrm{d}x=\frac{\sqrt{2}}{3}x^3\Big|_0^{\frac{\sqrt{2}}{2}}=\frac{1}{6}.$

习题九

1. 解 (1) 一阶非线性微分方程；(2) 二阶非线性微分方程；

(3) 二阶非线性微分方程；(4) 一阶齐次非线性微分方程.

2. 解 (1) 由 $e^x y = x + C$，两边求导，有 $e^x y' + e^x y = 1$，得 $y' + y = e^{-x} \neq e^x$，知所给函数不是所给方程的通解.

(2) 由 $x^{-1}y^2 = C_1 + C_2 x$，两边求导，得

$$-x^{-2}y^2 + 2x^{-1}yy' = C_2,\ 2x^{-3}y^2 - 4x^{-2}yy' + 2x^{-1}(y')^2 + 2x^{-1}yy'' = 0,$$

整理得 $x^2yy'' + (xy' - y)^2 = 0$，知所给函数是所给方程的通解.

(3) 由于函数中仅含一个任意常数，知所给函数不是所给方程的通解.

(4) 由 $(1+x^{-2})(1+y^2) = C$，两边求导，有 $-2x^{-3}(1+y^2) + (1+x^{-2})2yy' = 0$，整理得 $y' = \dfrac{1+y^2}{xy(1+x^2)}$，知所给函数是所给方程的通解.

3. 解 (1) 分离变量，$\dfrac{dx}{1+x^2} = \dfrac{dy}{1+y^2}$，两边同时积分，$\int \dfrac{dx}{1+x^2} = \int \dfrac{dy}{1+y^2}$，得

$$\arctan x = \arctan y + C.$$

(2) 分离变量，$\dfrac{dx}{1-x} = \dfrac{dy}{1+y}$，两边同时积分，$\int \dfrac{dx}{1-x} = \int \dfrac{dy}{1+y}$，得

$$\ln[(1+y)(1-x)] = C.$$

(3) 分离变量，$\dfrac{x dx}{\sqrt{1-x^2}} = -\dfrac{dy}{y}$，两边同时积分，$\int \dfrac{x dx}{\sqrt{1-x^2}} dx = -\int \dfrac{dy}{y}$，得

$$\ln y = \sqrt{1-x^2} + \ln C,\ 即\ y = Ce^{\sqrt{1-x^2}}.$$

(4) 分离变量，$\dfrac{y dy}{y^2+1} = \dfrac{x dx}{1-x^2}$，两边同时积分，$\int \dfrac{y dy}{y^2+1} = \int \dfrac{x dx}{1-x^2}$，得

$$\ln(y^2+1) = -\ln|1-x^2| + \ln C,\ 即\ (y^2+1)(1-x^2) = C.$$

(5) 分离变量，$\dfrac{x^2 dx}{x^2+1} = \dfrac{(1-y^2)dy}{y}$，两边同时积分，$\int \dfrac{x^2 dx}{x^2+1} = \int \left(\dfrac{1}{y} - y\right) dy$，得

$$x - \arctan x = \ln y - \frac{1}{2}y^2 + C.$$

(6) 分离变量，$\dfrac{dy}{e^y - 1} = \dfrac{dx}{x}$，两边同时积分，$\int \dfrac{dy}{e^y - 1} = \int \dfrac{dx}{x}$，得

$$\ln(e^{-y} - 1) = \ln x + \ln C,\ 即\ e^{-y} - 1 = Cx.$$

(7) 分离变量，$(4+y^2)dy = \ln|x| dx$，两边同时积分，$\int (4+y^2)dy = \int \ln|x| dx$，得

$$4y + \frac{1}{3}y^3 = x\ln|x| - x + C.$$

又 $y(1)=0$，得 $C=1$，故满足条件的特解为 $4y+\frac{1}{3}y^3=x\ln|x|-x+1$.

(8) 分离变量，$\frac{\mathrm{d}y}{y\ln y}=\csc x\mathrm{d}x$，两边同时积分，$\int\frac{\mathrm{d}y}{y\ln y}=\int\csc x\mathrm{d}x$，得

$\ln(\ln y)=\ln|\csc x-\cot x|+C.$

又 $y\left(\frac{\pi}{2}\right)=\mathrm{e}$，得 $C=0$，故满足条件的特解为 $\ln(\ln y)=\ln|\csc x-\cot x|$，即

$y=\mathrm{e}^{\csc x-\cot x}=\mathrm{e}^{\tan\frac{x}{2}}.$

4. 解 (1) 设 $u=y-x$，则$\frac{\mathrm{d}y}{\mathrm{d}x}=\frac{\mathrm{d}u}{\mathrm{d}x}+1$，方程变为$\frac{\mathrm{d}u}{\mathrm{d}x}=\frac{x}{u}$，即 $u\mathrm{d}u=x\mathrm{d}x$，两边同时积分，得 $u^2=x^2+C$，将 $u=y-x$ 代入，即得原方程的通解为

$(y-x)^2=x^2+C.$

(2) 设 $u=\frac{y}{x}$，则$\frac{\mathrm{d}y}{\mathrm{d}x}=x\frac{\mathrm{d}u}{\mathrm{d}x}+u$，方程变为 $x\frac{\mathrm{d}u}{\mathrm{d}x}=\sqrt{1+u^2}$，即$\frac{\mathrm{d}u}{\sqrt{1+u^2}}=\frac{\mathrm{d}x}{x}$，两边同时积分，得

$\ln(u+\sqrt{1+u^2})=\ln x+\ln C,$

将 $u=\frac{y}{x}$ 代入，即得原方程的通解为$\sqrt{x^2+y^2}+y=Cx^2$.

(3) 设 $u=\frac{y}{x}$，则$\frac{\mathrm{d}y}{\mathrm{d}x}=x\frac{\mathrm{d}u}{\mathrm{d}x}+u$，方程变为 $x\frac{\mathrm{d}u}{\mathrm{d}x}+u=u\ln u$，即$\frac{\mathrm{d}u}{u(\ln u-1)}=\frac{\mathrm{d}x}{x}$，两边同时积分，得

$\ln(\ln u-1)=\ln x+\ln C,$

将 $u=\frac{y}{x}$ 代入，即得原方程的通解为 $y=x\mathrm{e}^{Cx+1}$.

(4) 设 $u=\frac{y}{x}$，则$\frac{\mathrm{d}y}{\mathrm{d}x}=x\frac{\mathrm{d}u}{\mathrm{d}x}+u$，方程变为 $x\frac{\mathrm{d}u}{\mathrm{d}x}+u=u+\tan u$，即 $\cot u\mathrm{d}u=\frac{\mathrm{d}x}{x}$，两边同时积分，得

$\ln\sin u=\ln x+\ln C,$

将 $u=\frac{y}{x}$ 代入，即得原方程的通解为 $y=x\arcsin Cx$.

(5) 设 $u=\frac{y}{x}$，则$\frac{\mathrm{d}y}{\mathrm{d}x}=x\frac{\mathrm{d}u}{\mathrm{d}x}+u$，方程变为 $x\frac{\mathrm{d}u}{\mathrm{d}x}+u=\frac{1}{2}\left(u+\frac{1}{u}\right)$，即$\frac{2u\mathrm{d}u}{1-u^2}=\frac{\mathrm{d}x}{x}$，两边同时积分，得

$-\ln(1-u^2)=\ln x+\ln C,$

将 $u=\frac{y}{x}$ 代入，即得原方程的通解为 $y^2=x^2+Cx$.

(6) 设 $u=\frac{y}{x}$，则$\frac{\mathrm{d}y}{\mathrm{d}x}=x\frac{\mathrm{d}u}{\mathrm{d}x}+u$，方程变为 $x\frac{\mathrm{d}u}{\mathrm{d}x}+u=\mathrm{e}^u+u$，即 $\mathrm{e}^{-u}\mathrm{d}u=\frac{\mathrm{d}x}{x}$，两边同时积分，得

$$-\mathrm{e}^{-u}=\ln x+\ln C,$$

将 $u=\frac{y}{x}$ 代入，即得原方程的通解为 $-\mathrm{e}^{-\frac{y}{x}}=\ln Cx$.

(7) 设 $u=\frac{y}{x}$，于是$\frac{\mathrm{d}y}{\mathrm{d}x}=x\frac{\mathrm{d}u}{\mathrm{d}x}+u$，方程变为 $x\frac{\mathrm{d}u}{\mathrm{d}x}+u=-\frac{x^2u}{\sqrt{1-x^2}}$，即

$$\frac{\mathrm{d}u}{u}=-\left(\frac{x^2}{\sqrt{1-x^2}}+1\right)\frac{\mathrm{d}x}{x},$$

两边同时积分，得

$$\ln u=\sqrt{1-x^2}-\ln x+\ln C,$$

将 $u=\frac{y}{x}$ 代入，即得原方程的通解为 $\ln y=\sqrt{1-x^2}+\ln C$ 或 $y=C\mathrm{e}^{\sqrt{1-x^2}}$.

又 $y\big|_{x=1}=\frac{1}{2}$，得 $C=\frac{1}{2}$，故满足条件的特解为 $y=\frac{1}{2}\mathrm{e}^{\sqrt{1-x^2}}$.

(8) 设 $u=\frac{y}{x}$，则$\frac{\mathrm{d}y}{\mathrm{d}x}=x\frac{\mathrm{d}u}{\mathrm{d}x}+u$，方程变为 $x\frac{\mathrm{d}u}{\mathrm{d}x}+u=-u^2+u$，即 $-\frac{\mathrm{d}u}{u^2}=\frac{\mathrm{d}x}{x}$，两边同时积分，得

$$\frac{1}{u}=\ln x+\ln C,$$

将 $u=\frac{y}{x}$ 代入，即得原方程的通解为$\frac{x}{y}=\ln Cx$.

又 $y\big|_{x=1}=2$，得 $\ln C=\frac{1}{2}$，故满足条件的特解为 $y=\frac{2x}{2\ln x+1}$.

5. 解 (1) 方程为 $y'-\frac{2}{x+1}y=(x+1)^3$，于是通解为

$$y=\mathrm{e}^{\int\frac{2}{x+1}\mathrm{d}x}\left[\int(x+1)^3\mathrm{e}^{-\int\frac{2}{x+1}\mathrm{d}x}\mathrm{d}x+C\right]=(x+1)^2\left[\int(x+1)\mathrm{d}x+C\right]$$
$$=\frac{1}{2}(x+1)^4+C(x+1)^2.$$

(2) 通解为

$$y=\mathrm{e}^{-\int 3\mathrm{d}x}\left(\int\mathrm{e}^{-2x}\mathrm{e}^{\int 3\mathrm{d}x}\mathrm{d}x+C\right)=\mathrm{e}^{-3x}\left(\int\mathrm{e}^{x}\mathrm{d}x+C\right)=\mathrm{e}^{-2x}+C\mathrm{e}^{-3x}.$$

(3) 通解为

$$y=\mathrm{e}^{\int\frac{2}{x}\mathrm{d}x}\left(\int x^2\sin 3x\mathrm{e}^{-\int\frac{2}{x}\mathrm{d}x}\mathrm{d}x+C\right)=x^2\left(\int\sin 3x\mathrm{d}x+C\right)=x^2\left(-\frac{1}{3}\cos 3x+C\right).$$

(4) 方程为 $y'+\frac{1}{x}y=x+3+\frac{2}{x}$，通解为

$$y=e^{-\int\frac{1}{x}dx}\left[\int\left(x+3+\frac{2}{x}\right)e^{\int\frac{1}{x}dx}dx+C\right]$$
$$=\frac{1}{x}\left[\int(x^2+3x+2)dx+C\right]=\frac{1}{3}x^2+\frac{3}{2}x+2+\frac{C}{x}.$$

(5) 通解为

$$y=e^{-\int\cos xdx}\left(\int e^{-\sin x}e^{\int\cos xdx}dx+C\right)=e^{-\sin x}\left(\int dx+C\right)=e^{-\sin x}(x+C).$$

(6) 方程为 $y'+\frac{2x}{x^2-1}y=\frac{\cos x}{x^2-1}$，通解为

$$y=e^{-\int\frac{2x}{x^2-1}dx}\left(\int\frac{\cos x}{x^2-1}e^{\int\frac{2x}{x^2-1}dx}dx+C\right)=\frac{1}{x^2-1}\left(\int\cos xdx+C\right)=\frac{\sin x+C}{x^2-1}.$$

(7) 通解为

$$y=e^{\int\tan xdx}\left(\int\sec xe^{-\int\tan xdx}dx+C\right)=\sec x\left(\int dx+C\right)=\sec x(x+C),$$

又 $y(0)=0$，得 $C=0$，故满足条件的特解为 $y=x\sec x$.

(8) 通解为

$$y=e^{-\int\cos xdx}\left(\int\sin x\cos xe^{\int\cos xdx}dx+C\right)=e^{-\sin x}(\sin xe^{\sin x}-e^{\sin x}+C)=\sin x-1+Ce^{-\sin x},$$

又 $y(0)=1$，得 $C=2$，故满足条件的特解为 $y=\sin x-1+2e^{-\sin x}$.

(9) 方程为 $y'-\cot xy=5\cot x$，通解为

$$y=e^{\int\cot xdx}\left(\int 5\cot xe^{-\int\cot xdx}dx+C\right)=\sin x\left(5\int\frac{\cos x}{\sin^2x}dx+C\right)=-5+C\sin x,$$

又 $y\left(\frac{\pi}{2}\right)=3$，得 $C=8$，故满足条件的特解为 $y=8\sin x-5$.

(10) 方程为 $\frac{dx}{dt}-\frac{3}{t+2}x=\frac{1}{t+2}$，通解为

$$x=e^{\int\frac{3}{t+2}dt}\left(\int\frac{1}{t+2}e^{-\int\frac{3}{t+2}dt}dt+C\right)=(t+2)^3\left(\int\frac{1}{(t+2)^4}dt+C\right)$$
$$=-\frac{1}{3}+(t+2)^3C,$$

又 $x(0)=0$，得 $C=\frac{1}{24}$，故满足条件的特解为 $x=-\frac{1}{3}+\frac{1}{24}(t+2)^3$.

6. 解 (1) 方程为 $\frac{dx}{dy}-\frac{1}{y}x=y^2$，通解为

$$x=e^{\int\frac{1}{y}dy}\left(\int y^2e^{-\int\frac{1}{y}dy}dy+C\right)=y\left(\int ydy+C\right)=\frac{1}{2}y^3+Cy.$$

(2) 方程为 $\frac{dx}{dy}+\frac{1-2y}{y^2}x=1$，通解为

$$x = e^{\int \frac{2y-1}{y^2}dy}\left(\int e^{-\int \frac{2y-1}{y^2}dy}dy + C\right) = e^{2\ln y + \frac{1}{y}}\left(\int \frac{1}{y^2}e^{-\frac{1}{y}}dy + C\right)$$
$$= y^2 e^{\frac{1}{y}}(e^{-\frac{1}{y}} + C) = y^2 + Cy^2 e^{\frac{1}{y}}.$$

(3) 方程为$\frac{dx}{dy} + \frac{1}{y+1}x = \frac{y+2}{y+1}$，通解为

$$x = e^{-\int \frac{1}{y+1}dy}\left(\int \frac{y+2}{y+1}e^{\int \frac{1}{y+1}dy}dy + C\right) = \frac{1}{y+1}\left(\int (y+2)dy + C\right)$$
$$= \frac{(y+2)^2}{2(y+1)} + \frac{C}{y+1}.$$

(4) 设$u = \ln y$，则方程为$u' + u = e^x$，于是通解为

$$u = e^{-\int dx}\left(\int e^x e^{\int dx}dx + C\right) = e^{-x}\left(\frac{1}{2}e^{2x} + C\right) = \frac{1}{2}e^x + Ce^{-x},$$

即$\ln y = \frac{1}{2}e^x + Ce^{-x}$.

7. 解 根据线性方程解的性质，$y_1(x) - y_2(x)$，$y_1(x) - y_3(x)$为对应的齐次线性方程的两个线性无关的解，故原方程的通解为

$$y = C_1(y_1 - y_2) + C_2(y_1 - y_3) + y_1，C_1，C_2 \text{为任意常数}.$$

8. 解 依题设及线性方程解的性质，$x^2 + \ln x - x^2 = \ln x$为齐次线性方程$y'' + p(x)y' = 0$的解，代入方程$(\ln x)'' + p(x)(\ln x)' = 0$，得$p(x) = \frac{1}{x}$，又$x^2$为原方程的解，代入得$f(x) = (x^2)'' + \frac{1}{x}(x^2)' = 4$，显然，非零常数$C$为齐次方程$y'' + \frac{1}{x}y' = 0$的一个解，故该方程的通解为$y = C_1 + C_2\ln x + x^2$.

9. 解 (1) 特征方程为$\lambda^2 - 2\lambda + 5 = 0$，得$\lambda = 1 \pm 2i$，于是，方程的通解为

$$y = e^x(C_1\cos 2x + C_2\sin 2x).$$

(2) 特征方程为$\lambda^2 + 5\lambda = 0$，得$\lambda_1 = 0$，$\lambda_2 = -5$，于是，方程的通解为

$$y = C_1 + C_2 e^{-5x}.$$

(3) 特征方程为$4\lambda^2 - 8\lambda + 5 = 0$，得$\lambda = 1 \pm \frac{1}{2}i$，于是，方程的通解为

$$y = e^x\left(C_1\cos\frac{1}{2}x + C_2\sin\frac{1}{2}x\right).$$

(4) 特征方程为$\lambda^2 - 2\lambda + 10 = 0$，得$\lambda = 1 \pm 3i$，于是，方程的通解为

$$y = e^x(C_1\cos 3x + C_2\sin 3x).$$

(5) 特征方程为$\lambda^2 - 4\lambda + 4 = 0$，得$\lambda = 2$（二重），于是，方程的通解为

$$y = (C_1 + C_2 x)e^{2x}.$$

(6) 特征方程为$\lambda^2 + 25 = 0$，得$\lambda = \pm 5i$，于是，方程的通解为

$$y = C_1\cos 5x + C_2\sin 5x.$$

(7) 特征方程为 $\lambda^2 + 5\lambda + 6 = 0$，得 $\lambda_1 = -2$，$\lambda_2 = -3$，于是，方程的通解为

$$y = C_1 e^{-2x} + C_2 e^{-3x}.$$

又 $y(0) = 0$，$y'(0) = -6$，代入得 $C_1 = -6$，$C_2 = 6$，因此，特解为

$$y = -6e^{-2x} + 6e^{-3x}.$$

(8) 特征方程为 $\lambda^2 - \lambda - 2 = 0$，得 $\lambda_1 = -1$，$\lambda_2 = 2$，于是，方程的通解为

$$y = C_1 e^{-x} + C_2 e^{2x}.$$

又 $y(0) = 1$，$y'(0) = 1$，代入得 $C_1 = \frac{1}{3}$，$C_2 = \frac{2}{3}$，因此，特解为

$$y = \frac{1}{3}e^{-x} + \frac{2}{3}e^{2x}.$$

(9) 特征方程为 $\lambda^2 - 2\lambda = 0$，得 $\lambda_1 = 0$，$\lambda_2 = 2$，于是，方程的通解为

$$y = C_1 + C_2 e^{2x}.$$

又 $y(0) = 0$，$y'(0) = \frac{4}{3}$，代入得 $C_1 = -\frac{2}{3}$，$C_2 = \frac{2}{3}$，因此，特解为

$$y = -\frac{2}{3} + \frac{2}{3}e^{2x}.$$

(10) 特征方程为 $\lambda^2 - 6\lambda + 8 = 0$，得 $\lambda_1 = 2$，$\lambda_2 = 4$，于是，方程的通解为

$$y = C_1 e^{2x} + C_2 e^{4x}.$$

又 $y(0) = -1$，$y'(0) = 2$，代入得 $C_1 = -3$，$C_2 = 2$，因此，特解为

$$y = -3e^{2x} + 2e^{4x}.$$

10. 解 (1) 特征方程为 $\lambda^2 + \lambda - 2 = 0$，得 $\lambda_1 = 1$，$\lambda_2 = -2$，于是，对应的齐次方程的通解为

$$y = C_1 e^{x} + C_2 e^{-2x}.$$

又设特解为 $y^* = ax + b$，代入方程得 $-2ax + a - 2b = x$，解得 $a = -\frac{1}{2}$，$b = -\frac{1}{4}$，因此，原方程的通解为

$$y = C_1 e^{x} + C_2 e^{-2x} - \frac{1}{2}x - \frac{1}{4}.$$

(2) 对应的齐次方程的通解同 (1)，为

$$y = C_1 e^{x} + C_2 e^{-2x}.$$

又设特解为 $y^* = Ae^{3x}$，代入方程得 $9Ae^{3x} + 3Ae^{3x} - 2Ae^{3x} = e^{3x}$，解得 $A = \frac{1}{10}$，因此，

原方程的通解为

$$y=C_1\mathrm{e}^{x}+C_2\mathrm{e}^{-2x}+\frac{1}{10}\mathrm{e}^{3x}.$$

(3) 特征方程为 $\lambda^2-6\lambda+9=0$，得 $\lambda=3$（二重），于是，对应的齐次方程的通解为

$$y=(C_1+C_2x)\mathrm{e}^{3x}.$$

又设特解为 $y^*=(ax+b)\mathrm{e}^{2x}$，代入方程，得

$$(4ax+4b+4a)\mathrm{e}^{2x}-6\,(2ax+2b+a)\mathrm{e}^{2x}+9\,(ax+b)\mathrm{e}^{2x}=(x+1)\mathrm{e}^{2x},$$

解得 $a=1$，$b=3$，因此，原方程的通解为

$$y=(C_1+C_2x)\mathrm{e}^{3x}+(x+3)\mathrm{e}^{2x}.$$

(4) 特征方程为 $\lambda^2+k^2=0$，得 $\lambda=\pm k\mathrm{i}$，于是，对应的齐次方程的通解为

$$y=C_1\cos kx+C_2\sin kx.$$

又设特解为 $y^*=A\mathrm{e}^{ax}$，代入方程得 $a^2A\mathrm{e}^{ax}+k^2A\mathrm{e}^{ax}=\mathrm{e}^{ax}$，解得 $A=\dfrac{1}{a^2+k^2}$，因此，原方程的通解为

$$y=C_1\cos kx+C_2\sin kx+\frac{1}{a^2+k^2}\mathrm{e}^{ax}.$$

(5) 特征方程为 $2\lambda^2+5\lambda=0$，得 $\lambda_1=0$，$\lambda_2=-\dfrac{5}{2}$，于是，对应的齐次方程的通解为

$$y=C_1+C_2\mathrm{e}^{-\frac{5}{2}x}.$$

又设特解为 $y^*=x(ax^2+bx+c)$，代入方程，得

$$15ax^2+(12a+10b)x+4b+5c=5x^2-2x+1,$$

解得 $a=\dfrac{1}{3}$，$b=-\dfrac{3}{5}$，$c=\dfrac{17}{25}$，因此，原方程的通解为

$$y=C_1+C_2\mathrm{e}^{-\frac{5}{2}x}+\frac{1}{3}x^3-\frac{3}{5}x^2+\frac{17}{25}x.$$

(6) 特征方程为 $\lambda^2+3\lambda+2=0$，得 $\lambda_1=-1$，$\lambda_2=-2$，于是，对应的齐次方程的通解为

$$y=C_1\mathrm{e}^{-x}+C_2\mathrm{e}^{-2x}.$$

又设特解为 $y^*=x(ax+b)\mathrm{e}^{-x}$，代入方程，得

$$[ax^2-(4a-b)x+2(a-b)]\mathrm{e}^{-x}-[3ax^2-3(2a-b)x-3b]\mathrm{e}^{-x}+2(ax^2+bx)\mathrm{e}^{-x}=3x\mathrm{e}^{-x},$$

解得 $a=\dfrac{3}{2}$，$b=-3$，因此，原方程的通解为

$$y = C_1 e^{-x} + C_2 e^{-2x} + \left(\frac{3}{2}x^2 - 3x\right)e^{-x}.$$

(7) 特征方程为 $\lambda^2 - 2\lambda + 5 = 0$，得 $\lambda = 1 \pm 2i$，于是，对应的齐次方程的通解为

$$y = e^x(C_1\cos 2x + C_2\sin 2x).$$

又设特解为 $y^* = e^x(A\cos x + B\sin x)$，代入方程，得

$$(2B\cos x - 2A\sin x)e^x - [2(A+B)\cos x + 2(B-A)\sin x]e^x + (5A\cos x + 5B\sin x)e^x$$
$$= e^x \sin x,$$

解得 $A = 0$，$B = \frac{1}{3}$，因此，原方程的通解为

$$y = e^x(C_1\cos 2x + C_2\sin 2x) + \frac{1}{3}e^x\sin x.$$

(8) 特征方程为 $\lambda^2 + 1 = 0$，得 $\lambda = \pm i$，于是，对应的齐次方程的通解为

$$y = C_1\cos x + C_2\sin x.$$

又设特解为 $y^* = x(A\cos x + B\sin x)$，代入方程，得

$$-2A\sin x + 2B\cos x = \cos x,$$

解得 $A = 0$，$B = \frac{1}{2}$，因此，原方程的通解为

$$y = C_1\cos x + C_2\sin x + \frac{1}{2}\cos x.$$

(9) 特征方程为 $\lambda^2 + \lambda = 0$，得 $\lambda_1 = 0$，$\lambda_2 = -1$，于是，对应的齐次方程的通解为

$$y = C_1 + C_2 e^{-x}.$$

又设特解为 $y^* = A\cos 2x + B\sin 2x$，代入方程，得

$$(2B - 4A)\cos 2x - (2A + 4B)\sin 2x = -\sin 2x,$$

解得 $A = 0.1$，$B = 0.2$，因此，原方程的通解为

$$y = C_1 + C_2 e^{-x} + 0.1\cos 2x + 0.2\sin 2x.$$

另外，$y\Big|_{x=\pi} = 1$，$y'\Big|_{x=\pi} = 1$，代入得 $C_1 = 1.5$，$C_2 = -0.6e^{\pi}$，因此，特解为

$$y = -0.6e^{\pi - x} + 0.1\cos 2x + 0.2\sin 2x + 1.5.$$

(10) 特征方程为 $\lambda^2 - 3\lambda + 2 = 0$，得 $\lambda_1 = 1$，$\lambda_2 = 2$，于是，对应的齐次方程的通解为

$$y = C_1 e^x + C_2 e^{2x}.$$

又设特解为 $y^* = (ax + b)e^{-x}$，代入方程，得

$$(ax + b - 2a)e^{-x} + 3(ax + b - a)e^{-x} + 2(ax + b)e^{-x} = xe^{-x},$$

解得 $a=\frac{1}{6}$，$b=\frac{5}{36}$，因此，原方程的通解为

$$y=C_1\mathrm{e}^x+C_2\mathrm{e}^{2x}+\left(\frac{1}{6}x+\frac{5}{36}\right)\mathrm{e}^{-x}.$$

另外，$y\Big|_{x=0}=1$，$y'\Big|_{x=0}=2$，代入，得 $C_1=-\frac{1}{4}$，$C_2=\frac{10}{9}$，因此，特解为

$$y=-\frac{1}{4}\mathrm{e}^x+\frac{10}{9}\mathrm{e}^{2x}+\left(\frac{1}{6}x+\frac{5}{36}\right)\mathrm{e}^{-x}.$$

11. 解 设曲线 l 的方程为 $y=f(x)$，在点 $P(x,y)$ 处的切线方程为 $Y=f'(x)(X-x)+y$，切线与 x 轴的交点为 $T\left(x-\frac{y}{f'(x)},0\right)$，依题设，$|PT|=|OT|$，有

$$\sqrt{\left(\frac{y}{y'}\right)^2+y^2}=\left|x-\frac{y}{y'}\right|,$$

即有 $y'=\frac{2xy}{x^2-y^2}$，即 $\frac{\mathrm{d}x}{\mathrm{d}y}=\frac{x^2-y^2}{2xy}$，设 $u=\frac{x}{y}$，则有

$$y\frac{\mathrm{d}u}{\mathrm{d}y}+u=\frac{1}{2}\left(u-\frac{1}{u}\right),\ \frac{-2u}{u^2+1}=\frac{\mathrm{d}y}{y},$$

两边积分，得 $\frac{C}{u^2+1}=y$，将 $u=\frac{x}{y}$ 代入，即得 $x^2+y^2=Cy$. 又曲线过点 (1，1)，得 $C=2$，因此，所求曲线的方程为 $x^2+y^2=2y$.

12. 解 设曲线 l 的方程为 $y=f(x)$，依题设，有 $\int_0^x f(t)\mathrm{d}t=2(xy-\int_0^x f(t)\mathrm{d}t)$，即

$$\int_0^x f(t)\mathrm{d}t=\frac{2}{3}xy,$$

两边求导，得 $f(x)=\frac{2}{3}f(x)+\frac{2}{3}xf'(x)$，即 $\frac{\mathrm{d}y}{y}=\frac{\mathrm{d}x}{2x}$，

两边积分，得 $\ln y=\frac{1}{2}\ln x+\ln C$，即 $y=C\sqrt{x}$，

又曲线过点 (2，3)，得 $C=\frac{3}{\sqrt{2}}$，因此，所求曲线的方程为 $y=\frac{3}{2}\sqrt{2x}$.

13. 解 将方程整理为 $\frac{1}{x}f(x)=x^2+\int_1^x f(t)\mathrm{d}t$，两边求导，得

$$-\frac{1}{x^2}f(x)+\frac{1}{x}f'(x)=2x+f(x)，即\ y'-\left(\frac{1}{x}+x\right)y=2x^2.$$

解得 $y=\mathrm{e}^{\int\left(x+\frac{1}{x}\right)\mathrm{d}x}\left(\int 2x^2\mathrm{e}^{-\int\left(x+\frac{1}{x}\right)\mathrm{d}x}\mathrm{d}x+C\right)=x\mathrm{e}^{\frac{1}{2}x^2}\left(\int 2x\mathrm{e}^{-\frac{1}{2}x^2}\mathrm{d}x+C\right)=Cx\mathrm{e}^{\frac{1}{2}x^2}-2x$，

将 $f(1)=1$ 代入，得 $C=3\mathrm{e}^{-\frac{1}{2}}$，因此，所求曲线的方程为 $y=3x\mathrm{e}^{\frac{1}{2}(x^2-1)}-2x$.

14. 证 两边求导，得 $f'(x)=f(x)$，即 $\frac{\mathrm{d}y}{y}=\mathrm{d}x$，两边积分，得

$\ln y = x + \ln C$，即 $y = Ce^x$，

由 $y|_{x=0} = \int_0^0 f(t)\mathrm{d}t = 0$，得 $C \equiv 0$，所以 $f(x) \equiv 0$.

15. 解 $P = e^{-\int a\mathrm{d}x}\left(\int (b-ax)e^{\int a\mathrm{d}x}\mathrm{d}x + c\right) = \dfrac{b}{a} - x + \dfrac{1}{a} + ce^{-ax}$，

又 $P(0) = P_0$，得 $c = P_0 - \dfrac{b}{a} - \dfrac{1}{a}$，因此，

$$P(x) = \left(\frac{b}{a} + \frac{1}{a}\right)(1 - e^{-ax}) + P_0 e^{-ax} - x.$$

16. 解 (1) 依题设，设总人数为 N，于是方程为 $y' = k\dfrac{y}{N}\left(1 - \dfrac{y}{N}\right)$，$y(0) = y_0$，$k$ 为正常数. 分离变量 $\dfrac{\mathrm{d}y}{y(N-y)} = \dfrac{1}{N}\left(\dfrac{1}{y} + \dfrac{1}{N-y}\right)\mathrm{d}y = \dfrac{k}{N^2}\mathrm{d}t$，解方程得

$$\ln\frac{y}{N-y} = \frac{k}{N}t + \ln\frac{y_0}{N-y_0} \text{ 或 } y = \frac{Ny_0 e^{\frac{k}{N}t}}{N - y_0 + y_0 e^{\frac{k}{N}t}}.$$

(2) 依题设，$N = 1\ 000$，$y(0) = 100$，$y(3) = 500$，$y(T) = 900$，代入方程，有 $k = \dfrac{2\ 000}{3}\ln 3$，$4\ln 3 = \dfrac{2T}{3}\ln 3$，得 $T = 6$，即下午 3 点，将有 90% 的人知道这个流言.

17. 解 (1) $c(t) = e^{-\int k\mathrm{d}t}\left(\int r e^{\int k\mathrm{d}t}\mathrm{d}t + c\right) = ce^{-kt} + \dfrac{r}{k}$，又 $c(0) = c_0$，得 $c = c_0 - \dfrac{r}{k}$，因此，

$$c(t) = \left(c_0 - \frac{r}{k}\right)e^{-kt} + \frac{r}{k}.$$

(2) 由 $\lim\limits_{t\to+\infty} c(t) = \dfrac{r}{k}$ 知，随着时间无限推移，血液中葡萄糖的浓度将单调减少至 $\dfrac{r}{k}$.

18. 解 依题设，$\mathrm{d}y = k(N-y)y\mathrm{d}t$，其中 k 为比例常数，分离变量，得

$$\frac{\mathrm{d}y}{y(N-y)} = k\mathrm{d}t,$$

两边积分，得 $\dfrac{y}{N-y} = Ce^{Nkt}$，将 $y(0) = y_0$ 代入，得 $C = \dfrac{y_0}{N-y_0}$，因此，得

$$y = \frac{Ny_0}{y_0 + (N-y_0)e^{-Nkt}}.$$

19. 解 (1) 依题设 $W'(t) = 0.05W(t) - 30$（百万元）.

(2) $W(t) = Ce^{0.05t} + 600$，$W(0) = W_0$，得 $C = W_0 - 600$，因此有 $W(t) = (W_0 - 600)e^{0.05t} + 600$.

(3) 当 $W(0) = 500$ 时，$W(t) = -100e^{0.05t} + 600$，资本将单调减少，直至 36 年后出现负资产；当 $W(0) = 600$ 时，$W(t) \equiv 600$，资产将保持在原有水平上；当 $W(0) = 700$ 时，$W(t) = 100e^{0.05t} + 600$，资本将以指数增长方式不断增加.

习题十

1. 解 (1) $\Delta^2 y_t = y_{t+2} - 2y_{t+1} + y_t = (t+2)^2 + 2(t+2) - 2(t+1)^2 - 4(t+1) + t^2 +$

$2t=2$.

(2) $\Delta^2 y_t = y_{t+2} - 2y_{t+1} + y_t = e^{t+2} - 2e^{t+1} + e^t = e^t(e-1)^2$.

(3) $\Delta^3 y_t = y_{t+3} - 3y_{t+2} + 3y_{t+1} - y_t = (t+3)^3 + 3 - 3(t+2)^3 - 9 + 3(t+1)^3 + 9 - t^3 - 3 = 6$.

(4) $\Delta^3 y_t = \Delta^3 \ln(t+1) + \Delta^3 (t3^t) = \ln \dfrac{(t+4)(t+2)^3}{(t+2)^3(t+1)} + (8t+36)3^t$，其中

$$\Delta^3 \ln(t+1) = \ln(t+4) - 3\ln(t+3) + 3\ln(t+2) - \ln(t+1)$$
$$= \ln \frac{(t+4)(t+2)^3}{(t+2)^3(t+1)},$$
$$\Delta^3 (t3^t) = (t+3)3^{t+3} - 3\ (t+2)3^{t+2} + 3\ (t+1)3^{t+1} - t3^t = (8t+36)3^t.$$

2. 解 将各式化为时点函数式，即

(1) $2y_{t+1} - 3y_t = t$，故是一阶差分方程.

(2) $y_{t+2} - 2y_{t+1} = -2^t$，故是一阶差分方程.

(3) 由于函数点差非整数倍，故 $y_t + y_{t+a} = y_{t+1}$ 不是差分方程.

(4) $y_t = y_{t-2} - 1$，是二阶差分方程.

3. 解 将 $y_t = 4^t$ 代入方程，有

$$4^t + a4^{t-1} - 4 \times 4^{t-2} = 0，即 4 + a - 1 = 0，$$

解得 $a = -3$.

4. 证 由

$$左边 = (1+y_t)y_{t+1} = \frac{1+Ct+C}{1+Ct} \cdot \frac{C}{1+C(t+1)} = \frac{C}{1+Ct} = y_t = 右边，$$

知 $y_t = \dfrac{C}{1+Ct}$ 是方程的解，又其中含任意常数，故 $y_t = \dfrac{C}{1+Ct}$ 是差分方程的通解.

又由 $y_0 = -4$，得 $C = -4$，因此，所求特解为 $y_t = \dfrac{4}{4t-1}$.

5. 解 将 $y_t = C_1 + C_2 a^t$ 代入方程，有

$$a^2 - 3a + 2 = 0,$$

解得 $a = 2$ 或 $a = 1$. 当 $a = 1$ 时，$y_t = C_1 + C_2$ 实际仅含一个任意常数，不合题意，故 $a = 2$.

6. 解 (1) 对应的齐次方程的通解为 $C\left(-\dfrac{1}{3}\right)^t$.

设试解为 $y_t^* = A$，代入有 $6A + 2A = 3$，解得 $A = \dfrac{3}{8}$，于是，原方程的通解为

$$y_t = C\left(-\frac{1}{3}\right)^t + \frac{3}{8}.$$

(2) 对应的齐次方程的通解为 $C(-1)^t$.

设试解为 $y_t^* = a + bt$，代入有 $a + b(t+1) + a + bt = 2a + b + 2bt = 4t$，解得 $a = -1$，$b = 2$，于是，原方程的通解为

$$y_t = C(-1)^t - 1 + 2t.$$

(3) 对应的齐次方程的通解为 $C\left(\frac{5}{4}\right)^t$.

设试解为 $y_t^* = A$，代入有 $4A - 5A = 15$，解得 $A = -15$，于是，原方程的通解为

$$y_t = C\left(\frac{5}{4}\right)^t - 15.$$

(4) 对应的齐次方程的通解为 $C\left(-\frac{1}{2}\right)^t$.

设试解为 $y_t^* = a + bt$，代入有 $2a + 2b(t+1) + a + bt = 3a + 2b + 3bt = 3 + t$，解得$a = \frac{7}{9}$，$b = \frac{1}{3}$，

于是，原方程的通解为

$$y_t = C\left(-\frac{1}{2}\right)^t + \frac{7}{9} + \frac{1}{3}t.$$

(5) 对应的齐次方程的通解为 $C5^t$.

设试解为 $y_t^* = A$，代入有 $5A - 25A = 1$，解得 $A = -\frac{1}{20}$，于是，原方程的通解为

$$y_t = C5^t - \frac{1}{20}.$$

(6) 对应的齐次方程的通解为 C.

设试解为 $y_t^* = (a + bt)2^t$，代入有 $(a + b + bt)2^{t+1} - (a + bt)2^t = t2^t$，$a + 2b + bt = t$，解得 $a = -2$，$b = 1$，于是，原方程的通解为

$$y_t = C + (-2 + t)2^t.$$

(7) 对应的齐次方程的通解为 $C(-3)^t$.

设试解为 $y_t^* = a + bt$，代入有 $a + b(t+1) + 3a + 3bt = 4a + b + 4bt = 6t$，解得$a = -\frac{3}{8}$，$b = \frac{3}{2}$，于是，原方程的通解为

$$y_t = C(-3)^t - \frac{3}{8} + \frac{3}{2}t.$$

(8) 对应的齐次方程的通解为$C(-1)^t$.

设试解为 $y_t^* = a + bt + ct^2$，代入有 $2ct^2 + 2(b + c)t + 2a + b + c = 40 + 6t^2$，解得 $a = 20$，$b = -3$，$c = 3$，于是，原方程的通解为

$$y_t = C(-1)^t + 20 - 3t + 3t^2.$$

(9) 对应的齐次方程的通解为 C.

设试解为 $y_t^* = (a + bt)3^t + ct$，代入有 $(2a + b + 2bt)3^t + 3c = t3^t + 1$，解得 $a = -\frac{1}{4}$，

$b=\frac{1}{2}$，$c=\frac{1}{3}$，于是，原方程的通解为

$$y_t^*=\left(-\frac{1}{4}+\frac{1}{2}t\right)3^t+\frac{1}{3}t.$$

(10) 对应的齐次方程的通解为 $C\alpha^t$.

设试解为 $y_t^*=Ae^{\beta t}$，代入有 $Ae^{\beta(t+1)}-\alpha Ae^{\beta t}=e^{\beta t}$，即 $A\,(e^{\beta}-\alpha)=1$，于是，当 $e^{\beta}\neq\alpha$ 时，解得 $A=\frac{1}{e^{\beta}-\alpha}$，因此，原方程的通解为

$$y_t=C\alpha^t+\frac{1}{e^{\beta}-\alpha}e^{\beta t}.$$

当 $e^{\beta}=\alpha$ 时，改设 $y_t^*=Ate^{\beta t}$，代入有 $Ae^{\beta}=1$，解得 $A=e^{-\beta}$，因此，原方程的通解为

$$y_t=C\alpha^t+te^{\beta(t-1)}.$$

7. 解 (1) 对应的齐次方程的通解为 $C\left(\frac{3}{8}\right)^t$.

设试解为 $y_t^*=A$，代入有 $16A-6A=10A=1$，解得 $A=\frac{1}{10}$，于是，原方程的通解为

$$y_t=C\left(\frac{3}{8}\right)^t+\frac{1}{10}.$$

又 $y_0=0.1$，得 $C=0$，因此，满足初值条件的特解为

$$y_t=\frac{1}{10}.$$

(2) 对应的齐次方程的通解为 $C\left(\frac{2}{3}\right)^t$.

设试解为 $y_t^*=A$，代入有 $3A-2A=A=3$，于是，原方程的通解为

$$y_t=C\left(\frac{2}{3}\right)^t+3.$$

又 $y_0=5$，得 $C=2$，因此，满足初值条件的特解为

$$y_t=2\left(\frac{2}{3}\right)^t+3.$$

(3) 对应的齐次方程的通解为 $C\left(\frac{1}{3}\right)^t$.

设试解为 $y_t^*=A$，代入有 $3A-A=2A=\frac{6}{5}$，解得 $A=\frac{3}{5}$，于是，原方程的通解为

$$y_t=C\left(\frac{1}{3}\right)^t+\frac{3}{5}.$$

又 $y_0=\frac{2}{5}$，得 $C=-\frac{1}{5}$，因此，满足初值条件的特解为

$$y_t = -\frac{1}{5}\left(\frac{1}{3}\right)^t + \frac{3}{5}.$$

(4) 对应的齐次方程的通解为 $C\left(-\frac{1}{2}\right)^t$.

设试解为 $y_t^* = A$，代入有 $2A + A = 3A = 1$，解得 $A = \frac{1}{3}$，于是，原方程的通解为

$$y_t = C\left(-\frac{1}{2}\right)^t + \frac{1}{3}.$$

又 $y_0 = 0.5$，得 $C = \frac{1}{6}$，因此，满足初值条件的特解为

$$y_t = \frac{1}{6}\left(-\frac{1}{2}\right)^t + \frac{1}{3}.$$

(5) 对应的齐次方程的通解为 C.

设试解为 $y_t^* = a2^t + bt$，代入有 $a2^t + b = 2^t - 1$，解得 $a = 1$，$b = -1$，于是，原方程的通解为

$$y_t = C + 2^t - t.$$

又 $y_0 = 5$，得 $C = 4$，因此，满足初值条件的特解为

$$y_t = 4 + 2^t - t.$$

(6) 对应的齐次方程的通解为 $C\left(\frac{1}{2}\right)^t$.

设试解为 $y_t^* = a + bt$，代入有 $a + 2b + bt = 2 + t$，解得 $a = 0$，$b = 1$，于是，原方程的通解为

$$y_t = C\left(\frac{1}{2}\right)^t + t.$$

又 $y_0 = 4$，得 $C = 4$，因此，满足初值条件的特解为

$$y_t = \left(\frac{1}{2}\right)^{t-2} + t.$$

(7) 对应的齐次方程的通解为 $C\left(-\frac{2}{7}\right)^t$.

设试解为 $y_t^* = a7^{t+1} + b$，代入有 $51a7^{t+1} + 9b = 7^{t+1} + 7$，解得，$a = \frac{1}{51}$，$b = \frac{7}{9}$，于是，原方程的通解为

$$y_t = C\left(-\frac{2}{7}\right)^t + \frac{1}{51}7^{t+1} + \frac{7}{9}.$$

又 $y_0 = 1$，得 $C = \frac{13}{153}$，因此，满足初值条件的特解为

$$y_t = \frac{13}{153}\left(-\frac{2}{7}\right)^t + \frac{1}{51}7^{t+1} + \frac{7}{9}.$$

(8) 对应的齐次方程的通解为 $C\left(\frac{1}{2}\right)^t$.

设试解为 $y_t^* = a + bt + ct^2$，代入有 $a + 2b + 2c + (b + 4c)t + ct^2 = 2 + t^2$，解得 $a = 8$，$b = -4$，$c = 1$，于是，原方程的通解为

$$y_t = C\left(\frac{1}{2}\right)^t + 8 - 4t + t^2.$$

又 $y_0 = 4$，得 $C = -4$，因此，满足初值条件的特解为

$$y_t = -\left(\frac{1}{2}\right)^{t-2} + 8 - 4t + t^2.$$

(9) 对应的齐次方程的通解为 $C2^t$.

设试解为 $y_t^* = a\cos\frac{\pi t}{2} + b\sin\frac{\pi t}{2}$，

$$y_{t+1}^* = a\cos\frac{\pi\ (t+1)}{2} + b\sin\frac{\pi\ (t+1)}{2} = -a\sin\frac{\pi t}{2} + b\cos\frac{\pi t}{2},$$

代入有

$$-(2a - b)\cos\frac{\pi t}{2} - (a + 2b)\sin\frac{\pi t}{2} = \sin\frac{\pi t}{2},$$

解得 $a = -\frac{1}{5}$，$b = -\frac{2}{5}$，于是，原方程的通解为

$$y_t = C2^t - \frac{1}{5}\cos\frac{\pi t}{2} - \frac{2}{5}\sin\frac{\pi t}{2}.$$

又 $y_0 = 2$，得 $C = \frac{11}{5}$，因此，满足初值条件的特解为

$$y_t = \frac{11}{5}\cdot 2^t - \frac{1}{5}\cos\frac{\pi t}{2} - \frac{2}{5}\sin\frac{\pi t}{2}.$$

(10) 对应的齐次方程的通解为 $C(-1)^t$.

设试解为 $y_t^* = a + bt + c2^t$，代入有 $2a + b + 2bt + 3c2^t = -2 + 2t + 2^t$，解得 $a = -\frac{3}{2}$，$b = 1$，$c = \frac{1}{3}$，于是，原方程的通解为

$$y_t = C(-1)^t - \frac{3}{2} + t + \frac{1}{3}\cdot 2^t.$$

又 $y_0 = 3$，得 $C = \frac{25}{6}$，因此，满足初值条件的特解为

$$y_t = \frac{25}{6}\cdot(-1)^t - \frac{3}{2} + t + \frac{1}{3}\cdot 2^t.$$

8. 解 由线性差分方程解的性质，$y_1(t) - y_2(t) = 4t - 1$ 为对应的齐次差分方程的解，代入有

$$4(t+1)-1+p(t)(4t-1)=0,$$

得

$$p(t)=-\frac{4t+3}{4t-1},$$

再将 $y_1(t)=2^t$ 代入原方程，得

$$f(t)=2^{t+1}-\frac{4t+3}{4t-1}2^t=\frac{4t-5}{4t-1}\cdot 2^t.$$

该方程的通解为

$$y_t=C(4t-1)+2^t.$$

9. 解 依题设，$W_{t+1}=(1+0.1)W_t+2$.

对应的齐次方程的通解为 $C1.1^t$.

设试解为 $y_t^*=A$，代入有 $A=1.1A+2$，解得 $A=-20$，于是，原方程的通解为

$$W_t=C1.1^t-20.$$

又 $W(0)=W_0$，得 $C=W_0+20$，因此，满足初值条件的特解为

$$W_t=(W_0+20)1.1^t-20.$$

10. 解 设 a_t 为第 t 个月时所欠房贷，每月还贷 b 万元，于是有

$$a_{t+1}=(1+0.01)a_t-b,$$

且 $a_0=20$，$a_{240}=0$.

求解方程得通解 $a_t=C\,1.01^t+100b$. 由初值得

$$a_0=C+100b=20,\ a_{240}=C\,1.01^{240}+100b=0,$$

解得 $b=\dfrac{0.2\times 1.01^{240}}{1.01^{240}-1}$，即每月应付 $b=\dfrac{0.2\times 1.01^{240}}{1.01^{240}-1}$ 万元.

11. 证 由 $U_t=y_t-\dfrac{b}{1+a}$，有 $y_{t+1}=U_{t+1}+\dfrac{b}{1+a}$，代入原方程，有

$$U_{t+1}+\frac{b}{1+a}+aU_t+\frac{ab}{1+a}=U_{t+1}+aU_t+b=b,$$

得通解 $U_t=C(-a)^t$，因此，原方程的通解为

$$y_t=C(-a)^t-\frac{b}{1+a}.$$

附录二

《微积分学习指导》综合练习题解答

第 1 章

1. 答 (1) $f(x)=\ln^2(x-1)+1$, $(1, +\infty)$.

(2) $|a|<2\sqrt{3}$.

(3) -3.

(4) $[0, 2)\cup(2, +\infty)$.

(5) $f^{-1}(x)=\begin{cases}1-x, & -1\leqslant x<0\\ x, & 0\leqslant x\leqslant 1\end{cases}$.

(6) $f(x)=\begin{cases}-x^2-5x, & x<-1\\ 3x^2-x, & -1\leqslant x<3.\\ x^2+5x, & 3\leqslant x\end{cases}$

(7) $(-\infty, 1)$.

解析 (1) 令 $u=e^x+1$，得 $x=\ln(u-1)$，从而有 $f(u)=\ln^2(u-1)+1$，即 $f(x)=\ln^2(x-1)+1$，定义域为 $(1, +\infty)$.

(2) 由 $x^2+ax+3\neq 0$，知 $a^2-12<0$，得 $|a|<2\sqrt{3}$.

(3) 由 $f[f(x)]=\dfrac{af(x)}{2f(x)+3}=\dfrac{a^2x}{(2a+6)x+9}=x$，解得 $a=-3$.

(4) $f(x)$ 的值域即其反函数的定义域，在 $y\geqslant 0$ 的条件下，$f^{-1}(x)=\dfrac{3x^2+3}{x^2-4}$，得其定义域即 $f(x)$ 的值域 $[0, 2)\cup(2, +\infty)$.

(5) 当 $0\leqslant x\leqslant 1$ 时，反解得 $x=y$，$0\leqslant y\leqslant 1$；当 $1<x\leqslant 2$ 时，反解得 $x=1-y$，$-1\leqslant y<0$；因此，$x=\begin{cases}1-y, & -1\leqslant y<0\\ y, & 0\leqslant y\leqslant 1\end{cases}$，即 $f^{-1}(x)=\begin{cases}1-x, & -1\leqslant x<0\\ x, & 0\leqslant x\leqslant 1\end{cases}$.

(6) 当 $x<-1$ 时，$f(x)=(-2x-2-3+x)x=-x^2-5x$；当 $-1\leqslant x<3$ 时，$f(x)=$

$(2x+2-3+x)x=3x^2-x$；当$3\leqslant x$时，$f(x)=(2x+2+3-x)x=x^2+5x$，因此，

$$f(x)=\begin{cases}-x^2-5x, & x<-1\\ 3x^2-x, & -1\leqslant x<3\\ x^2+5x, & 3\leqslant x\end{cases}.$$

(7) 由于 $y=\arctan u$ 单调增，故 $y=\arctan(x^2-2x+3)$ 的单调减区间即 $u=x^2-2x+3$ 的单调减区间 $(-\infty, 1)$.

2. 答 (1) A. (2) C. (3) B. (4) C. (5) C.

解析 (1) 函数$y=x$与$y=\tan(\arctan x)$ 定义域相同，对应法则相同，因此相等，故选择A.

(2) 由 $|e^{\sin x}|<e$，$\left|\dfrac{1}{x^2-2x+2}\right|=\dfrac{1}{(x-1)^2+1}\leqslant 1$，$|x\arcsin x|\leqslant\dfrac{\pi}{2}$，以及排除法，知 $y=\ln(1+\cos x)$ 为无界函数，选 C.

(3) $f(x)$，$g(x)$ 均为奇函数，奇函数的复合、代数和仍为奇函数，则 $f(x)g(x)$ 为偶函数，故选 B.

(4) $x=\dfrac{\pi}{2}$ 为 $f(x)$ 的无界点，因此 $f(x)$ 为无界函数，故选择 C.

(5) 分段函数、含有绝对值号的函数经适当变形有可能化为初等函数形式，如 $y=|x|$ 可看作由初等函数$y=\sqrt{u}$，$u=x^2$ 复合而成，又幂指函数 $[f(x)]^{g(x)}=e^{g(x)\ln f(x)}$ 为初等函数，由排除法，应选择 C.

3. 解 (1) 由$\begin{cases}\lg\dfrac{x-1}{3}\geqslant 0\\ x-1>0\end{cases}$，即$\begin{cases}x\geqslant 4\\ x>1\end{cases}$，得 $D_f=[4, +\infty)$.

(2) 由 $\cos x\geqslant 0$，得 $2k\pi-\dfrac{\pi}{2}\leqslant x\leqslant 2k\pi+\dfrac{\pi}{2}$，$k\in\mathbb{Z}$，即 $D_f=\left[2k\pi-\dfrac{\pi}{2}, 2k\pi+\dfrac{\pi}{2}\right]$，$k\in\mathbb{Z}$.

(3) 由 $|x^2-2x-1|\leqslant 1$，解得 $1\leqslant|x-1|\leqslant\sqrt{3}$，即 $2\leqslant x\leqslant\sqrt{3}+1$ 或 $1-\sqrt{3}\leqslant x\leqslant 0$，因此，$D_f=[1-\sqrt{3}, 0]\cup[2, 1+\sqrt{3}]$.

(4) $y=x^{x^2-x}=e^{(x^2-x)\ln x}$，知 $D_f=(0, +\infty)$.

4. 解 依题设，$f[g(x)]=\sin[g(x)]=1-x^2$，解得 $g(x)=\arcsin(1-x^2)$，由 $|1-x^2|\leqslant 1$，有 $D_g=[-\sqrt{2}, \sqrt{2}]$，从而得 $g(x+1)$，$g\left(x-\dfrac{1}{2}\right)$的定义域分别为

$[-1-\sqrt{2}, \sqrt{2}-1]$，$\left[\dfrac{1}{2}-\sqrt{2}, \sqrt{2}+\dfrac{1}{2}\right]$.

5. 证 $f(x)$，$\varphi(x)$ 均单调增加，且 $f(x)\leqslant\varphi(x)$，则有

$$f[f(x)]\leqslant f[\varphi(x)], f[\varphi(x)]\leqslant\varphi[\varphi(x)],$$

从而有 $f[f(x)]\leqslant\varphi[\varphi(x)]$.

6. 解 (1) 函数 $f(x)$ 在 $[0, 2\pi]$ 上的图形如附二图 1-1(实线部分) 所示.

(2) 由
$$\begin{aligned}f(x+2\pi)&=\max\{\sin(x+2\pi), \cos(x+2\pi)\}\\&=\max\{\sin x, \cos x\}=f(x)\end{aligned}$$

知，$f(x)$ 是周期为 2π 的周期函数.

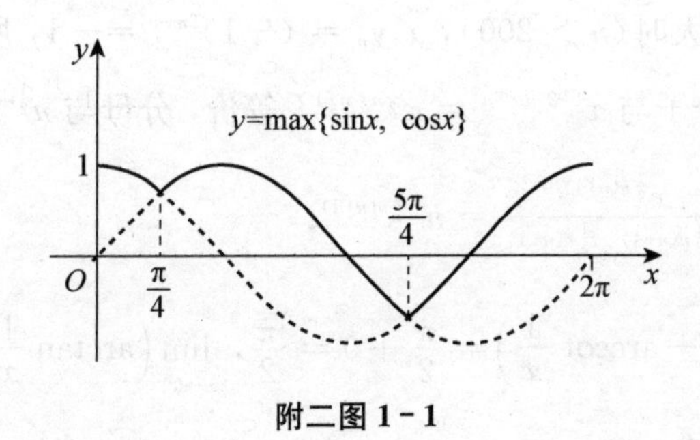

附二图 1-1

(3) 借助附二图 1-1,

$$f(x)=\begin{cases}\cos x, & 2k\pi \leqslant x < 2k\pi+\dfrac{\pi}{4} \text{ 或 } 2k\pi+\dfrac{5\pi}{4} \leqslant x < (2k+1)\pi \\ \sin x, & 2k\pi+\dfrac{\pi}{4} \leqslant x < \dfrac{5\pi}{4}\end{cases}, k\in \mathrm{Z}.$$

7. 证 若 $f(x)$ 为有界函数，则必存一个正数 M，对于任意的 $x\in D_f$，总有 $|f(x)|\leqslant M$. 对于复合函数 $f[g(x)]$，其定义域 $D_{f\cdot g}\subset D_f$，因此，对于任意的 $x\in D_{f\cdot g}$，也必有 $x\in D_f$，使得 $f[g(x)]\leqslant M$，所以，$f[g(x)]$ 也必为有界函数.

8. 解 设圆柱形容器底面圆半径为 r，高为 h，于是有 $V=\pi r^2 h$，$h=\dfrac{V}{\pi r^2}$. 因此圆柱形容器的表面面积函数为 $S(r)=2\pi rh+\pi r^2=\dfrac{2V}{r}+\pi r^2$.

9. 解 设一次购买量为 x 公斤，一次购买该商品所需费用为 y 元，依题设，当 $0\leqslant x\leqslant 5$ 时，$y=10x$；当 $5<x<15$ 时，$y=50+8(x-5)=8x+10$；当 $15\leqslant x$ 时，$y=130+6(x-15)=6x+40$，因此

$$y=\begin{cases}10x, & 0\leqslant x\leqslant 5\\ 8x+10, & 5<x<15,\\ 6x+40, & 15\leqslant x\end{cases}\quad \text{单位:元.}$$

10. 解 (1) 依题设，$X_d=100-2.5P$，$X_s=\dfrac{5}{4}P-\dfrac{50}{4}$，当 $X_d=X_s$ 时，得均衡价格 $\bar{P}=30$ 元，此时，均衡需求量为 $X_d=X_s=25$ 万件.

(2) 若每件征税 6 元，供方按税前价 $P-6$ 供货，有 $X_s=\dfrac{5}{4}(P-6)-\dfrac{50}{4}$，又由 $X_d=X_s$，可得均衡价格 $\bar{P}=32$ 元，均衡需求量变为 $X_d=X_s=20$ 万件.

(3) 在无税情况下需求量增加2万件，即均衡需求量为27万件，由 $27=100-2.5P$，得售价 $P=29.2$ 元，又由 $27=\dfrac{5}{4}P-\dfrac{50}{4}$，得生产者按价格 31.6 元生产，两者价差为 2.4 元，即政府对每单位商品应给补贴 2.4 元.

第 2 章

1. 答 (1) -1. (2) $n^{-\frac{n(n+1)}{2}}$. (3) $\dfrac{\pi}{2}$. (4) $0, \dfrac{1}{2}$. (5) $-\dfrac{3}{2}$. (6) $-1, 0$. (7) 4.

解析 (1) 当 n 足够大时($n > 200$), $x_n y_n = (-1)^{2n+1} = -1$, 所以 $\lim\limits_{n\to\infty} x_n y_n = -1$.

(2) 当 $x \to \infty$ 时, 分子与 $x^{1+2+\cdots+n} = x^{\frac{1}{2}n(n+1)}$ 等价, 分母与 $n^{\frac{1}{2}n(n+1)} x^{\frac{1}{2}n(n+1)}$ 等价, 故

$$原极限 = \lim_{x\to\infty} \frac{x^{\frac{1}{2}n(n+1)}}{n^{\frac{1}{2}n(n+1)} x^{\frac{1}{2}n(n+1)}} = n^{-\frac{1}{2}n(n+1)}.$$

(3) 由 $\lim\limits_{x\to 0^+}\left(\arctan\dfrac{1}{x} + \operatorname{arccot}\dfrac{1}{x}\right) = \dfrac{\pi}{2} + 0 = \dfrac{\pi}{2}$, $\lim\limits_{x\to 0^-}\left(\arctan\dfrac{1}{x} + \operatorname{arccot}\dfrac{1}{x}\right) = -\dfrac{\pi}{2} + \pi = \dfrac{\pi}{2}$, 知原极限为 $\dfrac{\pi}{2}$.

(4) 由 $\lim\limits_{x\to\infty}\dfrac{x+100}{x^2-2x} = 0$, $\left|\sin\dfrac{x^3+1}{2x}\right| \leqslant 1$, 有 $\lim\limits_{x\to\infty}\dfrac{x+100}{x^2-2x}\sin\dfrac{x^3+1}{2x} = 0$; 当 $x\to\infty$ 时, $\dfrac{x^2-2x}{2x+3} \sim \dfrac{x}{2}$, $\sin\dfrac{x+5}{x^2+2x} \sim \dfrac{1}{x}$, 所以有 $\lim\limits_{x\to\infty}\dfrac{x^2-2x}{2x+3}\sin\dfrac{x+5}{x^2+2x} = \lim\limits_{x\to\infty}\dfrac{x}{2}\cdot\dfrac{1}{x} = \dfrac{1}{2}$.

(5) 当 $x\to 0$ 时, $(1+\alpha x^2)^{\frac{1}{3}} \sim \dfrac{1}{3}\alpha x^2$, $\cos x - 1 \sim -\dfrac{1}{2}x^2$, 于是 $\lim\limits_{x\to 0}\dfrac{(1+\alpha x^2)^{\frac{1}{3}}}{\cos x - 1} = -\dfrac{2}{3}\alpha = 1$, $\alpha = -\dfrac{3}{2}$.

(6) 由 $\lim\limits_{x\to\infty}\dfrac{1}{x}\left(\dfrac{x^2}{1+x} + ax + b\right) = \lim\limits_{x\to\infty}\left(\dfrac{x}{1+x} + a + \dfrac{b}{x}\right) = 1 + a = -1\times 0 = 0$, 得 $a = -1$, 从而有

$$b = -1 - \lim_{x\to\infty}\left(\frac{x^2}{1+x} - x\right) = -1 - (-1) = 0.$$

(7) 由 $\lim\limits_{x\to 0} f(x) = \lim\limits_{x\to 0}\dfrac{\cos x - \cos 3x}{x^2} = \lim\limits_{x\to 0}\dfrac{\cos x - 1}{x^2} + \lim\limits_{x\to 0}\dfrac{1-\cos 3x}{x^2} = -\dfrac{1}{2} + \dfrac{9}{2} = 4 = a$, 知 $a = 4$.

2. 答 (1) D. (2) C. (3) D. (4) A. (5) C. (6) A. (7) D.

解析 (1) 由 $\lim\limits_{x\to 0^+} e^{\frac{1}{x}} = +\infty$, $\lim\limits_{x\to 0^-} e^{\frac{1}{x}} = 0$, 有 $\lim\limits_{x\to 0^+}\dfrac{e^{\frac{1}{x}}+1}{e^{\frac{1}{x}}-1} = 1$, $\lim\limits_{x\to 0^-}\dfrac{e^{\frac{1}{x}}+1}{e^{\frac{1}{x}}-1} = -1$, 知 $\lim\limits_{x\to 0}\dfrac{e^{\frac{1}{x}}+1}{e^{\frac{1}{x}}-1}$ 不存在, 故选 D.

(2) 当 $x\to 0$ 时, $\alpha = \dfrac{x^2}{2} + \dfrac{x^3}{3} \sim \dfrac{x^2}{2}$, $\beta = \sqrt{x^6 + \sqrt{x^8 + \sqrt{x^{11}}}} \sim x^{\frac{11}{8}}$, 知 α 是比 β 高阶的无穷小, 故选 C.

(3) 选项 A、B 仅在足够大时成立, 又 $\lim\limits_{n\to\infty} a_n c_n$ 为 $0\cdot\infty$ 型未定式, 极限未必不存在, 由排除法, 应选 D.

(4) $\lim\limits_{x\to x_0}[f(x)+g(x)]$ 必不存在, 否则, 由 $\lim\limits_{x\to x_0}[f(x)+g(x)]$、$\lim\limits_{x\to x_0} f(x)$ 存在, 可得 $\lim\limits_{x\to x_0} g(x) = \lim\limits_{x\to x_0}[f(x)+g(x)-f(x)]$ 存在, 与假设矛盾, 故选 A.

(5) 依题设, $x^2 + ax + b$ 可表示为 $(x-2)(x-c)$, 有 $\lim\limits_{x\to 2}(x-c) = 2 - c = 1$, $c = 1$, 从而有 $x^2 + ax + b = (x-2)(x-1) = x^2 - 3x + 2$, 比较系数, 得 $a = -3$, $b = 2$, 故选 C.

(6) 由 $\lim\limits_{x\to1^+}f(x)=\lim\limits_{x\to1^+}\mathrm{e}^{-\frac{1}{x-1}}=0$，$\lim\limits_{x\to1^-}f(x)=\lim\limits_{x\to1^-}\mathrm{e}^{-\frac{1}{x-1}}=+\infty$，知在 $x=1$ 处，$f(x)$ 右连续，故选 A.

(7) 由 $\lim\limits_{x\to0}g(x)=\lim\limits_{x\to0}f\left(\dfrac{1}{x}\right)=\lim\limits_{u\to\infty}f(u)=a$，知仅当 $a=0$ 时 $g(x)$ 在 0 处连续，故选 D.

3. 证 （充分性） 由已知，$\lim\limits_{n\to\infty}|a_n|=0$ 及 $-|a_n|\leqslant a_n\leqslant|a_n|$，根据夹逼定理，必有 $\lim\limits_{n\to\infty}a_n=0$.

（必要性） 若 $\lim\limits_{n\to\infty}a_n=0$，则 n 足够大时，a_n 与 0 的距离 $|a_n-0|$ 任意小，即有 $\lim\limits_{n\to\infty}|a_n|=0$.

由反例，取 $a_n=(-1)^n$，虽然 $\lim\limits_{n\to\infty}|a_n|=1$，但 $\lim\limits_{n\to\infty}a_n$ 不存在，说明当 $a\neq0$ 时，$\lim\limits_{n\to\infty}|a_n|=a$ 并非 $\lim\limits_{n\to\infty}a_n=a$ 的充分条件.

4. 证 (1) 若 p_n 收敛，不妨设 $\lim\limits_{n\to\infty}p_n=A$，于是，由极限运算法则，有 $\lim\limits_{n\to\infty}p_{n+1}=\dfrac{b\lim\limits_{n\to\infty}p_n}{a+\lim\limits_{n\to\infty}p_n}$，

即 $A=\dfrac{bA}{a+A}$，解得 $A=0$ 或 $b-a$.

(2) 由 $p_0>0$，有 $p_1=\dfrac{bp_0}{a+p_0}>0$，设 $p_k>0$，必有 $p_{k+1}=\dfrac{bp_k}{a+p_k}>0$，因此，由归纳法证明 $p_n>0$，从而有 $p_{n+1}=\dfrac{bp_n}{a+p_n}<\dfrac{b}{a}p_n$.

(3) 由 (2)，$p_n<\dfrac{b}{a}p_{n-1}<\left(\dfrac{b}{a}\right)^2p_{n-2}<\cdots<\left(\dfrac{b}{a}\right)^np_0$，因此，当 $a>b$ 时，必有 $\lim\limits_{n\to\infty}p_n=0$.

5. 解 (1) 原极限 $=\lim\limits_{n\to\infty}\dfrac{1\left(1-\dfrac{1}{2^n}\right)}{1-\dfrac{1}{2}}\Bigg/\left[\dfrac{1\left[1-\left(-\dfrac{1}{3}\right)^n\right]}{1+\dfrac{1}{3}}\right]=2\times\dfrac{4}{3}=\dfrac{8}{3}$.

(2) 原极限 $=\lim\limits_{n\to\infty}\ln n\cdot\left(-\dfrac{1}{\ln2+\ln n}\right)=-1$，其中当 $n\to\infty$ 时，$\ln\left(1-\dfrac{1}{\ln2n}\right)\sim-\dfrac{1}{\ln2n}$.

(3) 原极限 $=\lim\limits_{x\to-1}\dfrac{x^2-x-2}{x^3+1}=\lim\limits_{x\to-1}\dfrac{(x+1)(x-2)}{(x+1)(x^2-x+1)}=\lim\limits_{x\to-1}\dfrac{x-2}{x^2-x+1}=-1$.

(4) 原极限 $=\lim\limits_{x\to1}\dfrac{7x+1-2^3}{(x-1)(x+1)\left[(\sqrt[3]{7x+1})^2+2\sqrt[3]{7x+1}+4\right]}$

$=\lim\limits_{x\to1}\dfrac{7}{(x+1)\left[(\sqrt[3]{7x+1})^2+2\sqrt[3]{7x+1}+4\right]}=\dfrac{7}{24}$.

(5) 原极限 $=\lim\limits_{x\to0}\dfrac{\mathrm{e}(1-\mathrm{e}^{\cos x-1})}{x}=\lim\limits_{x\to0}\dfrac{\mathrm{e}(1-\cos x)}{x}=\dfrac{1}{2}\lim\limits_{x\to0}\dfrac{\mathrm{e}x^2}{x}=0$.

(6) 原极限 $=\lim\limits_{x\to0}(1-\sin x)^{-\frac{1}{\sin x}\cdot\frac{\sin x\cos2x}{-\sin2x}}=\mathrm{e}^{-\frac{1}{2}}$.

(7) 原极限 $=\lim\limits_{x\to0}\dfrac{x^2}{|x+x^2|}=\lim\limits_{x\to0}x\cdot\dfrac{x}{|x+x^2|}=0$，其中当 $x\to0$ 时，$\sin|x+x^2|\sim|x+x^2|$，$\dfrac{x}{|x+x^2|}$ 为有界变量.

(8) 原极限 $=\left(\dfrac{1+\cos0}{2}\right)^{2^0}=1$.

6. 解 由 $f(x)=\dfrac{px^2-2}{x+1}-3qx+5=\dfrac{(p-3q)x^2+(5-3q)x+3}{x+1}$ 知，若当 $x\to\infty$ 时，

$f(x)$ 为无穷大量，则分子多项式的幂次应大于分母，因此，p，q 应满足条件 $p-3q\neq 0$. 若当 $x\to\infty$ 时，$f(x)$ 为无穷小量，则分子多项式的幂次应小于分母，因此，p，q 应满足条件 $p-3q=0$，$5-3q=0$，解得 $p=5$，$q=\frac{5}{3}$.

7. 解 $\lim\limits_{x\to-0.01}f(x)=\lim\limits_{x\to-0.01}\frac{1}{e^{-0.01}}=e^{-100}$，$\lim\limits_{x\to 0^-}f(x)=\lim\limits_{x\to 0^-}e^{\frac{1}{x}}=0$，$\lim\limits_{x\to 0^+}f(x)=\lim\limits_{x\to 0^+}(2x-x^2)=0$. 由 $\lim\limits_{x\to 1^+}f(x)=\lim\limits_{x\to 1^+}\frac{x+1}{x-1}=\infty$，$\lim\limits_{x\to 1^-}f(x)=\lim\limits_{x\to 1^-}(2x-x^2)=1$，知 $\lim\limits_{x\to 1}f(x)$ 不存在. 又由 $\lim\limits_{x\to+\infty}f(x)=\lim\limits_{x\to+\infty}\frac{x+1}{x-1}=1$，$\lim\limits_{x\to-\infty}f(x)=\lim\limits_{x\to-\infty}e^{\frac{1}{x}}=1$，知 $\lim\limits_{x\to\infty}f(x)=1$. 结果表明，函数 $f(x)$ 的间断点为 $x=1$，为无穷间断点.

8. 解 由 $\lim\limits_{x\to 0^+}f(x)=\lim\limits_{x\to 0^+}\cos x=1$，$\lim\limits_{x\to 0^-}f(x)=\lim\limits_{x\to 0^-}\sin x=0$，知 $x=0$ 为 $f(x)$ 的间断点，$f(x)$ 的连续区间为 $(-\infty,0)$，$(0,+\infty)$，$g(x)$ 的连续区间为其定义域 $[-1,1]$. $f(x)+g(x)$ 的连续区间为 $[-1,0)$，$(0,1]$，由 $f(x)\cdot g(x)=\begin{cases}\arcsin x\cdot\sin x, & -1\leqslant x<0\\ \arcsin x\cdot\cos x, & 0\leqslant x\leqslant 1\end{cases}$，且 $\lim\limits_{x\to 0^+}f(x)\cdot g(x)=\lim\limits_{x\to 0^-}f(x)\cdot g(x)=0=f(0)\cdot g(0)$，知 $x=0$ 为 $f(x)\cdot g(x)$ 的连续点，故 $f(x)g(x)$ 的连续区间为 $[-1,1]$. 又由 $\lim\limits_{x\to 0^-}g[f(x)]=\lim\limits_{x\to 0^-}\arcsin(\sin x)=0$，$\lim\limits_{x\to 0^+}g[f(x)]=\lim\limits_{x\to 0^+}\arcsin(\cos x)=\frac{\pi}{2}$，$\lim\limits_{x\to 0^-}g[f(x)]\neq\lim\limits_{x\to 0^+}g[f(x)]$，知 $x=0$ 为 $g[f(x)]$ 的间断点，同时，$g(x)$ 在 $[-1,1]$ 上连续，$f(x)$ 在 $(-\infty,0)$，$(0,+\infty)$ 内连续，知 $g[f(x)]$ 在 $(-\infty,0)$，$(0,+\infty)$ 内连续.

9. 证 设 $f(x)=x^3-3x-1$，显然 $f(x)$ 在 $[1,2]$ 上连续，且 $f(1)f(2)=-3\times 1<0$，因此，由零值定理，必存在一点 $\xi\in(1,2)$，使得 $f(\xi)=\xi^3-3\xi-1=0$，即方程 $x^3-3x=1$ 在 $(1,2)$ 内至少有一个实根.

10. 证 依题设，$f(x)$ 在 $[c,d]$ 上连续，若 $f(c)=f(d)$，则

$$mf(c)+nf(d)=(m+n)f(c)=(m+n)f(d),$$

于是，取 $\xi=c\in(a,b)$ 或 $\xi=d\in(a,b)$，均有 $mf(c)+nf(d)=(m+n)f(\xi)$.

若 $f(c)\neq f(d)$，不妨设 $f(c)>f(d)$，则有 $f(d)<\frac{m}{m+n}f(c)+\frac{n}{m+n}f(d)<f(c)$.

于是，由介值定理，对于介于 $f(c)$，$f(d)$ 之间的 $\frac{m}{m+n}f(c)+\frac{n}{m+n}f(d)$，必存在一点 $\xi\in[c,d]\subset(a,b)$，使得 $f(\xi)=\frac{m}{m+n}f(c)+\frac{n}{m+n}f(d)$，即 $mf(c)+nf(d)=(m+n)f(\xi)$.

第3章

1. 答 (1) 在 $x=a$ 处有定义且极限存在. (2) $-\frac{1}{8}$. (3) $\alpha>2$. (4) $-1-\frac{2\sqrt{3}}{3}$. (5) $\frac{3n!}{(2-x)^{n+1}}$. (6) $y=x+1$. (7) 大于 50 单位.

解析 (1) 在$x=a$处可导的充要条件是$g(x)$在$x=a$处有定义且极限$\lim\limits_{x\to a}\frac{f(x)-f(a)}{x-a}=\lim\limits_{x\to a}\frac{\sin(x-a)}{x-a}g(x)$存在，即$\lim\limits_{x\to a}g(x)$存在.

(2) $f(x)$在$x=x_0$处可导的条件下，

$$\lim_{x\to 0}\frac{x}{f(x_0-3x)-f(x_0-x)}=-\frac{1}{2}\lim_{x\to 0}\frac{-3x-(-x)}{f(x_0-3x)-f(x_0-x)}$$
$$=-\frac{1}{2f'(x_0)}=-\frac{1}{8}.$$

(3) 当$x=0$时，$f'(0)=\lim\limits_{x\to 0}\frac{x^{\alpha}\sin\frac{1}{x}}{x}\overset{\alpha>1}{=}0$；当$x\neq 0$时，$f'(x)=\alpha x^{\alpha-1}\sin\frac{1}{x}-x^{\alpha-2}\cos\frac{1}{x}$. 所以

$$f'(x)=\begin{cases}\alpha x^{\alpha-1}\sin\frac{1}{x}-x^{\alpha-2}\cos\frac{1}{x}, & x\neq 0\\ 0, & x=0\end{cases},$$

可知，要使$f'(x)$在$x=0$处连续，必须$\alpha>2$.

(4) $\frac{\mathrm{d}y}{\mathrm{d}x}=\frac{\mathrm{d}y}{\mathrm{d}u}\cdot\frac{\mathrm{d}u}{\mathrm{d}x}=\frac{\mathrm{d}}{\mathrm{d}u}[(u+1)^2]\frac{\mathrm{d}\sin t}{\mathrm{d}\cos t}=-2(u+1)\cot t$，又当$x=\frac{1}{2}$时，$t=\frac{\pi}{3}$，$u=\frac{\sqrt{3}}{2}$，$\cot t=\frac{\sqrt{3}}{3}$，所以$\frac{\mathrm{d}y}{\mathrm{d}x}\Big|_{x=\frac{1}{2}}=-2\left(\frac{\sqrt{3}}{2}+1\right)\frac{\sqrt{3}}{3}=-1-\frac{2\sqrt{3}}{3}$.

(5) $y=\frac{x^8-2x^7+3}{2-x}=-x^7+\frac{3}{2-x}$，当$n>7$时，$y^{(n)}=\left(\frac{3}{2-x}\right)^{(n)}=\frac{3n!}{(2-x)^{n+1}}$.

(6) 对曲线方程两边求导，$\cos(xy)(y+xy')+\frac{y'-1}{y-x}=1$，将$x=0$，$y=1$代入，得$y'\Big|_{x=0,\ y=1}=1$，因此，曲线在点$(0,1)$处的切线方程是$y=1\times(x-0)+1=x+1$.

(7) 依题设，收益函数为$R=Q\cdot P=Q\left(20-\frac{1}{5}Q\right)$，边际收益为$R'=20-\frac{2}{5}Q$. 从而知，当销量大于50单位时，边际收益开始为负.

2. 答 (1) B. (2) A. (3) B. (4) A. (5) D. (6) A. (7) C.

解析 (1) 主要考察选项极限的存在性是否与极限$\lim\limits_{h\to 0}\frac{f(h)}{h}$的存在性等价. 由于当$h\to 0$时，$1-\mathrm{e}^h\sim -h$，知极限$\lim\limits_{h\to 0}\frac{f(1-\mathrm{e}^h)}{h}$的存在性与$\lim\limits_{h\to 0}\frac{f(h)}{h}$的存在性等价，而$h^2\to 0$，$\frac{1}{n}\to 0$只是$h\to 0$的一个子过程，选项A和C中的极限存在推不出$\lim\limits_{h\to 0}\frac{f(h)}{h}$存在，同样，选项D存在推不出$\lim\limits_{h\to 0}\frac{f(h)}{h}$存在，故选B.

(2) $F(x)$在$x=0$处可导的关键是$f(x)|\sin x|$在$x=0$处可导，即极限$\lim\limits_{x\to 0}\frac{f(x)|\sin x|}{x}$的存在性，显然该极限存在的充分必要条件是$f(0)=0$，故选A.

(3) 若 $f(x)$ 在点 $x_0\in(a,b)$ 可导，则曲线 $y=f(x)$ 在点 $x_0\in(a,b)$ 处必存在切线，但若曲线 $y=f(x)$ 在点 $x_0\in(a,b)$ 处存在切线，则 $f(x)$ 在该点未必可导，如曲线 $y=\sqrt[3]{x}$ 在点 $x=0$ 处存在切线，但 $f(x)$ 在点 $x=0$ 处不可导，因此，存在切线是 $f(x)$ 在该点可导的必要但非充分条件，故选 B.

(4) $f'(0)=\lim\limits_{x\to 0}\dfrac{(e^x-1)(e^{2x}-2)\cdots(e^{nx}-n)}{x}=(-1)\times(-2)\times\cdots\times(1-n)=(-1)^{n-1}(n-1)!$，故选 A.

(5) 依题设，$dy=[f(x^2)]'\Delta x=2xf'(x^2)\Delta x$，从而有 $-2f'(1)\times(-0.1)=0.1$，得 $f'(1)=0.5$，故选 D.

(6) 由 $f'(\cos(-x))=f'(\cos x)$，知 $f'(\cos x)$ 是偶函数，故选 A.

(7) 当 $Q=AP^{\alpha}$ 时，$\dfrac{EQ}{EP}=\dfrac{P}{Q}(AP^{\alpha})'=\dfrac{P}{AP^{\alpha}}\cdot\alpha AP^{\alpha-1}=\alpha$，与价格 P 无关，故选 C.

3. 证 （充分性） 若 $f'(x_0)=0$，即 $\lim\limits_{x\to x_0}\dfrac{f(x)}{x-x_0}=0$，则有 $\lim\limits_{x\to x_0}\left|\dfrac{f(x)}{x-x_0}\right|=0$，从而有

$$(|f(x)|)'|_{x=x_0-0}=\lim_{x\to x_0^-}\frac{|f(x)|}{x-x_0}=-\lim_{x\to x_0^-}\left|\frac{f(x)}{x-x_0}\right|=0,$$

$$(|f(x)|)'|_{x=x_0+0}=\lim_{x\to x_0^+}\frac{|f(x)|}{x-x_0}=\lim_{x\to x_0^+}\left|\frac{f(x)}{x-x_0}\right|=0,$$

即有 $(|f(x)|)'|_{x=x_0}=0$，因此，函数 $|f(x)|$ 在 x_0 处可导.

（必要性） 若不然，$f'(x_0)=a\neq 0$，不妨设 $a>0$，由保号性，则有 $\lim\limits_{x\to x_0}\dfrac{f(x)}{x-x_0}=\lim\limits_{x\to x_0}\left|\dfrac{f(x)}{x-x_0}\right|=a$，于是，

$$(|f(x)|)'|_{x=x_0-0}=\lim_{x\to x_0^-}\frac{|f(x)|}{x-x_0}=-\lim_{x\to x_0^-}\left|\frac{f(x)}{x-x_0}\right|=-a,$$

$$(|f(x)|)'|_{x=x_0+0}=\lim_{x\to x_0^+}\frac{|f(x)|}{x-x_0}=\lim_{x\to x_0^+}\left|\frac{f(x)}{x-x_0}\right|=a,$$

$$(|f(x)|)'|_{x=x_0-0}\neq(|f(x)|)'|_{x=x_0+0},$$

从而证明函数 $|f(x)|$ 在 x_0 处不可导.

4. 解 (1) $y'=10(1+\sqrt[3]{x})^9(x^{\frac{1}{3}})'=\dfrac{10}{3\sqrt[3]{x^2}}(1+\sqrt[3]{x})^9$.

(2) 由于 $y=\dfrac{\ln(2x+3)}{2\ln x}$，所以

$$y'=\frac{2(2x+3)^{-1}\ln x-x^{-1}\ln(2x+3)}{2\ln^2 x}=\frac{1}{(2x+3)\ln x}-\frac{\ln(2x+3)}{2x\ln^2 x}.$$

(3) 由于 $y=x^{-\frac{3}{2}}(x+1)^3+e^{\sin x\ln x}+\ln\pi$，所以

$$y'=-\frac{3}{2}x^{-\frac{5}{2}}(x+1)^3+3x^{-\frac{3}{2}}(x+1)^2+e^{\sin x\ln x}\left(\cos x\ln x+\frac{\sin x}{x}\right).$$

(4) 由于 $y=\lim\limits_{t\to 0}x(1+3t)^{\frac{x}{t}}=x\mathrm{e}^{3x}$，所以 $y'=(1+3x)\mathrm{e}^{3x}$.

(5) 由 $y'=f'[f(x)]f'(x)$，有 $y'|_{x=1}=f'[f(1)]f'(1)=f'(0)f'(1)$，又

$$f'_-(1)=\lim_{x\to 1^-}\frac{f(x)}{x-1}=\lim_{x\to 1^-}\frac{\ln x}{x-1}=1,$$

$$f'_+(1)=\lim_{x\to 1^+}\frac{f(x)}{x-1}=\lim_{x\to 1^+}\frac{x-1}{x-1}=1,\ f'(1)=1,$$

$$f'(0)=(x-1)'\Big|_{x=0}=1,$$

所以，$y'|_{x=1}=1\times 1=1$.

(6) $y'=\dfrac{2}{\sqrt{a^2-b^2}}\cdot\dfrac{1}{1+\left(\sqrt{\dfrac{a-b}{a+b}}\tan\dfrac{x}{2}\right)^2}\sqrt{\dfrac{a-b}{a+b}}\cdot\dfrac{1}{\cos^2\dfrac{x}{2}}\cdot\dfrac{1}{2}=\dfrac{1}{a+b\cos x}$，故

$$y''=\frac{b\sin x}{(a+b\cos x)^2}.$$

(7) 两边微分，$\mathrm{d}y=-\dfrac{1}{1+\left(\dfrac{x}{y}\right)^2}\dfrac{y\mathrm{d}x-x\mathrm{d}y}{y^2}=\dfrac{x\mathrm{d}y-y\mathrm{d}x}{x^2+y^2}$，将 $x=0$，$y=1$ 代入，得

$\mathrm{d}y\Big|_{x=0}=-\mathrm{d}x$.

(8) 两边求导，$2yy'=\dfrac{1}{x}+\dfrac{1}{y}y'$，$2yy''+2(y')^2=-\dfrac{1}{x^2}-\dfrac{1}{y^2}(y')^2+\dfrac{1}{y}y''$，将 $x=\mathrm{e}$，$y=1$ 代入，得 $y'\Big|_{(\mathrm{e},1)}=\mathrm{e}^{-1}$，再将 $x=\mathrm{e}$，$y=1$，$y'\Big|_{(\mathrm{e},1)}=\mathrm{e}^{-1}$ 代入，得 $y''\Big|_{(\mathrm{e},1)}=-4\mathrm{e}^{-2}$.

5. 解 由 $f'(x)=3x^2$，$g'(x)=\dfrac{1}{1+x^2}$，有

$$\{f^2[g(x)]\}'=2f[g(x)]f'[g(x)]g'(x)=\frac{6\arctan^5 x}{1+x^2},$$

$$\{f[g^2(x)]\}'=f'[g^2(x)]2g(x)g'(x)=\frac{6\arctan^5 x}{1+x^2},$$

$$f'[g(x)]=3\arctan^2 x,$$

$$\{f[g(x)]\}'=f'[g(x)]g'(x)=\frac{3\arctan^2 x}{1+x^2},$$

$$g'[f(x)]\Big|_{x=1}=\frac{1}{1+x^6}\Big|_{x=1}=\frac{1}{2},\ g\{[f(1)]'\}=g(0)=0.$$

6. 解 由题设，$V'(t)=3$ 米^3/秒，水槽高为 h 米时，水的体积为 $V=\dfrac{20\sqrt{3}}{3}h^2$ 米^3，两边对 t 求导，$V'(t)=\dfrac{40\sqrt{3}}{3}h\cdot h'(t)$，将 $V'(t)=3$，$h=4$ 代入，解得水高上升速度为 $\dfrac{3\sqrt{3}}{160}$ 米/秒.

7. 解 由于 $x=0$ 为 $f(x)$ 的间断点，即为不可导点，于是 $f'(x)=\begin{cases}1, & x<0\\ 1, & x>0\end{cases}$，又

$g'_-(1)=\lim\limits_{x\to 1}\dfrac{x^2-1}{x-1}=2$，$g'_+(1)=\lim\limits_{x\to 1}\dfrac{2x-1-1}{x-1}=2$，有 $g'(1)=2$，故 $g'(x)=$

$\begin{cases}2x, & x<1\\ 2, & x\geqslant 1\end{cases}$，因此，$\dfrac{\mathrm{d}}{\mathrm{d}x}[f(x)+g(x)]=\begin{cases}2x+1, & x<0\\ 2x+1, & 0<x<1.\\ 3, & 1\leqslant x\end{cases}$

8. 解 在方程 $\tan\left(x+y+\dfrac{\pi}{4}\right)=\mathrm{e}^y$ 两边对 x 求导，有 $\sec^2\left(x+y+\dfrac{\pi}{4}\right)(1+y')=\mathrm{e}^y y'$，将 $x=0$，$y=0$ 代入，得 $2(1+y')=y'$，从而有 $y'(0)=-2$，因此，曲线在点 $(0, 0)$ 处的切线方程为 $y=-2x$.

9. 解 由 $f(x)$ 连续，且 $\lim\limits_{x\to 0}\dfrac{f(x)}{x}=2$，必有 $f(0)=0$，得 $f'(0)=\lim\limits_{x\to 0}\dfrac{f(x)}{x}=2$，因此，曲线在点 $(0, 0)$ 处的切线 $y=2x$.

10. 证 (1) 由 $R=Qp$，两边微分，有 $\mathrm{d}R=Q\mathrm{d}p+p\mathrm{d}Q=\left(1+\dfrac{p\mathrm{d}Q}{Q\mathrm{d}p}\right)Q\mathrm{d}p=(1-\eta_d)\mathrm{d}p$.

于是由微分近似公式，有 $\Delta R\approx \mathrm{d}R=(1-\eta_d)Q\Delta p$.

(2) 要通过涨价增加收益，即当 $\Delta p>0$ 时，同时 $\Delta R\approx \mathrm{d}R=(1-\eta_d)Q\Delta p>0$，即要使 $1-\eta_d>0$，则 $\eta_d<1$，即商品需求对价格处于弱弹性时，通过涨价可以增加收益.

第4章

1. 答 (1) 3. (2) 单调减区间为 $(-\infty, a)$，$(0, b)$，(d, f)；单调增区间为 $(a, 0)$，(b, d)，$(f, +\infty)$；极大值点为 $x=0$，$x=d$，极小值点为 $x=a$，$x=b$，$x=f$；凹区间为 $(-\infty, c)$，$(e, b+\infty)$，凸区间为 (c, e)；拐点为 $(c, f(c))$，$(e, f(e))$.

(3) $\alpha>0$. (4) 3. (5) $x=-(n+1)$. (6) 负号. (7) $y=0$，$x=0$，$x=-2$.

解析 (1) 由 $f(x)$ 中含 x 的二次方，$x=0$ 必为零点，又由罗尔定理，在区间 $(0, 1)$，$(1, 2)$ 内还有两个零点，因此，$f'(x)$ 有 3 个零点.

(2) 图形下方区间 $(-\infty, a)$，$(0, b)$，(d, f) 即 $f(x)$ 的单调减区间；图形上方区间 $(a, 0)$，(b, d)，$(f, +\infty)$ 即 $f(x)$ 的单调增区间；极大值点为 $x=0$，$x=d$，极小值点为 $x=a$，$x=b$，$x=f$；图形上升区间 $(-\infty, c)$，$(e, +\infty)$ 为曲线 $y=f(x)$ 的凹区间，图形下降区间 (c, e) 为曲线 $y=f(x)$ 的凸区间，拐点为 $(c, f(c))$，$(e, f(e))$.

(3) 由洛必达法则，$\lim\limits_{x\to 0^+}x^\alpha\ln x=\lim\limits_{x\to 0^+}\dfrac{\ln x}{x^{-\alpha}}=\lim\limits_{x\to 0^+}\dfrac{1}{-\alpha x^{-\alpha}}=-\lim\limits_{x\to 0^+}\dfrac{1}{\alpha}x^\alpha\overset{\alpha>0}{=}0$，即当 $\alpha>0$ 时，极限 $\lim\limits_{x\to 0^+}x^\alpha\ln x$ 存在且为零.

(4) 依题设，$f(-1)=a-b=0$，$f''(-1)=-6+2a=0$，解得 $b=3$.

(5) 由 $f^{(n)}(x)=(x+n)\mathrm{e}^x$，$f^{(n+1)}(x)=(x+n+1)\mathrm{e}^x$，$f^{(n+2)}(x)=(x+n+2)\mathrm{e}^x$，令 $f^{(n+1)}(x)=0$，得 $x=-(n+1)$，又 $f^{(n+2)}(-1-n)=\mathrm{e}^{-(n+1)}>0$，知 $f^{(n)}(x)$ 在 $x=-(n+1)$ 处取极小值.

(6) $y=f(x)$ 与 $y=g(x)$ 互为反函数，则曲线 $y=f(x)$ 与 $y=g(x)$ 关于直线 $y=x$ 对称，借助几何直观，当 $f(x)$ 单调增，即 $f'(x)>0$ 时，曲线 $y=f(x)$ 与 $y=g(x)$ 有不同的凹凸性，故若 $f''(x)>0$，必有 $g''(x)<0$.

(7) 由当 $x\to\infty$ 时，$\dfrac{(1-\mathrm{e}^{-x})\ln x}{x^2+2x}\to 0$，知曲线有水平渐近线 $y=0$. 由当 $x\to 0^+$ 或

$x \to -2$ 时，$\dfrac{(1-e^{-x})\ln x}{x^2+2x} \to \infty$，知曲线有铅直渐近线 $x=0$，$x=-2$.

2. 答 (1) D. (2) A. (3) C. (4) C. (5) D. (6) B. (7) C.

解析 (1) 函数 $f(x)$ 的定义域为 $(-\infty, 0) \cup (0, +\infty)$，且 $f'(x)=\dfrac{1}{1+x^2}-\dfrac{1}{1+x^{-2}}\dfrac{1}{x^2}=0$. 取 $-1 \in (-\infty, 0)$，有 $f(-1)=-\dfrac{\pi}{2}$，知当 $-\infty < x < 0$ 时，$f(x)=-\dfrac{\pi}{2}$. 取 $1 \in (0, +\infty)$，有 $f(1)=\dfrac{\pi}{2}$，知当 $0<x<+\infty$ 时，$f(x)=\dfrac{\pi}{2}$，因此，在其定义域内 $f(x)$ 为非常数，故选 D.

(2) 设 $f(x)=\dfrac{\tan x}{x}$，由 $f'(x)=\dfrac{x\sec^2 x-\tan x}{x^2}=\dfrac{2x-\sin 2x}{2x^2\cos^2 x}>0$，$x \in \left(0, \dfrac{\pi}{2}\right)$，知 $f(x)$ 单调增，故当 $0<x<y<\dfrac{\pi}{2}$ 时，$\dfrac{\tan x}{x}<\dfrac{\tan y}{y}$，即$\dfrac{\tan y}{\tan x}>\dfrac{y}{x}$，故选 A.

(3) 仅由一点处的导数大于零不能说明该点邻域内的单调性. 由极限的保号性，$\lim\limits_{x\to 0}\dfrac{f(x)-f(0)}{x}=f'(0)>0$，至少存在一个$\delta>0$，使当$x \in (0, \delta)$ 时总有$\dfrac{f(x)-f(0)}{x}>0$，从而必有 $f(x)>f(0)$，故选 C.

(4) 对曲线方程求二阶导数，必含 $x-3$ 的一次因子，知 $x=3$ 必为 $f(x)$ 的二阶导数的零点，且为变号点，故 $(3, 0)$ 是 $f(x)$ 的一个拐点，故选 C.

(5) 依题设，$g(x)=f(0)(1-x)+f(1)x$ 为过曲线 $y=f(x)$ 上两点 $(0, f(0))$，$(1, f(1))$ 的直线方程，当 $f''(x)\geqslant 0$ 时，曲线 $y=f(x)$ 是凹的，曲线弧在对应弦的下方，因此，区间 $[0, 1]$ 上总有 $f(x)\leqslant g(x)$，选择 D.

(6) 由极限的保号性及$\lim\limits_{x\to a}\dfrac{f'(x)}{x-a}=-2$，知必存在一个 $\delta>0$，使当 $x \in (a-\delta, a+\delta)$ 时总有$\dfrac{f'(x)}{x-a}<0$，从而当$x>a$ 时 $f'(x)<0$，当 $x<a$ 时 $f'(x)>0$，知 $x=a$ 是 $f(x)$ 的极大值点，故选 B.

(7) 由$\lim\limits_{x\to\infty}\dfrac{x+\sin\dfrac{1}{x}}{x}=1$，$\lim\limits_{x\to\infty}\left(x+\sin\dfrac{1}{x}-x\right)=0$，知曲线 $y=x+\sin\dfrac{1}{x}$ 有渐近线 $y=x$，故选 C.

3. 解 (1) 当 $x\neq 0$ 时，$f'(x)=\dfrac{x(g'(x)+e^{-x})-(g(x)-e^{-x})}{x^2}$，当 $x=0$ 时，$f'(0)=\lim\limits_{x\to 0}\dfrac{f(x)}{x}=\lim\limits_{x\to 0}\dfrac{g(x)-e^{-x}}{x^2}=\lim\limits_{x\to 0}\dfrac{g'(x)+e^{-x}}{2x}=\lim\limits_{x\to 0}\dfrac{g''(x)-e^{-x}}{2}=\dfrac{g''(0)-1}{2}$，故

$$f'(x)=\begin{cases}\dfrac{x(g'(x)+e^{-x})-(g(x)-e^{-x})}{x^2}, & x\neq 0\\ \dfrac{g''(0)-1}{2}, & x=0\end{cases}.$$

(2)
$$\begin{aligned}\lim_{x\to 0}f'(x)&=\lim_{x\to 0}\frac{x(g'(x)+e^{-x})-(g(x)-e^{-x})}{x^2}\\&=\lim_{x\to 0}\frac{(g'(x)+e^{-x})+x(g''(x)-e^{-x})-(g'(x)+e^{-x})}{2x}\end{aligned}$$

$$= \lim_{x\to 0}\frac{g''(x)-e^{-x}}{2}=\frac{g''(0)-1}{2}=f'(0),$$

知 $f'(x)$ 在 $x=0$ 处连续，又当 $x\neq 0$ 时，$f'(x)$ 为连续函数，因此，$f'(x)$ 在 $(-\infty,+\infty)$ 内连续.

4. 证 设 $F(x)=x^2 f(x)$，由题设，$F(x)$ 在 $[0,1]$ 上连续，在 $(0,1)$ 内可导. 于是，由拉格朗日中值定理，必存在 $\xi\in(0,1)$，使得 $\frac{F(1)-F(0)}{1-0}=f(1)=(x^2 f(x))'|_{x=\xi}=2\xi f(\xi)+\xi^2 f'(\xi)$，即得要证结论.

5. 证 设 $f(x)=2\arctan x+\arcsin\frac{2x}{1+x^2}=\pi$，$x\in[1,+\infty)$，$f(x)$ 在 $[1,+\infty)$ 上连续，在 $(1,+\infty)$ 内可导，且

$$f'(x)=\frac{2}{1+x^2}+\frac{1}{\sqrt{1-\left(\frac{2x}{1+x^2}\right)^2}}\cdot\left(\frac{2x}{1+x^2}\right)'$$

$$=\frac{2}{1+x^2}-\frac{2}{1+x^2}=0,$$

知在 $[1,+\infty)$ 上，$f(x)\equiv C$，取 $x=1$ 代入，得 $C=2\times\frac{\pi}{4}+\frac{\pi}{2}=\pi$，即恒有

$$2\arctan x+\arcsin\frac{2x}{1+x^2}=\pi,\ x\in[1,+\infty).$$

6. 解 (1) $\lim\limits_{x\to -2}\frac{x^5-2x^2-4x+32}{3x^3+6x^2}=\lim\limits_{x\to -2}\frac{5x^4-4x-4}{9x^2+12x}=7.$

(2) $\lim\limits_{x\to\frac{\pi}{2}}\frac{\ln(\sin x)}{(\pi-2x)^2}=\lim\limits_{x\to\frac{\pi}{2}}\frac{\cos x}{-4(\pi-2x)\sin x}=\lim\limits_{x\to\frac{\pi}{2}}\frac{\sin x}{-8}=-\frac{1}{8}.$

(3) $\lim\limits_{x\to 0}\left(\frac{1}{x}-\frac{1}{\ln(1+x)}\right)=\lim\limits_{x\to 0}\frac{\ln(1+x)-x}{x\ln(1+x)}=\lim\limits_{x\to 0}\frac{\ln(1+x)-x}{x^2}=\lim\limits_{x\to 0}\frac{\frac{1}{1+x}-1}{2x}=-\frac{1}{2}.$

(4) $\lim\limits_{x\to 0}x^{10}e^{\frac{1}{x^2}}\overset{u=\frac{1}{x^2}}{=}\lim\limits_{u\to+\infty}\frac{e^u}{u^5}=\lim\limits_{u\to+\infty}\frac{e^u}{5!}=+\infty.$

(5) $$\lim_{x\to+\infty}\frac{\ln^5(1+x)}{\sqrt{x}}=\lim_{x\to+\infty}\frac{10\ln^4(1+x)}{\sqrt{x}}\cdot\frac{x}{1+x}$$
$$=\lim_{x\to+\infty}\frac{80\ln^3(1+x)}{\sqrt{x}}\cdot\frac{x}{1+x}$$
$$=\cdots=\lim_{x\to+\infty}\frac{3\,840\sqrt{x}}{1+x}=0.$$

(6) 由 $\lim\limits_{x\to 0^+}\tan x\ln 3x=\lim\limits_{x\to 0^+}\frac{\ln 3x}{\cot x}=-\lim\limits_{x\to 0^+}\frac{1}{x\csc^2 x}=-\lim\limits_{x\to 0^+}\frac{\sin^2 x}{x}=0$，有

$\lim\limits_{x\to 0^+}(3x)^{\tan x}=e^0=1.$

(7) 由 $\lim\limits_{x\to\frac{\pi}{2}^-}\cos x\ln(\tan x)=\lim\limits_{x\to\frac{\pi}{2}^-}\frac{\ln(\tan x)}{\sec x}=\lim\limits_{x\to\frac{\pi}{2}^-}\frac{\sec^2 x}{\sec x\tan^2 x}\overset{u=\sec x}{=}\lim\limits_{u\to+\infty}\frac{u}{u^2-1}=0$，有

$\lim\limits_{x\to\frac{\pi}{2}^-}(\tan x)^{\cos x}=e^0=1.$

(8) 由 $\lim\limits_{u\to0^+}\dfrac{\ln(3^u+4^u+7^u)-\ln3}{u}=\lim\limits_{u\to0^+}\dfrac{3^u\ln3+4^u\ln4+7^u\ln7}{3^u+4^u+7^u}=\dfrac{1}{3}\ln84$，当 $u=\dfrac{1}{n}$ 时，有 $\lim\limits_{n\to\infty}n\ln\left(\dfrac{\sqrt[n]{3}+\sqrt[n]{4}+\sqrt[n]{7}}{3}\right)=\dfrac{1}{3}\ln84$，从而有 $\lim\limits_{n\to\infty}\left(\dfrac{\sqrt[n]{3}+\sqrt[n]{4}+\sqrt[n]{7}}{3}\right)^n=e^{\frac{1}{3}\ln84}=\sqrt[3]{84}.$

7. 解 (1) 函数的定义域为 $(-\infty,1]\cup[5,+\infty)$，由 $y'=\dfrac{x-3}{\sqrt{5-6x+x^2}}=0$，得 $x=3$，知当 $x\in(3,+\infty)\cap(5,+\infty)=(5,+\infty)$ 时，$y'>0$，当 $x\in(-\infty,1)\cap(-\infty,3)=(-\infty,1)$ 时，$y'<0$，因此，函数的单调增区间为 $(5,+\infty)$，单调减区间为 $(-\infty,1)$.

(2) 函数的定义域为 $(-\infty,+\infty)$，由 $y'=\dfrac{2x}{x^2-1}$，得驻点 $x=0$ 及导数不存在的点 $x=-1$，$x=1$. 列表如下：

x	$(-\infty,-1)$	-1	$(-1,0)$	0	$(0,1)$	1	$(1,+\infty)$
$f'(x)$	$-$		$+$	0	$-$		$+$
$f(x)$	↘		↗		↘		↗

因此，函数的单调增区间为 $(-1,0)$，$(1,+\infty)$，单调减区间为 $(-\infty,-1)$，$(0,1)$.

(3) 该函数的单调性同函数 $y=(x+1)^2(x-2)^3$ 的单调性，由 $y'=2(x+1)(x-2)^3+3(x+1)^2(x-2)^2=(x+1)(x-2)^2(5x-1)$，得驻点 $x_1=-1$，$x_2=\dfrac{1}{5}$，$x_3=2$. 由于 $(x-2)$ 为平方项，$x_1=-1$，$x_2=\dfrac{1}{5}$ 为单调区间分界点，知当 $x<-1$ 或 $x>\dfrac{1}{5}$ 时，$f'(x)\geqslant0$，即 $f(x)$ 单调增；当 $-1<x<\dfrac{1}{5}$ 时，$f'(x)<0$，即 $f(x)$ 单调减. 故函数 $y=e^{(x+1)^2(x-2)^3}$ 的单调增区间为 $(-\infty,-1)$，$\left(\dfrac{1}{5},+\infty\right)$，单调减区间为 $\left(-1,\dfrac{1}{5}\right)$.

(4) 函数的定义域为 $(-\infty,+\infty)$，由 $y'=1+\sin x$，得驻点 $x=2k\pi-\dfrac{\pi}{2}$，$k\in\mathbf{Z}$. 由于 $y'=1+\sin x\geqslant0$，且驻点两侧导数均为正，知函数的单调增区间为 $(-\infty,+\infty)$.

8. 证 设 $F(x)=\dfrac{f(x)}{g(x)}$，依题设，$F(x)$ 在 $[a,b]$ 上连续，在 (a,b) 内可导，且

$$F'(x)=\frac{f'(x)g(x)-f(x)g'(x)}{g^2(x)}<0,$$

从而知函数 $F(x)$ 在 $[a,b]$ 上单调减少，因此，当 $x<b$ 时，总有 $F(x)>F(b)$，即 $\dfrac{f(x)}{g(x)}>\dfrac{f(b)}{g(b)}$，从而 $f(x)g(b)>f(b)g(x)$.

9. (1) 函数的定义域为 $(-\infty,+\infty)$，由 $y'=6x^2-4x^3=2x^2(3-2x)$，得驻点 $x=0$，$x=\dfrac{3}{2}$. 容易看到，当 $x>\dfrac{3}{2}$ 时 $y'<0$，当 $x<\dfrac{3}{2}$ 时 $y'\geqslant0$，且在导数为零点 $x=0$ 两

侧导数符号不变，因此，$x=\frac{3}{2}$ 为单调区间的唯一分界点即极值点，且为极大值点，极大值为 $f\left(\frac{3}{2}\right)=\frac{27}{16}$.

(2) 函数的定义域为 $(-\infty,+\infty)$，由

$$y'=[(2x-x^2)^{\frac{2}{3}}]'=\frac{4}{3}[x(x-2)]^{-\frac{1}{3}}(x-1),$$

得驻点 $x=1$ 及导数不存在点 $x=0$，$x=2$. 列表如下：

x	$(-\infty,0)$	0	$(0,1)$	1	$(1,2)$	2	$(2,+\infty)$
$f'(x)$	$-$		$+$	0	$-$		$+$
$f(x)$	↘	极小	↗	极大	↘	极小	↗

因此，函数的极大值为 $f(1)=1$，函数的极小值为 $f(0)=f(2)=0$.

(3) 函数的定义域为 $(-\infty,+\infty)$，由 $y'=2e^x-2e^{-2x}=2e^{-2x}(e^{3x}-1)$，得驻点 $x=0$. 容易看到，当 $x>0$ 时 $y'>0$，当 $x<0$ 时 $y'<0$. 因此，函数的极小值为 $f(0)=3$，无极大值.

(4) 函数的定义域为 $(0,+\infty)$，由 $y'=(e^{\frac{\ln x}{x}})=e^{\frac{\ln x}{x}}\left(\frac{\ln x}{x}\right)'=e^{\frac{\ln x}{x}}\cdot\frac{1-\ln x}{x^2}$，得驻点 $x=e$. 容易看到，当 $x>e$ 时 $y'<0$，当 $x<e$ 时 $y'>0$. 因此，函数的极大值为 $f(e)=e^{\frac{1}{e}}$.

10. 解 由 $y'=2x-2(2-x)=4x-4$，得驻点 $x=1$，边界点为 $x=0$，$x=2$，比较

$$f(0)=4,\ f(1)=2,\ f(2)=4,$$

知函数的最大值为 $f(0)=f(2)=4$，最小值为 $f(1)=2$.

(2) 由 $y=-\cos^2x+3\cos x-2$，$y'=-(3-2\cos x)\sin x$，得驻点 $x=\pi$，边界点为 $x=0$，$x=4$，比较

$$f(0)=0,\ f(\pi)=-6,\ f(4)=-(1-\cos 4)(2-\cos 4),$$

因为 $-2<f(4)<0$，所以函数的最大值为 $f(0)=0$，最小值为 $f(\pi)=-6$.

(3) 由 $y'=-\frac{2}{3}(x-2)^{-\frac{1}{3}}$，得导数不存在点 $x=2$，边界点为 $x=0$，$x=3$，比较

$$f(0)=1-\sqrt[3]{4},\ f(2)=1,\ f(3)=0,$$

知函数的最大值为 $f(2)=1$，最小值为 $f(0)=1-\sqrt[3]{4}$.

11. 解 (1) $y'=6x^2+6x-12$，$y''=12x+6$，令 $y''=0$，得 $x=-\frac{1}{2}$，且当 $x<-\frac{1}{2}$ 时 $y''<0$，当 $x>-\frac{1}{2}$ 时 $y''>0$，从而知曲线的凸区间为 $\left(-\infty,-\frac{1}{2}\right)$，曲线的凹区间为

$\left(-\frac{1}{2}, +\infty\right)$，拐点为$\left(-\frac{1}{2}, \frac{41}{2}\right)$.

(2) $y'=x^{-\frac{2}{3}}-x^{\frac{1}{3}}$，$y''=-\frac{2}{3}x^{-\frac{5}{3}}-\frac{1}{3}x^{-\frac{2}{3}}$，$y''=-\frac{1}{3}x^{-\frac{2}{3}}(2x^{-1}+1)$，令 $y''=0$，得 $x=-2$，及导数不存在的点 $x=0$，且当 $x<-2$ 或 $x>0$ 时 $y''<0$，当 $-2<x<0$ 时 $y''>0$，从而知曲线的凸区间为 $(-\infty, -2)$，$(0, +\infty)$，曲线的凹区间为 $(-2, 0)$，拐点为 $\left(-2, \frac{9}{2}(-2)^{\frac{1}{3}}\right)$，$(0, 0)$.

(3) 函数的定义域为 $(-\infty, -3)\cup(-3, +\infty)$，由 $y'=\frac{3-x}{(x+3)^3}$，$y''=\frac{2x-12}{(x+3)^4}$，令 $y''=0$，得 $x=6$ 及导数不存在的点 $x=-3$. 当 $x<6$ 且 $x\neq-3$ 时 $y''<0$，当 $x>6$ 时 $y''>0$，从而知曲线的凸区间为 $(-\infty, -3)$，$(-3, 6)$，曲线的凹区间为 $(6, +\infty)$，拐点为 $(0, 0)$，$\left(6, \frac{2}{27}\right)$.

(4) 函数的定义域为 $(-\infty, -1)\cup(-1, 1)\cup(1, +\infty)$，$y'=\frac{2}{1-x^2}$，$y''=\frac{4x}{(1-x^2)^2}$，令 $y''=0$，得 $x=0$，及导数不存在的点 $x=\pm1$. 当 $x<0$ 且 $x\neq-1$ 时 $y''<0$，当 $x>0$ 且 $x\neq1$ 时 $y''>0$，从而知曲线的凸区间为 $(-\infty, -1)$，$(-1, 0)$，曲线的凹区间为 $(0, 1)$，$(1, +\infty)$，拐点为 $(0, 0)$.

12. 证 (1) 设 $f(x)=\arctan x$，显然，$f(x)$ 在 $[a, b]$ 上连续且可导，因此，由拉格朗日中值定理，必存在一点 $\xi\in(a, b)$，使得 $f(b)-f(a)=f'(\xi)(b-a)$，又 $f'(\xi)=\frac{1}{1+\xi^2}\leqslant1$，从而有

$$\arctan b-\arctan a\leqslant b-a.$$

(2) 设 $f(x)=\ln x-\frac{x-1}{x+1}$，定义域为 $(0, +\infty)$，由 $f'(x)=\frac{x^2+1}{x(x+1)^2}>0$，知 $f(x)$ 单调增，因此，当 $1<x$ 时，$f(x)>f(1)=0$，即证 $\ln x\geqslant\frac{x-1}{x+1}$.

(3) 设 $f(x)=\sin x-\frac{2}{\pi}x$，当 $0<x<\frac{\pi}{2}$ 时，$f''(x)=-\sin x<0$，知在$\left(0, \frac{\pi}{2}\right)$内，曲线 $y=f(x)$ 是凸的，又 $f(0)=f\left(\frac{\pi}{2}\right)=0$，$y=0$ 为过点 $(0, 0)$，$\left(\frac{\pi}{2}, 0\right)$的直线，由于凸线弧在弦的上方，故有 $f(x)=\sin x-\frac{2}{\pi}x>0$，即 $\sin x>\frac{2}{\pi}x$.

(4) 设 $f(x)=x^\alpha-1+\alpha-\alpha x$，$f'(x)=\alpha x^{\alpha-1}-\alpha$，令 $f'(x)=0$，得唯一驻点 $x=1$，又 $f''(x)=\alpha(\alpha-1)x^{\alpha-2}<0$，知曲线 $y=f(x)$ 是凸的，知 $x=1$ 为 $f(x)$ 的最大值点，因此，当 $0<\alpha<1$，$x>0$ 时，$f(x)\leqslant f(1)=0$，即有 $x^\alpha\leqslant1-\alpha+\alpha x$.

13. 解 设 (x, y) 为抛物线上一点，与点 $(3, 0)$ 的距离为 $d=\sqrt{(x-3)^2+y^2}$，且有 $y^2=4x$. 从而 $d=\sqrt{(x-3)^2+4x}$，令 $d'=\frac{x-1}{\sqrt{(x-3)^2+4x}}=0$，得 $x=1$. 又当 $x<1$

时 $y'<0$，当 $x>1$ 时 $y'>0$，知 $x=1$ 为最小值点，因此，抛物线 $y^2=4x$ 上的点 (1，2) 或 (1，-2) 与点 (3，0) 的距离最小.

14. 解 (1) 收益函数为 $R=xP(x)=10x\mathrm{e}^{-\frac{x}{2}}$，边际收益函数为 $R'=5(2-x)\mathrm{e}^{-\frac{x}{2}}$.

(2) 令 $R'=5(2-x)\mathrm{e}^{-\frac{x}{2}}=0$，得 $x=2$. 又当 $2<x<6$ 时 $R'<0$，当 $0<x<2$ 时 $R'>0$，知 $x=2$ 为最大值点，即收益最大时的产量为2，最大收益为 $R(2)=20\mathrm{e}^{-1}$，相应的价格为 $P(2)=10\mathrm{e}^{-1}$.

(3) 由 $R''=\frac{5}{2}(x-4)\mathrm{e}^{-\frac{x}{2}}=0$，得 $x=4$. 又当 $4<x<6$ 时，$R''>0$，曲线为凹，当 $0<x<4$ 时，$R''<0$，曲线为凸，拐点为 $(4，40\mathrm{e}^{-2})$. 收益函数的图形见附二图 4-1.

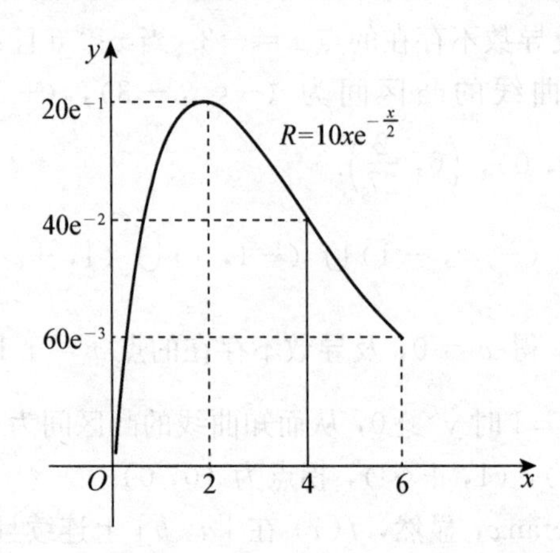

附二图 4-1

15. 解 (1) 由 $\left[\frac{C(x)}{x}\right]'=-\frac{250\,000}{x^2}+\frac{1}{4}=0$，得驻点 $x=1\,000$，又 $\left[\frac{C(x)}{x}\right]''=\frac{500\,000}{x^3}>0$，知 $x=1\,000$ 为最小值点，即要使平均成本最小，应生产 1 000 件产品.

(2) 依题意，由 $R=500x$，利润函数为 $L=500x-250\,000-200x-\frac{1}{4}x^2$，由 $L'=300-\frac{1}{2}x=0$，得 $x=600$，又 $L''=-\frac{1}{2}<0$，知 $x=600$ 为最大值点，即要使利润最大，应生产 600 件产品.

第 5 章

1. 答 (1) $\frac{1}{x+1}$，$-\frac{1}{(x+1)^2}$，$\ln(x+1)+C$. (2) $(ab^2)^x/\ln(ab^2)+C$.

(3) $\sin\frac{x}{3}+\cos\frac{x}{3}$. (4) $f(x^3)$，$xf(-x)+C$.

(5) $-\mathrm{e}^{-2x}+C$，$\frac{1}{2}\mathrm{e}^{2x^2}+C$. (6) $\frac{1}{2}\arctan x^2+C$.

(7) $2x^2\cos x^2-\sin x^2+C$.

解析 (1) $f(x)=(\ln(x+1))'=\frac{1}{x+1}$，$f'(x)=-\frac{1}{(x+1)^2}$，$\int f(x)\mathrm{d}x=\ln(x+1)+C$.

(2) 将 a^xb^{2x} 放至微分号后，即对其求不定积分，$\int a^xb^{2x}\mathrm{d}x=\int(ab^2)^x\mathrm{d}x=$

$(ab^2)^x/\ln(ab^2)+C.$

(3) 两边求导，$e^x f(3x)=e^x(\sin x+\cos x)$，从而得 $f(x)=\sin\dfrac{x}{3}+\cos\dfrac{x}{3}$.

(4) $\dfrac{d}{dx}\int d\int d\int[f(x^3)]dx=\dfrac{d}{dx}\int[f(x^3)]dx=f(x^3)$，$\int d\int d\int d[xf(-x)]=xf(-x)+C$.

(5) 将原积分式中积分变量分别用 $-x$，x^2 置换，得 $\int f(-x)dx=-e^{-2x}+C$，

$\int 2xf(x^2)dx=e^{2x^2}+C$，即 $\int xf(x^2)dx=\dfrac{1}{2}e^{2x^2}+C$.

(6) $\int\dfrac{x}{1+x^4}dx=\dfrac{1}{2}\int\dfrac{1}{1+x^4}dx^2=\dfrac{1}{2}\arctan x^2+C$.

(7) $\int xf'(x)dx=\int xdf(x)=xf(x)-\int f(x)dx=2x^2\cos x^2-\sin x^2+C$.

2. 答 (1) B.　(2) A.　(3) B.　(4) C.　(5) C.

解析　(1) 由于 $\ln t$ 与 $f(x)$ 的变量不一致，故不是 $f(x)$ 的原函数. 故选 B.

(2) $f(x)=1$ 为偶函数和有界函数，但其原函数 $\int dx=x+C$ 非奇函数和有界函数，知选项 B 和 C 不正确. 又 $f(x)=x$ 单调增，但其原函数 $\int xdx=\dfrac{1}{2}x^2+C$ 非单调，知选项 D 不正确，故由排除法选择 A.

(3) 将原积分式中积分变量依次用 $\cos x$，$\sin x$，e^{-x}，$\sqrt{x}$ 置换，其中 $\int\cos xf(\sin x)dx=F(\sin x)+C$，故选 B.

(4) 由分部积分公式，$\int\sin f(x)dx=x\sin f(x)-\int xf'(x)\cos f(x)dx$，对照已知等式知 $xf'(x)=1$，$f(x)=\int\dfrac{1}{x}dx=\ln|x|+C$，故选 C.

(5) 等式两边求导，得 $\dfrac{f'(x)}{f(x)}=1$，两边积分得 $\ln|f(x)|=x+\ln C$，即 $f(x)=Ce^x$，又 $f(0)=0$，得 $C=0$，因此，$f(x)=0$，故选 C.

3. 解　(1) $\int\dfrac{x^2+1}{x^2+x+1}dx=\int\left(1-\dfrac{1}{2}\cdot\dfrac{2x+1}{x^2+x+1}+\dfrac{1}{2}\cdot\dfrac{1}{x^2+x+1}\right)dx$

$$=x-\frac{1}{2}\ln(x^2+x+1)+\frac{1}{\sqrt{3}}\arctan\frac{2x+1}{\sqrt{3}}+C.$$

(2) $\int\dfrac{dx}{x^{11}+x}=\int\dfrac{x^9dx}{x^{10}(x^{10}+1)}\overset{u=x^{10}}{=}\dfrac{1}{10}\int\dfrac{du}{u(u+1)}=\dfrac{1}{10}\int\left(\dfrac{1}{u}-\dfrac{1}{u+1}\right)du$

$$=\frac{1}{10}\ln\frac{u}{u+1}+C=\ln x-\frac{1}{10}\ln(x^{10}+1)+C.$$

(3) $\int\dfrac{xdx}{\sqrt{x^2-2x}}=\dfrac{1}{2}\int\dfrac{(2x-2)dx}{\sqrt{x^2-2x}}+\int\dfrac{dx}{\sqrt{(x-1)^2-1}}$

$$=-\sqrt{x^2-2x}+\ln(x-1+\sqrt{x^2-2x})+C.$$

(4) $\int \frac{dx}{x\sqrt{-x^2+3x}}=\int \frac{dx}{x^2\sqrt{\frac{3}{x}-1}}=-\frac{1}{3}\int \frac{1}{\sqrt{\frac{3}{x}-1}}d\left(\frac{3}{x}-1\right)=-\frac{2}{3}\sqrt{\frac{3}{x}-1}+C.$

(5) $\int \frac{dx}{(1-x)\sqrt{1-x^2}}\overset{x=\sin t}{=}\int \frac{dt}{1-\sin t}=\int \frac{(1+\sin t)dt}{1-\sin^2 t}=\int \frac{dt}{\cos^2 t}-\int \frac{d\cos t}{\cos^2 t}$

$=\tan t+\sec t+C=\frac{x+1}{\sqrt{1-x^2}}+C.$

(6) $\int \frac{\sin^3 x dx}{\sqrt{\cos x}}=-\int \frac{(1-\cos^2 x)d\cos x}{\sqrt{\cos x}}=-\int (\cos^{-\frac{1}{2}}x-\cos^{\frac{3}{2}}x)d\cos x$

$=-2\sqrt{\cos x}+\frac{2}{5}\cos^2 x\sqrt{\cos x}+C.$

(7) $\int \frac{dx}{\sin^2 x+2\cos^2 x}\overset{u=\tan x}{=}\int \frac{du}{u^2+2}=\frac{1}{\sqrt{2}}\arctan\frac{1}{\sqrt{2}}u+C$

$=\frac{1}{\sqrt{2}}\arctan\frac{1}{\sqrt{2}}(\tan x)+C.$

(8) $\int \sin 3x\sin 2x dx=-\frac{1}{2}\int(\cos 5x-\cos x)dx=\frac{1}{2}\sin x-\frac{1}{10}\sin 5x+C.$

(9) $\int \frac{1}{e^{2x}-1}dx=\frac{1}{2}\int \frac{1}{e^{-2x}-1}de^{-2x}=\frac{1}{2}\ln|e^{-2x}-1|+C.$

(10) $\int \sqrt{x}\ln x^2 dx=\frac{4}{3}\int \ln x dx^{\frac{3}{2}}=\frac{4}{3}x^{\frac{3}{2}}\ln x-\frac{4}{3}\int x^{\frac{1}{2}}dx=\frac{4}{3}x^{\frac{3}{2}}\left(\ln x-\frac{2}{3}\right)+C.$

(11) $\int e^{\sin x}\sin 2x dx=2\int e^{\sin x}\sin x d\sin x\overset{u=\sin x}{=}2\int e^u u du=2e^u u-2\int e^u du$

$=2e^u(u-1)+C=2e^{\sin x}(\sin x-1)+C.$

(12) $\int \frac{\cos x+x\sin x}{x^2+\cos^2 x}dx=-\int \frac{1}{1+\frac{\cos^2 x}{x^2}}d\left(\frac{\cos x}{x}\right)=-\arctan\left(\frac{\cos x}{x}\right)+C.$

4. 解 $\int (x-1)^2 f''(x)dx=\int (x-1)^2 df'(x)$

$=f'(x)(x-1)^2-2\int (x-1)f'(x)dx$

$=f'(x)(x-1)^2-2\int (x-1)df(x)$

$=f'(x)(x-1)^2-2(x-1)f(x)+2\int f(x)dx.$

依题设，$\int f(x)dx=\cos x^2+C$，$f(x)=-2x\sin x^2$，$f'(x)=-2\sin x^2-4x^2\cos x^2$，故

$\int (x-1)^2 f''(x)dx=-2(\sin x^2+2x^2\cos x^2)(x-1)^2+4x(x-1)\sin x^2+2\cos x^2+C.$

5. 解 (1) 当 $x>1$ 时，$F(x)=\int x^2 dx=\frac{1}{3}x^3+C_1$；当 $x<1$ 时，$F(x)=\int 2x dx=x^2+C_2$. 由 $\lim\limits_{x\to 1^-}F(x)=\lim\limits_{x\to 1^+}F(x)=F(1)$，得 $\frac{1}{3}+C_1=1+C_2$，$C_1=\frac{2}{3}+C_2$，于是取 $C=C_2$，有

$$F(x)=\begin{cases}\dfrac{1}{3}x^3+\dfrac{2}{3}+C, & x\geqslant 1\\ x^2+C, & x<1\end{cases}.$$

(2) 令 $e^x=3^x$，得 $x=0$，且当 $x<0$ 时 $e^x>3^x$，当 $x>0$ 时 $e^x<3^x$，故

$$f(x)=\max\{e^x, 3^x\}=\begin{cases}3^x, & x>0\\ e^x, & x<0\end{cases}.$$

当 $x>0$ 时，$F(x)=\int 3^x dx=\dfrac{1}{\ln 3}3^x+C_1$；当 $x<0$ 时，$F(x)=\int e^x dx=e^x+C_2$。由 $\lim\limits_{x\to 0^-}F(x)=\lim\limits_{x\to 0^+}F(x)=F(0)$，得 $\dfrac{1}{\ln 3}+C_1=1+C_2$，$C_1=1-\dfrac{1}{\ln 3}+C_2$，于是取 $C=C_2$，有

$$F(x)=\begin{cases}\dfrac{1}{\ln 3}3^x+1-\dfrac{1}{\ln 3}+C, & x\geqslant 0\\ e^x+C, & x<0\end{cases}.$$

6. 解 依题设，$f(x)=\int \cos x dx=\sin x+C$，由 $f(0)=0$，得 $C=0$，所以 $f(x)=\sin x$，又 $F(x)=\int \sin x dx=-\cos x+C$，由 $F(0)=-1$，得 $C=0$，所以 $F(x)=-\cos x$，因此，

$$\int\frac{dx}{1+F(x)}=\int\frac{dx}{1-\cos x}=\int\frac{dx}{2\sin^2\frac{x}{2}}=-\cot\frac{x}{2}+C.$$

7. 解 (1) 依题设，$\dfrac{EQ}{EP}=-\dfrac{PdQ}{QdP}=P(\ln P+1)$，即 $\dfrac{dQ}{Q}=-(\ln P+1)dP$，两边积分，$\int\dfrac{dQ}{Q}=-\int(\ln P+1)dP$，得 $\ln Q=-(\ln P+1)P+P+C=-P\ln P+C$，又当 $P=1$ 时，$Q=1$，得 $C=0$，所以 $Q=P^{-P}$。

(2) 由 $\lim\limits_{P\to+\infty}Q=\lim\limits_{P\to+\infty}e^{-P\ln P}=0$，知需求量将稳定地趋向零.

第6章

1. 答 (1) C，0. (2) $\int_0^1\dfrac{1}{1+x^2}dx$. (3) $x^3-\dfrac{1}{4+\pi}\sqrt{1-x^2}$. (4) 0.

(5) $(-3,-1)$，$(1,+\infty)$. (6) 0. (7) $\dfrac{2}{n}$.

解析 (1) 依题设，$f(x)=3'=0$，所以，$\int f(x)dx=C$，$\int_a^x f(x)dx=0$.

(2) 由 $\lim\limits_{n\to\infty}\sum\limits_{k=1}^{n}\dfrac{n}{n^2+k^2}=\lim\limits_{n\to\infty}\sum\limits_{k=1}^{n}\dfrac{1}{1+\left(\dfrac{k}{n}\right)^2}\cdot\dfrac{1}{n}$，知 $\lim\limits_{n\to\infty}\sum\limits_{k=1}^{n}\dfrac{n}{n^2+k^2}=\int_0^1\dfrac{1}{1+x^2}dx$.

(3) 由定积分概念，$\int_0^1 f(x)dx$ 为常数，设为 A，则 $f(x)=x^3-\sqrt{1-x^2}A$，从而有

$$\int_0^1 f(x)dx=\int_0^1(x^3-\sqrt{1-x^2}A)dx=\frac{1}{4}-\frac{1}{4}\pi A=A,\ A=\frac{1}{4+\pi},$$

因此，$f(x)=x^3-\dfrac{1}{4+\pi}\sqrt{1-x^2}$.

(4) $f(x)-f(-x)$ 为奇函数，所以，$\int_{-a}^{a}[f(x)-f(-x)]\mathrm{d}x=0$.

(5) 令 $f'(x)=(x-1)x^2(x+1)(x+3)=0$，得驻点 $x=-3$，$x=-1$，$x=0$，$x=1$，其中 $x=-3$，$x=-1$，$x=1$ 为单调区间分界点，且当 $x<-3$ 或 $-1<x<1$ 时，$f'(x)<0$，当 $-3<x<-1$ 或 $1<x$ 时，$f'(x)>0$，知 $f(x)$ 的单调增区间为 $(-3,-1)$，$(1,+\infty)$.

(6) 由积分中值定理，$\int_n^{n+p}\dfrac{\sin x}{x}\mathrm{d}x=\dfrac{p\sin\xi}{\xi}$，$\xi$ 介于 n，$n+p$ 之间，当 $n\to\infty$ 时，$\xi\to\infty$. 于是，

$$\lim_{n\to\infty}\int_n^{n+p}\frac{\sin x}{x}\mathrm{d}x=\lim_{\xi\to\infty}\frac{p\sin\xi}{\xi}=0.$$

(7) $\int_{\frac{k-1}{n}\pi}^{\frac{k}{n}\pi}|\sin nx|\mathrm{d}x\overset{u=nx}{=}\dfrac{1}{n}\int_{(k-1)\pi}^{k\pi}|\sin u|\mathrm{d}u=\dfrac{1}{n}\int_0^{\pi}|\sin u|\mathrm{d}u=-\dfrac{1}{n}\cos u\Big|_0^{\pi}=\dfrac{2}{n}$.

2. 答 (1) C. (2) B. (3) A. (4) B. (5) C. (6) B. (7) D.

解析 (1) 若函数 $f(x)$ 在 $[a,b]$ 上连续，则 $\left(\int_a^x f(x)\mathrm{d}x\right)'=f(x)$，知 $\int_a^x f(x)\mathrm{d}x$ 是 $f(x)$ 的原函数，对函数 $F(x)=\begin{cases}x^{\frac{4}{3}}\sin\dfrac{1}{x}, & x\neq 0\\ 0, & x=0\end{cases}$，有

$$F'(x)=f(x)=\begin{cases}\dfrac{4}{3}x^{\frac{1}{3}}\sin\dfrac{1}{x}-x^{-\frac{2}{3}}\cos\dfrac{1}{x}, & x\neq 0\\ 0, & x=0\end{cases}$$

知 $f(x)$ 有原函数 $F(x)$，但 $f(x)$ 非连续函数，说明函数 $f(x)$ 在 $[a,b]$ 上连续是该函数在 $[a,b]$ 上存在原函数的充分非必要条件，故选 C.

(2) 选项 B 仅在 $a=0$ 时成立，若不然，取 $f(x)=x^2$，$\int_1^x x^2\mathrm{d}x=\dfrac{1}{3}(x^3-1)$ 非奇函数，故选 B.

(3) 当 $\dfrac{1}{2}<x<1$ 时，$\dfrac{1}{(1+x)\sqrt[3]{x}}<\dfrac{1}{(1+x^2)\sqrt[3]{x}}<\dfrac{1}{(1+x^2)\sqrt{x}}$，从而有

$$\int_{\frac{1}{2}}^{1}\frac{\mathrm{d}x}{(1+x)\sqrt[3]{x}}<\int_{\frac{1}{2}}^{1}\frac{\mathrm{d}x}{(1+x^2)\sqrt[3]{x}}<\int_{\frac{1}{2}}^{1}\frac{\mathrm{d}x}{(1+x^2)\sqrt{x}},$$

故选 A.

(4) 当 $x\to 0$ 时，$g(x)=\dfrac{x^5}{5}+\dfrac{x^6}{6}\sim\dfrac{x^5}{5}$，于是由 $\lim\limits_{x\to 0}\dfrac{\int_0^{x^2}\sin t^2\mathrm{d}t}{\frac{x^5}{5}}=\lim\limits_{x\to 0}\dfrac{2x\sin x^4}{x^4}=0$，知 $f(x)$ 是 $g(x)$ 的高阶无穷小，故选 B.

(5) 由 $\int_0^a xf'(x)\mathrm{d}x=xf(x)\Big|_0^a-\int_0^a f(x)\mathrm{d}x=af(a)-\int_0^a f(x)\mathrm{d}x$，其中 $af(a)$ 为矩形

$ABOC$ 的面积，$\int_0^a f(x)\mathrm{d}x$ 为曲边梯形 $ABOD$ 的面积，因此，$\int_0^a xf'(x)\mathrm{d}x$ 为曲边三角形 ACD 的面积，故选 C.

(6) 设 $x=\frac{1}{2}t$，则 $\int_a^b f(x)\mathrm{d}x=\int_{2a}^{2b} f\left(\frac{t}{2}\right)\mathrm{d}\left(\frac{t}{2}\right)=\frac{1}{2}\int_{2a}^{2b} f\left(\frac{x}{2}\right)\mathrm{d}x$，故选 B.

(7) 选项A将收敛的广义积分变为两个发散广义积分的运算，选项B，C只在广义积分收敛时成立，但题中各广义积分均发散，故都不正确，而 $\int_{-\infty}^{+\infty}\frac{x}{1+x^4}\mathrm{d}x=\frac{1}{2}\arctan x^2\Big|_{-\infty}^{+\infty}=0$，故选 D.

3. 解 $\lim\limits_{n\to\infty}\frac{1}{n}\left(\sqrt{1-\cos\frac{\pi}{n}}+\sqrt{1-\cos\frac{2\pi}{n}}+\cdots+\sqrt{1-\cos\frac{n\pi}{n}}\right)$

$$=\lim_{n\to\infty}\sum_{k=1}^{n}\frac{1}{n}\sqrt{1-\cos\frac{k\pi}{n}}=\int_0^1\sqrt{1-\cos x}\,\mathrm{d}x$$

$$=\sqrt{2}\int_0^1\sin\frac{x}{2}\mathrm{d}x=-2\sqrt{2}\cos\frac{x}{2}\Big|_0^1=2\sqrt{2}\left(1-\cos\frac{1}{2}\right).$$

4. 解 由 $\int_0^x f(x-u)\mathrm{e}^u\mathrm{d}u\overset{t=x-u}{=}\int_0^x f(t)\mathrm{e}^{x-t}\mathrm{d}t=\mathrm{e}^x\int_0^x f(t)\mathrm{e}^{-t}\mathrm{d}t=\sin x$，有 $\int_0^x f(t)\mathrm{e}^{-t}\mathrm{d}t=\mathrm{e}^{-x}\sin x$，两边求导，得 $f(x)\mathrm{e}^{-x}=\mathrm{e}^{-x}(-\sin x+\cos x)$，即 $f(x)=-\sin x+\cos x$.

5. 解 $f(x)=\int_0^1|t(t-x)|\mathrm{d}t=\int_0^x t(x-t)\mathrm{d}t+\int_x^1 t(t-x)\mathrm{d}t=\frac{1}{2}x^3-\frac{1}{3}x^3+\frac{1}{3}(1-x^3)-\frac{1}{2}x+\frac{1}{2}x^3$，令 $f'(x)=x^2-\frac{1}{2}=0$，得驻点 $x=\frac{\sqrt{2}}{2}$，于是，当 $\frac{\sqrt{2}}{2}<x<1$ 时 $f'(x)>0$，当 $0<x<\frac{\sqrt{2}}{2}$ 时 $f'(x)<0$，知 $f(x)$ 的单调增区间为 $\left(\frac{\sqrt{2}}{2},1\right)$，单调减区间为 $\left(0,\frac{\sqrt{2}}{2}\right)$，极小值为 $f\left(\frac{\sqrt{2}}{2}\right)=\frac{1}{3}\left(1-\frac{\sqrt{2}}{2}\right)$. 又 $f''(x)=2x>0$，知曲线 $y=f(x)$ 是凹的，无拐点.

6. 解 (1) $\int_{-4}^1\frac{x+|x|}{x^2+1}\mathrm{d}x=\int_0^1\frac{2x}{x^2+1}\mathrm{d}x=\ln(x^2+1)\Big|_0^1=\ln 2$.

(2) $\int_0^2 x\sqrt{2x-x^2}\,\mathrm{d}x\overset{u=x-1}{=}\int_{-1}^1(u+1)\sqrt{1-u^2}\,\mathrm{d}u=\int_{-1}^1\sqrt{1-u^2}\,\mathrm{d}u=\frac{1}{2}\pi$.

(3) $\int_0^1\sqrt{x\sqrt{x\sqrt[3]{x^2}}}\,\mathrm{d}x=\int_0^1 x^{\frac{11}{12}}\mathrm{d}x=\frac{12}{23}x^{\frac{23}{12}}\Big|_0^1=\frac{12}{23}$.

(4) $\int_0^1 x^2(1-x)^7\mathrm{d}x\overset{u=1-x}{=}\int_0^1(1-u)^2u^7\mathrm{d}u=\int_0^1(u^9-2u^8+u^7)\mathrm{d}u$

$$=\left(\frac{1}{10}u^{10}-\frac{2}{9}u^9+\frac{1}{8}u^8\right)\Big|_0^1=\frac{1}{360}.$$

(5) $\int_0^1 x^4\sqrt{1-x^2}\,\mathrm{d}x\overset{x=\sin t}{=}\int_0^{\frac{\pi}{2}}\sin^4 t\cos^2 t\,\mathrm{d}t=\int_0^{\frac{\pi}{2}}\sin^4 t(1-\sin^2 t)\mathrm{d}t=\int_0^{\frac{\pi}{2}}\sin^4 t\,\mathrm{d}t-\int_0^{\frac{\pi}{2}}\sin^6 t\,\mathrm{d}t$

$$=\frac{3}{4}\cdot\frac{1}{2}\cdot\frac{\pi}{2}\left(1-\frac{5}{6}\right)=\frac{\pi}{32}.$$

(6) $\int_{\frac{1}{2}}^1\frac{1}{x^2}\sqrt{\frac{1-x}{1+x}}\,\mathrm{d}x=\int_{\frac{1}{2}}^1\frac{1-x}{x^2\sqrt{1-x^2}}\mathrm{d}x=\int_{\frac{1}{2}}^1\frac{1}{x^2\sqrt{1-x^2}}\mathrm{d}x-\int_{\frac{1}{2}}^1\frac{1}{x\sqrt{1-x^2}}\mathrm{d}x$，

其中$\int_{\frac{1}{2}}^{1}\frac{1}{x^2\sqrt{1-x^2}}\mathrm{d}x\overset{x=\sin t}{=}\int_{\frac{\pi}{6}}^{\frac{\pi}{2}}\frac{1}{\sin^2 t}\mathrm{d}t=-\cot t\Big|_{\frac{\pi}{6}}^{\frac{\pi}{2}}=\sqrt{3}$,

$$\int_{\frac{1}{2}}^{1}\frac{1}{x\sqrt{1-x^2}}\mathrm{d}x=-\int_{\frac{1}{2}}^{1}\frac{1}{\sqrt{\left(\frac{1}{x}\right)^2-1}}\mathrm{d}\left(\frac{1}{x}\right)=-\ln\left(\frac{1}{x}+\sqrt{\left(\frac{1}{x}\right)^2-1}\right)\Big|_{\frac{1}{2}}^{1}$$

$$=\ln(2+\sqrt{3}),$$

所以，原积分$=\sqrt{3}-\ln(2+\sqrt{3})$.

(7) $\int_0^{\frac{\pi}{4}}\frac{\cos^2\theta}{\frac{1}{3}\cos^2\theta+\sin^2\theta}\mathrm{d}\theta\overset{u=\tan\theta}{=}\int_0^1\frac{1}{\left(\frac{1}{3}+u^2\right)(1+u^2)}\mathrm{d}u=\frac{3}{2}\int_0^1\left(\frac{1}{\frac{1}{3}+u^2}-\frac{1}{1+u^2}\right)\mathrm{d}u$

$$=\frac{3}{2}(\sqrt{3}\arctan\sqrt{3}u-\arctan u)\Big|_0^1=\left(\frac{\sqrt{3}}{2}-\frac{3}{8}\right)\pi.$$

(8) $\int_0^{\pi}\sqrt{1-\sin 2x}\mathrm{d}x=\int_0^{\pi}|\sin x-\cos x|\mathrm{d}x=\int_0^{\frac{\pi}{4}}(\cos x-\sin x)\mathrm{d}x+\int_{\frac{\pi}{4}}^{\pi}(\sin x-\cos x)\mathrm{d}x$

$$=(\sin x+\cos x)\Big|_0^{\frac{\pi}{4}}+(-\cos x-\sin x)\Big|_{\frac{\pi}{4}}^{\pi}=2\sqrt{2}.$$

(9) $\int_0^1\frac{1}{(\mathrm{e}^x+1)^2}\mathrm{d}x\overset{u=\mathrm{e}^x+1}{=}\int_2^{1+\mathrm{e}}\frac{1}{u^2(u-1)}\mathrm{d}u=\int_2^{1+\mathrm{e}}\left(\frac{1}{u-1}-\frac{1}{u^2}-\frac{1}{u}\right)\mathrm{d}u$

$$=\left[\ln(u-1)+\frac{1}{u}-\ln u\right]\Big|_2^{1+\mathrm{e}}=\frac{1}{2}+\ln 2+\frac{1}{\mathrm{e}+1}-\ln(\mathrm{e}+1).$$

(10) $\int_0^{\ln 2}\sqrt{\mathrm{e}^x+1}\mathrm{d}x\overset{u=\sqrt{\mathrm{e}^x+1}}{=}\int_{\sqrt{2}}^{\sqrt{3}}\frac{2u^2\mathrm{d}u}{u^2-1}=\int_{\sqrt{2}}^{\sqrt{3}}\left(2+\frac{2}{u^2-1}\right)\mathrm{d}u=\left(2u+\ln\frac{u-1}{u+1}\right)\Big|_{\sqrt{2}}^{\sqrt{3}}$

$$=2(\sqrt{3}-\sqrt{2})+\ln\frac{(\sqrt{3}-1)(\sqrt{2}+1)}{(\sqrt{3}+1)(\sqrt{2}-1)}.$$

(11) $\int_0^{\pi^2}\sqrt{x}\cos\sqrt{x}\mathrm{d}x\overset{u=\sqrt{x}}{=}2\int_0^{\pi}u^2\cos u\mathrm{d}u=2u^2\sin u\Big|_0^{\pi}-4\int_0^{\pi}u\sin u\mathrm{d}u$

$$=4u\cos u\Big|_0^{\pi}-4\int_0^{\pi}\cos u\mathrm{d}u=-4\pi.$$

(12) $\int_0^1\frac{x\arcsin x}{\sqrt{1-x^2}}\mathrm{d}x=-\int_0^1\arcsin x\mathrm{d}\sqrt{1-x^2}=-\arcsin x\cdot\sqrt{1-x^2}\Big|_0^1+\int_0^1\frac{\sqrt{1-x^2}}{\sqrt{1-x^2}}\mathrm{d}x=1.$

7. 解 (1) 当$0\leqslant x<1$时，$\int_0^x f(x)\mathrm{d}x=\int_0^x x^2\mathrm{d}x=\frac{1}{3}x^3\Big|_0^x=\frac{1}{3}x^3$；

当$1\leqslant x$时，$\int_0^x f(x)\mathrm{d}x=\int_0^1 x^2\mathrm{d}x+\int_1^x(x-1)\mathrm{d}x=\frac{1}{3}+\frac{1}{2}(x-1)^2\Big|_1^x$

$$=\frac{1}{3}+\frac{1}{2}(x-1)^2,$$

所以，$\int_0^x f(x)\mathrm{d}x=\begin{cases}\frac{1}{3}x^3, & 0\leqslant x<1\\ \frac{1}{3}+\frac{1}{2}(x-1)^2, & 1\leqslant x\end{cases}.$

(2) $\int_0^1 x^2 f(x)\mathrm{d}x = \frac{1}{3}\int_0^1 f(x)\mathrm{d}x^3 = \frac{1}{3}x^3 f(x)\Big|_0^1 - \frac{1}{3}\int_0^1 x^3 \mathrm{e}^{x^2}\mathrm{d}x \overset{u=x^2}{=} -\frac{1}{6}\int_0^1 u\mathrm{e}^u \mathrm{d}u$

$$= -\frac{1}{6}u\mathrm{e}^u\Big|_0^1 + \frac{1}{6}\int_0^1 \mathrm{e}^u \mathrm{d}u = -\frac{1}{6}\mathrm{e} + \frac{1}{6}\mathrm{e} - \frac{1}{6} = -\frac{1}{6}.$$

8. 证 由分部积分法，有

$$左式 = \int_a^b f(x)\mathrm{d}(x-b) = f(x)(x-b)\Big|_a^b - \int_a^b (x-b)f'(x)\mathrm{d}x$$

$$= -\frac{1}{2}\int_a^b f'(x)\mathrm{d}(x-b)^2$$

$$= -\frac{1}{2}(x-b)^2 f'(x)\Big|_a^b + \frac{1}{2}\int_a^b f''(x)(x-b)^2\mathrm{d}x = 右式.$$

9. 证 设 $I_1 = \int_0^{\frac{\pi}{2}} \frac{f(\cos x)}{f(\cos x)+f(\sin x)}\mathrm{d}x$，$I_2 = \int_0^{\frac{\pi}{2}} \frac{f(\sin x)}{f(\cos x)+f(\sin x)}\mathrm{d}x$，

由 $I_1 = \int_0^{\frac{\pi}{2}} \frac{f(\cos x)}{f(\cos x)+f(\sin x)}\mathrm{d}x \overset{u=\frac{\pi}{2}-x}{=\!=\!=} \int_0^{\frac{\pi}{2}} \frac{f(\sin u)}{f(\sin u)+f(\cos u)}\mathrm{d}u = I_2$，

$I_1 + I_2 = \int_0^{\frac{\pi}{2}} \frac{f(\cos x)+f(\sin x)}{f(\cos x)+f(\sin x)}\mathrm{d}x = \int_0^{\frac{\pi}{2}}\mathrm{d}x = \frac{\pi}{2}$，

得 $\int_0^{\frac{\pi}{2}} \frac{f(\cos x)}{f(\cos x)+f(\sin x)}\mathrm{d}x = \frac{\pi}{4}$.

10. 解 (1) $A = \int_0^1 (4x-x)\mathrm{d}x + \int_1^2\left(\frac{4}{x}-x\right)\mathrm{d}x = \frac{3}{2}x^2\Big|_0^1 + \left(4\ln x - \frac{1}{2}x^2\right)\Big|_1^2 = 4\ln 2.$

(2) $A = \int_0^{2a}\left(\sqrt{2ax} - \frac{x^2}{2a}\right)\mathrm{d}x = \frac{2\sqrt{2a}}{3}x^{\frac{3}{2}}\Big|_0^{2a} - \frac{1}{6a}x^3\Big|_0^{2a} = \frac{8}{3}a^2 - \frac{4}{3}a^2 = \frac{4}{3}a^2.$

11. 解 依题设，$V_x = \int_0^a \pi x^{\frac{2}{3}}\mathrm{d}x$，$V_y = 2\int_0^a \pi x \cdot x^{\frac{1}{3}}\mathrm{d}x = 2\int_0^a \pi x^{\frac{4}{3}}\mathrm{d}x$，$10\int_0^a \pi x^{\frac{2}{3}}\mathrm{d}x = 2\int_0^a \pi x^{\frac{4}{3}}\mathrm{d}x$，两边对 a 求导，有 $5\pi a^{\frac{2}{3}} = \pi a^{\frac{4}{3}}$，解得 $a = \sqrt{125}$.

12. 解 (1) $\int_{-\infty}^1 \frac{1}{x^2+2x+5}\mathrm{d}x = \int_{-\infty}^1 \frac{1}{(x+1)^2+4}\mathrm{d}x = \frac{1}{2}\arctan\frac{x+1}{2}\Big|_{-\infty}^1 = \frac{1}{2}\left(\frac{\pi}{4}+\frac{\pi}{2}\right) = \frac{3\pi}{8}.$

(2) $\int_0^3 \ln(9-x^2)\mathrm{d}x = \int_0^3 \ln(3-x)\mathrm{d}x + \int_0^3 \ln(3+x)\mathrm{d}x$，其中

$$\int_0^3 \ln(3-x)\mathrm{d}x = \int_0^3 \ln(3-x)\mathrm{d}(x-3)$$

$$= \lim_{\varepsilon\to 0^+}(x-3)\ln(3-x)\Big|_0^{3-\varepsilon} + \int_0^3 \frac{x-3}{3-x}\mathrm{d}x = 3\ln 3 - 3,$$

$$\int_0^3 \ln(3+x)\mathrm{d}x = x\ln(3+x)\Big|_0^3 - \int_0^3 \frac{x}{3+x}\mathrm{d}x$$

$$= 3\ln 6 - 3 + 3\ln(3+x)\Big|_0^3 = 6\ln 6 - 3\ln 3 - 3,$$

因此，原积分 $= 6\ln 6 - 6$.

(3) $\int_{-\infty}^{+\infty} xf(x)\mathrm{d}x = \int_0^{+\infty} xf(x)\mathrm{d}x = \int_0^{+\infty} \lambda x \mathrm{e}^{-\lambda x}\mathrm{d}x = -x\mathrm{e}^{-\lambda x}\Big|_0^{+\infty} + \int_0^{+\infty} \mathrm{e}^{-\lambda x}\mathrm{d}x$

$$= -\frac{1}{\lambda}\mathrm{e}^{-\lambda x}\Big|_0^{+\infty} = \frac{1}{\lambda}.$$

13. 解 (1) $R(Q) = \int_0^Q R'(t)\mathrm{d}t = \int_0^Q 10(10-t)\mathrm{e}^{-\frac{t}{10}}\mathrm{d}t = 100\int_0^Q \mathrm{e}^{-\frac{t}{10}}\mathrm{d}t - \int_0^Q t\mathrm{e}^{-\frac{t}{10}}\mathrm{d}t$

$$= -1\,000\mathrm{e}^{-\frac{t}{10}}\Big|_0^Q + 10t\mathrm{e}^{-\frac{t}{10}}\Big|_0^Q - 10\int_0^Q \mathrm{e}^{-\frac{t}{10}}\mathrm{d}t$$

$$= 1\,000(1-\mathrm{e}^{-\frac{Q}{10}}) + 10Q\mathrm{e}^{-\frac{Q}{10}} + 100\mathrm{e}^{-\frac{t}{10}}\Big|_0^Q$$

$$= 1\,000(1-\mathrm{e}^{-\frac{Q}{10}}) + 10Q\mathrm{e}^{-\frac{Q}{10}} + 100\mathrm{e}^{-\frac{Q}{10}} - 100$$

$$= 900(1-\mathrm{e}^{-\frac{Q}{10}}) + 10Q\mathrm{e}^{-\frac{Q}{10}}.$$

(2) 当产量由 2 增至 5 时的平均收益为

$$\overline{R} = \frac{1}{3}\int_2^5 R'(t)\mathrm{d}t = \frac{1}{3}(R(5)-R(2)) = \frac{1}{3}(880\mathrm{e}^{-0.2} - 850\mathrm{e}^{-0.5}).$$

14. 解 依题设，$-\frac{P\mathrm{d}x}{x\mathrm{d}P} = \frac{P}{4-P}$，即$\frac{\mathrm{d}x}{x} = \frac{\mathrm{d}P}{P-4}$，两边积分，得 $\ln|x| = \ln|P-4| + \ln|C|$，即 $x = C(P-4)$，由 $x(0) = 400$，得 $C = -100$，因此，需求函数为 $x = 100(4-P)$，总收入函数为$R(P) = 100(4-P)P$ 或$R(x) = 4x - 0.01x^2$.

15. 解 依题设，如果租用，每月租金为 1 400 元，即每年 $1\,400 \times 12 = 16\,800$ 元，则按连续复利计算，13 年租金的累计贴现值为

$$\int_0^{13} 1\,400 \times 12\mathrm{e}^{-0.08t}\mathrm{d}t = -210\,000\mathrm{e}^{-0.08t}\Big|_0^{13} = 210\,000(1-\mathrm{e}^{-1.04}) \approx 13.58(\text{万元}),$$

或每月租金为 1 400 元，平均月利率折算为 8%/12，13 年租金的累计贴现值为

$$\int_0^{13\times 12} 1\,400\mathrm{e}^{-\frac{0.08}{12}t}\mathrm{d}t = -210\,000\mathrm{e}^{-\frac{0.08}{12}t}\Big|_0^{13\times 12} = 210\,000(1-\mathrm{e}^{-1.04}) \approx 13.58(\text{万元}),$$

显然，租用比一次性购买要更合适.

第 7 章

1. 答 (1) 1. (2) 0. (3) $p > 2$. (4) 1. (5) $(1, 5]$. (6) $\frac{1}{\mathrm{e}}$.

(7) $\mathrm{e}^2 \sum_{n=0}^{\infty} \frac{(x-2)^n}{n!}$，$x \in (-\infty, +\infty)$.

解析 (1) 由 $S_n = \sum_{k=1}^{n} \frac{k}{(k+1)!} = \sum_{k=1}^{n}\left(\frac{1}{k!} - \frac{1}{(k+1)!}\right) = 1 - \frac{1}{(n+1)!}$，$\sum_{n=1}^{\infty} \frac{n}{(n+1)!} = \lim_{n\to\infty} S_n = 1$.

(2) 由$\sum_{n=1}^{\infty} \frac{(-1)^n}{\sqrt{n(n+2)}}$ 收敛，$\sum_{n=1}^{\infty} \frac{1}{\sqrt{n(n+2)}}$ 发散知，若$\sum_{n=1}^{\infty} \frac{(-1)^n + a}{\sqrt{n(n+2)}}$ 收敛，必须 $a = 0$.

(3) 由题设，$\lim_{n\to\infty} n^p(\mathrm{e}^{\frac{1}{n}} - 1)a_n = 1$，即 $a_n \sim \frac{1}{n^{p-1}}$，若$\sum_{n=1}^{\infty} u_n$ 收敛，则必有 $p-1 > 1$，即

$p>2$.

(4) 由 $\{a_n\}$ 单调递减有下界，且$\sum_{n=1}^{\infty}(-1)^n a_n$ 发散，知$\lim_{n\to\infty}a_n$ 有非零极限存在，不妨设为 a，于是，$\lim_{n\to\infty}\frac{u_{n+1}}{u_n}=\lim_{n\to\infty}\frac{(n+1)a_{n+1}}{n+2}\cdot\frac{n+1}{na_n}=1$，因此，收敛半径为 $R=1$.

(5) 由已知，级数在$-2<x+2\leqslant 2$收敛，从而知$\sum_{n=0}^{\infty}a_n(x-3)^n$ 在$-2<x-3\leqslant 2$时收敛，即收敛域为 $(1,5]$.

(6) 由$\lim_{n\to\infty}\frac{u_{n+1}}{u_n}=\lim_{n\to\infty}\frac{e^{n+1}-(-1)^{n+1}}{(n+1)^2}\frac{n^2}{e^n-(-1)^n}=\lim_{n\to\infty}\frac{e+\left(-\frac{1}{e}\right)^n}{1-\left(-\frac{1}{e}\right)^n}=e$，知$R=\frac{1}{e}$.

(7) 由 $f(x)=e^x=\sum_{n=0}^{\infty}\frac{x^n}{n!}$，$x\in(-\infty,+\infty)$，有 $e^x=e^2e^{x-2}=e^2\sum_{n=0}^{\infty}\frac{(x-2)^n}{n!}$，$x\in(-\infty,+\infty)$.

2. 答 (1) A. (2) C. (3) D. (4) B. (5) D. (6) C. (7) D.

解析 (1) 若$\sum_{n=1}^{\infty}u_n$ 收敛，则其前 n 项部分和数列 $\{S_n\}$ 收敛，也必有 $\{S_{2n}\}$ 收敛，即级数$\sum_{n=1}^{\infty}(u_{2n-1}+u_{2n})$ 的前 n 项部分和数列收敛，从而知$\sum_{n=1}^{\infty}(u_{2n-1}+u_{2n})$ 必收敛，故选择 A.

(2) 因为级数$\sum_{n=1}^{\infty}|b_n|$收敛，所以$\lim_{n\to\infty}|b_n|=0$，又因为$\lim_{n\to\infty}a_n=0$，所以存在 $N>0$，当 $n>N$ 时，有$|a_n|<1$，$|b_n|<1$，从而有$0\leqslant a_n^2b_n^2<|b_n|$，利用比较判别法可知$\sum_{n=1}^{\infty}a_n^2b_n^2$ 收敛，故选择 C.

(3) 由$|u_n|=\left|\sqrt{n}\sin\frac{1}{n^{\alpha}}\right|\sim\frac{1}{n^{\alpha-\frac{1}{2}}}$及$\sum_{n=1}^{\infty}|u_n|$收敛，知$\alpha-\frac{1}{2}>1$，即$\alpha>\frac{3}{2}$；又$\sum_{i=1}^{\infty}\frac{(-1)^n}{n^{2-\alpha}}$ 条件收敛，知 $2-\alpha>0$，即 $\alpha<2$. 因此，$\frac{3}{2}<\alpha<2$，故选择 D.

(4) 结论 A 仅在均为正项级数时成立，若不然，取 $a_n=\frac{(-1)^n}{\sqrt{n}}$，$b_n=\frac{(-1)^n}{\sqrt{n}}+\frac{1}{n}$，虽然$\lim_{n\to\infty}\frac{a_n}{b_n}=1$，但$\sum_{n=1}^{\infty}a_n$ 收敛而$\sum_{n=1}^{\infty}b_n$发散. 交错级数$\sum_{n=1}^{\infty}\frac{(-1)^n}{n^2}$ 收敛，且为绝对收敛. 正项级数$\sum_{n=1}^{\infty}a_n$ 收敛，由 $\{a_n\}$ 子序列构造的级数$\sum_{k=1}^{\infty}a_{n_k}$ 必收敛，因此仅选项 B 正确，事实上，由$\lim_{n\to\infty}\left|\frac{u_{n+1}}{u_n}\right|>1$，知 u_n 不趋于零，$\sum_{n=1}^{\infty}u_n$ 必发散，故选择 B.

(5) $\left|\frac{a_n}{a_{n+1}}\right|\to 3$，$\left|\frac{b_n}{b_{n+1}}\right|\to\frac{\sqrt{3}}{3}$，则$\frac{\left|\frac{a_n}{b_n}\right|}{\left|\frac{a_{n+1}}{b_{n+1}}\right|}=\frac{|a_n\cdot b_{n+1}|}{|b_n\cdot a_{n+1}|}\to 3\times\sqrt{3}=3\sqrt{3}$，故选择 D.

(6) 因为数列 $\{a_n\}$ 单调减少，且$\lim_{n\to\infty}a_n=0$，所以根据莱布尼茨判别法知，交错级数

$\sum\limits_{n=1}^{\infty}(-1)^n a_n$ 收敛，即幂级数 $\sum\limits_{n=1}^{\infty}a_n(x-1)^n$ 在 $x=0$ 处条件收敛. 又因为 $S_n=\sum\limits_{i=1}^{n}a_i(n=1,2,\cdots)$ 无界，所以 $\sum\limits_{n=1}^{\infty}a_n(x-1)^n$ 在 $x=2$ 处发散. 综上可知，幂级数 $\sum\limits_{n=1}^{\infty}a_n(x-1)^n$ 的收敛域为 $[0,2)$，故选择 C.

(7) 由 $f(x)=x\sin x=\sum\limits_{n=0}^{\infty}\dfrac{(-1)^n x^{2n+2}}{(2n+1)!}=\sum\limits_{n=0}^{\infty}\dfrac{f^{(n)}(0)}{n!}x^n$，比较 x^{20} 的系数，有 $\dfrac{(-1)^9}{19!}=\dfrac{f^{(20)}(0)}{20!}$，得 $f^{(20)}(0)=-\dfrac{20!}{19!}=-20$，故选择 D.

3. 解 $u_n=S_n-S_{n-1}=1-\dfrac{1}{(n+1)^2}-1+\dfrac{1}{n^2}=\dfrac{2n+1}{n^2(n+1)^2}$，有 $\sum\limits_{n=1}^{\infty}u_n=\sum\limits_{n=1}^{\infty}\dfrac{2n+1}{n^2(n+1)^2}$.

从而有 $\sum\limits_{n=1}^{\infty}(u_n+u_{n+1}-u_{n+2})=\lim\limits_{n\to\infty}(S_n+S_n-u_1-S_n+u_1+u_2)=\dfrac{41}{36}$.

4. 解 (1) 当 $n\to\infty$ 时，$u_n=\dfrac{1}{3^n-2^n}\sim\dfrac{1}{3^n}$，且 $\sum\limits_{n=1}^{\infty}\dfrac{1}{3^n}$ 收敛，因此，$\sum\limits_{n=1}^{\infty}\dfrac{1}{3^n-2^n}$ 收敛.

(2) $u_n=\dfrac{a}{n}-\dfrac{b}{n+1}=\dfrac{(a-b)n+a}{n(n+1)}\sim\dfrac{a-b}{n}+\dfrac{a}{n^2}$，于是，当 $a=b$ 时，原级数收敛，当 $a\neq b$ 时，原级数发散.

(3) 由于 $e^{-\sqrt{x}}$ 单调减，故 $u_n=\int_n^{n+1}e^{-\sqrt{x}}dx<e^{-\sqrt{n}}$，又 $\lim\limits_{n\to\infty}e^{-\sqrt{n}}\Big/\left(\dfrac{1}{n^2}\right)=0$，知 $\sum\limits_{n=1}^{\infty}e^{-\sqrt{n}}$ 收敛，因此，$\sum\limits_{n=1}^{\infty}\int_n^{n+1}e^{-\sqrt{x}}dx$ 收敛.

(4) 由 $\lim\limits_{n\to\infty}\dfrac{1}{n}\Big/\left(\dfrac{1}{\ln(n^2+1)}\right)=0$，$\sum\limits_{n=1}^{\infty}\dfrac{1}{n}$ 发散，知 $\sum\limits_{n=1}^{\infty}\dfrac{1}{\ln(n^2+1)}$ 发散.

(5) 当 $n\to\infty$ 时，$u_n=1-\cos\dfrac{1}{n}\sim\dfrac{1}{2n^2}$，$\sum\limits_{n=1}^{\infty}\dfrac{1}{2n^2}$ 收敛，因此，$\sum\limits_{n=1}^{\infty}\left(1-\cos\dfrac{1}{n}\right)$ 收敛.

(6) 由 $\lim\limits_{n\to\infty}\dfrac{u_{n+1}}{u_n}=\lim\limits_{n\to\infty}\dfrac{a^{n+1}\ln^2(n+1)}{(n+1)!}\Big/\left(\dfrac{a^n\ln^2 n}{n!}\right)=0$，知 $\sum\limits_{n=1}^{\infty}\dfrac{a^n\ln^2 n}{n!}(a>1)$ 收敛.

(7) 由

$$\lim_{n\to\infty}\frac{u_{n+1}}{u_n}=\lim_{n\to\infty}\frac{x^{n+1}}{(1+x)(1+x^2)\cdots(1+x^{n+1})}\Big/\left[\frac{x^n}{(1+x)(1+x^2)\cdots(1+x^n)}\right]=\begin{cases}x, & 0<x<1\\ \dfrac{1}{2}, & x=1\\ 0, & x>1\end{cases},$$

知 $\sum\limits_{n=1}^{\infty}\dfrac{x^n}{(1+x)(1+x^2)\cdots(1+x^n)}(x>0)$ 收敛.

(8) 由 $\lim\limits_{n\to\infty}\sqrt[n]{u_n}=\lim\limits_{n\to\infty}\sqrt[n]{\dfrac{(3n^2-1)^n}{(2n)^{2n}}}=\dfrac{3}{4}<1$，知 $\sum\limits_{n=1}^{\infty}\dfrac{(3n^2-1)^n}{(2n)^{2n}}$ 收敛.

5. 解 (1) 当 $n\to\infty$ 时，$|u_n|=\left|\dfrac{2+(-1)^n n}{n^2}\right|\sim\dfrac{1}{n}$，$\sum\limits_{n=1}^{\infty}|u_n|$ 发散. 又 $\sum\limits_{n=1}^{\infty}\dfrac{2}{n^2}$ 收敛，交错级数 $\sum\limits_{n=1}^{\infty}\dfrac{(-1)^n}{n}$ 收敛，故 $\sum\limits_{n=1}^{\infty}\dfrac{2+(-1)^n n}{n^2}$ 收敛，且为条件收敛.

(2) 当$n\to\infty$时，$|u_n|=\left|\dfrac{(-1)^n n}{n^2-n+2}\right|\sim\dfrac{1}{n}$，$\sum\limits_{n=1}^{\infty}|u_n|$发散. 又设$f(x)=\dfrac{x}{x^2-x+2}$，当$x\geqslant 2$时，$f'(x)=\dfrac{2-x^2}{(x^2-x+2)^2}<0$，知$f(x)$单调下降，即$a_n=\dfrac{n}{n^2-n+2}$单调下降趋于零，因此，交错级数$\sum\limits_{n=1}^{\infty}\dfrac{(-1)^n n}{n^2-n+2}$收敛，且为条件收敛.

(3) 由$\lim\limits_{n\to\infty}\left|\dfrac{u_{n+1}}{u_n}\right|=\lim\limits_{n\to\infty}\dfrac{(n+1)!}{3^{n+1}}\Big/\left(\dfrac{n!}{3^n}\right)=\infty$，知$\sum\limits_{n=1}^{\infty}(-1)^{\frac{n(n+1)}{2}}\dfrac{n!}{3^n}$发散.

(4) 由$|u_n|=\left|\dfrac{n!2^n}{n^n}\cos\dfrac{n\pi}{3}\right|<\dfrac{n!2^n}{n^n}$，且$\lim\limits_{n\to\infty}\left|\dfrac{u_{n+1}}{u_n}\right|=\lim\limits_{n\to\infty}\dfrac{(n+1)!2^{n+1}}{(n+1)^{n+1}}\Big/\left(\dfrac{n!2^n}{n^n}\right)=\dfrac{2}{\mathrm{e}}<1$，知$\sum\limits_{n=1}^{\infty}\dfrac{n!2^n}{n^n}$收敛，从而知$\sum\limits_{n=1}^{\infty}\dfrac{n!2^n}{n^n}\cos\dfrac{n\pi}{3}$绝对收敛.

6. 解 (1) 由$\lim\limits_{n\to\infty}\left|\dfrac{a_{n+1}}{a_n}\right|=\lim\limits_{n\to\infty}\dfrac{5^{n+1}\ln^2(n+1)}{(n+1)!}\Big/\left(\dfrac{5^n\ln^2 n}{n!}\right)=0$，知原级数的收敛半径为$+\infty$，收敛区间和收敛域均为$(-\infty,+\infty)$.

(2) $\lim\limits_{n\to\infty}\left|\dfrac{a_{n+1}}{a_n}\right|=\lim\limits_{n\to\infty}\dfrac{3^{n+1}+(-2)^{n+1}}{n+1}\Big/\left(\dfrac{3^n+(-2)^n}{n}\right)=3$，知原级数的收敛半径为$\dfrac{1}{3}$，收敛区间为$\left(-\dfrac{1}{3},\dfrac{1}{3}\right)$. 又当$x=-\dfrac{1}{3}$时，$\sum\limits_{n=1}^{\infty}a_nx^n=\sum\limits_{n=1}^{\infty}\dfrac{(-1)^n}{n}+\sum\limits_{n=1}^{\infty}\dfrac{1}{n}\left(\dfrac{2}{3}\right)^n$收敛，当$x=\dfrac{1}{3}$时，$\sum\limits_{n=1}^{\infty}a_nx^n=\sum\limits_{n=1}^{\infty}\left[\dfrac{1}{n}+\dfrac{1}{n}\left(\dfrac{-2}{3}\right)^n\right]$发散，故原级数的收敛域为$\left[-\dfrac{1}{3},\dfrac{1}{3}\right)$.

(3) 由$\lim\limits_{n\to\infty}\left|\dfrac{u_{n+1}}{u_n}\right|=\lim\limits_{n\to\infty}\dfrac{2^{2n+1}x^{2n+1}}{2n+1}\Big/\left(\dfrac{2^{2n-1}x^{2n-1}}{2n-1}\right)=4x^2$，知原级数的收敛半径为$\dfrac{1}{2}$，收敛区间为$\left(-\dfrac{1}{2},\dfrac{1}{2}\right)$. 又当$x=-\dfrac{1}{2}$时，$\sum\limits_{n=1}^{\infty}a_nx^{2n-1}=-\sum\limits_{n=1}^{\infty}\dfrac{1}{2n-1}$发散，当$x=\dfrac{1}{2}$时，$\sum\limits_{n=1}^{\infty}a_nx^{2n-1}=\sum\limits_{n=1}^{\infty}\dfrac{1}{2n-1}$发散，故原级数的收敛域为$\left(-\dfrac{1}{2},\dfrac{1}{2}\right)$.

(4) 由$\lim\limits_{n\to\infty}\left|\dfrac{a_{n+1}}{a_n}\right|=\lim\limits_{n\to\infty}\dfrac{2^{n+2}}{\sqrt{n+2}}\Big/\left(\dfrac{2^{n+1}}{\sqrt{n+1}}\right)=2$，知原级数的收敛半径为$\dfrac{1}{2}$，并由$|x+3|<\dfrac{1}{2}$，知原级数的收敛区间为$\left(-\dfrac{7}{2},-\dfrac{5}{2}\right)$. 又当$x=-\dfrac{7}{2}$时，$\sum\limits_{n=1}^{\infty}a_n(x+3)^n=\sum\limits_{n=1}^{\infty}\dfrac{2(-1)^n}{\sqrt{n+1}}$收敛，当$x=-\dfrac{5}{2}$时，$\sum\limits_{n=1}^{\infty}a_n(x+3)^n=\sum\limits_{n=1}^{\infty}\dfrac{2}{\sqrt{n+1}}$发散，故原级数的收敛域为$\left[-\dfrac{7}{2},-\dfrac{5}{2}\right)$.

7. 证 由于级数$\sum\limits_{n=2}^{\infty}(a_n-a_{n-1})$收敛，因此$\lim\limits_{n\to\infty}S_n=\lim\limits_{n\to\infty}\sum\limits_{k=2}^{n}(a_k-a_{k-1})=\lim\limits_{n\to\infty}a_n-a_1$存在，知$a_n$为有界变量，即当$n$足够大时，必存在正数$M$，使得$|a_n|<M$，也有$|a_nb_n|=|a_n|b_n<Mb_n$，由$\sum\limits_{n=1}^{\infty}b_n$收敛，也必有$\sum\limits_{n=1}^{\infty}a_nb_n$绝对收敛.

8. 解 (1) 由$\dfrac{1}{1-x}=\sum\limits_{n=0}^{\infty}x^n$，$x\in(-1,1)$，从而有

$$f(x)=\frac{x}{1-x-2x^2}=\frac{1}{3}\left(\frac{1}{1-2x}-\frac{1}{1+x}\right)$$

$$=\frac{1}{3}\left(\sum_{n=0}^{\infty}(2x)^n-\sum_{n=0}^{\infty}(-x)^n\right)=\frac{1}{3}\sum_{n=0}^{\infty}[2^n-(-1)^n]x^n,\ x\in\left(-\frac{1}{2},\frac{1}{2}\right).$$

(2) 由 $\cos x=\sum\limits_{n=0}^{\infty}\frac{(-1)^n}{(2n)!}x^{2n}$，$x\in(-\infty,+\infty)$，有 $\cos x^2=\sum\limits_{n=0}^{\infty}\frac{(-1)^n}{(2n)!}x^{4n}$，$x\in(-\infty,+\infty)$，从而有

$$f(x)=\int_0^x\frac{\sum\limits_{n=0}^{\infty}\frac{(-1)^n}{(2n)!}x^{4n}-1}{x}\mathrm{d}x=\int_0^x\sum_{n=1}^{\infty}\frac{(-1)^n}{(2n)!}x^{4n-1}\mathrm{d}x$$

$$=\sum_{n=1}^{\infty}\frac{(-1)^n}{4n(2n)!}x^{4n},\ x\in(-\infty,+\infty).$$

9. 解 由 $\ln\left(1+\frac{1}{x}\right)=\frac{1}{x}-\frac{1}{2x^2}+o(x^2)$，从而有

$$\lim_{x\to\infty}\left[x-x^2\ln\left(1+\frac{1}{x}\right)\right]=\lim_{x\to\infty}\left[x-x^2\left(\frac{1}{x}-\frac{1}{2x^2}+o(x^2)\right)\right]=\frac{1}{2}.$$

10. 解 由 $\lim\limits_{n\to\infty}\left|\frac{u_{n+1}}{u_n}\right|=\lim\limits_{n\to\infty}\left|\frac{x^{2n+1}}{n+1}\Big/\left(\frac{x^{2n-1}}{n}\right)\right|=x^2$，得收敛半径 $R=1$，又当 $x=-1$ 时，$\sum\limits_{n=1}^{\infty}\frac{(-1)^n}{n}$ 收敛，当 $x=1$ 时，$\sum\limits_{n=1}^{\infty}\frac{(-1)^{n-1}}{n}$ 收敛，故原级数的收敛域为$[-1,1]$.

$\sum\limits_{n=1}^{\infty}\frac{(-1)^{n-1}}{n}x^{2n-1}=S(x)=\frac{1}{x}\sum\limits_{n=1}^{\infty}\frac{(-1)^{n-1}}{n}x^{2n}$，$x\in[-1,1]$，两边求导，得

$$[xS(x)]'=2\sum_{n=1}^{\infty}(-1)^{n-1}x^{2n-1}=2x\sum_{n=0}^{\infty}(-x^2)^n=\frac{2x}{1+x^2},\ x\in(-1,1),$$

从而有

$$xS(x)=\int_0^x\frac{2x}{1+x^2}\mathrm{d}x=\ln(1+x^2),$$

因此，$\sum\limits_{n=1}^{\infty}\frac{(-1)^{n-1}}{n}x^{2n-1}=\begin{cases}\frac{\ln(1+x^2)}{x}, & x\neq 0\\ 0, & x=0\end{cases}.$

取 $x=\frac{1}{\sqrt{3}}$，有 $\sum\limits_{n=1}^{\infty}\frac{(-1)^{n-1}}{n}x^{2n-1}=\sqrt{3}\sum\limits_{n=1}^{\infty}\frac{(-1)^{n-1}}{n3^n}=\sqrt{3}\ln\frac{4}{3}$，即 $\sum\limits_{n=1}^{\infty}\frac{(-1)^{n-1}}{n3^n}=\ln\frac{4}{3}$.

第8章

1. 答 (1) $(x^2+y^2)\mathrm{e}^{xy}$. (2) 0，0. (3) 4. (4) $2\mathrm{d}x-\mathrm{d}y$. (5) 0. (6) $\pi\mathrm{e}\sin 1$.

(7) $\frac{1}{2}$. (8) $\int_0^{\frac{\pi}{4}}\mathrm{d}\theta\int_{\frac{1}{\cos\theta+\sin\theta}}^{+\infty}f(r\cos\theta+r\sin\theta)r\,\mathrm{d}r$.

解析 (1) 由 $f(x+y,x-y)=[(x+y)^2+(x-y)^2]\mathrm{e}^{(x+y)(x-y)}$，所以，$f(x,y)=(x^2+y^2)\mathrm{e}^{xy}$.

(2) $f'_x(0,0)=[f(x,0)]'_x=0$，$f'_y(0,0)=[f(0,y)]'_y=0$.

(3) 由$\dfrac{\partial F}{\partial x}=\dfrac{y\sin xy}{1+(xy)^2}$，$\dfrac{\partial^2 F}{\partial x^2}=\dfrac{y[y\cos xy(1+x^2y^2)-2xy^2\sin xy]}{[1+(xy)^2]^2}$，则$\left.\dfrac{\partial^2 F}{\partial x^2}\right|_{\substack{x=0\\y=2}}=4$.

(4) 由$\lim\limits_{\substack{x\to0\\y\to1}}\dfrac{f(x,y)-2x+y-2}{\sqrt{x^2+(y-1)^2}}=\lim\limits_{\substack{x\to0\\y\to1}}\dfrac{f(x,y)-1-[2(x-0)-(y-1)]}{\sqrt{x^2+(y-1)^2}}=0$，知

$\mathrm{d}z\Big|_{(0,1)}=2\mathrm{d}x-\mathrm{d}y$.

(5) $\dfrac{\partial u}{\partial x}+2x\dfrac{\partial u}{\partial y}=2xf'(x^2-y)-2xf'(x^2-y)=0$.

(6) 由积分中值定理，$\iint\limits_D \mathrm{e}^{x+y}\sin(x^2-y^2)\mathrm{d}\sigma=\mathrm{e}^{\xi+\eta}\sin(\xi^2-\eta^2)\pi a^2$，$(\xi,\eta)\in D$，则

$$\begin{aligned}\lim_{a\to0}\frac{1}{a^2}\iint\limits_D \mathrm{e}^{x+y}\sin(x^2-y^2)\mathrm{d}\sigma&=\lim_{a\to0}\frac{1}{a^2}\mathrm{e}^{\xi+\eta}\sin(\xi^2-\eta^2)\pi a^2\\&=\lim_{\substack{\xi\to1\\\eta\to0}}\mathrm{e}^{\xi+\eta}\sin(\xi^2-\eta^2)\pi=\pi\mathrm{e}\sin1.\end{aligned}$$

(7) $$\begin{aligned}\int_1^2\mathrm{d}x\int_0^1 x^y\ln x\mathrm{d}y&=\int_1^2 x^y\Big|_0^1\mathrm{d}x=\int_1^2(x-1)\mathrm{d}x\\&=\frac{1}{2}(x-1)^2\Big|_1^2=\frac{1}{2}.\end{aligned}$$

(8) 积分区域如附二图 8-1 所示. 可知，在极坐标下有累次积分

$$\begin{aligned}I&=\int_{\frac{1}{2}}^1\mathrm{d}x\int_{1-X}^X f(x,y)\mathrm{d}y+\int_1^{+\infty}\mathrm{d}x\int_0^X f(x,y)\mathrm{d}y\\&=\int_0^{\frac{\pi}{4}}\mathrm{d}\theta\int_{\frac{1}{\cos\theta+\sin\theta}}^{+\infty}f(r\cos\theta+r\sin\theta)r\mathrm{d}r.\end{aligned}$$

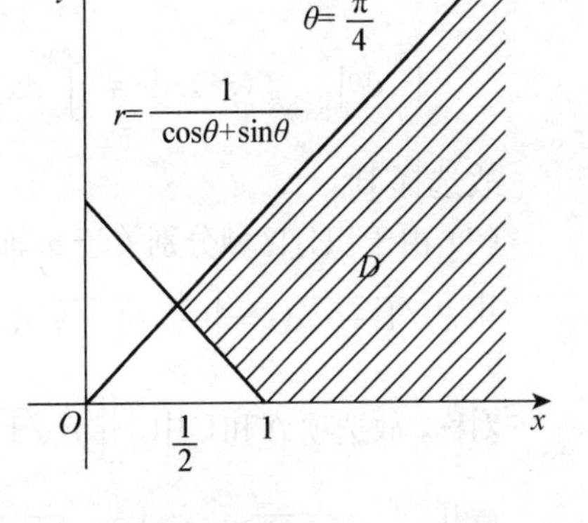

附二图 8-1

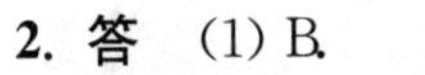

2. 答 (1) B. (2) D. (3) D. (4) B. (5) A.
(6) A. (7) B. (8) D.

解析 (1) 满足方程 $x\dfrac{\partial u}{\partial x}+y\dfrac{\partial u}{\partial y}+z\dfrac{\partial u}{\partial z}=-u$ 的函数应是 -1 次齐次函数，分别将 x，y，z 用 tx，ty，tz 置换，知选项中依次为 1 次，-1 次，0 次，0 次齐次函数，故选择 B.

(2) 由$\dfrac{\partial f(x,y)}{\partial x}>0$，$\dfrac{\partial f(x,y)}{\partial y}<0$，知 $f(x,y)$ 分别对变量 x 单调增，对变量 y 单调减，则当 $x_1<x_2$，$y_1>y_2$ 时，有不等式 $f(x_1,y_1)<f(x_2,y_1)<f(x_2,y_2)$，故选择 D.

(3) $f(x,0)=\mathrm{e}^{|y|}$，$f(0,y)=\mathrm{e}^{|y|}$，知 $f'_x(0,0)$，$f'_y(0,0)$ 都不存在，故选择 D.

(4) 由$\dfrac{\partial z}{\partial x}=-\dfrac{\frac{\partial F}{\partial x}}{\frac{\partial F}{\partial z}}=-\dfrac{F'_1\left(-\frac{y}{x^2}\right)+F'_2\left(-\frac{z}{x^2}\right)}{\frac{1}{x}F'_2}=\dfrac{yF_1+zF'_2}{xF'_2}$，

$$\frac{\partial z}{\partial y}=-\frac{\frac{\partial F}{\partial y}}{\frac{\partial F}{\partial z}}=-\frac{\frac{1}{x}F'_1}{\frac{1}{x}F'_2}=-\frac{F'_1}{F'_2},$$

得 $x\frac{\partial z}{\partial x}+y\frac{\partial z}{\partial y}=\frac{yF_1'+zF_2'}{F_2'}-\frac{yF_1'}{F_2'}=z$，故选择 B.

(5) 由 $y=f(x)\ln f(y)$，得

$$\frac{\partial z}{\partial x}=f'(x)\ln f(y),\ \frac{\partial z}{\partial y}=f(x)\frac{f'(y)}{f(y)},$$

$$\frac{\partial^2 z}{\partial x^2}=f''(x)\ln f(y),\ \frac{\partial^2 z}{\partial x\partial y}=f'(x)\frac{f'(y)}{f(y)},$$

$$\frac{\partial^2 z}{\partial y^2}=f(x)\frac{f''(y)f(y)-[f'(y)]^2}{f^2(y)}.$$

由于

$$A=\frac{\partial^2 z}{\partial x^2}\Big|_{(0,0)}=f''(0)\ln f(0),\ B=\frac{\partial^2 z}{\partial x\partial y}\Big|_{(0,0)}=0,\ C=\frac{\partial^2 z}{\partial y^2}\Big|_{(0,0)}=f''(0),$$

所以当 $f(0)>1$ 且 $f''(0)>0$ 时，有 $B^2-AC=-[f''(0)]^2\ln f(0)<0$，$A=f''(0)\ln f(0)>0$，即函数 $z=f(x)\ln f(y)$ 在点 $(0, 0)$ 处取得极小值. 故选择 A.

(6) 积分区域关于 x 轴对称，$f(y)g(x)$ 关于变量 y 为奇函数，有 $\iint\limits_D f(y)g(x)\mathrm{d}x\mathrm{d}y=0$，故选择 A.

(7) 依题设，积分区域如附二图 8-2 所示，从而知

$$\int_0^{\frac{\pi}{2}}\mathrm{d}\theta\int_{2\cos\theta}^{2}f(r^2)r\mathrm{d}r=\int_0^2\mathrm{d}x\int_{\sqrt{2x-x^2}}^{\sqrt{4-x^2}}f(x^2+y^2)\mathrm{d}y,$$

故选择 B.

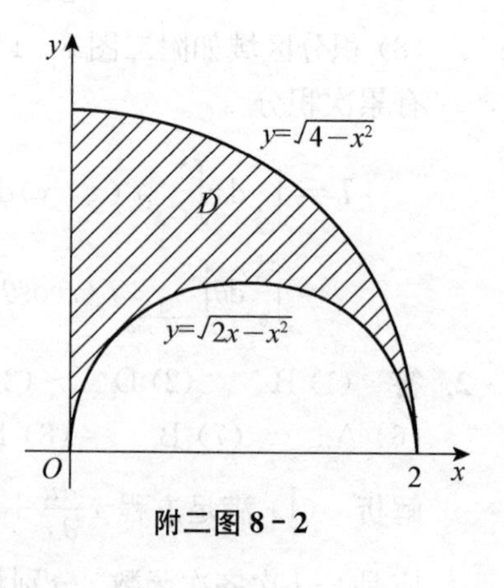

附二图 8-2

(8) 由于积分区域分别关于 x 轴和 y 轴对称，故选项 B 中 $\iint\limits_D x^3\sqrt{1-y^2}\mathrm{d}\sigma=\iint\limits_D y^5\sqrt{1-x^2}\mathrm{d}\sigma=0$，又积分区域关于直线对称，故选项 A 和 C 中，$\iint\limits_D x^2\sqrt{1-y^2}\mathrm{d}\sigma=\iint\limits_D y^2\sqrt{1-x^2}\mathrm{d}\sigma$，及 $\iint\limits_D x^2\sqrt{1-y^2}\mathrm{d}\sigma=\iint\limits_D y^2\sqrt{1-x^2}\mathrm{d}\sigma$，由排除法，选项 D 不正确，选之.

3. 解 (1) $\frac{\partial z}{\partial x}=\mathrm{e}^{x\ln(x+\mathrm{e}^y)}(x\ln(x+\mathrm{e}^y))'_x=\mathrm{e}^{x\ln(x+\mathrm{e}^y)}\left(\ln(x+\mathrm{e}^y)+\frac{1}{x+\mathrm{e}^y}\right)$，

$$\frac{\partial z}{\partial y}=x\mathrm{e}^y(x+\mathrm{e}^y)^{x-1}.$$

(2) $\frac{\partial z}{\partial x}=\mathrm{e}^{\frac{x}{y}(\ln y-\ln x)}\frac{1}{y}(\ln y-\ln x-1)=\frac{1}{y}\left(\frac{y}{x}\right)^{\frac{x}{y}}\left(\ln\frac{y}{x}-1\right)$，

$$\frac{\partial z}{\partial y}=\frac{x}{y^2}\mathrm{e}^{\frac{x}{y}(\ln y-\ln x)}(1-\ln y+\ln x).$$

(3) 由 $\mathrm{d}z=-\sin(2x+3y)(2\mathrm{d}x+3\mathrm{d}y)=-\sin(2x+3y)\left(2\mathrm{d}t+2\mathrm{d}s+\frac{3}{2t}\mathrm{d}t+\frac{3}{2s}\mathrm{d}s\right)$，得

$$\frac{\partial z}{\partial t}=-\sin(2t+2s+3\ln\sqrt{st})\left(2+\frac{3}{2t}\right),\ \frac{\partial z}{\partial s}=-\sin(2t+2s+3\ln\sqrt{st})\left(2+\frac{3}{2s}\right).$$

(4) 由 $dz=e^{(uv)^2}(udv+vdu)=e^{[xy(x-y)]^2}[xy(dx-dy)+(x-y)(xdy+ydx)]$，得

$$\frac{\partial z}{\partial x}=e^{[xy(x-y)]^2}(2xy-y^2),\ \frac{\partial z}{\partial y}=-e^{[xy(x-y)]^2}(2xy-x^2).$$

4. 解 (1) 取 $F(x, y, z)=xe^x-ye^y-ze^z$，则

$$\frac{\partial z}{\partial x}=-\frac{F'_x}{F'_z}=-\frac{(x+1)e^x}{-(z+1)e^z}=\frac{x+1}{z+1}e^{x-z},\ \frac{\partial z}{\partial y}=-\frac{F'_y}{F'_z}=-\frac{y+1}{z+1}e^{y-z}.$$

(2) 在 $y=f(x, t)$ 和 $F(x, y, t)=0$ 两边对 x 求导，

$$\begin{cases}y'=f'_1(x, t)+f'_2(x, t)t'\\F'_1+F'_2y'+F'_3t'=0\end{cases},$$

解得 $\dfrac{dy}{dx}=\dfrac{f'_1F'_3-f'_2F'_1}{F'_3+F'_2f'_2}$.

(3) 两边微分，$dx+dy-dz=xe^{x-y-z}(dx-dy-dz)+e^{x-y-z}dx$，整理得

$$dz=\frac{[(x+1)e^{x-y-z}-1]dx-(xe^{x-y-z}+1)dy}{xe^{x-y-z}-1}.$$

5. 解 即判断极限 $\lim\limits_{\substack{x\to 0\\y\to 0}}\dfrac{f(x, y)-f(0, 0)-f'_x(0, 0)x-f'_y(0, 0)y}{\sqrt{x^2+y^2}}$ 是否为零，由

$$f(0, 0)=0,\ f'_x(0, 0)=f'(x, 0)|_{x=0}=0,\ f'_y(0, 0)=f'(0, y)|_{y=0}=0,$$

从而有

$$\lim_{\substack{x\to 0\\y\to 0}}\frac{f(x, y)-f(0, 0)-f'_x(0, 0)x-f'_y(0, 0)y}{\sqrt{x^2+y^2}}=\lim_{\substack{x\to 0\\y\to 0}}xy\frac{x-y}{x^2+y^2}=0,$$

其中 $\left|\dfrac{xy}{x^2+y^2}\right|\leqslant 1$，$x-y\to 0$. 因此，该函数在点 (0，0) 处可微.

6. 解 (1) 因为 $\dfrac{\partial z}{\partial x}=f'_1(u, v)+f'_2(u, v)f'_1(x, y)$，所以

$$\begin{aligned}\frac{\partial^2 z}{\partial x\partial y}=&f''_{11}[x+y, f(x, y)]+f''_{12}[x+y, f(x, y)]f'_2(x, y)\\&+[f''_{21}[x+y, f(x, y)]+f''_{22}[x+y, f(x, y)]f'_2(x, y)]f'_1(x, y)\\&+f'_2[x+y, f(x, y)]f''_{12}(x, y).\end{aligned}$$

(2) 依题意，$g'(1)=0$.

$$\frac{\partial z}{\partial x}=yf'_1+yg'(x)f'_2,$$

$$\frac{\partial^2 z}{\partial x\partial y}=f'_1+y[xf''_{11}+g(x)f''_{12}]+g'(x)f'_2+yg'(x)[xf''_{21}+g(x)f''_{22}],$$

所以，$\left.\frac{\partial^2 z}{\partial x \partial y}\right|_{\substack{x=1\\y=1}} = f_1'(1, 1) + f_{11}''(1, 1) + f_{12}''(1, 1)$.

7. 解 $\frac{\partial z}{\partial x} = f'(e^x \cos y) e^x \cos y$,

$\frac{\partial^2 z}{\partial x^2} = f''(e^x \cos y) e^{2x} \cos^2 y + f'(e^x \cos y) e^x \cos y$,

$\frac{\partial z}{\partial y} = -f'(e^x \cos y) e^x \sin y$,

$\frac{\partial^2 z}{\partial y^2} = f''(e^x \cos y) e^{2x} \sin^2 y - f'(e^x \cos y) e^x \cos y$,

于是

$$\frac{\partial^2 z}{\partial x^2} + \frac{\partial^2 z}{\partial y^2} = f''(e^x \cos y) e^{2x} (\cos^2 y + \sin^2 y) = f''(e^x \cos y) e^{2x},$$

从而有

$$f''(e^x \cos y) e^{2x} = e^{3x} \cos y\text{，即有 } f''(u) = u,$$

积分得 $f(u) = \frac{1}{6}u^3 + C_1 u + C_2$，$C_1$，$C_2$ 为任意常数.

8. 证 (1) 由$\frac{\partial z}{\partial x} = -\frac{2xyf'(x^2-y^2)}{f^2(x^2-y^2)}$，$\frac{\partial z}{\partial y} = \frac{f(x^2-y^2)+2y^2f'(x^2-y^2)}{f^2(x^2-y^2)}$，因此有

$$\begin{aligned}\text{左边} &= -\frac{1}{x} \cdot \frac{2xyf'(x^2-y^2)}{f^2(x^2-y^2)} + \frac{1}{y} \cdot \frac{f(x^2-y^2)+2y^2f'(x^2-y^2)}{f^2(x^2-y^2)} \\ &= \frac{-2y^2f'(x^2-y^2)+f(x^2-y^2)+2y^2f'(x^2-y^2)}{yf^2(x^2-y^2)} = \frac{z}{y^2} = \text{右边}.\end{aligned}$$

(2) 在方程 $z = ux + \frac{y}{u} + f(u)$ 两边对 x 求偏导，且由 $x - \frac{y}{u^2} + f'(u) = 0$，有

$$\frac{\partial z}{\partial x} = u + \left[x - \frac{y}{u^2} \cdot + f'(u)\right] \cdot \frac{\partial u}{\partial x} = u,$$

同法可得$\frac{\partial z}{\partial y} = \frac{1}{u} + \left[x - \frac{y}{u^2} \cdot + f'(u)\right] \cdot \frac{\partial u}{\partial y} = \frac{1}{u}$,

因此有$\frac{\partial z}{\partial x} \cdot \frac{\partial z}{\partial y} = 1$.

9. 解 (1) 令$\begin{cases} f_x'(x, y) = 2x(2+y^2) = 0 \\ f_y'(x, y) = 2x^2 y + \ln y + 1 = 0 \end{cases}$，解得唯一驻点$\left(0, \frac{1}{e}\right)$.

由于

$$A = f_{xx}''\left(0, \frac{1}{e}\right) = 2(2+y^2)\big|_{\left(0, \frac{1}{e}\right)} = 2\left(2 + \frac{1}{e^2}\right),$$

$$B = f_{xy}''\left(0, \frac{1}{e}\right) = 4xy\big|_{\left(0, \frac{1}{e}\right)} = 0,$$

$$C = f_{yy}''\left(0, \frac{1}{e}\right) = \left(2x^2 + \frac{1}{y}\right)\Big|_{\left(0, \frac{1}{e}\right)} = e,$$

所以 $B^2-AC=-2e\left(2+\frac{1}{e^2}\right)<0$，且 $A>0$，从而知 $f\left(0,\frac{1}{e}\right)=-\frac{1}{e}$ 是 $f(x,y)$ 的极小值.

(2) 令 $\begin{cases}f_x'(x,y)=e-x=0\\ f_y'(x,y)=-y=0\end{cases}$，解得唯一驻点 $(e,0)$.

又 $A=f_{xx}''(e,0)=-1$，$B=f_{xy}''(e,0)=0$，$C=f_{yy}''(e,0)=-1$，所以 $B^2-AC<0$，$A<0$，故 $f(x,y)$ 在点 $(e,0)$ 处取得极大值 $f(e,0)=\frac{1}{2}e^2$.

(3) 设 $F(x,y,z,\lambda)=x-2y+2z+\lambda(x^2+y^2+z^2-1)$，令

$$\begin{cases}f_x'=1+2x\lambda=0\\ f_y'=-2+2y\lambda=0\\ f_z'=2+2z\lambda=0\\ f_\lambda'=x^2+y^2+z^2-1=0\end{cases},$$

解得 $x=-\frac{1}{3}$，$y=\frac{2}{3}$，$z=-\frac{2}{3}$，$\lambda=\frac{3}{2}$ 或 $x=\frac{1}{3}$，$y=-\frac{2}{3}$，$z=\frac{2}{3}$，$\lambda=-\frac{3}{2}$. 由约束方程知目标函数定义区域为有界闭区域，存在极值，因此，该函数的极小值为 $u\left(-\frac{1}{3},\frac{2}{3},-\frac{2}{3}\right)=-3$，极大值为 $u\left(\frac{1}{3},-\frac{2}{3},\frac{2}{3}\right)=3$.

10. 解 由 $\begin{cases}f_x'=2x-2xy^2=0\\ f_y'=4y-2x^2y=0\end{cases}$，得 D 内驻点 $(\pm\sqrt{2},1)$，且 $f(\pm\sqrt{2},1)=2$.

在边界 $y=0$，$-2\leqslant x\leqslant 2$ 上，$f(x,0)=x^2$，最大值为 4，最小值为 0.

在边界 $x^2+y^2=4(y\geqslant 0)$ 上，$f(x,\sqrt{4-x^2})=x^4-5x^2+8$，$-2\leqslant x\leqslant 2$，驻点为 $x=0$，$x=\pm\sqrt{\frac{5}{2}}$，由 $f(0,2)=8$，$f\left(\pm\sqrt{\frac{5}{2}},\sqrt{\frac{3}{2}}\right)=\frac{7}{4}$. 可得最大值为 8，最小值为 $\frac{7}{4}$.

综上讨论，知 $f(x,y)$ 的最大值为 8，最小值为 0.

11. 解 设长方体的长、宽、高分别为 x，y，z，则 $xyz=V$，$z=\frac{V}{xy}$，表面积为 $S=xy+2z(x+y)=xy+\frac{2V}{x}+\frac{2V}{y}$.

令 $\begin{cases}S_x'=y-\frac{2V}{x^2}=0\\ S_x'=x-\frac{2V}{y^2}=0\end{cases}$，解得 $x=y=\sqrt[3]{2V}$，又

$$S_{xx}''\Big|_{(\sqrt[3]{2V}),(\sqrt[3]{2V})}=\frac{4V}{x^3}\Big|_{(\sqrt[3]{2V}),(\sqrt[3]{2V})}=2,$$

$$S_{yy}''\Big|_{(\sqrt[3]{2V}),(\sqrt[3]{2V})}=\frac{4V}{y^3}\Big|_{(\sqrt[3]{2V}),(\sqrt[3]{2V})}=2,$$

$$S_{xy}''=1,\ \Delta=1-4=-3<0,$$

知$(\sqrt[3]{2V}, \sqrt[3]{2V})$为极小值点，即最小值点，此时$z=\dfrac{V}{\sqrt[3]{4V^2}}=\dfrac{1}{2}\sqrt[3]{2V}$，因此，水箱的长、宽、高分别为$\sqrt[3]{2V}$、$\sqrt[3]{2V}$、$\dfrac{1}{2}\sqrt[3]{2V}$时所用材料最省.

12. 解 (1) 由题设，$C'_x(x, y)=20+\dfrac{x}{2}$，$C'_y(x, y)=6+y$，对$x$积分，得$C(x, y)=20x+\dfrac{x^2}{4}+D(y)$，对$y$求导，得$C'_y(x, y)=D'(y)=6+y$，再对$y$积分，得$D(y)=6y+\dfrac{1}{2}y^2+C$，所以，$C(x, y)=20x+\dfrac{x^2}{4}+6y+\dfrac{1}{2}y^2+C$. 又$C(0, 0)=10\,000$，故$C=10\,000$，所以$C(x, y)=20x+\dfrac{x^2}{4}+6y+\dfrac{1}{2}y^2+10\,000$.

(2) 若$x+y=50$，则$y=50-x(0\leqslant x\leqslant 50)$，代入成本函数，有

$$C(x)=20x+\frac{x^2}{4}+6(50-x)+\frac{1}{2}(50-x)^2+10\,000=\frac{3}{4}x^2-36x+11\,550,$$

令$C'(x)=\dfrac{3}{2}x-36=0$，得$x=24$，$y=26$，又$C''(x)=\dfrac{3}{2}>0$，知$(24, 26)$为函数$C(x, y)$的最小值点，即甲、乙两种产品的产量各为24件和26件时总成本最小，最小总成本为$C(24, 26)=11\,118$万元.

(3) 总产量为50件且总成本最小时，甲产品的边际成本为$C'_x(24, 26)=32$，其经济意义是，在总产量为50件且甲产品产量为24件时，甲产品再多生产一个单位，成本会增加32万元.

13. 解 设$A=\iint\limits_{x^2+y^2\leqslant a^2} f(x, y)\mathrm{d}x\mathrm{d}y$，则$f(x, y)=x^2+y^2+\sqrt{a^2-x^2-y^2}A$，两边在$x^2+y^2\leqslant a^2$上再积分，从而有

$$\iint\limits_{x^2+y^2\leqslant a^2} f(x, y)\mathrm{d}x\mathrm{d}y=A=\iint\limits_{x^2+y^2\leqslant a^2}(x^2+y^2)\mathrm{d}x\mathrm{d}y+A\iint\limits_{x^2+y^2\leqslant a^2}\sqrt{a^2-x^2-y^2}\mathrm{d}x\mathrm{d}y$$
$$=\int_0^{2\pi}\mathrm{d}\theta\int_0^a r^3\mathrm{d}r+\frac{2\pi}{3}a^3A=\frac{\pi a^4}{2}+\frac{2\pi}{3}a^3A,$$

解得$A=\dfrac{3\pi a^4}{6-4\pi a^3}$，$f(x, y)=x^2+y^2+\dfrac{3\pi a^4}{6-4\pi a^3}\sqrt{a^2-x^2-y^2}$.

14. 解 (1) $\iint\limits_D(y\sin^5x-1)\mathrm{d}x\mathrm{d}y=\int_{-\frac{\pi}{2}}^{\frac{\pi}{2}}\mathrm{d}x\left(\dfrac{1}{2}y^2\sin^5x-y\right)\Big|_{\sin x}^{1}$

$$=\int_{-\frac{\pi}{2}}^{\frac{\pi}{2}}\left(\frac{1}{2}\sin x^5-1-\frac{1}{2}\sin^7x+\sin x\right)\mathrm{d}x=-\pi.$$

(2) 由对称性，$\iint\limits_D(x^2-y)\mathrm{d}x\mathrm{d}y=\iint\limits_D x^2\mathrm{d}x\mathrm{d}y=\int_0^{2\pi}\cos^2\theta\mathrm{d}\theta\int_0^1 r^3\mathrm{d}r=\dfrac{1}{4}\cdot 4\cdot\dfrac{\pi}{4}=\dfrac{\pi}{4}$.

(3) 区域D如附二图8-3所示，且关于x轴对称.

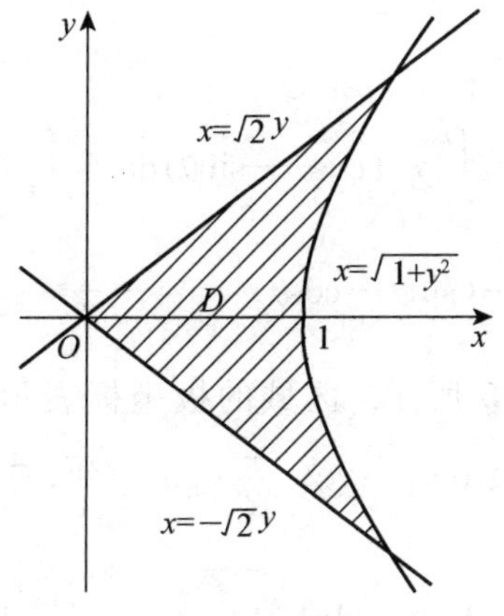

附二图 8－3

$$
\begin{aligned}
\iint_D (x+y)^3 \mathrm{d}x\mathrm{d}y &= \iint_D (x^3+3x^2y+3xy^2+y^3)\mathrm{d}x\mathrm{d}y \\
&= \iint_D (x^3+3xy^2)\mathrm{d}x\mathrm{d}y \\
&= 2\int_0^1 \mathrm{d}y\int_{\sqrt{2}y}^{\sqrt{1+y^2}} (x^3+3xy^2)\mathrm{d}x \\
&= \frac{1}{2}\int_0^1 (1+2y^2-3y^4)\mathrm{d}y + 3\int_0^1 (y^2-y^4)\mathrm{d}y \\
&= \frac{14}{15}.
\end{aligned}
$$

(4) $$\iint_D \frac{x\sin(\pi\sqrt{x^2+y^2})}{x+y}\mathrm{d}x\mathrm{d}y = \int_0^{\frac{\pi}{2}}\mathrm{d}\theta\int_1^2 \frac{r\cos\theta\sin\pi r}{\cos\theta+\sin\theta}\mathrm{d}r$$

$$= \int_0^{\frac{\pi}{2}} \frac{\cos\theta}{\cos\theta+\sin\theta}\mathrm{d}\theta \cdot \int_1^2 r\sin\pi r\mathrm{d}r = \frac{\pi}{4}\cdot\left(-\frac{3}{\pi}\right) = -\frac{3}{4},$$

其中$\int_0^{\frac{\pi}{2}} \frac{\cos\theta}{\cos\theta+\sin\theta}\mathrm{d}\theta = \frac{\pi}{4}$，$\int_1^2 r\sin\pi r\mathrm{d}r = -\frac{1}{\pi}\left(r\cos\pi r\Big|_1^2 - \int_1^2 \cos\pi r\mathrm{d}r\right) = -\frac{3}{\pi}$.

(5) 区域 D 如附二图 8－4 所示.

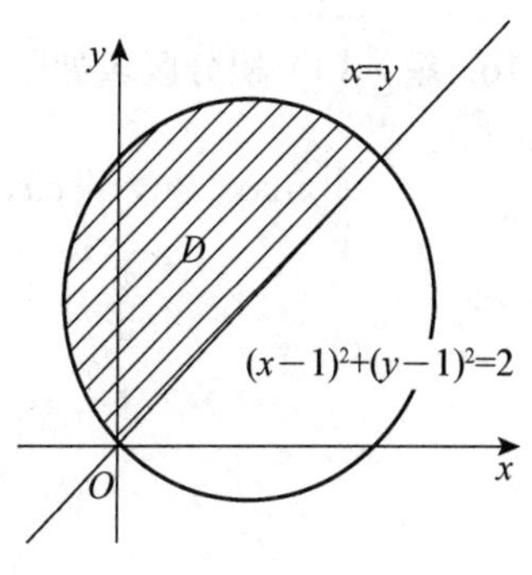

附二图 8－4

解法 1 区域的极坐标表示为$0\leqslant r\leqslant 2(\sin\theta+\cos\theta)$，$\frac{\pi}{4}\leqslant\theta\leqslant\frac{3\pi}{4}$，于是

$$
\begin{aligned}
\iint_D (x-y)\mathrm{d}x\mathrm{d}y &= \int_{\frac{\pi}{4}}^{\frac{3\pi}{4}}\mathrm{d}\theta\int_0^{2(\sin\theta+\cos\theta)} r^2(\cos\theta-\sin\theta)\mathrm{d}r \\
&= \frac{8}{3}\int_{\frac{\pi}{4}}^{\frac{3\pi}{4}} (\sin\theta+\cos\theta)^3\mathrm{d}(\sin\theta+\cos\theta) \\
&= \frac{2}{3}(\sin\theta+\cos\theta)^4\Big|_{\frac{\pi}{4}}^{\frac{3\pi}{4}} = -\frac{8}{3}.
\end{aligned}
$$

解法 2 设 $x=1+r\cos\theta$，$y=1+r\sin\theta$，则区域的广义极坐标表示为$0\leqslant r\leqslant\sqrt{2}$，$\frac{\pi}{4}\leqslant$

$\theta \leqslant \frac{5\pi}{4}$，于是

$$\iint_D (x-y)\mathrm{d}x\mathrm{d}y = \int_{\frac{\pi}{4}}^{\frac{5\pi}{4}} \mathrm{d}\theta \int_0^{\sqrt{2}} r^2(\cos\theta - \sin\theta)\mathrm{d}r = \int_{\frac{\pi}{4}}^{\frac{5\pi}{4}} (\cos\theta - \sin\theta)\mathrm{d}\theta \int_0^{\sqrt{2}} r^2 \mathrm{d}r$$

$$= \frac{2\sqrt{2}}{3}(\sin\theta + \cos\theta)\Big|_{\frac{\pi}{4}}^{\frac{5\pi}{4}} = -\frac{8}{3}.$$

(6) 区域 D 如附二图 8－5 所示. 区域的极坐标表示为 $2\cos\theta \leqslant r \leqslant 2$，$0 \leqslant \theta \leqslant \frac{\pi}{2}$；$0 \leqslant r \leqslant 2$，$\frac{\pi}{2} \leqslant \theta \leqslant \frac{3\pi}{4}$，于是

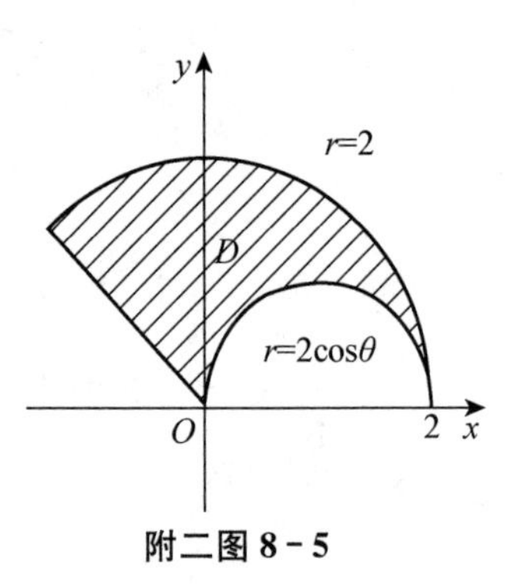

附二图 8－5

$$\int_{-\sqrt{2}}^{0} \mathrm{d}x \int_{-x}^{\sqrt{4-x^2}} (x^2+y^2)\mathrm{d}y + \int_0^2 \mathrm{d}x \int_{\sqrt{2x-x^2}}^{\sqrt{4-x^2}} (x^2+y^2)\mathrm{d}y$$

$$= \int_0^{\frac{\pi}{2}} \mathrm{d}\theta \int_{2\cos\theta}^{2} r^3 \mathrm{d}r + \int_{\frac{\pi}{2}}^{\frac{3\pi}{4}} \mathrm{d}\theta \int_0^2 r^3 \mathrm{d}r$$

$$= \frac{1}{4}\int_0^{\frac{\pi}{2}} 16(1-\cos^4\theta)\mathrm{d}\theta + \pi$$

$$= 2\pi - 4 \times \frac{3}{4} \times \frac{1}{2} \times \frac{\pi}{2} + \pi = \frac{9}{4}\pi.$$

15. 解　由 $f''_{xy}(x, y) = \frac{\mathrm{d}f'_x(x, y)}{\mathrm{d}y}$，有

$$\iint_D f''_{xy}(x, y)\mathrm{d}x\mathrm{d}y = \int_0^1 \mathrm{d}x \int_0^1 \mathrm{d}f'_x(x, y) = \int_0^1 f'_x(x, y)\Big|_0^1 \mathrm{d}x$$

$$= \int_0^1 [f'_x(x, 1) - f'_x(x, 0)]\mathrm{d}x$$

$$= [f(x, 1) - f(x, 0)]\Big|_0^1$$

$$= f(1, 1) - f(0, 1) - f(1, 0) + f(0, 0)$$

$$= 4 - 3 - 2 + 1 = 0.$$

16. 解　(1) 积分区域如附二图 8－6 所示，于是

$$\iint_D \max\{xy, 1\}\mathrm{d}x\mathrm{d}y = \iint_{D_1} \mathrm{d}\sigma + \iint_{D_2} xy\,\mathrm{d}\sigma = 1 + \int_{\frac{1}{2}}^{2} \frac{1}{x}\mathrm{d}x + \int_{\frac{1}{x}}^{2} xy\,\mathrm{d}x\mathrm{d}y$$

$$= 1 + 2\ln 2 + \frac{1}{2}\int_{\frac{1}{2}}^{2} x\left(4 - \frac{1}{x^2}\right)\mathrm{d}x$$

$$= 1 + 2\ln 2 + \left(x^2 - \frac{1}{2}\ln x\right)\Big|_{\frac{1}{2}}^{2}$$

$$= 4\frac{3}{4} + \ln 2.$$

(2) 积分区域如附二图 8－7 所示，

$$\iint_D f(x, y)\mathrm{d}\sigma = \iint_{D_1} f(x, y)\mathrm{d}\sigma + \iint_{D_2} f(x, y)\mathrm{d}\sigma$$

$$
\begin{aligned}
&= 4\int_0^1 \mathrm{d}x\int_0^{1-x} x^2\,\mathrm{d}y + 4\int_0^{\frac{\pi}{2}} (\sin\theta+\cos\theta)\,\mathrm{d}\theta\int_{\frac{1}{\sin\theta+\cos\theta}}^{\frac{2}{\sin\theta+\cos\theta}} \mathrm{d}r \\
&= \left(\frac{4}{3}x^3 - x^4\right)\Big|_0^1 + 4\int_0^{\frac{\pi}{2}} \mathrm{d}\theta \\
&= \frac{1}{3} + 2\pi.
\end{aligned}
$$

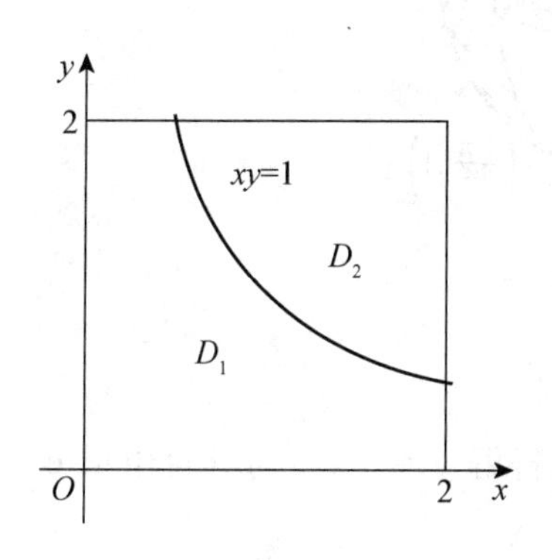

附二图 8-6

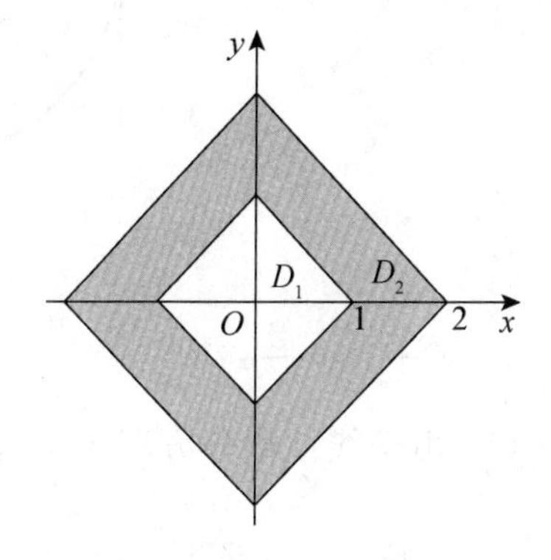

附二图 8-7

17. 解 如附二图 8-8 所示，积分区域 $x+y\leqslant u$ 为动态区域，与被积函数的非零区域有三种组合形式，于是，

当 $u\leqslant 0$ 时，$F(u)=\iint\limits_{x+y\leqslant 0} f(x,y)\,\mathrm{d}x\mathrm{d}y=0$，

当 $0<u\leqslant 2$ 时，$F(u)=\int_0^u \mathrm{d}x\int_0^{u-x}\frac{1}{2}\mathrm{d}y=\frac{1}{4}u^2$，

当 $2<u$ 时，$F(u)=\int_0^2 \mathrm{d}x\int_0^{2-x}\frac{1}{2}\mathrm{d}y=1$，

所以 $F(u)=\begin{cases} 0, & u\leqslant 0 \\ \frac{1}{4}u^2, & 0<u\leqslant 2. \\ 1, & 2<u \end{cases}$

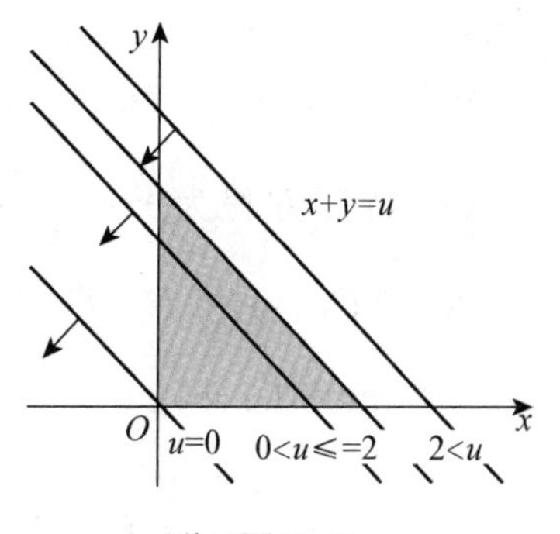

附二图 8-8

18. 解 所围平面图形如附二图 8-9 所示，由 $r=\frac{2}{\sqrt{3}}\cos\theta=1$，得两边界线交点 $\left(-\frac{\pi}{6},1\right)$，$\left(\frac{\pi}{6},1\right)$，于是，

$$
S=2\int_0^{\frac{\pi}{6}}\mathrm{d}\theta\int_1^{\frac{2}{\sqrt{3}}\cos\theta}\mathrm{d}r=2\int_0^{\frac{\pi}{6}}\left(\frac{2}{\sqrt{3}}\cos\theta-1\right)\mathrm{d}\theta=\frac{4}{\sqrt{3}}\sin\theta\Big|_0^{\frac{\pi}{6}}-\frac{\pi}{3}=\frac{2}{\sqrt{3}}-\frac{\pi}{3}.
$$

19. 解 $\iint\limits_{0\leqslant x,\,0\leqslant y}\frac{1}{1+(x^2+y^2)^2}\mathrm{d}\sigma=\lim\limits_{R\to+\infty}\int_0^{\frac{\pi}{2}}\mathrm{d}\theta\int_0^R\frac{r}{1+r^4}\mathrm{d}r=\frac{\pi}{2}\cdot\frac{1}{2}\arctan r^2\Big|_0^{+\infty}=\frac{\pi^2}{8}.$

第 9 章

1. 答 (1) -1. (2) -1. (3) $xy=1$. (4) $y=(C_1+C_2x)\mathrm{e}^{\frac{1}{2}x}$，$C_1$，$C_2$ 为任意常数.

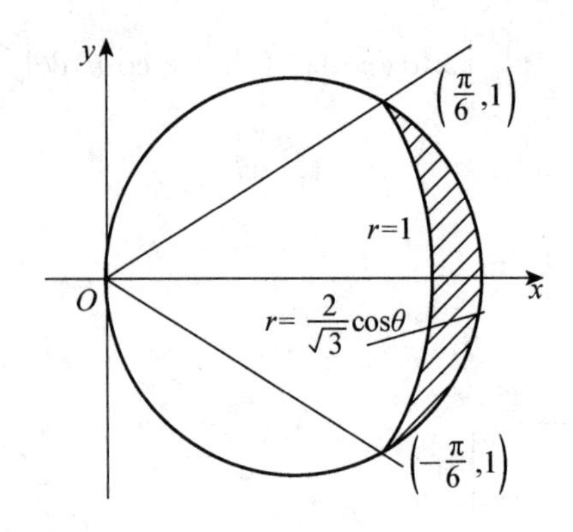

附二图 8－9

(5) $y''+2y'+1=\frac{2}{x^3}\mathrm{e}^{-x}$.

解析 (1) 由于线性微分方程 $y'+y=\mathrm{e}^{-x}$ 的特解 $y=x\mathrm{e}^{ax}$ 与其自由项 e^{-x} 同结构，知$a=-1$.

(2) 依题设，将 $x=0$ 代入方程，得$[y'(0)+1]^2=0$，得 $y'(0)=-1$，又由 $y(0)=0$，知$\lim\limits_{x\to0}f(x)=0$，$\lim\limits_{x\to0}f'(x)=f'(0)=-1$，于是，$\lim\limits_{x\to0}\frac{f(x)}{x}=\lim\limits_{x\to0}f'(x)=f'(0)=-1$.

(3) 分离变量$\frac{\mathrm{d}y}{y}=-\frac{\mathrm{d}x}{x}$，解得 $xy=C$，由 $y(1)=1$，$C=1$，故 $xy=1$.

(4) 特征方程为 $r^2-r+\frac{1}{4}=0$，解得特征值为 $\lambda_1=\lambda_2=\frac{1}{2}$，故通解为 $y=(C_1+C_2x)\mathrm{e}^{\frac{1}{2}x}$，$C_1$，$C_2$ 为任意常数.

(5) $y\mathrm{e}^x=C_1+C_2x+\frac{1}{x}$ 连续两次求导，得

$$(y'+y)\mathrm{e}^x=C_2-\frac{1}{x^2},\ (y''+2y'+y)\mathrm{e}^x=\frac{2}{x^3},$$

得方程 $y''+2y'+y=\frac{2}{x^3}\mathrm{e}^{-x}$.

2. 答 (1) A. (2) A. (3) C. (4) D. (5) B.

解析 (1) 一阶齐次线性微分方程首先是线性方程，即幂次均为 1 的未知函数及其导数项以代数和的形式构造的方程，若其自由项为零，则称为一阶齐次线性微分方程，因此，可以判定$\frac{\mathrm{d}y}{\mathrm{d}x}=\frac{y}{x}$ 为一阶线性齐次方程，故选择 A.

(2) 由题设，$y_1'+p(x)y_1=q(x)$，$y_2'+p(x)y_2=q(x)$，从而有

$$(\lambda y_1+\mu y_2)'+p(x)(\lambda y_1+\mu y_2)=(\lambda+\mu)q(x)=q(x),$$

及 $(\lambda y_1-\mu y_2)'+p(x)(\lambda y_1-\mu y_2)=(\lambda-\mu)q(x)=0$,

即有 $\lambda+\mu=1$，$\lambda-\mu=0$，解得$\lambda=\mu=\frac{1}{2}$，故选择 A.

(3) 由一阶非齐次线性微分方程解的性质，y_1-y_2，y_2-y_3 为齐次方程 $y'+p(x)y=0$

的两个非零解，且必相关，即$\frac{y_1-y_2}{y_2-y_3}$为常数．故选择 C.

(4) 若要方程 $y''+py'+qy=0$ 的通解均为 x 的周期函数，则特征根应为实部为零的复根，即 $p=0$，且 $p^2-4q=-4q<0$，故选择 D.

(5) 原方程的特征方程为 $r^2-\lambda^2=0$，有特征根 $r=\pm\lambda$，所以方程 $y''-\lambda^2 y=e^{\lambda x}$ 的特解为 $y_1^*=axe^{\lambda x}$，方程 $y''-\lambda^2 y=e^{-\lambda x}$ 的特解为 $y_2^*=bxe^{-\lambda x}$，由叠加原理知原方程的特解形式为 $y=y_1^*+y_2^*=x(ae^{\lambda x}+be^{-\lambda x})$．故选择 B.

3. 解 (1) 分离变量$\frac{dy}{1+y^2}=(1+x)dx$，两边积分$\int\frac{dy}{1+y^2}=\int(1+x)dx$，得通解 $\arctan y=\frac{1}{2}(1+x)^2+C$.

(2) 分离变量$\frac{dy}{y}=\frac{\cos x}{\sin x}dx$，两边积分$\int\frac{dy}{y}=\int\frac{\cos x}{\sin x}dx$，得通解 $\ln y=\ln\sin x+\ln C$，即 $y=C\sin x$，由 $y\left(\frac{\pi}{2}\right)=1$，得 $C=1$，因此，满足条件 $y\left(\frac{\pi}{2}\right)=1$ 的特解为 $y=\sin x$.

(3) 设 $u=\frac{y}{x}$，则方程变为 $x\frac{du}{dx}=-\frac{1}{2}u^3$，$\frac{du}{u^3}=-\frac{1}{2x}dx$，两边积分$\int\frac{du}{u^3}=-\int\frac{1}{2x}dx$，解得 $u^{-2}=\ln x+\ln C$，即 $e^{\left(\frac{x}{y}\right)^2}=Cx$.

(4) 设 $u=\frac{y}{x}$，则方程变为 $x\frac{du}{dx}+u-u\ln u=0$，$\frac{du}{u(\ln u-1)}=\frac{1}{x}dx$，两边积分 $\int\frac{du}{u(\ln u-1)}=\int\frac{1}{x}dx$，解得，$\ln u=Cx+1$，即$\frac{y}{x}=e^{Cx+1}$，又 $y(1)=e^3$，得 $C=2$，因此，满足条件的特解为 $y=xe^{2x+1}$.

(5) $\frac{dy}{dx}-\frac{1}{x}y=xe^{-x}$，得 $y=e^{\int\frac{1}{x}dx}\left[\int xe^{x}e^{-\int\frac{1}{x}dx}dx+C\right]=x(e^{x}+C)$.

(6) $y=e^{-\int dx}\left[\int e^{\int dx}(e^{-x}+\cos x)dx+C\right]=e^{-x}\left[\int(1+e^{x}\cos x)dx+C\right]$

$$=\frac{\sin x+\cos x}{2}+e^{-x}(x+C).$$

又 $y(0)=0$，得 $C=-\frac{1}{2}$，因此，满足条件的特解为

$$y=\frac{\sin x+\cos x}{2}+e^{-x}\left(x-\frac{1}{2}\right).$$

4. 解 (1) 设 $u=y-2x+1$，方程变为 $u du=\sin x dx$，两边积分，$\int u du=\int\sin x dx$，得 $\frac{1}{2}u^2=-\cos x+C$，即得原方程的通解$\frac{1}{2}(y-2x+1)^2=-\cos x+C$.

(2) 将原方程变形为$\frac{dx}{dy}=\frac{\sin y}{\cos y}x+\frac{y}{\cos y}$，于是，通解为

$$x=e^{\int\frac{\sin y}{\cos y}dy}\left[\int e^{-\int\frac{\sin y}{\cos y}dy}\frac{y}{\cos y}dy+C\right]=\frac{1}{\cos y}\left[\int y dy+C\right]=\frac{1}{\cos y}\left[\frac{1}{2}y^2+C\right].$$

5. 解 两边求导，得 $f'(x)=\frac{2x}{1+x^2}+\frac{1}{x}f(x)$，于是，通解为

$$f(x)=e^{\int\frac{1}{x}dx}\left[\int e^{-\int\frac{1}{x}dx}\frac{2x}{1+x^2}dx+C\right]=x\left[2\int\frac{1}{1+x^2}dx+C\right]=x(2\arctan x+C).$$

又 $f(1)=\ln 2$，得 $C=\ln 2-\frac{\pi}{2}$，因此，满足方程的函数为

$$f(x)=x\left(2\arctan x+\ln 2-\frac{\pi}{2}\right).$$

6. 解 (1) 特征方程为 $r^2-3r+2=0$，解得特征根为 $r_1=1$，$r_2=2$，其齐次方程的通解为

$$\tilde{y}=C_1e^x+C_2e^{2x}.$$

设原方程的特解形式为 $y^*=x(ax+b)e^x$，则

$$y^{*\prime}=(ax^2+(2a+b)x+b)e^x,\ y^{*\prime\prime}=(ax^2+(4a+b)x+2a+2b)e^x,$$

代入原方程，解得 $a=-1$，$b=-2$，因此，所求通解为

$$y=C_1e^x+C_2e^{2x}-x(x+2)e^x.$$

(2) 特征方程为 $r^2-4r+3=0$，解得特征根为 $r_1=1$，$r_2=3$，其齐次方程的通解为

$$\tilde{y}=C_1e^x+C_2e^{3x},$$

设原方程的特解形式为 $y^*=ae^{2x}$，则 $y^{*\prime}=2ae^{2x}$，$y^{*\prime\prime}=4ae^{2x}$，代入原方程，解得 $a=-2$，因此，所求通解为 $y=C_1e^x+C_2e^{3x}-2e^{2x}$.

又 $y(0)=1$，$y'(0)=1$，有

$$\begin{cases}C_1+C_2=3\\C_1+3C_2=5\end{cases}，解得 C_1=2，C_2=1，$$

因此，方程满足条件的特解为 $y=2e^x+e^{3x}-2e^{2x}$.

(3) 特征方程为 $r^2+4=0$，解得特征根为 $r_1=2i$，$r_2=-2i$，其齐次方程的通解为

$$\tilde{y}=C_1\cos 2x+C_2\sin 2x,$$

设原方程的特解形式为 $y^*=A_1\cos 4x+A_2\sin 4x$，则

$$y^{*\prime}=-4A_1\sin 4x+4A_2\cos 4x,\ y^{*\prime\prime}=-16A_1\cos 4x-16A_2\sin 4x,$$

代入原方程，解得 $A_1=-\frac{1}{12}$，$A_2=0$，因此，所求通解为

$$y=C_1\cos 2x+C_2\sin 2x-\frac{1}{12}\cos 4x.$$

(4) 特征方程为 $r^2-r=0$，解得特征根为 $r_1=0$，$r_2=1$，其齐次方程的通解为

$$\tilde{y}=C_1+C_2e^x,$$

设方程 $y''-y'=\sin x$ 的特解形式为 $y_1^*=A\cos x+B\sin x$，则

$$y_1^{*\prime}=-A\sin x+B\cos x,\ y_1^{*\prime\prime}=-A\cos x-B\sin x,$$

代入方程，解得 $A=\frac{1}{2}$，$B=-\frac{1}{2}$，因此，$y_1^*=\frac{1}{2}\cos x-\frac{1}{2}\sin x$.

设方程 $y''-y'=e^x$ 的特解形式为 $y_2^*=axe^x$，则

$y_2^{*\prime} = a(x+1)\mathrm{e}^x$，$y_2^{*\prime\prime} = a(x+2)\mathrm{e}^x$，

代入方程，解得 $a=1$，因此，$y_2^* = x\mathrm{e}^x$.

于是，原方程的通解为 $y = C_1 + C_2\mathrm{e}^x + \frac{1}{2}\cos x - \frac{1}{2}\sin x + x\mathrm{e}^{2x}$.

又 $y(0)=1$，$y'(0)=1$，有

$$\begin{cases} C_1 + C_2 + \frac{1}{2} = 1 \\ C_2 - \frac{1}{2} + 1 = 1 \end{cases}，解得 C_1 = 0，C_2 = \frac{1}{2}，$$

因此，方程满足条件的特解为 $y = \frac{1}{2}\mathrm{e}^x + \frac{1}{2}\cos x - \frac{1}{2}\sin x + x\mathrm{e}^{2x}$.

7. 解 由二阶常系数非齐次线性微分方程解的性质，$y_1 - y_3 = \mathrm{e}^{3x}$，$y_2 - y_3 = \mathrm{e}^x$ 为该方程对应的齐次方程的无关解，于是，该方程的通解为

$$y = C_1\mathrm{e}^{3x} + C_2\mathrm{e}^x - x\mathrm{e}^{2x}，$$

且知其特征方程的特征根为 $r_1 = 1$，$r_2 = 3$，从而知对应的齐次方程为 $y'' - 4y' + 3y = 0$.
设方程的自由项为 $f(x)$，则 $f(x) = (-x\mathrm{e}^{2x})'' - 4(-x\mathrm{e}^{2x})' + 3(-x\mathrm{e}^{2x}) = x\mathrm{e}^{2x}$，故该方程是

$$y'' - 4y' + 3y = x\mathrm{e}^{2x}.$$

8. 解 特征方程为 $r^2 + r - 2 = 0$，特征根为 $r_1 = 1$，$r_2 = -2$，齐次微分方程 $f''(x) + f'(x) - 2f(x) = 0$ 的通解为 $f(x) = C_1\mathrm{e}^x + C_2\mathrm{e}^{-2x}$. 再由 $f'(x) + f(x) = 2\mathrm{e}^x$，得 $2C_1\mathrm{e}^x - C_2\mathrm{e}^{-2x} = 2\mathrm{e}^x$，可知 $C_1 = 1$，$C_2 = 0$，于是得 $f(x) = \mathrm{e}^x$.

9. 解 设所求曲线方程为 $y = f(x)$，依题设 $f(0) = 2$，$f'(x) = 3y$，即有 $\frac{\mathrm{d}y}{y} = 3\mathrm{d}x$，两边积分，$\int \frac{\mathrm{d}y}{y} = \int 3\mathrm{d}x$，得 $\ln y = 3x + C'$，$y = C\mathrm{e}^{3x}$，又 $f(0) = 2$，得 $C = 2$，因此，所求曲线方程为 $y = 2\mathrm{e}^{3x}$.

10. 解 设 t 年后鱼群的数量为 $x = x(t)$，依题设 $x(0) = 400$ 条，水塘养鱼的承载能力 $N = 10\,000$ 条. 又知 $x(1) = 1\,200$ 条，则有逻辑斯蒂方程

$$\frac{\mathrm{d}x}{\mathrm{d}t} = kx(10\,000 - x)，$$

分离变量 $\frac{\mathrm{d}x}{x(10\,000 - x)} = k\mathrm{d}t$，积分得 $\frac{x}{10\,000 - x} = C\mathrm{e}^{10\,000kt}$，又 $x(0) = 400$，$x(1) = 1\,200$，得 $C = \frac{1}{24}$，$k = \frac{1}{10\,000}\ln\frac{36}{11}$，有 $\frac{x}{10\,000 - x} = \frac{1}{24}\left(\frac{36}{11}\right)^t$.

因此，设 t 年后鱼群的数量为

$$x(t) = \frac{10\,000\left(\frac{36}{11}\right)^t}{24 + \left(\frac{36}{11}\right)^t}.$$

若 $x(T)=5\,000$，即$\dfrac{5\,000}{10\,000-5\,000}=1=\dfrac{1}{24}\left(\dfrac{36}{11}\right)^{T}$，得 $T=\dfrac{\ln 24}{\ln 36-\ln 11}\approx 2.68$，即鱼群的数量增至 5 000 条需要 2.68 年.

第 10 章

1. 答 (1) $6t+18+2^t$. (2) $-\dfrac{4t+3}{4t-1}$, $2^t\dfrac{4t-5}{4t-1}$. (3) $y_{t+1}-\dfrac{1}{3}y_t=\sin(t+1)-\dfrac{1}{3}\sin t$.

解析 (1) $\Delta^2 y_t = y_{t+2}-2y_{t+1}+y_t$

$$=(t+4)^3+2^{t+2}-2[(t+3)^3+2^{t+1}]+(t+2)^3+2^t=6t+18+2^t.$$

(2) 根据线性差分方程解的性质，$y_1(t)-y_2(t)=4t-1$ 是齐次差分方程 $y_{t+1}+P(t)y_t=0$ 的解，将其代入方程，$4(t+1)-1+P(t)(4t-1)=0$，得 $P(t)=-\dfrac{4t+3}{4t-1}$，再将 $y_1(t)$ 代入方程，得 $Q(t)=2^{t+1}-2^t\cdot\dfrac{4t+3}{4t-1}=2^t\cdot\dfrac{4t-5}{4t-1}$.

(3) 由 $C=3^t(y_t-\sin t)=3^{t+1}[y_{t+1}-\sin(t+1)]$，得方程

$$y_{t+1}-\frac{1}{3}y_t=\sin(t+1)-\frac{1}{3}\sin t.$$

2. 答 (1) C. (2) D. (3) B.

解析 (1) 将各方程整理，依次得：$y_{t+1}-2y_t=2^t$，$y_{t+2}-y_{t+1}-2y_{t-1}=-8$，$y_{t+3}+3y_{t+1}=2$，$y_{t+2}-3t^2=8$，知选项 C 对应的是二阶差分方程，故选之.

(2) $y_t=C2^t+8$ 仅含一个任意常数，不可能是选项 A，B 对应的方程的通解. 将其代入另外两个方程，可确定是差分方程 $y_{t+1}-2y_t=-8$ 的通解，故选择 D.

(3) 方程对应的特征值为 $r=1$，应考虑补充因子 t，故特解的试解应为 $y_t^*=At^3+Bt^2+Ct$，故选择 B.

3. 解 由 $\Delta y_t=\mathrm{e}^{t+1}-\mathrm{e}^t=(\mathrm{e}-1)\mathrm{e}^t$，

$$\Delta^2 y_t=\Delta y_{t+1}-\Delta y_t=(\mathrm{e}-1)\mathrm{e}^{t+1}-(\mathrm{e}-1)\mathrm{e}^t=(\mathrm{e}-1)^2\mathrm{e}^t,$$

$$\Delta^3 y_t=\Delta^2 y_{t+1}-\Delta^2 y_t=(\mathrm{e}-1)^2\mathrm{e}^{t+1}-(\mathrm{e}-1)^2\mathrm{e}^t=(\mathrm{e}-1)^3\mathrm{e}^t,$$

依此类推，$\Delta^m y_t=(\mathrm{e}-1)^m\mathrm{e}^t$.

4. 证 左边 $=\Delta u_tv_t=u_{t+1}v_{t+1}-u_tv_t=u_{t+1}v_{t+1}-u_tv_{t+1}+u_tv_{t+1}-u_tv_t$

$$=(u_{t+1}-u_t)v_{t+1}+u_t(v_{t+1}-v_t)=v_{t+1}\Delta u_t+u_t\Delta v_t=\text{右边},$$

故等式成立.

5. 解 (1) 对应的一阶齐次线性方程的通解为 $\bar{y}_t=C5^t$. 下面求非齐次方程的一个特解.

由 $f_1(t)=5^t$，设试解 $y_1^*=At5^t$，代入原方程，有

$$5A(t+1)5^{t+1}-25At5^t=25A5^t=5^t,$$

得 $A=\dfrac{1}{25}$，故 $y_1^*=\dfrac{1}{25}t5^t$.

由 $f_2(t)=t$，设试解 $y_2^*=at+b$，代入原方程，有

$$5a(t+1)+5b-25(at+b)=-20at+5a-20b=t,$$

得 $a=-\frac{1}{20}$，$b=-\frac{1}{80}$，故 $y_2^*=-\frac{1}{80}(4t+1)$.

从而得原方程的通解为 $y_t=\left(C+\frac{t}{25}\right)5^t-\frac{1}{80}(4t+1)$.

(2) 对应的一阶齐次线性方程的通解为 $\widetilde{y_t}=C$. 方程对应的特征值为 $r=1$，故设试解 $y_t^*=At^3+Bt^2+Ct$，代入原方程，有

$$A(t+2)^3+B(t+2)^2+C(t+2)-A(t+1)^3-B(t+1)^2-C(t+1)=t^2-1,$$

得 $A=\frac{1}{3}$，$B=-\frac{3}{2}$，$C=\frac{7}{6}$，故 $y_t^*=\frac{1}{3}t^3-\frac{3}{2}t^2+\frac{7}{6}t$.

从而得原方程的通解为 $y_t=C+\frac{1}{3}t^3-\frac{3}{2}t^2+\frac{7}{6}t$.

(3) 对应的一阶齐次线性方程的通解为 $\widetilde{y_t}=C3^t$. 下面求非齐次方程的一个特解.
若 $a=3$，则设试解 $y_t^*=At3^t$，代入原方程，有

$$A(t+1)3^{t+1}-3At3^t=3A3^t=3^t，得 A=\frac{1}{3}，y_t^*=\frac{1}{3}t3^t,$$

若 $a\neq 3$，则设试解 $y_t^*=Aa^t$，代入原方程，有

$$Aa^{t+1}-3Aa^t=a^t,$$

得

$$A=\frac{1}{a-3}，y_t^*=\frac{1}{a-3}a^t,$$

从而得原方程的通解为 $y_t=\begin{cases}C3^t+\frac{1}{3}t3^t, & a=3\\ C3^t+\frac{1}{a-3}a^t, & a\neq 3\end{cases}$.

(4) 对应的一阶齐次线性方程的通解为 $\widetilde{y_t}=C(-3)^t$. 下面求非齐次方程的一个特解.
设试解 $y_t^*=(At+B)3^t$，代入原方程，有

$$[A(t+1)+B]3^{t+1}+3(At+B)3^t=t3^t，即 6At+3A+6B=t,$$

得 $A=\frac{1}{6}$，$B=-\frac{1}{12}$，故 $y_t^*=\left(\frac{1}{6}t-\frac{1}{12}\right)3^t$.

从而得原方程的通解为 $y_t=C(-3)^t+\left(\frac{1}{6}t-\frac{1}{12}\right)3^t$.

由 $y_0=2$，得 $C=\frac{25}{12}$，因此，满足条件的特解为 $y_t=\frac{25}{12}(-3)^t+\left(\frac{1}{6}t-\frac{1}{12}\right)3^t$.

(5) 对应的一阶齐次线性方程的通解为 $\widetilde{y_t}=C$. 下面求非齐次方程的一个特解.
设试解 $y_t^*=(at+b)t$，代入原方程，有

$$y_t^*=a(t+1)^2+b(t+1)-(at^2+bt)=2at+a+b=2+t,$$

得 $a=\frac{1}{2}$，$b=\frac{3}{2}$，故 $y_t^*=\frac{1}{2}t^2+\frac{3}{2}t$.

从而得原方程的通解为 $y_t = C + \frac{1}{2}t^2 + \frac{3}{2}t$.

由 $y_0 = 4$，得 $C = 4$，因此，满足条件的特解为 $y_t = 4 + \frac{1}{2}t^2 + \frac{3}{2}t$.

(6) 对应的一阶齐次线性方程的通解为 $\widetilde{y_t} = C\left(\frac{1}{2}\right)^t$. 下面求非齐次方程的一个特解.

设试解 $y_t^* = A2^t$，代入原方程，有

$$A2^{t+1} - \frac{1}{2}A2^t = \frac{3}{2}A2^t = -3 \cdot 2^t,$$

得 $A = -2$，故 $y_t^* = -2^{t+1}$，

从而得原方程的通解为 $y_t = C\left(\frac{1}{2}\right)^t - 2^{t+1}$.

由 $y_0 = 1$，得 $C = 3$，因此，满足条件的特解为 $y_t = 3\left(\frac{1}{2}\right)^t - 2^{t+1}$.

6. 解 设第 n 个月剩余债款为 a_n，每月偿还 b 万元，则 a_n 满足方程

$$a_{n+1} = (1 + 2\%)a_n - b.$$

解方程得通解 $a_n = C \cdot 1.02^n + 50b$，依题设，$a_0 = 10$ 万元，$a_{24} = 0$ 万元，得

$$\begin{cases} C + 50b = 10 \\ C \cdot 1.02^{24} + 50b = 0 \end{cases},$$

从而得 $C = -\frac{10}{1.02^{24} - 1}$，$b = \frac{1.02^{24}}{5(1.02^{24} - 1)} \approx 0.528\,7$(万元)，即若要两年内还清债款，应每月偿还 0.528 7 万元.

7. 解 由 $S_t = \alpha Y_t + \beta$，$S_t = \delta I_t$，得 $I_t = \frac{\alpha}{\delta}Y_t + \frac{\beta}{\delta}$，再代入第 2 式，得关于 Y_t 的方程

$$\frac{\alpha}{\delta}Y_t + \frac{\beta}{\delta} = \gamma\beta(Y_t - Y_{t-1}), \text{即} \left(\gamma\beta - \frac{\alpha}{\delta}\right)Y_t - \gamma\beta Y_{t-1} = \frac{\beta}{\delta},$$

解得 $Y_t = \left(Y_0 + \frac{\beta}{\alpha}\right)\left(\frac{\gamma\beta}{\gamma\beta - \frac{\alpha}{\delta}}\right)^t - \frac{\beta}{\alpha}$,

从而有

$$S_t = \alpha\left[\left(Y_0 + \frac{\beta}{\alpha}\right)\left(\frac{\gamma\beta}{\gamma\beta - \frac{\alpha}{\delta}}\right)^t - \frac{\beta}{\alpha}\right] + \beta = (\alpha Y_0 + \beta)\left(\frac{\gamma\beta}{\gamma\beta - \frac{\alpha}{\delta}}\right)^t,$$

$$I_t = \frac{1}{\delta}S_t = \frac{\alpha Y_0 + \beta}{\delta}\left(\frac{\gamma\beta}{\gamma\beta - \frac{\alpha}{\delta}}\right)^t.$$

图书在版编目（CIP）数据

微积分学习指导/严守权编著. —北京：中国人民大学出版社，2019.7
21 世纪大学公共数学系列教材
ISBN 978-7-300-27067-8

Ⅰ.①微… Ⅱ.①严… Ⅲ.①微积分-高等学校-教学参考资料 Ⅳ.①O172

中国版本图书馆 CIP 数据核字（2019）第 131390 号

21 世纪大学公共数学系列教材
微积分学习指导
严守权　编著
Weijifen Xuexi Zhidao

出版发行	中国人民大学出版社		
社　　址	北京中关村大街 31 号	**邮政编码**	100080
电　　话	010－62511242（总编室）		010－62511770（质管部）
	010－82501766（邮购部）		010－62514148（门市部）
	010－62515195（发行公司）		010－62515275（盗版举报）
网　　址	http://www.crup.com.cn		
经　　销	新华书店		
印　　刷	北京市鑫霸印务有限公司		
规　　格	185 mm×260 mm　16 开本	**版　　次**	2019 年 7 月第 1 版
印　　张	24.5	**印　　次**	2019 年 7 月第 1 次印刷
字　　数	577 000	**定　　价**	52.00 元
